Medizinische Physik 2

Springer-Verlag Berlin Heidelberg GmbH

Physics and Astronomy ONLINE LIBRARY

http://www.springer.de/phys-de/

W. Schlegel   J. Bille (Hrsg.)

Medizinische Physik 2

Medizinische Strahlenphysik

Mit 327 Abbildungen und 37 Tabellen

Springer

Professor Dr. Wolfgang Schlegel
Abt. Medizinische Physik, FS E, Deutsches Krebsforschungszentrum
Im Neuenheimer Feld 280, 69120 Heidelberg, Deutschland

Professor Dr. Josef Bille
Institut für Angewandte Physik, Universität Heidelberg
Albert-Überle-Straße 3–5, 69120 Heidelberg, Deutschland

ISBN 978-3-642-62981-5

Die Deutsche Bibliothek – CIP-Einheitsaufnahme:
Medizinische Physik / J. Bille ; W. Schlegel (Hrsg.). -
Berlin ; Heidelberg ; New York ; Barcelona ; Hongkong ; London ; Mailand ; Paris ; Tokio : Springer
Bd. 2. Medizinische Strahlenphysik. - 2002
ISBN 978-3-642-62981-5   ISBN 978-3-642-56259-4 (eBook)
DOI 10.1007/978-3-642-56259-4

http://www.springer.de

© Springer-Verlag Berlin Heidelberg 2002
Ursprünglich erschienen bei Springer-Verlag Berlin Heidelberg New York 2002
Softcover reprint of the hardcover 1st edition 2002

Satz: Reprofähige Vorlagen der Herausgeber
Einbandabbildung von Frau Dipl. Phys. Renate Jerecic
Einbandgestaltung: *design & production* GmbH, Heidelberg

Gedruckt auf säurefreiem Papier   SPIN: 10677728   57/3141/ba – 5 4 3 2 1 0

Vorwort

Das vorliegende Buch ist der zweite Band einer dreibändigen Lehrbuchreihe zur Medizinischen Physik. Die Buchreihe ist auf der Grundlage der schriftlichen Kursunterlagen des Weiterbildungsstudiums „Medizinische Physik" an der Universität Heidelberg entstanden. Es handelt sich um das erste umfassende deutschsprachige Lehrbuch der Medizinischen Physik.

Der Inhalt der drei Bände orientiert sich am Stoffkatalog der Deutschen Gesellschaft für Medizinische Physik (DGMP). Er erfüllt damit, in Verbindung mit einem entsprechenden Leistungsnachweis und einer dreijährigen Berufserfahrung, eine der Voraussetzungen für die Weiterbildung, die von der DGMP zur Erlangung der Fachanerkennung für Medizinische Physik gestellt werden. Der Anerkennungsantrag muß jedoch individuell bei der DGMP gestellt werden.

Die drei Bände *Medizinische Physik* gelten zukünftig als Arbeitsgrundlage für die in Blockform angebotenen Weiterbildungskurse an der Universität Heidelberg. Sie gliedern sich in Band 1: *Medizinische Physik: Grundlagen*, Band 2: *Medizinische Physik: Medizinische Strahlenphysik* und Band 3: *Medizinische Physik: Medizinische Optik und Laserphysik*. Die Spezialisierung auf den Gebieten der medizinischen Strahlenphysik und medizinischen Optik und Laserphysik begründet sich durch die Forschungsschwerpunkte innerhalb der medizinischen Physik an der Universität Heidelberg. Darüber hinaus entspricht der Inhalt der Bände 2 und 3 den Anforderungen an die Zertifizierung der Spezialrichtungen „Medizinische Strahlenphysik" und „Medizinische Optik und Laserphysik" der DGMP.

Im bereits erschienenen Band 1 (1999) sind die Grundlagen aus der Medizin, die für die medizinische Physik und insbesondere für die Spezialisierungen „Medizinische Strahlenphysik" und „Medizinische Optik und Laserphysik" von Bedeutung sind, in Darstellungen zusammengefaßt, die auf die Vorkenntnisse von Physikern abgestimmt sind. Bei den Grundlagen aus der Medizin handelt es sich im einzelnen um Anatomie, radiologische Anatomie, Physiologie und Pathologie. Als Grundlagen aus den Naturwissenschaften und der Mathematik werden Biochemie, molekulare Biophysik, Biophysik, Umweltphysik, Genetik, Biomathematik und medizinische Informatik behandelt. Aus dem Gebiet der Medizintechnik werden die Teilgebiete Biomagnetismus sowie medizinische Akustik und Audiologie dargestellt. Des weiteren wird auf organisatorische, rechtliche und ethische Grundsätze im Gesundheitswesen eingegangen.

Der vorliegende Band 2, *Medizinische Strahlenphysik*, gliedert sich in vier Teile:

- Im ersten Teil werden die physikalischen Grundlagen dargestellt, und es wird auf die Grundlagen der Kernphysik, die Wechselwirkung von Strahlung mit Materie, die Konzepte in der Strahlenphysik und Dosimetrie, die Meßmethoden in der Dosimetrie, die Grundlagen der Strahlenwirkungen und Entstehung und Erzeugung von ionisierenden Strahlen eingegangen.

- Der zweite Teil bietet eine Darstellung der mathematischen, physikalischen und technischen Grundlagen der radiologischen Diagnostik. Themen sind hier die physikalischen und mathematischen Grundlagen der Nuklearmedizin, der Ultraschalldiagnostik, der Röntgencomputertomographie, der Magnetresonanztomographie und -spektroskopie sowie eine Darstellung der technischen Komponenten klinischer Magnetresonanztomographen.

- Im dritten Teil wird auf die mathematischen, physikalischen und technischen Grundlagen der Strahlentherapie eingegangen. In den einzelnen Kapiteln werden die Bestrahlungsgeräte der Teletherapie und die Therapieplanung beschrieben.

- Der vierte Teil des Buchs bietet eine Auswahl von Themen aus der klinischen Radiologie. In Anknüpfung an die im zweiten Teil beschriebenen Grundlagen werden hier der praktische Einsatz der radiologischen Verfahren in der Nuklearmedizin und im klinischen Ultraschall beschrieben. Es wird auf die Skelettdiagnostik, die radiologische Diagnostik bei Hirntumoren, die Neuroradiologie neoplastischer Erkrankungen, des Schlaganfalls, der spinalen Tumoren und der Schädel-Hirn-Traumata eingegangen.

Der dritte, in Vorbereitung befindliche Band *Medizinische Optik und Laserphysik* wird die physikalischen Grundlagen (physikalische Optik, Lasersysteme, moderne Mikroskopie und technische Optik), die medizinisch-optischen diagnostischen Systeme (Laserscanningmikroskopie, konfokale Fluoreszenzmikroskopie, optische Flußzytometrie, Endoskopie) und die Laserchirurgie (Laser-Gewebe-Wechselwirkung, Laserapplikatoren, photodynamische Therapie, Anwendung in den verschiedenen medizinischen Fachdisziplinen) enthalten.

An der Überarbeitung der Manuskripte haben die Mitglieder des Heidelberger Graduiertenkollegs *Tumordiagnostik und -therapie unter Einsatz dreidimensionaler radiologischer und lasermedizinischer Verfahren* mitgewirkt. Danken möchten wir insbesondere den Tutoren der Beiträge des vorliegenden Buchs, Herrn Dipl. Phys. André Bongers, Herrn Dipl. Inf. Matthias Ebert, Herrn Dipl. Phys. Klaus Greger, Herrn Dipl. Phys. Lars Georg Hildenbrand, Herrn Dipl. Phys. Rüdiger Hofmann, Herrn Dipl. Phys. Thomas Hübner, Frau Dipl. Phys. Renate Jerecic, Herrn Dipl. Phys. Roland Krug, Herrn Dipl. Phys.

Dr. Gernot Kuhr, Herrn Dipl. Inf. Thorsten Liebler, Frau Dipl. Phys. Luciana Pavel, Herrn Dipl. Phys. Christopher Popp, Frau Dipl. Phys. Maria Scherer, Herrn Dipl. Phys. Marc Schneberger, Herrn Dipl. Phys. Steffen Volz, Herrn Dipl. Phys. Oliver Vossen sowie Herrn Dipl. Phys. Alexander Werling.

Bei der Überarbeitung, der Zusammenführung und Abstimmung der Manuskripte haben sich Herr Dr. Gernot Kuhr, Herr Dr. Christian Rumpf und Frau Dr. Simone Barthold verdient gemacht. Ihnen gilt unser ganz besonderer Dank.

Heidelberg,   *Wolfgang Schlegel*
Februar 2002   *Josef Bille*

Inhaltsverzeichnis

3   Konzepte in Strahlenphysik und Dosimetrie
G. H. Hartmann 65

Teil II   Mathematische, physikalische und technische Grundlagen der Radiologischen Diagnostik

6   Physikalische Grundlagen der Röntgendiagnostik
W. Schlegel

7   Physikalisch-technische Grundlagen der Nuklearmedizin
D. Lange

**8 Grundlagen
der Physikalischen Ultraschalldiagnostik und -therapie**

J. Debus ... 211

Teil III   Mathematische, physikalische und technische Grundlagen der Strahlentherapie

14   Bestrahlungsplanung
T. Bortfeld, W. Schlegel, R. Bendl, U. Oelfke, G. Küster, W. Schneider 333

Teil IV   Ausgewählte Kapitel der klinischen Radiologie

---

17   Klinische Nuklearmedizin
H. Elser 419

20 Radiologische Diagnostik bei Hirntumoren

21 Neuroradiologie nicht neoplastischer Erkrankungen

22 Neuroradiologie des Schlaganfalls

Mitarbeiter

PD Dr. P. Bachert
Deutsches Krebsforschungszentrum
Abt. Biophysik und medizinische
Strahlenphysik
Im Neuenheimer Feld 280
69120 Heidelberg

R. Bendl
Deutsches Krebsforschungszentrum
Abt. Medizinische Physik
Im Neuenheimer Feld 280
69120 Heidelberg

Dr. M. Bock
Deutsches Krebsforschungszentrum
Abt. Biophysik und medizinische
Strahlenphysik
Im Neuenheimer Feld 280
69120 Heidelberg

PD Dr. T. Bortfeld
Deutsches Krebsforschungszentrum
Abt. Medizinische Physik
Im Neuenheimer Feld 280
69120 Heidelberg

PD Dr. G. Brix
Bundesamt für Strahlenschutz
Institut für Strahlenhygiene
Ingolstädter Landstraße 1
85764 Oberschleißheim

PD Dr. Dr. J. Debus
Deutsches Krebsforschungszentrum
Klinische Kooperationseinheit
Strahlentherapeutische Onkologie
Im Neuenheimer Feld 280
69120 Heidelberg

Dr. H. Elser
Praxis im Kreiskrankenhaus
Biberach
Ziegelhausstraße 50
88400 Biberach

Prof. Dr. M. Forsting
Radiol. Zentrum der
Universität Essen
Abt. Neuroradiologie
Hufelandstraße 55
45122 Essen

Prof. Dr. G. Hartmann
Deutsches Krebsforschungszentrum
Abt. Medizinische Physik
Im Neuenheimer Feld 280
69120 Heidelberg

Dr. M. Hartmann
Neurologische Universitätsklinik
Abt. Neuroradiologie
Im Neuenheimer Feld 400
69120 Heidelberg

Prof. Dr. O. Jansen
Neurochirurgische Universitätsklinik
Abt. Neuroradiologie
Weimarer Straße 8
24106 Kiel

PD Dr. M. Knauth
Neurologische Universitätsklinik
Abt. Neuroradiologie
Im Neuenheimer Feld 400
69120 Heidelberg

Dr. G. Knedlitschek
Forschungszentrum Karlsruhe
Institut für Medizintechnik
und Biophysik
Postfach 3640
76021 Karlsruhe

G. Küster
Deutsches Krebsforschungszentrum
Abt. Medizinische Physik
Im Neuenheimer Feld 280
69120 Heidelberg

Dr. D. Lange
Radiologische Universitätsklinik
Abt. Nuklearmedizin
Im Neuenheimer Feld 400
69120 Heidelberg

PD Dr. Dr. U. Mende
Radiologische Universitätsklinik
Abt. Klinische Radiologie
und Poliklinik
Im Neuenheimer Feld 400
69120 Heidelberg

Prof. Dr. F. Nüsslin
Radiologische Universitätsklinik
Abt. Medizinische Physik
Hoppe-Seyler-Straße 3
72076 Tübingen

PD Dr. U. Oelfke
Deutsches Krebsforschungszentrum
Abt. Medizinische Physik
Im Neuenheimer Feld 280
69120 Heidelberg

Prof. Dr. K. Sartor
Neurologische Universitätsklinik
Abt. Neuroradiologie
Im Neuenheimer Feld 400
69120 Heidelberg

Prof. Dr. L. Schad
Deutsches Krebsforschungszentrum
Abt. Biophysik und
medizinische Strahlenphysik
Im Neuenheimer Feld 280
69120 Heidelberg

Prof. Dr. W. Schlegel
Deutsches Krebsforschungszentrum
Abt. Medizinische Physik
Im Neuenheimer Feld 280
69120 Heidelberg

W. Schneider
Deutsches Krebsforschungszentrum
Abt. Medizinische Physik
Im Neuenheimer Feld 280
69120 Heidelberg

Dr. K.F. Weibezahn
Forschungszentrum Karlsruhe
Institut für Medizintechnik
und Biophysik
Postfach 3640
76021 Karlsruhe

Teil I

Grundlagen

1 Grundlagen der Kernphysik

W. Schlegel

1.1 Einleitung

Die Untersuchungs- und Behandlungsmethoden der modernen Radiologie beruhen zum großen Teil auf kernphysikalischen Phänomenen:

- In der Strahlentherapie und in der Nuklearmedizin werden radioaktive Stoffe für Diagnostik und Therapie genutzt. Das Verständnis der Eigenschaften und der Herstellung künstlicher lang- und kurzlebiger Radioisotope ist für diese Disziplinen von grundlegender Bedeutung.
- Als neues, hochsensitives Untersuchungsverfahren hat sich die MR-Tomographie und -Spektroskopie etabliert. Diese Methode beruht ebenfalls auf einer Eigenschaft der Atomkerne, dem Kernspin.

Im vorliegenden Kapitel soll ein kurzer Abriß der kernphysikalischen Grundlagen gegeben werden, soweit sie für die medizinische Strahlenphysik und die genannten medizinischen Disziplinen von Bedeutung sind. Dieser Abriß kann naturgemäß nur sehr oberflächlich sein. Für eine tiefere Erarbeitung des Stoffs wird auf die einschlägige Fachliteratur verwiesen [1,3,6,7].

1.2 Aufbau der Materie

Alle Materie ist aus Atomen zusammengesetzt. Jedes Atom besteht aus einem Atomkern (Radius etwa 10^{-14} m) und einer Elektronenwolke (auch Elektronenhülle genannt, Radius etwa 10^{-10} m). Die Atome der verschiedenen Elemente unterscheiden sich in der Zusammensetzung ihrer Atomkerne und in der Anzahl und der Anordnung ihrer Elektronen. Die Anzahl der Elektronen in der Atomhülle wird als die Ordnungszahl Z bezeichnet.

1.2.1 Die Elektronenhülle

Das Schalenmodell der Atomhülle, das von dem dänischen Physiker Niels Bohr im Jahre 1913 entwickelt wurde, ist ein anschauliches, allerdings nur mit Einschränkungen brauchbares mathematisch-physikalisches Modell zur Beschreibung der Struktur der Elektronenhülle und der Energiezustände des Atoms (Abb. 1.1).

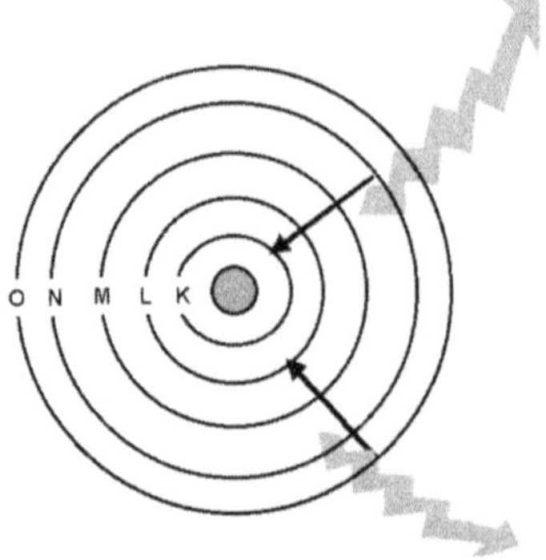

Abb. 1.1. Das Bohrsche Atommodell der Elektronenhülle

Zum Verständnis verschiedener physikalischer Phänomene wie der Entstehung von charakteristischen Röntgenstrahlen ist das Modell jedoch gut geeignet. Durch den Übergang eines Elektrons von einer niedrigen Schale auf einen freien Platz („Elektronenloch") einer höheren Schale kann ein sog. *angeregter Zustand* in der Atomhülle erzeugt werden. Beim „Zurückfallen" eines Elektrons aus einer äußeren Schale in ein Elektronenloch einer inneren Schale kann die dabei freiwerdende Energie in Form elektromagnetischer Wellen emittiert werden (s.a. Kap. 6.2).

1.2.2   Der Atomkern

Aufbau des Atomkerns. Der Atomkern besteht aus zwei grundlegend verschiedenen Teilchen: *Protonen* und *Neutronen*. Beide Kernbausteine werden auch als *Nukleonen* bezeichnet. Die physikalischen Eigenschaften der Nukleonen sind in Tabelle 1.1 zusammengestellt.

Protonen tragen eine elektrische Ladung, die vom Betrag her gleich der Ladung des Elektrons, vom Vorzeichen her aber entgegengesetzt ist (positiv). Neutronen sind elektrisch neutral. Protonen und Neutronen haben fast die gleiche Masse, sie beträgt etwa das 1900fache der Elektronenmasse.

Die Nukleonen haben einen Eigendrehimpuls, der auch *Kernspin* genannt wird. Der Betrag dieses Spins ist 1/2, die Nukleonen gehören damit zu den

Tabelle 1.1. Eigenschaften der Nukleonen (nach [3] S. 28)

| Teilchen | Masse | | Spin | g-Faktor | mittlere |
	in u	in $\frac{\text{MeV}}{c^2}$			Lebensdauer
Proton	1,0072	938,259	1/2	5,5858	$> 2 \times 10^{28}$ a
Neutron	1,0086	939,553	1/2	$-3,8263$	(918 ± 14) sec

Fermionen (das sind alle Elementarteilchen mit dem Spin 1/2, für die das Pauli-Prinzip und die Fermi-Dirac-Statistik gilt).

Da ein Atom insgesamt elektrisch neutral ist, muß für jedes Proton im Atomkern ein Elektron in der Atomhülle existieren. Die Ordnungszahl Z (Anzahl der Elektronen in der Atomhülle) kennzeichnet also auch die Anzahl der Protonen im Atomkern.

Die Gesamtzahl der Nukleonen im Atomkern (Protonen + Neutronen) wird als die Massenzahl A bezeichnet. Da Z der Anzahl der Protonen im Kern entspricht, ist $N = A - Z$ die Anzahl der Neutronen im Kern.

Kernradius. Durch die Streuexperimente des Physikers Rutherford konnten in den Jahren 1909–1920 erstmals die Kernradien abgeschätzt werden. Dabei zeigte sich, daß der Kernradius R in guter Näherung mit der Nukleonenzahl A verknüpft ist durch

$$R = r_0 + A^{1/3}\,. \tag{1.1}$$

Die Rutherford-Streuexperimente lieferten für r_0 den Wert $r_0 = (1,3 \pm 0,1) \times 10^{-13}$ cm. Da sich alle Kerndimensionen in diesen Größenordnungen bewegen, ist es üblich, in der Kernphysik 10^{-13} cm als spezielle Längeneinheit mit dem Namen „Fermi" (abgekürzt fm) zu benutzen.

Kernkräfte. Die Nukleonen werden im Kern trotz der Coulomb-Kräfte, die zwischen den gleichnamig geladenen Protonen existieren, zusammengehalten. Verantwortlich hierfür sind die sog. *Kernkräfte*. Aus der Beobachtung, daß die Bindungsenergie der Kerne mit ansteigendem A einen Sättigungseffekt zeigt, kann man schließen, daß es sich bei den Kernkräften um Austauschkräfte quantenmechanischen Ursprungs handeln muß. Sie werden durch den Austausch eines π-Mesons zwischen den gebundenen Partnern verursacht. Diese Erklärung der Kernkraft wurde von Yukawa im Jahre 1935 gegeben, das zugehörige Teilchen wurde später von Powell (1946) experimentell gefunden. Das Verhalten der Kernkräfte wird näherungsweise durch das Yukawa-Potential (Abb. 1.2) beschrieben.

Bindungsenergien. Neben dem Radius ist die Masse die einfachste Größe zur Bestimmung eines Kerns. Grundlage aller Massenangaben sind Messungen mit Massenspektrographen. Als Einheit für die Angabe von Kernmassen ist durch internationale Konvention die atomare Masseneinheit

$$1\,u = 1,66053 \times 10^{-24}\,g = 931,481\,\frac{\text{MeV}}{c^2} = \frac{1}{12}\,m_{12\text{C}} \tag{1.2}$$

festgelegt worden.

Die massenspektroskopischen Daten zeigen, daß die Masse eines Kerns der Nukleonenzahl $N + Z$ stets etwas kleiner ist als die Summe der Massen von N

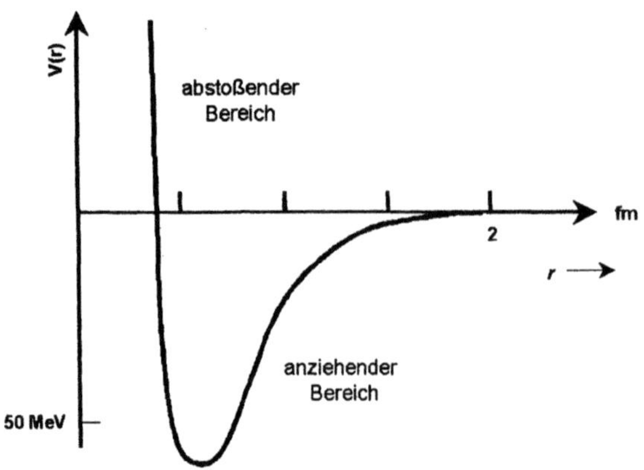

Abb. 1.2. Potentialverlauf zwischen zwei Nukleonen in einfachster Näherung (Yukawa-Potential, mod. nach [3] S. 34)

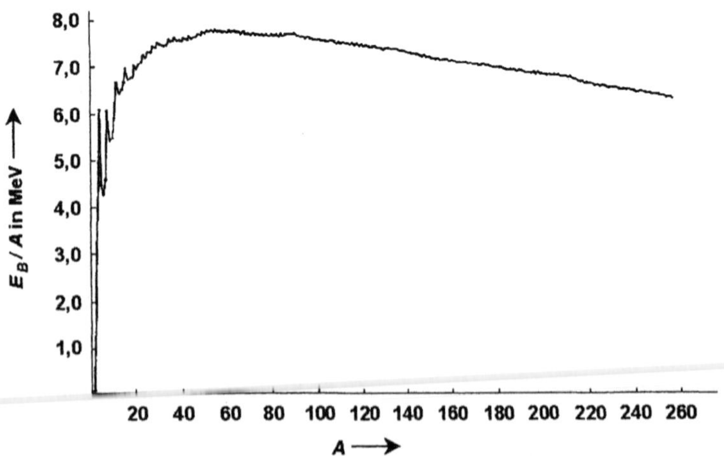

Abb. 1.3. Bindungsenergie pro Nukleon als Funktion der Massenzahl A für stabile Kerne (mod. nach [4] S. 199)

Neutronen und Z Protonen. Dieser *Massendefekt* entspricht der Bindungsenergie, die frei wird, wenn $N+Z$ Nukleonen zu einem Kern vereinigt werden. Die Bindungsenergie $B(Z, N)$ eines Kerns der Masse $m(Z, N)$ mit Z Protonen und N Neutronen ist also:

$$B(Z, N) = (Z\, m_H + N\, m_n - m(Z, N))\, c^2 \,. \tag{1.3}$$

Dabei ist m_H die Masse eines neutralen Wasserstoffatoms. Wenn man sich die Massentabelle der Elemente anschaut, kann man entnehmen, daß für $A > 30$ die Bindungsenergie nahezu proportional zur Masse ansteigt, d.h.

B/A nahezu konstant ist. Für $A < 30$ weist B/A erhebliche Schwankungen auf (Abb. 1.3).

Aus Abb. 1.3 kann man auch entnehmen, daß die Kurve bei $A = 60$ ein Maximum besitzt. Das bedeutet, daß sich sowohl durch Fusion leichter Kerne als auch aus der Spaltung eines schweren Kerns Energie gewinnen läßt.

Das Tröpfchenmodell und die Weizsäckersche Massenformel. Mit bestimmten Einschränkungen kann man die Kernmaterie als Flüssigkeit ansehen und aus den flüssigkeitsähnlichen Eigenschaften ein Kernmodell entwickeln, mit dem recht gute Vorhersagen über die Kernmassen gemacht werden können. Die Bindungsenergie B eines Tropfen ergibt sich dabei aus fünf Beiträgen:

$$
\begin{aligned}
B = \ &\text{Kondensationsenergie}\,(B_1) \\
&+\text{Oberflächenenergie}\,(B_2) \\
&+\text{Coulombenergie}\,(B_3) \\
&+\text{Asymmetrieenergie}\,(B_4) \\
&+\text{Paarungsenergie}\,(B_5)
\end{aligned}
\tag{1.4}
$$

Setzt man die jeweiligen Energieterme in die Gleichung ein, erhält man die sog. Weizsäckersche Massenformel:

$$
M(Z,A) = Z\,m_H + (A - Z)\,m_n - \underbrace{a_v A}_{B_1} + \underbrace{a_s A^{\frac{2}{3}}}_{B_2} + \underbrace{a_c Z^2 A^{-\frac{1}{3}}}_{B_3}
$$

$$
+ \underbrace{a_A (Z - \frac{A}{2})^2 A^{-1}}_{B_4} + \underbrace{\delta}_{B_5}
\tag{1.5a}
$$

mit

$$
\delta = \begin{cases}
a_p\, A^{-\frac{1}{2}} : & \text{für Kerne mit gerader Protonen-} \\
& \text{und Neutronenzahl } (gg\text{-}Kerne) \\
0 : & \text{für Kerne mit ungerader/gerader} \\
& \text{Protonen-/Neutronenzahl} \\
& (ug\text{-}Kerne) \\
-a_p\, A^{-\frac{1}{2}} : & \text{für Kerne mit ungerader Protonen-} \\
& \text{und Neutronenzahl } (uu\text{-}Kerne)
\end{cases}
\tag{1.5b}
$$

Die in der Formel vorkommenden Konstanten a_v, a_s, a_c, a_A und a_p sind durch Fit an die bekannten Atommassen empirisch bestimmt worden. Abbildung 1.4 zeigt den Verlauf der Funktion, die sich aus der Weizsäckerschen Massenformel ergibt.

Der Kurvenverlauf stimmt sehr gut mit der Anordnung der stabilen Nuklide in der Nuklidkarte überein (Abb. 1.7).

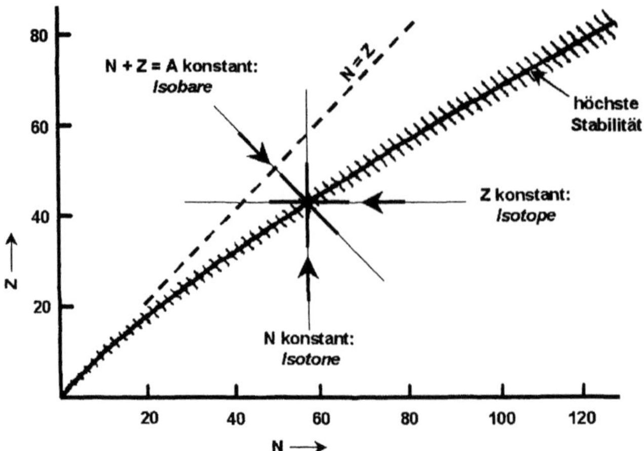

Abb. 1.4. Lage der stabilen Kerne in der $N - Z$-Ebene, wie sie sich aus der Weizsäcker-Massenformel ergibt (mod. nach [3] S. 47)

Isobare Kerne sind Kerne mit gleicher Massenzahl A, aber unterschiedlicher Neutronen und Protonenzahl. Aus der Weizsäckerschen Massenformel (1.5a) und (1.5b) kann man einige wichtige Regeln für die Stabilitätseigenschaften isobarer Kerne ableiten: Gleichung 1.5a ist quadratisch in Z. Variiert man Z bei festem A, erhält man für ungerades A eine Parabel wie in Abb. 1.5 rechts.

Für gerades A erhält man wegen der Paarungsenergie (1.5b) zwei getrennte Parabeln, je eine für gg- und eine für uu-Kerne (Abb. 1.5 rechts). Wie in Abb. 1.5 gezeigt, gehen benachbarte Kerne durch β^- - oder β^+-Zerfall ineinander über (s.a. Kap. 1.3.3). Aus Abb. 1.5 ist ebenfalls ersichtlich, daß es für ungerades A stets nur ein stabiles Isobar gibt, während bei geradem A mehrere stabile Isobare möglich sind.

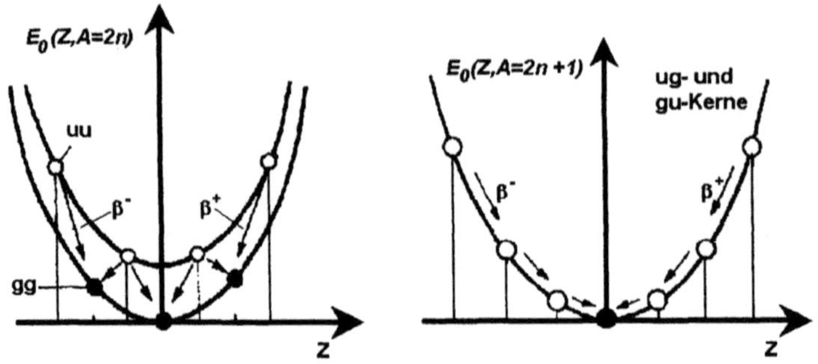

Abb. 1.5. Energieverhältnisse bei isobaren Kernen. Die stabilen Kerne sind durch gefüllte Kreise markiert (mod. nach [4], S. 211–212)

Isotope. Die meisten Elemente bestehen aus einer Mischung von Atomkernen mit der gleichen Atomhülle, aber verschiedenen Kernmassen. Atome mit gleichen Ordnungszahlen, aber verschiedenen Neutronenzahlen, werden *Isotope* genannt. Isotope können entweder stabil oder instabil (= Radioisotope) sein.

Üblicherweise werden Isotope in einer festgelegten Notation gekennzeichnet. Dabei wird das elementcharakteristische chemische Symbol X mit der links oben stehenden Massenzahl A und links unten stehenden Ordnungszahl Z versehen:

$$\,^{A}_{Z}X\,.$$

Isotope sind nur dann stabil, wenn die Zahl ihrer Protonen und Neutronen in einem bestimmten Verhältnis zueinander stehen. Diese Gesetzmäßigkeit läßt sich ebenfalls aus dem Tröpfchenmodell und der Weizsäckerschen Massenformel (1.5a) und (1.5b) ableiten: Die Protonenzahl Z_0, für die bei festem A die Bindungsenergie ein Maximum (und damit die Kernmasse ein Minimum) hat, kann man aus (1.5a) und (1.5b) unter Berücksichtigung von

$$\left(\frac{dm(Z,A)}{dz}\right)_{A=\text{const}} = 0 \tag{1.6}$$

ableiten. Es ergibt sich:

$$Z_0 = \frac{A}{2}\,\frac{m_n - m_H + a_A}{a_C A^{\frac{2}{3}} + a_A} = \frac{A}{1,98 + 0,015 A^{\frac{2}{3}}}\,. \tag{1.7}$$

Diese Kurve ist in Abb. 1.4 dargestellt. Bei den leichten Atomkernen ist $Z_0 = 1/2\,A$. Bei den schwereren Atomkernen verschiebt es sich bis zu etwa $1/3\,A$. Isotope, die von diesen Verhältnissen merklich abweichen, sind instabil (β-Strahler).

Man kann sich anhand der Massenformel auch überlegen, wann durch Abspaltung von Nukleonen aus dem Kern Energie gewonnen wird. Es ist zu erwarten, daß die Abspaltung eines α-Teilchens aus einem schwereren Kern wegen der hohen Bindungsenergie des α-Teilchens mit Energiegewinn verbunden ist. Das ist immer dann gegeben, wenn die Summe der Massen von α-Teilchen m_α und Restkern $m(Z-2, A-4)$ kleiner ist als die Masse des ursprünglichen Kerns. Anders ausgedrückt: Die freiwerdende kinetische Energie des α-Teilchens muß ≥ 0 sein:

$$E_\alpha = [m(Z,A) - m(Z-2, A-4) - m_\alpha]\,c^2 \geq 0\,. \tag{1.8}$$

Bei allen Kernen mit $E_\alpha > 0$ wird im Prinzip durch Abtrennen eines α-Teilchens Energie gewonnen. Mit Hilfe der Massenformel (1.5a) können die Gebiete berechnet werden, für die $E_\alpha > 0$, $E_\alpha > 2\,\text{MeV}$, $E_\alpha > 4\,\text{MeV}$ usw. ist. Diese Gebiete sind in Abb. 1.6 eingezeichnet. In gleicher Weise sind die Grenzen für Neutronen- und Protoneninstabilitäten berechenbar. Diese

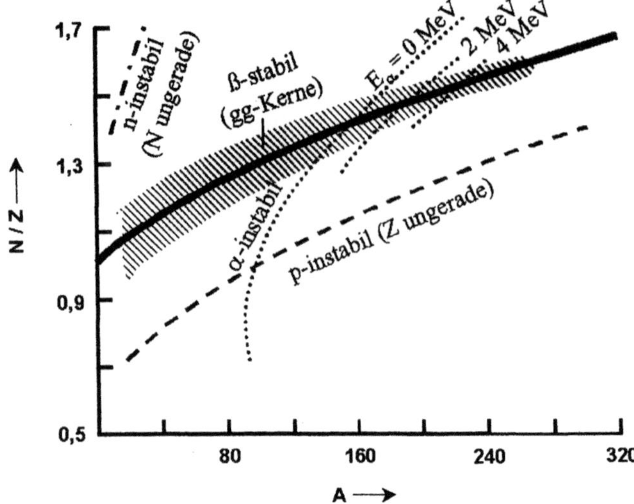

Abb. 1.6. Stabilitätsgrenzen für Protonen, Neutronen und α-Teilchen-Emission, berechnet aus Massenwerten (nach [3] S. 48)

Grenzen schneiden die Linie der stabilen Kerne nicht, daher wird Protonen- oder Neutronenemission nur bei extrem neutronen- oder protonenarmen Kernen beobachtet. Weiterhin kann man sich überlegen, ab welcher Grenze eine Spontanspaltung aus energetischen Gründen möglich wird. Nimmt man eine Spaltung in zwei gleich große Bruchstücke an, dann liegt die Grenze etwa bei $A = 90$.

Die Betrachtungen anhand des Tröpfchenmodells zeigen allerdings nur, unter welchen Bedingungen bei der Abspaltung von Nukleonen Energie gewonnen wird. Ob dies in der Natur tatsächlich auftritt, hängt von der Berechnung der Übergangswahrscheinlichkeiten zwischen den verschiedenen Kernzuständen ab. Die Übergangswahrscheinlichkeiten werden durch die Lage des Zustands im Kernpotential und damit durch die Wellenfunktion des Zustands bestimmt (s. hierzu [3], Kap. 1.3.3 und 1.3.4).

Die Nuklidkarte. Alle bekannten stabilen und instabilen Isotope sind in der *Nuklidkarte* zusammengefaßt. Die Nuklidkarte ist ein Diagramm, bei welchem auf der Abszisse die Neutronenzahl N eines Isotops und auf der Ordinate die Ordnungszahl Z gegeneinander aufgetragen werden (Abb. 1.7). Die *Isotope* eines Elements liegen in der Nuklidkarte auf horizontalen Linien, *Isotone* (das sind Atomkerne mit gleicher Neutronenzahl) liegen auf den vertikalen Linien. *Isobare* Kerne (Atomkerne mit gleicher Massenzahl) liegen auf den Linien mit der Steigung $-45°$.

Stabile Isotope werden in der Karlsruher Nuklidkarte [5] durch schwarze Kästchen, Radioisotope durch gelbe (α-Zerfall), blaue (β^--Zerfall) und rote

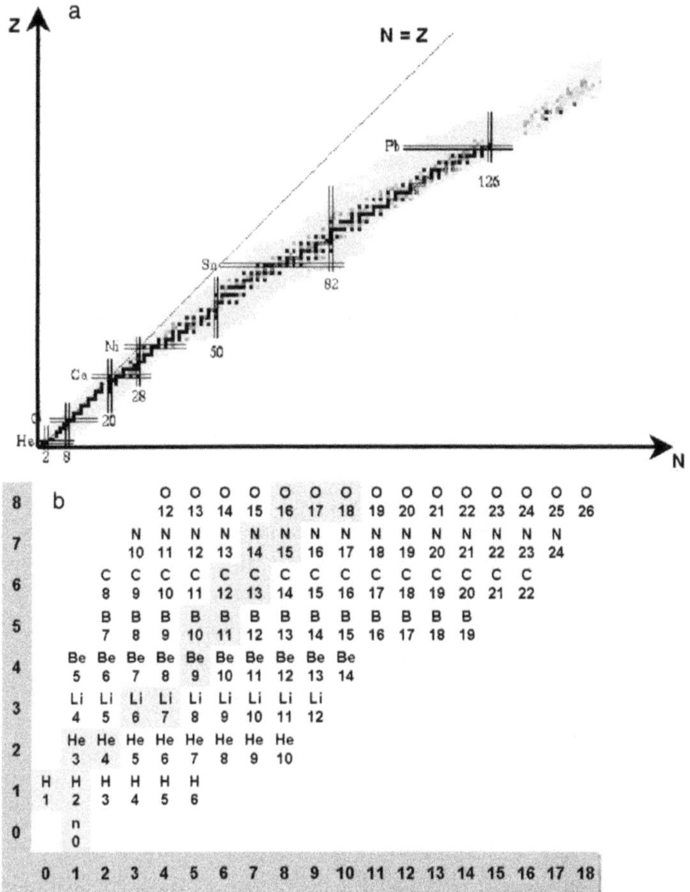

Abb. 1.7. $N - Z$-Diagramm (*Nuklidkarte*). **a** Die stabilen Elemente sind durch schwarze Kästchen markiert, die instabilen durch schraffierte Kästchen. Im Diagramm sind ebenfalls die sich nach dem Schalenmodell ergebenden Schalenabschlüsse (*magische Zahlen*) gekennzeichnet. **b** Ausschnitt aus der Nuklidkarte für $Z = 0 - 8$ und $N = 0 - 18$

Kästchen (β^+-Zerfall) charakterisiert. Gesetzmäßigkeiten, die aus der Nuklidkarte u.a. unmittelbar ersichtlich sind, sind die folgenden:

- Für gerade Ordnungszahlen gibt es in der Regel mehrere stabile Nuklide,
- für ungerade Ordnungszahlen gibt es immer nur ein stabiles Nuklid,
- entlang isobarer Linien gibt es meistens nur ein stabiles Nuklid.

Spin und Parität. Protonen und Neutronen sind Teilchen mit dem *Spin* 1/2. Im gebundenen Zustand haben die Nukleonen im Atomkern zusätzlich einen Bahndrehimpuls l. Sie können ihre ·Spins und Bahndrehimpulse zu einem Gesamtdrehimpuls I des Kerns koppeln. Man bezeichnet I meist als „Kernspin" (eigentlich unkorrekt, da zum Gesamtdrehimpuls auch der Bahndrehimpuls der Nukleonen beitragen kann). Da Bahndrehimpulse stets ganzzahlig sind, haben Kerne mit geradem A ganzzahligen, Kerne mit ungeradem A halbzahligen Kernspin. Bei der Bindung zu einem Atomkern paaren sich die Spins nach dem Pauli-Prinzip (s.a. Kap. 1.2.2, Schalenmodell).

Neben dem Spin ist die Parität π eine wichtige Größe zur Charakterisierung eines Kernzustands. Die Parität ist eine Quantenzahl, die die Spiegelungssymmetrie der Wellenfunktion ψ, beschrieben durch die Schrödinger-Gleichung, angibt. Die Parität hat kein Analogon in der klassischen Physik. Es gilt:

$$\psi(-r) = \pi\,\psi(r)\,, \tag{1.9}$$

mit $\pi = \pm 1$. Man spricht von gerader *Parität*, wenn $\pi = +1$ ist, von ungerader Parität bei $\pi = -1$.

In der Kernphysik ist die Parität eine Erhaltungsgröße ähnlich wie der Drehimpuls. Angaben über die Gleichheit oder Ungleichheit der Parität zweier Zustände lassen sich aus der Beobachtung der Übergangswahrscheinlichkeiten bestimmen. Im übrigen muß die Parität durch den mathematischen Charakter der Wellenfunktion, die den Zustand beschreibt, bestimmt werden. Bei den Grundzuständen (nichtangeregten Zuständen) der Kerne kann gezeigt werden, daß die Parität für geraden Bahndrehimpuls l gerade und für ungeraden Bahndrehimpuls ungerade ist. gg-Kerne haben daher im Grundzustand immer gerade Parität. Für Kerne mit ungerader Nukleonenzahl läßt sich die Parität meist aus dem Schalenmodell bestimmen.

Man schreibt die Parität als rechten oberen Index an die Spinangabe I^π, also z.B. 0^+ für alle gg-Kerne.

Magnetisches Moment eines Kerns. Als kleinste Einheit μ_m für das magnetische Moment benutzt man ein „Magneton", das für ein Teilchen der Ladung e und der Masse m definiert ist durch

$$\mu_m = \frac{e\,\hbar}{2mc}\,.$$

Speziell gilt:

μ_m für Elektronen: $\mu_B = \dfrac{e\,\hbar}{2m_e c}$ (Bohrsches Magneton),

μ_m für Nukleonen: $\mu_K = \dfrac{e\,\hbar}{2m_p c}$ (Kernmagneton).

Der Drehimpuls I des Kerns ist mit einem magnetischen Moment μ verknüpft:

$$\mu = g\,I\,. \tag{1.10}$$

Die dimensionslose Größe γ in (1.10) heißt das gyromagnetische Verhältnis oder kurz g-Faktor. Danach ist μ eine Zahl, die den Maximalwert der z-Komponente des magnetischen Momentes als Vielfaches eines Kernmagnetons angibt. Für ein einzelnes Teilchen mit Bahndrehimpuls l und Spin s können wir uns g zerlegt denken in einen Teil g_l, der den Beitrag des Bahndrehimpulses, und einen Teil g_s, der den Beitrag des Spins angibt. Für Kerne, die aus mehreren Nukleonen bestehen, hängt das resultierende magnetische Moment von der Kopplung sowohl der Spins als auch der Bahndrehimpulse zum Gesamtdrehimpuls ab. Eine Reihe von Meßdaten für magnetische Momente von Kernen sind in Abb. 1.8 dargestellt. Auf die Bedeutung der magnetischen Kernmomente für die MR-Tomographie wird in Kap. 11 und 12 eingegangen.

Kernenergieniveaus. Ähnlich wie die Elektronen in der Elektronenhülle schalenförmig strukturiert sind, gibt es auch für die Protonen und Neutronen im Atomkern Strukturen, die zur Bildung von Energieniveaus oder sog. „angeregten Zuständen" führen.

Abbildung 1.9 veranschaulicht die übliche Art, Energieverhältnisse im Kern darzustellen. Alle Anregungszustände werden in einer Energieskala (Einheit: MeV) angegeben. Der Nullpunkt der Energieskala wird so festgelegt, daß der Grundzustand des gerade betrachteten Kerns (Z, N) die Energie 0 erhält. Wenn (Z, N) ein stabiler Kern ist, so muß zur Separation eines Nukleons Energie aufgebracht werden. Die Energie, die der Kernmasse $(Z, N - 1) + n$ bzw. $(Z - 1, N) + p$ entspricht, liegt daher höher als die der Grundzustandsmasse (Z, N) entsprechende Energie. Die Differenz ist die Separationsenergie S_n bzw. S_p.

Die angeregten Zustände werden durch Linien bei den entsprechenden Energien gekennzeichnet. Typischerweise werden auch die Energie und, soweit bekannt, Spin und Parität angegeben. Die angeregten Zustände des Atoms ^{12}C sind in Abb. 1.10 dargestellt. Wie in der Elektronenhülle kann beim Übergang des Atomkerns von einem angeregten Zustand in einen tieferliegenden Zustand Energie in Form von elektromagnetischen Wellen abgestrahlt werden. Diese aus dem Atomkern kommende Strahlung wird als *γ-Strahlung* bezeichnet.

Kernmodelle

Das Schalenmodell. Zur Erklärung der Struktur der angeregten Zustände gibt es verschiedene Modellvorstellungen. Das einfachste Modell ist das „Schalenmodell". Als Schalenmodell bezeichnet man die Vorstellung, daß ein Kern näherungsweise als System voneinander unabhängiger, nicht miteinander wechselwirkender Nukleonen in einem mittleren Potential angesehen werden kann. In einem Modell unabhängiger Teilchen läßt sich jedes so berechnete Energieniveau mit einer bestimmten Zahl von Teilchen besetzen. Dabei gilt, wie auch in der Elektronenhülle, das Pauli-Prinzip:

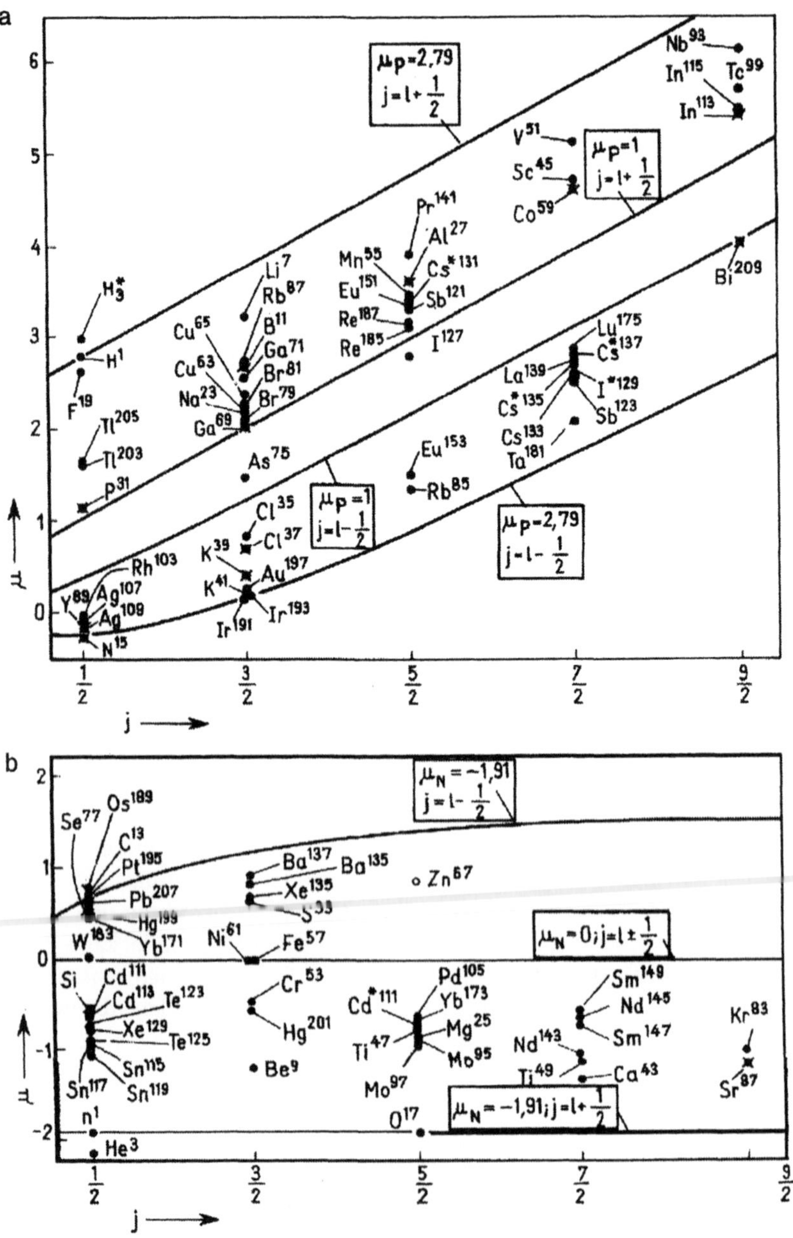

Abb. 1.8. Magnetische Momente für Kerne mit ungepaartem Proton (**a**) und für Kerne mit ungepaartem Neutron (**b**) (nach [3] S. 59)

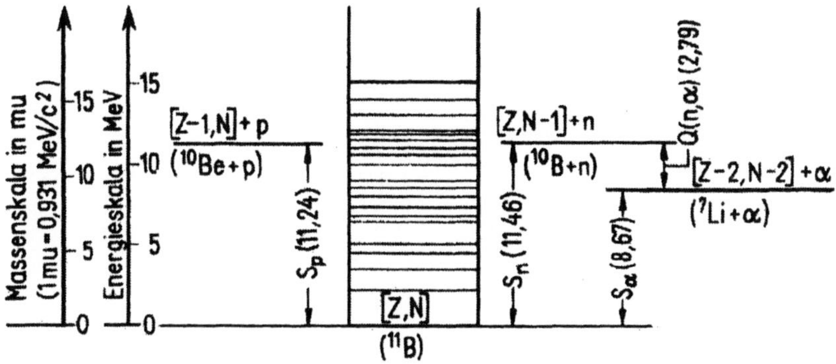

Abb. 1.9. Energiediagramm für einen Kern (Z, N) am Beispiel des Kerns ^{11}B (nach [3] S. 35)

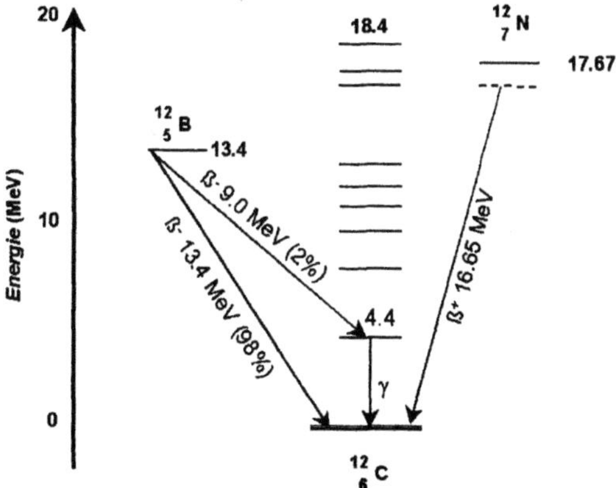

Abb. 1.10. Zerfallsschemata der Kerne ^{12}B (β^-) und ^{12}N $(\beta^+$-Zerfall) (nach [3] S. 35)

Jeder durch die Quantenzahlen n, l, j charakterisierte Zustand kann nur durch jeweils ein Teilchen mit dem Spin $s = \frac{1}{2}$ besetzt werden. Dabei ist n die Hauptquantenzahl ($n = 1, 2, \ldots$), l der Bahndrehimpuls ($l = 0, 1, 2, \ldots$ oder $s, p, d, f, \ldots$) und $j = l \pm s$. Die maximale Besetzungszahl der Niveaus ist $(2j+1)$. Das unter Einbeziehung der Spinbahnkopplung sich ergebende Niveauschema ist in Abb. 1.11 dargestellt.

Ein Schalenabschluß tritt für Teilchenzahlen auf, bei denen ein Niveau gerade voll besetzt ist und das einen besonders großen Abstand zum nächsthöheren Niveau hat. Erweitert man das Kernpotential, ähnlich wie in der Atomhülle, um einen Spinbahndrehimpuls-Wechselwirkungsterm, dann können die in der Natur beobachteten magischen Kernschalen ($N = Z = 2, 8, 20, 28, 50, 82, 126$), bei denen die Separationsenergien für ein Neutron

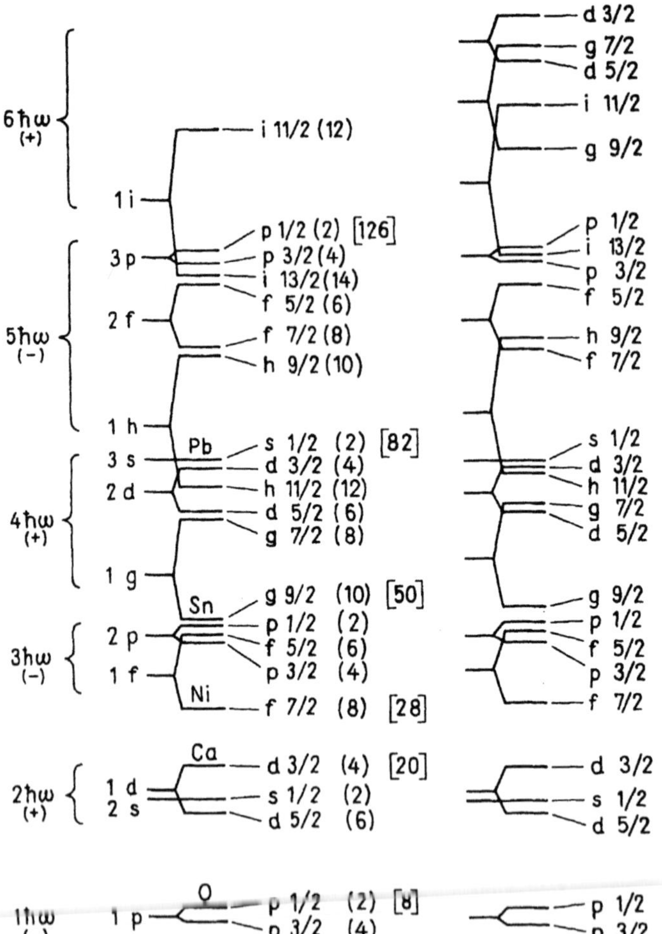

Abb. 1.11. Niveaufolge des Schalenmodells unter Berücksichtigung der Spinbahn-wechselwirkung (nach [3] S. 159). Links sind die Niveaus der Protonen, rechts die für Neutronen dargestellt. Die Zahlen in den eckigen Klammern entsprechen den magischen Zahlen

oder ein Proton besonders groß sind, vom Schalenmodell sehr gut wiederge-geben werden.

Mit Hilfe des Schalenmodells läßt sich auch eine Fülle experimenteller Daten über Spins und Paritäten der Grundzustände erklären. Die Regeln lassen sich allerdings nur bei kugelförmigen und nicht ohne weiteres bei stark deformierten Kernen anwenden.

Es liegt nahe, auch angeregte Niveaus von Kernen in Analogie zum Scha-lenmodell der Elektronenhülle mit dem Schalenmodell des Kerns zu erklären. Als Beispiel für ein solches „Einteilchenspektrum" ist ^{207}Pt in Abb. 1.12a

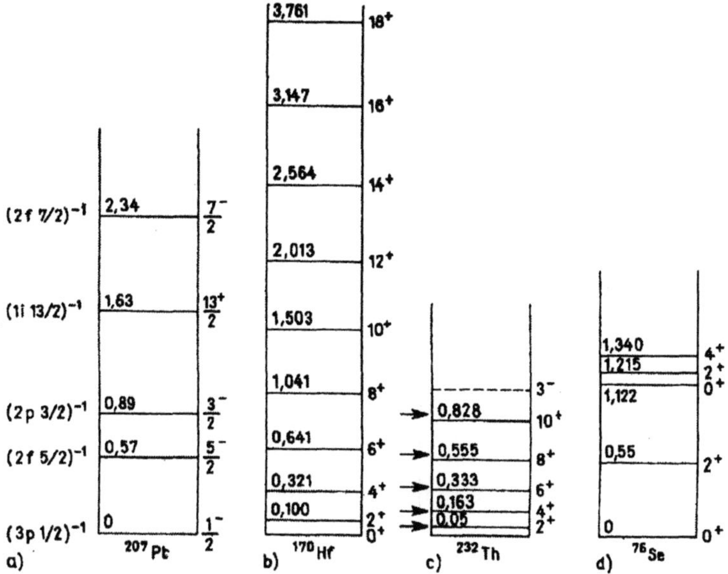

Abb. 1.12a–d. Vergleich verschiedener Anregungsspektren (Energien in MeV). Das Spektrum von ^{207}Pb ist ein typisches Einteilchenanregungsspektrum, das sich nach dem Schalenmodell beschreiben läßt. Die Spektren von ^{170}Hf und ^{232}Th zeigen Energieniveaus, die durch Rotationszustände zustandekommen (nach [3] S. 181)

dargestellt. Es hat sich jedoch gezeigt, daß nur wenige angeregte Niveaus von Kernen mit einem einzelnen Nukleon außerhalb einer ganz oder fast abgeschlossenen Schale sich als reine Einteilchenanregung deuten lassen.

Andere Phänomene, wie das Auftreten *isomerer Kernzustände* in bestimmten Regionen der Nuklidkarte, lassen sich wiederum gut durch das Schalenmodell erklären: Es sind die Kernübergänge, die nach dem Schalenmodell benachbart sind und für die sich aufgrund stark unterschiedlicher Bahndrehimpulse eine geringe Übergangswahrscheinlichkeit errechnen läßt.

Für ihre Arbeiten zum Verständnis der Struktur der Atomkerne und dem daraus resultierenden Schalenmodell erhielten Hans Jensen und Maria Göppert-Mayer im Jahre 1963 den Nobelpreis für Physik.

Kollektivmodell. Befinden sich viele Nukleonen außerhalb einer abgeschlossenen Schale, so ist es hoffnungslos, die Anregungszustände eines solchen Kerns auf der Grundlage des Schalenmodells verstehen zu wollen. In den Anregungsspektren treten jedoch andere, relativ einfach zu interpretierende Gesetzmäßigkeiten auf: Manche Anregungszustände in Kernen gehen auf eine kollektive Bewegung aller Nukleonen zurück. Bei kleineren kugelsymmetrischen Kernen, wie z.B. ^{76}Se, lassen sich z.B. angeregte Zustände durch Oberflächenschwingungen erklären (Abb. 1.12d), bei größeren neutronenrei-

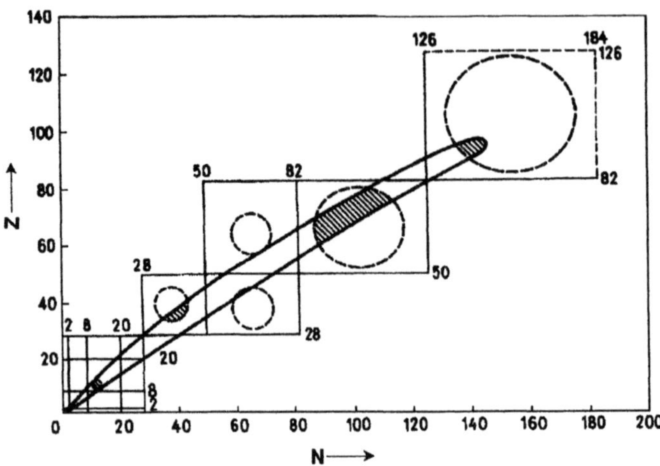

Abb. 1.13. Gebiete in der Nuklidkarte mit starker Kerndeformation (*schraffierte Bereiche*) (nach [3] S. 181)

chen Kernen kommen angeregte Zustände durch die Rotation eines elliptisch deformierten Kerns zustande. Die Rotationsenergie ist gequantelt und im Anregungsspektrum treten dann sog. Rotationszustände auf (z.B. ^{170}Hf und ^{232}Th, Abb. 1.12b und c). Abbildung 1.13 zeigt die Gebiete der Nuklidkarte, wo solche starken Kerndeformationen und kollektive Anregungen zu erwarten sind.

1.2.3   Elementarteilchen

Die physikalische Forschung der vergangenen Jahrzehnte hat gezeigt, daß die Protonen und Neutronen nicht als die kleinsten Kernbausteine angesehen werden können, sondern daß diese wiederum aus einer Vielzahl von Elementarteilchen zusammengesetzt sind. Zu diesen Elementarteilchen gehören u.a. die μ-Mesonen und die π-Mesonen. Für die medizinische Strahlenphysik spielen diese Teilchen allerdings bisher eine untergeordnete Rolle. So hat sich z.B. die Strahlentherapie mit π-Mesonen, die in mehreren klinischen Studien an großen Beschleunigern (Paul-Scherrer-Institut in Villigen, Schweiz, TRIUMF in Vancouver, Canada) durchgeführt wurde, als nicht erfolgreich erwiesen und wurde wieder aufgegeben.

1.3   Radioaktiver Zerfall

Unter instabilen Kernen oder Radioisotopen versteht man sowohl Kerne, die sich aus dem Grundzustand durch Teilchenemission spontan umwandeln, als auch Kerne, die aus angeregten Zuständen unter Aussendung von

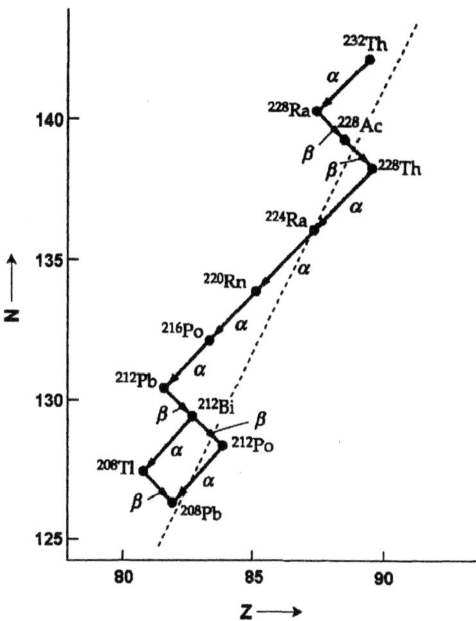

Abb. 1.14. Das Zerfallsschema der Thorium-Zerfallsreihe. Die *gestrichelte Linie* *zeigt* den theoretischen Verlauf der stabilen Isotope (nach [8] S. 1294)

γ-Strahlung in den Grundzustand übergehen. Die energetischen Randbedingungen wurden bereits in Kap. 1.2.2 kurz erläutert. Die energetischen Verhältnisse beim radioaktiven Zerfall eines Kerns werden in sog. Zerfallsschemata dargestellt. Beispiele hierfür sind in Abb. 1.15–1.18 gezeigt.

Der Ausstoß eines Kernbausteins aus einem einzelnen Atomkern ist dem Zufall überlassen. Man kann jedoch für eine Vielzahl von Kernen desselben Radioisotops eine Wahrscheinlichkeit angeben, wieviel Prozent dieser Kerne in einer bestimmten Zeiteinheit zerfallen werden. Bei einem solchen Zerfallsprozeß können α-Teilchen, β-Teilchen oder γ-Strahlen emittiert werden.

Natürliche Radioisotope sind solche, die in der Natur vorhanden sind, entweder aufgrund ihrer langen Halbwertszeit oder weil sie durch in der Natur vorkommende Kernreaktionen ständig neu nachproduziert werden. In der Natur vorkommende radioaktive Isotope, die eine merkliche Strahlenbelastung für den Menschen ausmachen, sind die der Uranzerfallsreihe (Abb. 1.14), der Thoriumzerfallsreihe und ^{40}K.

Durch die Entwicklung von Beschleunigern und Kernreaktoren war es etwa seit 1950 möglich, auch *künstliche radioaktive Stoffe* herzustellen. Künstliche Radioisotope werden durch Kernreaktionen erzeugt. Dabei werden stabile Kerne mit Neutronen oder hochenergetischen Protonen, Deuteronen oder α-Teilchen beschossen.

1.3.1 Aktivität

Die Umwandlung eines instabilen Kerns ist ein zufälliges Ereignis. Statistische Vorhersagen können nur über eine größere Anzahl von Kernen eines Isotops gemacht werden. Die *Aktivität* einer bestimmten Menge eines radioaktiven Isotops gibt die Zahl der in dieser Menge stattfindenden Zerfälle pro Sekunde an:

$$\text{Aktivität} = \frac{\text{Zerfälle}}{\text{Sekunde}} \,.$$

Die Einheit der Aktivität ist das Becquerel ($1\,\text{Bq} = 1/\text{sec}$). Eine alte Einheit, die verschiedentlich immer noch auftaucht, ist das Curie (Ci). Ein Ci entspricht $3,7 \times 10^{10}\,\text{Bq}$.

Das Zerfallsgesetz für radioaktive Isotope lautet:

$$A(t) = A_0 \, e^{\lambda t} \,.$$

Dabei ist $A(t)$ die Aktivität zum Zeitpunkt t, A_0 die Aktivität zum Anfangszeitpunkt $t = 0$, λ eine isotopspezifische Konstante, die sog. Zerfallskonstante oder Zerfallswahrscheinlichkeit, und t die Zeit, die seit $t = 0$ verstrichen ist. Die Zerfallsformel kann leicht aus der Tatsache abgeleitet werden, daß die Anzahl der Kerne ΔN, die in einer bestimmten Zeit Δt zerfallen, proportional zur Anfangszahl der Atomkerne N und zur Zerfallszeit Δt ist.

In Strahlentherapieanlagen, die mit radioaktiven Isotopen bestückt sind, werden Quellen mit einer Aktivität im Bereich von 10^{13}–$10^{15}\,\text{Bq}$ eingesetzt. Die Aktivitäten in der nuklearmedizinischen Diagnostik liegen im Bereich von ca. 10^7–$10^8\,\text{Bq}$. In Tabelle 1.2 sind einige weitere radioaktive Stoffe mit typischen Aktivitätsbereichen aufgelistet.

1.3.2 Halbwertszeit

Die Zeit, die vergeht, bis die Hälfte der radioaktiven Kerne N_0 zerfallen ist, nennt man die Halbwertszeit $T_{1/2}$. Zwischen Halbwertszeit $T_{1/2}$ und der Zerfallswahrscheinlichkeit λ besteht der Zusammenhang

$$T_{\frac{1}{2}} = \frac{ln2}{\lambda} \,.$$

In dosimetrischen Berechnungen für radioaktive Stoffe ist es wichtig, die Gesamtzahl der Zerfälle zu kennen, die bis zum völligen Abklingen der Aktivität auftreten. Diese Gesamtzahl entspricht dem Integral über der Zerfallskurve von der Zeit $t = 0$ bis $t = \infty$. Die Gesamtzahl der Zerfälle muß mit der Anfangszahl der radioaktiven Atome N_0 übereinstimmen. Stellt man sich eine hypothetische Quelle konstanter Aktivität A_0 vor und berechnet die Zeit t_a, die vergeht, bis gleichviel Kerne zerfallen wie beim gesamten Zerfall

Tabelle 1.2. Aktivitäten einiger Stoffe

Stoff	Aktivität
Erwachsener	7000 Bq
1 kg Kaffee	1000 Bq
1 kg Phosphatdünger	5000 Bq
Luft pro 100 qm Wohnraum in Europa	bis 30 kBq
Rauchmelder	30 kBq
Radioisotope für nuklearmed. Diagnostik	70 MBq
Radioisotope für Strahlentherapie	100 000 000 MBq
1 kg hochaktiver Radiomüll	10 000 000 MBq
1 kg Uranerz (Canada, 15%)	25 MBq
1 kg Uranerz (Australien, 0,3%)	500 kBq
1 kg „low level" radioaktiver Abfall	1MBq
1 kg Kohlenasche	2 kBq
1 kg Granit	1 kBq

eines Radionuklids mit der Anfangsaktivität A_0 und der Zerfallskonstanten λ, dann gilt

$$t_a\, A_0 = N_0\,;$$

daraus folgt:

$$t_a\, \lambda\, N_0 = N_0$$

oder:

$$t_a = \frac{1}{\lambda} = \frac{T_{\frac{1}{2}}}{ln2}\,.$$

Die Zeit t_a wird die *mittlere Lebensdauer* eines radioaktiven Stoffes genannt.

Ist die Anfangsaktivität und die Halbwertszeit eines radioaktiven Stoffes bekannt, dann kann die gesamte emittierte Strahlung bis zur Zeit $t = \infty$ leicht über die folgende Formel berechnet werden:

$$\text{emittierte Strahlung} = 1,44\, T_{\frac{1}{2}}\, A_0 = t_a A_0\,.$$

1.3.3 Zerfallsarten

Radioaktive Stoffe können sich entweder durch α-Zerfall oder duch β-Zerfall umwandeln. Beim β-Zerfall werden die drei Zerfallsarten β^--Zerfall, β^+-Zerfall und K-Einfang unterschieden. Diese Zerfallsarten werden im folgenden näher beschrieben.

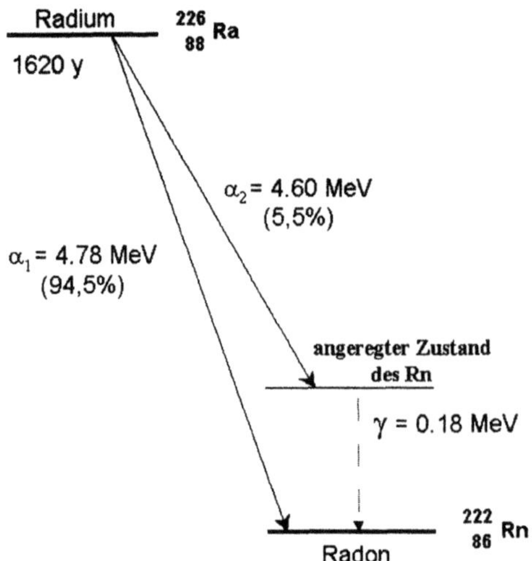

Abb. 1.15. Das Zerfallsschema des Elements ^{226}Ra (nach [2] S. 78)

α-Zerfall. In leichteren Atomen mit einer Ordnungszahl < 82 gibt es mindestens eine Nukleonenkonfiguration, die stabil ist. In diesen Kernen sind die Anziehungskräfte zwischen den Nukleonen offensichtlich hoch genug, um eine zufällige α-Teilchen-Emission zu verhindern. Bei den Elementen mit einer Ordnungszahl > 82 (die Ordnungszahl 82 entspricht dem Element Blei) gibt es viele α-Strahler. Sie zerfallen z.T. durch lange Serien von aufeinanderfolgenden α- und β-Zerfällen, bis stabile Isotope des Elements Blei als Tochterkern übrigbleiben (Abb. 1.14).

Bei α-Zerfällen wird ein Heliumkern ($2n+2p$) emittiert. Die Ordnungszahl des zerfallenden Nuklids wird daher um zwei Einheiten, die Massenzahl um vier Einheiten verringert:

$$\begin{array}{c}A\\Z\end{array}X \longrightarrow \begin{array}{c}A-4\\Z-2\end{array} X' + \alpha + \Delta E\,.$$

Die Differenz der Bindungsenergien zwischen Mutterkern und Tochterkern ΔE wird in kinetische Energie des α-Teilchens umgewandelt. α-Strahlung ist daher stets monoenergetisch.

Abbildung 1.15 zeigt das Zerfallsschema des Elements ^{226}Ra. Beim Zerfall des Radiums entsteht ^{222}Rn im Grundzustand und in einem energetisch angeregten Zustand. Der angeregte Zustand geht durch Aussendung von γ-Strahlung in den Grundzustand des Radons über. Wenn ein α-Zerfall energetisch möglich ist (s. hierzu die Energieüberlegungen in Kap. 1.2.2), dann hängt die Zerfallswahrscheinlichkeit von zwei Faktoren λ_0 und T_a ab:

$$\lambda = \lambda_0\, T_a\,.$$

λ_0 ist die Wahrscheinlichkeit, daß im Kern α-Teilchen gebildet werden und „quasistationäre" Zustände bilden, T_α ist die Wahrscheinlichkeit dafür, daß

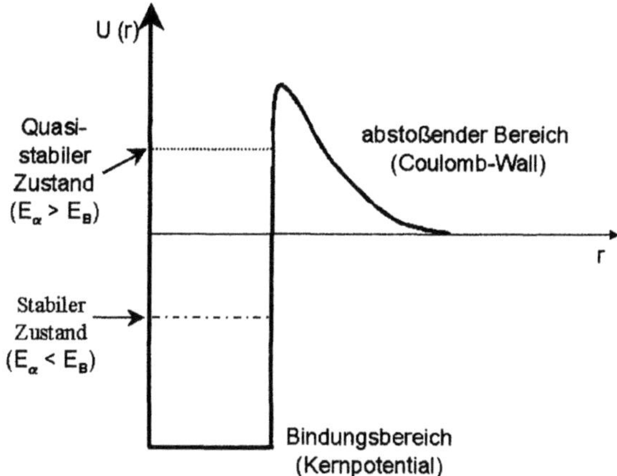

Abb. 1.16. Potentialverlauf beim α-Zerfall. Wenn die Energie der α-Teilchen im Kern kleiner als die Bindungsenergie ist, ergibt sich ein stabiler Zustand. Ist die Energie größer als die Bindungsenergie, dann liegt ein quasi-stabiler Zustand vor. Durch den quantenmechanischen „Tunneleffekt" können die α-Teilchen den Coulomb-Wall überwinden, und es kommt zum α-Zerfall

das α-Teilchen den Potentialtopf des Kernpotentials, das sich aus Kernkraftpotential und Coulombpotential zusammensetzt (Abb. 1.16), verlassen kann.

Der Beitrag von λ_0 zur Gesamtzerfallswahrscheinlichkeit λ ist eher unbedeutend. Die Wahrscheinlichkeit T_α, daß ein α-Teilchen den „Potentialtopf" verlassen kann, läßt sich nach quantenmechanischen Gesetzen berechnen. Sie ist im wesentlichen von der Energie des α-Teilchens abhängig, mit wachsender Energie des α-Teilchens steigt auch die Zerfallswahrscheinlichkeit und sinkt damit die Halbwertszeit. Da die Separationsenergie der α-Teilchen mit wachsendem A steigt, findet der α-Zerfall also hauptsächlich bei schweren Kernen statt.

Zu Beginn des 20. Jahrhunderts wurde Radium als α-Strahler in der Medizin intensiv genutzt. Der hohe Preis für Radium und vor allem auch die großen Gefahren, die aus Strahlenschutzgesichtspunkten vom Radium ausgingen (das Tochternuklid ist nach Abb. 1.15 das radioaktive Edelgas ^{222}Rn), haben dazu geführt, daß die medizinische Nutzung als externe oder implantierte Strahlenquelle praktisch aufgegeben wurde. α-Strahler haben heute noch eine gewisse Bedeutung für die nuklearmedizinische Therapie (z.B. α-Immuntherapie).

β-Zerfall. Die fundamentale Bedeutung des β-Zerfalls besteht darin, daß er durch eine Wechselwirkung zwischen physikalischen Objekten zustande kommt, die in der klassischen Physik nicht bekannt ist. Diese grundlegend neue Wechselwirkung, die wir heute die schwache Wechselwirkung nennen,

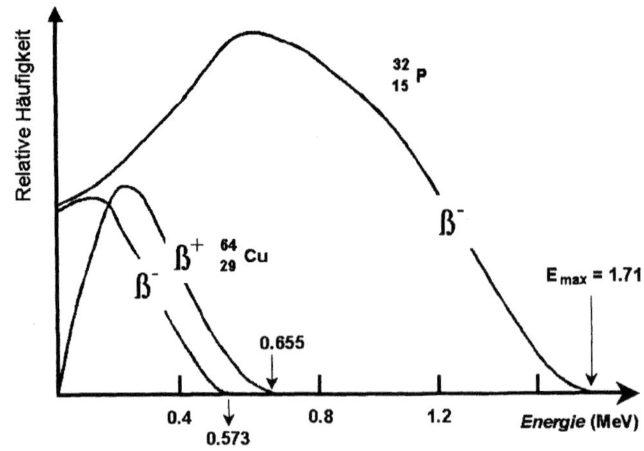

Abb. 1.17. β^--Spektrum für ^{32}P und β^+- und β^--Spektren für ^{64}Cu (nach [2] S. 81)

tritt neben die Gravitation, die elektromagnetische Wechselwirkung und die starke Wechselwirkung (Kernkräfte).

Eine charakteristische Eigenschaft des β-Zerfalls sind die Entstehung von β-Teilchen (Elektronen) und Neutrinos. Da beim β-Zerfall zwei Teilchen entstehen, kann die freiwerdende Energie in zufälliger Weise auf diese beiden Teilchen verteilt werden. β-Strahlen, die aus dem radioaktiven Zerfall eines β-Strahlers stammen, sind daher nicht monoenergetisch, das Energiespektrum ist vielmehr kontinuierlich mit einer Maximalenergie E_{max}. Die Mutter- und Tochterkerne des β-Zerfalls liegen auf isobaren Linien in der Nuklidkarte.

Abbildung 1.17 zeigt einige typische β Spektren. Die Formen der verschiedenen Spektren sind ähnlich, hängen aber doch davon ab, ob es sich um einen β^-- oder β^+-Zerfall handelt. In den β^--Spektren sind typischerweise β-Teilchen mit niedrigeren Energien häufiger vorhanden als in den β^+-Spektren.

Tabelle 1.3. Auswahlregeln für den β^--Zerfall

	Auswahlregeln			Beispiel	
Art des Überganges	Spin	Parität[1]	Log ft	Isotop	Halbwertszeit
Übererlaubt	$\Delta I = 0, \pm 1$	$+$	$3,5 \pm 0,2$	^{1}n	$11,7$ m
Erlaubt	$\Delta I = 0, \pm 1$	$+$	$5,7 \pm 1,1$	^{35}S	87 d
Einfach verboten	$\Delta I = 0, \pm 1$	$-$	$7,5 \pm 1,5$	^{198}Au	$2,7$ d
Zweifach verboten	$\Delta I = 0, \pm 2$	$+$	$12,1 \pm 1,0$	^{137}Cs	30 a
Dreifach verboten	$\Delta I = 0, \pm 3$	$-$	$18,2 \pm 0,6$	^{87}Rb	6×10^{10} a
Vierfach verboten	$\Delta I = 0, \pm 4$	$+$	$22,7$	^{115}In	6×10^{14} a

[1] $+$ bedeutet keine Paritätsänderung, $-$ bedeutet Paritätsänderung.

Das hängt mit der Gleichnamigkeit bzw. Ungleichnamigkeit der Ladungen bezüglich des Atomkerns zusammen: β^--Teilchen werden vom Kern nach der Emission angezogen und verlieren dadurch Energie, β^+-Teilchen werden abgestoßen und gewinnen Energie. Die Übergangswahrscheinlichkeiten hängen vom „Verbotenheitsgrad" des Übergangs ab. Der Verbotenheitsgrad ergibt sich aus sog. „Auswahlregeln" (Tabelle 1.3). Spektren mit verschiedenen Verbotenheitsgraden unterscheiden sich in der Form des β-Spektrums und damit insbesondere durch die mittlere Energie des Spektrums.

Für Dosimetrieberechnungen in der Medizin ist das Verhältnis der mittleren zur maximalen Energie wichtig. Diese Verhältnisse, die für alle Isotope unterschiedlich sind, sind tabelliert.

β^--Zerfall. Beim β^--Zerfall wandelt sich ein Neutron (n) im Atomkern in ein Proton (p), ein negatives Elektron (Negatron, e^-) und ein Antineutrino $(\overline{\nu})$ um:

$$n \longrightarrow p + e^- + \overline{\nu}\,.$$

Beim β^--Zerfall nimmt die Ordnungszahl um eine Einheit zu, die Massenzahl bleibt erhalten. Die Energiebilanz eines β-Zerfalls kann aus dem Massendefekt berechnet werden (s. Tabelle 1.4). Aus der Nuklidkarte ist ersichtlich, daß β^--Strahler Atomkerne mit Neutronenüberschuß sind. β^-- Strahler, die für die Medizin von Bedeutung sind, sind in Abb. 1.18 gezeigt. Sie werden überwiegend in Kernreaktoren durch (n, γ)-Reaktionen erzeugt.

Tabelle 1.4. Massendefekt und maximale Energie beim β^--Zerfall des Kerns ^{32}P

	^{32}P-Kerne	^{32}S-Kerne	Elektronenmasse
Masse	$31,973909 - 15\,m_e$	$31,972073 - 16\,m_e$	$1\,m_e$
Gesamtmasse	$31,973909 - 15\,m_e$	$31,972073 - 15\,m_e$	
Massendefekt		$0,001836 = 1,71\,\mathrm{MeV}$	

β^+-Zerfall. Beim β^+-Zerfall wandelt sich ein Neutron (n) in ein positives Elektron (e^+, Positron, das Antiteilchen zum Negatron) und ein Neutrino (ν) um:

$$p \longrightarrow n + e^+ + \nu\,.$$

Für die Nuklearmedizin wichtige Beispiele sind der radioaktive Zerfall der Elemente ^{18}F oder ^{13}N. Die Massenbilanz für den Zerfall von ^{13}N ist in der

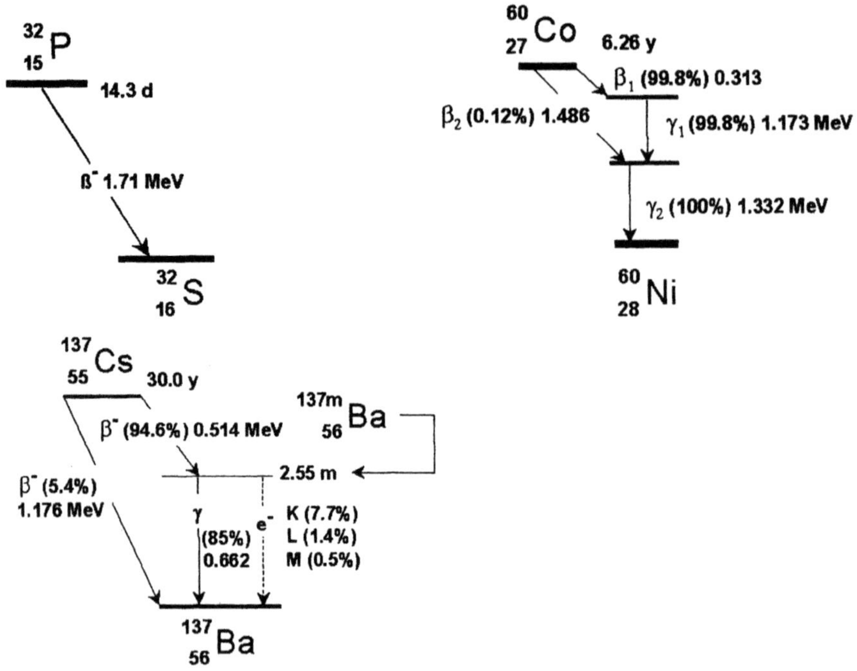

Abb. 1.18. Zerfallsschema von ^{32}P (a), ^{60}Co (b) und ^{137}Cs (c)

Tabelle 1.5. Massendefekt und maximale Energie beim β^+-Zerfall des Kerns ^{13}N

	^{13}N-Kern	^{13}C-Kern	β^+-Teilchen
Masse	$13,0057388 - 7\,m_e$	$13,00335511 \quad 0\,m_e$	$1\,m_e$
Gesamtmasse	$13,0057388 - 7\,m_e$	$13,00335511 - 5\,m_e$	
Massendefekt	$0,0023837 - 2\,m_e = 1,198\mathrm{MeV}$		

Tabelle 1.5 zusammengestellt. Daraus ist ersichtlich, daß die gesamte kinetische Energie des β^+-Zerfalls der Massendifferenz von Mutter- und Tochterkern entspricht, vermindert um zwei Elektronenmassen.

Da die e^+-Teilchen nach ihrer Erzeugung wieder mit e^--Teilchen zerstrahlen, ist eine Folge des β^+-Zerfalls eine Vernichtungsstrahlung von $2 \times 511\,\mathrm{keV}$. Die beiden dabei entstehenden Quanten werden genau entgegengesetzt emittiert. Diese Eigenschaft wird in der nuklearmedizinischen Diagnostik bei der Positronenemissionstomographie (PET) genutzt.

Aus der Nuklidkarte der Isotope ist ersichtlich, daß vor allem Kerne mit Neutronenmangel (bzw. Protonenüberschuß) den β^+-Zerfall zeigen. Solche

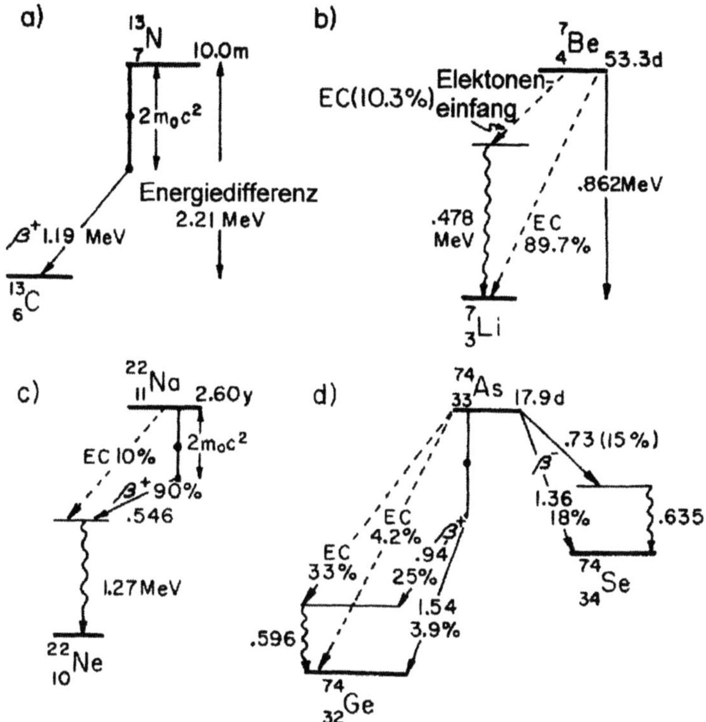

Abb. 1.19a–d. Zerfallsschemata von ^{13}N, ^{7}Be, ^{22}Na und ^{74}As. Es sind nur die wichtigsten Übergänge gezeigt (nach [2] S. 85)

Kerne werden vorzugsweise mit Teilchenbeschleunigern (Zyklotrons) hergestellt. Abbildung 1.19 zeigt einige Beispiele für β^+-Strahler, die in der Medizin eingesetzt werden.

Elektroneneinfang (K-Einfang). Nach der Energiebilanz des β^+-Zerfalls müssen die Energieniveaus von Mutter- und Tochterkern mindestens 1022 keV auseinanderliegen, damit eine Umwandlung stattfinden kann. Ist die Energiedifferenz nicht hinreichend groß, dann wandeln sich die Kerne u.U. durch K-Einfang (auch EC genannt, aus dem Englischen „electron capture") um. Dabei vereinigen sich ein Proton des Atomkerns und ein Elektron aus der K-Schale der Atomhülle:

$$p + e^- \longrightarrow n + \nu \,.$$

Es gibt auch Kerne, die sich sowohl nach dem K-Einfang als auch nach dem β^+-Zerfall umwandeln (z.B. ^{22}Na).

Ein besonderes Nuklid ist ^{74}At. Dieses Nuklid steht energetisch zwischen zwei stabilen Isobaren. Es zerfällt sowohl durch den β^--Zerfall, durch den β^+-Zerfall als auch durch K-Einfang. Ein Beispiel für ein strahlenmedizinisch genutztes Radionuklid, das sich nach dem K-Einfang umwandelt, ist ^{125}J. Genutzt wird dabei die charakteristische Röntgenstrahlung, die durch den Übergang eines äußeren Elektrons aus der Atomhülle in das Elektronloch der K-Schale entsteht. Diese charakteristische Röntgenstrahlung ist monoenergetisch und im Fall des ^{125}J auch relativ niederenergetisch.

Innere Konversion. β-Spektren zeigen neben der üblichen kontinuierlichen Energieverteilung der Elektronen oft ausgeprägte Linien bei diskreten Energien (Abb. 1.20). Diese Linien rühren von den sog. Konversionselektronen her. Die Energie angeregter Zustände des Tochterkerns wird dabei direkt auf ein Elektron der K-, L- oder M-Schale übertragen (Abb. 1.21). Die Energie der Elektronen E_e entspricht der Energie des angeregten Zustands E_γ, verringert um die Bindungsenergie der Elektronen E_B in der jeweiligen Schale:

$$E_e = E_\gamma - E_B \,.$$

Wie beim K-Einfang wird auch bei der inneren Konversion das Loch in der K-, L- oder M-Schale durch Elektronen aus benachbarten Schalen aufgefüllt, und es kommt zur Emission von charakteristischer Röntgenstrahlung oder zur

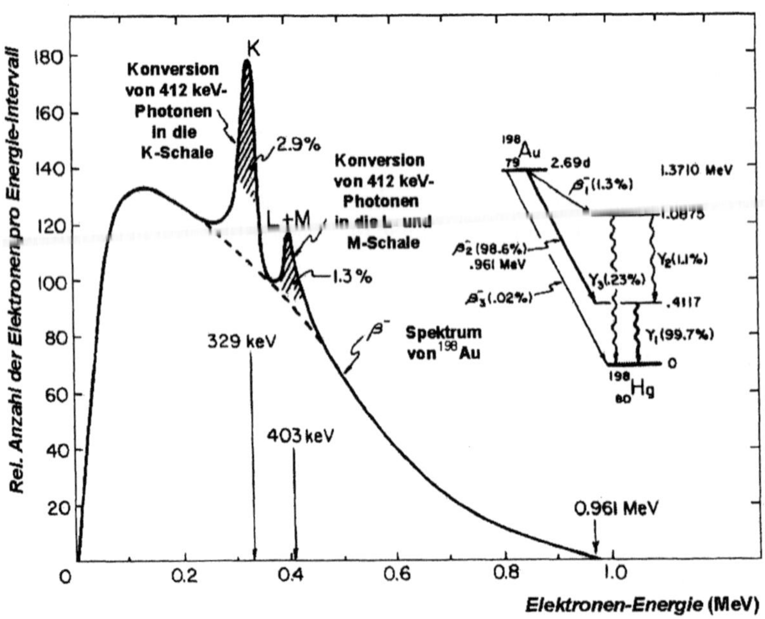

Abb. 1.20. β^--Spektrum von ^{198}Au mit diskreten Energielinien bei 329 keV und 408 keV, die dem kontinuierlichen Spektrum überlagert sind. Elektronen mit diesen Energien stammen aus der inneren Konversion von 412 keV γ-Strahlen in die K-, L- und M-Schale (nach [2] S. 87)

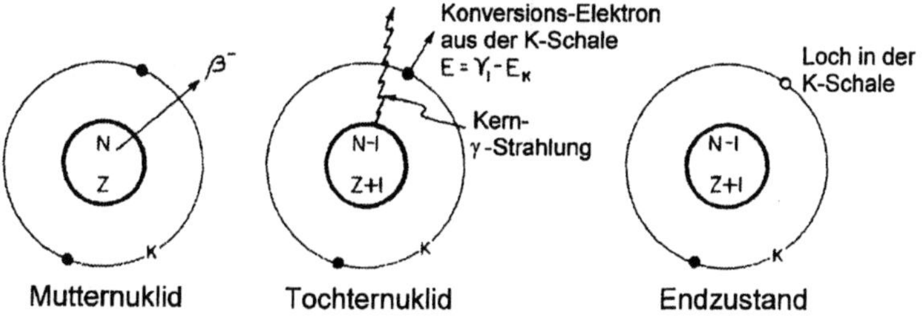

Abb. 1.21. Schematische Darstellung der inneren Konversion (nach [2] S. 88)

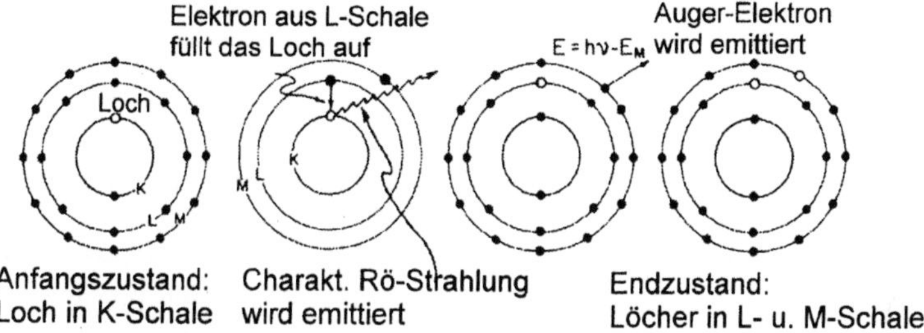

Abb. 1.22. Schematische Darstellung der Erzeugung von Auger-Elektronen aus einem Loch in der K-Schale (nach [2] S. 88)

Bildung von Auger-Elektronen. Die relative Wahrscheinlichkeit, daß innere Konversion auf ein Elektron der K-Schale auftritt, wird durch den „inneren Konversionsfaktor" α_k beschrieben:

$$\alpha_k = \frac{\text{Anzahl der emittierten } \gamma\text{-Quanten}}{\text{Anzahl der Löcher in der K-Schale}} .$$

α_k nimmt mit wachsender Ordnungszahl zu.

Auger-Elektronen. Wenn die Energie beim Auffüllen eines Elektronlochs in einer inneren Schale durch ein Elektron aus einer äußeren Schale direkt auf ein Elektron einer äußeren Schale übertragen wird, spricht man von der Bildung von *Auger-Elektronen* (Abb. 1.22). Die Auger-Elektronen sind monoenergetisch. Zur Beschreibung der Auger-Elektronen benutzt man eine Notation, die drei Schalen involviert. KLM-Auger-Elektronen werden aus der M-Schale emittiert und verdanken ihre Energie dem Übergang aus der L- in die K-Schale. Nach der Emission der KLM-Auger-Elektronen sind in der Elektronenhülle zwei Elektronenlöcher entstanden: eines in der L-Schale und eines in der M-Schale.

Die relative Wahrscheinlichkeit für das Auftreten von Auger-Elektronen ist bei kleinen Ordnungszahlen groß und nimmt mit wachsender Kernladungszahl ab.

Elektromagnetische Übergänge/γ-Strahlung. Nach einem α- oder β-Zerfall wird der Tochterkern oft in einem angeregten Zustand erzeugt. Die meisten dieser angeregten Zustände haben sehr kurze Halbwertszeiten ($< 10^{-6}$ s) und gehen unter Aussendung von γ-Strahlung in ein niedrigeres angeregtes Niveau oder in den Grundzustand über. In einigen Fällen betragen die Halbwertszeiten jedoch einige Sekunden, Minuten oder sogar Stunden. Solche angeregten Zustände heißen isomere oder metastabile Zustände, auf ihr Zustandekommen wurde bereits unter Kap. 1.2.2 hingewiesen. Isomere Zustände werden durch den Buchstaben m charakterisiert. In der Medizin genutzte Radionuklide mit isomeren Zuständen sind z.B. ^{137m}Ba, ^{99m}Tc und ^{131m}Xe. In der nuklearmedizinischen γ-Kamera-Szintigraphie werden als γ-Strahler fast ausschließlich Radioisotope mit isomeren Zuständen eingesetzt (s.a. Kap. 7).

1.3.4 Energieabsorption bei inkorperierten radioaktiven Stoffen

Bei der medizinischen Anwendung radioaktiver Stoffe kann es notwendig werden, die Energie (und damit die Energiedosis) zu berechnen, die im Gewebe des Patienten absorbiert wird. Bei den einzelnen Zerfallsarten muß dabei die Art und die Energie der beim Zerfall entstehenden Strahlungen berücksichtigt werden. Generell gilt, daß die Neutrinos keine Energie im biologischen Material deponieren. Für die verschiedenen Zerfallsarten gilt im einzelnen:

- α-*Zerfall*: Gesamte Energie der α-Teilchen wird im Gewebe absorbiert.
- β^--*Zerfall*: Man kann davon ausgehen, daß die mittlere Energie E_{mean} der β-Teilchen absorbiert wird. E_{mean} ist tabelliert und beträgt meistens ungefähr ein Drittel der maximalen β-Energie.
- β^+-*Zerfall*: Die mittlere Energie E_{mean} der β^+ Teilchen wird absorbiert. E_{mean} ist tabelliert und beträgt gewöhnlich etwas mehr als ein Drittel der maximalen β-Energie. Zusätzlich werden zwei Vernichtungsquanten mit je 0,511 MeV Energie freigesetzt. Da diese γ-Strahlen durchdringend sind, wird nur ein Teil dieser Energie im biologischen Material absorbiert.
- *Elektroneneinfang*: Der größte Teil der Energie wird in Form von Neutrinos freigesetzt. Wenn Elektronenlöcher in der K- oder L-Schale durch den Elektroneneinfang erzeugt werden, werden diese durch Elektronen aus äußeren Schalen aufgefüllt, und es entstehen charakteristische Röntgenstrahlung und Auger-Elektronen. Der größte Anteil der Energie aus diesen Prozessen wird lokal absorbiert.
- γ-*Strahlung*: Wenn γ-Strahlung erzeugt wird, wird bei niederenergetischer γ-Strahlung die gesamte Energie absorbiert, wenn das biologische Material größere Ausdehnung hat. Bei höher energetischer γ-Strahlung wird nur ein Teil der Energie absorbiert.
- *Innere Konversion*: Die bei der inneren Konversion entstehenden Konversionselektronen geben ihre gesamte Energie an das Gewebe ab. Zusätzlich entsteht charakteristische Röntgenstrahlung, die gewöhnlich ebenfalls im

biologischen Material absorbiert wird. Treten statt charakteristischer Röntgenstrahlen Auger-Elektronen auf, wird auch deren Energie vollständig absorbiert.

- *Auger-Elektronen*: Die Energie der Auger-Elektronen wird vollständig absorbiert.

1.4 Kernreaktionen

Kernreaktionen werden durch das einlaufende Teilchen, das auslaufende Teilchen, den Zielkern und den Endkern charakterisiert (Abb. 1.23). Wird z.B. der Atomkern ^{16}O mit hochenergetischer Röntgenstrahlung beschossen, dann kann ein Neutron aus dem Atomkern abgespalten werden, und es entsteht ^{15}O. Diese Kernreaktion wird geschrieben als

$$^{16}O(\gamma, n)^{15}O \,.$$

Diese Reaktion spielt z.B. in der Strahlentherapie eine gewisse Rolle, wo bei Strahlenbehandlungen von Patienten mit hochenergetischen Photonen der β^+-Strahler ^{15}O gebildet wird. Prinzipiell ist dadurch die Möglichkeit gegeben, die Strahlendosisverteilung im Patienten in vivo dreidimensional durch Positronenemissionstomographie (PET) zu erfassen. Erste experimentelle Untersuchungen zu einer solchen PET-Verifikation wurden vor kurzem begonnen. Die Reaktion (n, γ) spielt z.B. bei der Produktion von ^{60}Co aus ^{59}Co im Neutronenfluß von Kernreaktoren eine Rolle. ^{60}Co spielte jahrzehntelang die tragende Rolle in der Strahlentherapie als externe Bestrahlungsquelle. Im sog. γ-Knife wird es heute noch intensiv genutzt. Eine Kernreaktion findet nur dann statt, wenn das einfliegende Teilchen den Zielkern unmittelbar trifft. Die wirksame „Zielfläche" eines Atomkerns, der sog. Wirkungsquerschnitt, liegt bei etwa 10^{-25} cm^2 und ist damit außerordentlich klein. Um hinreichende Mengen radioaktiven Materials zu erzeugen, müssen daher Proben über einen längeren Zeitraum mit sehr hoher Teilchenintensität bestrahlt werden.

Besondere Bedeutung kommt den Kernreaktionen in der Nuklearmedizin zu. Die Positronenemissionstomographie ist z.B. auf kurzlebige β^+-Strahler

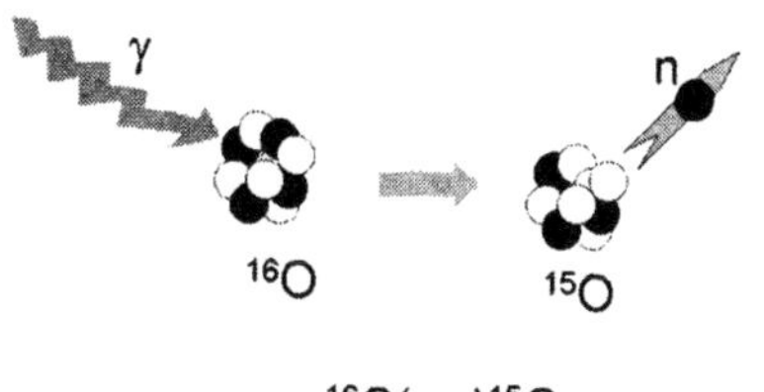

Abb. 1.23. Schematische Darstellung einer Kernreaktion am Beispiel der (γ, N)-Reaktion an ^{16}O

angewiesen, die mit Kernreaktionen an Beschleunigeranlagen (in der Regel Zyklotrons) meistens vor Ort produziert werden. β^+-Strahler werden durch Kernreaktionen erzeugt, bei denen ein Proton aus dem einlaufenden Kern auf den Targetkern übertragen wird.

Literatur

1. Evans RD (1995) The atomic nucleus. McGraw Hill, New York
2. Johns HE, Cunningham JR (1983) The physics of radiology. Charles C. Thomas, Springfield
3. Mayer-Kuckuck T (1973) Physik der Atomkerne. Teubner, Stuttgart
4. Musiol G, Ranft J, Reif R, Seeliger D (1988) Kern- und Elementarteilchenphysik. VCH, Weinheim New York Cambridge Basel
5. Seelmann-Eggebert W, Pfennig G, Münzel H, Klewe-Nebenius H (1955) Karlsruher Nuklidkarte. 6. Aufl. J. Jehle, München
6. Segré E (1977) Nuclei and particles. 2nd Edn, Benjamin Cummings
7. Siegbahn K (1955) α, β and γ-ray-spectroscopy. Wiley, New York
8. Tipler TA (1999) Physics for scientist and engineers, Vol 3. Freeman, New York

2 Physikalische Wechselwirkungen ionisierender Strahlung mit Materie

U. Oelfke

Die medizinische Applikation von Röntgenstrahlung am Patienten erfolgt entweder im Rahmen der Röntgendiagnostik oder der Strahlentherapie. Die diagnostische Indikation erlaubt die nichtinvasive „Durchleuchtung" des Patienten mit Röntgenstrahlen zur Abklärung lokaler anatomischer Defekte, während die therapeutische Indikation darauf zielt, bereits identifizierte maligne Gewebe zu entfernen oder in ihrem Wachstum einzuschränken. Obwohl die Aufgabenstellung dieser beiden Anwendungen elektromagnetischer Strahlung höchst unterschiedlich ist, basieren die Röntgendiagnostik als auch die Strahlentherapie auf demselben physikalischen Prinzip, der Absorption von Photonen im Gewebe des Patienten. Ziel dieses Beitrags ist die Darstellung der physikalischen Wechselwirkung von Photonen in Materie im Hinblick auf ihre Anwendung in Diagnostik und Therapie.

Anschließend werden speziell einige Grundlagen zur Wechselwirkung von schweren, geladenen Teilchen mit Materie präsentiert. Protonen- und Schwerionenstrahlen finden ihre medizinische Anwendung ausschließlich in der Strahlentherapie. Nach der Entwicklung der technischen Voraussetzungen zur Applikation dieser Strahlen und dem erfolgreichen Abschluß erster klinischer Studien werden derzeit zunehmend klinische Zentren geplant, deren Hauptziel die klinische Evaluierung dieser neuen Therapieform ist. Zum Verständnis der mit der Schwerionentherapie erreichbaren Dosisverteilungen werden die elementaren Prozesse der Wechselwirkung von geladenen Teilchen in Materie kurz dargestellt.

2.1 Absorption von Röntgenstrahlen: Phänomenologische Beschreibung

2.1.1 Das Energiespektrum medzinisch applizierter Röntgenstrahlung

Sowohl Röntgen- als auch γ-Strahlung gehört zum Spektrum der elektromagnetischen (e.m.) Strahlung, deren physikalische Eigenschaften durch komplementäre Bilder als „Welle" oder „Teilchen" beschrieben werden. Die Welleneigenschaften, wie z.B. die Interferenzen der Optik, spielen im Bereich der medizinisch applizierten Strahlung kaum eine Rolle, so daß das Teilchenbild der e.m. Strahlung Anwendung findet. Eine e.m. Welle der Wellenlänge λ

bzw. Frequenz ν ($\nu \times \lambda = c$) entspricht danach einem Photon mit der Energie $E = h\nu$, die sich wie folgt aus der Wellenlänge der Strahlung errechnet:

$$E = h\nu = \frac{hc}{\lambda} = \frac{124}{\lambda\,[\text{nm}]}\,[\text{keV nm}]\,. \tag{2.1}$$

Die Konstanten h und c bezeichnen das Plancksche Wirkungsquantum bzw. die Lichtgeschwindigkeit.

Der in der Röntgendiagnostik und Strahlentherapie genutzte Energiebereich umfaßt nur einen verschwindend kleinen Bereich des e.m. Spektrums mit Energien von ca. 10 keV bis etwa maximal 20 MeV. Warum gerade diese Teilchenenergien verwendet werden und welche erwünschten Effekte bzw. unvermeidbare Risiken der Einsatz von Röntgenstrahlen am Patienten birgt, soll durch die Diskussion der mikroskopischen Wechselwirkungen von Photonen mit Materie deutlich werden. Dabei wird zunächst das experimentelle Phänomen der Photonenabsorption betrachtet, bevor eine detaillierte Beschreibung der mikroskopischen Prozesse erfolgt.

2.1.2 Absorption, Transmission, Streuung

Betrachtet wird die folgende Idealgeometrie zur Absorption von Strahlung: Ein dünner Nadelstrahl von Photonen der Energie E_γ trifft auf einen senkrecht zur Strahlrichtung ausgerichteten, homogenen Absorber der Ordnungszahl Z, hinter dem sich auf der Strahlachse ein punktförmiger Detektor P befindet (s. Abb. 2.1). Die Wechselwirkung der Photonen mit dem Medium kann prinzipiell zur Reflektion, Absorption und Transmission des primären Photonenstrahls führen. Während im Bereich der optischen Wellenlängen die Reflektion dominiert, benötigt man für die nichtinvasive Diagnostik eine Strahlung mit signifikanter Transmission. Das ist der Fall, wenn die Wellenlänge der Strahlung λ kleiner als ein charakteristischer Atomradius r_0 von ca. 10 nm ist, d.h. wenn $E_\gamma^{min} > hc/r_0 \approx 12.4$ keV. Diese minimale Energieschwelle von einigen keV bedingt unmittelbar, daß die Atome des Gewebes

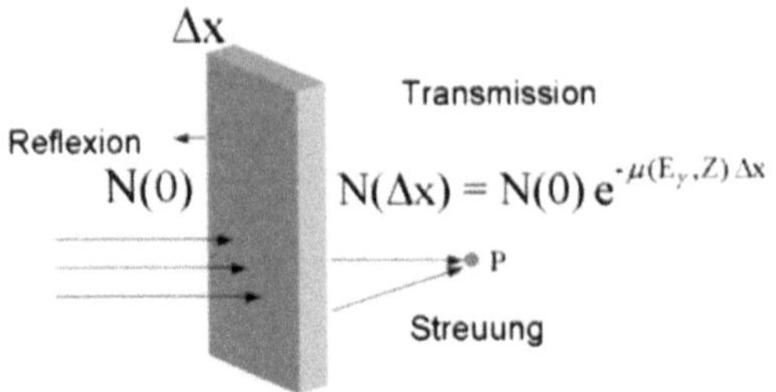

Abb. 2.1. Absorption von Photonen. Messung der Photonenabsorption mit einem punktförmigen Detektor P. Falls der Detektor keine gestreuten Photonen mißt, gilt das exponentielle Schwächungsgesetz von Beer für die Anzahl der Photonen

ionisiert werden können, d.h., daß mikroskopische, irreversible Veränderungen von Biomolekülen möglich sind. Phänomenologisch wird die Absorption dünner Photonenstrahlbündel durch das Beersche Absorptionsgesetz beschrieben. Befinden sich $N(0)$ Photonen vor dem absorbierenden Medium, so mißt der Detektor im Punkt P lediglich einen Bruchteil $N(\Delta x)/N(0)$, dessen Größe vom linearen Absorptionskoeffizienten $\mu(E_\gamma, Z)$ und der Dicke Δx des Mediums abhängt. Die Transmission T des Photonenstrahls folgt in erster Näherung einer exponentiellen Abschwächung:

$$T(\Delta x, E_\gamma, Z) = \frac{N(\Delta x)}{N(0)} = \exp(-\mu(E_\gamma, Z)\Delta x)\,. \tag{2.2}$$

Fällt ein ausgedehnter Photonenstrahl auf ein absorbierendes Medium, so erreichen den Detektor auch noch gestreute Photonen, und das Beersche Absorptionsgesetz wird um den Photonenaufbaufaktor $B(\Delta x, E_\gamma, F, L)$ ergänzt:

$$T(\Delta x, E_\gamma, Z, F) = \frac{N(\Delta x)}{N(0)} = B(\Delta x, E_\gamma, F, L)\,\exp(-\mu(E_\gamma, Z)\Delta x)\,. \tag{2.3}$$

Die Anzahl der einfallenden Photonen pro Querschnittfäche F bezeichnet man als einfallende Photonenfluenz Φ; L steht für den Abstand zwischen dem Absorber und dem Detektor P. Der Aufbaufaktor B spielt insbesondere bei der Berechnung geeigneter Abschirmungen von Strahlenquellen eine Rolle.

2.1.3 Absorptionskopeffizienten

Neben der Transmission interessiert besonders im Fall der Strahlentherapie die Energieabsorption im Medium. Zur Beschreibung dieses Phänomens werden neben dem linearen Absorptionskoeffizienten noch der Energieübertragungskoeffizient μ_{tr} sowie der Energieabsorptionskoeffizient μ_{ab} definiert. Beim Wechselwirkungsprozeß im Medium wird ein Bruchteil der Energie E_γ des primären Photons auf die Elektronen des Mediums übertragen. Von der im Mittel übertragenen Energie $\bar{E}_{tr}$ wiederum kann ein Anteil lokal deponiert werden, während hochenergetische Elektronen oder Bremsstrahlung die restliche Energie weiter transportieren (s. Abb. 2.2). Bezeichnet man die mittlere, lokal am Wechselwirkungspunkt absorbierte Energie als $\bar{E}_{ab}$, so sind μ_{tr} und μ_{ab} definiert als

$$\mu_{tr} = \mu\frac{\bar{E}_{tr}}{E_\gamma}\,; \quad \mu_{ab} = \mu\frac{\bar{E}_{ab}}{E_\gamma}\,. \tag{2.4}$$

Für Photonen mit Energien $E_\gamma < 1\,\mathrm{MeV}$ gilt im Gewebe $\mu_{tr} \approx \mu_{ab}$; erst bei Photonen höherer Energie wird der Energietransport durch Elektronen zunehmend wichtig.

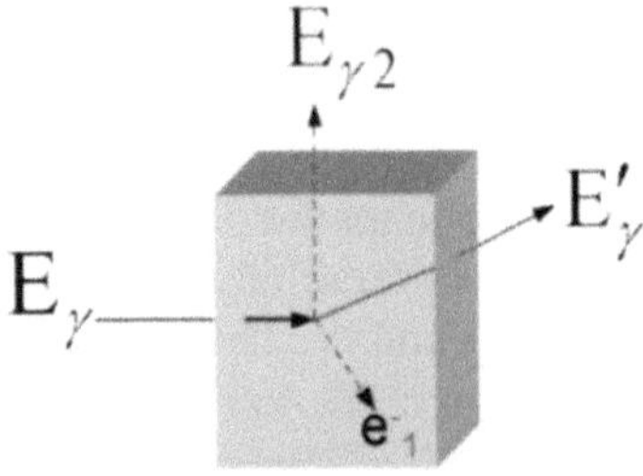

Abb. 2.2. Beispiel zur Definition von absorbierter und übertragener Energie. Ein Photon der Energie E_γ erfährt eine primäre Wechselwirkung im Volumenelement dV, bei der ein gestreutes Photon der Energie E'_γ und ein Elektron (e_1^-) erzeugt wird. Das gestreute Photon verläßt das Volumen dV, so daß auf dV die Energie $E_{tr} = E_\gamma - E'_\gamma$ übertragen wird. Die in dV absorbierte Energie E_{ab} kann jedoch kleiner als die übertragene Energie E_{tr} sein, wenn Sekundärprozesse dazu führen, daß Teile der übertragenen Energie aus dV heraustransportiert werden. Im gezeigten Fall verliert das Elektron die Energie $E_{\gamma2}$ durch Bremsstrahlung, so daß gilt: $E_{ab} = E_{tr} - E_{\gamma2}$

2.2 Mikroskopische Beschreibung der Wechselwirkung von Röntgenstrahlen

2.2.1 Rückführung der Phänomenologie auf mikroskopische Prozesse

Die Kopplung der phänomenologischen Beschreibung an die relevante, mikroskopische Physik erfolgt über die zentrale Größe des Absorptionswirkungsquerschnitts $\sigma_A(E_\gamma, Z)$, der die mikroskopische Fläche bezeichnet, in der pro Streuzentrum und mittlerer freier Weglänge l ein Teilchen absorbiert wird. Die longitudinale Ausdehnung l des Zylinders der Querschnittsfläche $\sigma_A(E_\gamma, Z)$, in der statistisch eine Absorption stattfindet, ergibt sich durch die Forderung, daß im Volumen $\sigma_A(E_\gamma, Z)\,l$ genau ein Streuzentrum zu finden ist, d.h.,

$$\sigma_A(E_\gamma, Z)\,l = \frac{1}{\rho_s}, \tag{2.5}$$

wobei ρ_s die homogene Streuzentrendichte des Mediums bezeichnet. Als Streuzentren kommen je nach physikalischer Wechselwirkung entweder die Elektronen der Atome oder die Atomkerne selbst in Frage. Unter der weiteren Annahme, daß die Ereignisse der Photonenabsorption einer Poisson-Verteilung $N(\Delta x) \propto \exp(-\Delta x/l)$ genügen, erhält man durch Vergleich mit dem Beerschen Absorptionsgesetz die Verknüpfung der mikroskopischen Größen mit dem „phänomenologischen" Absorptionskoeffizienten μ:

$$\mu(E_\gamma, Z) = \frac{1}{l(E_\gamma, Z)} = \sigma_A(E_\gamma, Z) \cdot \rho_s\,. \tag{2.6}$$

Charakteristische Werte für die Dichte von Streuzentren in Geweben finden sich in Tabelle 2.1. Für Photonen mit Energien von $10\,\text{keV} < E_\gamma < 10\,\text{MeV}$ nimmt der Wirkungsquerschnitt $\sigma_A(E_\gamma, Z)$ Werte von einigen Barn ($10^{-24}\,\text{cm}^2$) bzw. Millibarn an, so daß sich als mittlere freie Weglängen von Photonen in Wasser z.B. Werte von ca. $2\,\text{mm}$ ($E_\gamma = 10\,\text{keV}$) bis zu $45\,\text{cm}$ ($E_\gamma = 10\,\text{MeV}$) ergeben.

Anstelle der Dichte der Streuzentren ρ_s in 2.6 wird häufig die Massendichte ρ verwendet. Die notwendige Umrechnung in z.B. Elektronendichten erfolgt mit Hilfe der Avogadrokonstanten $N_A = 6.02 \times 10^{23}$:

$$\mu(E_\gamma, Z) = \sigma_A(E_\gamma, Z) \cdot \rho_s(Z, A) = \sigma_A(E_\gamma, Z) \cdot \rho \, \frac{N_A Z}{A} \tag{2.7}$$

mit A als Massenzahl des Targetkerns. Der Absorptionskoeffizient von chemischen Verbindungen μ_c, die aus Atomen mit den Massen- und Ladungszahlen A_i bzw. Z_i bestehen, errechnet sich einfach als Summe der entsprechenden Koeffizienten $\mu_c^i(E_\gamma, Z_i, A_i)$.

In den nächsten Abschnitten werden kurz die drei wichtigsten mikrospischen Wechselwirkungen von Photonen mit Atomen dargestellt. Die Prozesse des Photoeffekts, der Compton-Streuung und der Paarerzeugung werden mit zunehmender Photonenenergie wichtig und präsentieren die Mechanismen des Atoms, die Energie des einfallenden Photonenfelds aufzunehmen. Der Absorptionskoeffizient $\mu(E_\gamma, Z)$ für die Gesamtheit der drei Prozesse ergibt sich als Summe der einzelnen Koeffizienten, d.h.,

$$\mu(E_\gamma, Z) = \tau(E_\gamma, Z) + \sigma(E_\gamma, Z) + \kappa(E_\gamma, Z) \tag{2.8}$$

mit τ, σ und κ als Absorptionskoeffizienten des Photoeffekts, der Compton-Streuung und der Paarerzeugung.

2.2.2 Mikroskopische Prozesse I: Photoeffekt

Beim Photoeffekt wird die Energie des Photons vollständig benutzt, um ein im Atom gebundenes Elektron mit der Bindungsenergie $E_B < 0$ aus der

Tabelle 2.1. Einige für die Absorption von Röntgenstrahlen wichtige physikalische Parameter von biologischen Geweben. Die Datenwerte wurden aus [6] übernommen

Material	Massendichte ρ $[g/cm^2]$	Effektives Z Z_{eff}	Elektronen pro g
Wasser	1.000	7.51	3.34×10^{23}
Muskel	1.040	7.64	3.31×10^{23}
Fett	0.916	6.46	3.34×10^{23}
Knochen	1.650	12.31	3.19×10^{23}

Elektronenhülle zu entfernen, d.h., die Energiebilanz des Prozesses ist von der Form

$$E_\gamma = E_k - E_B\,, \tag{2.9}$$

wobei E_k die kinetische Energie des emittierten Elektrons bezeichnet.

Wird bei der Ionisation des Atoms ein Elektron aus einer inneren Schale mit hoher Bindungsenergie entfernt, so ensteht ein „Loch" in der Besetzung dieses Energieniveaus, das durch energetische Übergänge von anderen, leichter gebundenen Elektronen aufgefüllt wird. Bei diesem Prozeß wird Energie frei, die entweder durch die Abstrahlung charakteristischer Photonen oder die Emission von Auger-Elektronen aus dem Atom transportiert wird [6,7]. Beide Prozesse sind in gewebeähnlichen Materialien mit Bindungsenergien von $E_B \approx 500\,\mathrm{eV}$ dosimetrisch nicht von Bedeutung, so daß die im Mittel übertragene Energie $_\tau \bar{E}_{tr}$ der Energie E_γ entspricht. Da die primär ins Gewebe emittierten Photoelektronen ihre Energie überwiegend lokal deponieren, gilt für die Absorptionskoeffizienten näherungsweise:

$$\tau(E_\gamma, Z) \approx \tau_{tr}(E_\gamma, Z) \approx \tau_{ab}(E_\gamma, Z)\,. \tag{2.10}$$

Für die Anwendung in Diagnostik und Therapie sind die Abhängigkeiten des Absorptionskoeffizienten von der Photonenenergie E_γ und der Ladungszahl Z besonders wichtig. In Abb. 2.3 sind zur Verdeutlichung dieser Beziehungen die Massenkoeffizienten τ/ρ für Wasser und Blei dargestellt. Mit zunehmender Energie E_γ verringert sich die Absorption der Photonen, und zwar gilt näherungsweise $\tau(E_\gamma) \propto 1/E_\gamma^3$. Dieser Zusammenhang wird z.B. für den Massenabsorptionskoeffizienten des Wassers in Abb. 2.3 deutlich.

Eine besonders effektive Aufnahme der Photonenenergie durch das atomare Elektronensystem kann erfolgen, wenn E_γ genau der Bindungsenergie

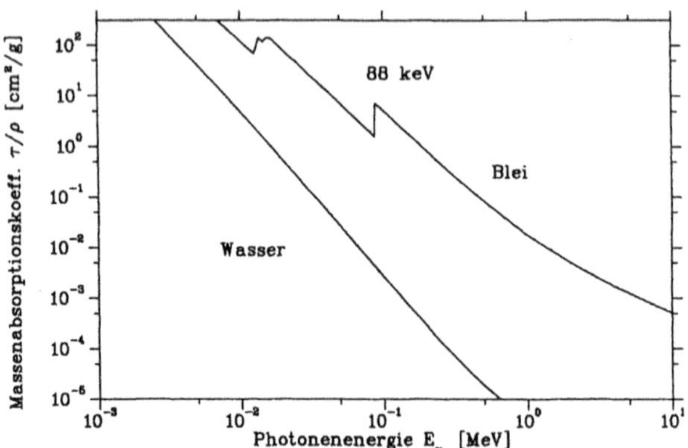

Abb. 2.3. Massenabsorptionskoeffizient τ/ρ des Photoeffekts als Funktion der Photonenenergie E_γ. Gezeigt sind die Koeffizienten für Wasser und Blei. Für Blei sind insbesondere die charakteristischen Absorptionskanten der stark gebundenen Elektronzustände sichtbar

eines Elektrons entspricht, d.h. wenn $E_\gamma = -E_B$. Dieser „resonante" Prozeß führt zu einem sprunghaften Anstieg von $\mu(E_\gamma)$ bei der Energie $-E_B$ und unterbicht damit den charakteristischen Abfall von μ mit steigender Energie E_γ. Elektronische Bindungsenergien im Bereich von 10–100 keV findet man jedoch nur bei Kernen mit hoher Ladungszahl wie z.B. Metallen. Deshalb werden die charakteristischen Absorptionskanten von $\mu(E_\gamma)$ bei biologischen Geweben nicht beobachtet. Ein prominentes Beispiel für den resonanten Photoeffekt zeigt Abb. 2.3 für den Photoeffekt in Blei ($Z = 82$). Die deutliche Absorptionskante bei $E_\gamma = 88\,\mathrm{keV}$ ist auf die Emission eines Grundzustandselektrons mit der Bindungsenergie von $E_B = -88\,\mathrm{keV}$ zurückzuführen.

Als nächstes wird die Abhängigkeit des Absorptionskoeffizienten von der Ladungszahl der Atome betrachtet. Grundsätzlich wächst die Absorption mit steigender Kernladungszahl Z. Die Abhängigkeit des Absorptionskoeffizienten von Z erfüllt dabei näherungsweise die Relation $\mu \propto Z^m$, wobei der Exponent m je nach Material Werte zwischen 3 und 4 annimmt. Für Materialien mit $Z \approx 10$, wie im Fall biologischer Gewebe, gilt $m \approx 3$, während für Stoffe mit „hohem" Z, d.h. im wesentlichen für Metalle, ein Wert von $m \approx 4$ die experimentellen Daten besser reproduziert.

Für chemische Verbindungen, Legierungen und heterogene Mischungen aus Elementen, wie z.B. Gewebe, wird zur Beschreibung des Photoeffekts eine „effektive" Kernladungszahl Z_{eff} eingeführt. Unter der Annahme, daß das absorbierende Material n_i Gewichtsanteile des Elements mit der Kernladungszahl Z_i enthält, definiert man Z_{eff} über die Beziehung

$$Z_{eff}^m = \sum_i n_i Z_i^m \, . \tag{2.11}$$

Für Wasser – bestehend aus $n_\mathrm{H} = 2/18$ Gewichtsanteilen Wasserstoff ($Z_\mathrm{H} = 1$) und $n_\mathrm{O} = 16/18$ Gewichtsanteilen Sauerstoff ($Z_O = 8$) – ergibt sich so z.B. für den Exponenten $m = 3$ eine effektive Ladung Z_eff von 7.69. Tabelle 2.1 zeigt die effektiven Ladungszahlen für biologische Gewebe aus [6].

2.2.3 Mikroskopische Prozesse II: Compton-Effekt

Beim Compton-Effekt wird die Energie E_γ des einfallenden Photons nur teilweise auf ein Elektron der Atomhülle übertragen. Das Elektron mit der Masse $m_e c^2 = 0.511\,\mathrm{MeV}$ verläßt dabei das Atom mit der kinetischen Energie E_k. Die Restenergie des Photons $E_\gamma - E_k$ wird von einem gestreuten Photon weiter transportiert. Für den typischen, wichtigen Energiebereich der Compton-Streuung von einigen MeV können die Bindungsenergien der Elektronen $|E_B| \ll E_\gamma$ vernachlässigt werden, so daß der Compton-Prozeß näherungsweise als Photonenstreuung an freien Elektronen beschrieben werden kann.

Mit der für diesen Prozeß in Abb. 2.4 dargestellten Kinematik lassen sich sich die Energien des gestreuten Photons E_γ' und des emittierten Elektron

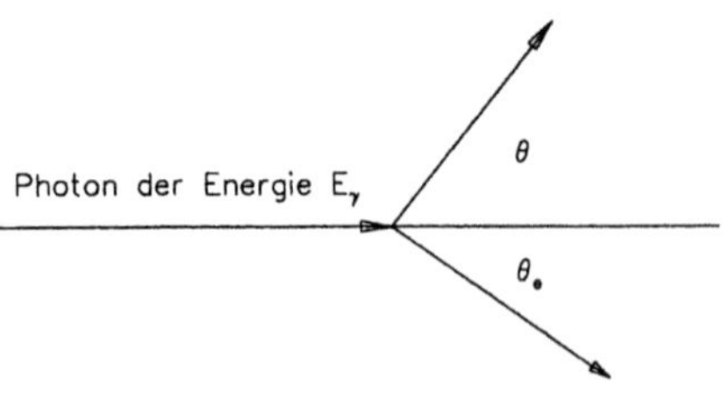

Abb. 2.4. Kinematik der Compton-Streuung. Ein Photon der Anfangsenergie E_γ wird an einem freien, ruhenden Elektron mit dem Winkel θ gestreut. Nach der Streuung besitzt das Photon eine reduzierte Energie E_γ'. Die verbleibende Energie $E_\gamma - E_\gamma'$ manifestiert sich als kinetische Energie E_k des Elektrons, das unter dem Streuwinkel θ_e vom Atom emittiert wird

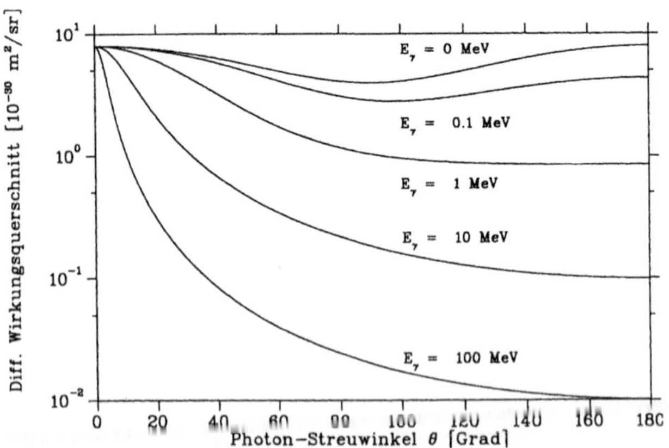

Abb. 2.5. Differentieller Wirkungsquerschnitt für die Compton-Streuung an freien Elektronen nach Klein und Nishina [6]. Dargestellt ist der Wirkungsquerschnitt in Abhängigkeit des Photonstreuwinkels θ für Photonenenergien E_γ zwischen 0 und 100 MeV

E_k als Funktion des Photonenstreuwinkels θ bestimmen:

$$E_\gamma' = E_\gamma \frac{1}{1 + \alpha(1 - \cos\theta)} \tag{2.12}$$

$$E_k = E_\gamma \frac{\alpha(1 - \cos\theta)}{1 + \alpha(1 - \cos\theta)}, \quad \alpha = E_\gamma/m_e c^2. \tag{2.13}$$

Der maximale Energietransfer auf das Elektron findet demnach bei der Rückwärtsstreuung ($\theta = \pi$) statt.

Die statistische Verteilung der Prozesse auf die verschiedenen Streuwinkel θ erhält man über den differentiellen Wirkungsquerschnitt nach Klein und

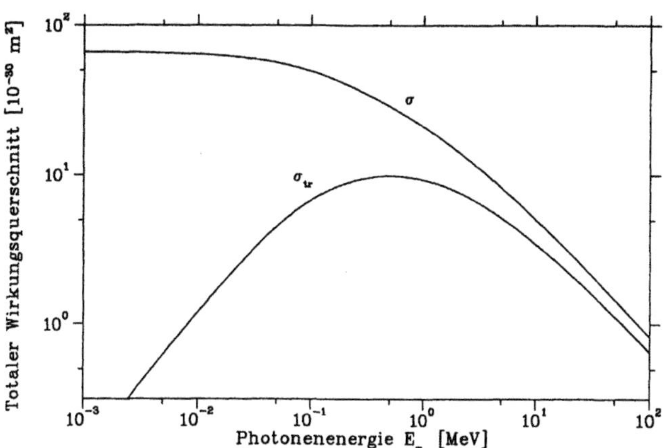

Abb. 2.6. Totaler Wirkungsquerschnitt σ und Energieübertragungsquerschnitt σ_{tr} für die Compton-Streuung in Abhängigkeit von der Photonenenergie E_γ. Für niedrige Photonenenergien ist der Wirkungsquerschnitt σ zwar hoch, aber σ_{tr} ist klein, d.h., es wird kaum Energie auf das Elektron übertragen. Mit wachsendem E_γ nähern sich σ und σ_{tr} an, so daß bei $E_\gamma = 10\,\mathrm{MeV}$ nur noch wenig Energie vom gestreuten Photon aufgenommen wird

Nishina [6], der in Abb. 2.5 dargestellt ist. Wie aus Abb. 2.5 ersichtlich, werden die Photonen beim Compton-Effekt mit zunehmender Energie E_γ mehr und mehr in die Vorwärtsrichtung gestreut.

Für die Bildgebung als auch die Therapie ist von entscheidender Bedeutung, wie die Energie des einfallenden Photons auf das gestreute Photon und das vom Atom emittierte Rückstoßelektron aufgeteilt wird. Die Abhängigkeit des Energieübertrags von der Photonenenergie wird durch Betrachtung des totalen Wirkungsquerschnitts σ und des entsprechenden Energieübertragungsquerschnitts σ_{tr} in Abb. 2.6 deutlich.

Bei niedrigen Energien von $E_\gamma \approx 10\,\mathrm{keV}$ übernimmt das gestreute Photon fast die gesamte Energie E_γ. Bei Energien von $E_\gamma \approx 10\,\mathrm{MeV}$ hingegen wird die Energie E_γ hauptsächlich auf das Elektron übertragen und verbleibt damit lokal im Gewebe. Zur Verdeutlichung dieses Zusammenhangs zeigt Abb. 2.7 das Verhältnis von der kinetischen Energie E_k des Elektrons zur einfallenden Photonenenergie. Bei $E_\gamma = 100\,\mathrm{MeV}$ werden z.B. 80% von E_γ auf das Elektron übertragen.

Eine weitere, wichtige Eigenschaft der Compton-Streuung ist, daß die Wechselwirkung kaum von der Kernladungszahl Z abhängt, d.h., insbesondere bei unterschiedlichen Geweben führt der Compton-Effekt nicht zu einer signifikant anderen Photonenabsorption.

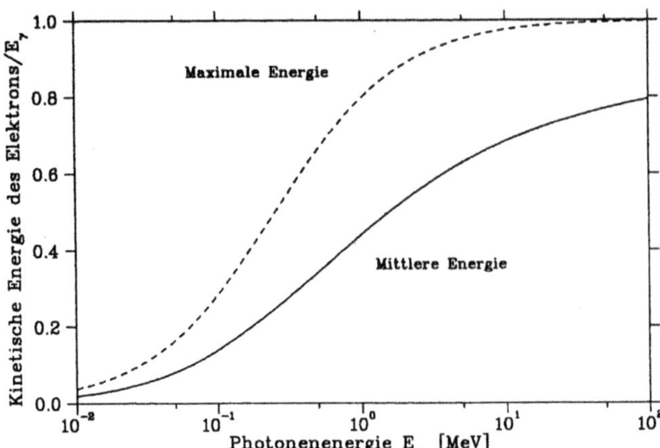

Abb. 2.7. Relativer Energieübertrag auf das Compton-Elektron in Abhängigkeit von der Photonenenergie. Gezeigt ist der maximale Energieübertrag E_{tr}^{max}/E_γ auf das Elektron bei Rückwärtstreuung des Photons (*gestrichelte Linie*), sowie der über alle Streuwinkel gemittelte Energieübertrag $\bar{E}_{tr}/E_\gamma$ (*durchgezogene Linie*). Bei hohen Photoenergien erreicht der mittlere, relative Energieübertrag einen Maximalwert von ca. 80%

2.2.4 Mikroskopische Prozesse III: Paarerzeugung

Bei der Wechselwirkung hochenergetischer Photonen mit dem starken e.m. Feld des Atomkerns kann sich das Photon spontan in ein Elektron-Positron-Paar (e^-, e^+) verwandeln. Nach dieser als Paarerzeugung bezeichneten Reaktion propagiert das Positron einige wenige mm durch das Gewebe und formt mit einem Elektron der benachbarten Atome einen als Positronium bekannten Bindungszustand. Das Positronium vernichtet sich anschließend, indem die Ruhemasse des Systems von zwei Elektronenmassen in zwei unter 180° emittierte Photonen der Energie 0.511 MeV umgewandelt wird. Der Gesamtprozeß – systematisch dargestellt in Abb. 2.8 – ist energetisch nur möglich für Photonenenergien $E_\gamma > 2m_ec^2 = 1.022\,\mathrm{MeV}$.

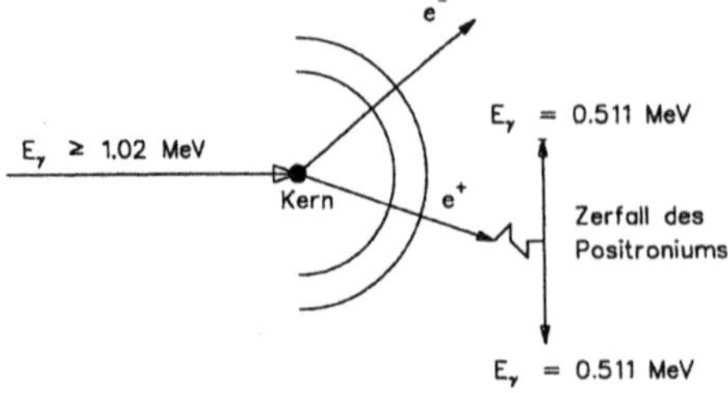

Abb. 2.8. Schematische Darstellung der Paarerzeuging im e.m. Feld des Atomkerns mit anschließender Vernichtung des Positroniums in zwei Photonen mit der Energie 0.511 MeV

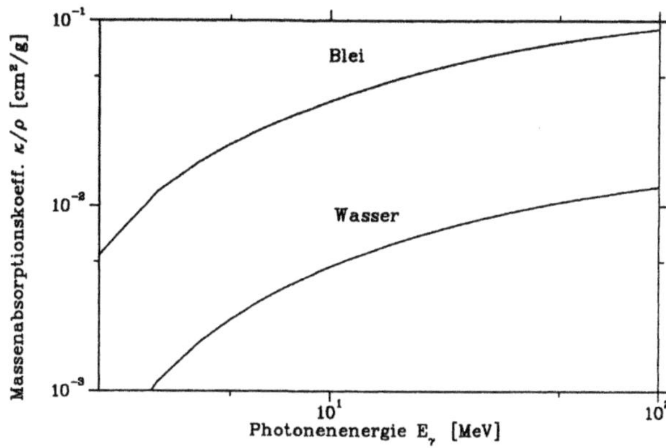

Abb. 2.9. Massenabsorptionskoeffizient der Paarerzeugung von Wasser und Blei in Abhängigkeit von der Photonenenergie. Die Daten wurden mit dem Programm XCOM des NIST [1] erzeugt

Die bei der Paarerzeugung auf das Medium übertragene Energie E_{tr} beträgt $E_\gamma - 1.022\,\text{MeV}$. Der Massenabsorptionskoeffizient der Paarerzeugung ist proportional zur Kernladungszahl Z und nimmt oberhalb der Energieschwelle von $1.022\,\text{MeV}$ stark mit der Photonenenergie zu. Als Beispiel sind in Abb. 2.9 die Koeffizienten von Blei und Wasser dargestellt.

2.2.5 Gesamtabsorption und relative Wichtigkeit der Prozesse

Zum Abschluß des Abschnitts über die Absorption von Photonen betrachten wir die Summe aller drei Absorptionsprozesse und ihre relative Wichtigkeit für die Gesamtabsorption. Abbildung 2.10 zeigt den Massenabsorptionskoeffizienten μ/ρ des Wassers und seine Beiträge vom Photoeffekt (τ/ρ), der Compton-Streuung (σ/ρ) und der Paarerzeugung (κ/ρ) als Funktion der Photonenenergie E_γ.

Für niedrige Energien $E_\gamma < 30\,\text{keV}$ dominiert der Photoeffekt die Gesamtabsorption. Mit zunehmendem E_γ wird dann der Compton-Effekt wichtig, der für Photonenenergien von ca. $100\,\text{keV}$ bis ca. 2–$3\,\text{MeV}$ der einzig relevante Absorptionsmechanismus ist. Der Paarerzeugungsprozeß, obwohl bereits energetisch möglich für $E_\gamma \geq 1.022\,\text{MeV}$, wird erst bei Energien von $E_\gamma > 10\,\text{MeV}$ zum dominanten Absorptionsprozeß.

Für die im Medium deponierte Dosis ist der Anteil der vom Photon an das Medium übertragenen Energie von Bedeutung. Abbildung 2.11 zeigt daher im Vergleich zum Massenabsorptionskoeffizienten des Wassers auch den entsprechenden Energieübertragungskoeffizienten. Die Differenz der beiden Kurven ist im wesentlichen auf den Energietransport durch das gestreute Photon der Compton-Wechselwirkung zurückzuführen.

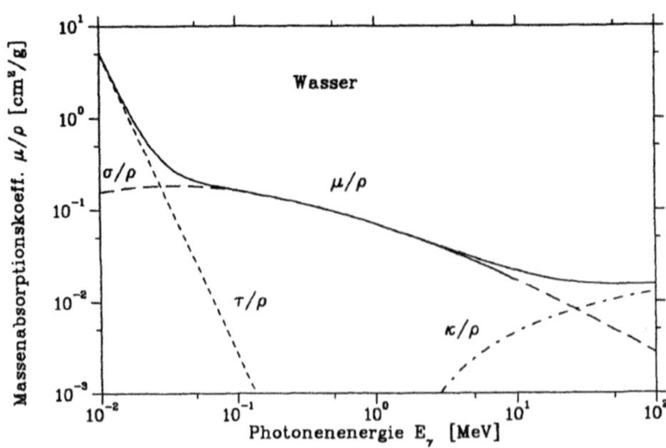

Abb. 2.10. Gesamtabsorptionskoeffizient des Wassers und seine Beiträge von den drei mikroskopischen Grundprozessen: Photoeffekt τ/ρ, Compton-Effekt σ/ρ und Paarerzeugung κ/ρ

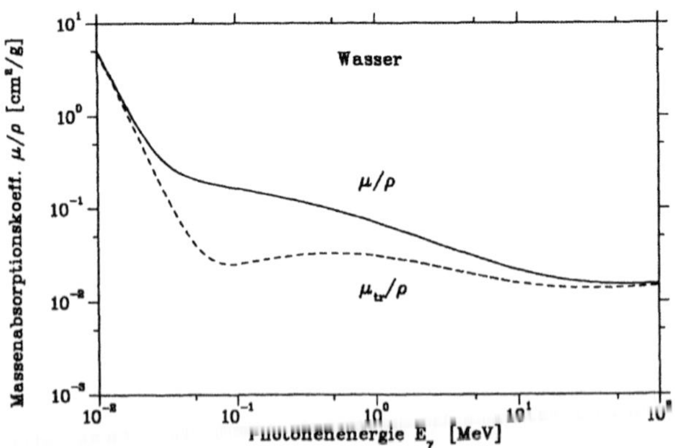

Abb. 2.11. Massenabsorptionskoeffizienten des Wassers in Abhängigkeit von der Photonenenergie E_γ. Gezeigt ist der lineare Koeffizient μ/ρ und der Energieübertragungskoeffizient $\mu_{tr}/\rho = (\mu/\rho)(\bar{E}_{tr}/E_\gamma)$

2.3   Konsequenzen für die Bildgebung mit Photonen

Ziel dieses Abschnitts ist die Diskussion der wichtigsten Konsequenzen der elementaren Wechselwirkungen für die Bildgebung und die Therapie. Anhand eines vereinfachten Schemas für die diagnostische Bildgebung werden die Auswirkungen der elementaren Wechselwirkungen auf das „primäre" radiologische Bild verdeutlicht. Im Mittelpunkt steht dabei die Frage: Welche Photonenenergien sind am besten für die Bildgebung geeignet? Für den Bereich der Strahlentherapie werden erste Folgerungen zum Verständnis einfacher Dosisverteilungen diskutiert.

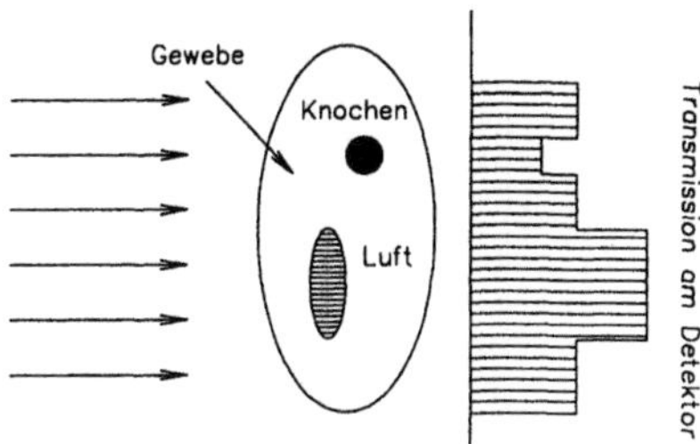

Abb. 2.12. Schematische Darstellung der Entstehung des primären radiologischen Bildes aus Transmissionsdaten

2.3.1 Transmissionsbildgebung mit Photonen

Bei der Transmissionsbildung mit Photonen, die schematisch in Abb. 2.12 dargestellt ist, soll die räumliche Position unterschiedlicher Gewebe im Patienten durch die von einem Detektor gemessene Transmission bestimmt werden. Im folgenden werden die Anforderungen an den Detektor nicht diskutiert, sondern es wird ein „idealer" Detektor mit 100% Wirkungsgrad, unendlicher räumlicher Auflösung etc. vorausgesetzt. Um eine hohe Qualität des radiologischen Transmissionsbildes zu erreichen, sollte die Energie des Photons so gewählt sein, daß folgende Kriterien gleichzeitig erfüllt sind:

- hohes Signal (Transmission),
- hoher Kontrast (Differenz der Transmissionen),
- hohes SNR (Signal-Rausch-Verhältnis),
- hohe räumliche Auflösung,
- wenig Streustrahlung,
- niedrige Dosisbelastung des Patienten.

Inwiefern die einzelnen Wechselwirkungen von Photonen mit Materie zur Erfüllung dieser Kriterien beitragen, wird im folgenden kurz dargestellt.

2.3.2 Die Qualität des Röntgenbildes

Das Signal der Bildgebung ist die Transmission, die ein Detektor nach Durchdringung einer charakteristischen Dicke biologischen Gewebes mißt. In Abb. 2.13 ist die Transmission durch eine 10 cm starke Wasserschicht bzw. eine 10 cm starke, wasseräquivalente Knochenschicht als Funktion der Photonenenergie dargestellt. Für Energien $E_\gamma < 25\,\mathrm{keV}$ liegt die relative Transmission unterhalb von 1%, d.h., erst der Photoeffekt mit $E_\gamma > 25\,\mathrm{keV}$ sowie der mit zunehmender Energie wichtige Compton-Effekt ermöglichen ein signifikantes Transmissionssignal.

46   U. Oelfke

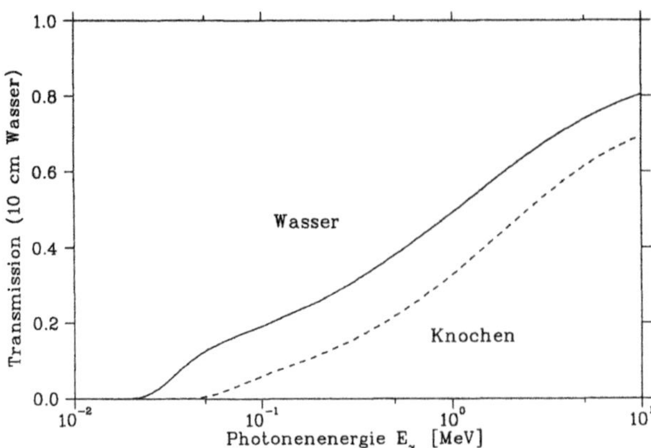

Abb. 2.13. Transmission von Photonen durch eine Wasserschicht bzw. wasser-äquivalente Knochenschicht von 10 cm. Zur Berechnung wurde das Beersche Absorptionsgesetz aus (2.1) und die Daten aus [1] für die Absorptionskoeffizienten verwendet

Kontrast. Für den Kontrast des Bildes zweier unterschiedlicher Gewebe, d.h. der normierten Differenz der beiden Transmissionssignale, ergibt sich ein entgegengesetzter Trend. Der Photoeffekt bei niedrigen Energien $E_\gamma <$ 50 keV liefert aufgrund der Abhängigkeit von der Ladungzahl des Gewebes ($\propto Z^3$) den größten Kontrast, während der Compton-Effekt bei höheren Energien die Signaldifferenz mehr und mehr vermindert. Für Weichteilgewebe mit einer sehr ähnlichen Elektronendichte (s. Tabelle 2.1) und kaum unter-

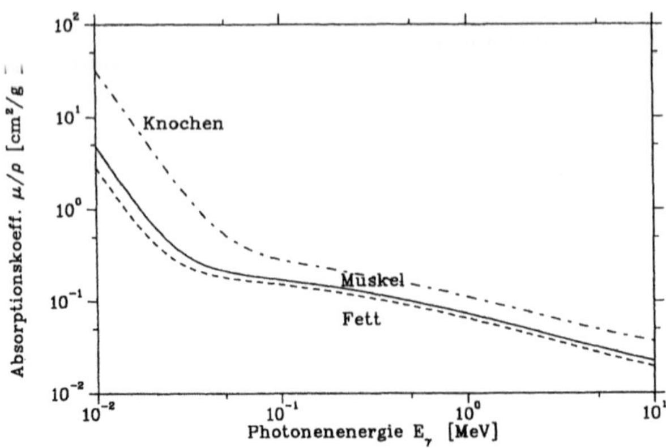

Abb. 2.14. Massenabsorptionskoeffizienten für Gewebe in Abhängigkeit von der Photonenenergie. Die Unterschiede zwischen Weichteilgewebe (Muskel, Fett) und Knochen lassen einen guten Bildkontrast erwarten. Der Kontrast zwischen Fett- und Muskelgewebe wird bei niedrigen Energien (Photoeffekt) besser

schiedlichen Ladungszahlen ist der Kontrast selbst bei niedrigen Photonenenergien E_γ schwer zu detektieren.

Zur Veranschaulichung zeigt Abb. 2.14 die Absorptionskoeffizienten für
Muskel-, Fett- und Knochengewebe. Der bekannte gute Bildkontrast zwischen
Knochen- und Muskelgewebe mit effektiven Ladungszahlen von 12.31 bzw.
7.64 basiert wesentlich auf der Z^3-Abhängigkeit des Wirkungsquerschnitts für
den Photoeffekt. Ein zusätzlicher, negativer Effekt der Compton-Streuung für
die Bildgebung ist das Auftreten der gestreuten Photonen. Diese Photonen
mit Energien $E_\gamma' < E_\gamma$ enthalten keine verwertbare Ortsinformation über
das absorbierende Gewebe mehr und stören daher bei der Ermittlung des
bildgebenden Absorptionsprofils.

Signal-Rausch-Verhältnis. Das Signal-Rausch-Verhältnis (SNR) ist ein
weiterer Faktor, der die Bildqualität bestimmt. Bei Vernachlässigung der
Detektoreigenschaften wird die räumliche Auflösung des zweidimensionalen
Bildes lediglich durch die statistischen Schwankungen der Photonenzahl pro
Fläche beschränkt. Für Poisson-verteilte Größen x ergibt sich, daß das Signal-
Rausch-Verhältnis SNR, definiert als Quotient zwischen Mittelwert $\bar{x}$ und
Schwankung σ, proportional zur Anzahl $\sqrt{N}$ der statistischen Ereignisse ist.
Somit kann im betrachteten Modell ein beliebig hohes Signal-Rausch-Verhält-
nis durch eine entsprechende Erhöhung der Photonenfluenz Φ erreicht werden.
Für eine vorgegebene räumliche Auflösung Δs in der Objektebene und einen
zu detektierenden Kontrast unterschiedlicher Photonenzahlen von $|N_1 - N_2|$
wird ein bestimmter Wert des SNR mit folgender Fluenz erreicht:

$$\Phi \approx \frac{1}{|N_1 - N_2|} \left(\frac{SNR}{\Delta s} \right)^2 . \tag{2.14}$$

Allerdings kann ein Patient bei der diagnostischen Bildgebung nicht mit einer
beliebigen Anzahl Photonen durchstrahlt werden, da eine Strahlenexposition
stets eine Dosisbelastung des Patienten bedingt. Die Qualität des diagnostischen Röntgenbildes ist daher „dosisbegrenzt".

2.3.3 Abschätzung der Dosis

Zur Abschätzung der Dosis im Patienten wird die Photonenabsorption in
einer Platte mit der homogenen Massendichte ρ und der Dicke Δx betrachtet
(s. Abb. 2.1). Die Dosis ist definiert als die in einem Massenelement Δm
absorbierte Energie ΔE, wobei das Massenelement nur klein genug gewählt
sein muß. Bestrahlen wir die Fläche F mit N Photonen der Energie E_γ,
so ergibt sich: $\Delta m = \rho F^* \Delta x$ und $\Delta E = \Delta N \bar{E}_{ab}$, wobei ΔN die Zahl der
absorbierten Photonen und $\bar{E}_{ab}$ die mittlere pro Photon absorbierte Energie
bezeichnet. Für die Dosis im Volumenelement $dV = F \Delta x$ erhält man unter
Zuhilfenahme des Beerschen Absorptionsgesetzes (2.2) und der Definition des

Energieabsorptionskoeffizienten μ_{ab} in (2.4):

$$D(x) = \frac{\Delta N(x)}{\Delta x} \frac{\bar{E}_{ab}}{\rho F} = \frac{N(x)}{F} \mu\, \bar{E}_{ab} = \Phi(x) \frac{\mu_{ab}}{\rho} E_\gamma \,. \qquad (2.15)$$

Die absorbierte Dosis (2.15) ist also in erster Näherung direkt proportional zur Teilchenfluenz und dem Koeffizienten μ_{ab}. Für Photonenenergien $E_\gamma <$ 5 MeV gilt in guter Näherung in biologischen Geweben $\mu_{tr}(E_\gamma) \approx \mu_{ab}(E_\gamma)$, d.h., zur Dosisberechnung kann der in Abb. 2.11 dargestellte Energieübertragungskoeffizient des Wassers verwendet werden.

2.3.4 Bildgebung und Photonenenergie

Mit Hilfe der Dosisberechnung aus (2.15) und den Ergebnissen über die Transmission wird im folgenden die Frage beantwortet, welche Photonenenergien besonders zur diagnostischen Bildgebung geeignet sind.

Dazu betrachten wir das in Abb. 2.15 dargestellte Beispiel: Zwei Gewebe mit unterschiedlichen Absorptionskoeffizienten μ_1 und μ_2, aber identischer lateraler Ausdehung $\Delta s \times \Delta s$ und Länge d, befinden sich innerhalb eines Patienten der Dicke Δx. Ziel ist es, den Absorptionsunterschied der Gewebe $|N_1 - N_2|$ mit einem vorgegebenen SNR zu detektieren. Die dabei auftretende Dosisbelastung des Patienten ergibt sich direkt aus (2.14) und (2.15):

$$\begin{aligned}
D &= \frac{\mu_{ab}(E_\gamma)}{\rho} E_\gamma \frac{1}{|N_1 - N_2|} \left(\frac{SNR}{\Delta s}\right)^2 \\
&\approx \frac{\mu_{ab}(E_\gamma)}{\rho} E_\gamma \frac{1}{T(E_\gamma, \Delta x)} \frac{1}{|\mu_1 - \mu_2|d} \left(\frac{SNR}{\Delta s}\right)^2 ,
\end{aligned} \qquad (2.16)$$

mit $T(E_\gamma, \Delta x)$ als mittleres Transmissionsignal für einen Patienten der Dicke Δx.

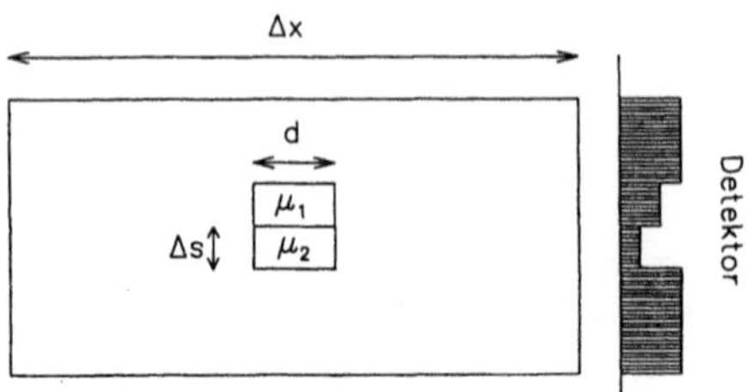

Abb. 2.15. Geometrisches Model zur Abschätzung der Dosisbelastung in der Transmissionsbildgebung. Zwei Gewebe mit den Absorptionskoeffizienten μ_1 und μ_2, der lateralen Ausdehnung $(\Delta s)^2$ und der Länge d befinden sich in der durchstrahlten Dicke Δx eines Patienten. Es wird abgeschätzt, welche Dosisbelastung auftritt, wenn ein vorgebenes Signal-Rausch-Verhältnis des Transmissionsbildes erreicht werden soll

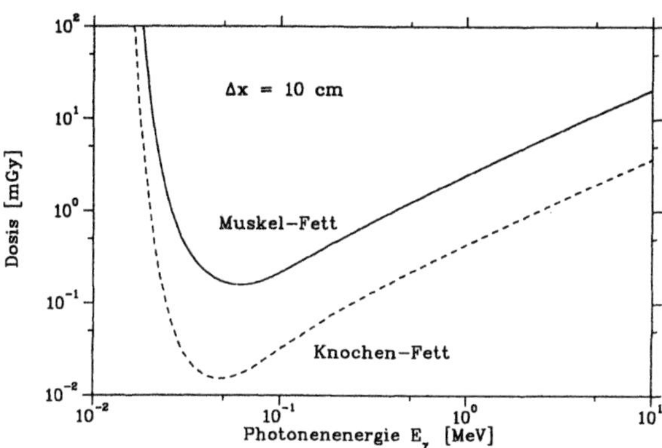

Abb. 2.16. Zu erwartende Dosisbelastung bei der Erstellung eines Transmissionsbildes in Abhängigkeit von der Photonenenergie E_γ. Gezeigt ist die Dosisbelastung zur Detektion des Kontrasts zwischen Fett- und Knochengewebe bzw. zwischen Fett- und Muskelgewebe. Die in Abb. 2.15 definierten Parameter haben die Werte: SNR $= 100$, $\Delta s = 1\,\mathrm{mm}$, $d = 5\,\mathrm{mm}$ und $\Delta x = 10\,\mathrm{cm}$

Als erstes Beispiel zeigt Abb. 2.16 die Dosisbelastung für die Darstellung eines Knochen-Fett- bzw. Muskel-Fett-Kontrasts in einer Muskelgewebsschicht von 10 cm Dicke. Die räumliche Auflösung ist durch die Voxelgröße von $1 \times 1 \times 5\,\mathrm{mm}$ ($\Delta s \times \Delta s \times d$) vorgegeben, und für das Signal-Rausch-Verhältnis wurde ein Wert von SNR $= 100$ verwendet. Es ist klar ersichtlich, daß die Dosisbelastung für ein Bild gleicher Qualität stark von der Wahl der Photonenenergie abhängt. Wie erwartet führt bei niedrigen Photonenenergien von $E_\gamma < 25\,\mathrm{keV}$ die Blockung der Transmission durch den Photoeffekt zu einem starken Anstieg der Dosisbelastung. Am anderen Ende des Energiespektrums, d.h., für Photonenenergien von $E_\gamma > 100\,\mathrm{keV}$ treibt der wachsende Energieübertrag des Compton-Effekts die Dosisbelastung in die Höhe. Als energetisches Fenster für die Bildgebung kommen daher nur Energien E_γ im Bereich von ca. 40–80 keV in Betracht. Abbildung 2.16 macht weiterhin klar, wie schwer es ist, mit Röntgenstrahlen einen guten Weichteilkontrast zu erzielen. Die Darstellung eines Muskel-Fett-Kontrasts erfordert eine um den Faktor 100 höhere Dosis als die vergleichbare Darstellung eines Knochen-Fett-Kontrasts.

In einem zweiten Beipiel wird betrachtet, welchen Einfluß die Dicke Δx des Patienten auf die Dosisbelastung und deren Energieabhängigkeit hat. Abbildung 2.17 zeigt die Dosisbelastung bei der Darstellung des Muskel-Fett-Kontrasts aus Abb. 2.16 für $\Delta x = 10\,\mathrm{cm}$ im Vergleich zu der Belastung, die man für eine Gewebsschicht der Dicke $\Delta x = 30\,\mathrm{cm}$ erhält. Zunächst ist auffallend, daß die Dosisbelastung bei einer Gewebeschicht von 30 cm Dicke um den Faktor ≈ 100 erhöht wird. Weiterhin wird deutlich, daß sich bei $\Delta x = 30\,\mathrm{cm}$ das „Fenster" der günstigen Photonenenergien für die diagnostische Bildgebung von ca. 40–50 keV zu höheren Energien in den Bereich von

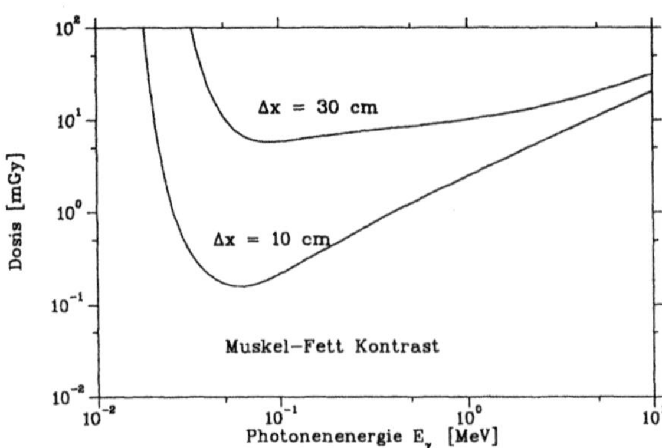

Abb. 2.17. Dosisbelastung bei der Darstellung des Fett-Muskel-Kontrasts in Abhängigkeit von der Photonenenergie für zwei exemplarische Patientendicken von $\Delta x = 30\,\text{cm}$ und $\Delta x = 10\,\text{cm}$

ca. 50–80 keV verschiebt. Es wird verständlich, warum z.B. Röntgengeräte für die Mammographie eher mit Energiespektren von 25–30 kV betrieben werden und warum Computertomographen mit höheren Photonenenergien im Bereich von 80–120 kV arbeiten.

2.3.5   Zwei praktische Beispiele

Zum Abschluß der Betrachtungen zur Tranmissionsbildgebung von Photonen werden noch kurz zwei praktische Beispiele diskutiert. Als erstes wird die Röntgenaufnahme eines Thorax betrachtet, die jeweils mit Photonen eines 80-kV- bzw. 2-MV-Bremsstrahlungsspektrums aufgenommen wurde. Man sieht in Abb. 2.18 deutlich, daß selbst Strukturen mit hohem Kontrast, wie z.B.

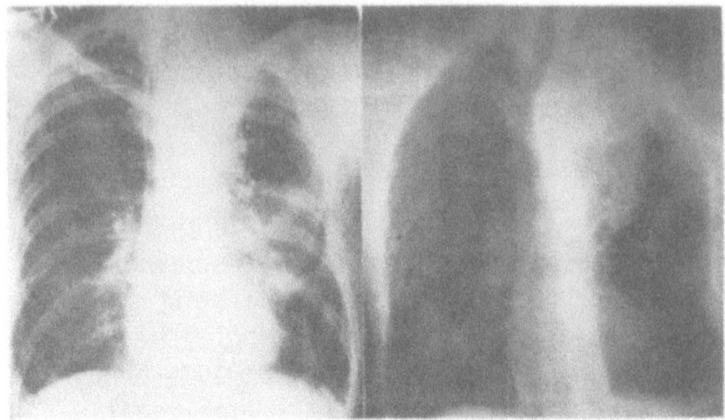

Abb. 2.18. Vergleich der Bildqualität einer Röntgenaufnahme eines Thorax nach [6]. Das *linke* Bild zeigt eine Aufnahme mit 80-kV-Photonen, während das Bild *rechts* mit Photonen der Energie 2 MV angefertigt wurde

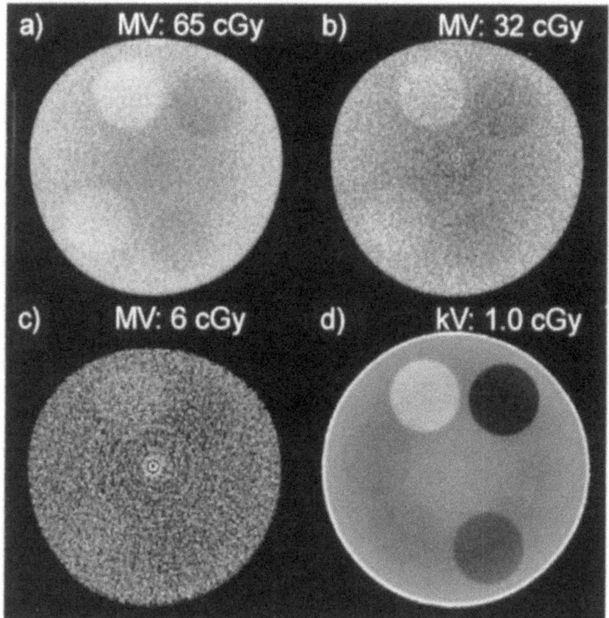

Abb. 2.19a–d. Vergleich von Bildqualität und applizierter Dosis zwischen Mega-voltage-CT (6-MV-Therapiestrahl) und Standard-CT (80–120 kV) aus [4]

der zwischen der Lunge und den Rippenbögen, mit der 2-MV-Aufnahme nicht mehr aufgelöst wird. Zudem sind alle halbwegs erkennbaren Strukturen auf dem 2-MV-Bild durch die auftretenden, gestreuten Photonen verschmiert.

Das zweite Beispiel betrachtet ein Experiment zur Verifikation der Patientenpositionierung in der Strahlentherapie. Ein Ansatz der Verifikation besteht darin, mit dem Therapiestrahl kurz vor der Bestrahlung eine Computertomographie des Patienten anzufertigen. Dabei stellt sich die Frage, welche Bildqualität man bei welcher Dosisbelastung des Patienten erwarten kann. Abbildung 2.19 zeigt rekonstruierte CT-Daten eines Phantoms, das 6 gewebeäquivalente Proben wie z.B. Leber-, Brust- und Hirngewebe enthält. Dargestellt sind Aufnahmen mit einem 6-MV-Therapiestrahl (MV-CT) für applizierte Dosen von 6, 32 und 65 cGy. Es ist klar ersichtlich, wie sich der Kontrast der einzelnen Gewebeproben mit zunehmender Dosis verbessert. Als Vergleich zu diesen Aufnahmen ist in Abb. 2.19 ebenfalls ein Standard-CT (kV-CT) desselben Phantoms zu sehen. Die exzellente Bildqualität dieser Aufnahme bei einer Dosisbelastung von nur 1 cGy verdeutlicht die kluge Wahl des Photonenspektrums für den Computertomographen.

2.4 Konsequenzen für Dosisverteilungen in der Strahlentherapie

Aus den Ergebnissen des Abschnitts über die Bildgebung mit Photonen folgen komplementär bereits einige wichtige Erkenntnisse für die Strahlentherapie mit Photonen. Für Photonenenergien $E_\gamma < 1\,\mathrm{MeV}$ tragen der Photoeffekt und der Compton-Effekt zur Absorption der Photonen bei. Wie bei der Betrachtung der Transmission deutlich wurde (z.B. in Abb. 2.13), reicht die Energie des Photons beim Photoeffekt nicht aus, um tieferliegende Gewebeschichten zu erreichen. Die gesamte vom Photon auf das Elektron übertragene Energie wird bereits in den ersten, wenigen cm des Gewebes deponiert, d.h., Photonenstrahlen mit Energien $E_\gamma < 100\,\mathrm{keV}$ sind zur Behandlung tiefliegender Tumoren ungeeignet.

Für Photonenenergien mit $100\,\mathrm{keV} < E_\gamma < 1\,\mathrm{MeV}$ wird der Compton-Effekt dominant. Allerdings wird dabei im Mittel mehr als 50% der Photonenenergie nicht auf das Gewebe übertragen (s. Abb. 2.7), sondern vom gestreuten Photon aus dem Patienten heraustransportiert. Wie aus den Abb. 2.16 und 2.17 zur Dosisbelastung in der Bildgebung ersichtlich, nimmt der Anteil der übertragenen Energie oberhalb von $E_\gamma < 1\,\mathrm{MeV}$ kontinuierlich zu. Allerdings wird der technische Aufwand zur Realisierung eines Beschleunigers mit zunehmender mittlerer Photonenenergie immer größer, so daß in der Strahlentherapie Photonenspektren mit einer mittleren Energie von etwa $1.25\,\mathrm{MeV}$ (^{60}Co-Therapie) bis zu etwa $6\,\mathrm{MeV}$ (20-MV-Linac) angewendet werden.

In diesem Energiebereich der Teletherapie ist der Compton-Effekt der mit Abstand wichtigste Wechselwirkungsprozeß, d.h., im Gewebe finden zunächst primäre Compton-Wechselwirkungen statt, in denen jeweils ein Elektron und ein gestreutes Photon niedrigerer Energie freigesetzt werden. Die Wechselwirkungen zwischen Elektronen und Photonen und den Elektronen der Atome finden weiter statt und erzeugen neue Elektronen und Photonen usw. Die Bestimmung der durch diese Kaskaden von Photonen und Elektronen im Gewebe deponierten Dosis ist Aufgabe der Dosisberechnung. Im folgenden werden kurz einige einfache Konsequenzen des Compton-Effekts für phänomenologische Dosisverteilungen diskutiert.

2.4.1 Tiefendosiskurven und der Compton-Effekt

Bisher wurde die Absorption von Photonen betrachtet. Die lokale Deposition der Energie übernehmen aber die Rückstoßelektronen des Compton-Effekts, die ihre kinetische Energie graduell durch Coulomb-Wechselwirkung an Elektronen des Gewebes abgeben.

Die mittlere Strecke, in der ein Elektron mit der kinetischen Energie E_k in einem bestimmten Material j seine gesamte Energie verliert, bezeichnet man als die Reichweite $R_j(E_k)$ des Elektrons. Als Beispiel zeigt Abb. 2.20, wie die Reichweite von Elektronen in Wasser als Funktion ihrer kinetischen

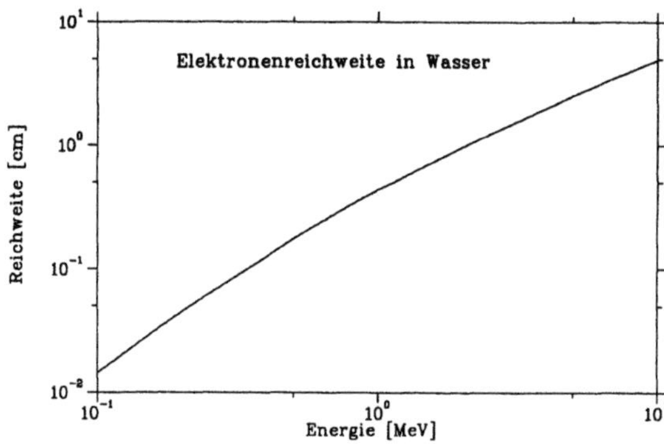

Abb. 2.20. Elektronenreichweite in Wasser. Die Abbildung zeigt die Reichweite von Elektronen in Wasser als Funktion ihrer kinetischen Energie. Die Daten stammen aus [6]

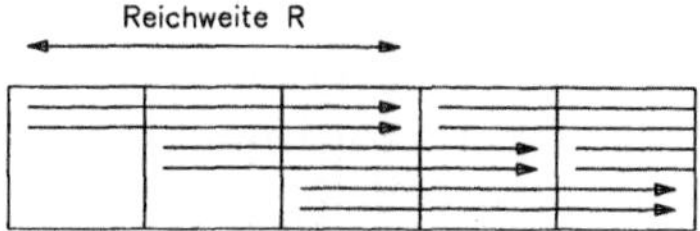

Abb. 2.21. Beispiel zur Verdeutlichung des Elektronengleichgewichts. Von links treffen Photonen auf die skizzierte Materie und erzeugen pro Segment zwei Elektronen mit einer Reichweite R von drei Segmenten. Das Elektronengleichgewicht ist erreicht, wenn pro Segment je sechs Elektronen zur Energiedeposition beitragen

Energie zunimmt. Für ein Elektron mit einer Energie von 1.25 MeV beträgt die Reichweite in Wasser z.B. 5 mm, während ein Elektron mit $E_k = 10$ MeV erst nach einer Strecke von 5 cm zur Ruhe kommt.

Bei der Abschätzung der Dosis in Kap. 2.3.3 wurde die Energiedeposition der Elektronen nie explizit betrachtet. Die lokale Energiedeposition nach (2.15) setzt implizit voraus, daß in dem betrachteten Volumen ein „Elektronengleichgewicht" herrscht, d.h., daß der durch die Elektronen verursachte Energieverlust und Energiegewinn sich genau kompensieren. Dies ist jedoch erst nach einer gewissen Eindringtiefe der Photonen im Gewebe der Fall.

Als Beispiel betrachten wir in Abb. 2.21 den Fall, daß pro Volumenelement vom Photonenstrahl jeweils zwei Photonen mit der Reichweite R erzeugt werden. Erst nach einer Eindringtiefe, die der Reichweite der Elektronen entspricht, erhält man dieselbe Anzahl von Elektronenspuren pro Volumenelement.

Als Konsequenz dieses als Aufbaueffekt bekannten Phänomens zeigen Tiefendosiskurven von Photonenstrahlen den in Abb. 2.22 gezeigten Verlauf. Nach Eintritt der Photonen ins Gewebe muß zunächst die Dosis durch die erzeugten Elektronen aufgebaut werden. Diesem Dosisanstieg mit zunehmender Eindringtiefe wirkt die Absorption der Photonen entgegen. Das Maximum der Tiefendosiskurve wird erreicht, wenn sich beide Effekte kompensieren.

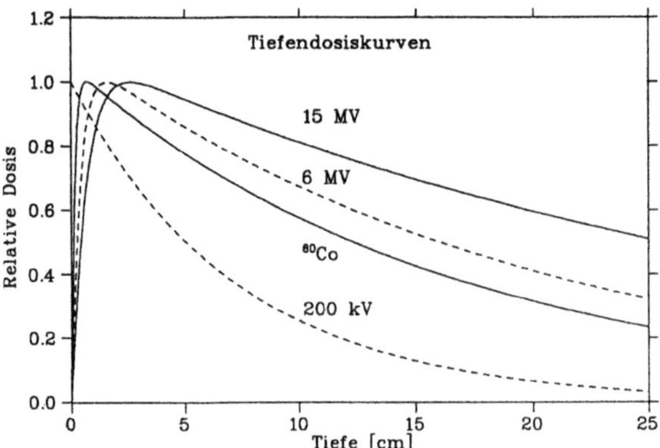

Abb. 2.22. Tiefendosiskurven für verschiedene Linearbeschleuniger und eine ^{60}Co-Quelle in Wasser

Danach erfolgt der erwartete exponentielle Abfall der Tiefendosiskurve, der auf die Abschwächung der Primärfluenz der Photonen zurückzuführen ist. Wie aus Abb. 2.22 ersichtlich stimmt das Maximum der Tiefendosiskurve gut mit der maximalen Reichweite der Rückstoßelektronen des Compton-Effekts überein; z.B. liegt das Maximum der Tiefendosis eines 15-MV-Strahls mit einer mittleren Photonenenergie $E_\gamma \approx 5\,\mathrm{MeV}$ ungefähr bei der Reichweite der kinetischen Elektronenenergie $E_k = 5\,\mathrm{MeV}$ von R $(5\,\mathrm{MeV}) = 2,5\,\mathrm{cm}$. Der Aufbaueffekt besitzt zudem auch eine enorme klinische Bedeutung, indem die Dosisbelastung der Haut mit zunehmender Photonenenergie reduziert wird.

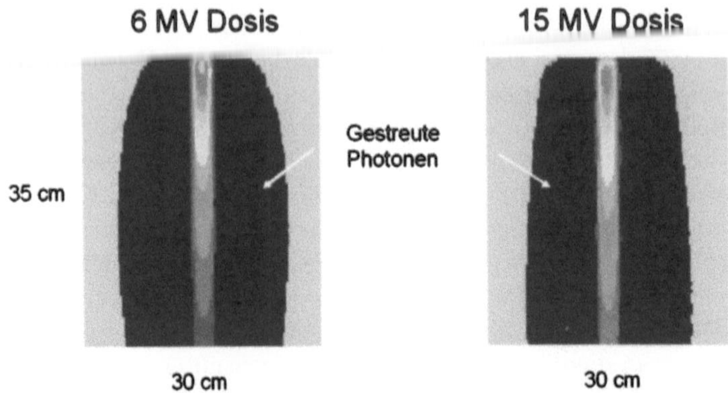

Abb. 2.23. Querschnitt durch dreidimensionale Dosisverteilungen eines 6- bzw. 15-MV-Linacs für ein $2 \times 2\,\mathrm{cm}^2$ großes Feld in Wasser. In der Mitte beider Verteilungen sieht man deutlich den primären Dosiskern, der von dem Beitrag der gestreuten Compton-Photonen (*schwarz*) umgeben ist. Zudem ist auch erkennbar, daß die primäre Dosis des 15-MV-Strahls (*rechts*) tiefer in das Phantom hineinreicht als die des 6-MV-Strahls

2.4.2 Laterale Dosisverteilungen

Abschließend werden noch kurz laterale Dosisverteilungen von hochenergetischen Photonenstrahlen in Wasser betrachtet. Abbildung 2.23 zeigt den Querschnitt durch die dreidimensionalen Dosisverteilungen therapeutischer 6- und 15-MV-Photonenstrahlen in einem Wasserphantom. Die unterschiedlichen Energietransportmechanismen des Compton-Effekts können deutlich unterschieden werden. Innerhalb der projezierten Feldöffnung von $2 \times 2\,cm^2$ erkennt man den primären Dosiskern, der durch die primäre Compton-Streuung und die dort erzeugten Elektronen entsteht. Diesem Kern überlagert sind die Beiträge sekundärer Photonen bzw. mehrfach gestreuter Photonen. Der Energietransport dieser Photonen ist langreichweitig, d.h. in der Größenordnung von 10 cm, und trägt nur wenige Prozent zur Gesamtdosis bei.

2.5 Wechselwirkung geladener Teilchen mit Materie

Wie bereits in Kap. 2.4 für den Fall der Elektronen angedeutet, verläuft die Wechselwirkung von geladenen Teilchen mit den Atomen des Mediums grundsätzlich anders als die der ungeladenen Photonen. Photonenstrahlen verlieren ihre Energie primär durch Absorptionsmechanismen, d.h., die Anzahl der Photonen wird verringert, während ihre Energie im wesentlichen konstant bleibt. Geladene Teilchen verlieren ihre kinetische Energie hauptsächlich durch Stöße mit den Elektronen des Gewebes. Die Teilchenabsorption spielt dabei erst in zweiter Ordnung eine Rolle. Im folgenden werden die Grundlagen der Wechselwirkungen schwerer Ionen mit Materie diskutiert, insofern sie für die Anwendung in der Strahlentherapie interessant sind.

2.5.1 Physikalische Wechselwirkungsmechhanismen

In der Strahlentherapie mit geladenen, schweren Teilchen werden Protonen und leichte Atomkerne als Projektile verwendet. Die therapeutisch günstigen Dosisverteilungen dieser Strahlen, insbesondere zur Behandlung von tiefliegenden Tumoren, ergeben sich aus den physikalischen Eigenschaften der Projektile und den ihnen möglichen Wechselwirkungen.

Beim Durchqueren von Materie wirken auf schwere Ionen sowohl elektromagnetische als auch hadronische Kräfte. Die wichtigste Wechselwirkung ist die e.m. Coulomb-Wechselwirkung des Projektils mit Elektronen, bei denen die Ionen kontinuierlich kinetische Energie verlieren. Der Energieverlust nimmt dabei mit wachsender Eindringtiefe ins Gewebe zu. Die Beschreibung dieses Phänomens durch die Bethe-Bloch-Gleichung [6] führt auf die als „Bragg-Peak" bekannte, charakteristische Tiefendosiskurve der Schwerionentherapie. Neben der e.m. Kopplung spüren schwere Ionen bei hohen kinetischen Energien zusätzlich die hadronische Wechselwirkung mit den Kernen des Gewebes. Diese Reaktionen können zur Fragmentierung des Projektils oder der Targetkerne führen.

Ein vereinfachtes Dosismodell. Zur Beschreibung der Dosis, die ein Ionenstrahl im Gewebe deponiert, wird folgendes, vereinfachtes Model betrachtet. Ein paralleler Teilchenstrahl der Energie E und konstanter Fluenz $\Phi(0)$ trifft senkrecht auf ein quaderförmiges, homogenes Phantom aus einem Material der Dichte ρ. Die dreidimensionale Dosisverteilung $D[\mathbf{r} = (\mathbf{x}, \mathbf{y}, \mathbf{z})]$ im Medium kann als Produkt einer Tiefendosiskurve $d(z)$ längs des Zentralstrahls (z-Richtung) und einer Querverteilung $L(x, y, z)$ approximiert werden.

Ausgehend von der allgemeinen, mikroskopischen Definition der Dosis als Divergenz der vektoriellen Energiefluenz $\boldsymbol{\Psi}$ ergibt sich in diesem Modell für die Tiefendosiskurve $d(z)$:

$$d(z) \approx -\frac{1}{\rho} \frac{\partial}{\partial z} \Psi(z) \,. \tag{2.17}$$

Mit der Definition von $\Psi(z)$ als Produkt von Teilchenfluenz $\Phi(z)$ und kinetischer Energie $E(z)$ folgt aus (2.17) unmittelbar:

$$d(z) = -\frac{1}{\rho} \frac{\partial}{\partial z} [\Phi(z) E(z)] = -\frac{1}{\rho} \frac{\partial E(z)}{\partial z} \Phi(z) - \frac{1}{\rho} \left(\frac{\partial \Phi(z)}{\partial z} \right) E(z) \,. \tag{2.18}$$

Die Darstellung der Tiefendosiskurve in (2.18) veranschaulicht die Bedeutung der beiden Wechselwirkungsmechanismen.

Der erste Term in (2.18) beschreibt den graduellen Energieverlust durch die Coulmob-Wechselwirkung und führt zur Definition des Massenbremsvermögens $S(E)$ eines geladenen Teilchens der Energie E:

$$S(E) \equiv -\frac{1}{\rho} \frac{\partial E}{\partial z} \,. \tag{2.19}$$

Der zweite Term in (2.18) berücksichtigt die Reduktion der primären Teilchenfluenz durch hadronische Wechselwirkungen. Der Ausdruck für die entsprechende Dosis ist nur korrekt, falls die gesamte Energie $E(z)$ des Ions lokal deponiert wird. Die inelastischen Wechselwirkungsprozesse dienen zudem als Quelle hadronischer Sekundärteilchen, deren Dosisbeitrag mit zusätzlichen Modellen ermittelt wird.

Im folgenden werden zunächst am Beispiel von Protonenstrahlen die wichtigsten Zusammenhänge zwischen der Dosisverteilung und den physikalischen Wechselwirkungen dargestellt. Zum Schluß wird kurz die Verallgemeinerung der Ergebnisse für den Fall schwererer Ionen diskutiert, wie z.B. $^{12}\mathrm{C}^{6+}$.

2.5.2   Bremsvermögen: Bethe-Bloch-Gleichung, Reichweite

Das Massenbremsvermögen $S(E)$ in (2.19), d.h. der mittlere Energieverlust pro freier Weglänge des Teilchentransports, nimmt mit abnehmender kinetischer Energie des Ions stetig zu. Dieser Trend ist anschaulich dadurch erklärbar, daß das Ion bei kleineren Geschwindigkeiten v länger mit den Elektronen des Atoms wechselwirken kann. Für geladene Teilchen, deren Masse

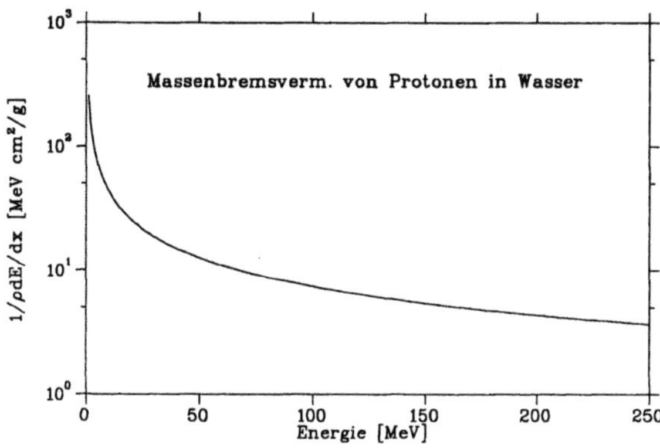

Abb. 2.24. Massenbremsvermögen von Protonen in Wasser als Funktion der kinetischen Energie der Protonen. Aufgetragen ist ein analytischer Fit an die ICRU-Daten aus [5], die durch die Bethe-Bloch-Gleichung (2.20) berechnet wurden

m_P im Vergleich zur Elektronenmasse m_e groß ist, wird $S(E)$ analytisch durch die Bethe-Bloch-Gleichung [6] beschrieben:

$$S(E) = 0.307\,\frac{Z}{A}\,\frac{Z_P^2}{\beta^2}\,\Big\{\frac{1}{2}\,\ln\frac{2\,m_e c^2 \gamma^2 \beta^2 T_{max}}{I_{ad}^2} - \beta^2\Big\}\,\Big[\frac{MeV\,cm^2}{g}\Big], \qquad (2.20)$$

wobei kleinere Korrekturen von Bindungseffekten und Mediumpolarisationen in (2.20) vernachlässigt sind. Die kinematischen Größen β und γ werden wie üblich als v/c bzw. $1/\sqrt{1-\beta^2}$ definiert; T_{max} bezeichnet die maximal auf ein ruhendes Elektron übertragbare Energie, und I_{ad} steht für das mittlere Ionisationspotential des jeweiligen Mediums mit der Massenzahl A und der Kernladung Z. Der bekannte Anstieg des Energieverlustes von geladenen Teilchenstrahlen in Matiere als Funktion abnehmender Teilchengeschwindigkeit v wird durch die Beziehung $S(E) \propto 1/v^2$ deutlich. Als Beispiel zeigt Abb. 2.24 das Massenbremsvermögen von Protonen in Wasser. Weitere Daten zum Bremsvermögen von Protonen und α-Teilchen für verschiedene therapierelevante Materialen findet man in [5].

Über das Massenbremsvermögen ist auch die Reichweite R geladener Teilchen der Anfangsenergie E in Materie definiert. In CSDA-Näherung (Continous Slowing-Down-Approximation) wird die Reichweite als die Eindringtiefe festgelegt, bei der die mittlere Teilchenenergie den Wert Null annimmt:

$$R(E) = \frac{1}{\rho}\int_0^E dE'\,\frac{1}{S(E')}. \qquad (2.21)$$

Abbildung 2.25 zeigt die Reichweite von Protonen in Wasser als Funktion der Protonenergie E. Aus dem Zusammenhang von Reichweite R und der Energie E ergibt sich auch der Energiebereich, in dem Protonen therapeutisch angewendet werden. Bei einer Energie von ca. 70 MeV verwendet man Protonen mit einer Reichweite von ca. 4 cm zur Heilung von Augentumoren.

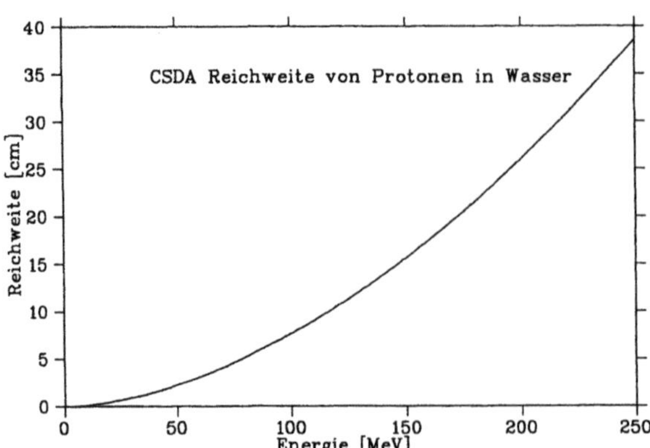

Abb. 2.25. CSDA-Reichweite von Protonen in Wasser. Zur therapeutischen Anwendung kommen Protonenstrahlen mit Energien zwischen 70 und maximal 250 MeV mit korrespondierenden Reichweiten zwischen 4 und 40 cm

Zur Strahlentherapie im Körperstammbereich werden Protonenstrahlen mit Reichweiten von maximal ca. 30–40 cm in Wasser benötigt, was einer maximalen Protonenenergie von 220–250 MeV entspricht.

2.5.3 Bragg-Peak, Straggling, Energiespektrum

Aus dem Massenbremsvermögen $S(E)$ erhält man den „Bragg Peak" $d(z)$, indem die statistische Natur der Coulomb-Wechselwirkung für ein Ensemble von Ionen der Anfangsenergie E betrachtet wird. Die statistischen Schwankungen der Energie $E(z)$ des Teilchenensembles um seinen Mittelwert wer-

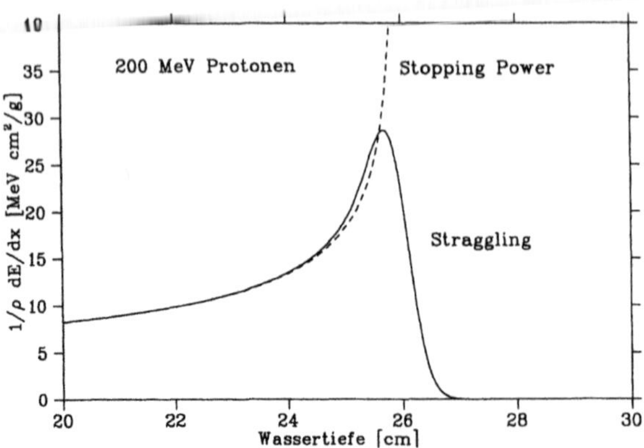

Abb. 2.26. Tiefendosiskurve für 200-MeV-Protonen in Wasser. Die *gestrichelte Kurve* zeigt das Massenbremsvermögen der Protonen $S_p(E)$ für den Mittelwert des lokalen Energiespektrums. Die Berücksichtigung der statistischen Schwankung der Teilchenenergie führt auf den experimentell beobachtbaren Bragg-Peak der *durchgezogenen Kurve*

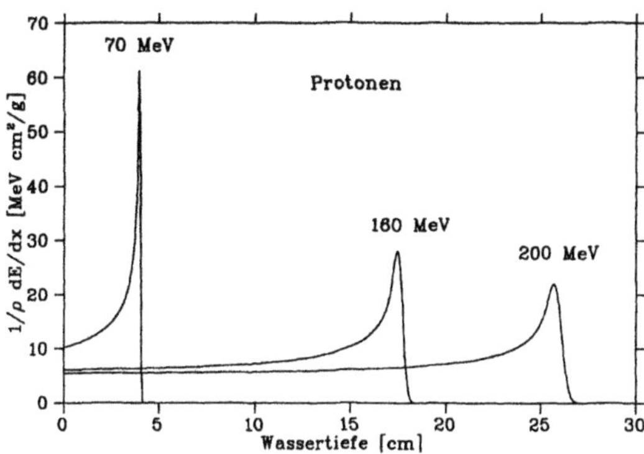

Abb. 2.27. Bragg-Peaks für Protonen unterschiedlicher Anfangsenergie in Wasser. Gezeigt ist das mittlere Bremsvermögen pro Teilchen in Abhängigkeit von der Eindringtiefe. Die Reduktion des Straggling-Effekts bei kleinen Energien, wie z.B. bei $E = 70\,\mathrm{MeV}$, führt zu einer deutlich höheren Energieabsorption in der Nähe des Peaks als bei den Energien von 160 bzw. 200 MeV

den mit zunehmender Eindringtiefe z größer und führen zum „Straggling" des Teilchenstrahls; d.h., in der Tiefe z werden Ionen mit unterschiedlichen Energien und Restreichweiten $R - z$ beobachtet.

Die Tiefendosis $d(z)$ ergibt sich als Superposition des Massenbremsvermögens für alle Energien des lokalen Energiespektrums in der Tiefe z. Als Beispiel für das lokale Energiestraggling und seine Bedeutung für den Bragg-Peak zeigt Abb. 2.26 die Tiefendosiskurve für 200-MeV-Protonen in Wasser. Erst das lokale Energiespektrum führt zu einer deutlichen Reduktion der Energieabsorption für Tiefen im Bereich der Reichweite R von ca. 26 cm und somit zum eigentlichen Bragg-Peak.

Eine weitere Konsequenz des Energiestragglings ist, daß Teilchenstrahlen mit höherer Anfangsenergie zu einem breiteren Bragg-Peak mit reduzierter, maximaler Energieabsorption führen. Zur Verdeutlichung dieses Phänomens zeigt Abb. 2.27 Bragg-Peaks für Protonen mit den Anfangsenergien von 70, 160 und 200 MeV.

Neben dem lokalen Energiespektrum des Stragglings bestimmt auch das vom Beschleuniger erzeugte Energiespektrum des Teilchenstrahls die Form seiner Tiefendosiskurve. Je breiter das anfängliche Spektrum, desto mehr verbreitert sich der Bragg-Peak und um so mehr verschiebt sich die Position der maximalen Energieabsorption zu geringeren Tiefen. Abbildung 2.28 zeigt dazu die Tiefendosiskurven eines 200-MeV-Protonenstrahls für drei Gauß-förmige Energiespektren unterschiedlicher Breite.

2.5.4 Inelastische Kernwechselwirkungen

Als letzten Einfluß auf die Tiefendosiskurve werden die inelastischen, hadronischen Wechselwirkungen mit den Atomkernen betrachtet. Für Protonen-

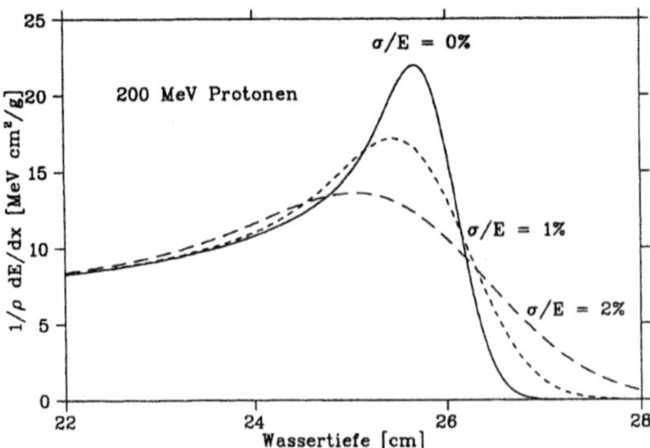

Abb. 2.28. Einfluß des äußeren Energiespektrums auf die Form und Position des Bragg-Peaks. Die Abbildung zeigt drei Tiefendosiskurven für einen Protonenstrahl mit einer mittleren Anfangsenergie von $E = 200\,\text{MeV}$: monoenergetischer Strahl (*durchgezogene Linie*), Gauß-förmiges Spektrum der Breite $\sigma = 2\,\text{MeV}$ (*kurzgestrichelte Linie*), Gauß-förmiges Spektrum der Breite $\sigma = 4\,\text{MeV}$ (*langgestrichelte Linie*)

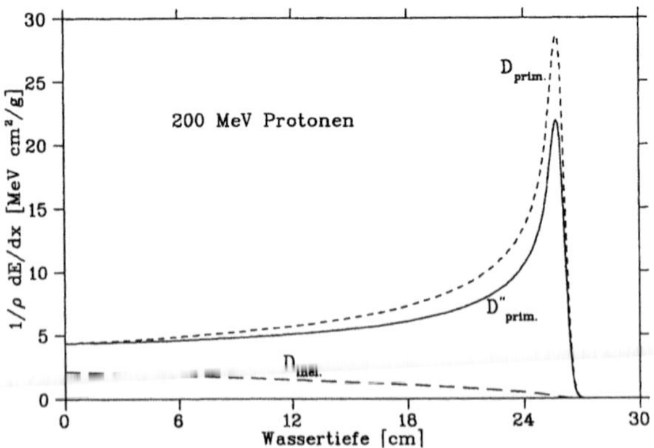

Abb. 2.29. Einfluß inelastischer Kernreaktion auf die Tiefendosiskurve eines 200-MeV-Protonenstrahls in Wasser. Gezeigt ist der Bragg-Peak aufgrund der Coulomb-Wechselwirkung (*kurzgestrichelte Linie*), seine Skalierung durch die Absorption primärer Protonen (*durchgezogene Linie*), sowie der Beitrag von den hadronischen Fragmenten (*langgestrichelte Kurve*). Der Beitrag der hadronischen Sekundärteilchen wurde durch die lokale Absorption von 60% der Teilchenenergie approximiert

strahlen in Wasser z.B. sind diese im wesentlichen durch die inelastischen Wirkungsquerschnitte des Protons am Sauerstoffkern bestimmt. Die inelastischen Prozesse wirken in zweifacher Weise auf die Dosisverteilung. Da ist zunächst der Effekt, daß die Primärfluenz des einfallenden Strahls durch diese Prozesse mit zunehmender Tiefe mehr und mehr abnimmt, d.h., die bisher diskutierte Tiefendosisverteilung der Coulomb-Wechselwirkung wird mit einem tiefenabhängigen Faktor nach unten skaliert. Des weiteren liefern die bei den hadronischen Reaktionen enstehenden Sekundärteilchen einen zusätzlichen Beitrag zur Dosis, der mit zunehmender Eindringtiefe des Strahls abnimmt. Beide Effekte sind in Abb. 2.29 am Beispiel eines 200-MeV-Protonenstrahls in Wasser verdeutlicht.

2.5.5 Die laterale Verteilung der Primärfluenz

Die laterale Verteilung der Primärfluenz $L(x, y, z)$ wird im wesentlichen durch die Coulomb-Wechselwirkungen mit den Atomen des Mediums bestimmt. Neben vielen, kleinen Streuungen der Ionen durch Stöße mit Elektronen gibt es auch wenige Streuereignisse am e.m. Feld des Atomkerns, die zu größeren lateralen Streuwinkeln der Teilchen führen.

Die Auswirkungen dieser elementaren Wechselwirkungen beim Teilchentransport erhält man als Lösung der Boltzmann-Gleichung. Eine erste theoretische Beschreibung der Streuung geladener Teilchen beim Durchqueren von Materie erfolgte in den Arbeiten von Molière [2]. Als praktisch verwertbare Näherung an die Molière-Verteilung werden im allgemeinen Gauß-Kurven verwendet, deren Breite $\sigma_r(z)$ sich mit zunehmender Eindringtiefe verbrei-

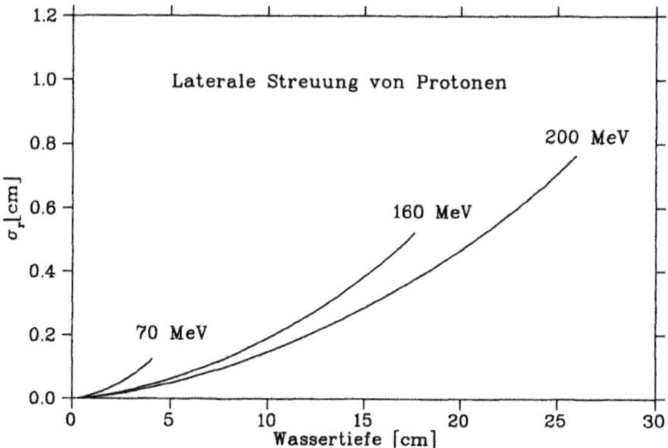

Abb. 2.30. Laterale Aufstreuung der Primärfluenz von Protonen in Wasser. Die Abbildung zeigt die Aufweitung unendlich dünner Nadelstrahlen in Abhängigkeit von der Eindringtiefe z. Die Primärfluenz wird als Gaußkurve (2.22) approximiert, deren Breiten $\sigma_r(z)$ für die Energien 70, 160 und 200 MeV dargestellt sind

tert [3], d.h.,

$$L(x,y,z) = \frac{1}{2\pi\sigma_r(z)} \exp\left[-\left(\frac{1}{2}\right)\frac{x^2+y^2}{\sigma_r^2(z)}\right]. \tag{2.22}$$

In Abb. 2.30 sind die lateralen Breiten $\sigma_r(z)$ für die Streuung von Protonen in Wasser dargestellt. Für 70-MeV-Protonen ergibt sich am Ende der Reichweite von ca. 4.1 cm eine Aufweitung der Breite von nur 1.7 mm. Bei höherenergetischen Protonen dagegen, wie z.B. für $E = 200$ MeV, kann die Streuung im Phantom durchaus in der Größenordnung von 1 cm liegen.

2.5.6   Vom Proton zu schweren Ionen

Die Wechselwirkungsmechanismen von schweren Ionen bestehen wie im Fall der Protonen aus der Coulomb-Wechselwirkung und inelastischen hadronischen Wechselwirkungen. Für den Bragg-Peak der Tiefendosiskurve ergeben sich die wesentlichen Unterschiede zum Proton durch die unterschiedliche Ladung Z_P und Masse $m_P \approx A_P m_{\mathrm{proton}}$ der Projektile. Bei den inleastischen hadronischen Wechselwirkungen muß zusätzlich der Fall berücksichtigt werden, daß die Projektile selbst fragmentieren können. Im folgenden werden beide Effekte sowie die Änderung der lateralen Verteilung kurz dargestellt.

Coulomb-Wechselwirkung. Die Beschreibung der Coulomb-Wechselwirkung erfolgt wie im Fall der Protonen durch die Bethe-Bloch-Gleichung (2.20). Die Energieabhängigkeit des Massenbremsvermögens $S(E)$ reduziert sich auf

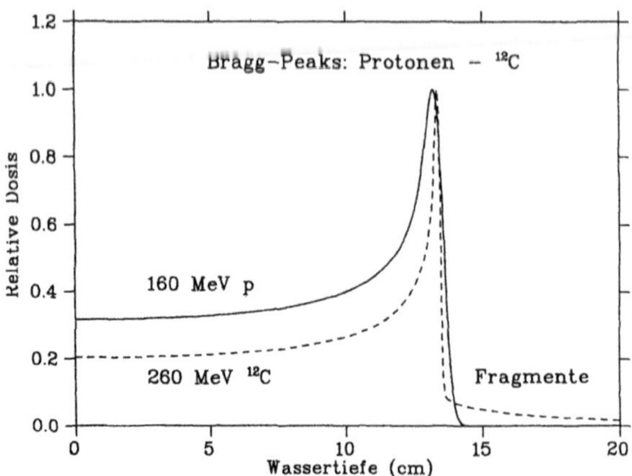

Abb. 2.31. Vergleich von Bragg-Peaks eines $^{12}\mathrm{C}^{6+}$-Ionenstrahls mit einem Protonenstrahl identischer Reichweite. Der Schwerionenstrahl weist eine deutlich reduzierte Breite auf und eignet sich daher besser zur Dosiskonformation in der Strahlentherapie. Allerdings führt die Fragmentierung des $^{12}\mathrm{C}^{6+}$-Strahls zu einer Dosis hinter der distalen Dosiskante von einigen cm Reichweite

die Abhängigkeit von der Geschwindikeit β, die im Bereich therapeutischer Teilchenenergien in guter Näherung eine Funktion der Energie pro Nukleon E/A_P ist. Aus diesem Grund läßt sich das Massenbremsvermögen $S(E)$ schwerer Ionen leicht auf das der Protonen $S_p(E)$ zurückführen:

$$S(E) \approx Z_P^2\, S_p(E/A_P)\,. \tag{2.23}$$

Aus (2.23) folgt unmittelbar der Zusammenhang der CSDA-Reichweiten von schweren Ionen R und Protonen R_p. Es gilt:

$$R(E) = \frac{A_P}{Z_P^2}\, R_p(E/A_P)\,. \tag{2.24}$$

So besitzt z.B. ein Strahl vollständig ionisierter Kohlenstoffatome eine um einen Faktor 3 reduzierte Reichweite im Vergleich zu einem Protonenstrahl mit gleicher Energie pro Nukleon.

Um mit Schwerionen die äquivalente Eindringtiefe eines Protonenstrahls zu erreichen, müssen die Schwerionen auf eine höhere Energie/Nukleon beschleunigt werden. Der physikalische Vorteil des enstehenden Schwerionenstrahls besteht darin, daß er ein höheres Bremsvermögen besonders am Ende seiner Reichweite besitzt. Zusätzlich zum erhöhtem Bremsvermögen wird das lokale Energie-Straggling aufgrund der höheren Projektilmasse bei Schwerionen reduziert. Die Masse der Schwerionen ist auch dafür verantwortlich, daß die laterale Streuung dieser Strahlen im Medium wesentlich kleiner ist als für Protonen.

Als Konsequenz dieser beiden Effekte ist der Bragg-Peak eines Schwerionestrahls sehr viel ausgeprägter als der von Protonen und eignet sich somit besser zur Dosiskonformation an die Zielvolumina der Strahlentherapie. Als Beispiel für die erwähnten Effekte zeigt Abb. 2.31 die Bragg-Peaks eines Kohlenstoffstrahls im Vergleich zu einem Protonenstrahl gleicher Reichweite.

Inelastische Kernwechselwirkung. Die inelastischen Kernwechselwirkungen von Schwerionen mit dem Medium sind naturgemäß größer als die der Protonen, d.h., die Absorption der Primärfluenz von Schwerionen ist weitaus ausgeprägter als bei Protonen und wirkt der erhöhten Dosiskonformität des Bragg-Peaks entgegen. Besonders deutlich wird dies bei Betrachtung der Fragmentierung des Schwerionenstrahls selbst. Das „Zerplatzen" der Projektile durch hadronische Wechselwirkung erfolgt speziell bei hohen kinetischen Energien, d.h. kurz nach dem Eintritt des Schwerionenstrahls in das Medium. Bei diesen Reaktionen entstehen leichte Targetfragmente mit einer hohen Energie pro Nukleon, deren Reichweite größer als die der eigentlichen Primärteilchen ist.

Als Konsequenz dieses Effekts findet man hinter der distalen Kante des Bragg-Peaks von Schwerionen immer noch einen „Dosisuntergrund" mit einer zusätzlichen Reichweite von einigen cm. Dieses Phänomen wird ebenfalls durch die Tiefendosiskurven in Abb. 2.31 verdeutlicht.

Literatur

1. Berger MJ, Hubbell JH, Seltzer SM, Coursey JS, Zucker DS (1999) XCOM: Photon cross section database (version 1.2), [Online]. Available: http://physics.nist.gov/xcom [2000, November 10]. National Institute of Standards and Technology, Gaithersburg, MD
2. Bethe HA (1953) Molière's theory of multiple scattering. Phys Rev 89: 1256–1266
3. Gottschalk B et al. (1992) Multiple Coulomb scacttering of 160 MeV protons. Nucl Instr and Meth B74: 467–490
4. Groh BA (2000) A study of the use of flat-panel imagers for radiotherapy verification. Doktorarbeit, Universität Heidelberg
5. ICRU Report 49 (1993) Stopping powers and ranges for protons and alpha particles. International Commission on Radiation Units and Measurements, 7910 Woodmont Avenue, Bethesda MD 20814, USA
6. Johns HE, Cunningham JR (1983) The physics of radiology. Charles C. Thomas, Springfield
7. Khan FM (1984) The physics of radiation therapy. Williams & Wilkins, Baltimore London Los Angeles Sydney

3 Konzepte in Strahlenphysik und Dosimetrie

G. H. Hartmann

Die Medizinische Physik wird von vielen als ein am Rande der naturwissenschaftlichen Disziplinen stehendes Fachgebiet gesehen, ja fast übersehen. Sie ist ein zwar noch relativ junges, jedoch wichtiges Teilgebiet der Angewandten Physik. Angesiedelt im Bereich der Gesundheitsfürsorge zwischen Medizin und Physik stellt dieses Gebiet heute ein recht aktives Feld in Forschung und Entwicklung dar. Die Entwicklung läßt sich bis zu den Pionieren der ersten Anwendungen von Röntgenstrahlen zurückverfolgen. Es waren auch Physiker, die sich schon bald nach der Entdeckung der Röntgenstrahlen und der Radioaktivität in den neunziger Jahren des 19. Jahrhunderts für deren medizinische Anwendungsmöglichkeiten interessierten. Neue Methoden wurden entwickelt und ständig weiter verbessert. Viele neue Aufgaben ergaben sich insbesondere in der radiologischen Diagnostik und in der Strahlentherapie, aber auch im Strahlenschutz. Heute ist das Gebiet der Medizinischen Physik nicht nur von radiologischen Disziplinen geprägt, sondern auch von anderen Bereichen, wie z.B. die Anwendungsgebiete von Ultraschall, Ultraviolett-, Hochfrequenz- und Laserstrahlung. Hinzu kommen die Computerwissenschaften und die Elektronik.

Die Medizinische Strahlenphysik ist mit ihren Teilgebieten Strahlenphysik, Dosimetrie und Medizinische Strahlenanwendungen jedoch auch weiterhin ein Schwerpunkt innerhalb der Medizinischen Physik. Wechselseitige Verknüpfungen dieser Teilgebiete in dem Sinne, daß Kenntnisse und Erfahrungen auf einem Teilgebiet jeweils von denen auf den anderen Gebieten abhängig sind (s. Abb. 3.1), charakterisieren die Medizinische Strahlenphysik. So sind bestimmte Verfahrensweisen in der Dosimetrie nicht ohne gründliche Kenntnis der Wechselwirkungsprozesse von ionisierenden Strahlen mit Materie zu verstehen. Umgekehrt sind bestimmte theoretische Konzepte zur Beschreibung

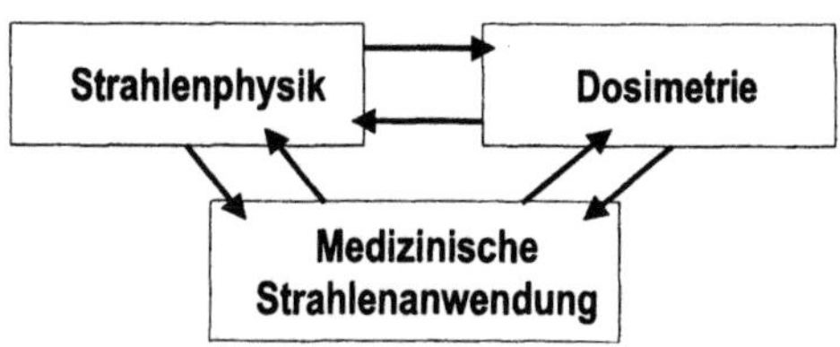

Abb. 3.1. Wechselseitige Abhängigkeit von Strahlenphysik, Dosimetrie und Medizinischen Strahlenanwendungen

von Energieübertragungsprozessen erst durch die Auseinandersetzung mit der Dosimetrie entwickelt worden.

Ein Beispiel soll dies verdeutlichen: Ein überaus spezielles Feld der Strahlenphysik, nämlich die Strahlenchemie des Wassers, liefert einen interessanten und wichtigen Anknüpfungspunkt für die Dosimetrie. Die Strahlenchemie des Wassers behandelt insbesondere die Radikalenbildung in Wasser durch ionisierende Strahlung. Im Wassermolekül beträgt die Bindungsenergie zwischen den H-Atomen und O-Atom $5.19\,eV$. Wird dieser Energiebetrag (oder ein höherer) einem H_2O-Molekül durch Strahlung zugeführt, so kann es dissoziert werden. Eine ganze Reihe von Reaktionen sind hierbei beteiligt. Die grundlegenden Reaktionen lassen sich nach zwei Typen unterscheiden:

- Spaltung in OH- und H-Radikale,
- Bildung der Produkte H_2 und H_2O_2.

Eine für die Dosimetrie interessante Variante dieser Reaktionen ist mit folgender Versuchsanordnung verbunden: gibt man dem Wasser eine saure Lösung von Eisen(2+)-Ionen in Form von Eisensulfat hinzu, so werden durch die bei der Bestrahlung ablaufenden Reaktionen im Wasser diese Eisen(2+)-Ionen zu Eisen(3+)-Ionen oxidiert. Der komplexe Vorgang kann näherungsweise durch folgende Reaktionsgleichungen beschrieben werden:

$$H + O_2 \rightarrow HO_2$$
$$Fe^{2+} + HO_2 \rightarrow Fe^{3+} + HO_2^-$$
$$HO_2^- + H^+ \rightarrow H_2O_2$$
$$Fe^{2+} + OH \rightarrow Fe^{3+} + OH^-$$
$$2Fe^{2+} + H_2O_2 \rightarrow 2Fe^{3+} + 2OH^- \, .$$

Interessant ist diese Reaktion deshalb, weil Fe^{3+} im Gegensatz zu Fe^{2+} braun gefärbt ist. Bei einer Lichtwellenlänge von $\lambda = 304\,nm$ kann die Ausbeute an erzeugten Fe^{3+} durch eine Messung der Lichtabsorption sehr genau bestimmt werden. Infolgedessen kann die Messung der Ausbeute von Fe^{3+}-Ionen Reaktion in einer wäßrigen Eisensulfatlösung zur Messung der absorbierten Strahlenenergie verwendet werden. Die Methode ist als Eisensulfatdosimetrie bekannt; die wäßrige Eisenlösung wird manchmal auch als Fricke-Lösung bezeichnet. Da der sog. G-Faktor, der die Ausbeute an Fe^{3+} pro absorbierter Energie in Wasser angibt, bei bestimmten Strahlenarten (Photonen, Elektronen) sehr genau bekannt ist, gilt die Eisensulfatdosimetrie in solchen Strahlungsfeldern sogar als eine der genauesten Methoden zur absoluten Bestimmung der Energiedosis. Sie wird als Kalibrierdienst von der Physikalisch-Technischen Bundesanstalt (PTB) in Braunschweig allen Interessenten in der Schweiz, Österreich und Deutschland angeboten.

Die Dosimetrie ist die Meßkunde (Metrologie) der Wechselwirkungen ionisierender Strahlung mit Materie. So interessant sie auch als ein eigenständiger Gegenstand von Forschung sein mag, ihre eigentliche Aufgabe und Bezug hat sie bei den medizinischen Anwendungen von ionisierenden Strahlen in den Bereichen der radiologische Diagnostik und der Strahlentherapie sowie beim Strahlenschutz. Hier dient sie insbesondere den folgenden Zwecken:

- der Untersuchung und Feststellung der Strahlenexposition von Patienten in der Röntgendiagnostik und der Nuklearmedizin,
- der Dosierung der Wirkung bei einer Strahlentherapie und
- der Gewinnung von Überwachungsdaten im Strahlenschutz, mit denen festgestellt werden kann, ob vorgeschriebene Regeln und Dosisgrenzwerte von exponierten Personen eingehalten werden.

3.1 Kurzer geschichtlicher Rückblick

Unsere begrifflichen Vorstellungen und die Einsicht in den Ablauf von Prozessen ändern sich mit der Zeit. Sie mögen sich zwar verbessert haben, die Entwicklung des heutigen Wissensstandes beruht jedoch immer auch auf den Vorstellungen unserer Väter und Vorväter. Es kann deshalb interessant sein, einen kurzen Rückblick auf wichtige Meilensteine der Entwicklung in der Medizinischen Strahlenphysik zu werfen. Die folgenden Stichpunkte mögen dafür dienen:

1895: Röntgen entdeckt bei der Arbeit mit Kathodenröhren die von ihm X-Strahlen genannten Röntgenstrahlen. Schon wenige Wochen nach der Entdeckung der Röntgenstrahlen wurde ihr Wert für eine medizinische Diagnostik erkannt. Die rasche Vermehrung von Röntgenlabors ohne ausreichenden Strahlenschutz ließ jedoch erkennen, daß Röntgenstrahlen auch biologische Wirkungen haben: Hautrötungen (Erythem), Haarausfall sowie Schädigungen der tiefer gelegenen Hautschichten (nebst Geschwüren und malignen Erkrankungen) wurden beobachtet.

1896: Becquerel entdeckt die Radioaktivität in Uranerzen (Becquerel-Strahlung).

Ab 1896: Entwicklung von Dosierungsverfahren. Es bestand zunächst das einfache Problem, die „Menge" an Strahlung, die von einer Röntgenanlage ausgeht, unter Kontrolle zu halten. Das war mit den ersten, noch gasgefüllten Röhren nicht leicht. Man konnte sie nicht reproduzierbar herstellen, und sie waren auch nicht stabil während des Betriebs. Zur Messung der Strahlenmenge wurden eine ganze Reihe von physikalischen Effekten verwendet, z.B. Kalorimeter, chemische Indikatoren, Photographie, Festkörperverfärbungen oder Fluoreszenzeffekte.

1902: Strahlenschutz durch Abschirmung von Röntgenstrahlen. W. Rollins, ein Zahnarzt aus Boston, der bisweilen auch der Vater des Strahlenschutzes genannt wird, sprach folgende Empfehlung aus: Der Glaskörper einer Röntgenröhre muß zusätzlich abgeschirmt werden; die Abschirmung ist ausreichend, wenn sich auf einer photographischen Platte unmittelbar an der Außenseite der Röhre innerhalb von 7 min. kein Grauschleier bildet (das entspricht einer Exposition von 100–200 mSv pro Tag für die unmittelbar mit der Röntgenröhre arbeitende Person).

Bis 1920: Dosierung mit der Pastillenmethode nach Sabouraud und Noiré. Die Messung beruht auf einer zunehmenden Braunfärbung von grünen Tabletten aus Barium-Platin-Cyanür (BaPt(CN)$_4$3H$_2$O) mit der Dosis und dem Vergleich mit einer Farbtabelle.

1925: Einführung einer (biologischen) „Meßgröße" zur Dosimetrie. Ausgehend von der bekannten Strahlenwirkung auf die menschliche Haut wurde der Begriff der „Hauterythemdosis" = HED (engl. „skin erythema dose" = SED) geprägt. Sie bezeichnet diejenige Strahlenmenge, die nach 8 Tagen eine leichte Hautrötung hervorruft.

1925: Erster Internationaler Kongreß der Radiologie in London. Gründung einer Kommission mit dem Namen „International Commission on Radiological Units" (ICRU) mit der Aufgabe, sich den Problemen bei der Messung und Standardisierung von Strahlung zu widmen. Später wurde der Name leicht modifiziert: „International Commission on Radiation Units and Measurements", die Abkürzung blieb unverändert. Diese Einrichtung besteht bis heute; sie wird als die kompotenteste Institution zur Empfehlung von internationalen Standards für folgende Aufgaben gesehen:

- Definition von Meßgrößen und Einheiten für Strahlung und Radioaktivität,
- Zusammenstellung geeigneter Meßverfahren für diese Meßgrößen,
- Aufbereitung physikalischer Daten, die für diese Meßverfahren benötigt werden, und
- Standardisierung in der Terminologie.

Die eigentliche Kommissionsarbeit wird in sog. „Report Committees" ausgeführt.

1928: Zweiter Internationaler Kongreß der Radiologie in Stockholm. International verbindliche Festsetzung einer neuen, physikalisch definierten Meßgröße mit der zugehörigen Einheit: das Röntgen. Es wurde definiert für eine Meßgröße, die mit der zunehmend gebräuchlicheren Methode in der Dosimetrie, nämlich mit der Methode der Freiluftionisationskammer, oder kurz „Freiluftkammer", bestimmt wird. Die Definition im englischen Wortlaut:

„That this international unit be the quantity of x radiation which, when secondary electrons are fully utilized and the wall effect of the chamber is avoided, produces in one cubic centimeter of atmospheric air at 0°C and 76 cm mercury pressure, such a degree of conductivity that one electrostatic unit of charge is measured at saturation current."

$$\text{Dosis [R]} = \frac{\text{Ladung [esE]}}{\text{Luftvolumen [ccm]}}$$

Abbildung 3.2 veranschaulicht die Meßbedingungen, die zur Erfüllung der Formulierung „when secondary electrons are fully utilized and the wall effect of the chamber is avoided" gemeint sind. Diese sind bei den höher energetischen Röntgenstrahlen nicht leicht einzuhalten. Bei 400 kV erfordern sie in radialer Richtung einen Plattenabstand von 60 cm und eine Spannung von 10 kV; in Strahlrichtung müssen die Bedingungen des Sekundärelektronengleichgewichts gelten.

1924/25: Entwicklung der „Luftwändekammern" (= zylindrische luftgefüllte Kammern mit Volumina zwischen 0.5 und 4.5 cm^3 nach [4]. Bei kleinen Kammern kann die Ionisation der im Meßvolumen entstandenen Sekundärelektronen nicht vollständig ausgenutzt werden. Der fehlende Beitrag kann jedoch durch den Beitrag von Elektronen aus der Wand kompensiert werden, wenn die Wand näherungsweise (z.B. durch Graphit) luftäquivalent gemacht wird. Bei überwiegend aus Graphit bestehenden Kammerwänden ist deshalb der Quotient Ladung/Volumen unabhängig von der Größe der Kammer und gleich dem entsprechenden Quotienten bei einer Freiluftkammer.

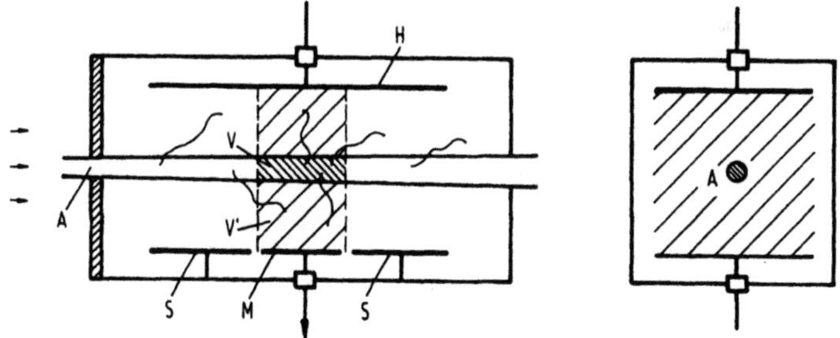

Abb. 3.2. Veranschaulichung der Forderung „when secondary electrons are fully utilized and the wall effect of the chamber is avoided" durch das Meßprinzip einer Freiluftkammer: Das Bezugsvolumen V ist durch die Größe der Elektrode M und der Eintrittsblende A begrenzt; das angrenzende Luftvolumen ist so groß, die die Kammerwand oder die Elektroden keine Störung der Verteilung der Sekundärelektronen bewirken. Es werden zwar nicht alle Ionisationen eines in V ausgelösten Sekundärelektrons im Sammelvolumen V' registriert, der Verlust wird jedoch durch den Beitrag der in V' von außen eintretenden Elektronen wieder ausgeglichen (nach [13])

Anmerkung: Im Hinblick auf die Vorstellung, welche Volumina in den Begriff der Dosis eingehen, ist es interessant, daß sowohl bei der Freiluftkammer als auch bei der Luftwändekammer eine meßtechnisch scharfe Definition desjenigen Meßvolumens (= Bezugsvolumen) gegeben war, aus dem Ionen gesammelt werden. Die für die Ionisation ursächlichen Sekundärelektronen entstammen jedoch nicht nur diesem Bezugsvolumen. Nur wegen des Sekundärelelektronengleichgewichts kann das Bezugsvolumen einem äquivalentem Entstehungsvolumen zugeordnet werden.

1937: Auf dem 5. Internationalen Radiologenkongreß in Chicago erfolgt eine für den Dosisbegriff entscheidende Änderungen in der Dosisdefinition:

„The international unit of quantity or dose of x rays shall be called the 'roentgen' and shall be designated by the symbol 'r' [...] The roentgen shall be the quantity of x or γ radiation such that the associated corpuscular emission per 0.001293 gram of air produces, in air, ions carrying 1 esu of quantity of electricity of either sign."

$$\text{Dosis [R]} = \frac{\text{Ladung}}{\text{Luftmasse}}$$

1. Änderung: Der Dosisbegriff bezieht sich nun auf ein Massenelement von Luft und nicht auf ein Volumenelement (Unabhängigkeit von der Luftdichte!)

2. Änderung: Der Dosisbegriff wird mit der korpuskularen Emission, d.h. mit den erzeugten Sekundärelektronen verknüpft. Damit wird diese neue Meßgröße nicht zur der in der Bezugsmasse *absorbierten* Energie, sondern zu der dort auf die Sekundärelektronen *übertragenen* Energie proportional (s. Abb. 3.3). Mit dieser Definition kommt der Zweistufenprozeß der Wechselwirkung indirekt ionisierender Strahlung mit Materie ins Blickfeld: 1. Stufe: Erzeugung von Sekundärelektronen; 2. Stufe: Übertragung von Energie durch Sekundärelektronen auf das absorbierende Medium. Die Definition von 1937 legt den Akzent auf die erste Stufe.

In der deutschen Übersetzung, die 1939 Eingang in die DIN RÖNT 9 fand, wurde die Definition von 1937 jedoch so ausgelegt, daß der Dosis-

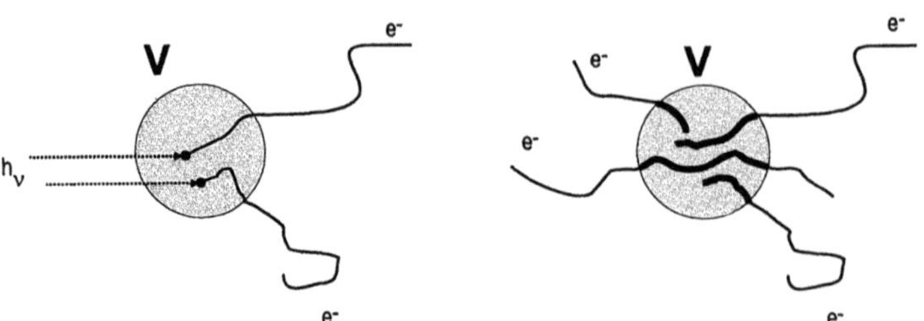

Abb. 3.3. Zur Veranschaulichung des Unterschieds zwischen übertragener Energie (*links*) und absorbierter Energie (*rechts*)

Tabelle 3.1. Definition von neuen Größen: (s. auch [9], DIN 6814 Teil 3)

	Größe	Einheit (Abk.)
international	national	
exposure	Standardionendosis*	R
	Hohlraumionendosis*	R
kerma	Kerma	erg/gram
absorbed dose	Energiedosis	Rad
dose equivalent	Äquivalentdosis	Rem

* Die nationalen Größen unterscheiden sich weiterhin von den internationalen Größen hinsichtlich des Bezugsvolumens

meßgröße weiterhin die erzeugte Ladung in einem experimentell scharf begrenzten Bezugsvolumen zugeordnet wird.

1950–1980: In den 50er Jahren ging man daran, den Begriffen der Radiologie neue, streng physikalische Definitionen zugrundezulegen. In Tabelle 3.1 ist eine Auswahl von Definitionen aufgelistet, die im ICRU-Report 10a [8] nachzulesen sind. Sie werden im einzelnen in ihrer heutigen Gestalt im nächsten Abschnitt näher erläutert.

Nach Einführung der internationalen SI-Einheiten wurden nochmals kleinere Veränderungen vorgenommen. Die heute gültige nationale und internationale Fassung ist in DIN 6814 Teil 3 (1985) sowie im ICRU-Report 33 „Radiation Quantities and Units" (1980) niedergelegt. Alle Länder haben einheitlich die in Einheiten von Gray (Gy) zu messende Luftkerma K_a für Strahlungsmessungen in der radiologischen Diagnostik gewählt. Als Meßgröße in der Strahlentherapie dient die ebenfalls in Gy zu messende Wasserenergiedosis.

3.2 Dosimetrische Begriffe und Größen

Das Ziel dosimetrischer Größen ist es, ein physikalisches Meßsystem zur Quantifizierung von Strahleneffekten zur Verfügung zu stellen. Strahleneffekte hängen von der Größe des Strahlenfelds und der Stärke der Wechselwirkungen zwischen Strahlung und Materie ab. Dosimetrische Größen werden daher grundsätzlich als deren Produkt berechnet. Eine systematische Darstellung dosimetrische Begriffe würde nun zunächst Strahlenfeldgrößen beschreiben und die Wechselwirkungskoeffizienten behandeln. Oft war jedoch ein meßtechnischer Hintergrund bei der Definition dosimetrischer Größen bestimmend. Diese werden daher im folgenden zuerst vorgestellt. Strahlenfeldgrößen werden im Kap. 3.3 behandelt, die Wechselwirkungen von ionisierenden Strahlen mit Materie sind in einem eigenem Kapitel ausführlich dargestellt.

3.2.1 Die stochastische und nichtstochastische Natur physikalischer Größen

Statistische Fluktuationen zwischen wiederholten Beobachtungen sind ein bekanntes Phänomen in der Physik. In vielen derartigen Situationen ist es ausreichend, nur mittlere Werte zu betrachten. Annahme ist, daß mit steigender Anzahl von Beobachtungen der Mittelwert sich dem Erwartungswert annähert. Wenn jedoch ein Effekt in nicht linearer Weise von einer fluktuierenden Variablen abhängt, ist es wichtig, die Fluktuationen dieser Variablen genauer zu kennen und zu berücksichtigen.

Einfaches Beispiel: Eine Zufallsvariable x sei gleichmäßig im Intervall $-1 \leq x \leq +1$ verteilt. Damit gilt für die zugehörige Verteilungsdichte $f(x)$ und den Mittelwert von X:

$$f(x) = \frac{1}{2} \qquad \text{für } -1 \leq x \leq +1$$
$$f(x) = 0 \qquad \text{sonst}$$
$$\bar{x} = 0 \,.$$

Eine Meßgröße b soll nun quadratisch von dieser Zufallsvariablen abhängen: $b = x^2$, sie wird also ebenfalls fluktuieren, ihre Verteilungsdichte sei mit $g(b)$ bezeichnet. Der Erwartungswert oder Mittelwert dieser Meßgröße ist nun nicht gleich dem Quadrat des Mittelwertes von X (also null), sondern errechnet sich aus der zugehörigen Verteilungsdichte $g(b)$ wie folgt:

$$g(b) = \frac{1}{2} \cdot \frac{1}{\sqrt{b}} \qquad \text{für } 0 \leq b \leq +1$$
$$g(b) = 0 \qquad \text{sonst}$$
$$\bar{b} = \int_0^1 b \cdot g(b)\,\mathrm{d}b = \frac{1}{3} \,.$$

Im Zusammenhang mit biologischen Effekten, die von Energieübertragungen und -depositionen im Bereich eines Zellkerns abhängen und die dort über mehrere Größenordnungen fluktuieren können, sind solche Betrachtungsweisen oft angewendet worden (Stichwort: Mikrodosimetrie).

Eine Größe, die einer statistischen Fluktuation unterliegt, wird stochastisch genannt; deren Mittelwert ist jedoch eine nichtstochastische Größe. Die stochastische Natur einer Größe wird im allgemeinen erst bei mikroskopischer Betrachtungsweise deutlich. Aus diesem Grund wird der unterschiedliche Charakter – stochastisch oder nichtstochastisch – manchmal auch durch die Bezeichnung „mikroskopische" und „makroskopische" Größe ausgedrückt.

In Tabelle 3.2 sind neun der wichtigsten dosimetrische Größen aufgeführt (nach [9]). Darin sind die ersten drei stochastisch. Sie werden im Unterschied zu den nichtstochastischen Größen durch klein geschriebene Symbole bezeichnet. Nachfolgend werden diese Größen im einzelnen vorgestellt.

Tabelle 3.2. Dosimetrische Grundgrößen

Größe deutsch	englisch	Symbol	stoch- astisch	SI- Einheit	spez. Einheit
lokal übertragene Energie	energy imparted	ϵ	*	J	
lineale Energie	lineal energy	y	*	$J\,m^{-1}$	
spezifische Energie	specific energy	z	*	$J\,Kg^{-1}$	Gy
Energiedosis	absorbed dose	D		$J\,Kg^{-1}$	Gy
Energiedosisleistung	absorbed dose rate	$\dot{D}$		$J\,Kg^{-1}s^{-1}$	Gys^{-1}
Kerma	kerma	K		$J\,Kg^{-1}$	Gy
Kermaleistung	kerma rate	$\dot{K}$		$J\,Kg^{-1}s^{-1}$	Gys^{-1}
Ionendosis	(specific ionization)	J		$C\,Kg^{-1}$	R
(Exposure)	exposure	X		$C\,Kg^{-1}$	
Äquivalentdosis	dose equivalent	H		$J\,Kg^{-1}$	Sv

3.2.2   Lokal absorbierte Energie ϵ

Im allgemeinen stellt man sich die Dosis vor als eine auf einen räumlichen Punkt bezogene, stetige Größe, für die es sowohl räumliche als auch zeitliche Ableitungen gibt. In der praktischen Anwendung stößt man allerdings auf die Schwierigkeit, daß eine Sonde zur Messung der Dosis immer ein endliches Volumen und eine endliche Masse besitzt. Um in einer räumlich inhomogen verteilten Dosis möglichst genaue Werte zu erhalten, wird man deshalb diese Sonde in ihrer Ausdehnung so klein wählen, daß eine weitere Verkleinerung den Meßwert nicht mehr verändert. Dieses Verfahren kann jedoch auf Schwierigkeiten stoßen. Wird eine Sonde immer weiter verkleinert, so stößt man an eine Ungenauigkeitsgrenze. Sie rührt daher, daß die Energie, die von der Strahlung in die Sonde pro Zeiteinheit übertragen wird und nicht beliebig fein unterteilbar ist, sondern sich aus diskreten Einzelprozessen zusammensetzt. Mit anderen Worten, in einer sehr kleinen Sonde wird die absorbierte Energie zu einer stochastischen Variablen.

Dieser Befund wird durch die Definition der Größe der Energiedeposition in einem Bezugsvolumen, ϵ, als einer stochastischen Größe berücksichtigt. Die exakte Definition lautet:

$$\epsilon = R_{\text{in}} - R_{\text{out}} + \sum Q \qquad \text{Einheit: Joule (J)}$$

mit

$R_{\text{in}} = $ in das Meßvolumen einfallende Strahlungsenergie aller geladenen und ungeladenen Teilchen (ohne Berücksichtigung der Ruheenergie),

$R_{\text{out}} = $ die das Meßvolumen verlassende Strahlungsenergie (ohne Berücksichtigung der Ruheenergie),

$\sum Q =$ die Summe der Veränderungen der Ruheenergie aller Teilchen im Meßvolumen.

ϵ wird als die bei einer vorgegebenen Energiedosis D in einem endlichen Meßvolumen lokal übertragene und absorbierte Energie (energy imparted) bezeichnet. Darüber hinaus wird die in einem endlichen Meßvolumen absorbierte Energie, die beim Durchgang eines einzelnen geladenen Teilchens (= Ereignis) absorbiert wird, als ϵ_1 bezeichnet. Beide Größen sind grundlegend für die Beschreibung der Übertragung von Energie von Strahlung auf Materie. Insbesondere ist bei dieser Definition der Gesichtspunkt der diskreten Natur der Energieübertragung enthalten.

3.2.3   Spezifische Energie (specific energy) z

Sie ergibt sich als Quotient von lokal übertragener Energie und der Masse des absorbierenden Volumens und entspricht damit sinngemäß der Definition der makroskopischen Energiedosis (s. Kap. 3.5):

$$z = \frac{\epsilon}{m} \qquad \text{Einheit: Joule/Kilogramm}$$

Obwohl der gewählte Name dies gar nicht so klar vermuten läßt, ist diese stochastische Größe die zentrale Größe in der Dosimetrie, wenn der Prozeß der Energieabsorption aus dem Blickwinkel der biologischen Wirkung von ionisierender Strahlung gesehen wird. Wegen des mikroskopischen Maßstabs im Bereich von Zellen oder gar von Untereinheiten in einer Zelle muß nämlich der stochastische Charakter der Energieabsorbtion wirksam werden, der wiederum nur durch Verwendung der spezifischen Energie z adäquat behandelt wird.

3.2.4   Lineale Energie y

Wenn man die bei einem Ereignis in einer Sonde lokal absorbierte Energie dividiert durch die mittlere Spurlänge aller möglichen Spuren durch die Sonde, $\bar{l}$, dann erhält man eine Größe mit der Dimension Energie pro Wegstrecke:

$$y = \frac{\epsilon_1}{\bar{l}} \qquad \text{Einheit: Joule/Meter}$$

Diese Größe trägt den Namen lineale Energie. Als Dimension wird manchmal auch die Einheit $\mathrm{KeV}\,\mu\mathrm{m}^{-1}$ benutzt.

Bemerkungen:

1. Für konvexe Körper beträgt die mittlere Spurlänge aller möglichen Spurlängen $\bar{l} = 4 \times$ (Volumen/Oberfläche). Bei einer Kugel ergeben sich damit 2/3 des Durchmessers.

2. Die Definition der linealen Energie ist ähnlich der des linearen Energietransfers (LET) (s. Kap. 3.4). Während dieser jedoch eine nichtstochastische Größe ist, ist die lineale Energie wieder eine Zufallsgröße.
3. Die Definition des LET beinhaltet infinitesimale Spurlängen. An Hand von Spuren von Protonen und sehr niederenergetischen Photonen wird deutlich, daß dieser LET-Begriff Schwächen aufweist, während der Begriff der linealen Energie selbst bei Spurlängen, die kleiner als die mittlere Spurlänge eines Detektors sind, noch anwendbar bleibt.

3.2.5 Verteilungsfunktionen für stochastische Variablen

Stochastische Variablen werden durch ihre Verteilungen bzw. Verteilungsdichten beschrieben. So gibt beispielsweise $f(z, D)\mathrm{d}z$ die Wahrscheinlichkeit an, daß die spezifische Energie in einem bestimmten Bezugsvolumen und bei einer Bestrahlung mit der Energiedosis D einen Wert zwischen z und $z + \mathrm{d}z$ einnimmt. Abbildung 3.4 zeigt als Beispiel berechnete Verteilungen, die Falle von Kobalt-γ-Strahlung bzw. von Neutronen für eine kugelförmige Sonde aus gewebeäquivalentem Material mit einem Durchmesser mit $1\,\mu\mathrm{m}$ bestimmt wurden.

Solche Verteilungen sind in der Strahlenbiologie durchaus interessant. Die Dosisabhängigkeit biologischer Effekte kann man sich nämlich grundsätzlich so vorstellen, daß in relevanten, sehr kleinen Targetstrukturen die spezifischen Energie z wirksam ist:

$$E_{\mathrm{biol.}} = E_{\mathrm{biol.}}(z)\,.$$

Da in einem Experiment die Strahlenwirkung normalerweise jedoch nur in Abhängigkeit von der meßbaren makroskopischen Energiedosis angegeben wird, muß der Zusammenhang zwischen der spezifischen Dosis z und der makroskopischen Dosis D mit Hilfe deren Verteilung bei der Dosis D, $f(z, D)$, in folgender Weise berücksichtigt werden:

$$E(D) = \int E_{\mathrm{biol.}}(z)\, f(z, D)\mathrm{d}z\,.$$

Dies läßt sich so interpretieren, daß ein biologischer Strahleneffekts nicht nur von der Dosis, sondern auch vom Verteilungsmuster der mikroskopischen Energiedeposition abhängt. Dies wirkt sich insbesondere bei einer nicht linearen Funktion $E_{\mathrm{biol.}}(z)$ aus (s. Kap. 3.4).

3.2.6 Energiedosis D

Die nun folgenden Dosisgrößen sind im Unterschied zu den bisher genannten Größen makroskopische, d.h. zeitlich und räumlich diffenzierbare Größen. Die Energiedosis D ist der Differentialquotient:

$$D = \frac{\mathrm{d}\bar{\varepsilon}}{\mathrm{d}m} \qquad \text{Einheit: Joule/Kilogramm bzw. Gray}$$

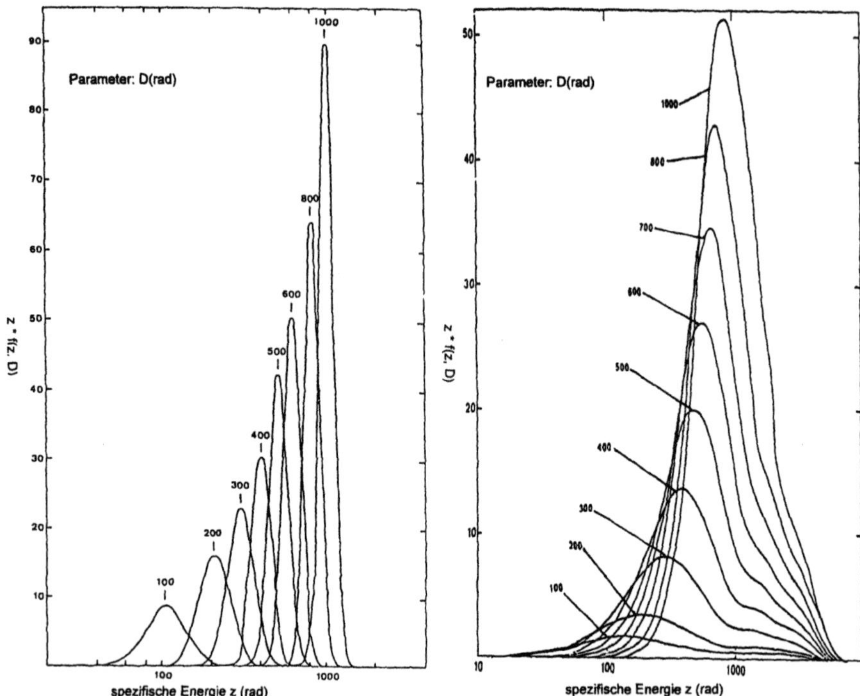

Abb. 3.4. Wahrscheinlichkeitsdichte $f(z, D)$ pro logarithmisches Intervall der spezifischen Energie in einem kugelförmigen Volumen mit dem Durchmesser 1 µm (Parameter: Dosis D in rad); links ^{60}Co-γ-Strahlung, rechts schnelle Neutronen [7]

Eine alternative Definition ergibt sich aus der oben angegebenen Definition der spezifischen Energie und deren Verteilungsfunktion. Mit dem Mittelwert der spezifischen Energie aus der Verteilungsfunktion $f(z)$

$$\bar{z} = \int\limits_0^\infty z \cdot f(z) \mathrm{d}z$$

ergibt sich die Energiedosis als Grenzwert der mittleren Energieabsorbtion in einem kleinen Masseelement:

$$D = \lim_{m \to 0} \bar{z}$$

Der Zusammenhang zwischen der Energiedosis und der spezifischen Energie kann insbesondere durch Abb. 3.5 von H. Rossi [14] anschaulich gemacht werden.

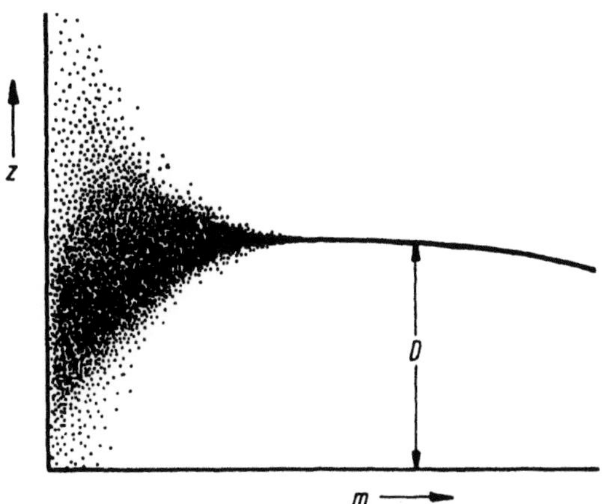

Abb. 3.5. Spezifische Energie z in Abhängigkeit von der Masse m eines kleinen Bezugsvolumens. Jeder Punkt symbolisiert einen bei einer Einzelmessung erhaltenen Meßwert der stochastischen Größe z. Die spezifische Energie geht mit zunehmender Masse in den Erwartungswert von z, d.h., in die makroskopische Energiedosis D über. Die hier gezeigte Abnahme von D mit weiter zunehmender Masse soll veranschaulichen, daß bei einem zu groß gewählten Bezugsvolumen das räumliche Auflösungsvermögen verloren geht (nach [13])

3.2.7 Energiedosisleistung

Die Energiedosisleistung $\dot{D}$ ergibt sich als Differentialquotient

$$\dot{D} = \frac{\mathrm{d}D}{\mathrm{d}t} \, .$$

3.2.8 Kerma K

Die Kerma (= kinetic energy released per unit mass) beschreibt die erste Stufe der Energieübertragung bei indirekt ionisierender Strahlung durch den Differentialquotienten:

$$K = \frac{\mathrm{d}E_{\mathrm{tr}}}{\mathrm{d}m} \qquad \text{Einheit: Joule/Kilogramm bzw. Gray}$$

wobei $\mathrm{d}E_{\mathrm{tr}}$ die Summe aller Anfangswerte der kinetischen Energie aller geladenen Teilchen ist, die von indirekt ionisierender Strahlung (Photonen, Neutronen) aus dem Bezugsvolumen freigesetzt werden.

Die Kerma läßt sich direkt aus den Strahlungsfeldgrößen Φ (Teilchenfluß) bzw. Ψ (Energiefluß) und dem Massenenergieumwandlungskoeffizienten berechnen (s. auch Kap. 4):

$$K = \Psi \cdot \left(\frac{\mu_{\mathrm{tr}}}{\rho}\right) = \Phi \cdot \left[E \cdot \left(\frac{\mu_{\mathrm{tr}}}{\rho}\right)\right]$$

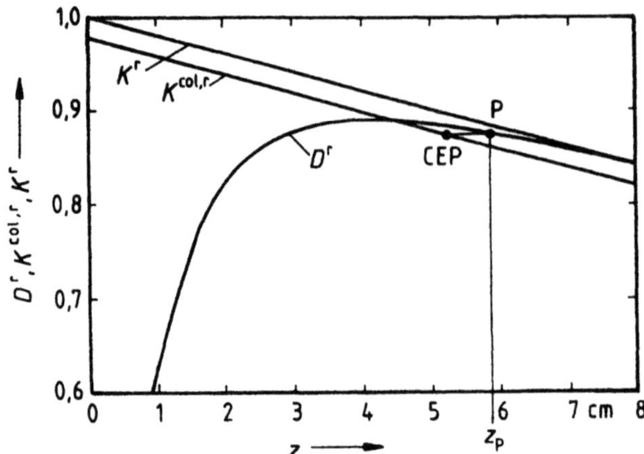

Abb. 3.6. Tiefenverlauf der Energiedosis D^r und der Kerma K^r in einem Absorber relativ zur Anfangskerma bei 21 MV Bremsstrahlung. Die Stoßkerma $K^{col,r}$ entsteht durch Abzug der Strahlungskerma. Zur Energiedosis in P tragen Sekundärelektronen bei, deren Entsehungsort durch den Punkt CEP auf der Stoßkerma gegeben ist (nach [13])

Das Produkt $\left[E \cdot \left(\frac{\mu_{tr}}{\rho}\right)\right]$ wird manchmal auch als Kermafaktor bezeichnet. In Abb. 3.6 wird veranschaulicht, wie sich der Unterschied in der Definition von Energiedosis und Kerma auf den Tiefenverlauf auswirkt.

Anmerkungen:

1. Bei allen Angaben einer Kerma muß das Bezugsmaterial genannt werden, z.B. Luftkerma oder Wasserkerma.

2. $\mathrm{d}E_{tr}$ schließt auch den Teil der Energie von geladenen Sekundärteilchen mit ein, der in Bremsstrahlung umgewandelt wird (und der größtenteils aus dem Bezugsvolumen entweicht). Man kann deshalb die Kerma in zwei Bestandteile aufspalten:

$$K = K^{col} + K^{rad},$$

wobei K^{col} als Stoßkerma bezeichnet wird. Sie beschreibt denjenigen Teil der übertragenen Energie, der von den Sekundärelektronen in Ionisationen und Anregungen umgesetzt wird. Die Strahlungskerma K^{rad} beschreibt denjenigen Teil der Energie, der in Form von Bremsstrahlung, Vernichtungsstrahlung der Positronen oder Fluoreszenzstrahlung in Photonenenergie zurückverwandelt wird. Der Bruchteil K^{rad}/K^{col} wird mit dem Buchstaben g bezeichnet. Es gilt:

$$K^{col} = K \cdot (1 - g).$$

Zur Größenordnung von g: Bei ^{60}Co-γ-Strahlung und für Materialien mit kleinem Z, wie z.B. Luft oder Wasser beträgt der Wert für g etwa 0,003.

3. Der Begriff des Sekundärelektronengleichgewichts (SEG) wurde bereits öfters verwendet. In Kap. 3.5 wird dessen Bedeutung in der Dosimetrie näher behandelt. An dieser Stelle soll nur der Begriff der sog. Kermanäherung erwähnt werden. Unter den Bedingungen des SEG gilt nämlich:

$$D^{SEG} = K^{col}.$$

3.2.9 Kermaleistung

Die Kermaleistung $\dot{K}$ ergibt sich als Differentialquotient

$$\dot{K} = \frac{dK}{dt}.$$

3.2.10 Exposure

Mit Exposure wird eine speziell für die Dosimetrie mit luftgefüllten Ionisationskammern geschaffene Größe bezeichnet. Sie bezieht sich jedoch nur auf Photonenbestrahlung und entspricht dann der Stoßkerma in Luft:

$$X = \frac{dQ}{dm} \qquad \text{Einheit: Coulomb/Kilogramm (C/Kg)}.$$

dQ ist der Betrag der elektrischen Ladung der Ionen eines Vorzeichens, die durch im Luft-Massen-Element dm von Photonenstrahlung ausgelöste Sekundärelektronen erzeugt werden, wenn die Sekundärelektronen vollständig *in Luft* abgebremst werden. Sie entspricht damit den Vorstellungen, die 1937 in Chicago (s. Kap. 3.1) zur zweiten internationalen Definition der Dosis geführt hatten. Als Folge dieser Definition kann diese Größe nicht direkt, sondern nur indirekt unter den Bedingungen des SEG bestimmt werden.

3.2.11 Ionendosis

Die Ionendosis ist der folgende, der Energiedosis entsprechende, jedoch auf die Ionisation in Luft bezogene Differentialquotient:

$$J = \frac{dQ}{dm} \qquad \text{Einheit: Coulomb/Kilogramm (C/Kg)},$$

wobei dQ wiederum der Betrag der elektrischen Ladung der Ionen eines Vorzeichens ist, die in dem Luft-Massen-Element dm durch Sekundärelektronen erzeugt werden. Die Größe ist bei Photonen- und Elektronenstrahlung anwendbar.

Auf die konträre Auffassung über die Zweckmäßigkeit von Exposure oder Ionendosis wurde bereits verwiesen. Spezielle Größen für luftgefüllte Ionisationskammern werden jedoch nicht mehr zur allgemeinen Verwendung empfohlen, so daß international heute die Einigkeit in Bezug auf die Definitionen und Interpretation von Dosisgrößen wieder hergestellt ist.

3.2.12 Dosisbegriff für den Strahlenschutz: die Äquivalentdosis

Die Äquivalentdosis H ist zur Kennzeichnung der Strahlenexposition des Körpers im Strahlenschutz geschaffen worden. Sie ist das Produkt aus der Energiedosis D in Gewebe und einem Bewertungsfaktor q der Dimension 1. Sie hat deshalb die gleiche Dimension wie die Energiedosis:

$$H = q \cdot D \qquad \text{Einheit: Joule/Kilogramm oder Sievert (Sv)}.$$

Der Bewertungsfaktor q ist das Produkt aus dem Qualitätsfaktor Q und dem Produkt weiterer modifizierender Faktoren N.

Anmerkungen:

1. Bei der Energiedosis D in Gewebe gilt als Bezugsmaterial das annähernd dem Muskelgewebe entsprechende Weichteilgewebe der Dichte von $1\,\mathrm{g/cm^3}$ aus Tabelle 3.3 (nach [9]).
2. Der Qualitätsfaktor ist an das lineare Energietransfervermögen geladener Teilchen L_∞ gekoppelt (Abb. 3.7, Definition s. Kap. 3.4.1). Dabei ist der Zahlenwert des Qualitätsfaktors nur an wenige Stützstellen von L_∞ festgelegt worden.
3. Die modifizierenden Faktoren sind für innere Bestrahlungen vorgesehen, jedoch nicht festgelegt. Für Bestrahlungen von außen gilt: $N = 1$.

3.3 Strahlen und Strahlenfeldgrößen

3.3.1 Ionisierende Strahlung

Die Bezeichnung „ionisierende Strahlung" (nicht etwa „radioaktive Strahlung") charakterisiert die wesentliche Eigenschaft derjenigen Strahlungen, die in der Medizinischen Strahlenphysik im Vordergrund stehen. Dabei wird von einem Atom ein oder mehrere Elektronen durch Strahlung abgelöst. Ionisation ist jedoch nicht der einzige Prozeß, bei dem Energie von Strahlung auf Materie übertragen wird. Weitere Prozesse sind die Anregung von Atomen oder Molekülen und die Änderung chemischer Bindungen und Wertigkeiten.

Tabelle 3.3. Atomare Bestandteile und Gewichtsprozente des Bezugsmaterials der Äquivalentdosis

Bestandteil	Gewichtsprozent
Wasserstoff	10,1
Kohlenstoff	11,1
Sauerstoff	76,2
Stickstoff	2,62

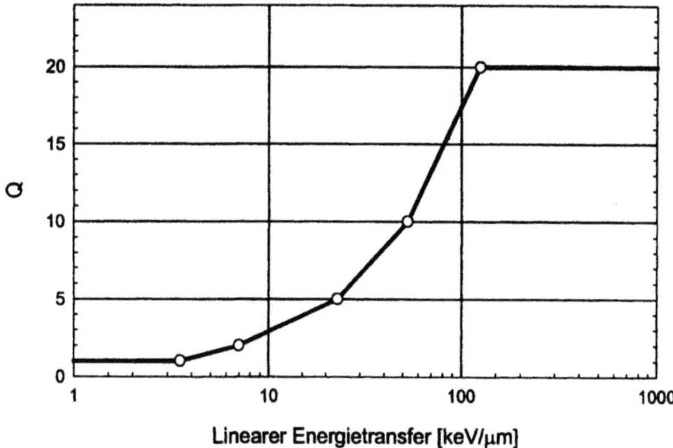

Abb. 3.7. Abhängigkeit des Qualitätsfaktors Q von L_∞

Ionisierende Strahlung besteht aus Teilchen, deren Ruhemasse entweder endlich oder verschwindend sein kann. Man unterscheidet zwischen Korpuskular-Strahlung (Teilchen mit Ruhemasse > 0) und Photonen (Teilchen mit Ruhemasse = 0). Für das Verständnis der Dosimetrie ist jedoch der Unterschied zwischen direkt ionisierenden Teilchen (geladene Teilchen) und indirekt ionisierenden Teilchen (ungeladene Teilchen, z.B. Photonen oder Neutronen) von größerer Bedeutung. Bei letzteren läuft der Prozeß der Energieübertragung immer in zwei Stufen ab. In der ersten Stufe werden geladene Sekundärteilchen erzeugt, in der zweiten Stufe übertragen diese geladene Teilchen über elastische und inelastische Wechselwirkungen ihre kinetische Energie an die Materie. Im Falle von Elektronen als Sekundärteilchen werden diese auch δ-Elektronenstrahlung oder δ-Teilchen genannt.

Bei Photonen kann man noch zusätzlich unterscheiden zwischen

- Röntgenstrahlen (gekennzeichnet durch den Ort ihrer Entstehung in der Atomhülle oder im Coulomb-Feld von Atomen),
- Bremsstrahlung (Röntgenstrahlung, die durch Ablenkung und Abbremsung geladener Teilchen entsteht, hat eine kontinuierliches Energiespektrum mit einer oberen Grenzenenergie,
- charakteristische Strahlung (Eigenstrahlung, Röntgenfluoreszenzstrahlung),
- γ-Strahlung. Sie wird von angeregten Atomkernen ausgesendet.

3.3.2 Teilchenenergie

Die Teilchenenergie wird in der Strahlenphysik meist nicht in SI-Einheiten, sondern in Einheiten von Elektronenvolt (eV) angegeben. Es ist:

$$1\,\mathrm{eV} = 1,6022 \cdot 10^{-19}\,\mathrm{J}\,.$$

Bei Photonen ist die Energie durch $h\nu$ bzw. hc/λ gegeben, wobei h die Plancksche Konstante und ν die Schwingungsfrequenz ist sowie c und λ die Lichtgeschwindigkeit und die Wellenlänge im Vakuum bedeuten.

Bei Korpuskularstrahlung ist die Gesamtenergie durch die Summe der Ruheenergie und der kinetischen Energie gegeben. Die Ruheenergie wird durch

$$E_0 = m_0 c^2$$

berechnet. Damit kann die Ruhemasse auch durch Einheiten der Energie über c^2 ausgedrückt werden; die eines Elektrons beträgt z.B. $0.511\,\mathrm{KeV}/c^2$. Die kinetische Energie, E_{kin}, von geladenen Teilchen wird auch ausgedrückt durch das Verhältnis

$$\beta = E_{kin}/E_0\,.$$

3.3.3 Strahlenfeld

Der Begriff „Strahlenfeld" wird oft ganz einfach gebraucht um auszudrücken, daß in einem bestimmten Raumbereich ionisierende Strahlung herrscht. In diesem Sinne spricht man beispielsweise in der Röntgendiagnostik oder an einem Linearbeschleuniger für die Strahlentherapie von der Feldgröße. In der Physik ist man jedoch gewohnt, den Begriff des Feldes mit einer präzisen physikalische Größe, d.h. mit der Existenz eines mathematisch beschreibbaren „Etwas" zu verbinden. Im Fall des elektromagnetischen Feldes wird das Feld durch die Maxwell-Gleichungen vollständig beschrieben. In ähnlich präziser Weise kann der Feldbegriff auch auf ein Strahlenfeld angewendet werden.

3.3.4 Strahlenfeldgrößen

Die Definition der folgenden Größen stellt lediglich eine kurze Einführung dar. Für ein tieferes Studium sei auf die weiterführende Literatur verwiesen. Alle eingeführten Größen zur Beschreibung eines Strahlenfeldes sind makroskopische Größen, die nicht der stochastischen Fluktuation unterliegen. Sie sind damit generell ortsabhängig und differenzierbar in Raum und Zeit. Die elementaren Größen sind entweder die Anzahl von Teilchen (Photonen, Elektronen, Neutronen usw.) oder die Teilchenenergie (ohne Berücksichtigung der Ruheenergie). Diese Größen werden dann in Bezug auf eine räumliche oder zeitliche Verteilung weiter differenziert.

Teilchenzahl N. Aufgabe ist es, die Anzahl von Teilchen, die entweder emittiert, übertragen oder eingefangen werden, in irgendeiner Weise zu messen. Ein gangbarer Weg besteht darin, die Anzahl der Teilchen zu zählen, die pro Zeiteinheit durch eine kleine, kreisförmige Fläche dA um den Aufpunkt P hindurchgehen. Bei einem parallelem Strahlenbündel durch einen Punkt P

ergibt sich die maximale Anzahl bei senkrechter Ausrichtung der Meßfläche zur Strahlrichtung. Im Falle eines nichtparallelen Strahlenbündels kann man sich die Meßfläche frei rotierend denken, so daß sie jeweils senkrecht zur Strahlrichtung jedes einzelnen Teilchens steht. Dann ergibt sich wiederum die maximale Anzahl der Teilchen, wobei der Rand aller Meßflächen $dA_\perp$ eine Kugeloberfläche bildet. Diese Weg ist zweckmäßig, da es in der Dosimetrie meist nicht so sehr auf die Richtung der Strahlen ankommt, sondern auf die Anzahl der Wechselwirkungen in einem bestimmten Volumen. Die so erhaltenen Größe wird als Teilchenflußdichte (particle fluence rate) mit dem Symbol ϕ bezeichnet. Der Zusammenhang mit der Teilchenanzahl N ist gegeben durch:

$$\phi = \mathrm{d}^2 N / \mathrm{d}A_\perp \, \mathrm{d}t$$

Durch Integration über die Zeit ergibt sich die Teilchenfluenz (particle fluence)

$$\Phi = \mathrm{d}N / \mathrm{d}A_\perp \, .$$

Durch weitere Integration über die Fläche erhält man schließlich die Anzahl N von Teilchen.

Strahlenenergie R. An Stelle der Anzahl der Teilchen, die in die oben beschriebene kleine Kugel eindringen, kann man auch die Summe der Energien betrachten, die von den Teilchen in die Kugel transportiert wird:

$$R = \sum_{i=1}^{N} E_i \, .$$

R wird als die Strahlenenergie (radiant energy) bezeichnet. Analog zur Teilchenflußdichte ergibt sich die Energieflußdichte (energy fluence rate):

$$\psi = \mathrm{d}^2 R / \mathrm{d}A \, \mathrm{d}t$$

und die Energiefluenz:

$$\Psi = \mathrm{d}R / \mathrm{d}A \, .$$

Spektrale und raumwinkelbezogene Verteilungen. Die von Ort und Zeit abhängige Größe der Teilchenflußdichte oder Energieflußdichte hängt im allgemeinen auch noch von der Energie und dem Raumwinkel ab. Im Falle der Teilchenanzahl N erhält man die entsprechenden Verteilungen durch weitere Differenzierung der Teilchenanzahl nach diesen Variablen; sie werden als spektrale Teilchenflußdichte ϕ_E und als spektrale Teilchenradianz oder auch spektrale raumwinkelbezogene Teilchenflußdichte ρ_E bezeichnet:

$$\phi_E = \frac{\mathrm{d}^3 N}{\mathrm{d}A\,\mathrm{d}t\,\mathrm{d}E}\,,$$

$$\rho_E = \phi_{E,\Omega} = \frac{\mathrm{d}^4 N}{\mathrm{d}A\,\mathrm{d}t\,\mathrm{d}E\,\mathrm{d}\Omega}\,.$$

Vektorielle Strahlungsfeldgrößen. Die vektoriellen Strahlungsfeldgrößen werden zusätzlich eingeführt, um die Richtung des Strahlenenergietransportes beschreiben zu können. Sie entstehen jeweils durch die Multiplikation der raumwinkelbezogenen Größen mit dem Einheitsvektor $\boldsymbol{\Omega}$ in Richtung von Ω.

Beispiel: Aus der raumwinkelbezogenen Teilchenfluenz

$$\Phi_\Omega = \frac{\mathrm{d}^2 N}{\mathrm{d}A\,\mathrm{d}\Omega}$$

wird die vektorielle raumwinkelbezogene Teilchenfluenz

$$\boldsymbol{\Phi}_\Omega = \boldsymbol{\Omega} \cdot \Phi_\Omega\,.$$

Die Integration über alle Raumrichtungen ergibt die vektorielle Teilchenfluenz. Die Integration entspricht dem Aufsummieren vieler vektorieller Summanden verschiedener Richtungen.

$$\boldsymbol{\Phi} = \int\limits_{4\pi} \boldsymbol{\Omega} \cdot \Phi_\Omega \cdot \mathrm{d}\Omega\,.$$

Der Betrag dieser vektoriellen Teilchenfluenz ist kleiner als die Summe aller skalaren Beiträge, die der oben eingeführten Teilchenfluenz entspricht

$$|\boldsymbol{\Phi}| \leq \Phi\,.$$

3.3.5 Beispiele der Anwendung von Strahlungsfeldgrößen

Berechnung der Energiedosis aus der vektoriellen Energiefluenz. In analoger Weise zur vektoriellen Teilchenfluenz wird die vektorielle Energiefluenz eingeführt:

$$\boldsymbol{\Psi} = \int\limits_{4\pi} \boldsymbol{\Omega} \cdot \Psi_\Omega \cdot \mathrm{d}\Omega\,.$$

Sie beschreibt in jedem Raumpunkt den Energietransport in Richtung der drei Einheitsvektoren. Eine grundsätzliche Beschreibung der Energiebilanz bei Energieübertragungen läßt sich damit in folgender eleganten Weise durchführen: betrachtet man die Oberfläche eines Volumenelementes und fragt nach der Bilanz der herein- und heraustransportierten Energie, so muß man das Integral von Ψ über die gesamte Oberfläche ausführen. Die in dem Volumen verbleibende Energie ergibt sich dann durch

$$E = \iiint D\rho\,\mathrm{d}V = -\oint \boldsymbol{\Psi}\cdot\mathrm{d}\mathbf{A}\,,$$

wobei $\mathrm{d}\mathbf{A}$ den Normalenvektor des Oberflächenelementes $\mathrm{d}A$ darstellt. In differentieller Schreibweise läßt sich dieser Sachverhalt in Bezug auf die Energiedosis D auch durch die Gleichung

$$D = -\frac{1}{\rho}\,\mathrm{div}\boldsymbol{\Psi}$$

ausdrücken.

Mittelwerte von Wechselwirkungskoeffizienten. Im allgemeinen sind Strahlenfelder spektrale Felder, d.h. die zugrundeliegenden Teilchen haben eine Verteilung in der Energie (z.B. Röntgenspektrum, Bremsstrahlungsspektrum vom medizinischen Linearbeschleuniger, Spektrum der sekundären Elektronen usw.). Die über das Spektrum gemittelten Wechselwirkungskoeffizienten sind meist nur schwach von der Energie abhängig. Somit läßt sich mit den Mittelwerten oft bequemer rechnen. So ergibt sich etwa das mittleres Massenbremsvermögen von Elektronen aus der spektralen Elektronenfluenzverteilung $\Phi_E(E)$ durch

$$\frac{\bar{S}}{\rho} = \frac{\displaystyle\int_0^{E_{max}} \frac{S}{\rho}\Phi_E(E)\mathrm{d}E}{\displaystyle\int_0^{E_{max}} \Phi_E(E)\mathrm{d}E} = \frac{1}{\Phi}\int_0^{E_{max}} \frac{S}{\rho}\Phi_E(E)\mathrm{d}E\,.$$

Ein weiteres Beispiel der Anwendung von Verteilungen von Strahlenfeldgrößen ist die theoretische Berechnung von Kerma und Energiedosis, wie sie im Kapitel „Meßmethoden für die Dosimetrie" detailliert dargestellt ist:

$$K = \int_0^{E_{max}} \frac{\mu_{tr}}{\rho}\Psi_E(E)\mathrm{d}E = \frac{\bar{\mu}_{tr}}{\rho}\Psi$$

$$D = \int_0^{E_{max}} \frac{S}{\rho}\Phi_E(E)\mathrm{d}E = \frac{\bar{S}}{\rho}\Phi\,.$$

3.4 Mikroskopische Energieverteilungen

In Kap. 3.2.5 wurde bereits die Bedeutung der Verteilung von stochastischen Dosisgrößen kurz behandelt. Allgemein wird der Erwartungswert einer

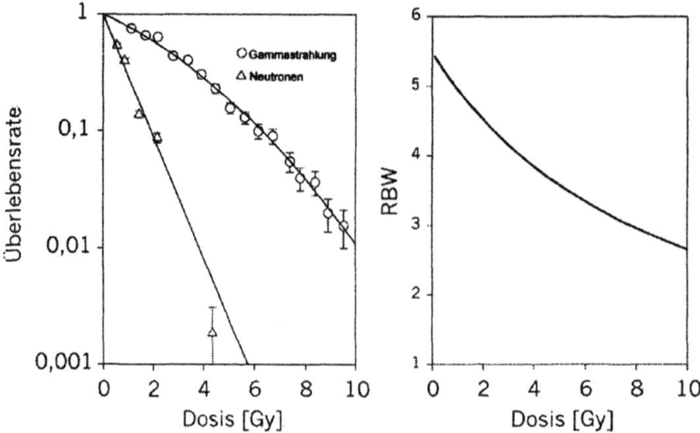

Abb. 3.8. links: Gemessene Werte und Überlebenskurven von HeLa-Zellen nach Bestrahlung mit ^{60}Co-γ-Strahlen und schnellen Neutronen; rechts: RBW der schnellen Neutronen, abgeleitet aus den Überlebenskurven der linken Abbildung (Hartmann 1979)

stochastischen Größe aus dem Mittelwert einer Stichprobe abgeschätzt. Im Zusammenhang von Verteilungen einer stetigen stochastischen Größe x mit der Dichte $f(x)$ soll darüber hinaus der Erwartungswert E einer Funktion $g(x)$ definiert sein als

$$E(g(x)) = \int\limits_{-\infty}^{\infty} g(x) \cdot f(x) \mathrm{d}x .$$

Es gilt: immer dann, wenn $g(x)$ eine nichtlineare Funktion von x ist, muß die Verteilung von x wegen

$$E[g(x)] \neq E[g(\bar{x})]$$

berücksichtigt werden, mit anderen Worten, der Erwartungswert von $g(x)$ darf in diesem Fall nicht aus dem Erwartungswert von x bestimmt werden. Dieser Gesichtspunkt ist bei allen Untersuchungen in Bezug auf Dosisabhängigkeiten relevant. Dabei ist die makroskopische Energiedosis D der Erwartungswert der mikroskopischen (stochastischen) Größe der spezifischen Energie z. Diese Situation liegt insbesondere bei Betrachtung biologischer Wirkungen in Abhängigkeit von der Dosis ionisierender Strahlung vor.

Abbildung 3.8 zeigt links als Beispiel die unterschiedliche Wirkung von Neutronen und Kobalt-γ-Strahlung auf das Überlebensverhalten von In-vitro-Tumorzellen nach Bestrahlung. Diese Situation wird oft durch die „relative biologische Wirksamkeit" (RBW, engl. RBE) charakterisiert. Sie ist definiert als

$$RBE_{\text{test/ref}} = \left.\frac{D_{\text{ref}}}{D_{\text{test}}}\right|_{\text{gleicher Endpunkt}}$$

Dabei wird Kobalt-γ-Strahlung als Referenzstrahlung eingesetzt.

Abbildung 3.8 zeigt rechts die abgeleitete RBW von schnellen Neutronen als Funktion der γ-Dosis für dieses spezielle Bestrahlungsexperiment. Es sei angemerkt, daß die Forderung des gleichen Endpunktes sich auf alle experimentellen Bedingungen bezieht. Man wird daher bei anderen experimentellen Bestrahlungsbedingungen, bei unterschiedlich bestrahlten biologischen Systemen oder unter klinischen Bedingungen jeweils eine andere RBW erhalten.

Das Beispiel in Abb. 3.8 belegt, daß die Strahlenwirkung in einem biologischen System nicht nur von der Energiedosis, sondern auch von anderen Faktoren abhängt. Man muß tatsächlich erwarten, daß γ-Strahlung und Neutronen mit ihrer unterschiedlichen Anzahl, Größe und Verteilung der Energiedepositionen (dem räumlichen Muster der Energiedepositionen) auch unterschiedliche Wirkungen bezogen auf gleiche Energiedosis erzielen. Zur Bezeichnung eines bestimmten räumlichen Musters der Energiedepositionen wird gelegentlich der Begriff der Strahlenqualität verwendet. Der Befund von Abb. 3.8 kann dann so beschrieben werden: die unterschiedliche Strahlenqualität äußert sich in einer RBW $\neq 1$.

Zur quantitativen Beschreibung unterschiedlicher Strahlenwirkungen wurde ein Konzept entwickelt, das auf den räumlichen Verteilungen der Energieübertragungen (deren „Muster") begründet ist. Diese Muster werden dann mit der Größe und Muster von betroffenen biologischen Strukturen in Beziehung gesetzt. Die Verteilung der Energieübertragungen sind durch die physikalischen Eigenschaften der betrachteten Strahlung bestimmt und meßbar. Man kann dieses Konzept daher als den Versuch einer Brücke zwischen Physik und Biologie ansehen. Für diesen Ansatz wurde auch die Bezeichnung „Mikrodosimetrie" geprägt. Rossi entwickelte in den sechziger Jahren in Verbindung mit entsprechenden experimentellen Meßmethoden als erster einen theoretischen Rahmen für diesen Ansatz. Er kann deshalb als einer der Väter der Mikrodosimetrie bezeichnet werden.

In der Mikrodosimetrie ist es zweckmäßig, den Begriff der Energiedeposition schärfer zu fassen. Die lokal in einem Bezugsvolumen übertragene Energie wurde mit dem Symbol ϵ (energy imparted) eingeführt. ϵ ist eine stochastische Größe, die sich als Summation über einzelne, von einander unabhängige Energieübertragungsprozesse ergibt. Es ist nun sinnvoll, auch jeden einzelnen Energieübertragungsprozeß zu betrachten:

$$\epsilon_i = R_{in} - R_{out} + \sum Q\,,$$

wobei im Unterschied zur Definition der lokal übertragenen Energie ϵ mit R_{in} nun die Energie eines einzelnen, in das Bezugsvolumen einfallenden ionisierenden Teilchens gemeint ist. ϵ_i wird als die Energiedeposition bezeichnet,

die bei einem „Ereignis" (= Durchgang eines ionisierenden Teilchens durch
das Bezugsvolumen) auf die Masse des Bezugsvolumens übertragen wird. Da
die Verteilung von Einereignis-Energiedepositionen gemessen werden kann,
eröffnet sich damit ein experimentell begründeter Zugang zur Interpretation
strahlenbiologischer Befunde.

3.4.1   Linearer Energietransfer (LET)

Ein früher Versuch, die Strahlenqualität einer Strahlung zu charakterisieren,
stammt von Lea und Zirkle et al. [12,16]. Dazu wurde der Begriff des „linearen Energietransfers" eingeführt. Der LET ist der Differentialquotient von
deponierter Energie pro Weglänge eines geladenen Teilchens:

$$LET_\Delta = \frac{\mathrm{d}E}{\mathrm{d}l} \qquad \text{Einheit: J/m oder KeV/μm}\,.$$

Das Bezugsvolumen für die deponierte Energie ist ein Schlauch um die
Teilchenspur, der wahlweise von einer maximalen Reichweite oder einer maximalen Energie der Delta-Elektronen bestimmt wird und explizit angegeben
werden muß. Vom physikalischen Standpunkt ist der LET_∞ identisch mit
dem Stoß-Brems-Vermögen (collision stopping power). Der Begriff des Stoß-
Brems-Vermögens berücksichtigt die Sichtweise eines Beobachters, der sich
mit dem ionisierenden Teilchen bewegt (das Energie verliert), während der
LET die Sichtweise des absorbierenden Mediums darstellt.

Beispiele der Anwendung des LET Begriffs. Der Begriff LET wird
verschiedentlich verwendet. So ist beispielsweise der klinische Stellenwert
der sog. Hoch-LET-Strahlenthorapie (Neutronentherapie, Schwerionentherapie) im Gegensatz zur Nieder-LET-Strahlentherapie (Photonen, Elektronen)
Gegenstand von klinischen Untersuchungen. Andere Beispiele sind Darstellungen der RBW als Funktion des LET (Abb. 3.9) oder die Festlegung des
Qualitätsfaktors Q für die Äquivalentdosis als Funktion des LET_∞ (Abb. 3.7).
Mit Hilfe der Verteilungen der Energiedosis in LET wird damit eine mittlere
RBW oder eine mittlere Äquivalentdosis einer Strahlung berechnet.

Grenzen des LET Begriffs. Der LET-Begriff ist nur näherungsweise anwendbar, um die Strahlenqualität und die damit erwartete Strahlenwirkung
quantitativ zu beschreiben. Von Kellerer und Chmelevsky [11] stammt eine
ausführliche Analyse der Anwendbarkeit und der Grenzen. Drei Gründe werden als prinzipielle Nachteile angeführt:

- Teilchen mit unterschiedlicher Ladung und Geschwindigkeit können den
  gleichen LET-Wert haben. Es ist jedoch im wesentlichen die Teilchengeschwindigkeit, die die Energieverteilung der δ-Elektronen bestimmt.

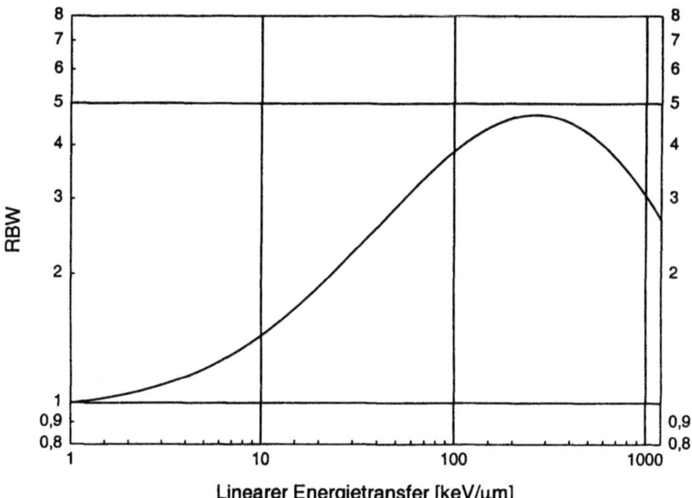

Abb. 3.9. RBW der Inaktivierung menschlicher Nierenzellen in Abhängigkeit des LET (nach [15])

- Der LET-Begriff berücksichtigt nicht die Länge einer Bahnspur in Bezug auf ein endlich großes Bezugsvolumen.
- Der LET-Begriff berücksichtigt nicht den stochastischen Prozeß der Energieübertragung. Es können z.B. sehr inhomogene Muster von Energiedepositionen (engl. cluster) auftreten.

Die Ergebnisse ihrer Analyse sind in Abb. 3.10 dargestellt. Dort werden für Protonen, α-Teilchen, Sauerstoffionen und Elektronen auch insbesondere diejenigen Bereiche in Energie und Bezugsvolumen ($=$ Größe relevanter biologischer Strukturen) herausgestellt, für die der LET-Begriff gut anwendbar ist. Die folgenden Bereiche werden unterschieden:

1. Der LET ändert sich signifikant innerhalb des Bezugsvolumen mit dem Durchmesser d (d.h., die gesamte Reichweite R eines Teilchens ist geringer als d). Dieser Effekt wird erst dann vernachlässigbar, wenn $R > 6d$.
2. Die LET-Näherung ist brauchbar.
3. Die Streuung der Energieübertragung ist dominant.
4. Der Energietransport durch die Delta-Elektronen geht signifikant über das Bezugsvolumen hinaus.

Die Einführung von mikroskopischen Größen, nämlich die von z und y, stellt nun einen Versuch dar, die Beschreibung und Quantifizierung unterschiedlicher Strahlenqualitäten zu verbessern.

3.4.2 Experimentelle Messung von Energiedepositionen

Aufgabe ist es, die Verteilung der lokal übertragenen Energie in einem definierten Bezugsvolumen zu bestimmen. Das Bezugsvolumen muß mikrosko-

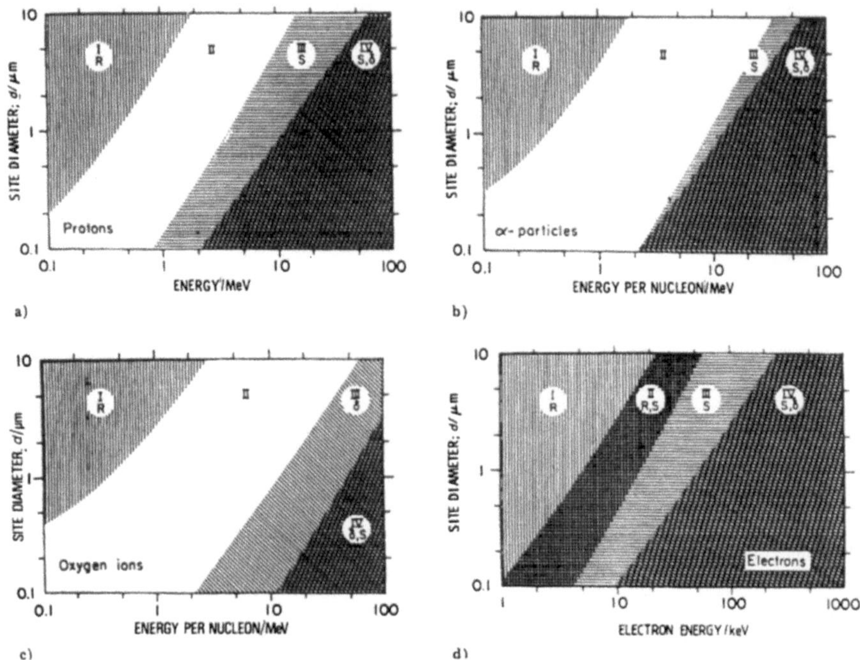

Abb. 3.10a–d. Beispiele der Anwendung der Analyse von Kellerer und Chmelevsky [11] auf Protonen, α-Teilchen, Sauerstoffionen und Elektronen

pisch klein gewählt werden. Dies wird erreicht, indem ein makroskopisches Meßvolumen mit einem Gas geringer Dichte gefüllt wird. Auf diese Weise lassen sich Bezugsvolumina in der Größenordnung von Mikrometern simulieren. Mit Hilfe eines Proportionalzähler lassen sich einzelne Energiedepositionen unterscheiden. Die einzelnen Impulse werden dann einem Vielkanalanalysator zugeführt und als Verteilung gespeichert. Üblicherweise werden kugelförmige Proportionalzähler aus gewebeäquivalentem Material (A-150) benützt, die mit gewebeäquivalentem Gas gefüllt sind. Sie werden Rossi-Zähler genannt. Abbildung 3.11 zeigt den Aufbau eines solchen Detektors.

Mittelwerte von Energiedepositionsverteilungen. Die Verteilungsfunktion $F_1(\epsilon)$ der deponierten Energie bei einem Einzelereignis ist die Wahrscheinlichkeit, daß bei diesem Einzelereignis eine Energie kleiner oder gleich ϵ deponiert wird. Die Wahrscheinlichkeitsdichte $f_1(\epsilon)$ ergibt sich dann als Ableitung von $F_1(\epsilon)$:

$$f_1(\epsilon) = \frac{\mathrm{d}F_1(\epsilon)}{\mathrm{d}\epsilon} \,.$$

Diese Wahrscheinlichkeitsdichte wird auch die Einzelereignisverteilung (single event distribution) bezogen auf die Masse des empfindlichen Volu-

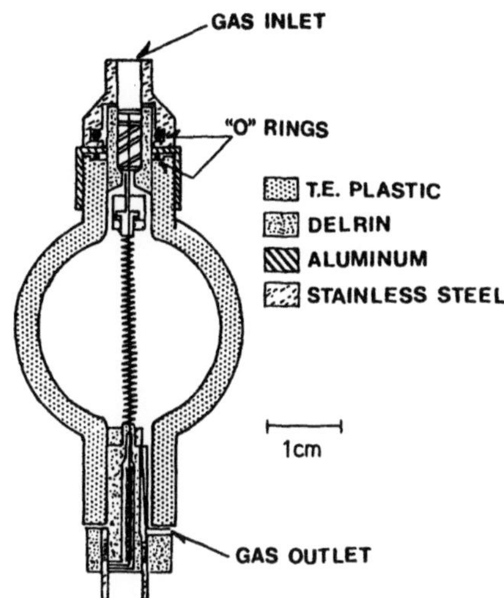

Abb. 3.11. Aufbau eines Rossi-Zählers (nach [10])

mens des Detektors genannt. Es ist genau diese Verteilung, die man mit einem Rossi-Zähler messen kann. Analog dazu existieren die Verteilungen $f_1(y)$ und $f_1(z)$. Mit Hilfe dieser gemessenen Verteilungen können nun bestimmte Erwartungswerte bzw. Erwartungsfunktionen berechnet werden. Die wichtigsten sind das Frequenzmittel und das Dosismittel.

Häufigkeitsmittel $\bar{z}_F$

$$\bar{z}_F = \int\limits_0^\infty z f_1(z)\,\mathrm{d}z$$

ist das Häufigkeitsmittel der spezifischen Energie pro Ereignis. Damit kann man die mittlere Anzahl von Teilchenpassagen durch ein Bezugsvolumen bei einer bestimmten Energiedosis D bestimmen:

$$\bar{n} = \frac{D}{\bar{z}_F}\,.$$

Dieser Wert kann nun mit Hilfe von gemessenen Spektren direkt berechnet werden.

Beispiel: Ein kugelförmiger Zellkern mit $2\,\mu$m Durchmesser wird mit einer Energiedosis von $1\,$Gy bestrahlt. Für ^{60}Co-γ-Strahlung errechnet sich aus der gemessenen Verteilung, daß hierfür eine mittlere Anzahl von etwa 80 Energiedepositionen erforderlich ist, bei schnellen Neutronen beträgt dieser Wert jedoch nur etwa 2. Wegen der Poissonschen Verteilung der diskreten Trefferzahl wird unmittelbar anschaulich, daß Volumina dieser Größenordnung oft auch überhaupt nicht getroffen werden.

Dosismittel $\bar{z}_D$. Es ist oft nützlich, die Verteilung einer Energiedosis nach Beiträgen von z_i zu kennen. Die entsprechende Verteilungsdichte wird mit $d_1(z)$ bezeichnet. Es gelten folgende Zusammenhänge:

$$d_1(z) = \frac{z}{\bar{z}_F} f_1(z).$$

$$\bar{z}_D = \int\limits_0^\infty z d_1(z)\mathrm{d}z = \frac{1}{\bar{z}_F} \int\limits_0^\infty z^2 f_1(z)\mathrm{d}z$$

ist das Dosismittel der spezifischen Energie pro Ereignis, das mit Hilfe von gemessenen Spektren und bezogen auf ein bestimmtes Bezugsvolumen berechnet werden kann. Dieser Mittelwert wurde als eine mögliche Kenngröße zur Charakterisierung der Strahlenqualität eingesetzt.

Verteilungen der linealen Energie y. Diese Verteilungen beziehen sich nur auf Einzelereignisse. Man gewinnt sie aus der gemessenen Verteilung der Energiedeposition durch Division mit 2/3 des Durchmessers des simulierten, kugelförmigen Volumens. Die Einführung von y stellt einen Versuch, das LET-Konzept mit Hilfe einer meßbaren, dem stochastischen Charakter der Energieübertragung angemessenen Größe zu erweitern. Gemessene Verteilungen der linealen Energie sind unabhängig von der Dosis oder Dosisrate und liefern eine brauchbare Charakterisierung der Strahlenqualität. Sie kann insbesondere aus Verteilungen der Energiedosis in y auch qualitativ gut beurteilt werden. Beispiele sind in Abb. 3.12 enthalten.

Anwendungen im Strahlenschutz. Der mittlere Qualitätsfaktor im Strahlenschutz ist mit Hilfe der Verteilung der Energiedosis in LET, $D(LET)$ definiert als:

$$\bar{Q} = \frac{\int\limits_0^\infty D(LET_\infty)Q(LET_\infty)\mathrm{d}LET_\infty}{\int\limits_0^\infty D(LET_\infty)\mathrm{d}LET_\infty}.$$

Eine brauchbare Näherung für die benötigte Funktion $Q(LET_\infty)$ aus Abb. 3.7 ist durch die folgende Funktion gegeben:

$$Q(LET_\infty) = 0,8 + 0,16\, LET_\infty \qquad LET_\infty \text{ in keV/µm}.$$

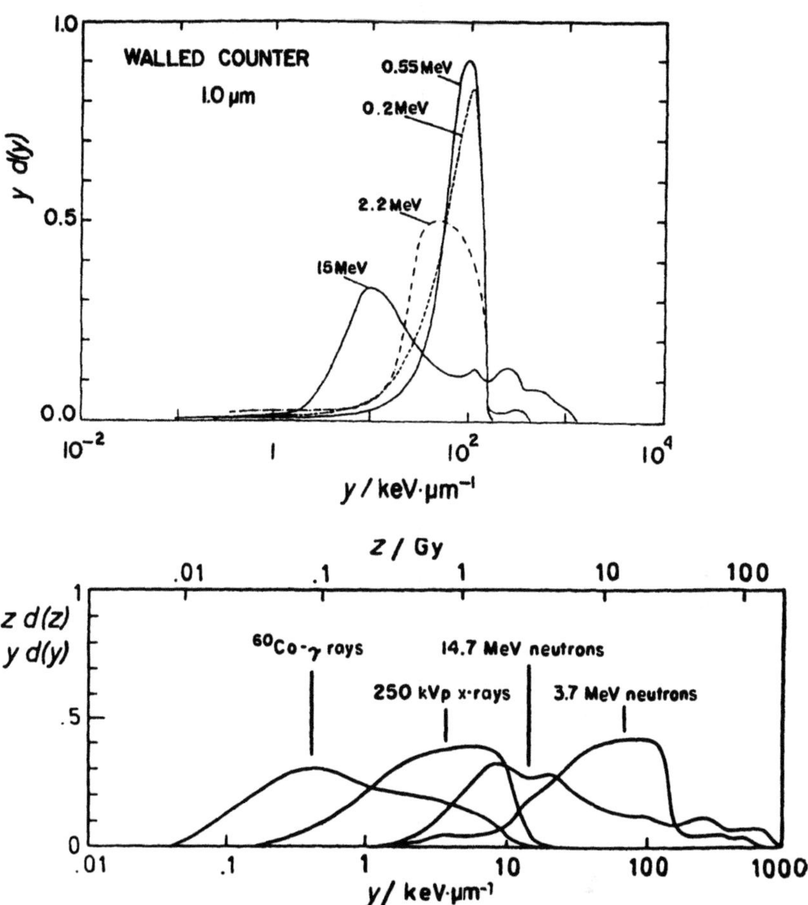

Abb. 3.12. Beispiele verschiedener Strahlenqualitäten, ausgedrückt durch die Verteilung der Dosis in logarithmischen Intervallen der linealen Energie y (nach [10]). *Oben:* Einfluß der Energie von Neutronen auf die Strahlenqualität. *Unten:* Unterschiede in der Strahlenqualität bei Photonen und Neutronen

Für praktisch vorkommende Strahlenfelder besteht das Problem, die Verteilung der Dosis in LET zu kennen. Sie ist prinzipiell nicht meßbar und kann nur in ganz bestimmten Fällen berechnet werden. Man kann nun näherungsweise versuchen, den gleichen Ansatz mit Hilfe der meßbaren Dosisverteilung in y zu verfolgen:

$$\bar{Q} = \frac{\int\limits_0^\infty D(y)Q^*(y)\,\mathrm{d}y}{\int\limits_0^\infty D(y)\,\mathrm{d}y} = \frac{1}{D}\int\limits_0^\infty D(y)Q^*(y)\,\mathrm{d}y\,.$$

Aus empirischen Untersuchungen ergab sich, daß die Funktion

$$Q^*(y) = 0,8 + 0,14\,y \qquad y \text{ in keV/µm}$$

als erforderliche Wichtungsfunktion $Q^*(y)$ bei Neutronen im Energiebereich zwischen 0.06 und 5 MeV zu brauchbaren Resultaten führt. Darauf beruht nun eine Methode, die Äquivalentdosis insbesondere in solchen Strahlenfeldern, in denen Photonen und Neutronen vorkommen, direkt zu messen.

3.5 Konzepte zur Messung der Energiedosis

Die Dosimetrie erfordert die Bestimmung der in einem Medium absorbierten Energie. Sie muß daher Methoden einsetzen, die eine Energiemessung ermöglichen. Ein weiterer Gesichtspunkt ist, daß die Energieabsorption auf ein Bezugsvolumen bezogen ist, das aus einem bestimmten Material bestehen soll (Luft oder Wasser). Geeignete Detektoren zur Energiemessung unterscheiden sich jedoch meist in Ordnungszahl und Dichte sowohl von dem gewünschten Bezugsmaterial als auch von dem des umgebenden Mediums. In diesem Fall stellt der Detektor eine lokale Störung des Strahlenfeldes dar. Bei der Messung selbst muß die Anzeige des Detektors in die dem Umgebungsmaterial zugeführte Energie (bzw. in Luft oder in Wasser) umgerechnet werden.

Die theoretische Behandlung dieses Problems führte zur Entwicklung der sog. Hohlraumtheorie (cavity theory, [5]) oder zum heutigen Konzept der Sondenmethode [2,6]. Als Pioniere müssen Bragg sowie Fricke und Glasser genannt werden [1,4].

3.5.1 Grundbegriffe der Sondenmethode

Im Deutschen hat sich zur Behandlung des Meßproblems in der Dosimetrie die Bezeichnung „Sondenmethode" eingebürgert. Als Sonde wird ein strahlungsempfindlicher Detektor bezeichnet, der ein bestimmtes Volumen (das Meßvolumen) einnimmt und von einer den Detektor umgebenden Wand umschlossen ist.

Ziel der Sondenmethode ist es, aus der gemessenen Sondendosis die Energiedosis im umgebendenen Medium bei Abwesenheit der Sonde abzuleiten. Man unterscheidet:

- *ideale Sonden* sind klein genug, um das Strahlenfeld nicht merklich zu stören. Sie erfüllen bestimmte Strahlenfeldbedingungen (Sekundärteilchengleichgewicht, Bragg-Gray-Bedingungen). In der Praxis ist dies jedoch nur näherungsweise möglich.
- *absolut anzeigende Sonden* sind reale Abbilder der idealen Sonden und messen die Dosis *in der Sonde*. Sogenannte Korrektionen gleichen die Abweichungen vom richtigen Wert aus. Sie werden von den metrologischen Staatsinstituten benutzt.

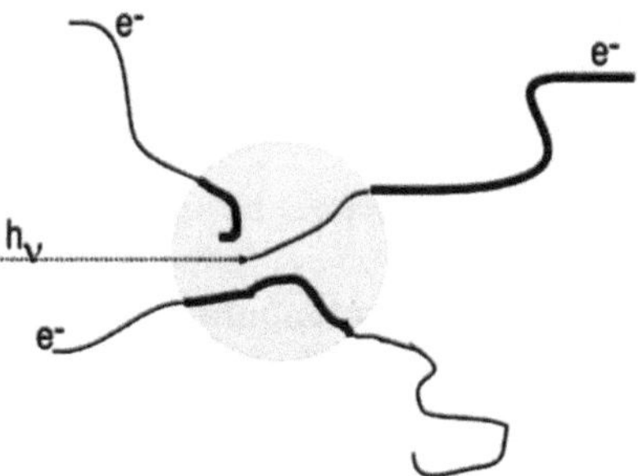

Abb. 3.13. Veranschaulichung des SEG: die durch Sekundärelektronen transportierte Energie wird durch deren Bahnspuren dargestellt; die dick gezeichneten Spuren innerhalb des Volumenelements sind in ihrer Summe gleich der dick gezeichneten Spur außerhalb. Die absorbierte Energie ergibt sich dann allein aus der übertragenen Energie des Photons abzüglich der Strahlungskerma

- *kalibrierte Sonden* zeigen die zugeordnete Meßgröße (z.B. Wasserenergiedosis oder Luftkerma) mit Hilfe eines Kalibrierfaktors, der alle erforderlichen Korrektionen enthält, direkt an.

3.5.2 Sekundärelektronengleichgewicht

Der Begriff des Sekundärelektronengleichgewichts (SEG) wurde bereits mehrfach verwendet. Da dieser Begriff innerhalb des Konzepts der Sondenmethode eine wichtige Rolle spielt, soll das SEG genauer beschrieben werden. In DIN 6814 Teil 3 [3] ist eine präzise Definition enthalten:

> „Sekundärelektronengleichgewicht an einem Punkt innerhalb eines Materials besteht, wenn die in einem kleinen Volumenelement von Photonen auf Sekundärelektronen übertragene, von diesen aus dem Volumenelement heraustransportierte und nicht in Bremsstrahlung umgewandelte Energie gleich der von Sekundärelektronen in das Volumenelement hineintransportierten und darin verbleibenden Energie ist."

Angewandt auf die Definition der Energiedosis (mikroskopisch und makroskopisch) heißt das, daß in der Bilanz der lokal übertragenen und absorbierten Energie ϵ (s. Kap. 3.2.2) der Energiebeitrag durch Elektronen entfällt. Infolgedessen kann die Energieabsorbtion allein durch den Massenenergieabsorbtionskoeffizienten der Photonen beschrieben werden. Weiter gilt: bei SEG verhalten sich die in zwei verschiedenen Stoffen durch die gleiche spektrale Photonenfluenzverteilung erzeugten Energiedosen zueinander wie die entsprechenden Massenenergieabsorbtionskoeffizienten.

3.5.3 Luftgefüllte Sonden in einem Medium (Ionisationskammer)

Zur Absolutbestimmung der Energiedosis können luftgefüllte Ionisationskammern eingesetzt werden. Sie stellen den Spezialfall einer Sonde in Form eines

Hohlraumes dar, der von einem bestimmten Sondenmaterial umgeben ist. Die Absolutbestimmung mit einer solchen Sonde kann man sich allgemein als eine Abfolge von drei Schritten vorstellen:

1. Ersatz des Mediums an der Stelle, an der die Energiedosis bestimmt werden soll, durch die Ionisationskammer,
2. Bestimmung der Dosis im Luftvolumen der Ionisationskammer,
3. Berechnung der Energiedosis im Medium aus der im Luftvolumen absorbierten Energie.

Der erste Schritt führt in der Regel zu einer Störung des Strahlenfeldes, der pauschal durch einen sog. Störungsfaktor korrigiert werden muß. Ein weiterer Gesichtspunkt ist die Position des effektiven Meßortes der Ionisationskammer, der verschieden von der Position des Ortes sein kann, an dem die Energiedosis bestimmt werden soll. In diesem Fall müssen entsprechende Korrekturfaktoren angewendet werden.

Der zweite Schritt besteht darin, die im Luftvolumen integral gemessene Ladung, Q_{Luft}, mit Hilfe des sog. W-Wertes in absorbierte Energie umzurechnen. Der W-Wert ist definiert als der Quotient:

$$W = \frac{E}{N},$$

wobei E die Energie ist, die ein geladenes Teilchen bei vollständiger Abbremsung in einem Gas auf das Gas überträgt, und N die mittlere Anzahl der dabei gebildeten Ionenpaare darstellt. Häufig wird der auch der Quotient W/e (Einheit: J/C) verwendet. Die Größe des W-Wertes in Luft ist für Elektronen (und für die Sekundärelektronen von Photonenstrahlung) sehr genau bekannt. Er wird für trockene Luft und Kobalt-γ-Strahlung mit 33,97 J/C angegeben. Damit ergibt sich die Energiedosis, D_{Luft}, im Luftvolumen der Ionisationskammer durch:

$$D_{Luft} = \frac{Q_{Luft}}{m_{Luft}} \cdot \frac{W}{e}.$$

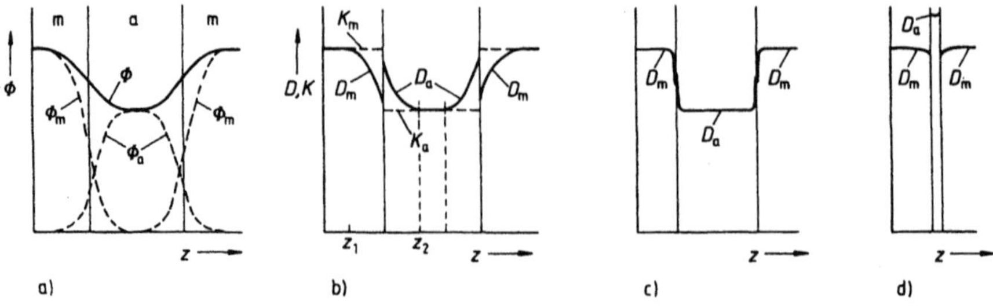

Abb. 3.14a–d. Verlauf der Sekundärelektronenfluenz, der Kerma und der Energiedosis in einem luftgefüllten Hohlraum a innerhalb eines Mediums m in Richtung der einfallenden Strahlung

Die Masse des Luftvolumens, m_{Luft}, läßt sich für jede Kammer mit Hilfe eines Kalibrierfaktors, gültig in einem Referenzstrahlenfeld unter bestimmten Bezugsbedingungen, sehr genau angeben.

Der dritte Schritt schließlich erfordert die Umrechnung der Luftdosis in die Energiedosis im gewünschten Medium. Für diesen Schritt ist es zweckmäßig, den Verlauf der Sekundärelektronenfluenz, der Kerma und der Energiedosis in einem luftgefüllten Hohlraum innerhalb eines Mediums in Richtung der einfallenden Strahlung, insbesondere an der Grenzschicht zwischen Medium und Lufthohlraum, zu betrachten (Abb. 3.14). Dabei sollen folgende, z.T. vereinfachenden Randbedingungen gelten:

- die Strahlung besteht aus einem breiten Röntgenstrahlenbündel des unteren Energiebereichs,
- keine merkliche Schwächung (d.h. die Energiefluenz der Photonen ist überall konstant),
- effektive Ordnungszahl des Mediums ist etwas größer als die von Luft,
- die Richtungsverteilung der erzeugten Sekundärelektronen ist isotrop.

a) Sekundärelektronenfluenz. Die Sekundärelektronenfluenz Φ_{SE} setzt sich zusammen aus den beiden Anteilen:

$$\Phi_{SE} = \Phi_m + \Phi_a$$

wobei „m" für das umgebende Medium und „a" für Luft steht. Φ_a ist in diesem Beispiel kleiner als Φ_m. Φ_{SE} verläuft an der Grenzschicht stetig von m nach a. Die Breite des Übergangsgebietes beträgt im Medium sowie im Lufthohlraum etwa eine Elektronenreichweite.

b) Kerma. Die Kerma ist eine materialbezogene Größe. Da die Kerma sich aus der Energiefluenz ergibt (s. Kap. 3.3.5) als

$$K = \frac{\bar{\mu}_{tr}}{\rho}\Psi$$

und die Energiefluenz in m und a als gleich vorausgesetzt wurde, ist die Kerma in m und a unterschiedlich. Der Quotient K_m/K_a an der Grenzfläche ergibt sich aus dem Quotienten der mittleren Massenenergieumwandlungskoeffizienten:

$$\frac{K_m}{K_a} = \frac{(\bar{\mu}_{tr}/\rho)_m}{(\bar{\mu}_{tr}/\rho)_a} = t^{tr}_{m/a}\,.$$

Abbildung 3.15 zeigt den Quotienten $(\mu_{en}/\rho)_m/(\mu_{en}/\rho)_a$, der sich davon nur um einige Promille unterscheidet, für Kohlenstoff, Wasser, Knochen und Aluminium. Die Kerma in Hohlraum wird danach etwas geringer als die des umgebenden Mediums sein. Die Kerma ergibt sich dort allgemein aus der Kerma in Luft durch

$$K_m = t^{tr}_{m/a}K_a\,.$$

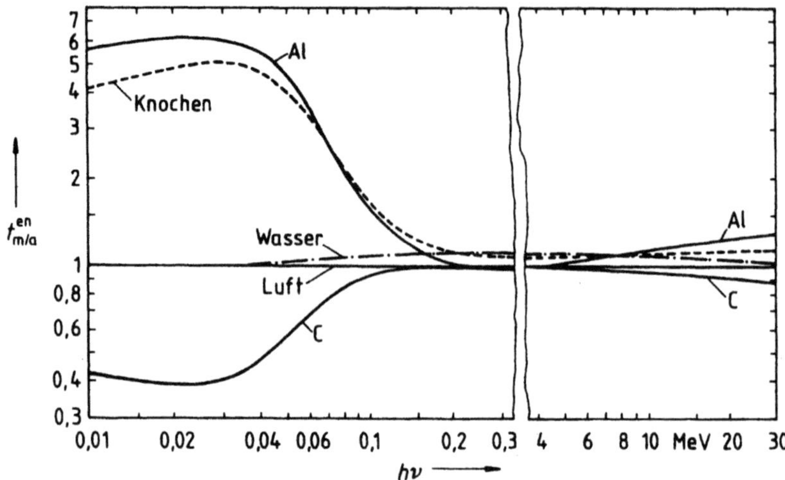

Abb. 3.15. Verhältnis der Massenenergieabsorptionskoeffizienten verschiedener Stoffe zu dem von Luft als Funktion der Energie monoenergetischer Photonen (nach [13])

c) Energiedosis unter SEG. Der Energiedosisverlauf ist wesentlich komplizierter. Außerhalb der Reichweite der sekundären Elektronen von der Grenzfläche ist unter der Bedingung des SEG die Energiedosis gleich der Stoßkerma. Der Randeffekt an der Grenzfläche hat darauf keinen Einfluß mehr.

d) Energiedosis nahe der Grenzschicht. Da sich die Energiedosis ergibt als (zweite Stufe der Energieübertragungsprozesses!)

$$D = \frac{\bar{S}}{\rho}\Phi,$$

muß jedoch innerhalb der Reichweite der Sekundärelektronen der Verlauf der Dosis dem der Sekundärteilchenfluenz Φ_{SE} folgen. An der Grenzfläche tritt zusätzlich ein Sprung auf, der durch das Verhältnis des mittleren Massenbremsvermögen in m und a bestimmt wird.

Für den Quotienten der Energiedosis zweier Punkte z_1 und z_2 in m und in a außerhalb der Reichweite der sekundären Elektronen von der Grenzfläche gilt:

$$D_m(z_1) = t^{en}_{m/a}D_a(z_2).$$

Bei einer aktuellen Messung geht der Mittelwert über das gesamte Meßvolumen in a ein. Deshalb läßt sich die Energiedosis nicht einfach von a in m umrechnen. Durch spezielle Sondenkonstruktionen lassen sich jedoch die

Randeffekte unter zwei ganz bestimmten Strahlenfeldbedingungen weitgehend ausschalten. Man unterscheidet

1. die Bedingung des Sekundärteilchengleichgewichts in der Sonde („Gleichgewichtssonde"),
2. die Bragg-Gray-Bedingungen.

Gleichgewichtssonden für Photonenstrahlung. Bei sehr geringen Photonenenergien (Röntgenstrahlung bis etwa 30 kV Erzeugungsspannung) ist ein luftgefüllter Hohlraum von der typischen Größe einer Ionisationskammer von einigen mm groß gegenüber der Reichweite der sekundären Elektronen. In diesem Fall wird nach c) der Abb. 3.14 verfahren. Bei höheren Energien (bis in den MeV-Bereich) kann der Randeffekt im Übergangsbereich durch die drei folgenden Bedingungen minimiert werden:

- Die Sonde wird mit einer Wand aus sondenäquivalentem Material umgeben, so daß zwischen Sondenmaterial und umgebenden Medium das Wandmaterial zur Wirkung kommt. Das erfordert für Sonde und Wand ein Material von etwa gleich großer Ordnungszahl. Damit wird $t^{en}_{m/a} \simeq 1$.
- Die Dicke der Wand muß größer oder gleich der Reichweite der sekundären Elektronen sein. Damit wird das Meßsignal in der Sonde nicht mehr durch die sekundären Elektronen aus dem umgebenden Medium beeinflußt.
- Die Sonde darf das Strahlenfeld nicht merklich schwächen. Eine Obergrenze für die Sonde (Wand + Hohlraum) ergibt sich aus der Forderung:

$$\rho_w \cdot d + \rho_a \cdot t \ll (\mu/\rho_m)^{-1},$$

wobei d die Wanddicke und t die Sondendicke bezeichnet.

Man bezeichnet eine Sonde, welche die drei oben genannten Bedingungen erfüllt, als Gleichgewichtssonde und im speziellen Fall eine Ionisationskammer als Gleichgewichtskammer. Die (heute nicht mehr verwendete) Gleichgewichtsionendosis ist die Meßgröße einer Gleichgewichtskammer. Eine ideale Gleichgewichtsonde zur Messung der Luftkerma zeigt diese Größe unabhängig vom Umgebungsmaterial an:

$$K_m = t^{en}_{m/a} K_a.$$

Für die Gleichgewichtsenergiedosis gilt

$$D^{SEG}_m = t^{en}_{m/a} D^{SEG}_a.$$

Bragg-Gray-Sonden. Der Grundgedanke von Bragg-Gray-Sonden besteht darin, den Effekt einer unterschiedlichen Elektronenfluenz im Detektor und umgebenden Medium weitgehend auszuschalten. Dies kann erreicht werden, indem der luftgefüllte Hohlraum so klein gewählt wird, daß dort die Erzeugung von Elektronen und damit ein Einfluß solcher Elektronen vernachlässigt werden kann. Die Elektronen aus dem umgebenden Medium (Elektronen-strahlen, sekundäre Elektronen) sollen den Hohlraum ohne merkliche Störung ihrer Flußdichte durchdringen. Hierzu müssen zunächst zwei Bedingungen erfüllt sein, die auch Bragg-Gray-Bedingungen (BG-Bedingungen) genannt werden. Sie beziehen sich auf eine Sonde ohne Wand oder auf eine Sonde mit einer umgebungsäquivalenten Wand:

- Die Detektortiefe t muß in Strahlrichtung so klein sein, daß die Flußdichte sowie die Winkel- und Energieverteilung der Elektronen der *ersten* Generation nicht verändert werden.
- Die Energie, die von den im Detektor durch Photonen ausgelösten Sekundärelektronen auf das Detektormaterial übertragen wird, muß im Verhältnis zu der insgesamt übertragenen Energie verschwindend klein sein.

Diese Forderungen allein sind noch nicht ausreichend, da die Elektronen der ersten Generation von einer nicht zu vernachlässigenden Komponente von δ-Elektronen (Elektronen der zweiten Generation) begleitet sind. Sie sind zwar energiearm, eine Störung der Fluenz dieser Elektronen durch den Hohlraum ist jedoch praktisch unvermeidbar. Zur Lösung dieses Problems gibt es zwei unterschiedliche Ansätze:

Ansatz 1 (nach [3], aufgenommen vom Deutschen Normenausschuß Radiologie in DIN 6814 Teil 3): Es wird eine „dritte Bragg-Gray-Bedingung" formuliert:

- Es soll nicht nur die spektrale Flußdichteverteilung der Elektronen der ersten Generation, sondern die *aller* Generationen innerhalb des Detektors ortsunabhängig sein.

Damit wird die erzeugte Energiedosis allein durch die Energiebilanz der in die Sonde ein- und austretenden Elektronen der ersten Generation bestimmt. Der Beitrag der δ-Elektronen kann vernachlässigt werden, es ist insbesondere nicht nötig, deren Energieverteilung zu kennen. Die Dosis im Medium ergibt sich aus der Luftdosis durch

$$D_m = s^{BG}_{m/a} D_a$$

$$s^{BG}_{m/a} = \frac{D_m}{D_a} = \frac{\int\limits_0^\infty \Phi^1_{E,m}\cdot(S^{col}/\rho)_m\cdot\mathrm{d}E}{\int\limits_0^\infty \Phi^1_{E,m}\cdot(S^{col}/\rho)_a\cdot\mathrm{d}E},$$

wobei $\Phi^1_{E,m}$ die Fluenzverteilung der Elektronen der ersten Generation im umgebenden Medium ist. Diese läßt sich im Fall eines SEG relativ gut aus den Photonenwechselwirkungsquerschnitten und dem Massenbremsvermögen von Elektronen berechnen. Die praktische Umsetzung dieser Bedingungen ist auch nicht schwierig. Die beiden ersten BG-Bedingungen lassen sich durch kleine Ionisationskammern bei höheren Energien erfüllen ($< 0.6\,$MeV Photonenenergie). Die dritte Bedingung wird in sehr guter Näherung erfüllt, wenn die innere Oberfläche einer Ionisationskammer mit Graphit ausgekleidet ist (die Wand „luftäquivalent" wird). Es wird damit ein δ-Teilchengleichgewicht zwischen Kammerwand und Luft erreicht.

Ansatz 2 (Hohlraumtheorie nach Spencer und Attix): Ein δ-Teilchengleichgewicht zwischen Kammerwand und Luft wird nicht vorausgesetzt. Das ist z.B. der Fall, wenn die Kammerwand gleich ist einem umgebenden Medium ungleich Luft. Zur Lösung des Problems in der Bestimmung des Quotienten $s_{m/a}^{BG}$ muß nun der Energietransport der Sekundärelektronen im Detail betrachtet werden.

Der Grundgedanke, der hier nur kurz skizziert werden kann, ist der folgende: Die Energie aller Elektronen wird in zwei Gruppen unterschieden:

1. $E > \Delta$,
2. $E < \Delta$.

wobei Δ die Energie von Elektronen ist, deren Reichweite in Luft etwa der Dimension des Detektors entspricht.

Fall 1: Alle Elektronen mit einer Energie $E > \Delta$ durchqueren den Hohlraum. Der Anteil der im Hohlraum verbleibenden Energie berechnet sich aus dem beschränkten Massenstoßbremsvermögen $(L/\rho)\Delta$, der analog zum beschränkten LET definiert ist (s. Kap. 3.4.1).

Fall 2: Elektronen, die mit einer Energie $E < \Delta$ in den Hohlraum eindringen, enden dort. Deren Energiebeitrag kann abgeschätzt werden durch den Term

$$D_{D<\Delta} = [\Phi_E(\Delta)] \cdot [S(\Delta)/\rho] \cdot \Delta.$$

Insgesamt ergibt sich damit der Quotient $s_{m/a}^{SA}$ in der Spencer Attix-Näherung als

$$s_{m/a}^{SA} = \frac{D_m}{D_a} = \frac{\displaystyle\int_{\Delta}^{E_{max}} \Phi_{E,m} \cdot (S^{col}/\rho)_{\Delta,m}\,\mathrm{d}E + [\Phi_E(\Delta)]_m \cdot [S(\Delta)/\rho]_m \cdot \Delta}{\displaystyle\int_{\Delta}^{E_{max}} \Phi_{E,m} \cdot (S^{col}/\rho)_{\Delta,a}\,\mathrm{d}E + [\Phi_E(\Delta)]_a \cdot [S(\Delta)/\rho]_a \cdot \Delta}.$$

Literatur

1. Bragg WH (1912) Studies in Radioactivity. McMillan, New York
2. DIN 680, Teil 1 (1980) Allgemeines zur Dosimetrie von Photonen- und Elektronenstrahlung nach der Sondenmethode
3. DIN 6814, Teil 3 (1985) Dosisgrößen und Dosiseinheiten

4. Fricke H, Glasser O (1925) Eine theoretische und experimentelle Untersuchung der kleinen Ionisationskammer. Fortschr Röntgenstr 33: 239
5. Gray LH (1936) An ionization method for the absolute measurement of δ-ray energy. Proc Roy A 156: 578
6. Harder D (1966) Physikalische Grundlagen der Dosimetrie. In: Sonderbände zur Strahlentherapie 62: 254. Urban & Schwarzenberg, München
7. Hartmann G (1979) Biophysikalische Untersuchungen zur biologischen Wirkung schneller Neutronen und der lokalen Änderung ihrer Wirkung im Bestrahlungsfeld einer Neutronentherapieanlage. Dissertation. Universität Saarbrücken
8. ICRU Report 10a (1962) Radiation quantities and units. ICRU Publications, Washington DC
9. ICRU Report 33 (1980) Radiation quantities and units. ICRU Publications, Washington DC
10. ICRU Report 36 (1983) Microdosimetrie. ICRU Publications, Washington DC
11. Kellerer AM, Chmelevsky D (1975) Criteria for the equivalence of spherical and cylindrical counters in microdosimetry. Radiat Res 86: 277
12. Lea DE (1946) Action of radiation on living cells. University Press, Cambridge
13. Reich H (1990) Dosimetrie ionisierender Strahlung. Teubner, Stuttgart
14. Rossi H (1968) Microscopic energy distribution in irradiated matter. In: Attix FH, Roesch WC, Tochilin E (Eds.): Radiation Dosimetry. Academic Press, New York
15. Todd P (1965) Reversible and irreversible effects of of ionizing radiations on the reproductive capacity of cultured human cells. Med Coll Virginia Quart 1: 2
16. Zirkle RE, Marchbank DF, Kuck KD (1952) Exponential and sigmoid survival curves resulting from alpha and x-irradiation of Aspergillus spores. J Cell Comp Physiol 39, Suppl. 1: 75

4 Meßmethoden für die Dosimetrie

F. Nüsslin

4.1 Theoretische Dosisermittlung

4.1.1 Ableitung der Dosisgrößen aus Strahlungsfeldgrößen

In der Transporttheorie beschreibt man ein Strahlungsfeld durch Angabe der Flußdichte. Kennt man die Strahlenquelle sowie die Absorptions- und Streueigenschaften des vom Strahlungsfeld durchdrungenen Mediums, so läßt sich durch Lösen der Transportgleichung diese Flußdichte an jedem beliebigen Ort des vom Strahlungsfeld erfaßten Raumes angeben. Die Genauigkeit der Flußdichtebestimmung und damit der aus diesen zu entwickelnden Dosisgrößen ist entscheidend von den Wechselwirkungskoeffizienten des Mediums abhängig.

In dem häufigsten Fall eines gemischten Strahlenfeldes aus zwei verschiedenen Teilchenarten 1 und 2, z.B. Photonen und Elektronen bzw. Neutronen und Rückstossprotonen, nimmt die zeitunabhängige Transportgleichung für die Teilchenart 1 folgende Form an:

$$\boldsymbol{\Omega} \cdot \nabla \Phi_1'(E_1, \boldsymbol{\Omega}_1) + \mu_1 \Phi_1'$$
$$= S_1' + \int \mathrm{d}E_1'' \int \mathrm{d}\Omega_1'' \Phi_1' \left(E_1'', \boldsymbol{\Omega}_1''\right) \mu' \left(E_1, \boldsymbol{\Omega}_1; E_1'', \boldsymbol{\Omega}_1''\right)$$
$$+ \int \mathrm{d}E_2'' \int \mathrm{d}\Omega_2'' \Phi_2' \left(E_2'', \boldsymbol{\Omega}_2''\right) \mu' \left(E_1, \boldsymbol{\Omega}_1; E_2'', \boldsymbol{\Omega}_2''\right) . \tag{4.1}$$

Der erste Term berücksichtigt die Abnahme der Teilchenfluenz Φ' aufgrund der räumlichen Divergenz, der zweite die Schwächung der Teilchenfluenz innerhalb des gegebenen Energie- und Raumwinkelbereichs. Demgegenüber steht auf der rechten Seite zunächst die Erzeugung von Strahlung durch die Quellendichteverteilung S1 der Primärteilchenart 1. Die beiden Integralterme geben den Beitrag durch Wechselwirkung von Teilchen 1 mit der Anfangsenergie und -richtung E_1'' bzw. $\boldsymbol{\Omega}_1''$ sowie die Erzeugung von Sekundärteilchen 2 durch Teilchen 1 wieder. Die Wechselwirkung mit Materie wird durch den Schwächungskoeffizienten μ beschrieben.

Die Transportgleichung für die Sekundärteilchen 2 entspricht (4.1), wenn man die Indizes 1 und 2 vertauscht. Zur Lösung der Transportgleichung gibt es verschiedene Verfahren [1].

Entsprechend der auf die ICRU zurückgehenden Festlegung der absorbierten Energiedosis als der auf das Massenelement dm übertragenen Energie hat man zur Dosisbestimmung aus der Teilchenfluenz nur die Differenz von einströmender und ausströmender Energie zu bilden und um das Energieäquivalent der Ruhemassenzunahme zu vermindern.

Bei Integration über die gesamte Oberfläche eines Volumenelements dV ist zunächst die Energiedifferenz gegeben durch

$$-\int\int \mathrm{d}T \int \mathrm{d}\Omega \Phi'(E,\Omega)E\Omega \cdot \mathrm{d}\boldsymbol{A}$$
$$= \int \mathrm{d}V \int \mathrm{d}E \int \mathrm{d}\Omega \cdot \boldsymbol{\Omega} \cdot \nabla\Phi' \cdot E\,. \tag{4.2}$$

Dividiert man (4.1) durch die Masse dm des Volumenelements, erhält man

$$-[1/\rho]\int \mathrm{d}E \int \mathrm{d}\Omega \cdot \boldsymbol{\Omega} \cdot \nabla\Phi'(E,\Omega) \cdot E$$
$$= -[1/\rho]\nabla \int \mathrm{d}E\mathrm{d}\Omega \cdot \boldsymbol{\Omega} \cdot \Phi'(E,\Omega) \cdot E = -[1/\rho]\nabla\boldsymbol{G} \tag{4.3}$$

mit

$$\boldsymbol{G} = \int \mathrm{d}E \int \mathrm{d}\Omega \cdot \boldsymbol{\Omega} \cdot \Phi'(E,\Omega)E\,. \tag{4.4}$$

Korrigiert man noch für die möglicherweise durch interne Quellen im Material erzeugte Zusatzdosis D_S sowie für die Dosisminderung D_Q aufgrund einer Ruhemassenzunahme Q, erhält man die allgemeine Dosisgleichung, wie sie von Rossi und Roesch [10] vorgeschlagen wurde:

$$D = D_S - D_Q - [1/\rho]\nabla\Psi(r)\,, \tag{4.5}$$

d.h. die Funktion $\boldsymbol{G}$ entspricht der vektoriellen Energiefluenz.

Dosis- und Strahlungsfeldgrößen bei direkt ionisierender Strahlung. Die Energiedosis läßt sich in diesem Fall aus der spektralen Teilchenfluenz Φ_E berechnen:

$$D = \int \mathrm{d}E \cdot S(E)/\rho\,\Phi_E = (S/\rho) \cdot \Phi\,. \tag{4.6}$$

Die Mittelung des Massenbremsvermögens S/ρ erstreckt sich über den gesamten Energiebereich des Spektrums. Bei der Energiedosisleistung ist die Fluenz durch die Teilchenflußdichte φ_E zu ersetzen.

Für Elektronen ist in Abb. 4.1 das Verhältnis von Energiedosisleistung pro Teilchenflußdichte für Kalzium und Luft dargestellt.

Bis zu Elektronenenergien von etwa 1 MeV nimmt die pro Einheitsteilchenflußdichte erzeugte Energiedosis um ca. eine Größenordnung ab. Erst ab 1 MeV ändert sich dieser Quotient kaum noch mit der Energie.

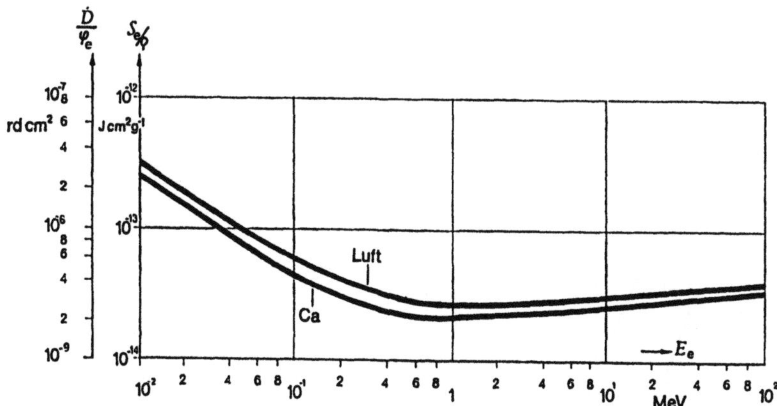

Abb. 4.1. Das Verhältnis von Energiedosisleistung pro Teilchenflußdichte von Elektronenstrahlung für Kalzium und Luft in Abhängigkeit von der Elektronenenergie E_e. (Aus [7])

Aus dem Kurvenverlauf wird anschaulich, daß sich aus der Teilchenflußdichte ohne Kenntnis der Elektronenenergie und des Massenbremsvermögens die Energiedosis nicht angeben läßt. Der Einfluß des Materials ist bei Elektronenstrahlung vergleichsweise gering.

Dosis- und Strahlungsfeldgrößen bei indirekt ionisierender Strahlung. Analog zu (4.6) gilt hier der Zusammenhang von Kerma und Energiefluenz bzw. Kermaleistung und Energieflußdichte:

$$K = \int dE \cdot (\mu_{tr}(E)/\rho)\Psi_E = (\mu_{tr}/\rho)\Psi\,. \tag{4.7}$$

Bei Sekundärteilchengleichgewicht ist $K = D$, falls $\mu_{tr}/\rho \approx \mu_{en}/\rho$. Hierbei sind μ_{tr}/ρ der Massenenergieumwandlungskoeffizient und μ_{en}/ρ der Massenenergieabsorptionskoeffizient.

Bedingt durch die starke Abhängigkeit des Photoeffekts von Energie und Ordnungszahl ändert sich bis etwa 200 keV die pro Einheitsenergieflußdichte erzeugte Energiedosis um fast vier Größenordnungen. Bei mittleren Energien im Bereich des Compton-Effekts ist der Materialeinfluß nur gering. Angesichts der erheblichen Energieabhängigkeit von D/Φ ist bei Photonenstrahlung ohne Kenntnis von Energie und Wechselwirkungskoeffizienten eine Dosisbestimmung aus den Strahlungsfeldgrößen ausgeschlossen.

4.1.2 Genauigkeitsanforderungen in der Dosimetrie

In der Röntgendiagnostik geht es aus dosimetrischer Sicht weniger um eine genaue Dosismessung als um eine Minimierung der Strahlenexposition. In

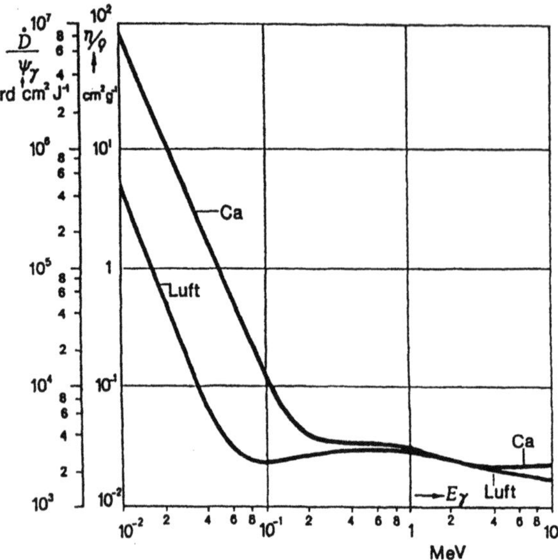

Abb. 4.2. Verhältnis von Kermaleistung und Energieflußdichte bei Photonenstrahlung für Kalzium und Luft in Abhängigkeit von der Photonenenergie. (Aus [7])

gleicher Weise trifft dies für nuklearmedizinische Untersuchungsverfahren sowie allgemein für den Strahlenschutz zu. Die weitaus höchsten Anforderungen an die Genauigkeit der Dosisbestimmung ergeben sich in der Strahlentherapie. Deshalb wird hier nur auf diesen Aspekt eingegangen.

Ausschlaggebend für die Spezifizierung von Genauigkeitsanforderungen in der Strahlentherapie sind Dosiswirkungskurven, d.h. die durch Bestrahlung erzielte biologische oder klinische Wirkung P als Funktion der Dosis D. Zur Kennzeichnung der Steigung der meist sigmoiden Dosiswirkungskurven $P(D)$ dient der normierte Dosiswirkungsgradient $\gamma = D \cdot (dP/dD)$ [2]. Eine Dosisunsicherheit von 1% entspricht also einer Änderung der Wirkung um γ%. Aus klinischen Daten ergeben sich für Tumor- und Normalgewebe für γ Werte um etwa 3 mit einem Bereich von unter 1 bis über 10. Hieraus lassen sich grundsätzlich Genauigkeitsanforderungen für die Dosisapplikation und damit auch die Dosisbestimmung im Patienten festlegen.

Um der Bandbreite der γ-Werte Rechnung zu tragen, wurde von der ICRU das Konzept des Toleranz- und Aktionsniveaus eingeführt (ICRU): Jeweils ausgedrückt durch die Standardabweichung der mittleren Dosis in einem interessierenden Bereich (Zielvolumen oder Risikoorgan) soll die gesamte Dosisunsicherheit 5% nicht überschreiten (Aktionsniveau: Notwendigkeit gezielter Intervention). Die anzustrebende Genauigkeit sollte bei 3% liegen (Toleranzniveau), eine Schwelle, unterhalb der ein klinischer Effekt in der Regel kaum nachzuweisen ist.

Tabelle 4.1. Fehlerquellen bei Strahlentherapie mit Bremsstrahlung und geschätzte Unsicherheiten (Typ A und B) als Standardabweichung der mittleren Dosis nach Mijnheer [8]

Fehlerquelle	Unsicherheit (%)
Kalibrierung der Ionisationskammer	1.4
Energiedosis im homogenen Phantom	2.1
Bestimmung der Dosisverteilung im homogenen Phantom	1.4
Dosisbestimmung im Patienten	2.2
Dosismonitor	1.4
Bestrahlungseinrichtung	
Durchführung Patientenbestrahlung	1.5
Gesamtunsicherheit	**4.2**

Demgegenüber steht nach Abschätzungen von Mijnheer [8] in der klinischen Routine eine Gesamtunsicherheit der Dosisbestimmung im Patienten bei Photonenstrahlung und einfacher Stehfeldbestrahlungstechnik von etwa 4.2% (Standardabweichung). Faßt man dabei die geschätzten Teilunsicherheiten Typ A und B zusammen, erhält man die Aufschlüsselung nach Tabelle 4.1.

4.1.3 Dosimetrische Kenngrößen

Die in der medizinischen Anwendung ionisierender Strahlung sowie in Physik und Strahlenschutz gebräuchlichen dosimetrischen Begriffe einschließlich der Definition von entsprechenden Kenngrößen finden sich in den Normenblättern DIN 6814 [5]. Hier werden nur summarisch einige Begriffe mit besonderer praktischer Relevanz zusammengestellt:

- *Kenndosisleistung:* Messung im Zentralstrahl unter den Bezugsbedingungen 100 cm Abstand und $10 \times 10 \, \text{cm}^2$. In Röntgendiagnostik sowie in Brachytherapie mit Gamma-Bestrahlungseinrichtungen als *Luftkermaleistung*, bei allen anderen strahlentherapeutischen Bestrahlungseinrichtungen als Maximalwert der *Wasserenergiedosisleistung* im Wasserphantom.
- *Dosisflächenprodukt:* In der Röntgendiagnostik verwendete Größe als Maß für die Strahlenexposition des Patienten: $P_F = \int_E K_a dF$, also das Flächenintegral über die Luftkerma K_a.
- *Relative biologische Wirksamkeit (RBW) bzw. Qualitätsfaktor Q:* Dient der Charakterisierung der biologischen Wirkung einer Strahlenart x im Verhältnis zu einer Referenzstrahlenart. Entscheidend ist die Spezifizierung des biologischen Endpunkts u, z.B. Zellüberlebensrate, Chromosomenaberationen u.ä. Für die RBW gilt: $R_u = (D_{ref}/D_x)_u$.

Zur Beschreibung von Kenngrößen, die vorwiegend in der Strahlentherapie genutzt werden, sei insbesondere auf DIN 6814 Teil 8 [5] verwiesen. Die wichtigsten Größen und Begriffe in Verbindung mit der räumlichen Dosisbestimmung sind

- *Gewebeoberflächendosis:* Gewebeenergiedosis in der Tiefe 0,07 mm.
- *Dosisverteilung:* Zur Beschreibung einer räumlichen Dosisverteilung werden häufig relative oder prozentuale Werte der Energiedosis (Bezugswert meist das *Energiedosismaximum* als Höchstwert entlang der Zentralstrahlachse) angegeben. Zur Rekonstruktion dreidimensionaler Dosisverteilungen in der Bestrahlungsplanung geht man oft von gemessenen und normierten *Tiefendosisverteilungen* längs der Zentralstrahlachse und einem Satz von *Dosisquerverteilungen* in unterschiedlichen Meßtiefen aus. Speziell bei Photonenstrahlung gehen manche Modelle der Dosisberechnung von einer Separierung der Primär- und Streustrahlungskomponenten des Strahlungsfeldes aus. Hierzu berechnet man für eine Feldgröße F einen *Streuzusatz* D_s als Differenz von gemessener Dosis $D(z)$ und zur Feldgröße $F = 0$ extrapolierter, der Primärstrahlungskomponente zugeordneter Teildosis D_{pr}: $D_{\mathrm{s}}(F, z) = D(F, z) - D_{\mathrm{pr}}(F = 0, z)$.

4.2 Strahlungsdetektoren

Für die Strahlungsmessung werden Effekte genutzt, die aufgrund der Wechselwirkung der Teilchen des Strahlungsfeldes mit dem Detektormaterial entweder direkt oder nach Signalverstärkung nachgewiesen werden können. Deshalb ist gerade zum Verständnis der wichtigsten Eigenschaften eines Strahlungsdetektors, der Abhängigkeit von Strahlungsart und Energie der Teilchen, die Kenntnis der Strahlungswechselwirkung mit Materie notwendig (s. Kap. 4.3).

Aus der großen Vielzahl von Strahlungsdetektoren werden hier nur diejenigen dargestellt, die bei der medizinischen Anwendung ionisierender Strahlung besonders verbreitet sind und sich vorzugsweise zur Dosimetrie von Photonen- und Elektronenstrahlung eignen. Hierzu zählen in erster Linie luftgefüllte Ionisationskammern und Zählrohre, Halbleiter- und Lumineszenzdetektoren, auf chemischen Effekten beruhende Detektoren sowie die in der Standarddosimetrie (Primärnormal) immer wichtiger werdenden Kalorimeter.

4.2.1 Kalorimeter

Die Umwandlung von Strahlungs- in Wärmeenergie läßt sich zur Darstellung der Energiedosis verwenden. Kalorimeter haben deshalb in der Standarddosimetrie durch verbesserte Meßmethoden in jüngster Zeit deutlich an Bedeutung gewonnen. Neben Festkörperkalorimetern ist vor allem das Wasserkalorimeter zur Bestimmung der Wasserenergiedosis interessant. Im Gegensatz zu Festkörperkalorimetern besteht hier aufgrund der hohen spezifischen Wärmekapazität und der gleichzeitig geringen Wärmeleitfähigkeit von Wasser die Möglichkeit zur Messung größerer Strahlenfelder.

Prinzip: In einem Stoff mit der spezifischen Wärmekapazität $c_{p,m}$ ist die absorbierte Energiedosis D_m aus der durch Strahlungsabsorption erzeugten Temperaturerhöhung ΔT näherungsweise gegeben durch

$$D_m = c_{p,m} \cdot \Delta T \,. \tag{4.8}$$

Der kalorische Defekt (Energiebetrag zur chemischen oder Strukturveränderung des Absorbers) muß ggf. berücksichtigt werden. Umgehung der Temperaturmessung über Aufheizung ΔT_2 eines Probeelements Δm des Absorbers mit elektrischem Energiebetrag W_{el} und Vergleich mit strahlungsinduzierter Temperaturerhöhung ΔT_1:

$$D_m = (W_{el}/\Delta m)\,(\Delta T_1/\Delta T_2) \,. \tag{4.9}$$

Festkörperkalorimeter

Eigenschaften: Die am häufigsten verwendeten Graphitkalorimeter sind sehr gut gewebeäquivalent, anwendbar in Photonen- und Elektronendosimetrie. Aufgrund hoher Wärmeleitfähigkeit rascher Temperaturausgleich im gesamten Absorber, punktförmige Temperaturmessung mit Thermistor möglich. Kalorischer Defekt vernachlässigbar. Meßunsicherheit je nach Meßaufbau deutlich unter 1%. Gewebeäquivalente Kunststoffkalorimeter (z.B. A-150) zur Dosisbestimmung in Neutronenfeldern.

Anwendungen: Standarddosimetrie, Darstellung der Energiedosis.

Wasserkalorimeter

Eigenschaften: Einfacherer experimenteller Aufbau als bei Festkörperkalorimetern. Geringes Ansprechvermögen wegen hoher spezifischer Wärmekapazität (Erhöhung der Temperatur nach Absorption einer Energiedosis von 1 Gy in Wasser 0.24 mK, in Graphit 1.4 mK).

Anwendungen: Standarddosimetrie, energieunabhängiges Sekundärnormal für Wasserenergiedosis bei hochenergetischer Photonenstrahlung.

4.2.2 Ionisation in Gasen

Ionisationskammern

Eigenschaften: Hohes Ansprechvermögen, geringe Meßunsicherheit, einsetzbar für Dosis- und Dosisleistungsmessung, gute Langzeitstabilität, Meßbereich von Kammervolumen abhängig, besonders bei Kompaktkammern geringer technischer Aufwand für Nachweis, Verarbeitung und Registrierung des Meßsignals, je nach Meßzweck unterschiedliche Bauart.

Prinzip: Ionisation von Luft zwischen zwei Elektroden, an die eine Spannung (ca. 300–500 V) angelegt ist bzw. Kondensatorprinzip mit Luft als Dielektrikum. Ionisationsströme im Bereich von 10^{-10}–10^{-15} A, proportional zur Strahlungsleistung sofern Rekombination vernachlässigbar.

Anwendungen: Primärnormalkammern für Standarddosimetrie (z.B. Parallelplattenkammer, "Freiluftkammer", Extrapolationskammer); zylindrische Kompaktkammern und Flachkammern, seltener Kondensatorkammern für klinische Dosimetrie; Flächendosisproduktmesser für Röntgendiagnostik; Kugelkammern, "Stabdosimeter" (Kondensatorkammer) für Strahlenschutz.

Besonderheiten: Rekombination als Folge von Zusammenstößen erzeugter Ionen mit negativen Ladungsträgern (selten mit freien Elektronen) ist von Feldstärke, Dosisleistung, Ionisierungsdichte sowie Gasart und -druck abhängig und muß ggf. bei der Dosisbestimmung korrigiert werden. Vermeidung von Rekombinationsverlusten *(Volumenrekombination, Anfangsrekombination,* Rekombination durch *Diffusion)* im ionisierten Luftvolumen durch ausreichende Kammerspannung *(Sättigungsspannung).*

Zählrohre

Eigenschaften: Sehr hohes Ansprechvermögen durch Gasverstärkung, Nachweis einzelner Strahlungsteilchen, je nach Betriebsspannung Proportionaloder Auslöse- (Geiger-Müller-)Zählrohr. Probleme bei pulsierenden oder gepulsten Strahlungsfeldern bzw. hohen Dosisleistungen.

Prinzip: Ähnlich wie Ionisationskammer, gasgefüllter Zylinder mit achsial aufgespanntem dünnen Zähldraht zur Erzeugung eines hohen Feldstärkegradienten:

$$E(r) = U / \left(r \ln(r_a/r_i) \right) \tag{4.10}$$

mit r_a und r_i den Radien von Hohlzylinder und Zähldraht. Stoßmultiplikation im Zählrohrgas bei Spannungen jenseits der Sättigungsspannung der Ionisationskammer. Dadurch Verstärkung der Primärladungen und Auslösen von Elektronenlawinen in Zähldrahtnähe. Im Proportionalbereich (Gasverstärkung bis etwa 10^5) Erzeugung etwa gleich großer Elektronenlawinen je Primärladung, folglich Ladungsimpuls *proportional* der Anzahl primär erzeugter Ionenpaare. Bei weiterer Spannungserhöhung bis ca. 1000 V Ausbreitung der Elektronenlawine über gesamte Zähldrahtlänge, Gasverstärkung nicht mehr von Primärionisation abhängig. Löschung der Entladung im nichtselbstlöschenden Zählrohr durch längerfristige Absenkung der Betriebsspannung (Totzeiten ca. 10 ms), beim selbstlöschenden Zählrohr (Totzeiten unter 1 ms) durch geeignete Löschgaszusätze (z.B. Alkohole oder Halogene).

Anwendungen: Proportionalzählrohre besonders geeignet zur Teilchenartbestimmung über Impulshöhenanalyse. Auslösezählrohre als Strahlungsmonitore oder zur Bestimmung der Äquivalentdosis im Strahlenschutz.

4.2.3 Ionisation in nichtgasförmigen Materialien

Flüssigkeitsionisationskammern

Im Bereich der Strahlentherapie werden zunehmend Ionisationskammern eingesetzt, die mit einer dielektrischen Flüssigkeit gefüllt sind. Das hohe Ansprechvermögen erlaubt die Herstellung kleiner Kammern oder linearer Mehrfachkammersysteme *(Arrays)* zur Messung von Dosisprofilen. Günstig in der Elektronendosimetrie ist vor allem die geringe Energieabhängigkeit.

Halbleiterdetektoren

Eigenschaften: In Halbleitern, typischerweise Silizium- und Germaniumkristallen, ist die mittlere Ionisierungsenergie etwa zehnfach kleiner als bei Luft, die Massendichte dagegen ca. 2000mal größer. Insgesamt ca. 20 000mal höheres Ansprechvermögen als bei Ionisationskammern. Kaum Einfluß von Dichte- und Feldstörungseffekten. Hohes Energieauflösungsvermögen bei Spektrometrie von Photonenstrahlung. Hohe Zeitauflösung. Langzeitstabilität durch Strahlenschäden eventuell eingeschränkt (abhängig von Halbleitertyp, Dosis und Dosisleistung bzw. Dosis pro Strahlungspuls).

Prinzip: Ladungstransport im Leitungsband (Abstand zum Valenzband ca. 1 eV): Überschuß von Elektronen in n-Leitern (Dotierung mit 5-wertigen Fremdatomen, z.B. P, As, Sb), von Defektelektronen *(Löchern)* in p-Leitern (Dotierung mit 3-wertigen Fremdatomen, z.B. Ga, In). Als Detektoren werden p-n-Verbindungsdioden verwendet, wobei die von beweglichen Ladungsträgern freie Grenzschicht *(intrinsische Schicht oder Verarmungszone)* dem empfindlichen Volumen einer Ionisationskammer entspricht. Bei Li-gedrifteten Halbleitern erreicht man Meßvolumina bis zu ca. $30\,cm^3$. Durch Strahlungswechselwirkung in der Grenzschicht erzeugte Ladungsträger werden als Stromimpuls nachgewiesen.

Anwendungen: Wegen des hohen Ansprechvermögens als Kleinstdetektoren zur Messung von Dosisverteilungen mit hoher Ortsauflösung. Spektrometrie von Röntgen- und γ-Strahlung. In der Nuklearmedizin z.B. in Ganzkörperzählern.

Szintillations- und Lumineszenzdetektoren

Die Zusammenfassung beider Detektorarten ergibt sich aus der prinzipiell ähnlichen Erzeugung des Meßsignals in Form von Lichtquanten nach Energieabsorption aus dem Strahlungsfeld und der Beschreibung dieses Vorgangs durch das Bändermodell kristalliner Stoffe. Im Gegensatz zu den Halbleitern handelt es sich hierbei oft um Ionenkristalle wie z.B. die Szintillatoren NaJ, CsJ, die Thermolumineszenzkristalle LiF, CaF oder die Radiophotolumineszenzkristalle Aluminiummetaphosphat, die jeweils mit Fremdatomen dotiert sind. Darüberhinaus eignen sich auch organische Stoffe wie Anthrazen oder Stilben, ferner fluoreszierende Verbindungen in organischen Lösungsmitteln als Szintillatormaterial.

Prinzip: Erzeugung von Elektronlochpaaren nach Strahlungsabsorption, Übergang der Elektronen vom Valenz- ins Leitungsband, Diffusion von Elektronen und Löchern durch Kristall, Einfang in Zwischenniveaus *(Haftstellen)* zwischen beiden Bändern. Je nach Energiedifferenz der Elektronenhaftstellen zum Leitungsband erfolgt thermisch oder UV induziert erneut Elektronenübergang ins Leitungsband, Rekombination von Elektronlochpaaren mit Emission von Lichtquanten.

Szintillationsdetektoren

Eigenschaften: Gegenüber Gasdetektoren hohes Ansprechvermögen für Photonenstrahlung, sehr kleine Totzeiten (ca. 10^{-10}s), dadurch hohe Zeitauflösung, Registrierung großer Impulsraten und Proportionalität von absorbierter Teilchenenergie und Impulshöhe. NaJ(Tl) stark hygroskopisch, luftdichte Kapselung notwendig. CsJ(Tl) nicht hygroskopisch, jedoch geringere Lichtausbeute. Plastik- sowie Flüssigkeitsszintillatoren fast beliebiger Form und Abmessungen. Nachweis der Lichtquanten meist mit lichtdicht angekoppeltem Photomultiplier, ferner direkt visuell bei Leuchtschirmen, photographisch oder z.B. mit CCD-Kamera.

Anwendungen: Leuchtschirme, Bildverstärker in Röntgendiagnostik, ferner für *portal imaging* in Strahlentherapie. Nachweis kleinster Aktivitäten und Strahlungspegel in Nuklearmedizin und Strahlenschutz, vor allem Spektrometrie von Photonenstrahlung.

Thermolumineszenzdetektoren (TLD)

Eigenschaften: Je nach Material gutes Ansprechvermögen (Meßbereich von 10^{-7}–10^4Gy), Anzeige bis etwa 10^8Gy/s dosisleistungsunabhängig. Ansprechvermögen von Temperaturzyklus (Regenerierung) und Behandlung der TLDs sowie von Eigenschaften der Auswerteeinrichtung abhängig. Je nach TLD-Material Energieabhängigkeit. Häufige Nachkalibrierung erforderlich. Verwendbar als gesinterte Plättchen oder Stäbchen kleinster Abmessungen, pulverförmig, auch gekapselt in Teflon. Gute Gewebeäquivalenz (z.B. LiF für Weichteil-, CaF_2 für Knochengewebe). Zur Dosisbestimmung wird TLD in Auswertegerät unter kontrollierten Bedingungen ausgeheizt und Lichtausbeute in Abhängigkeit von Temperatur *(Glühkurve)* analysiert.

Anwendungen: Je nach Dosisbereich und Anwendungszweck werden vielfältige TLD-Materialien eingesetzt, am häufigsten LiF, CaF_2, meist mit Mg, Mn oder Ti dotiert, ferner $CaSO_4$, BeO, Al_2O_3 und $Li_2B_4O_7$. In klinischer Dosimetrie zur Dosisbestimmung an Patienten sowie zur Messung von Dosisverteilungen in Festkörperphantomen.

Radiophotolumineszenzdetektoren (RPL)

Silberaktivierte Aluminiummetaphosphatgläser, zum mechanischen Schutz wie zur Reduktion der Energieabhängigkeit in Metallhülsen gekapselt. Induktion von Elektronenübergängen aus Zwischenniveaus in Leitungsband durch UV-Bestrahlung, allerdings nur mit geringem Wirkungsgrad. Daher können RPLDs praktisch ohne Informationsverlust mehrfach ausgelesen werden. Verwendung im Strahlenschutz zur Personendosimetrie und Umgebungsüberwachung.

Lyolumineszenz

Lichtemission nach Strahlungsabsorption, ein Effekt, der in vielen organischen Verbindungen in Lösungen als Folge von Reaktionen freier Radikale mit Sauerstoff zu beobachten ist. Meßbereich etwa $0.4\text{--}10^5$ Gy. Anwendung bei Unfallexpositionen.

Exoelektronenemission

Thermisch oder optisch stimulierte Elektronenemission aus dünnen Oberflächenschichten, z.B. bei BeO, LiF, Al_2O_3, $CaSO_4$ sowie bei einigen Alkalihalogeniden. Sehr hohes Ansprechvermögen, Nachweis von Dosiswerten ab etwa 10 nSv, sehr großer Meßbereich (bis ca. 10^5 Sv). Begrenzte Reproduzierbarkeit des Ansprechvermögens.

4.2.4 Chemische Dosimeter

Eigenschaften: Direkte Bestimmung der Wasserenergiedosis. Geringes Ansprechvermögen, sehr gute Reproduzierbarkeit, besonders geeignet zur Kalibrierung von Dosimetern in der Strahlentherapie.

Prinzip: Oxidation von Metallionen in Lösungen, meistens Fe^{2+} in Fe^{3+}, als Folge der Strahlungsabsorption und die von der chemischen Wertigkeitsstufe abhängige charakteristische Lichtabsorption. Der Konzentrationsunterschied vor und nach Exposition wird spektralphotometrisch bestimmt und ist der absorbierten Energiedosis proportional. Bei bekanntem Ausbeutefaktor G_L der Dosimeterlösung ergibt sich aus den gemessenen optischen Dichten S_i, S_f vor und nach Exposition, dem molaren Extinktionskoeffizienten ϵ_m, der

Massendichte ρ_L und der Schichtdicke d der photometrierten Lösung die Energiedosis in Wasser zu $D_W = s_{WL} \cdot (S_i - S_f) / (G_L \cdot \varepsilon_m \cdot \rho_L \cdot d)$. Dabei ist s_{WL} das Verhältnis der Massenbremsvermögen der Elektronen in Wasser und der Dosimeterlösung.

Anwendungen: Kalibrierung und Kontrolle von Therapiedosimetern, z.B. Kalibrierdienst der PTB über Versand von Dosimeterampullen.

4.2.5   Filmdosimeter

Eigenschaften: Sehr hohes Ansprechvermögen (vergleichbar Zählrohr und Szintillator), insbesondere in Verbindung mit Verstärkungsfolien. Ansprechvermögen stark abhängig von Art und Alter der photographischen Emulsion sowie Filmverarbeitung, ferner ausgeprägte Energieabhängigkeit. Dadurch nur begrenzte Genauigkeit der Dosisbestimmung. Hohes Ortsauflösungsvermögen, praktisch keine Dosisleistungsabhängigkeit (ausgenommen bei Verwendung von Verstärkerfolien).

Prinzip: Reduktion von Silberionen zu metallischem Silber durch Sekundärelektronen nach Strahlungseinwirkung, Auswaschen der Silberionen und Fixierung des metallischen Silbers im Filmverarbeitungsprozeß.

Anwendungen: In Röntgendiagnostik zur Bildgebung. In Strahlentherapie zur Bestimmung räumlicher Dosisverteilungen in Phantomen. Im Strahlenschutz als kombiniertes Photonen- und Elektronendosimeter zur Bestimmung der Personendosis. Anordnung von zwei Meßfilmen in Plakettengehäuse, das zur Differenzierung von Strahlungsart, Strahlungsqualität, Dosis und Einstrahlrichtung mit verschiedenen Wolfram- und Bleiblechen ausgelegt ist.

4.2.6   Elektronenspinresonanz (ESR)

Eigenschaften: Geringes Ansprechvermögen, typischer Meßbereich 10–10^5 Gy, erreichbare Meßunsicherheit 2–3%.

Prinzip: In kristallinen Stoffen, z.B. pulverisiertem Alanin, werden durch Strahlungsabsorption nur eingeschränkt bewegliche freie Radikale erzeugt, deren Konzentration mit ESR gemessen wird. Verhältnismäßig kleine Ausbeutefaktoren.

Anwendungen: Vorzugsweise im technischen Bereich bei Hochdosisexpositionen, z.B. zur radiogenen Sterilisation von medizinischen Gebrauchsgegenständen oder Arzneimitteln, ferner von Lebensmitteln oder in chemischer Verfahrenstechnik.

4.3 Praktische Dosisermittlung

4.3.1 Begriffe der Dosismeßtechnik

Meßeinrichtung und Messung

- *Dosimeter:* Einrichtungen zur Messung von Dosis oder Dosisleistung ionisierender Strahlung, allgemein bestehend aus Strahlungsdetektor, Registrier-, Auswerte- und Anzeigeeinrichtung. Besondere Genauigkeitsanforderungen an Therapiedosimeter mit Ionisationskammern, das aus *Kammereinheit, Anzeigegerät* einschließlich Kammerspannungsteil und meist einer *Kontrollvorrichtung* (radioaktives Präparat, elektrisches Stromnormal) besteht. Die Kontrollvorrichtung dient der Funktionsprüfung des Dosimeters sowie zur Korrektion von Abweichungen gegenüber den Kalibrierbedingungen *(Kontrollanzeige, Kontrollzeit)*.
- *Anzeige:* Angezeigter Meßwert M, ggf. multipliziert mit dimensionslosem Meßbereichsfaktor bzw. Gerätekonstante, wird üblicherweise (bei geeichten Geräten immer) in der Einheit der Meßgröße angegeben.
- *Meßwert:* Schätzwert des wahren Wertes der Meßgröße, zu gewinnen aus Multiplikation der Anzeige M mit Kalibrierfaktor und Korrektionen zur Berücksichtigung der Abweichungen der Meßbedingungen von den Kalibrierbedingungen. Als richtiger Wert einer Meßgröße gilt die mit einem Referenzgerät (Normalmeßgerät) ermittelte Meßgröße.
- *Ansprechvermögen:* Verhältnis R von Anzeige M zu Meßgröße, z.B bei Messung der Energiedosis D ist $R = M/D$. Ansprechvermögen unter Bezugsbedingungen ist gleich dem Kehrwert des Kalibrierfaktors. Ansprechvermögen kann sich auf Detektor oder gesamtes Dosimeter beziehen.
- *Empfindlichkeit:* Verhältnis S der Änderung ΔM der Anzeige zur Änderung der Meßgröße, z.B. ΔD.
- *Einflußgrößen:* Größen, die die Anzeige einer Meßgröße beeinflussen können und durch Korrektionen zu berücksichtigen sind. Innerhalb des *Nenngebrauchsbereichs* einer Einflußgröße darf sich das Ansprechvermögen des Dosimeters nicht ändern *(Garantiefehlergrenzen)*.
- *Genauigkeit (accuracy):* Nur als qualitativer Begriff zu benutzen, der durch Angabe von Unsicherheiten quantifiziert wird.
- *Meßunsicherheit (measuring uncertainty):* Abweichung des Meßwertes vom richtigen Wert einer Meßgröße, üblicherweise angegeben als Schätzwert der Standardabweichung oder der relativen Standardabweichung *(Variationskoeffizient)*.
- *Wiederholbarkeit (repeatability):* Grad der Übereinstimmung bei wiederholter Messung unter gleichen Meßbedingungen, empirisch bestimmt als Standardabweichung einer Einzelmessung.
- *Vergleichbarkeit:* Früher *Reproduzierbarkeit*, Grad der Übereinstimmung einer mit unterschiedlichen Meßgeräten gleicher Bauart unter unterschiedlichen Meßbedingungen ermittelten Meßgröße.

Kalibrieren, Eichen

Unter Kalibrieren versteht man die Ermittlung des Zusammenhangs zwischen Anzeige M eines Meßgerätes und dem richtigen Wert der Meßgröße. Der Kalibrierfaktor N ist das Verhältnis von richtigem Wert der Meßgröße zur Anzeige M des Dosimeters unter Bezugsbedingungen, z.B. $N = D/M$. Unter Bezugsbedingungen versteht man einen Satz von Bezugswerten derjenigen Einflußgrößen, auf die der Kalibrierfaktor bezogen wird. Die Kalibrierung eines Dosimeters kann mit Hilfe einer Kontrollvorrichtung überprüft werden (Vergleich von Istwert und Sollwert der Kontrollanzeige).

Eichen eines Dosimeters ist eine nach gesetzlichen Regelungen vorzunehmende Prüfung. Mit dem Eichstempel wird beurkundet, daß das Dosimeter den zur Zeit dieser Prüfung festgelegten Anforderungen innerhalb der *Eichfehlergrenzen* entspricht. Ein *Eichfehler* ist die Meßabweichung vom richtigen Wert unter Eichbedingungen. Für die Gültigkeitsdauer der Eichung muß die Meßabweichung unter Eichbedingungen innerhalb der *Verkehrsfehlergrenzen* liegen. Dieser Fehlerbereich wird üblicherweise als Vielfaches der Eichfehlergrenzen festgelegt.

4.3.2 Kalibrierung von Dosimetern

Zum Kalibrieren eines Dosimeters, eine vor allem beim Betrieb von Therapiedosimetern wichtige Aufgabe, wird die Anzeige des zu kalibrierenden Geräts mit dem Meßwert eines Normaldosimeters verglichen und hieraus der Kalibrierfaktor N bestimmt. Bei Ionisationskammern ist dabei jeweils unter Beachtung festgelegter geometrischer und physikalischer Bezugsbedingungen (z.B. Bezugstiefe, Bezugsfeldgröße, Bezugswerte der Einflußgrößen) der *Bezugspunkt* der Kammer an den Meßort P, üblicherweise in Wasser oder Luft, zu bringen. Die Abweichung von den Bezugsbedingungen wird mit Korrektionsfaktoren berücksichtigt. Therapiedosimeter werden in Deutschland in Wasserenergiedosis D_W kalibriert $[D_w(P) = N_D M]$, Diagnostikdosimeter dagegen frei in Luft zur Anzeige der Luftkerma $K_a [K_a(P) = N_K M]$. Bei Verwendung eines Normaldosimeters (in höchstens zwei Zwischenstufen an das nationale Normal angeschlossen) zur Kalibrierung eines Gebrauchsdosimeters (Prüfling) erhält man bei gleicher Dosis bzw. Dosisleistung am Meßort die Anzeige M_n (Normaldosimeter) bzw. M_p (Prüfling). Der Kalibrierfaktor N_p des Prüflings ergibt sich dann bei bekanntem Kalibrierfaktor N_n des Normaldosimeters zu $N_p = N_n \cdot (M_n/M_p)$. Um Dosisleistungsschwankungen zwischen beiden Meßvorgängen auszuschalten, kann man ein weiteres Dosimeter (Monitordosimeter) mit den Anzeigen m_n bzw. m_p bei den Messungen mit dem Normaldosimeter bzw. dem Prüfling einsetzen. Bei dieser 3-Kammer-Methode ergibt sich der Kalibrierfaktor des Prüflings zu $N_p = N_n \cdot (M_n/m_n)/(M_p/m_p)$.

4.3.3   Allgemeine Korrektionen bei Ionisationskammerdosimetern

Um bei einer Dosisbestimmung mit einem kalibrierten Dosimeter die Abweichungen der Meßbedingungen von den Kalibrierbedingungen zu berücksichtigen, werden Korrektionsfaktoren k_i eingeführt, d.h. die Dosis am effektiven Meßort P_{eff} ergibt sich aus Multiplikation der Anzeige M mit dem Kalibrierfaktor und dem Produkt k aller Korrektionsfaktoren k_i, $[D_w(P_{\text{eff}}) = k \cdot N_D \cdot M]$ bzw. $[K_a(P_{\text{eff}}) = k \cdot N_K \cdot M]$. Beim Bezugswert einer Einflußgröße hat die entsprechende Korrektion den Wert 1. Bei Photonen- bzw Elektronenstrahlung setzt sich die Gesamtkorrektion k aus den folgenden wichtigsten Teilkorrektionen zusammen:

Photonenstrahlung $k = k_Q k_\rho k_S k_r k_P k_T k_F k_z$,
Elektronenstrahlung $k = k_E k_s k_S k_r k_P k_T$.

- k_Q, *Qualität Photonenstrahlung:* Im Röntgenstrahlungsbereich bei Erzeugungsspannungen unter $400\,\text{kV}$ ist k_Q abhängig von der Kammerbauart (Einfluß von Wand- und Innenelektrodenmaterial auf Strahlungswechselwirkung, Störung des Strahlungsfeldes durch Kammer). Bei Kobalt-γ-Strahlung ist $k_Q = 1.00$. Die Korrektion k_Q wird in den Begleitpapieren der Ionisationskammer angegeben, kann aber auch meist mit hinreichender Genauigkeit theoretisch bestimmt werden, und zwar durch Aufspaltung von k_Q in einen bauartunabhängigen (k_Q') bzw. bauartabhängigen (k_Q'') Anteil mit $k_Q = k_Q' \cdot k_Q''$.
- k_E, *Energiespektrum Elektronenstrahlung:* Derzeit werden üblicherweise bei uns Elektronenkammern bei ^{60}Co-Gamma-Strahlung zur Anzeige der Wasserenergiedosis kalibriert. Die Energiekorrektion k_E wird in Analogie zum Vorgehen bei k_Q nach Zerlegung in $k_E = k_E' \cdot k_E''$ bestimmt.
- k_ρ, *Korrektion der Luftdichte:* Berücksichtigung der Abweichungen von Luftdruck p und Temperatur T von den Bezugswerten p_0, T_0: $k_\rho = p_0 T / p T_0$.
- k_S, *Korrektion der unvollständigen Sättigung:* Mit k_S wird der von Bauart, Kammerspannung und Dosisleistung abhängige Verlust an Ionen durch Rekombination korrigiert.
- k_r, *Korrektion der Verdrängungseffekte bei Kompaktkammern:* Die Ionisationskammer bewirkt eine lokale Störung des Strahlungsfeldes, die bei Kompaktkammern zu berücksichtigen ist. Hierbei spielen die Erzeugung von Sekundärelektronen in der Kammerwand, das unterschiedliche lineare Streuvermögen von Luft gegenüber dem Umgebungsmaterial sowie die Verdrängung des Umgebungsmaterials eine Rolle. Der Verdrängungseffekt wird über die Meßortverschiebung $d_{\text{eff}} \approx 0.5r$, mit r dem Radius des Meßvolumens korrigiert.
- k_P, *Korrektion des Polaritätseffekts:* Hiermit wird der Einfluß der Polarität der Kammerspannung auf das Ansprechvermögen der Ionisationskammer korrigiert. Ursache für den Polaritätseffekt ist eine gestörte Elektronenbilanz am Ort der Meßelektrode.

- k_T, *Korrektion der Temperatur:* Zusätzlich zum Einfluß auf die Dichte kann die Temperatur auch Bauteile des Dosimeters mit Auswirkung auf die Anzeige beeinträchtigen.
- k_F *und* k_z, *Korrektion von Feldgröße F und Meßtiefe z:* Die spektrale Fluenz- und Richtungsverteilung der Photonen ist feldgrößen- und tiefenabhängig. Beide Korrektionen sind vor allem bei Photonenenergien unterhalb der ^{60}Co-γ-Strahlung zu berücksichtigen.

4.3.4   Photonendosimetrie

Da viele Korrektionsfaktoren sowie die Dosisumrechnungsfaktoren energieabhängig sind, spielt die Bestimmung der Strahlungsqualität in der Photonendosimetrie eine besondere Rolle. Da sich die spektrale Teilchenflußdichte $\varphi_{h\nu}(h\nu)$ allenfalls mit erheblichem Aufwand bestimmen läßt, verwendet man Ersatzgrößen, z.B. bei Röntgenstrahlung die Erzeugungsspannung, maximale Photonenenergie oder über die Halbwertsdicke die effektive Photonenenergie. Bei ultraharter Röntgenstrahlung (1–50 MV) wird der Strahlungsqualitätsindex Q angegeben. Er ist das Verhältnis der mit einer Ionisationskammer in 20 bzw. 10 cm Wassertiefe bei einem Fokus-Meßort-Abstand von 100 cm und einer Feldgröße von 10×10 cm gemessenen Anzeigen M_{20}/M_{10}. Im Bereich weicher Röntgenstrahlung werden Flachkammern verwendet, die meist oberflächenbündig in einem Festkörperphantom angeordnet sind. Bei harter und ultraharter Röntgenstrahlung oberhalb etwa 1 MV Erzeugungsspannung sowie bei γ-Strahlung werden Kompaktkammern eingesetzt, die meist bei ^{60}Co-γ-Strahlung kalibriert sind.

4.3.5   Elektronendosimetrie

In der Elektronendosimetrie ist zu beachten, daß nur bei niedrigen und mittleren Energien die Energieabgabe in der nächsten Umgebung der Wechselwirkung erfolgt, bei höheren Energien dagegen zunehmend Bremsstrahlung erzeugt wird. Ein Problem stellt sich ferner bei Verwendung luftgefüllter Ionisationskammern in hochenergetischen Elektronenstrahlungsfeldern ein, das Verhältnis der Massenbremsvermögen $s_\mathrm{W,a}$ für Wasser und Luft ändert sich aufgrund der unterschiedlichen Polarisation deutlich. Daher ist die tiefenabhängige Änderung der spektralen Teilchenflußdichte bei Messungen im Phantom unbedingt zu berücksichtigen. Schließlich ist die ebenfalls energie- und bauartabhängige Störung des Strahlungsfeldes zu korrigieren. Die wichtigsten Ersatzgrößen zur Beschreibung eines Elektronenspektrums sind die wahrscheinlichste Energie (Energie im Maximum der spektralen Flußdichteverteilung) sowie die mittlere Energie (Mittelung der Energie über das gesamte Spektrum $\phi_\mathrm{E}(E)$). Für die experimentelle Bestimmung von $s_\mathrm{W,a}$, das zur Berechnung der bauartunabhängigen Energiekorrektion k_E' notwendig ist, gibt es mehrere Näherungsverfahren, wobei die hierzu benötigte wahrscheinlichste Energie $E_\mathrm{p,0}$ und mittlere Energie $\bar{E}_0$ an der Phantomoberfläche über

Reichweitebestimmungen aus Tiefendosiskurven ermittelt werden. Zur Bestimmung der Energiekorrektur des angezeigten Meßwertes einer bei ^{60}Co-γ-Strahlung kalibrierten Elektronenkammer (s. Kap. 4.2.2) wird k'_E aus

$$k'_E = (s_{w,a})_E / (s_{w,a})_{Co},$$

also den Bremsvermögensverhältnissen (Wasser/Luft) bei der Energie E und ^{60}Co-γ-Strahlung berechnet. Der bauartabhängige Korrektionsfaktor k''_E ergibt sich als Quotient der Feldstörungsfaktoren: $k''_E = p_E/pCo$. Da mit p_E die Störung der Teilchenflußdichte in der Kammer aufgrund der vermehrt in das Meßvolumen hineingestreuten Elektronen berücksichtigt wird, weicht p_E nur bei Kompaktkammern nennenswert von eins ab. Dagegen spielt p_{Co} bei Kompakt- und Flachkammern nur dann eine Rolle, wenn Kammerwand und Zentralelektrode nicht wasseräquivalent sind.

4.3.6   Messungen in Phantomen und Materialäquivalenz

Wasser- und Gewebeenergiedosis in Festkörperphantomen

Wasserenergiedosis. Für bestimmte Meßaufgaben wie Konstanzprüfungen, Dosismessungen im Bereich des Aufbaueffekts oder die Untersuchung von Grenzflächeneffekten sind Festkörperphantome gegenüber Wasserphantomen vorzuziehen. Im Fall nur näherungsweise wasseräquivalenter Festkörperphantome muß für Photonenstrahlung die Meßtiefe auf die Wassertiefe korrigiert werden, bei Elektronenstrahlung ist zusätzlich der Meßwert zu korrigieren.

Photonenstrahlung. Bei der Umrechnung der Meßtiefe z_m im Phantommaterial m in die Wassertiefe z_w der gleichen Tiefendosis sind die Unterschiede in den linearen Schwächungskoeffizienten sowie der tiefenabhängige Streuzusatz zu berücksichtigen. In Tiefen jenseits des Dosismaximums ergibt sich die Wasserenergiedosis durch Multiplikation des Meßwerts im Festkörperphantom mit $b_{w/m} = z_w/z_m$, im Bereich des Dosismaximums zusätzlich mit dem Faktor $h_{w/m} = M_w/M_m$ mit den Anzeigen M_w und M_m in Wasser bzw. im Phantom m. In Plexiglas (PMMA) ist $b_{w/m} = 1.136$ (Photonenenergien oberhalb 1.3 MeV), $h_{w/m} = 1.00$. Entsprechende Werte für RW-3 sind 1.01 und 1.01.

Elektronenstrahlung. Bei Elektronenstrahlung ergibt sich die Korrektion $b_{w/m}$ aus dem Verhältnis der praktischen Reichweiten $R_{p,w}$ bzw. $R_{p,m}$:

$$b_{w/m} = \frac{z_w}{z_m} = \frac{R_{p,w}}{R_{p,m}} = \frac{[\rho(Z/A_r)_{eff}]_m}{[\rho(Z/A_r)_{eff}]_w}. \tag{4.11}$$

Für gängige Phantommaterialien sind Werte für $b_{w/m}$ und $h_{w/m}$ tabelliert (z.B. [9]).

Gewebeenergiedosis. Zur Bestimmung der Gewebeenergiedosis D_g in der Gewebetiefe z_g mißt man zunächst in einem gewebeäquivalenten Phantom des Materials m in der Tiefe z_m die Dosis

$$D_\mathrm{g}(z_\mathrm{m}) = s_\mathrm{g/w} \cdot k_\mathrm{w \to g} \cdot k \cdot N_\mathrm{D} \cdot M \,, \tag{4.12}$$

mit dem Verhältnis $s_\mathrm{g/w}$ der Massen-Stoß-Brems-Vermögen in Gewebe und Wasser als Dosisumrechnungsfaktor und dem Faktor $k_\mathrm{w \to g}$ zur Korrektion der Abweichung von den Bragg-Gray-Bedingungen bei Verwendung einer wasserkalibrierten Kammer in nicht wasseräquivalentem Material. Weiter ist k das Produkt aller anderen Korrektionsfaktoren (s. Kap. 4.3.3), N_D der Kalibrierfaktor für Wasserenergiedosis und M die Anzeige im Phantom. In einem zweiten Schritt erhält man analog zum Vorgehen bei der Bestimmung der Wasserenergiedosis im Festkörperphantom die Gewebeenergiedosis in Gewebe durch Multiplikation von $D_\mathrm{g}(z_\mathrm{m})$ mit den Korrektionsfaktoren $b_\mathrm{w/m}$ und soweit erforderlich $h_\mathrm{w/m}$. Werte hierfür finden sich bei Reich [9].

Materialäquivalenz

Forderungen nach Materialäquivalenz werden einmal bei der Verwendung von gewebe- bzw. körperähnlichen Phantomen sowie in Verbindung mit Bauteilen von Strahlungsdetektoren erhoben.

Gewebeäquivalente Phantome. Allgemein erwartet man von einem körperähnlichen Phantom mit Gewebeäquivalenz, daß sich im Phantom räumlich das gleiche Strahlungsfeld aus Primär- und Sekundärstrahlung ausbildet wie im Körper, charakterisiert durch Energie- und Richtungsverteilung. Bei der Bestimmung der Energiedosis nach der Sondenmethode besteht überall im Phantom Übereinstimmung mit dem Strahlungsfeld in dem nachzubildenden Körper, wenn der lineare Wechselwirkungskoeffizient in beiden Materialien gleich ist. Hinreichend, aber nicht notwendig, ist die Übereinstimmung von Massenwechselwirkungskoeffizienten und Dichte. Durch geeignete Materialmischungen lassen sich innerhalb bestimmter Energiebereiche in guter Näherung gewebeäquivalente Phantome herstellen. Hierzu wurden verschiedene Methoden entwickelt, z.B. die Bestimmung der effektiven Ordnungszahl Z_eff oder des effektiven Materialparameters $(Z^n/A_\mathrm{r})_\mathrm{eff}$.

Gewebeäquivalente Detektorbaustoffe. Hierbei werden die Massenenergieabsorptionskoeffizienten und das Massen-Stoß-Brems-Vermögen des Detektormaterials an Wasser oder das nachzubildende Gewebe angepaßt. Gut gewebe- bzw. wasseräquivalent sind LiF- und CaF_2-TLDs (Weichteil- bzw. Knochengewebe), ferner chemische Dosimeter (z.B. Eisen-Sulfat-Dosimeter) und Graphit-Kalorimeter. Luftgefüllte Ionisationskammern zeigen deutliche Abweichungen von einer Gewebeäquivalenz, z.B. ist bei Elektronenstrahlung der Dichteeffekt für Luft stärker ausgeprägt als bei Wasser. Des weiteren werden an die Detektorwand Forderungen nach Materialäquivalenz entweder mit dem Detektormaterial oder mit dem Umgebungsmaterial gestellt.

Literatur

1. Attix FH, Roesch WC (1968) Radiation dosimetry. Academic Press, New York London
2. Brahme A, Chavaudra J, Landberg T, McCullough EC, Nüsslin F, Rawlinson JA, Svensson G, Svensson H (1988) Accuracy requirements and quality assurance of external beam therapy with photons and electrons (Acta Oncologica Suppl 1)
3. DIN 6800, T1–T6 (1980–1997) Dosismessverfahren in der radiologischen Technik. Beuth, Berlin
4. DIN 6809, T1–T4 (1976–1993) Klinische Dosimetrie. Beuth, Berlin
5. DIN 6814, T2–T8 (1983–2000) Begriffe und Benennungen in der radiologische Technik. Beuth, Berlin
6. DIN 6817 (1984) Dosimeter mit Ionisationskammern für Photonen- und Elektronenstrahlung zur Verwendung in der Strahlentherapie. Beuth, Berlin
7. Jäger RG, Hübner W (1974) Dosimetrie und Strahlenschutz. Thieme, Stuttgart
8. Mijnheer BJ, Battermann JJ, Wambersie A (1987) What degrees of accuracy is required and can be achieved in photon and neutron therapy? Radiotherapy and Oncology 8: 237
9. Reich H (1990) Dosimetrie ionisierender Strahlung. Teubner, Stuttgart
10. Rossi HH, Roesch WC (1962) Field equations in dosimetry. Radiation Research 16: 783–795

5 Biologische Grundlagen der Strahlenwirkung

G. Knedlitschek, K.F. Weibezahn

5.1 Physikalische Strahlenwirkung

5.1.1 Wechselwirkung zwischen Strahlung und Materie

Die unterschiedlichen Strahlenarten lassen sich nach ihren Eigenschaften in verschiedene Gruppen einteilen: Photonenstrahlen und Teilchenstrahlen.

Alle Gruppen von Strahlenarten wirken auf biologische Objekte ein. Unsere Umgebung und wir selbst sind ständig einem Strahlungsfeld ausgesetzt, das durch die Strahlenart, deren Energie und Fluß charakterisiert ist. Die Maßeinheit für die Strahlungsenergie ist das Elektronenvolt (eV). Die Dosisbezeichnung zur Charakterisierung eines Strahlungsfeldes ist die Ionendosis, ihre Einheit ist Ladung/Masse (C/kg) oder nach der alten, nicht mehr zulässigen Einheit das Röntgen (R). Die Umrechnung lautet:

$$1\,\text{R} = 2,58 \times 10^{-4}\,\text{C/kg}\,.$$

Auch in der Strahlenbiologie gilt: Eine Strahlenwirkung kann nur nach Absorption von Energie eintreten. Aus diesem Grund interessiert den Strahlenbiologen weniger die Ionendosis, sondern vielmehr die aus einem Strahlungsfeld tatsächlich absorbierte Dosis. Diese wird auch als Energiedosis bezeichnet. Ihre Einheit ist die pro Masseneinheit absorbierte Energie (J/kg) oder abgekürzt das Gray (Gy). $1\,\text{Gy} = 1\,\text{J/kg}$. Die alte Einheit war das Rad (rd):

$$1\,\text{rd} = 0,01\,\text{Gy}\,.$$

Die zeitliche Ableitung der absorbierten Dosis ist die absorbierte Dosisleistung, d.h. absorbierte Dosis pro Zeiteinheit.

Die verschiedenen Strahlenarten unterliegen unterschiedlichen Wechselwirkungsprozessen, wenn sie auf die Atome der Materie treffen. Diese seien kurz beschrieben.

Photonen. Drei energieübertragende Prozesse sind hier von besonderer Bedeutung: der Photoeffekt, der Comptoneffekt und der Paarbildungseffekt. Mit steigender Photonenenergie dominiert einer der Prozesse in der aufgezählten Reihenfolge. Bei ausreichendem Energieübertrag kommt es zur Ionisation

(Elektronenabspaltung). Die Wechselwirkung erfolgt mit der Elektronenschale der Atome. Hierbei spielt der Aufbau der Elektronenschale und die Dichte der Materie eine wichtige Rolle. Schwere Elemente (z.B. Blei) eignen sich daher besser zur Abschirmung dieser Art von Strahlungsfeld als leichte Elemente. Allen drei Prozessen ist gemeinsam:

- Energieübertrag führt zu ionisierten Atomen.
- Es werden geladene Teilchen (Ionen und Elektronen) erzeugt, die ihrerseits z.T. beträchtliche Energie besitzen und als Sekundärelektronen mit Nachbaratomen wechselwirken können.

Ungeladene Teilchen (Neutronen). Bei ungeladenen Teilchen spielen Streuung und Absorption durch den Kern des Atoms eine Rolle. Bei der Streuung überträgt ein Neutron seine Energie auf einen Atomkern. Aufgrund des Impulssatzes ist dieser Prozeß bei leichten Kernen effektiver und bei Wasserstoff optimal. Da Wasserstoff in biologischem Material besonders häufig vorkommt (Wasser, Kohlenwasserstoffverbindungen), wird etwa 90% der Neutronenenergie auf Wasserstoffkerne übertragen (Bildung von sog. Rückstoßprotonen). Dagegen spielt die Absorption von Neutronen in der Biologie eine untergeordnete Rolle. Neutronen lassen sich demnach am besten mit wasserstoffhaltigem Material (Wasser oder Paraffin) abschirmen. Als Wechselwirkungsprodukt der Neutronen finden wir abermals geladene Teilchen.

Geladene Teilchen. Da sowohl Photonen als auch Neutronen in Materie geladene Sekundärteilchen erzeugen, kommt der Wechselwirkung geladener Teilchen eine zentrale Bedeutung zu.

Geladene Teilchen (sowohl primäre als auch sekundäre) übertragen Energie durch ihr elektrisches Feld auf die Elektronen der in der Nähe ihrer Bahn gelegenen Atome. Der Energieübertrag führt auch in diesem Fall wieder zur Ionisation. Durch den Energieverlust verlangsamen die Teilchen ihre Geschwindigkeit. Die Bragg-Kurve beschreibt quantitativ die Größe des Energieübertrags eines Teilchens beim Durchgang durch einen Absorber. Diese Kurve zeigt gegen Ende der Teilchenbahn ein charakteristisches Maximum. Man erkennt aus dem Kurvenverlauf, daß ein geladenes Teilchen mit abnehmender Energie zunächst in stärkere Wechselwirkung mit den Absorberatomen tritt.

5.1.2 Der lineare Energietransfer (LET)

Der durch die Bragg-Kurve beschriebene mittlere differentielle Energieverlust einer Strahlung in einem Absorber (z.B. menschlichem Gewebe) ist ein für die Strahlenbiologie wichtiges physikalisches Charakteristikum einer Strahlenart. Er wird als Linearer Energietransfer (LET) bezeichnet und trägt die

Dimension keV/μm. Die LET-Werte unterschiedlicher Strahlenarten liegen zwischen ca. 0,1 und mehr als 1000 keV/μm. Die biologische Wirksamkeit einer Strahlung ist in hohem Maß von deren LET abhängig. Er wird deshalb im Strahlenschutz durch den Qualitätsfaktor einer Strahlung berücksichtigt. Die ICRP (Internationale Kommission für Strahlenschutz) ist in ihrer Empfehlung aus dem Jahre 1990 jedoch der Ansicht, daß die präzise Angabe einer formalen Beziehung zwischen Qualitätsfaktor und LET aus strahlenbiologischer Sicht nicht mehr gerechtfertigt ist. Aus diesem Grund wird ein sog. Strahlenwichtungsfaktor wR in tabellarischer Form vorgeschlagen, der die Energie der Strahlung nur noch bei Neutronen und Protonen unterscheidend berücksichtigt (s. Tabelle 5.1).

Messungen zeigen, daß die bei Strahlenabsorption auf einzelne Moleküle übertragenen „Energiepakete" unabhängig von der Strahlenart bei im Mittel etwa 60–100 eV liegen. Dies führt zur Ionisation der Moleküle. Daraus folgt, daß der höhere LET einer Strahlung meist keine beim Einzelereignis höhere Energieabgabe bewirkt, sondern eine dichtere Abfolge der übertragenen Energiepakete, die sich entlang einer Teilchenbahn zufällig verteilen. Man spricht deshalb auch von dünn- bzw. dichtionisierender Strahlung.

Neben der Ionisation kommt es bei Strahlungswechselwirkungen auch zur Anregung von Atomen, die jedoch strahlenbiologisch von untergeordneter Bedeutung ist und hier vernachlässigt werden kann.

Tabelle 5.1. Strahlungswichtungsfaktoren [a]

Art	Energiebereich	Strahlungswichtungsfaktor wR
Photonen	alle Energien	1
Elektronen [b] und Muonen	alle Energien	1
Neutronen	< 10 keV	5
	10–100 keV	10
	> 100 keV bis 2 MeV	20
	> 2–20 MeV	10
	> 20 MeV	5
Protonen [c]	> 2 MeV	5
α-Teilchen, Spaltfragmente, schwere Kerne		20

[a] Die Werte gelten für externe Strahlungsquellen oder bei internen für die Strahlung, die von der Quelle ausgesandt wird.

[b] Ausgenommen sind Augerelektronen, die aus Kernen ausgesandt werden, welche direkt an die DNA gebunden sind. Hier wurden für bestimmte Effekte Werte zwischen 20–40 gefunden.

[c] Andere als Rückstoßprotonen.

5.2 Biologische Strahlenwirkung auf Zellen

5.2.1 Die zeitliche Folge der Strahlenwirkung

Der Energieübertrag, der zur Ionisation führt, erfolgt in sehr kurzer Zeit
($< 10^{-16}$ s). Ihm folgen weitere physikochemische Prozesse wie die Bildung
freier Radikale (ca. 10^{-12} s), die ihrerseits auch entferntere Moleküle chemisch
verändern können, bevor sie inaktiviert werden (10^{-6} s). Molekulare Veränderungen manifestieren sich in Form von Brüchen chemischer Bindungen der
Biomoleküle, die in den Zellen von Gewebe lebender Organismen eine wichtige
Rolle spielen. Man spricht vom sog. indirekten Effekt, wenn Energieabsorption und Schadensmanifestation in unterschiedlichen Molekülen erfolgen. Biologische Effekte sind meist erst nach längerer Zeit feststellbar. Je nach Strahlenart dauert es Minuten bis Stunden, aber auch Jahre bis Jahrzehnte, bis
sich ein Schaden auf biologischer Ebene zeigt.

5.2.2 Der Kolonietest

Als typischen strahleninduzierten Effekt beobachtet man die Abtötung einer
Zelle. Unter Abtötung versteht man in der Strahlenbiologie den Verlust der
Fähigkeit einer Zelle durch Teilung Tochterzellen hervorzubringen. Der strah-
lenempfindlichste Bereich einer Zelle ist der Zellkern, der je nach Zellart bis
zu 10^6mal empfindlicher sein kann als das ihn umgebende Zellplasma. Als
empfindliches Target hat sich das Biomolekül DNA, der Träger der Erbinformation, herausgestellt.

Die Zellteilungsfähigkeit wird mit dem Koloniebildungstest geprüft. Er be-
sagt, daß eine Zelle dann lebensfähig ist, wenn sie innerhalb eines vorgegebenen Zeitraums eine Kolonie aus mindestens 50 Tochterzellen bilden kann.
Mit Hilfe dieses streng definierten Testsystems ist es möglich, relevante Aussagen selbst bei starker biologischer Variabilität der Testobjekte zu erhalten. Als Testobjekte werden in vielen Labors Zellkulturen benutzt, die aus
unterschiedlichen Organen unterschiedlicher Tiere stammen können. Auch
menschliche Zellen lassen sich auf diese Weise untersuchen. Es stehen Zellen
aus gesundem wie auch aus Tumorgewebe zur Verfügung.

5.2.3 Die Dosiseffektkurve

Der Zusammenhang zwischen absorbierter Dosis und Strahleneffekt (z.B.
Zellabtötung) wird durch die Dosiseffektkurve beschrieben (s. Abb. 5.1). Die
meisten Dosiseffektkurven für die Zellabtötung stellen sich bei halblogarith-
mischer Auftragung in Form einer Schulterkurve dar. Das bedeutet, daß die
Abtötungsrate im unteren Dosisbereich noch nicht exponentiell mit der Dosis
zunimmt. Die Dosiseffektkurve läßt sich sehr gut durch eine linearquadrati-
sche Funktion beschreiben, obwohl auch andere mathematische Beschreibun-
gen verbreitet sind:

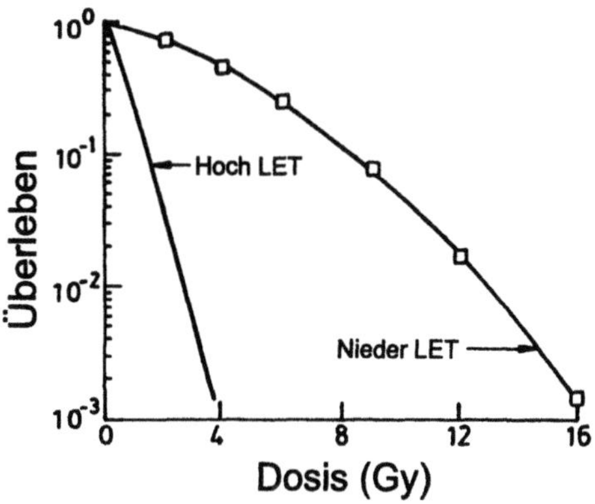

Abb. 5.1. Typische Dosiseffektkurven für das Überleben nach Hoch- bzw. Nieder-LET-Bestrahlung

Die Werte für den linearen bzw. quadratischen Koeffizienten bewegen sich in Größenordnungen von $1 \cdot 10^{-1}$–$5 \cdot 10^{-1}\,\mathrm{Gy}^{-1}$ bzw. $1 \cdot 10^{-1}$–$5 \cdot 10^{-2}\,\mathrm{Gy}^{-2}$.

5.2.4 Reparatur von Strahlenschäden

Der Grund für die Ausbildung einer Schulter bei der Dosiseffektkurve ist darin zu sehen, daß Zellen im niederen Dosisbereich in der Lage sind, eine große Zahl von strahleninduzierten Schäden an der DNA zu reparieren und dadurch besser zu überleben. Die Schäden lassen sich in 4 Gruppen einteilen: Basenschäden, Einzelstrangbrüche, Doppelstrangbrüche und DNA-Vernetzungen. Das Reparaturvermögen von Zellen wurde in einer Vielzahl unterschiedlicher Zelltypen nachgewiesen.

Der am schwierigsten zu reparierende, durch Strahlung erzeugte Schaden ist der Doppelstrangbruch der DNA. Im Fall eines Doppelstrangbruchs werden beide Teile der redundant vorliegenden Erbinformation unterbrochen, so daß in der Regel eine weitere intakte Vorlage für eine richtige Reparatur fehlt. Man hat jedoch festgestellt, daß auch für diesen Fall ein spezielles Reparatursystem existiert. Voraussetzung für dessen Funktion ist allerdings das Vorhandensein einer weiteren Redundanzstufe der Erbinformation, die darin besteht, daß die meisten Zellen einen doppelten (diploiden) Chromosomensatz besitzen. Durch „Rekombination", d.h. Austausch intakter Teile des einen Chromosoms mit denen geschädigter, ist damit eine Wiederherstellung der Information im geschädigten Chromosom möglich. Diese besondere Reparaturform bezeichnet man als Rekombinationsreparatur. Sie ist bisher nur in Bakterien genau untersucht, wird allerdings auch in Säugetierzellen vermutet.

Neben der in den meisten Fällen erfolgreichen Reparatur beobachtet man jedoch auch immer ein gewisses Maß an fehlerhaften Reparaturvorgängen, die Ursache für die Abtötung oder die Fehlfunktion einer Zelle sind. Eine solche Fehlfunktion kann sich beispielsweise darin zeigen, daß aus einer gesunden Zelle eine transformierte Zelle wird (neoplastische Transformation). Eine transformierte Zelle besitzt die mögliche Eigenschaft einer unbegrenzten Teilungsfähigkeit. Die einzelnen Schritte, die zu diesem Endpunkt einer malignen Transformation führen, sind noch nicht genau verstanden. Es werden weitere endogene oder exogene Einflüsse vermutet, die aus einer durch Strahlung initiierten Zelle eine Krebszelle bilden. Diese Einflüsse können teilweise erst nach Jahren eintreten. Die meisten neoplastischen Zelltransformationen führen jedoch im Gewebe nicht zur Ausbildung von Krebs. Man vermutet dafür mehrere Gründe:

- Nicht reparierte Zellen sterben fast immer ab.
- Zellen, die mehrere Teilungen durchlaufen können, sind meist dazu „programmiert" sich zu nicht teilenden, funktionalen Zellen zu differenzieren.
- Die Schritte von der Initiation zur malignen Transformation finden in der Zelle nicht statt.
- Abwehrmechanismen des Körpers (Immunsystem) verhindern die Ausbildung eines Tumors.

5.2.5 Modifizierende Faktoren

Durch definierte Veränderung sowohl der Bestrahlungs- als auch der Kulturbedingungen in vitro kann man charakteristische Strahlenwirkungen auslösen, die hier nur aufgelistet werden können:

- Zellen zeigen während ihres Teilungszyklus eine unterschiedliche Strahlenempfindlichkeit.
- Die Dosisleistung der Strahlung beeinflußt den Abtötungsgrad. Bei niedriger Dosisleistung überleben Zellen besser.
- Der Sauerstoffgehalt einer Zelle hat eine strahlensensibilisierende Wirkung.
- Die relative biologische Wirksamkeit (RBE = relative biological efficiency) einer Strahlung hängt primär von deren LET ab. Dichtionisierende Strahlung tötet Zellen stärker ab als dünnionisierende.

Die oben aufgeführten unterschiedlichen Wirkungen finden ihre Erklärung zum einen darin, daß unterschiedliche biologische bzw. Strahlungsbedingungen einen Einfluß auf das Reparatursystem von Zellen nehmen. Zum anderen wird das Ausmaß der Primärschäden durch physiologische Bedingungen beeinflußt (Sauerstoffgehalt), oder die Strahlenart löst, abhängig vom LET der Strahlung, ein unterschiedliches Schadensspektrum in der Zelle aus, das schwerer reparierbar ist.

Die relative biologische Wirksamkeit einer Strahlung (RBE) ist eindeutig definiert für einen bestimmten Effekt und ein bestimmtes Effektniveau. Sie ist das Verhältnis der Dosiswerte, die bei einer Strahlung A bzw. Strahlung B notwendig sind, um einen Strahleneffekt bestimmten Ausmaßes auszulösen.

Beispiel: Die Überlebenskurven aus Abb. 5.1 ergeben, daß die Hoch-LET Strahlung bei einem Effektniveau von 10^{-3} (0,1% Überleben) gegenüber der Nieder-LET-Strahlung eine RBE von 4 aufweist (Dosisverhältnis $= 16/4$). Bei einem Effektniveau von 10^{-1} (10% Überleben) beträgt die RBE hingegen 5,5. Daraus erkennt man, daß die RBE einer Strahlung keine feste Größe ist, sondern vom Effektniveau abhängt.

5.3 Strahlenwirkung auf Gewebe, Organe und den Gesamtorganismus

Zur Erklärung der Strahlenwirkung auf einen ganzen Organismus müssen die an einzelnen Zellen gewonnenen Ergebnisse auf ein Gewebe bzw. auf Organe übertragen werden.

Stochastischer und Deterministischer Effekt – Definition. Die Energiedeposition ionisierender Strahlung in Zellen ist ein zufälliger Prozeß, der zur Modifikation oder sogar Abtötung einer Zelle führen kann.

Die Abtötung einzelner, weniger Zellen hat für ein Gewebe meist keine negativen Folgen, wogegen solche Zellmodifikationen, die zur Malignität führen, ernsthafte Konsequenzen haben können. Letztere Effekte bezeichnet man als stochastisch. Damit ist gemeint, daß man eine endliche Wahrscheinlichkeit für deren Eintreten auch bei kleinsten Dosiswerten annehmen muß.

Mit steigender Dosis wird jedoch ein zunehmender Anteil der Zellen abgetötet, der ausreicht, in dem betroffenen Gewebe eine nachweisbare Veränderung auszulösen. Diese Nachweisgrenze stellt einen Schwellenwert dar, der natürlich vom gewählten Niveau des Gewebeschadens abhängt. Obwohl die Zellabtötung selbst ein stochastischer Effekt ist, folgt daraus auf dem Gewebsniveau ein deterministischer Effekt. Gemeint mit deterministisch ist: „kausal durch vorhergehende Ereignisse bestimmt".

5.3.1 Deterministische Effekte

Deterministische Effekte nach Nieder-LET-Bestrahlung werden durch Abtötung einer größeren Anzahl von Zellen in einem Gewebe ausgelöst. Mit zunehmender Abtötungsrate wird eine Schwelle zum Pathologischen überschritten, die in Abhängigkeit von der biologischen Variabilität einer gewissen Schwankungsbreite unterliegt. Die sich daraus ergebenden Schwellenwerte sind für verschiedene Gewebe unterschiedlich. Sie verändern sich außerdem bei ein und demselben Gewebe mit der Dosisrate. Die ICRP gibt diese Schwellenwerte in tabellarischer Form (s. Tabelle 5.2) für diejenigen strahlenempfindlichen Gewebe an, die unter Strahlenschutzgesichtspunkten die bestimmenden sind.

Tabelle 5.2. Abschätzung der Schwellenwerte für deterministische Effekte bei Erwachsenen

		Schwellenwert		
		$D_{\text{einzel}}{}^{a}$	$D_{\text{frak}}{}^{b}$	$D_{\text{frakt}}/\text{Jahr}^{c}$
Gewebe	Effekt	(Sv)	(Sv)	(Sv/y)
Hoden	Zeitweilige Sterilität	0,15	NA^{d}	0,4
	Dauernde Sterilität	3,5–6,0	NA^{d}	2,0
Ovarien	Sterilität	2,5–6,0	6,0	$> 0,2$
Augenblinse	Nachweisbare Trübung	0,5–2,0	5,0	$> 0,1$
	Kataraktbildung	5,0	$> 8,0$	$> 0,15$
Knochenmark	Senkung der Hämatopoese	0,5	NA^{d}	$> 0,4$

^{a} Gesamtäquivalentdosis bei kurzer Einzelbestrahlung.

^{b} Gesamtäquivalentdosis bei stark fraktionierter oder protrahierter Bestrahlung.

^{c} Jährliche Dosisrate bei stark fraktionierter Jahresbestrahlung über viele Jahre.

^{d} NA bedeutet nicht anwendbar, da der Schwellenwert von der Dosisrate und nicht von der Gesamtdosis abhängt.

Auch der Tod eines Organismus, der durch eine Ganzkörperbestrahlung mit hoher Dosis ausgelöst wird, ist ein deterministischer Effekt. Sein Schwellenwert wird durch die Inaktivierung der besonders strahlenempfindlichen Organe bestimmt. Die wichtigste Rolle spielt hier das Knochenmarksgewebe und dort der Untergang der Stammzellen. Die Dosiswirkungskurve folgt einer sigmoiden Form. Die LD 50/60 (Letaldosis, bei der 50% der bestrahlten Individuen innerhalb von 60 Tagen sterben) beträgt für gesunde Erwachsene 3–5 Gy nach akuter Bestrahlung. Der Eintritt des Todes kann bei Dosiswerten oberhalb 5 Gy nach 1–2 Wochen und bei Dosiswerten von mehr als 10 Gy innerhalb weniger Tage erfolgen.

Ebenfalls zu den deterministischen Effekten rechnet man den Funktionsverlust bestimmter Gewebe oder Organe, die bei nicht zu hohen Dosen von vorübergehender Natur sind und nicht allein durch Zellabtötung hervorgerufen werden, sondern auch auf einer gestörten Wechselwirkung verschiedener Gewebsfunktionen beruhen.

Die durch Hoch-LET-Bestrahlung ausgelösten deterministischen Effekte gleichen denen nach Nieder-LET-Bestrahlung, unterscheiden sich jedoch in Häufigkeit und Schwere von diesen. Die Unterschiede werden durch Angabe der jeweiligen RBE-Werte ausgedrückt. Dabei ist, wie schon oben beschrieben, die RBE einer Hoch-LET- zu einer Niedrig-LET-Strahlung definiert als das Verhältnis der Dosiswerte der Niedrig-LET- zur Hoch-LET-Strahlung, die den selben biologischen Effekt von gleichem Ausmaß auslösen. Die RBE-Werte sind abhängig von der Dosis. Sie erreichen bei niedrigen Dosiswerten einen Maximalwert. Zur Unterscheidung der RBE-Werte bei deterministischen von denen bei stochastischen Effekten empfiehlt die ICRP die Benutzung der Bezeichnung RBE_{m} bzw. RBE_{M}. RBE_{m}-Werte für deterministische Effekte sind in der Regel kleiner als RBE_M-Werte für stochastische Effekte.

5.3.2   Stochastische Effekte

Unter stochastischen Effekten versteht man Veränderungen in gesunden Zellen, die durch ionisierende Strahlung bei niedrigen Dosen, wenn auch mit geringer Wahrscheinlichkeit, ausgelöst werden können. Mikrodosimetrische Untersuchungen bestätigen im niedrigen Dosisbereich (1 mGy oder weniger) eine lineare Dosiswirkungsbeziehung, die bei höheren Dosiswerten zu komplexeren Beziehungen (linearquadratisch oder quadratisch) übergehen kann. Bei noch höheren Dosiswerten nimmt die Anzahl stochastischer Effekte wieder ab, da hier durch Zellabtötung die Zahl veränderbarer Zellen abnimmt.

Man unterscheidet grundsätzlich zwischen zwei Arten von stochastischen Effekten. Die einen spielen sich in somatischen Zellen (Körperzellen) ab und können in den betroffenen Personen Krebs auslösen. Die anderen ereignen sich im Gewebe der Fortpflanzungsorgane und haben vererbbare Veränderungen zur Folge, die die kommenden Generationen in Mitleidenschaft ziehen können. Diesen stochastischen Effekten ist gemeinsam, daß man davon ausgeht, daß sie auch bei kleinsten Dosiswerten keinen Schwellenwert zeigen.

Krebsauslösung. Es wurde schon darauf hingewiesen, daß durch Strahlung allein noch keine maligne Transformation ausgelöst wird, sondern daß es sich bei der Krebsentstehung um einen mehrstufigen Prozeß handelt. Durch Strahlung werden gesunde Zellen zu möglichen Krebszellen initiiert. Beim Menschen beobachtet man eine mehrjährige Latenzperiode zwischen Bestrahlung und Krebserkennung, deren Länge von der jeweiligen Krebsart abhängt.

Die Dosiswirkungsbeziehung bei der Krebserzeugung ist am besten bei hohen Dosen und hohen Dosisraten untersucht. Eine Extrapolation zu niedrigen Dosen und Dosisraten ist aufgrund der geringen Eintrittswahrscheinlichkeiten statistisch schwierig. Generell beobachtet man jedoch, daß die Effekte mit abnehmender Dosis und Dosisrate überproportional abnehmen.

Auch für stochastische Effekte wie die Krebsentstehung findet man eine deutliche LET-Abhängigkeit der Dosiswirkungsbeziehung. Die RBE-Werte steigen auch hier mit abnehmender Dosis und streben einem Maximum zu.

Außer durch die Art der Strahlung wird die Krebsentstehung auch durch biologische Faktoren beeinflußt. Dazu gehört das Alter der Person zur Zeit der Bestrahlung. Generell läßt sich sagen, daß jüngere Menschen gefährdeter sind als ältere. Auch das Geschlecht spielt bei der Krebsentstehung eine, wenn auch geringere, Rolle. Für alle Krebsarten beobachtet man eine etwa 20% höhere Krebsrate der Frauen gegenüber der der Männer. Dieser Unterschied hat vermutlich eher mit promovierenden Faktoren wie Hormonen zu tun und nicht damit, daß Frauen strahlenempfindlicher sind als Männer.

Tabelle 5.3. Gewebewichtungsfaktoren

w_t	Gewebe	Σw_t
0,01	Knochenoberfäche, Haut	0,02
0,05	Blase, Brust, Leber, Oesophagus, Schilddrüse, übrige Organe	0,30
0,12	Knochenmark, Dickdarm, Lunge, Magen	0,48
0,20	Gonaden	0,20
	Gesamt	1,00

Der relative Beitrag der Organe zu einem Gesamtschaden nach Ganzkörperbestrahlung. Die Organe zeigen eine unterschiedliche Eintrittswahrscheinlichkeit für das Auftreten von Krebs nach einer Ganzkörperbestrahlung. Diese Werte lassen sich für den Menschen nur durch statistische Auswertung der Daten bestrahlter Populationen gewinnen. Die wichtigste, wenn auch nicht einzige Datenquelle stellen die japanischen Atombombenopfer dar. Das statistische Auswertungsmodell für diese Daten spielt dabei eine Rolle. Zwei Modelle sind hauptsächlich benutzt worden, um bei dem bisher begrenzten Beobachtungszeitraum eine Projektion der Abschätzung des Risikos der Krebsauslösung auf das gesamte Leben einer bestrahlten Population zu ermöglichen. Es handelt sich um das additive bzw. das multiplikative Modell, die hier nicht behandelt werden sollen. Die ICRP empfiehlt das multiplikative Modell, außer bei Betrachtung von Leukämie. Die Gründe dazu sind eher mathematisch statistischer und nicht biologischer Art.

Dadurch können Abschätzungen des relativen Beitrags der verschiedenen Organe zu einem sog. Gesamtschaden (Detriment) gemacht werden. Aus diesen relativen Beiträgen hat die ICRP eine vereinfachte Tabelle der Wichtungsfaktoren w_t für Gewebe erstellt, die aus vier Gewebegruppen gebildet wird (s. Tabelle 5.3).

Vererbung. Die Abschätzung strahlenbedingter Erbgutveränderungen ist nach wie vor schwierig, auch wenn inzwischen neuere Daten zur Verfügung stehen. Diese stammen hauptsächlich aus tierexperimentellen Befunden und erlauben dort Abschätzungen über strahlenbedingte Mutationsraten, die nur indirekt und unter bestimmten Annahmen auf den Menschen übertragen werden können. Daraus lassen sich meist Obergrenzen der Erbgutveränderungen herleiten.

Man hält zwei Arten von strahleninduzierten genetischen Schäden für wichtig: Genmutationen und chromosomale Veränderungen (Veränderungen in der Struktur oder der Anzahl der Chromosomen).

Die Methoden, die zur Abschätzung eines genetischen Risikos benutzt werden, kann man mit „Methode der Verdopplungsdosis" bzw. „direkte Methode" bezeichnen. Die ICRP empfiehlt die Methode der Verdopplungsdosis.

Damit ist die Dosis gemeint, die ausreicht, die Wahrscheinlichkeit an Erbgutveränderungen in einer nicht bestrahlten Population beiderlei Geschlechts zu verdoppeln. Der Wert für die Verdopplungsdosis wird mit 1 Gy angenommen. Er basiert auf Untersuchungen an Mäusen, die bei niedriger Dosisrate bestrahlt wurden.

Das Auftreten und Verschwinden von Mutationen in einer Population führt unter normalen Bedingungen zu einem Gleichgewicht. Mutationen verschwinden durch natürliche Selektion in jeder Generation. Nach Dauerbestrahlung erreicht eine Population ein neues Gleichgewicht auf einem höheren Mutationsniveau. Dieses erhöhte Gleichgewicht kann mit der Methode der Verdopplungsdosis abgeschätzt werden. Eine einmalige Bestrahlung führt zwar zu einer Erhöhung genetischer Schäden, die jedoch über Generationen auf das alte Gleichgewicht der Population zurückgeht. Mit populationsgenetischer Theorie konnte gezeigt werden, daß die nach Einmalbestrahlung zu erwartende integrale Anzahl genetischer Schäden über alle Folgegenerationen genau so hoch ist wie die Anzahl unter Gleichgewichtsbedingung, die nach einer Dauerbestrahlung jeder Generation mit dieser Dosis erreicht wird. Aus diesem Grund läßt sich die Abschätzung der Wahrscheinlichkeit von Erbgutveränderungen unter Gleichgewichtsbedingungen dazu heranziehen, um die Gesamtwahrscheinlichkeit solcher Veränderungen nach einer Einmalbestrahlung zu bestimmen.

Es muß dazu gesagt werden, daß die Methode der Verdopplungsdosis auf einer Reihe von Annahmen beruht. Dies gilt jedoch in noch stärkerem Maß für die direkte Methode. Auch wenn sich die Abschätzungen der letzten Jahrzehnte nicht nennenswert voneinander unterscheiden, bleibt dennoch weiterer Forschungsbedarf.

Unter dem Begriff der Erbgutveränderung werden drei Gruppen zusammengefaßt:

- Mendelsche (Mutationen in einzelnen Genen, die Mendels Gesetzen der Vererbung folgen. Hierzu gehören autosomal dominante, autosomal rezessive und X-gebundene Veränderungen),
- chromosomale (hervorgerufen durch Abnormalitäten zahlenmäßiger oder struktureller Art),
- multifaktorielle (solche Veränderungen, die durch das Zusammenwirken von genetischen und Umweltfaktoren hervorgerufen werden).

Besonders die letzte Gruppe läßt sich noch schwer abschätzen. Die ICRP spricht bei ihrer Abschätzung von strahlenbedingten Erbgutveränderungen sicher auch deshalb vom „Current status".

5.3.3 Zusammenfassung stochastischer Effekte

In Tabelle 5.4 sind die Abschätzungen für die Eintrittswahrscheinlichkeit strahlenbedingter stochastischer Effekte für Nieder-LET-Strahlung zusam-

Tabelle 5.4. Zusammenfassung der Abschätzungen der Wahrscheinlichkeiten von Effekten bei Nieder-LET Strahlung

Effekt	Population	Bestrahlungs-zeitraum	Bestrahlungs-form	Wahrschein-lichkeit
Geistige Beeinträchtigung				
Verminderung des IQ	Fötus	8.–15. Woche nach Empfängnis	Hohe Dosis, hohe Dosisrate	30 IQ-Punkte/Sv
Schwere geistige Behinderung	Fötus	8.–15. Woche nach Empfängnis	Hohe Dosis, hohe Dosisrate	$40 * 10^{-2}$ bei 1 Sv
Vererbung				
Schwere Erbschäden einschließlich multifaktorieller Erkrankungen	Gesamte Bevölkerung	Alle Generationen	Niedrige Dosis, niedrige Dosisrate	$1,0 * 10^{-2}/\mathrm{Sv}$
Krebs				
tödlicher Krebs (Gesamt)	Arbeitende Bevölkerung	Lebenszeit	Niedrige Dosis, niedrige Dosisrate	$4,0 * 10^{-2}/\mathrm{Sv}$
tödlicher Krebs (Gesamt)	Allgemeine Bevölkerung	Lebenszeit	Niedrige Dosis, niedrige Dosisrate	$5,0 * 10^{-2}/\mathrm{Sv}$

mengefaßt. Die Risiken für Krebs und Erbschäden sind für Hoch-LET-Strahlung die gleichen wie für Nieder-LET-Strahlung unter Benutzung der Strahlenwichtungsfaktoren zur Bewertung der äquivalenten oder effektiven Dosis.

Die Strahlenschutzverordnung vom 30.6.1989 gibt als Bewertungsfaktoren zur Ermittlung der Äquivalentdosis aus der Energiedosis neben dem Qualitätsfaktor einen sog. effektiven Qualitätsfaktor an. Weitere Details sind in Anlage VI der neuen Strahlenschutzverordnung vom 26.7.2001 ausgeführt. Die ICRP empfiehlt an Stelle der Qualitätsfaktoren neue sog. „Strahlungs-Wichtungsfaktoren", die sich von ersteren jedoch nur unwesentlich unterscheiden und in Tabelle 5.1 aufgeführt sind.

Literatur

1. Grosch DS, Hopwood LE (1979) Biological effects of radiation. Academic Press, New York
2. Hall EJ (1973) Radiobiology for the radiologist. Harper & Row, Hagerstown, MD

3. ICRP Publication 60 (1991) 1990 Recommendations of the International Commission on Radiological Protection. Annals of the ICRP, Vol 21, No 1–3. Pergamon Press
4. Köhnlein W, Traut H, Fischer M (Hrsg) (1989) Die Wirkung niedriger Strahlendosen, biologische und medizinische Aspekte Springer. Berlin Heidelberg New York Tokyo
5. Verordnung für die Umsetzung von EURATOM-Richtlinien zum Strahlenschutz. Bundesgesetzblatt 2001 Teil I Nr. 38, ausgegeben zu Bonn am 26. Juli 2001

Mathematische, physikalische und technische Grundlagen der Radiologischen Diagnostik

6 Physikalische Grundlagen der Röntgendiagnostik

W. Schlegel

6.1 Geschichtliches zur Entdeckung der Röntgenstrahlen

Der Physiker Wilhelm Conrad Röntgen entdeckte am 8. November 1895 beim Experimentieren mit einer Gasentladungsröhre eine „neue Art von Strahlen". Das am 28. Dezember 1895 bei den „Mitteilungen der Physikalisch-Medizinischen Gesellschaft zu Würzburg" eingereichte Manuskript wurde bereits am 5. Januar 1896 veröffentlicht und leitete eine Revolution in der Physik und in der Medizin ein (Abb. 6.1).

Die ersten Röntgenbilder gingen wie ein Lauffeuer um die Welt (Abb. 6.2), und unzählige Gruppen versuchten, das Experiment von Röntgen nachzuvollziehen. Demonstrationen von Röntgenstrahlen wurden zur beliebten öffentlichen Unterhaltung (Abb. 6.3), und es wurden sogar vollständige Bastelkästen zur Herstellung von Röntgenapparaten angeboten. Röhren verschiedenster Form und Bauart wurden im Verlauf des Jahres 1896 ausprobiert, bis man herausfand, daß die Röhrenform unwichtig war (Abb. 6.4).

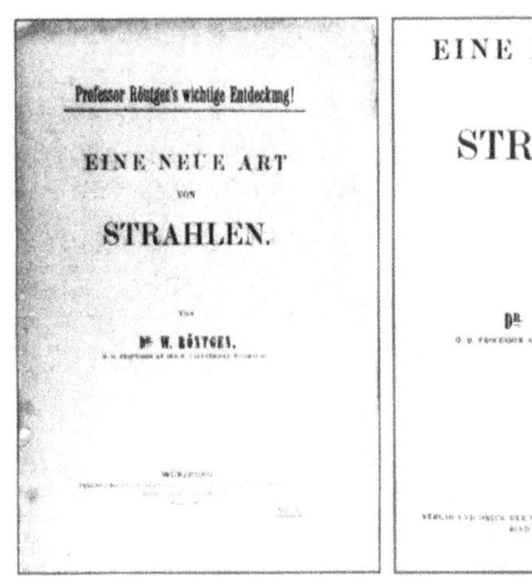

Abb. 6.1. Titelblatt der Veröffentlichung von W.C. Röntgen: „Eine neue Art von Strahlen", als Beilage zu den Sitzungsberichten der Würzburger Physikalisch-Medizinischen Gesellschaft am 1. Januar 1896 in Würzburg erschienen (aus [3], S. 7)

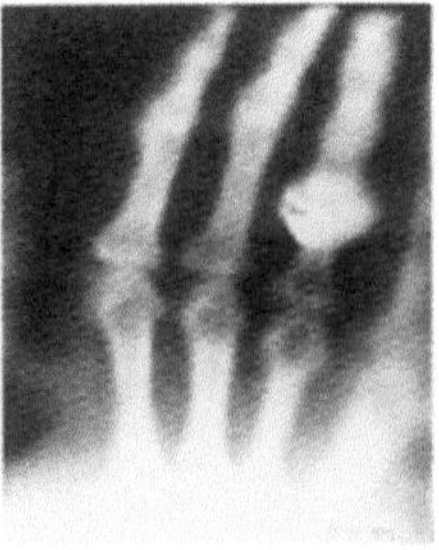

Abb. 6.2. Diese Aufnahme von der Hand Berta Röntgens legte W.C. Röntgen seiner Arbeit „über eine neue Art von Strahlen" bei. (Aus [5])

Abb. 6.3. Karikaturisten setzten die Entdeckung der Röntgenstrahlen auf ihre Weise um: als eine „Art der Photographie". (Aus [5])

Schon kurze Zeit nach der Entdeckung der Röntgenstrahlen begann auf breitem Gebiet die medizinische Nutzung in Diagnostik und Therapie. Allerdings war die Gefährlichkeit der Röntgenstrahlen zum damaligen Zeitpunkt praktisch unbekannt, auf Strahlenschutzmaßnahmen wurde gänzlich verzichtet, und erst Jahre später wurde durch das Auftreten gravierender Strahlennebenwirkungen die Schädlichkeit der Röntgenstrahlen in ihrem vollen Ausmaß bekannt [4].

Röntgen erhielt für die Entdeckung der im deutschsprachigen Raum nach ihm benannten Strahlen (im Englischen werden die Röntgenstrahlen als „X–Rays" bezeichnet) im Jahre 1901 den ersten Nobelpreis für Physik. Bemerkenswert ist, daß er das Preisgeld der Universität Würzburg zur Verfügung

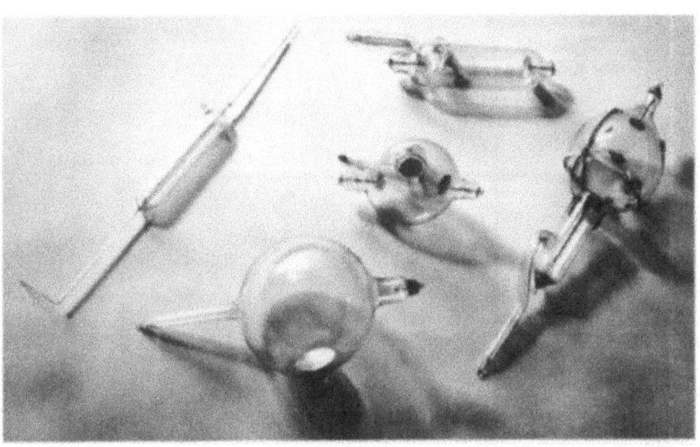

Abb. 6.4. Röhren verschiedenster Form und Bauart wurden im Verlauf des Jahres 1896 ausprobiert, bis man herausfand, daß die Röhrenform unwichtig war. (Aus [3], S. 44)

stellte und es ablehnte, seine Entdeckung patentieren zu lassen, damit sie der Medizin uneingeschränkt zugute kommen sollte.

6.2   Entstehung von Röntgenstrahlen

Die Frage, an welcher Stelle der Gasentladungsröhre die Röntgenstrahlen erzeugt werden, konnte schon 1896 geklärt werden: Es zeigte sich, daß die Strahlen von der Stelle ausgehen, wo die Elektronen auf die Glaswand treffen (Abb. 6.5). In den darauffolgenden Jahren wurden auch die physikalischen Prozesse geklärt, die durch Elektronenwechselwirkungen zur Erzeugung von Röntgenstrahlen führen. Wie in Abb. 6.6 gezeigt ist, sind Elektronenwechselwirkungen

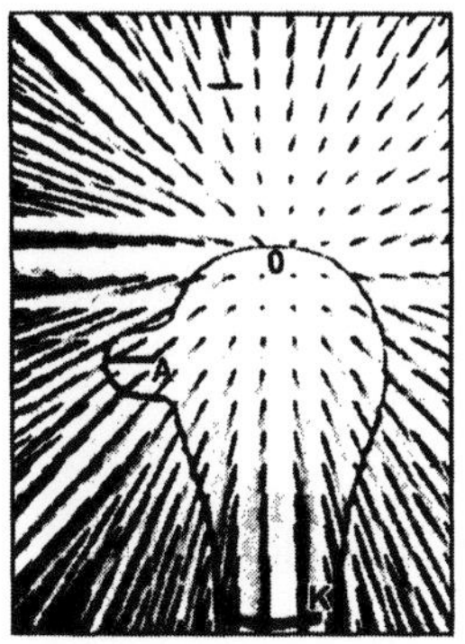

Abb. 6.5. Mit Hilfe eines Nagelbrettes demonstrierten die Russen Galitzin und Karnojitzky im Jahre 1896 die räumliche Verteilung von Röntgenstrahlen. Sie fanden heraus, daß die Strahlen von der Glaswand der Gasentladungsröhre ausgehen. (Aus [3], S. 24)

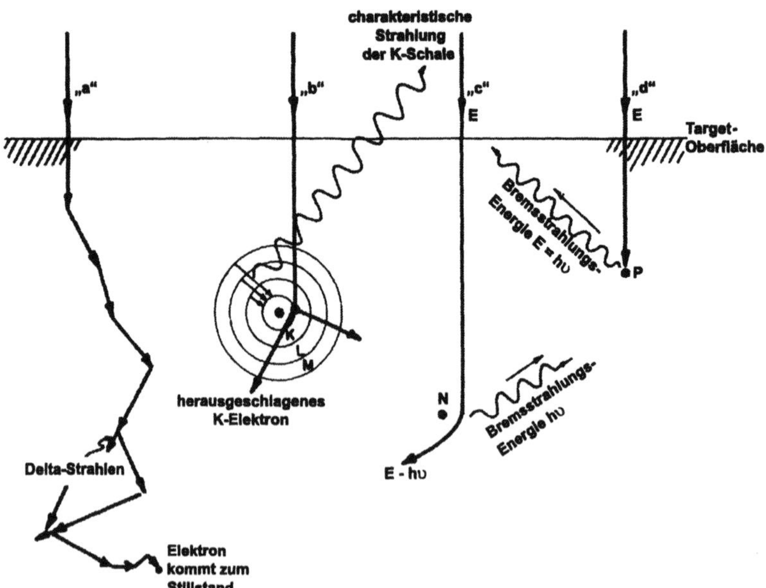

Abb. 6.6. Typische Elektronenwechselwirkungen in einem Metall-Target. (Aus [1], S. 61)

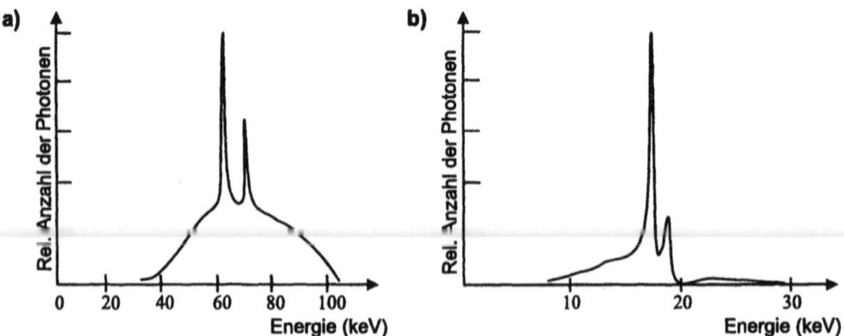

Abb. 6.7. Röntgenspektren mit charakteristischen Röntgenlinien: a Röntgenspektrum für eine Röntgenröhre mit einem Wolfram-Target, 100 kV-Gleichspannung, b Röntgenspektrum für eine Röntgenröhre mit einem Molybdän-Target, 30 kV-Gleichspannung

- die Bildung von Delta-Elektronen,
- die Erzeugung von charakteristischen Röntgenstrahlen und
- die Erzeugung von Bremsstrahlen.

Die Energieverteilung der erzeugten Röntgenstrahlung hängt dabei von der Energie der einfallenden Elektronen und von dem Material, in welchem die Röntgenstrahlen absorbiert werden (dem sog. „Target-Material"), ab. In Abb. 6.7 sind Röntgenspektren für die Materialien Wolfram und Molybdän

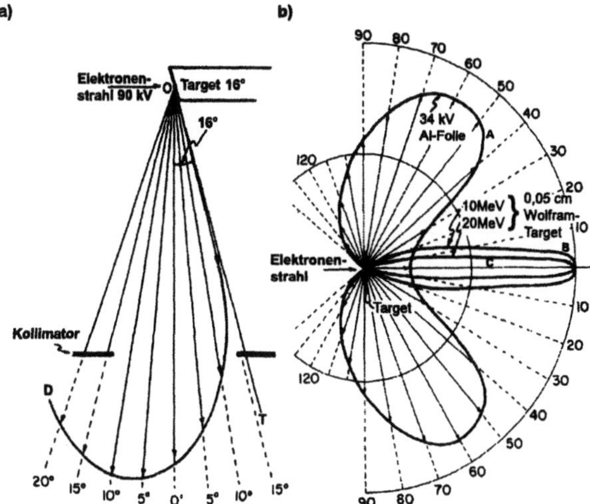

Abb. 6.8. Polardiagramm der Intensitätsverteilung von Röntgenstrahlen, **a** ausgehend von einem dicken Target, **b** ausgehend von einem dünnen Target. (Mod. nach [1], S. 67)

gezeigt. Diese beiden Materialien werden heute überwiegend zum Bau von Anoden in diagnostisch genutzten Röntgenröhren eingesetzt.

Die räumliche Intensitätsverteilung von Röntgenstrahlen hängt ebenfalls von der Energie der Elektronen, aber auch vom Aufbau des Targets ab. Intensitätsverteilungen von Röntgenstrahlen sind in Abb. 6.8 gezeigt.

6.3 Röntgengeräte

Röntgengeräte bestehen aus einer Anode und einer Kathode, die in einen luftleer gepumpten Glaskolben eingebracht sind (Abb. 6.9). Durch die Kathode wird ein Heizstrom („Kathodenstrom") geleitet, der zum Austritt von Elektronen aus der Kathode führt. Zwischen Kathode und Anode liegt eine Hochspannung. Durch diese werden die Elektronen von der Kathode zur Anode beschleunigt. Beim Eintreten der Elektronen in das Anodenmaterial führen die oben beschriebenen Elektronenwechselwirkungen zur Erzeugung von Röntgenstrahlen.

6.3.1 Kathode

Die ersten Röntgenröhren waren Gasentladungsröhren mit kalter Kathode. Dadurch waren Röhrenstrom, Hochspannung und Gasdruck voneinander abhängig. Durch die von dem Engländer Coolidge im Jahre 1913 eingeführte Vakuumröntgenröhre mit heißer Kathode konnten erstmals Strom und Spannung in der Röntgenröhre unabhängig voneinander geregelt werden.

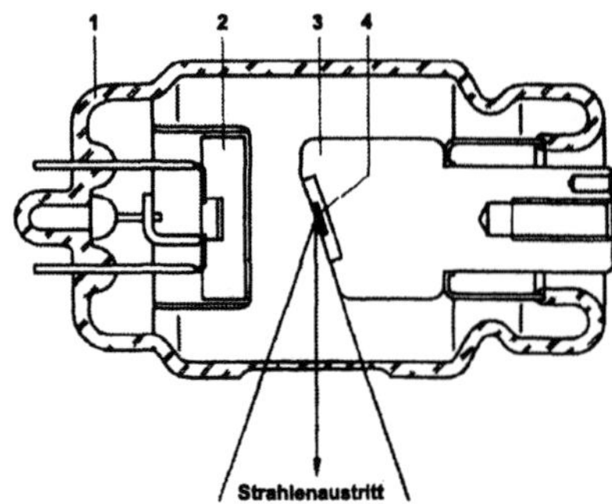

Abb. 6.9. Prinzipieller Aufbau einer Röntgenröhre (aus [2], S. 230). *1* Glasvakuumhülle *2* Kathode *3* Kupferanode *4* eingegossenes Wolframtarget

Abb. 6.10. Wehnelt-Zylinder mit Doppelwendelkathoden. (Aus [4], S. 57)

Wichtig für die Entwicklung der Röntgenröhren war auch das im Jahre 1896 von Jackson eingeführte Prinzip der Elektronenfokussierung mit einem Wehnelt-Zylinder. Hierdurch ergab sich ein scharf begrenzter Brennfleck (Fokus) und damit eine deutliche Verbesserung der Zeichenschärfe in Röntgenbildern.

Abbildung 6.10 zeigt den Wehnelt-Zylinder mit eingebauten Glühwendeln einer modernen Röntgenröhre. Das in der Abbildung gezeigte Prinzip der Doppelwendelkathoden gibt es seit etwa 1926.

6.3.2 Anode

In der von Röntgen benutzten Röhre wurden die Röntgenstrahlen nicht in einer Metallanode sondern durch Abbremsen der Elektronen in der Glaswand der Röhre erzeugt. Eine wesentlich höhere Ausbeute von Röntgenstrahlen erhält man, wenn die Elektronen in Metall statt in Glas abgebremst werden. Schon kurze Zeit nach Röntgens Entdeckung wurde im Jahre 1896 von Swinton das Metall-Target als Anode eingeführt. Ein prinzipielles Problem, das sich beim Einsatz von Metallanoden ergibt, ist die Erzeugung von Wärme im Target: Über 99% der Energie der Elektronen wird im Target in Wärme umgesetzt, weniger als 1% wird in die Energie der Röntgenstrahlen umgewandelt.

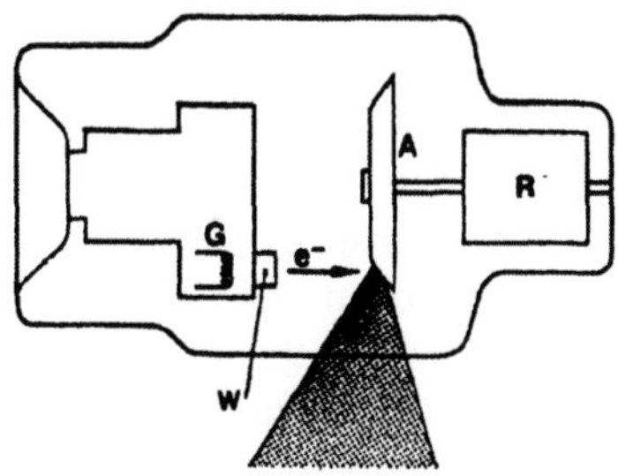

Abb. 6.11. Prinzipieller Aufbau einer Röntgenröhre mit einer Drehanode (aus [4], S. 47). *A* Drehanode, *W* Wehnelt-Zylinder, *G* Glühwendel, *R* Rotor zur Drehung der Achse

Bei hohen Röhrenströmen kann die Aufheizung des Targets zur Zerstörung führen, wenn nicht dafür gesorgt wird, daß die Wärme möglichst schnell aus dem Target abgeführt wird.

Heute wird beim Röntgen zwischen Geräten mit „Stehanoden" und Geräten mit „Drehanoden" unterschieden. Stehanodenröhren (Abb. 6.9) werden dort benutzt, wo mit geringer Röntgenintensität und damit kleinen Röhrenströmen gearbeitet werden kann. Durch entsprechenden Aufbau und evtl. Kühlung der Anode kann dann ein zu hohes Aufheizen vermieden werden. Stehanoden finden sich deswegen z.B. in kleineren Röntgensystemen wie Dental-Röntgengeräten oder in den Geräten der Orthovolttherapie.

Wenn Röntgenaufnahmen in bewegten Körperarealen angefertigt werden, müssen die Belichtungszeiten entsprechend kurz und daher die Röhrenströme und Röntgenintensitäten sehr hoch sein. Bei solchen Anwendungsgebieten werden Röntgengeräte mit Drehanoden (Abb. 6.11) eingesetzt. Auch in der Röntgencomputertomographie werden ausschließlich Drehanodensysteme benutzt.

Stehanoden. Bei modernen Stehanodenröhren wird die Anode in einen Kupferschaft eingeschmolzen (Abb. 6.9). Der Kupferschaft dient der besseren Wärmeleitung und der erhöhten Wärmekapazität.

Drehanoden. Die Idee der Drehanode stammt schon aus dem Jahre 1896; die erste praktikable Drehanodenröhre wurde von Coolidge allerdings erst im Jahre 1916 vorgestellt. Der prinzipielle Aufbau einer Röntgenröhre mit einer Drehanode ist in Abb. 6.11 gezeigt.

Die Belastbarkeit einer Drehanode hängt von vielen Faktoren ab, u.a. von der Umdrehungszahl und dem Durchmesser. 1916 konnte mit einer Drehanode von 2,5 cm Durchmesser und 4500 Umdrehungen pro Minute etwa die dreifache Leistung einer Stehanodenröhre erreicht werden. Heutige Drehanoden haben 5–12,5 cm Durchmesser und werden mit 3000–10000 Umdrehungen pro Minute betrieben. Damit erzielt man etwa die 40fache Leistung einer Stehanodenröhre.

Beim Aufbau von Drehanodentellern müssen die Probleme der Erhitzung des Anodenmaterials (Schmelzpunkt, Spannungseffekte, Risse, Aufrauhen), des Wärmeabtransportes und des Wirkungsgrades berücksichtigt werden. Wolfram als Anodenmaterial hat den Vorteil eines hohen Schmelzpunktes (3 400°C) sowie einer guten Wärmeleitfähigkeit. Der Nachteil ist die hohe Sprödigkeit von Wolfram. Durch Zusatz von etwa 10% Rhenium und Aufsplittung des Tellers in einzelne Segmente wird die Anode deutlich weniger anfällig bezüglich der Rißbildung und Aufrauhung.

Moderne Drehanoden sind meist Verbundanoden (Wo/Re, Mo, Graphit, s. Abb. 6.12). Durch die Sandwichbauweise werden die Wärmeaufnahme und die Wärmeverteilung in der Anode nochmals verbessert.

Die Kühlung der Anodenteller erfolgt hauptsächlich durch Abgabe von Infrarotlicht. Da bei Drehanoden deutlich höhere Temperaturen erzeugt werden als bei Stehanoden und die Intensität der Abstrahlung proportional zu T^4 ist, ergibt sich eine effiziente Wärmeabstrahlung.

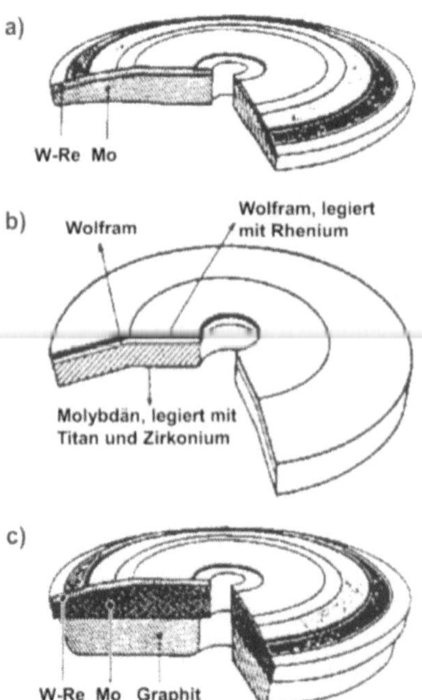

Abb. 6.12. Verbundanodenteller (aus [4], S. 50): a spezieller Verbund-Anodenteller, bestehend aus zwei Schichten (*W-Re* Wolfram-Rhenium-Legierung, *Mo* Molybdän). b spezielle Ausführung eines Verbund-Anodentellers aus drei Schichten (Trinodex der Fa. Philipps). c spezieller Verbund-Anodenteller mit zusätzlicher Graphitschicht

Wirkungsgrad einer Röntgenröhre. Der Wirkungsgrad η einer Röntgenröhre ist definiert als

$$\eta = \frac{\text{Strahlungsleistung}}{\text{elektrische Leistung}}\,.$$

Es gilt näherungsweise:

$$\eta = Z\,U \times 10^{-6}$$

mit

$Z = $ Ordnungszahl des Anodenmaterials
$U = $ Hochspannung in kV .

Bei einer Wolframanode werden demnach bei 100 kV-Röhrenspannung nur etwa 0,8% der elektrischen Energie in Röntgenstrahlen umgesetzt.

6.3.3   Fokus der Röntgenröhre

Als Brennfleck (Fokus) wird diejenige Fläche bezeichnet, von der die Röntgenstrahlung ausgeht. Der „thermische Brennfleck" ist die Fläche der Anode, die vom Elektronenstrahl getroffen wird (bei einer Drehanode also die gesamte Kreisbahn). Der „elektronische Brennfleck" ist die Schnittfläche des Elektronenstrahls mit der Anodenoberfläche. In der Röntgendiagnostik ist insbesondere der „optisch wirksame Brennfleck" wichtig. Der optisch wirksame Brennfleck ist die Projektion des elektronischen Brennfleckes parallel zur Verbindungslinie Fokus-Objektelement-Bildauffangebene.

Um eine möglichst gute Strahlausbeute zu haben und um die Erhitzung der Anode möglichst klein zu halten, müßte ein möglichst großer thermischer Brennfleck erzielt werden. Für die Abbildung auf dem Röntgenfilm sollte der optisch wirksame Brennfleck dagegen zum Erzielen einer guten Bildschärfe möglichst klein sein. Durch Abschrägen der Anodenfläche (mit einem Winkel zwischen 7° und 20°) erhält man beides: einen relativ großen thermischen Brennfleck (rechteckig) und einen kleinen optisch wirksamen Brennfleck (quadratisch). Dieses praktisch in allen diagnostisch eingesetzten Röntgenröhren verwirklichte Prinzip nennt man das „Strichfokusprinzip" (Abb. 6.13).

Bereits seit etwa 1923 werden sog. „Doppelfokusröhren" gefertigt. Bei diesen Röhren sind zwei getrennte Glühwendeln für zwei verschieden große Brennflecke eingesetzt. Glühwendeln sind entweder nebeneinander oder hintereinander angeordnet und besitzen entweder eine gemeinsame oder verschiedene Bahnen auf der Anode. Für großformatige Übersichtsaufnahmen erhält man mit dem größeren Brennfleck eine ausreichende Intensität, allerdings bei schlechterer Auflösung. Der kleinere Brennfleck wird für kleinformatige Filme mit größerer Zeichenschärfe eingesetzt.

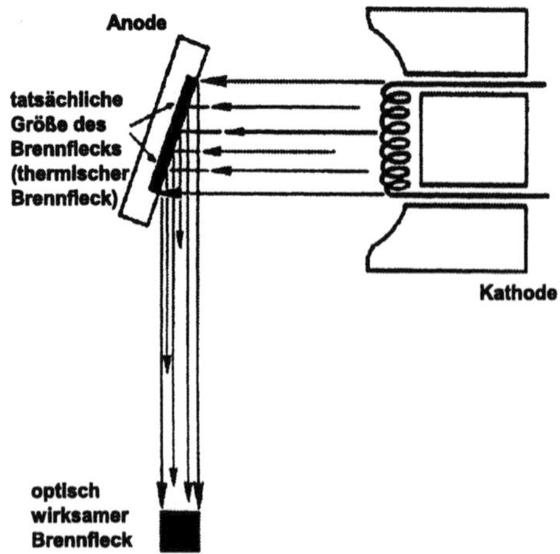

Abb. 6.13. Das Strichfokusprinzip (aus [4], S. 54)

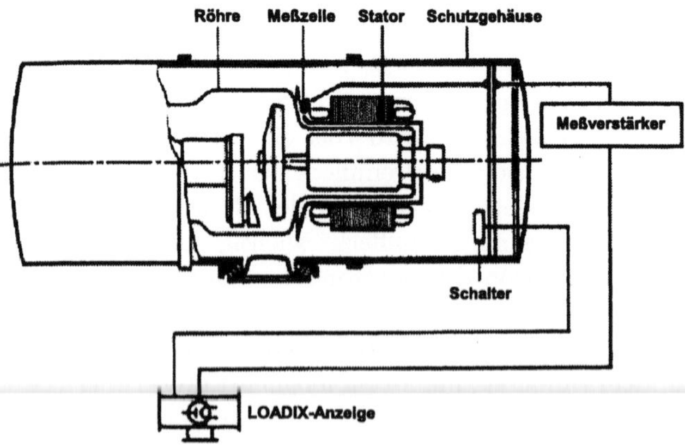

Abb. 6.14. Röntgenröhren-Schutzgehäuse mit eingebauter Röntgenröhre (aus [2], S. 243)

6.3.4 Das Röhrenschutzgehäuse

In Röntgengeräten ist die Röntgenröhre in einem Röhrenschutzgehäuse untergebracht (Abb. 6.14). Durch Öleinbettung erreicht man im Röhrenschutzgehäuse zugleich Kühlung und Hochspannungsschutz der Röntgenröhre. Durch das Schutzgehäuse wird ebenfalls der notwendige Strahlenschutz bewirkt. Die Leckstrahlung des Röhrenschutzgehäuses darf nach der Röntgenverordnung 1 mSv pro Stunde nicht überschreiten.

Da der weiche Strahlenanteil des Bremsstrahlenspektrums nur die Strahlenbelastung der Haut vergrößert und nicht zur Bildentstehung beiträgt, wird die Röntgenstrahlung im Strahlenaustrittsfenster gefiltert. Die Gesamtfil-

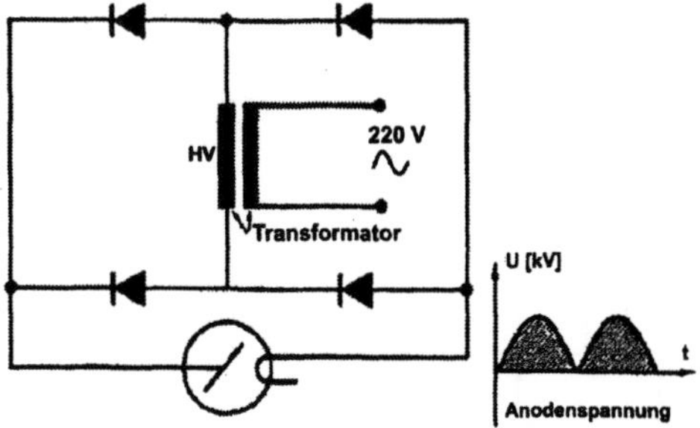

Abb. 6.15. Das Prinzip des 2-Puls-Röntgen-Generators (aus [4], S. 67)

terung setzt sich dabei aus der Eigenfilterung durch das Strahlenaustrittfenster und der Zusatzfilterung zusammen. Die Eigenfilterung beträgt in der Regel ca. 1–1,5 mm Aluminium. Als Gesamtfilterung ist gesetzlich vorgeschrieben:

- bis 60 kV: 2 mm Aluminium,
- bis 80 kV: 3 mm Aluminium,
- bis 120 kV: 4 mm Aluminium.

6.3.5 Röntgengeneratoren

Die zwischen der Kathode und der Anode angelegte Hochspannung wird mit einem Generator erzeugt. Bei konventionellen Generatoren wurde die Hochspannung mit der Netzfrequenz transformiert, gleichgerichtet und der Röntgenröhre zugeführt. Solche Geräte (z.B. der Zweipulsgenerator in Abb. 6.15) haben eine hohe Toleranz („Welligkeit") und sind heute nicht mehr Stand der Technik. Für den stationären Betrieb in der medizinischen Diagnostik dürfen nur noch Sechs- oder Zwölfpulsgeneratoren (Abb. 6.16) verwendet werden. Geräte mit geringer Welligkeit bieten die Vorteile der

- höheren Strahlenausbeute,
- Verkürzung der Belichtungszeit,
- Steigerung der Belastbarkeit der Drehanodenröhren,
- Verringerung der Strahlenbelastung.

Bei modernen Röntgengeneratoren wird heute fast ausschließlich das Prinzip des Hochfrequenzgenerators eingesetzt (Abb. 6.17). Beim Hochfrequenzgenerator wird aus der Netzspannung mit einem Schwingkreiswechselrichter (Inverter) eine hochfrequente Wechselspannung erzeugt, einem Hochspannungstransformator zugeführt, dort gleichgerichtet und mit einem Kondensator geglättet.

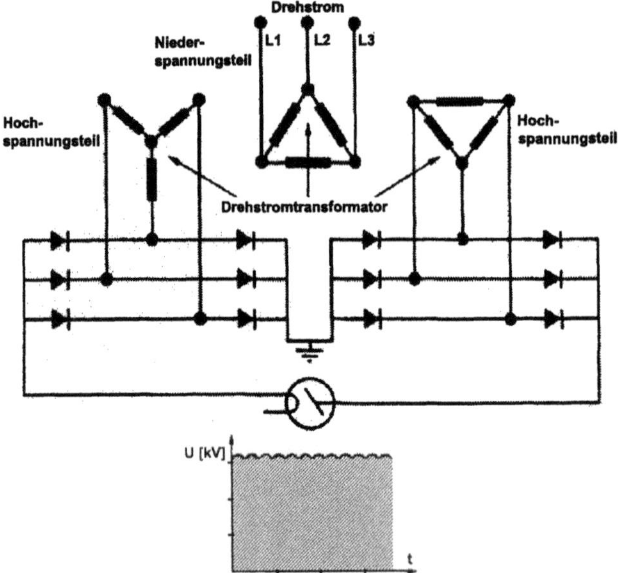

Abb. 6.16. Das Prinzip des 12-Puls-Röntgengenerators. *Schraffiert* im Diagramm die ausnutzbare Anodenspannung (aus [4], S. 69)

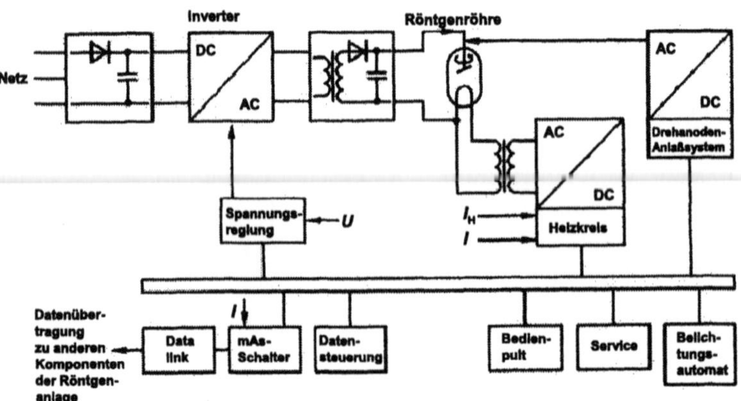

Abb. 6.17. Prinzip des Hochfrequenzgenerators (aus [2], S. 277)

6.3.6   Belastbarkeit von Röntgenröhren

Die Belastbarkeit einer Röntgenröhre sagt aus, wie lange einer Röhre eine bestimmte elektrische Leistung zugeführt werden darf, ohne daß es zu einer Schädigung des Anodenmaterials kommt. Als Kennwert für die Belastbarkeit wird bei Stehanodenröhren die maximale Energie in 1 s, bei Drehanoden in

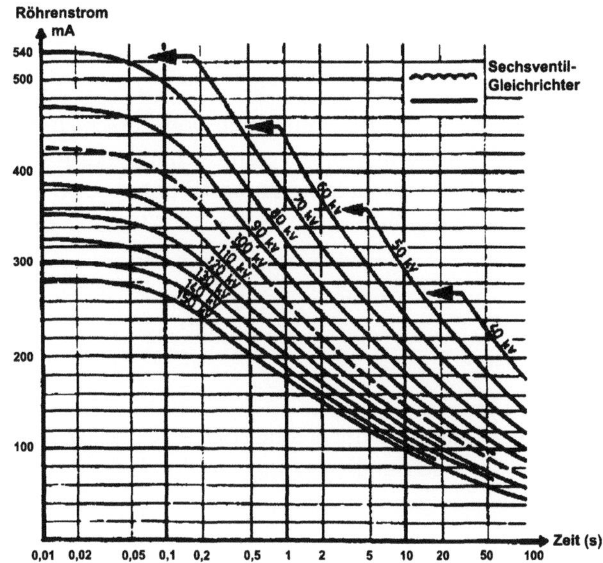

Abb. 6.18. Röhrennomogramm für eine 6-Ventil-Gleichrichterröhre, Brennfleckgröße $0,6 \times 0,6 \, \text{mm}^2$ (aus [4], S. 73)

0,1 s angegeben. Diese Kenndaten gelten demnach nur für den Kurzzeitbetrieb. Die Belastbarkeit für den Langzeitbetrieb muß aus Nomogrammen ermittelt werden. Die Nomogramm-Kurven (Abb. 6.18) gelten für eine bestimmte Brennfleckgröße.

Die Belastbarkeit wird beim Kurzzeitbetrieb u.a. von den folgenden Größen bestimmt:

- Fokusgröße,
- Umdrehungszahl,
- Anodenneigungswinkel,
- Generatortyp,
- Anodenmaterial,
- Anodendurchmesser.

Mit länger werdenden Belichtungszeiten verliert der Einfluß der Brennfleckgröße auf die Belastbarkeit der Röntgenröhre an Bedeutung, da es zu einer globalen Erhitzung des Anodentellers kommt. Die Wärmeaufnahmefähigkeit und das Wärmeabführvermögen des Anodentellers werden dann zu limitierenden Größen (Verbundanodenteller). Die Wärmekapazität kann durch den Verbundaufbau erhöht werden. Die Wärmeabstrahlung steigt mit der Fläche und der Temperatur des Tellers.

6.4 Aufnahmesysteme

6.4.1 Bildgütekriterien

Die Qualität eines Röntgenbildes ist für die Befundung von entscheidender
Bedeutung. Sie wird durch das Zusammenwirken zahlreicher Faktoren des
Abbildungsprozesses und des Bildaufnahmemediums bestimmt. Die wichtig-
sten Größen in diesem Zusammenhang sind:

1. die Zeichenschärfe,
2. die räumliche Auflösung,
3. der Kontrast und
4. das Rauschen.

Die Zeichenschärfe U_{gs} setzt sich aus der geometrischen Unschärfe U_g,
der Film- und Folienunschärfe U_f und der Bewegungsunschärfe U_b nach der
folgenden Formel zusammen:

$$U_{gs}{}^2 = U_g^2 + U_f^2 + U_b^2 \, .$$

Die geometrische Unschärfe U_g wird hauptsächlich durch den Brennfleck,
den Objekt-Film-Abstand und den Film-Fokus-Abstand nach der folgenden
Formel beeinflußt (vgl. Abb. 6.19):

$$U_g = AA' \times \frac{OF}{FO} \, .$$

Die Film- und Folienunschärfe U_f, auch „innere Unschärfe" genannt, hängt
u.a. von der Körnigkeit, Struktur und der Dicke der Emulsionen bzw. Schichten, bei den digitalen Systemen vom Detektordurchmesser und der Anzahl

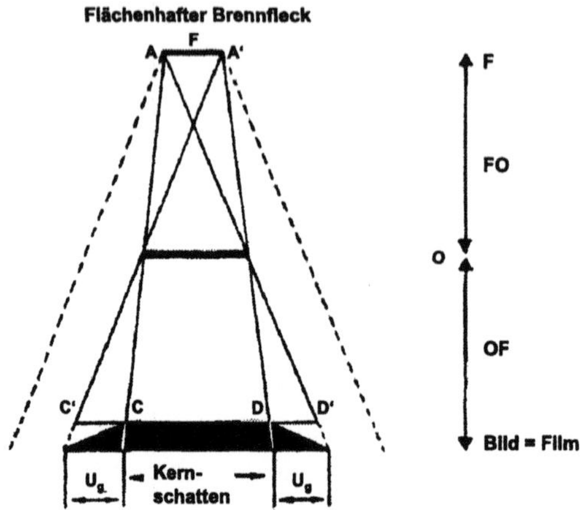

Abb. 6.19. Das Zustandekommen der geometrischen Unschärfe U_g durch den geometrischen Halbschatten (aus [4], S. 109)

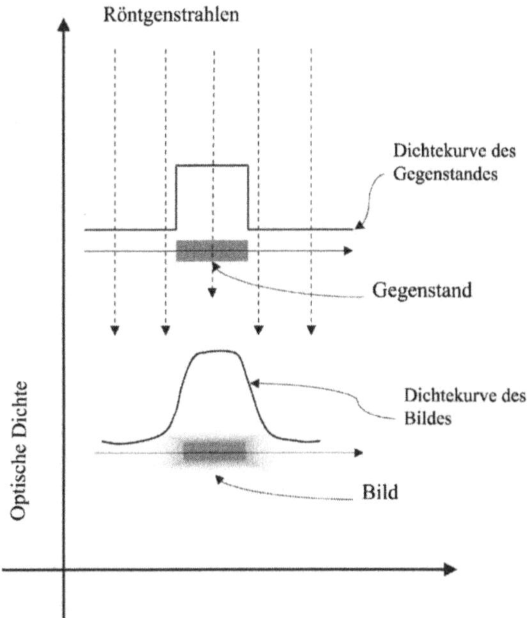

Abb. 6.20. Ein scharfer Gegenstand wird in ein unscharfes Bild abgebildet. Dazu tragen geometrische Unschärfe, Film- und Folienunschärfe und Bewegungsunschärfe bei

der Detektoren pro mm ab. Die geringste innere Unschärfe weist der folienlose Film auf. Die Bewegungsunschärfe U_b kann im Prinzip nur durch Verkürzung der Belichtungszeiten minimiert werden.

Durch die mangelnde Zeichenschärfe wird ein scharf begrenzter Gegenstand in ein Bild mit einem unscharfen Saum abgebildet (Abb. 6.20). Quantitative Größen zur Erfassung der Zeichenschärfe sind die Anzahl der Linienpaare, die pro mm aufgelöst werden können („Auflösungsvermögen", S. 153) oder die Modulationstransferfunktion (s. S. 156).

Auflösungsvermögen. Zwei Objekte, die einen bestimmten Abstand zueinander haben, erzeugen zwei unscharfe Bilder, die sich einander in der Bildebene überlagern. Wenn die Bilder räumlich getrennt werden können (Abb. 6.21 links), sagt man, daß sie „aufgelöst" werden können. Ist der Abstand zwischen den beiden Gegenständen zu klein, dann überlagern sich die durch die Unschärfe gegebenen Säume so weit, daß nicht mehr aufgelöst werden kann (Abb. 6.21 rechts). Die Auflösung wird oft in Linienpaaren pro mm (lp/mm) angegeben. Typische Auflösungen, die beim diagnostischen Röntgen erreicht werden können, liegen zwischen 30 lp/mm beim feinzeichnenden Röntgenfilm und 1 lp/mm in Fernsehdurchleuchtungssystemen. Die Spezifikation der Auflösung in lp/mm ist jedoch kein unmittelbares Maß für die

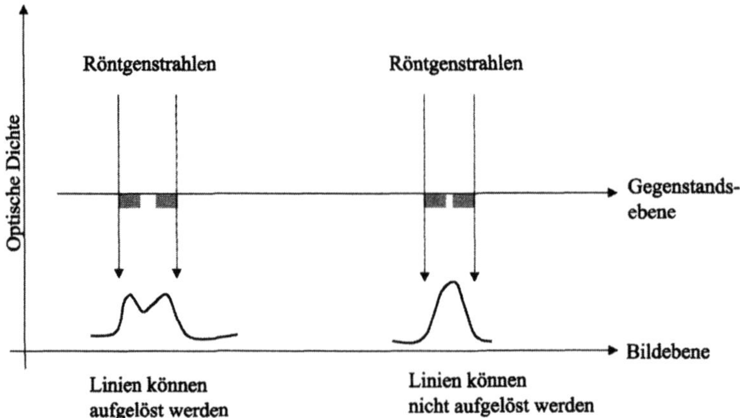

Abb. 6.21. Die Bild-Dichtekurve zweier benachbarter Linien überlagern sich in der Bildebene. Wenn die Linien zu dicht nebeneinander liegen, können sie nicht mehr aufgelöst werden

Abbildungsqualität, die u.a. auch davon abhängt, wie groß die Schwächungsunterschiede im Gegenstand zwischen den verschiedenen aufzulösenden Objekten sind (s. „Kontrast", S. 154).

Kontrast. Eine quantitative Größe zur Beschreibung des Bildkontrastes ist die MTF („Modulationstransferfunktion", S. 156). Einfluß auf den Bildkontrast haben neben anderen geometrischen und physikalisch-technischen Parametern das Objekt, die Röhrenspannung und die Streustrahlung.

Das Röntgenbild weist hohe Kontrastunterschiede auf, wenn anatomische Strukturen abgebildet werden, die aus Materialien mit stark unterschiedlichen Ordnungszahlen oder stark unterschiedlicher Dichte bestehen. Zur künstlichen Anhebung der Kontraste werden positive Kontrastmittel (I, Ba) und negative Kontrastmittel (z.B. Luft) eingesetzt.

Bezüglich der Röhrenspannung ist zu berücksichtigen, daß bei weicheren Röntgenstrahlen die Absorptionsunterschiede groß und damit bei geringerer Spannung die Kontraste im Röntgenbild stärker sind (Mammographie). Als limitierende Faktoren müssen jedoch die Durchdringungsfähigkeit und die Strahlenbelastung berücksichtigt werden (Abb. 6.22).

Das Auftreten von Streustrahlung hängt von der Größe des durchstrahlten Volumens ab. Um streustrahlenarme Röntgenaufnahmen anzufertigen, muß daher das durchstrahlte Volumen minimiert werden, was z.B. durch Kompressionsaufnahmen erreicht werden kann. Weitere Möglichkeiten zur Eindämmung der Streustrahlung sind die Verwendung von Streustrahlenrastern (Abb. 6.23) sowie das Einblenden und Abdecken des Primärstrahlenbündels.

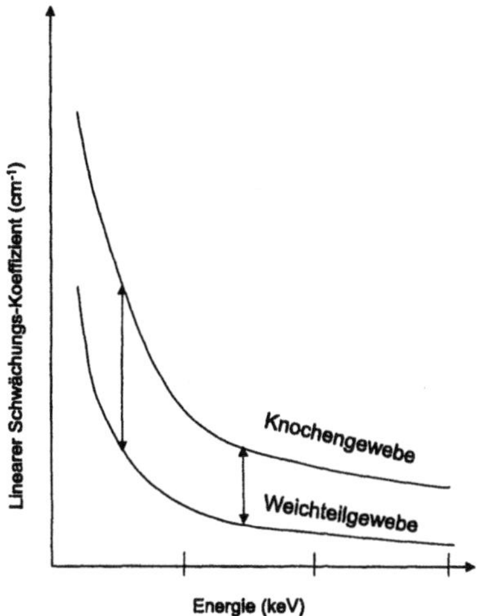

Abb. 6.22. Der Bildkontrast wird durch die Absorption der Röntgenstrahlen durch Objekte mit stark unterschiedlichen Ordnungszahlen hervorgerufen. Die *Kurven* zeigen die Abhängigkeit der linearen Schwächungskoeffizienten für Knochen- und Weichteilgewebe in Abhängigkeit von der Energie der Röntgenstrahlen. Aus der Abbildung ist ersichtlich, daß der Kontrast bei niedrigeren Röntgenenergien größer ist als bei den höheren Energien

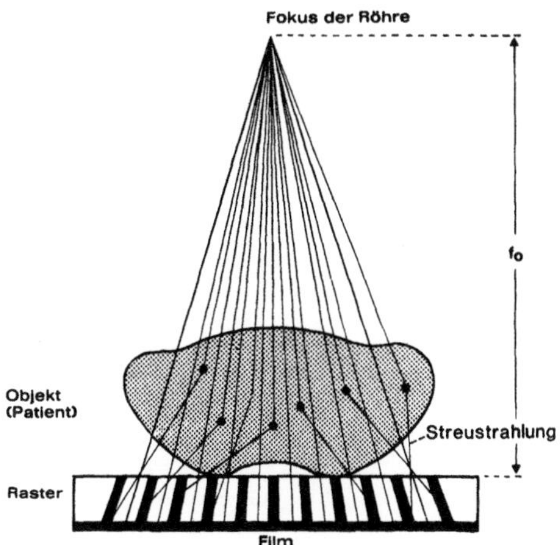

Abb. 6.23. Die im Körper bei der Röntgenaufnahme erzeugte Streustrahlung wird in einem Streustrahlenraster durch Absorptionen reduziert. (Aus [4], S. 128)

Rauschen. Ein zusätzlicher limitierender Faktor der Kontrasterzielung ist das Quantenrauschen. Da die Bildentstehung beim Röntgen als stochastischer Prozeß angesehen werden kann, ist das Signal-zu-Rauschverhältnis um so besser, je höher die Anzahl der absorbierten Quanten pro Bildelement (= Quanteneffizienz − QE) ist. Das Rauschen kann entweder durch

- die Intensität der Röntgenstrahlung im Primärstrahlenbündel,
- die Größe des Bildelementes, oder
- die Quanteneffizienz

beeinflußt werden. Der Einfluß des Rauschens auf die Auflösung ist in Abb. 6.24 veranschaulicht. Bezüglich des Rauschens gilt, daß eine hohe Bildqualität mit erhöhter Strahlenbelastung des Patienten erkauft werden muß.

6.4.2 Beurteilung von Abbildungssystemen

Die Modulationstransferfunktion (MTF). In der radiologischen Diagnostik wird ein Bild durch eine Serie bildbeeinflussender Komponenten erzeugt. Zu diesen Komponenten gehören z.B. der Brennfleck, die geometrischen Gegebenheiten, der Film oder Bildverstärker, das Betrachtungssystem und schließlich auch das Auge und Gehirn des Radiologen. Jede Komponente bewirkt einen Informationsverlust und damit eine Verschlechterung des Bildes. Der Formalismus der Modulationstransferfunktion (MTF) wurde in die diagnostische Radiologie eingeführt, um das Zusammenwirken der einzelnen Komponenten quantitativ zu beschreiben. Durch die mit der Abbildung verbundene Verwischung von Strukturen ergibt sich bei der Abbildung einer sinusförmigen Dichteverteilung eine Reduktion des Kontrastes, was sich in der entsprechenden Dichteverteilung durch die Reduktion der Modulationsamplituden niederschlägt. Die MTF beschreibt die frequenzabhängige Reduktion der Modulation durch die Abbildung (vgl. Abb. 6.25):

$$\mathrm{MTF}(v) = \frac{\mathrm{ME}(v)}{\mathrm{MA}(v)}\,.$$

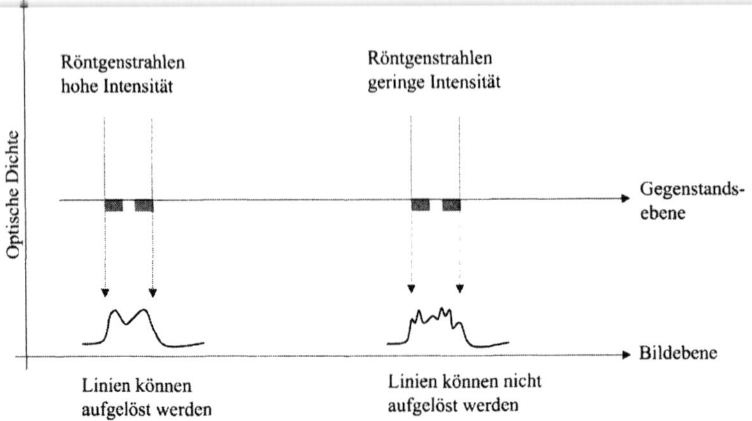

Abb. 6.24. Das Quantenrauschen überlagert sich den Dichtekurven und beeinträchtigt die Auflösung

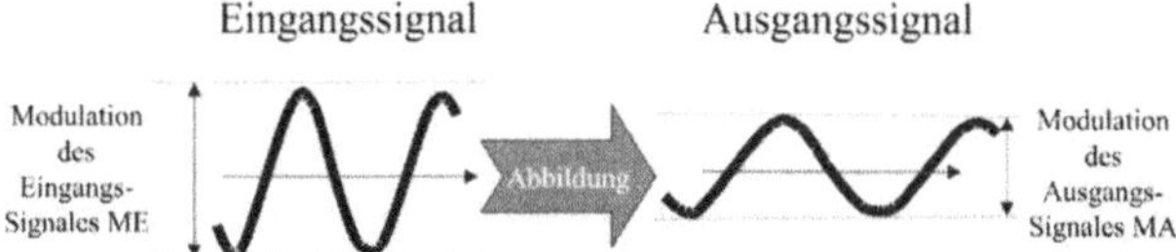

Abb. 6.25. Bei einer Abbildung ist die Modulation des Ausgangssignals in der Regel kleiner als die Modulation des Eingangsignals

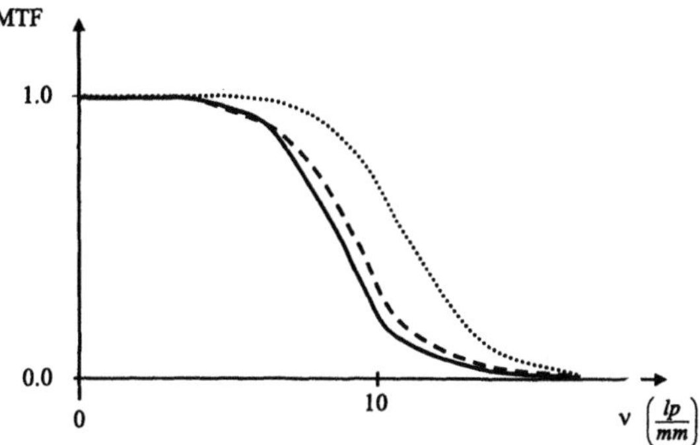

Abb. 6.26. Die Modulationstransferfunktion (MTF) gibt an, wie stark bei einem bestimmten Frequenzmenü das Ausgangssignal gegenüber dem Eingangssignal reduziert wird. Bei einer Abbildungskette ist die MTF des Gesamtsystems (*durchgezogene Linie*) gleich dem Produkt aus den MTFs der Einzelkomponenten (*gepunktete und gestrichelte Linie*)

Ist ein bildgebendes System aus mehreren Komponenten zusammengesetzt (was fast immer der Fall ist), dann kann die MTF des Gesamtsystems durch die Multiplikation der MTFs der einzelnen Komponenten ermittelt werden (Abb. 6.26).

Die Receiver Operating Characteristic (ROC-Kurven). In der Praxis der radiologischen Diagnostik interessiert weniger die Modulationstransferfunktion (MTF), die sich nur auf die Abbildungsgüte eines Linienmusters bezieht, sondern die Frage, ob ein Abbildungssystem diagnostisch relevante Strukturen erkennen läßt oder nicht. Eine anwendungsnahe Erfassung der Bildgüte eines Röntgensystems kann mittels ROC-Kurven (ROC steht für Receiver Operating Characteristic) ermittelt werden.

Am Anfang einer ROC-Untersuchung muß ein sorgfältig ausgearbeiteter Versuchsplan stehen. Es werden in der Regel Teststrukturen spezifiziert, deren Bilder später fachkundigen Beobachtern vorgelegt werden. Die Bildgütebeurteilung erfolgt über die relativen Häufigkeiten der richtig bzw. falsch erkannten Testobjekte. Die Beobachter müssen in einem verrauschten Bild möglichst viele statistisch eingestreute Testobjekte richtig erkennen und möglichst selten fälschlich das Vorhandensein solcher Objekte behaupten. Zur

Charakterisierung der Güte eines solchen Entscheidungsverfahrens sind zwei Parameter erforderlich: Als „Sensitivität" bezeichnet man das Verhältnis der Anzahl richtig positiver Entscheidungen zur Anzahl der aktuellen positiven Fälle und als „Spezifität" das Verhältnis richtig negativer Entscheidungen zur Anzahl der aktuellen negativen Fälle. Die Sensitivität entspricht damit der Trefferwahrscheinlichkeit p (Wahrscheinlichkeit für richtig positive Entscheidungen) und die Spezifität entspricht $1 - q$, wobei q die Wahrscheinlichkeit für „falschen Alarm" (Wahrscheinlichkeit für falsche positive Entscheidungen) bedeutet. Trägt man p gegen q auf, so erhält man einen Meßpunkt in der ROC-Kurve (Abb. 6.27).

Dem Beobachterkollektiv werden nun unterschiedliche Aufgaben gestellt, die einmal die Sensitivität und einmal die Spezifität der diagnostischen Aussage betonen und damit die Beobachter zur Verschiebung ihrer persönlichen Entscheidungsschwelle veranlassen. Die Forderung nach hoher Sensitivität erzeugt Meßpunkte im rechten oberen Bereich, die nach hoher Spezifität zum Meßpunkt im linken unteren Bereich der ROC-Kurve. Ein Abbildungssystem ist bezüglich der diagnostischen Beurteilbarkeit um so besser, je größer die Fläche zwischen der ROC-Kurve und der Diagonalen (die der sog. „Ratekurve" entspricht) ist.

6.4.3 Dichtekurven und dynamischer Bereich

Die Dichtekurve, auch „Schwärzungskurve" genannt, gibt den Zusammenhang zwischen der Belichtung und der im Bild resultierenden optischen Dichte wieder. Auf der Abszisse eines Koordinatensystems wird der Logarithmus der

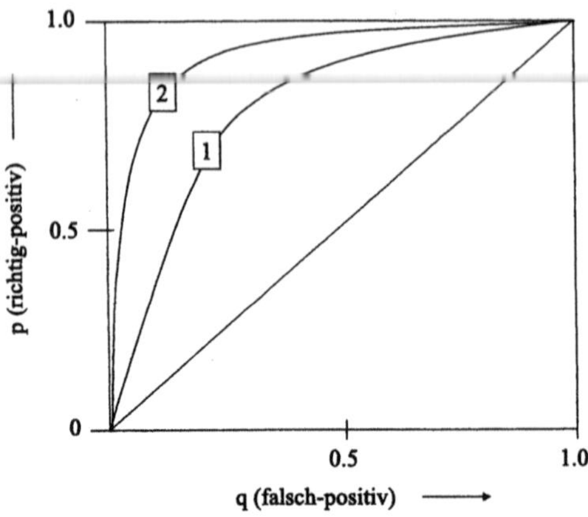

Abb. 6.27. Die Receiver-Operating-Characteristic-Kurven (ROC) kommen dadurch zustande, daß falsch-positive gegen richtig-positive Ergebnisse aufgetragen werden. Ein diagnostisches Abbildungsverfahren ist um so besser, je größer die Fläche zwischen der ROC-Kurve und der Diagonalen ist. Hier ist das Abbildungsverfahren 2 dem Verfahren 1 deutlich überlegen

Belichtung (Belichtung = Strahlungsintensität × Belichtungsdauer) aufgetragen, auf der Ordinate die optische Dichte D (Abb. 6.28). Der geradlinige Teil der Kurve ist der für die Aufnahme wichtige Arbeitsbereich (dynamischer Bereich). Hier besteht ein linearer Zusammenhang zwischen dem Logarithmus der Belichtung und der Schwärzung. Die Steigung der Kurve im geradlinigen Teil nennt man den γ-Wert.

Da der Strahlenkontrast (Objektumfang) in der Röntgendiagnostik üblicherweise relativ gering ist, wünscht man sich im allgemeinen einen Film mit einer steilen Dichtekurve, also einen großen γ-Wert. Bei den üblichen Röntgenfilmsorten liegt γ etwa zwischen 2,5 und 3,3. Eine Ausnahme hiervon bilden Thoraxaufnahmen, bei denen auch Filme mit deutlich kleineren γ-Werten verwendet werden.

6.4.4 Analoge und digitale Aufnahmesysteme

Mit dem Röntgenfilm und später dem Durchleuchtungsschirm und dem Röntgenbildverstärker dominierten in der Röntgendiagnostik fast 100 Jahre lang (1895–1990) die analogen Aufnahmetechniken. Die Computerrevolution am Ende des 20. Jahrhunderts beeinflußte jedoch auch die Radiographie nachhaltig. Seit dem Einzug der digitalen bildgebenden Verfahren in die Medizin (Nuklearmedizin, CT, MR) kennt man die Vorteile der computerunterstützten Bildverarbeitung, der digitalen Bildkommunikation und der Archivierung und ist bestrebt, diese Möglichkeiten auch für das Röntgen zu erschließen. Seit etwa 1990 werden digitale Aufnahmesysteme entwickelt, die von der Qualität her dem Röntgenfilm entsprechen oder diese – soweit möglich –

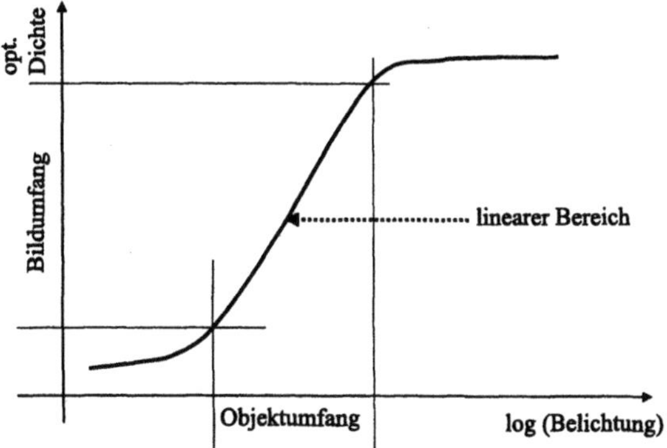

Abb. 6.28. Dichtekurve eines Röntgenbildes: Trägt man die optische Dichte in einem Röntgenbild gegen den Logarithmus der Belichtung auf (Belichtung = Intensität × Zeit), dann erhält man die Dichtekurve. Dichte- oder Absorptionsunterschiede im Objekt erzeugen nur im linearen Bereich der Dichtekurve ausreichende Kontrastunterschiede im Bild. Je steiler die Kurve ist, um so höher sind die Kontrastunterschiede, um so kleiner ist jedoch auch der Objektumfang, der abgebildet werden kann

auch übertreffen und zudem die Vorteile der digitalen Bildverarbeitung und
-speicherung besitzen. Die Folge ist, daß sich zu Beginn des 21. Jahrhunderts
wie in der Fotografie nun auch in der Röntgendiagnostik ein Wandel vom
analogen zum digitalen Bild vollzieht. Es ist jetzt schon absehbar, daß innerhalb des nächsten Jahrzehntes die digitale Technik das analoge Röntgen
weitgehend ersetzen wird. Im folgenden wird auf die derzeit existierenden
analogen und digitalen Techniken eingegangen.

Analoge Aufnahmesysteme

Röntgenfilme. Das älteste und einfachste Aufnahmemedium ist der Rönt-
genfilm. Ein Röntgenfilm besteht im Prinzip aus einem Schichtträger, zwei
Haftschichten (Substratschichten), zwei Emulsionsschichten und zwei Schutz-
schichten (Abb. 6.29). Die eigentlichen strahlenempfindlichen Schichten des
Films sind die Emulsionsschichten. Sie bestehen aus einer Dispersion von
Silberhalogensalzen (AgBr, AgI) und Gelatine.

Die Silberhalogenkörner haben bei einem Film, der in Kombination mit
einer Verstärkerfolie eingesetzt wird („Folienfilm"), einen Durchmesser von

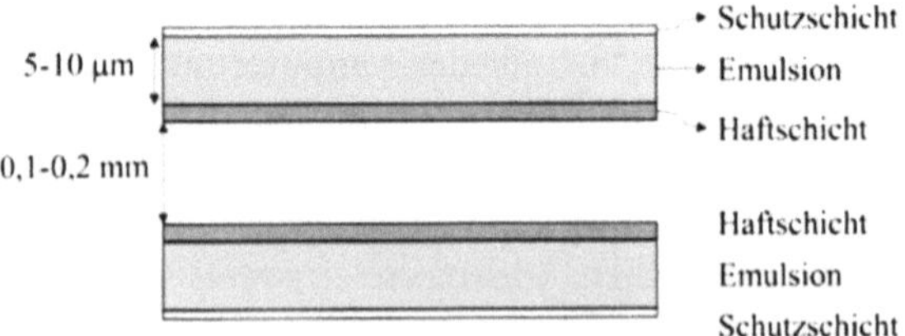

Abb. 6.29. Querschnitt durch einen Röntgenfilm (aus [4], S. 88)

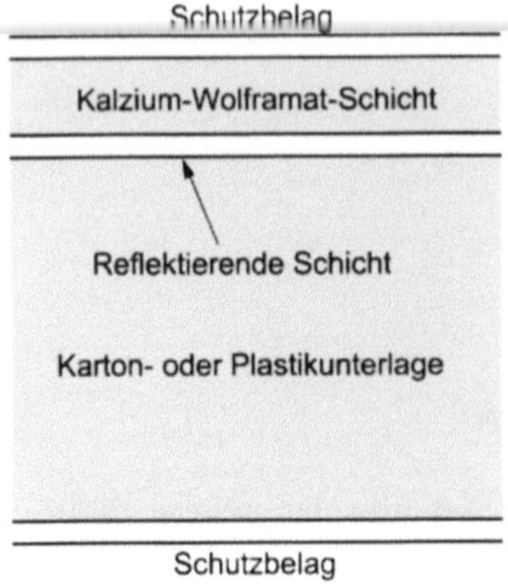

Abb. 6.30. Querschnitt durch eine Kalzium-Wolframat-Verstärkerfolie. Der Röntgenfilm befindet sich oberhalb des oberen Schutzbelags. Die reflektierende Schicht
sorgt dafür, daß das durch die Röntgenstrahlung erzeugte Licht auf dem Film reflektiert und nicht in der Karton- bzw. Plastikunterlage absorbiert wird

0,3–2,5 µm. Die Schichtdicke der Emulsion liegt beim Folienfilm zwischen 5 und 10 µm, beim folienlosen Film zwischen 15 und 35 µm. Durch eine beidseitige Beschichtung kann man die Empfindlichkeit eines Röntgenfilms verdoppeln. Der Silbergehalt beträgt beim Folienfilm zwischen 6 und 11 g/m², bei folienlosen Filmen zwischen 20 und 28 g/m².

Folienlose Filme werden für Aufnahmen dünner Objekte (Hände, Zähne), bei denen energieärmere Strahlung verwendet werden kann, eingesetzt. Filme, die in Verbindung mit Verstärkerfolien benutzt werden, sind chemisch so sensibilisiert, daß sie für das Licht der Verstärkerfolien empfindlich sind. Bei Folienfilmen kommen in der Regel zwei Folien zum Einsatz.

Verstärkerfolien. In der Röntgenaufnahmetechnik kann die Strahlenbelastung für den Patienten drastisch reduziert werden, wenn statt folienloser Filme sog. „Film-Folien-Kombinationen" eingesetzt werden. Die Verstärkerfolien wandeln Röntgenstrahlung über Lumineszenzeffekte in sichtbares Licht um. Als Leuchtschichten werden Kalziumwolframat ($CaWo_4$), Barium- oder Yttriumverbindungen oder Beschichtungen auf der Basis seltener Erden verwendet (Abb. 6.30). Die Vorteile der Film-Folien-Kombination sind:

- Herabsetzung der für eine Aufnahme notwendigen Strahlendosis und damit Verkürzung der Belichtungszeiten. Bei Verwendung von Universalfolien kann die Dosis um etwa das zehn- bis zwanzigfache reduziert werden.
- Kontrasterhöhung (die Dichtekurve wird steiler).

Als Nachteil muß eine größere Unschärfe des Röntgenbildes in Kauf genommen werden.

Beim Einsatz der Universalfolie kann davon ausgegangen werden, daß etwa 5% der Schwärzung des Röntgenfilms durch die Röntgenstrahlen und etwa 95% der Schwärzung durch Licht der Verstärkerfolien bewirkt wird. Im Sprachgebrauch der Röntgenaufnahmetechnik versteht man unter dem „effektiven Verstärkungsfaktor" einer Folie das Dosisverhältnis mit und ohne Folie. Der „relative Verstärkungsfaktor" bezieht das Dosisverhältnis auf die Universalfolie.

Universalfolien (relativer Verstärkungsfaktor = 1) werden z.B. für LWS-, Kolonkontrast-, Thorax- und Skelettaufnahmen eingesetzt. Feinzeichnende Folien (relativer Verstärkungsfaktor 0,2–0,5, effektiver Verstärkungsfaktor ca. 2–5) finden bei Extremitäten, Kniegelenkspalten, Fingern, Fußgelenken usw. Einsatz. Bei schnellen Serienaufnahmetechniken (z.B. beim Angiogramm oder atembewegten Organen) sowie bei Aufnahmen in der Schwangerschaft werden hochverstärkende Folien (relativer Verstärkungsfaktor = 2, effektiver Verstärkungsfaktor bis zu 50) verwendet.

Einsatz finden ebenfalls sog. „Ausgleichs- und Verlaufsfolien". Solche Folien besitzen hoch-, mittel- und geringverstärkende Zonen nebeneinander.

Röntgenbildverstärker und Röntgenfernsehen. Im Vergleich zur Röntgenaufnahme wurde die Durchleuchtung erst in den Jahren 1960–1970 zu einem technisch brauchbaren Instrument. Bis dahin mußte der Radiologe den Leuchtschirm nach entsprechender Dunkeladaption der Augen betrachten, was z.T. mit einer extrem hohen Strahlenbelastung für den untersuchenden Arzt verbunden war (Abb. 6.31). Der Leuchtschirm wurde in der genannten Zeit durch den elektronenoptischen „Röntgenbildverstärker" ersetzt, der auf eine Erfindung aus dem Jahre 1948 zurückgeht. In der Anfangszeit betrachtete man das hellere, aber stark verkleinerte Ausgangsbild des Röntgenbildverstärkers mit einer Lupe. In den Jahren 1960–1970 setzte sich dann das Bildverstärkerfernsehen durch.

Im Röntgenbildverstärker wird das auf der Kathodenfläche erzeugte Röntgenbild in ein sichtbares, elektronisches Bild mit hoher Leuchtdichte umgewandelt (Abb. 6.32). Die Röntgenstrahlung durchdringt zunächst das strahlendurchlässige Eingangsfenster der Röhre und fällt auf den Leuchtschirm. Hier wird das Röntgenbild durch Lumineszenz in ein optisches Bild umgewandelt. Vor dem Röntgenleuchtschirm befindet sich eine sehr dünne, lichtempfindliche Schicht, die Fotokathode. Sie wandelt die Helligkeitsverteilung des optischen Bildes in eine Elektronenflußdichteverteilung um. Die von einem Fotokathodenpunkt emittierten Elektronen werden durch das elektrische Feld im Innern des Bildverstärkers so gelenkt, daß ihre Bahnen zusammen ein keulenförmiges Bündel bilden, das seine größte Dicke nahe der Fotokathode hat und zur Anode hin allmählich schlanker wird. Auf dem Ausgangsleuchtschirm

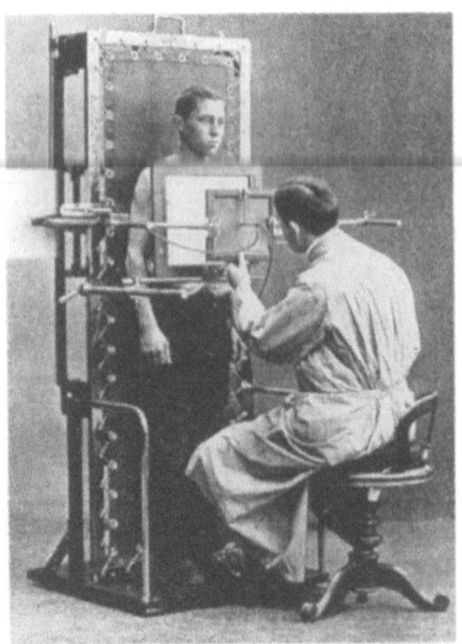

Abb. 6.31. Durchleuchtungsanlage aus dem Jahre 1907. (Siemens „Klinoskop", aus: [5])

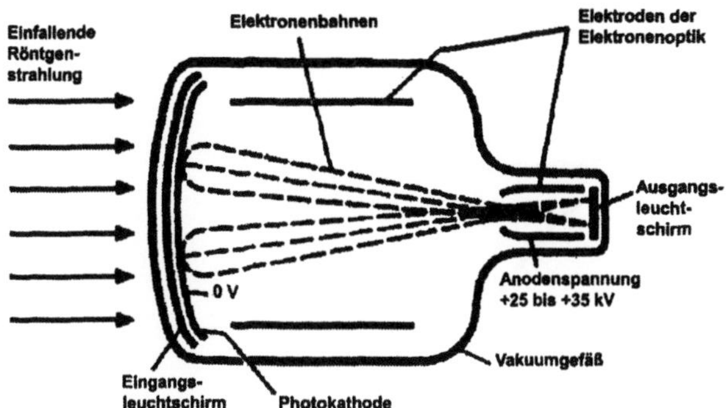

Abb. 6.32. Längsschnitt durch einen Röntgenbildverstärker (aus [2], S. 294)

vereinigen sich die Elektronenbahnen wieder in einem Punkt, dem Bildpunkt. Im elektrischen Feld (25–35 kV) nehmen die Elektronen kinetische Energie auf. Pro Elektron werden im Ausgangsleuchtschirm etwa 1 000 Lichtquanten erzeugt. Hinzu kommt, daß die große Kathodenfläche auf den kleinen Ausgangsschirm abgebildet wird. Dadurch ergibt sich eine sehr hohe Leuchtdichte auf dem Ausgangsschirm, und das Ausgangsbild ist für die Bildübertragung auf die nachgeschalteten Systeme (Fernsehkamera, Einzelbild- oder Kinokamera) sehr gut geeignet.

Entscheidend für Auflösung und Kontrast des Röntgenbildes sind die Eigenschaften des Eingangsleuchtschirms, der bei geringer Leuchtstoffbelegung eine hohe Quantenabsorption aufweisen muß. Bei dem bis Anfang der siebziger Jahre eingesetzten Leuchtstoff Zink-Cadmiumsulfid (ZnCdS:Ag) waren diese Eigenschaften sehr unbefriedigend, da der Überlapp zwischen Spektrum und Absorptionskurve relativ klein war. Erst die Einführung des neuen Röntgenleuchtstoffes Cäsium-Jodid (CsI:Na) brachte den Durchbruch zum heute üblichen hohen Bildqualtitätsstandard. Dieser Leuchtstoff zeichnet sich durch die Cs-Absorptionskante bei 40 kV und eine gute spektrale Anpassung an die Empfindlichkeitsverteilung der Cäsium-Antimon-Fotokathode aus (Abb. 6.33 und 6.34).

Digitale Aufnahmesysteme

Speicherfolien. Speicherfolien haben einen ähnlichen Aufbau wie Verstärkerfolien. Neben der Strahlenabsorption kann jedoch die Bildinformation in latenter Form über längere Zeit gespeichert werden. Die gespeicherte Energie wird in Form von Lichtquanten abgegeben, wenn die in der Folie aufgebrachten Kristalle mit Licht einer bestimmten Wellenlänge bestrahlt werden (Lumineszenzeffekt). Abbildung 6.35 zeigt den Ablauf einer Röntgenaufnahme mit Speicherfolien.

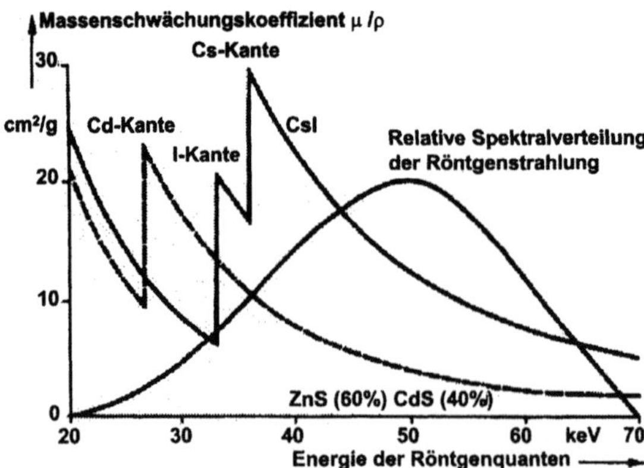

Abb. 6.33. Das Röntgenspektrum bei 70 kV und die Absorptionskurve von CsI zeigen eine gute Anpassung. Im Vergleich dazu ist die Absorptionskurve von ZnCdS gezeigt, das früher als Beschichtungsmaterial des Eingangsleuchtschirms verwendet wurde. Hier ist die Anpassung deutlich schlechter

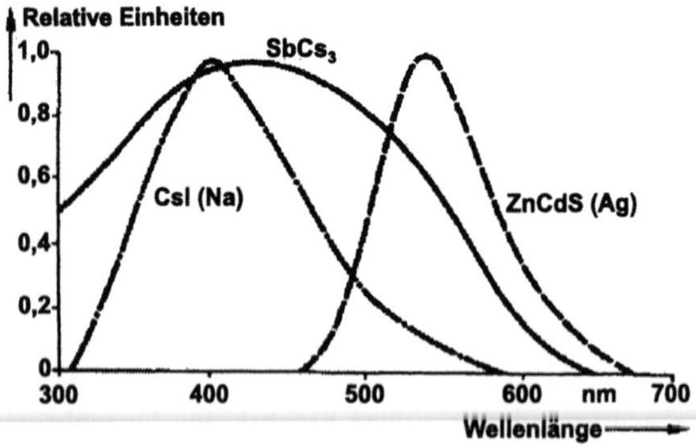

Abb. 6.34. Spektrale Anpassung der vom Szintillator CsI ausgesandten Lichtstrahlung und die Empfindlichkeit der SbCs-Kathode. Es zeigt sich eine deutlich bessere Anpassung im Vergleich zu dem bisher eingesetzten Röntgenleuchtstoff ZnCdS

Der Hauptvorteil der Speicherfolien ist der große dynamische Bereich der Dosiseffektkurve und damit u.a. die Unempfindlichkeit gegenüber Fehlbelichtungen. Unterbelichtung führt beim Filmfoliensystem zu einer nicht ausreichenden Filmschwärzung und zu einem Verlust diagnostischer Informationen. Bei der Speicherfolie kann die Bildinformation durch entsprechende Nachverstärkung der Abtastsignale häufig dennoch diagnostizierbar sein. Die Grenze ist durch das Quantenrauschen gegeben.

Überbelichtung führt bei analogen Aufnahmetechniken mit der Film-Folien-Kombination wegen der flachen Kennlinie in diesem Bereich ebenfalls zu einer Einebnung der Bildkontraste. Bei der Speicherfolie ist die Kennlinie über fünf bis acht Größenordnungen linear. Wegen des verminderten Quantenrauschens weisen überbelichtete Folien sogar eine verbesserte Bildqualität auf.

Flächendetektoren. Flächendetektoren sind aus einer Szintillatorschicht, in der die absorbierten Röntgenquanten in Lichtblitze umgewandelt werden, und einer darunterliegenden Schicht matrixförmig angeordneter Fotodioden aufgebaut (Abb. 6.36). Die in der Röntgendiagnostik eingesetzten Szintillatoren bestehen entweder aus CsI (Abb. 6.37) oder Se. Für die Fotodioden wird in der Regel amorphes Silizum eingesetzt (a-Si).

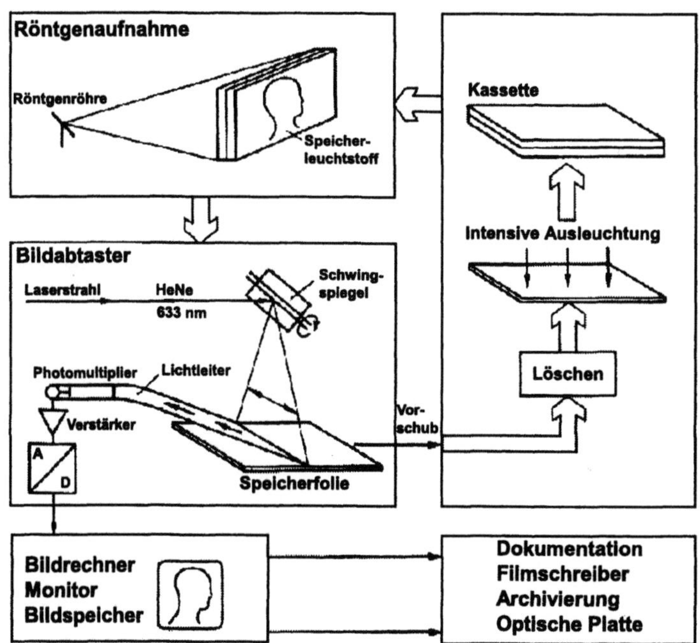

Abb. 6.35. Ablauf einer Röntgenaufnahme mit Speicherfolien (aus [2], S. 271)

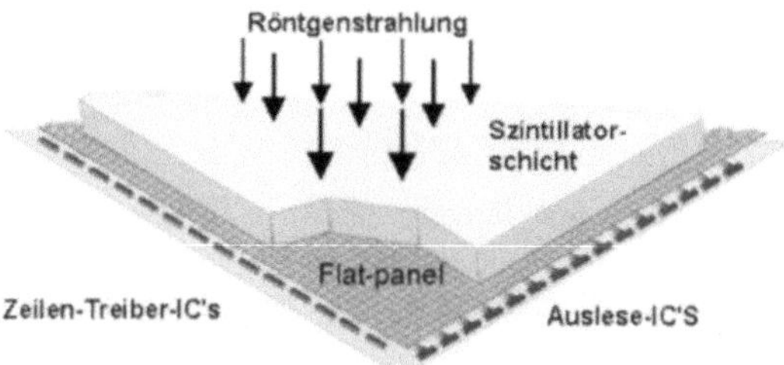

Abb. 6.36. Aufbau eines Flächendetektors (Quelle: Fa. Trixell, Grenoble)

Die Flächendetektoren weisen einen vergleichsweise großen dynamischen Bereich und eine relativ hohe Quanteneffizienz auf. Sie haben den Vorteil, daß eine sehr schnelle Bildaufzeichnung möglich ist; die Auslesezeiten liegen heute allerdings noch im Bereich von mehreren 100 ms. Flächendetektoren für Großfeldaufnahmen (40 × 40 cm) sind oft noch aus vier Einzeldetektoren zusammengesetzt („Quarterpanels"). Große Detektoren mit geringer Fehlstellenzahl sind derzeit kaum verfügbar und noch sehr teuer.

Abb. 6.37. Elektronenmikroskopische Aufnahme der CsI-Schicht eines Flächendetektors (Quelle: Fa. Trixell, Grenoble)

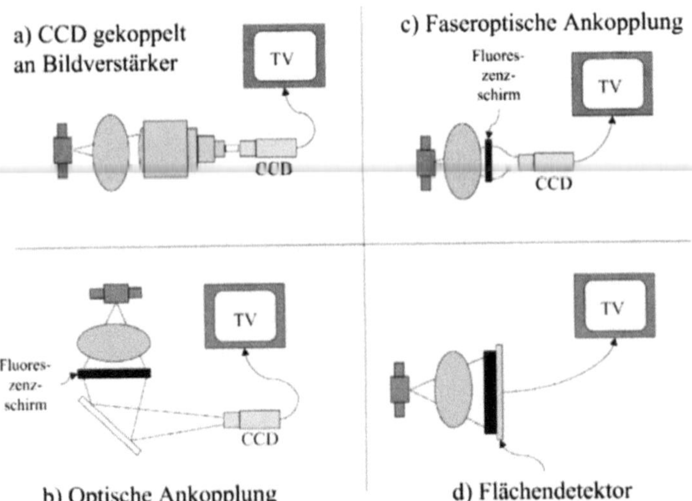

Abb. 6.38. CCD-Fernsehkameras werden seit längerer Zeit in Bildverstärkerfernsehanlagen genutzt (**a**), ebenso in optischer Ankopplung an Fluoreszenzschirme (**b**) oder in faseroptischer Ankopplung an Fluoreszenzschirme bei kleinformatigen Röntgenaufnahmen (**c**). Die Zukunft des digitalen Röntgens liegt im Einsatz von großflächigen Halbleiterbildsensoren (**d**)

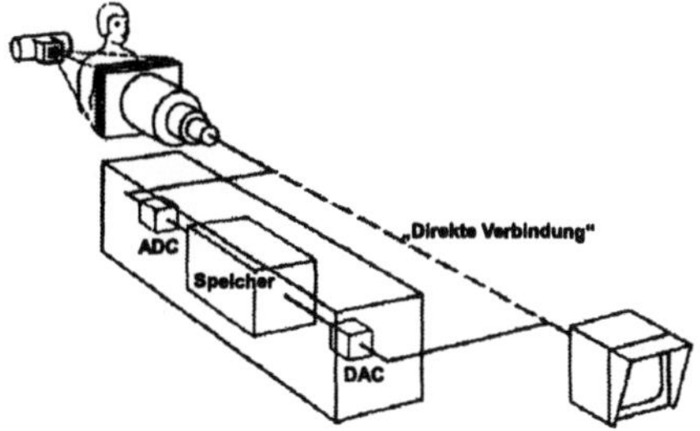

Abb. 6.39. Grundbausteine für die digitale Bildsignalspeicherung und Wiedergabe (aus [2], S. 334)

CCD-Systeme. Halbleiterbildsensoren (CCD-Sensoren, „Charged Coupled Devices") dienten bisher in der Röntgentechnik – ebenso wie konventionelle Fernsehaufnahmeröhren – zur Umwandlung des Ausgangsbilds eines Bildverstärkers in ein elektrisches Signal. Bisher waren diese Bildsensoren auf Matrixgrößen von 512 × 512 Bildelementen begrenzt. Inzwischen sind CCD-Sensoren mit deutlich höherer Auflösung verfügbar, und ihr Einsatzbereich hat sich auch auf den Aufnahmebereich von statischen Bildern verlagert. Insbesondere für bestimmte kleinformatige Röntgenuntersuchungen wie die Mammographie oder das Dental-Röntgen werden CCD-Systeme eingesetzt, bei denen die Szintillatorfläche entweder mit Glasfaserbündeln oder einer Linsenoptik an einen CCD-Array gekoppelt ist (Abb. 6.38).

6.4.5 Digitale Bildspeicherung und -verarbeitung

Durch die Fortschritte in der Medizintechnik, der Halbleitertechnik und der modernen Computertechnik gibt es heute digitale Bildaufnahmesysteme wie die Flächendetektoren, Filmdigitalisierungssysteme oder die Digitalisierung der Bildverstärkersignale, mit denen bei vertretbarem Aufwand Bildspeicherung und -verarbeitung in akzeptablen Verarbeitungszeiten realisierbar sind.

Vorteile der digitalen Technik werden vor allem durch Bildverarbeitungsverfahren gesehen, die zu einer Rauschreduktion und Detailkontrastanhebung führen und neben einer besseren Interpretierbarkeit der Bilder auch zu einer Dosisreduktion.

Für die Digitalisierung, Speicherung und Wiedergabe der analogen Röntgenbilder sind Analogdigitalwandler (ADC), Halbleiterspeicher und Digitalanalogwandler (DAC) erforderlich (Abb. 6.39). Bei der computerunterstützten digitalen Bildverarbeitung unterscheidet man die Einzelbildverarbeitung und die Mehrbildverarbeitung. Bei der Einzelbildverarbeitung steht die Bildverbesserung durch digitale Filterverfahren im Vordergrund. Die Mehrbildverarbeitung wird bei Funktionsuntersuchungen eingesetzt und ist derzeit noch das überwiegende Einsatzgebiet des digitalen Röntgens. Genannt sei hier z.B. die Funktionsuntersuchungstechnik von Blutgefäßen mit Hilfe von

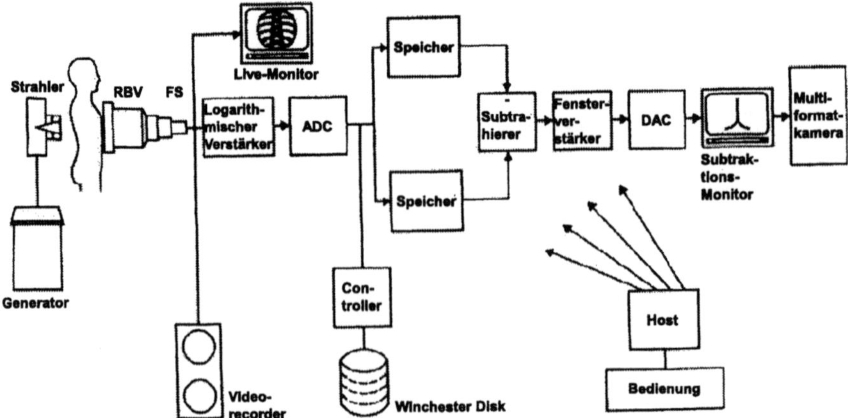

Abb. 6.40. Prinzip der digitalen Subtraktionsangiographie (DSA; aus [2], S. 334)

Kontrastmittelapplikationen, wie z.B. die digitale Subtraktionsangiographie (DSA, Abb. 6.40).

6.4.6 Bilddokumentationssysteme

Dem Schlußglied in der Kette des Röntgens, dem Bilddokument, kommt besondere Bedeutung zu: Einerseits ist es die Grundlage für eine einwandfreie Diagnostik, andererseits stellt es (noch) das Langzeitarchivierungsmedium dar. Nach der Röntgenverordnung sind Röntgenbilder mindestens für einen Zeitraum von zehn Jahren, aus juristischen Gesichtspunkten von Verjährungsfristen sogar 30 Jahren zu archivieren.

Die wohl wichtigste Anforderung an ein Bilddokumentationssystem beim digitalen Röntgen ist, daß das Bild ohne Informationsverlust reproduziert wird. Bei geringeren Anforderungen an die Bildauflösung wird das Monitorbild fotografisch reproduziert. Bei höheren Anforderungen an die Bildqualität werden die digitalen Bilder von Laserbelichtungssytemen auf Filmen aufgezeichnet (Abb. 6.41).

6.5   Röntgeneinrichtungen

Für die Röntgendiagnostik wurden im Laufe der Zeit die verschiedensten Aufnahme- und Durchleuchtungsanlagen entwickelt, die sich zum einen hinsichtlich der Bedienung, zum anderen durch den Aufbau unterscheiden. Die Entwicklung ist durch immer größere Automatisierung und Vereinfachung sowie durch Spezialisierung auf organbezogene Untersuchungstechniken gekennzeichnet. Bezüglich der Bedienung unterscheidet man:

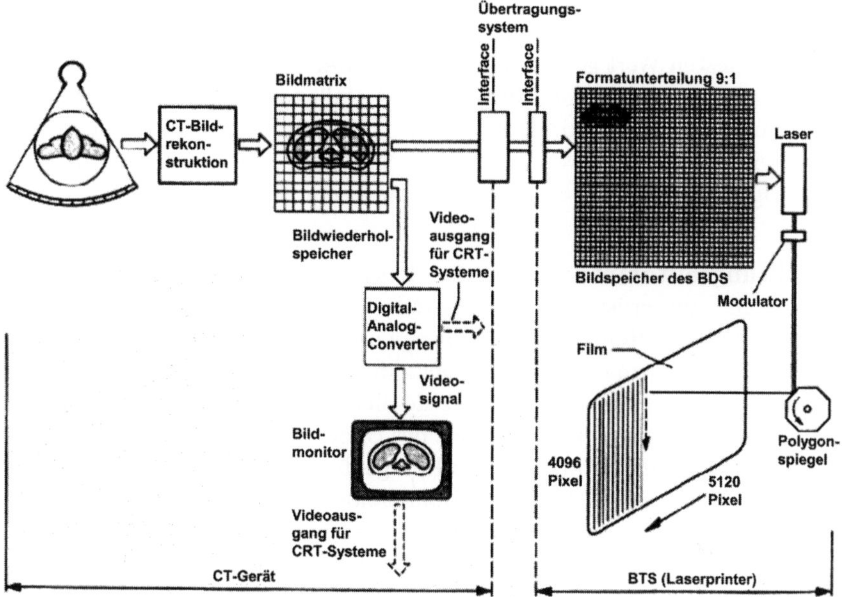

Abb. 6.41. Bilddokumentationssystem mit Laserschreibsystem für digitale Röntgenbilder (nach [2], S. 370)

Einknopfautomaten. Es wird nur die Röhrenspannung (kV-Zahl) vorgewählt, die Einstellung des richtigen mAs-Produktes wird vom Belichtungsautomaten (s. S. 170) übernommen. Bei der Einstellung müssen jedoch noch berücksichtigt werden:

- Fokus,
- Film,
- Folien,
- Dominanten.

Zweiknopfautomatik. Röhrenstrom und Schaltzeit werden zum mAs-Produkt zusammengefaßt. Es brauchen nur noch Spannung und mAs-Produkt vorgewählt zu werden.

Dreiknopfbetrieb. Röhrenspannung, Röhrenstrom und Schaltzeit sind unabhängig voneinander einstellbar. In diesem Fall sind meist Überlastsicherungen eingebaut.

Organautomatik. Alle für die Belichtung erforderlichen Einstellgrößen werden organspezifisch gespeichert und auf Knopfdruck abgerufen. Die Röntgen-

Systeme mit konstanter und mit fallender Last. Bei Systemen mit „konstanter Last" werden Strom und Spannung für den Belichtungszeitraum auf einem festen Wert gehalten. Bei Schaltzeiten $> 0,1\,\text{s}$ wird damit nicht die volle Leistung genutzt. Bei Systemen mit „fallender Last" wird der Brennfleck immer auf der maximal möglichen Temperatur gehalten. Der Röhrenstrom wird erst auf den Maximalwert hochgefahren und dann langsam wieder erniedrigt. Dies führt zu einer optimal niedrigen Belichtungszeit.

Belichtungsautomatik. Moderne Röntgengeräte sind mit „Belichtungsautomaten" ausgerüstet. Dabei registriert ein Dosismeßgerät die auf dem Film auftreffende Röntgenstrahlenmenge und gibt nach einer definierten Dosis ein Abschaltsignal. Jede Röntgenaufnahme besitzt eine Zone, die die am meisten interessierenden Objektdetails enthält. Eine gute Darstellung dieser Details ist für den Gesamtwert des Bildes ausschlaggebend. Diese Zone bezeichnet man als Dominante des Röntgenbildes. Bei den meisten Aufnahmegeräten kann das Meßfeld der Dominanten angepaßt werden. Die Lagen der Meßfelder sind auf den Geräten markiert. Als Meßprinzipien werden Ionisationsverfahren oder Lumineszenz eingesetzt.

Beispiele für Anwendungsgebiete spezialisierter Röntgensysteme, die sich etabliert haben sind:

- Angiographie mit digitaler Subtraktionstechnik (DSA),
- Angiokardiographie,
- Durchleuchtung des Gastrointestinaltrakts,
- Mammographie,
- Lithotripsie u.a.

Eine ausführliche Beschreibung von Spezialsystemen ist in [2] zu finden.

Literatur

1. Johns HE, Cunningham JR (1983) The physics of radiology. Thomas, Springfield, IL
2. Morneburg H (Hrsg) (1995) Bildgebende Systeme für die medizinische Diagnostik. Siemens, Erlangen
3. Mould R (1993) A century of x-rays and radioactivity in medicine- Institute of Physics Publishing, London Bristol
4. Ramm B, Felix R (1988) Das Röntgenbild. Thieme, Stuttgart
5. Siemens (Hrsg.) (1995) 100 Jahre Röntgen. Siemens, Erlangen

7 Physikalisch-technische Grundlagen der Nuklearmedizin

D. Lange

7.1 Radionuklide

7.1.1 Radioaktivität und Nuklidkarte

Nuklide sind radioaktiv, wenn sie ein energetisch instabiles Mischungsverhältnis der Nukleonen p und n im Kern spontan in ein stabileres Verhältnis umwandeln können. Die Energiedifferenz wird als α-, β-, γ-Strahlung frei. Die für die Nuklearmedizin wichtigen Umwandlungen verlaufen auf Isobaren immer nur in Richtung auf stabile Nuklide (schwarze Felder). Isobaren liegen im kartesischen Achsenkreuz der Karlsruher Nuklidkarte [26] (waagerecht Neutronenzahl N, senkrecht Protonenzahl P) senkrecht zur winkelhalbierenden Linie $P = N$. Die stabilen Nuklide liegen im Tal der Stabilität, dem Minimum der jeweiligen Massenparabel. Auf jedem der Parabeläste werden nur Kernbausteine der gleichen Art umgewandelt. Nach Erreichen des stabilen Nuklids im Minimum hört die spontane Umwandlungsfähigkeit auf.

- Eintrag von Strahlungsarten oder γ-Energien im Feld in der Reihenfolge der Häufigkeit, nicht der Energie nach,
- bei der Protonenumwandlung (rotes Feld) gilt mit der Energiedifferenz E_{MTK} zwischen Mutter- und Tochterkern, falls:
  - $E_{\mathrm{MTK}} - 1,02\,\mathrm{MeV} < 0$: kein β^+, nur EC (längere HWZ),
  - $E_{\mathrm{MTK}} - 1,02\,\mathrm{MeV} > 0$, aber klein: EC oder β^+ treten alternativ auf,
  - $E_{\mathrm{MTK}} - 1,02\,\mathrm{MeV} > 0$ und groß: nur β^+-Emission (kurze HWZ)

Die kinetische β^+-Endenergie E_0 beträgt (s. Niveauschemata in Abb. 7.4)

$$E_0 = E_{\mathrm{MTK}} - 1,02\,\mathrm{MeV}\,. \tag{7.1}$$

In der Nuklidkarte sind nur Strahlungen aus dem Kern verzeichnet, also nicht

- charakteristische Strahlung der Hülle (nach Elektronensprüngen in das primäre Loch eines EC aus der K- oder L-Schale; oder nach Konversion eines Photons aus dem Kern, das in der K- oder L-Schale durch „Inneren Photoeffekt" ein Elektron, das Konversionselektron, freisetzt),
- Auger-Elektronen aus äußeren Schalen (anstatt der charakteristischen Strahlung, wie Fall zuvor),

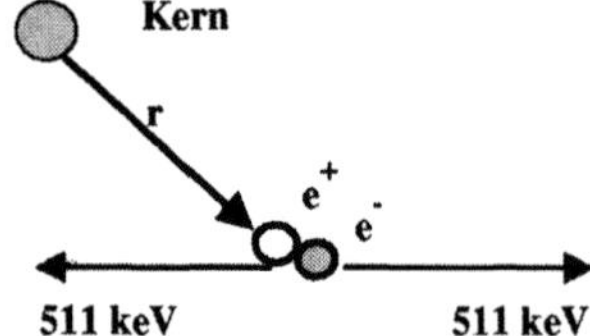

Abb. 7.1. Vernichtung eines β^+-Teilchens am Ende seiner Reichweite r mit einem Elektron in zwei Vernichtungsquanten je 511 keV, die isotrop, aber diametral zueinander emittiert werden

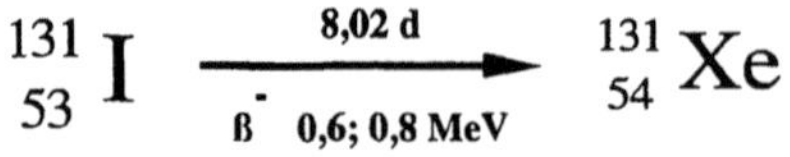

$$\ce{^{131}_{53}I} \xrightarrow[\beta^- \; 0{,}6;\, 0{,}8\,\text{MeV}]{8{,}02\,\text{d}} \ce{^{131}_{54}Xe}$$

Abb. 7.2. Einfachste Darstellung für die Umwandlung von I-131 durch β^--Zerfall in Xe-131, Halbwertszeit 8 Tage

- zwei 511-keV-Photonen (Vernichtungsstrahlung) nach Emission eines β^+-Teilchens durch Vereinigung des β^+ mit einem Elektron der Umgebung. Der Ort der Vernichtung hängt von der Reichweite der β^+-Teilchen ab. Die beiden Photonen werden diametral zueinander emittiert (Abb. 7.1).

Bei gleicher Isobare liegen u-u-Parabeln – auf diesen ist die Anzahl der p wie der n ungerade – höher als g-g-Parabeln. Dadurch kann ein Nuklid im u-u-Minimum zwei Nachbarn mit tieferer Energie haben: dann ist alternativ entweder die Umwandlung eines Neutrons oder die eines Protons möglich, der Mutterkern ist deshalb durch ein rotblaues Feld gekennzeichnet (z.B. Cu-64, As-74).

Der Reaktionspfeil (Abb. 7.2) zeigt lediglich die spontane Richtung der Umwandlung an. Auf beiden Seiten bleiben erhalten: Masse oder Energie, Ladung, Spin, Barionenzahl, Leptonenzahl und viele andere Quantenzahlen [11,16,23].

Mit abnehmendem Energieunterschied zum stabilen Tal werden die Halbwertszeiten (HWZ) länger. Auf der β^+-Seite treten in der Nähe der Talsohle nur EC auf. Die kinetische Energie der β^-/β^+-Teilchen bedingt ihre Reichweite in Gewebe. Diese ist – als Massenbelegung in $\mathrm{g\,cm^{-2}}$ – nur von der Energie der Teilchen, nicht von der Kernladungszahl des Absorbers abhängig [13,24].

Für Strahlenschutzberechnungen ist wichtig: die kinetische Energie der β-Teilchen ist kontinuierlich mit einer maximalen Energie E_0, die in der Karte verzeichnet ist. Die für die Dosimetrie relevante mittlere Energie liegt bei ca. 35% von E_0 (Abb. 7.3).

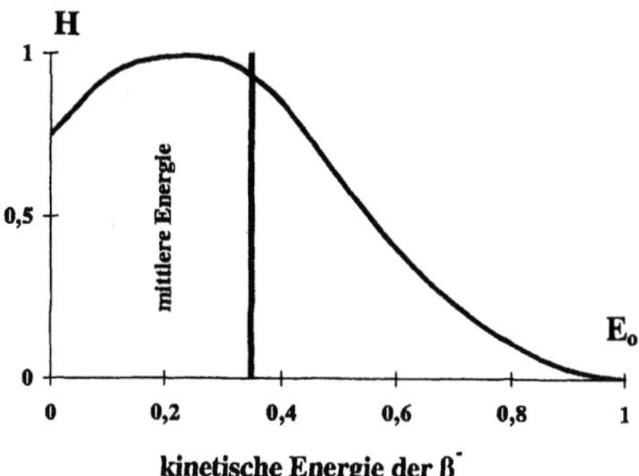

Abb. 7.3. Kontinuierliches Spektrum der kinetischen Energie eines β-Teilchens. Die maximale Energie E_0 ist in der Nuklidkarte [26] in der Einheit [MeV] eingetragen

Tabelle 7.1. In der Nuklidkarte [26] verzeichnete Daten

Kern, Farbe	Mutterkern hat	verzeichnet sind
stabil, schwarz	stabile p-n-Mischung	relative Häufigkeit [%]
radioaktiv, blau	N-Überschuß	β^--Strahlung, $T_{1/2}$, β^--Grenz-Energien [MeV], prompte Photonen, γ-Energie [keV]
radioaktiv, rot	P-Überschuß	β^+-Strahlung, $T_{1/2}$, β^+-Grenz-Energien [MeV]; ggf. bei alternativ möglichem Einfang eines Hüllenelektrons (electron capture EC, überwiegend aus der K-Schale) nur $T_{1/2}$), prompte Photonen, γ-Energie [keV]
radioaktiv, gelb		α-Teilchen, $T_{1/2}$ und Energie [MeV], prompte Photonen, γ-Energie [keV]
radioaktiv, weiß	innere Umwandlung	$T_{1/2}$, verzögerte Photonen, γ-Energie [keV]

7.1.2 Strahlungen für In-vivo- und In-vitro-Anwendung

Aus Strahlenschutzgründen werden für In-vivo-Anwendungen (im Patienten) möglichst nur reine Photonenstrahler mit kurzer HWZ und stabilem Bindungsverhalten an die markierten Pharmaka verwendet.

Für In-vitro-Anwendungen (außerhalb des Patienten) spielen Strahlenschutzgesichtspunkte für das Personal im allgemeinen keine Rolle. Wegen der besseren Meßbarkeit sind Photonenstrahler jedoch gegenüber reinen β-Strahlern vorzuziehen. Lange HWZ sind von Vorteil für die Lagerhaltung bei Langzeitstudien.

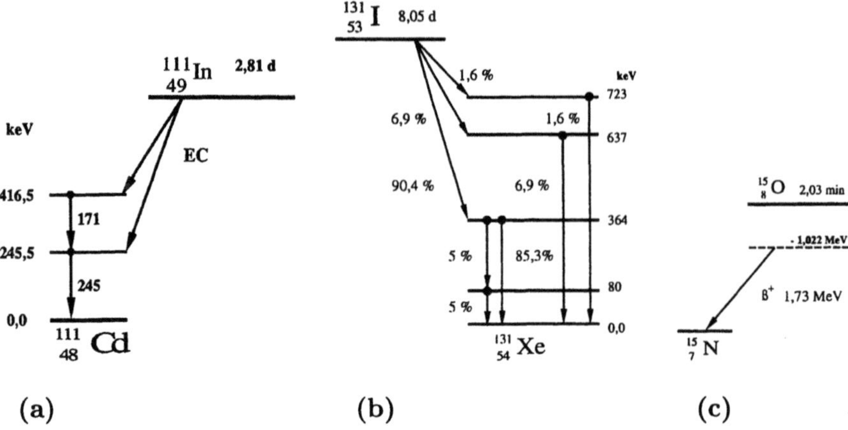

(a)   (b)   (c)

Abb. 7.4. Niveauschemata für verschiedene Umwandlungsarten: **a** EC beim In-111 (Umwandlung eines Protons) mit Übergang zum Grundniveau oder zu angeregten Niveaus des Cd-111 (γ-Kaskade im Tochterkern); **b** β^--Zerfall des I-131 zum Xe-131 (s. Abb. 7.2), stark vereinfacht **c** β^+-Zerfall des O-15 zum N-15. Als maximale kinetische Energie E_0 des β^+ tritt nur die um 1,02 MeV verminderte Energiedifferenz E_{MTK} der beiden Kerne O-15 und N-15 auf (7.1)

7.1.3 Niveauschemata

Zur Darstellung der Energiedifferenzen von definierten Kernzuständen und der Richtung der Kernladungsänderung bei Umwandlung bedient man sich eines Niveauschemas [17,20,21,28] (Abb. 7.4). Nach Umwandlung des Nukleons ggf. mit Teilchenemission tritt weitere Energieabgabe im Tochterkern nur durch prompte γ-Strahlung ohne Teilchenemission und ohne Z-Änderung zwischen den senkrecht übereinanderliegenden Niveaus auf. Die Lebensdauer der Niveaus ist sehr kurz, im allgemeinen unter 10^{-8} s.

Diese prompte γ-Strahlung steht in der Nuklidkarte [26] im Feld des Mutterkerns, obwohl die Strahlung selbst sowohl wie weitere Folgestrahlungen (charakteristische Strahlung, Konversionselektronen) aus dem Tochternuklid kommen. Metastabile Niveaus (Isomere) weisen wegen besonderer Behinderung ihrer Umwandlung längere Lebensdauern auf. Sie werden durch m gekennzeichnet und sind in der Nuklidkarte [26] als weißes Inlay mit HWZ und Übergangsenergie im Feld des Tochterkerns geführt. Im Niveauschema steht die HWZ am Niveau, evtl. ist ein gesondertes Niveauschema für das Isomer üblich (Abb. 7.5).

7.1.4 Nuklidgeneratoren, Kits

Nuklidgeneratoren enthalten ein an ein Trägermaterial gebundenes langlebiges Radionuklid, das nach seinem Zerfall ein metastabiles Tochternuklid zurückläßt und das daher nur noch Photonen emittieren kann. Teilchen- und

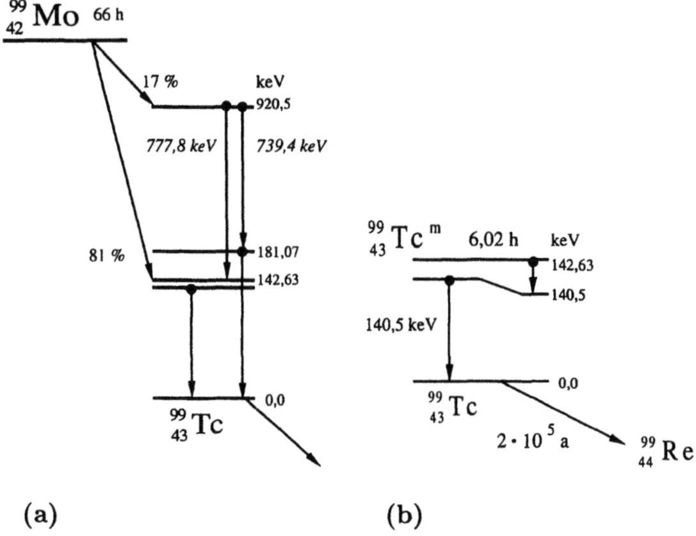

Abb. 7.5. a β^--Zerfall des Mo-99 in den Grundzustand Tc-99 und Isomer Tc-99m; b Zerfall des 6 h-Isomers Tc-99m. Die lange Halbwertszeit 6 h beruht auf dem sehr energieschwachen γ-Übergang zum 140,5 keV-Niveau

prompte Photonenstrahlung werden im bleiabgeschirmten Generator absorbiert. Wegen der nach Zerfall geänderten chemischen Eigenschaften kann man das Tochternuklid vom Mutternuklid trennen, indem der Generator mit passendem Medium (Flüssigkeit oder Luft) durchströmt wird: der Generator wird eluiert. Das Eluat muß ggf. auf seine Nuklidreinheit überprüft werden.

Der Tc-99m-Generator ist der häufigst verwendete Generator der Nuklearmedizin. Er enthält als Mutternuklid Spaltmolybdän Mo-99, das eine HWZ von 66,0 h hat. Es zerfällt in 12,4% der Fälle zum Tc-99-Grundzustand als auch (87,6%) in den angeregten Zustand (Isomer) Tc-99m, und erst danach verzögert in Tc-99 [17,21,29] (Abb. 7.5). Dieses ist radioaktiv mit einer HWZ von $2,1 \cdot 10^5$ Jahre, die Aktivität dieses Zerfalls zum Ru-99 ist praktisch nicht meßbar. Der Generator ist ca. 2 Wochen lang nutzbar. Er wird mit physiologischer NaCl-Lösung eluiert. Das Eluat enthält Tc-Natrium-Pertechnetat. Es kann direkt appliziert werden (Schilddrüsenszintigraphie, Durchblutungsfragen) oder wird für Markierungen mit Kits benutzt.

Das Eluat muß auf Freiheit von Mo-99 überprüft werden. Die mit dem Zerfall des Mo-99 verbundene prompte γ-Strahlung enthält hochenergetische Linien. Tc-99m emittiert jedoch nur niederenergetische 140-keV-Photonen. Das Eluatfläschchen wird deshalb im Aktivimeter zweimal gemessen: zur Bestimmung der Ausbeute und ein zweites Mal in einem mindestens 3 mm dicken Bleibehälter, das nur von hochenergetischen Photonen durchdrungen werden kann. Beim zweiten Mal zeigt das Aktivimeter nur dann eine Aktivität an, wenn das Eluat auch Mo-99 enthält (Mo-Durchbruch). Das Eluat wird dann verworfen, der Generator muß außer Betrieb genommen werden.

Das Eluat ist nicht „trägerfrei", weil es sowohl Tc-99 als auch Tc-99m enthält. Durch den Zerfall des Tc-99m wird der Anteil von strahlungslosem Tc-99 – sog. „kaltes Tc" – laufend größer. Die chemische Bindungskapazität eines Kits muß ausreichen, auch das strahlungslose Tc zu binden. Andernfalls erhält man eine Lösung mit freiem Tc-99 und Tc-99m im Verhältnis ihrer molaren Anteile. Das freie Tc-99m verteilt sich im Körper unkontrolliert und bedingt eine nicht geplante Strahlenexposition des Patienten.

Nach der Elution ist der Generator praktisch frei von Tc-99 und Tc-99m. Die Aktivität muß sich durch den Zerfall des Mo-99 erst wieder mit der HWZ des Tc-99m aufbauen. Zum Beispiel ist 6 Stunden nach der ersten Elution die neuerlich eluierbare Aktivität bestenfalls nur halb so groß wie die der vorhergehenden Elution. Ein abends nochmal eluierter Generator kann am nächsten Tag nur ca. 80% der erwarteten Aktivität liefern. Wird der Generator täglich gleichmäßig eluiert, erreicht man die mit der HWZ des Mo-99 abnehmende Nennaktivität des Tc-99m, auf die der Generator im allgemeinen kalibriert ist. Nach einer Elutionspause von 48 h hat sich das radioaktive Gleichgewicht zwischen Mo-99 und Tc-99m eingestellt. Die Tc-99m-Aktivität des Generators liegt dann oberhalb bei ca. 110% der erwarteten Aktivität für regelmäßige 24stündige Elutionen.

Kits. Ein Labor gewinnt durch den Generator jederzeit Aktivität. Ergänzend werden lagerfähige Pharmaka benutzt, die sog. Kits. Ein Kit wird nach Bedarf mit dem Eluat des Generators zusammengebracht (Markierung). Das im Kit enthaltene Pharmakon wird durch die Markierung zum Radiopharmakon.

7.1.5 Biologische und effektive Halbwertszeit

Die Strahlung aus einem untersuchten Verteilungsraum (Kompartiment) des Patienten nimmt aus zwei Gründen ab: physikalischer Zerfall mit HWZ T_{phys} und biologischer Transport mit HWZ T_{biol}. T_{biol} kann krankheitsbedingt verändert sein. Als Folge davon ist die sich effektiv auswirkende HWZ T_{eff} eine veränderliche Größe und wichtiger Parameter einer Untersuchung. T_{eff} ist immer kleiner als die beiden Ausgangsgrößen, bei sehr großen Unterschieden näherungsweise gleich der kleineren der beiden HWZ. Es gilt

$$T_{\text{eff}} = \frac{T_{\text{biol}} \cdot T_{\text{phys}}}{T_{\text{biol}} + T_{\text{phys}}} . \tag{7.2}$$

7.2 Nachweistechniken für γ-Strahlung

Für eine sinnvolle Anwendung von Radiopharmaka in der Medizin werden Geräte benötigt mit

- guter Empfindlichkeit,
- guter Energieauflösung bei Mehrfachmarkierungen oder zur Unterdrükkung von gestreuten Photonen,
- kurzer Analysezeit für ein einzelnes Photon, um bei Funktionsuntersuchungen in kurzen Zeiten Einzelbilder mit ausreichend hoher Impulszahl (Bildstatistik) zu gewährleisten.

7.2.1 Szintillationszähler

Ein Szintillationszähler besteht aus einem Szintillator, dem Photomultiplier für die Lichtumsetzung, Verstärker, Analysator und ggf. anwendungsspezifischer Elektronik (Abb. 7.6) [3,14,16–18,28].

NaI-Kristall. Durchsichtiger Einkristall, Dichte $= 3,7\,\mathrm{g\,cm^{-3}}$, wird heutzutage in der Schmelze gepreßt. Geometrische Maße: bei Kameras flächenhaft 0,5–1 cm dick, bis 60 cm Durchmesser; bei Sonden und Bohrlochzählern zylindrisch 2,5–7,5 cm Durchmesser (hier mit zentraler Bohrung für Reagenzgläser); für intraoperativ verwendbare Sonden bis 1 cm Durchmesser. Das Ansprechvermögen (Anzahl der nachgewiesenen Anzahl der angebotenen Photonen) auf Strahlung hängt nur ab von der geometrischen Dimension des Kristalls, vom Massenschwächungskoeffizient μ/ϱ für Photo- und Compton-Effekt und damit von der Photonenenergie [3,10,14,17].

NaI-Einkristalle sind dotiert mit 2–3% Tallium Tl. Dadurch wird die optische Absorptionsbande der Kristalle gegen die NaI-Emissionsbande verschoben, der Kristall wird für seine eigenen emitterten Photonen optisch durchlässig (weniger Eigenabsorption). NaI ist hygroskopisch. Ein Kristall ist daher luftdicht mit Al $(810\,\mu)$ ummantelt und wird in Schutzgasatmosphäre aufgearbeitet (gebohrt, gesägt, poliert, montiert), mit diffusem Reflektor umgeben; gegen den Photomultiplier (PM) mit Quarzglasplatte abgeschlossen und an diesen optisch angekittet (zur Verhinderung von Totalreflektion).

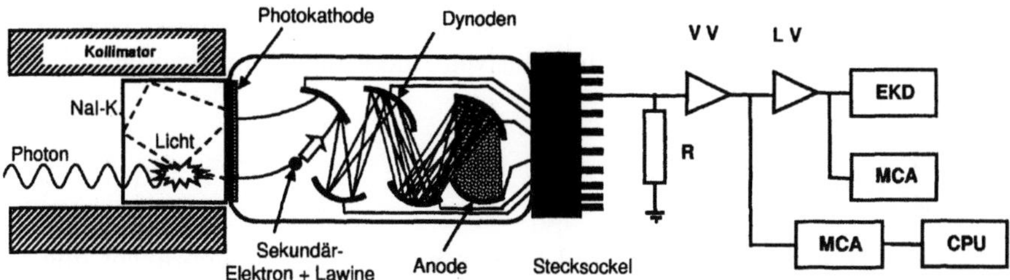

Abb. 7.6. Typischer Aufbau eines Szintillationszählers mit NaI(Tl)-Kristall und Photomultiplier, *VV* Vorverstärker, *LV* Linearverstärker, *EKD* Einkanaldiskriminator, *MCA* Multi-Channel-Analyzer, *CPU* Rechner (s. Text)

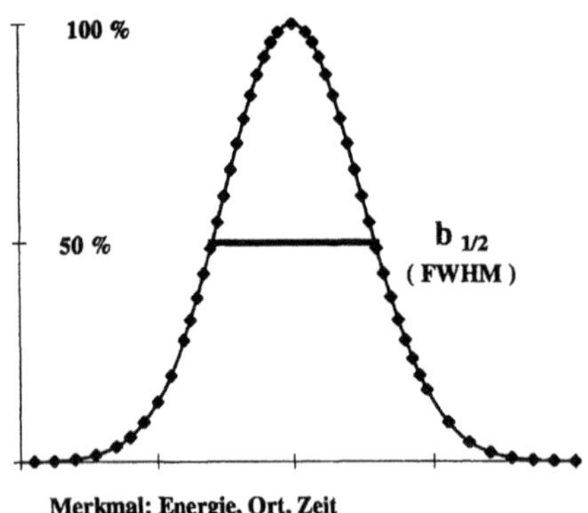

Abb. 7.7. Gaußförmiger Photopeak und Halbwertsbreite $b_{1/2}$ (oder auch FWHM) als Maß für die Energie-, Orts-, Zeitauflösung

Photomultiplier und Elektronik. Im Photomultiplier (PM) wird aus dem Primärlichtimpuls des Kristalls ein Spannungsimpuls erzeugt. Die Photokathode des PM (aus III–V-Verbindungen) ist innen im evakuierten Glaskolben aufgedampft, leitfähig, dünn, braun durchsichtig. Photonen erzeugen in ihr (im Bi-Alkali-PM mit bis zu 30% Ausbeute) Sekundärelektronen (SE). Der PM wird daher auch als Sekundärelektronenvervielfacher (SEV) bezeichnet. Die SE bewegen sich im Vakuum frei auf die höher gespannten Pralldynoden zu. Die statistische Streuung der Elektronenanzahl um den rechnerischen Mittelwert ist maßgeblich für das Energieauflösungsvermögen, spiegelt sich in der Halbwertsbreite $b_{1/2}$ des Photopeak wider (Abb. 7.7) [3]. Äußere Magnetfeldeinflüsse werden durch MU-Metall-Abschirmungen abgeschirmt.

Eine Kette von Pralldynoden (mit III–V-Metallen) wird durch ohmschen Spannungsteiler spannungsmäßig zwischen 0 V (Kathode) und 1,5 kV (Anode) eingestellt mit je ca. 100–150 V pro Stufe. An jeder Dynode geben die auf 100–150 eV beschleunigten Elektronen ihre kinetische Energie ab und setzen 2–3 neue Elektronen für die nächste Beschleunigungsstrecke frei (Vervielfachung). Die Vervielfachung wächst mit der kinetischen Energie der Elektronen, d.h. mit der angelegten Hochspannung U. Die Verstärkung nimmt mit U exponentiell zu (Abb. 7.8), sie ist ein kritischer Parameter jedes Szintillationsdetektors. Es gilt für die relativen Änderungen von Spannung U und Verstärkung V:

$$\frac{\Delta V}{V} = 10 \cdot \frac{\Delta U}{U} \, . \tag{7.3}$$

An jeder Dynode, vor allem an den letzten, wird Ladung gebraucht, die aus dem Querstrom der Widerstandskette geholt wird. Bei hohen Impulsraten kann sich der Querstrom ändern und bedingt dann eine Verschiebung des Arbeitspunkts des PM: meist sinkt sein Verstärkungsfaktor. Die höchsten Dynoden müssen daher durch Kapazitäten oder sogar aktive Schaltkreise abge-

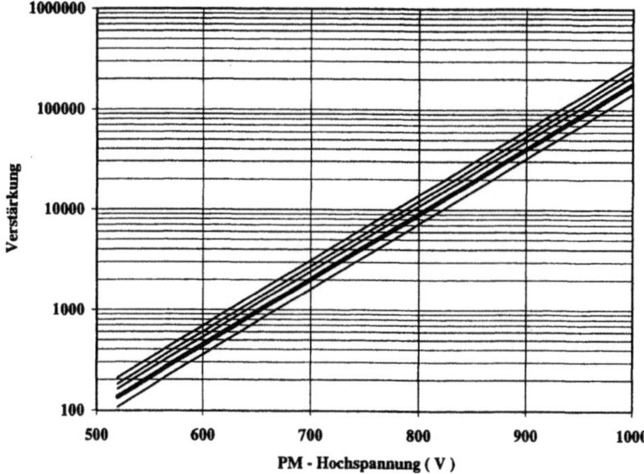

Abb. 7.8. Veränderung der Verstärkung V von mehreren Photomultipliern als Funktion der Hochspannung U [kV] – z.B. in einem Kamerakopf

blockt werden. Am Arbeitswiderstand R an der Anode bewirkt der Stromimpuls einen negativen Spannungsimpuls. Die Impulsamplitude ist PM-Strom und Widerstand R proportional. Die Impulsanstiegszeit ist etwa durch die Abklingzeit des Lichts im Kristall (für NaI 220 ns) gegeben. Sie ist durch elektronische Impulsformung (Zeitkonstante RC an der Anode) nicht unter 80–150 ns zu drücken. Erhalten bleibt die Energiedispersion der Signale (s. Abschn. „Impulshöhenspektrum"). Der dem PM folgende Verstärker paßt die Impulshöhen an den folgenden Analysator (Einkanaldiskriminator EKD oder Multi-Channel-Analyzer MCA) an.

Impulshöhenspektrum. Der Begriff „Spektrum" wird häufig pauschal für alle Häufigkeitsverteilungen (Abb. 7.9) der Szintillationstechnik angewendet. Hier wird schärfer unterschieden in

- γ-Emissionsspektrum (GES): scharfes Linienspektrum der vom Kern emittierten Photonen. Häufigkeiten, Energien, evtl. Konversion (Elektron aus der Hülle anstatt des Photons aus dem Kern: innerer Photoeffekt) müssen Tabellen entnommen werden [20,21,29].
- Elektronenenergiespektrum (EES): Häufigkeitsverteilung der kinetischen Energie der im Kristall durch Wechselwirkung (WW) erzeugten Elektronen – monoenergetisch bei Photoeffekt (maximaler Energieübertrag), kontinuierlich weil streuwinkelabhängig bei Compton-Effekt (geringerer Energieübertrag). Ein konstanter Anteil (8–13%) der kinetischen Energie wird in sichtbares Licht konvertiert. Dieses verläßt den Kristall als Lichtimpuls innerhalb 1 µs. Die Lichtphotonen haben blaue Farbe, Wellenlänge 420 nm.
- γ-Impulshöhenspektrum (GIS): Häufigkeitsverteilung der im PM aus dem Licht erzeugten Spannungssignale. Durch statistische Effekte im PM ist

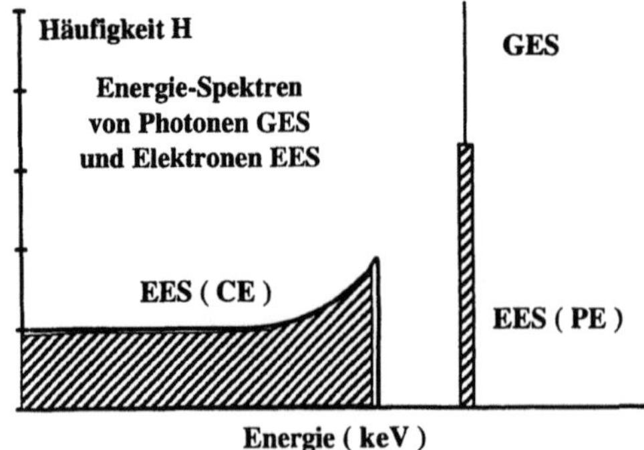

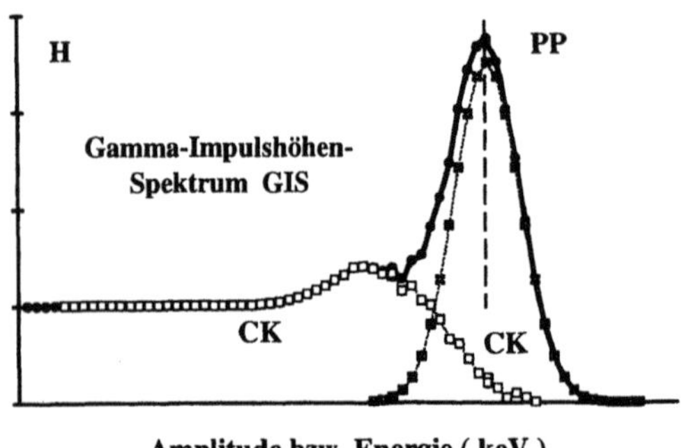

Abb. 7.9. *Oben*: Häufigkeitsverteilungen (Spektren) für γ-Emissionsenergie-spektrum (GES) von Photonen und kinetische Energie der durch Wechselwirkung im Kristall erzeugten Elektronen (EES) (wird im Szintillator zu Licht umge-setzt). *CE* Compton-, *PE* Photoelektronen (*gestrichelt*). *Unten*: Im Photomultiplier erzeugtes γ-Impulshöhenspektrum (GIS, ausgezogen). *CK* Compton-Kontinuum, *PP* Photopeak. Die untere Begrenzung *LL* des Fensters des Energieanalysators schneidet Compton-Impulse ab und verbessert den Kontrast (Signal-zu-Rausch-Anteil) der Messung

das GIS breiter als das EES. Es ist aufgebaut aus Compton-Kontinuum (CK) + Photopeak (PP). Die relative Lage des PP im GIS ist streng proportional zum ursprünglichen GES. Nur dieser PP wird aus dem GIS für die Messung ausgewählt. Das Compton-Kontinuum enthält unspezi-fische Photonen (s. Abschn. „Kollimator"). Es verringert den Kontrast einer Messung – sowohl beim Zählen wie in der bildlichen Verteilung. Die Auswahl des PP besorgt der Einkanaldiskriminator EKD (z.T. veral-tete Analogtechnik) oder ein Vielkanalanalysator MCA. Maßgeblich für die Fensterwahl ist die Energie der unteren Fenstergrenze LL, um den relativen Anteil der Streuung am Meßeffekt zu mindern. NaI-Kristalle und PM mit besserer Energieauflösung erlauben schärfere Fenster und erzeugen daher kontrastreichere Abbildungen/Meßeffekte.

Digitalisierung. Für die Verarbeitung in EDV-Anlagen werden die Analogsignale der Meßgeräte (Kamera, Zähler) in Zahlen verwandelt, sie werden digitalisiert. Die dafür verwendeten Vielkanalanalysatoren (Multi-Channel-Analyzer MCA) verwenden ADC-Stufen (Analog-zu-Digital-Converter, oder Analog-Digital-Wandler).

In Kameras werden sowohl x- und y-Signale als auch das Energiesignal (z-Signal) digitalisiert. Das Antwortsignal des Energieanalysators aktiviert den Rechner, die Daten zu übernehmen. In der meist quadratischen Bildmatrix wird an der entsprechenden x-/y-Adresse ein zusätzlicher Impuls abgespeichert. Gebräuchliche Matrixgrößen sind 64×64, 128×128, 256×256 bis 2048×512 Bildelemente (Pixel). Digitale Bilder sind gerastert, die Schwärzung im Bild entspricht der gespeicherten Impulszahl pro Pixel. Die Speichertiefe eines Pixels liegt bei 256 (8 bit oder byte-mode, für schnelle Funktionsbilder mit kurzen Integrationszeiten), 65536 (16 bit oder word-mode, für statische Szintigraphie) oder noch höher, wenn z.B. isolierte Punktquellen neben flächigen Aktivitätsverteilungen oder im MCA scharfe Linien eines Halbleiterspektrometers gemessen werden.

7.2.2 γ-Zähler

Sie sind aus einzelnem NaI-Kristall mit PM aufgebaut. Das Spektrum der Photonen im NaI wird analysiert. Wegen der unterschiedlichen Photopeaks können bei Doppelmarkierungen auch unterschiedliche pharmakologische Fragen in ein und demselben Meßobjekt (Patient oder Flüssigkeit- bzw. Gewebeprobe) gleichzeitig untersucht werden.

Zählsonden. Sie werden mit geeignetem Kollimator am Patienten positioniert, z.B. für Funktionsuntersuchungen der Nieren oder Herz, für Uptake-Messungen der Schilddrüse, Ganzkörper-Clearance-Bestimmungen (Abnahme der Blutaktivität durch Ausscheidung durch die Nieren) oder im Ganzkörperzähler zur Inkorporationskontrolle bei Strahlenschutzüberwachungen.

Bohrlochzähler. Mit Bohrlochzählern werden Aktivitäten in kleinen Volumenproben (Größenordnung 1 ml) bestimmt, die flüssig oder als Gewebeproben in das kleine Meßvolumen der Zentralbohrung innerhalb des Kristalls im Reagenzglas eingebracht werden. Das Fenster des Analysators (EKD oder MCA) wird auf den Photopeak eingestellt. Üblicherweise wird ein Standard mitgemessen. Die von den Proben ermittelten Impulszahlen werden dann zur bekannten Aktivität des Standards in Beziehung gesetzt.

Bei Verwendung eines EKD muß obligat ein Standard mitgemessen werden. Durch eine relativ zum Photopeak evtl. verschobene Fensterlage wird die Empfindlichkeit des Zählers verändert. Sie betrifft Standard und Probe gleichermaßen und kürzt sich daher bei der Relation der Meßwerte heraus.

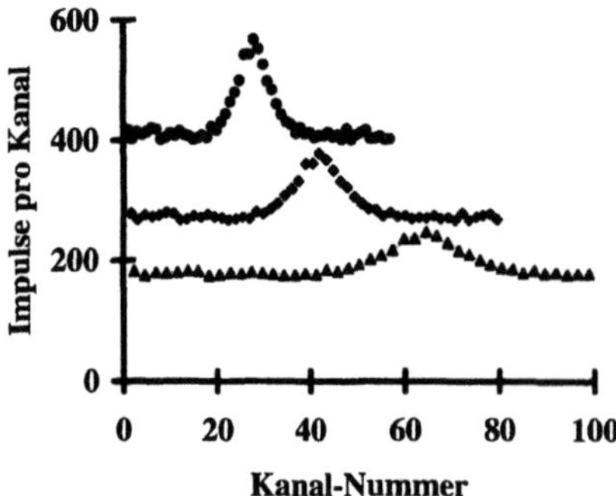

Abb. 7.10. Durch veränderte Gesamtverstärkung verschobene γ-Linie. Die Flächen unter dem Photopeak sind bei gleicher Meßzeit in allen Spektren gleich groß

Probe und Standard unterliegen dem gleichen physikalischen Zerfall, unabhängig davon, ob der Zerfall im Kühlschrank oder im Patienten stattfindet. Aus dem Verhältnis der Impulszahlen zum Standard werden direkt biologische Halbwertszeiten ermittelt.

Wird für die Auswertung ein MCA benutzt, kann der Photopeak des Nuklids in den meisten Fällen selbst bei veränderter Verstärkung des Szintillationszählers identifiziert und ausgewertet werden (Abb. 7.10). Die Empfindlichkeit dieser Anordnung ist damit absolut eichbar; das Ansprechvermögen hängt nur von der – konstanten – Kristalldimension ab. Ein Standard muß daher nicht notwendigerweise mitgemessen werden. Die Auswertung liefert die effektive Halbwertszeit direkt; die biologische HWZ muß nach (7.2) berechnet werden.

Summenspektrum. In einem Bohrlochzähler ist die Meßprobe von allen Seiten vom Meßgerät umgeben, sog. 4π-Geometrie (Abb. 7.11a). Beim Zerfall von Nukliden mit sog. Kaskadenübergängen treten zwei oder mehr Photonen nacheinander in zeitlich so kurzem Abstand auf, daß der Kristall das Licht zeitlich nicht trennen kann. Im Spektrum wird eine Summenlinie bei der Summe der beiden Einzelenergien erzeugt (Abb. 7.11b) [3,20]. Diese Summenlinie tritt nur im Bohrloch oder intensitätsschwächer direkt vor einem großflächigen Kristall (2π-Geometrie) auf, jedoch bei keinem sonstigen Detektor. Sie ist in der Nuklidkarte natürlich nicht enthalten. Ihre Identifizierung gelingt aufgrund des Zerfallsniveauschemas (Nuklidliste in Tabelle 7.2) und mittels geeigneter Experimente mit Veränderung der Präparatgeometrie.

Zählverluste. Alle Zähler verarbeiten Einzelimpulse. Bei höheren Zählraten treten Verluste durch die Totzeit des Zählers auf, wenn ein zweiter Impuls so kurz nach dem ersten auftritt, daß dessen Analyse noch nicht abgeschlossen ist. Bei bekannter Zählcharakteristik eines Zählers können die Zählverluste

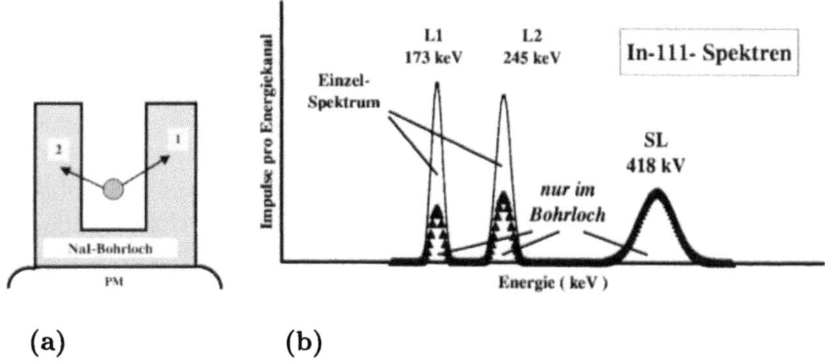

Abb. 7.11. a Geometrie in einem Bohrlochkristall *BK* für ein Nuklid, das zwei Photonen in Kaskade emittiert. Die Wahrscheinlichkeit ist sehr groß, daß beide Photonen im Kristall gleichzeitig gemessen werden. **b** Im Spektrum tritt neben dem Einzellinienspektrum (*L1, L2*) noch eine für die Bohrlochtechnik charakteristische Summenlinie auf (*SL*), die natürlich nicht in der Nuklidkarte verzeichnet ist

Tabelle 7.2. Nuklide mit Summenlinien im Bohrlochkristall (Halbwertszeiten nach [26])

Nuklid	Halbwertszeit	Linie 1 [keV]	Linie 2 [keV]	Summenlinie [keV]
Se-75	119,64 d	121 / 136	280 / 265	401
In-111	2,81 d	173	245	418
I-125	59,41 d	35	28 (K-Str.)	63
I-123	13,2 h	159	28 (K-Str.)	177
Ga-67	3,26 d	93	182	275
alle β^+-Emitter		511	511	1022

korrigiert werden (Abb. 7.25b). Unkorrigierte Zählraten können rechnerisch ermittelte biologische Halbwertszeiten beträchtlich verfälschen.

7.2.3 Zählrohr

Großflächenproportionalzählrohre werden in der Nuklearmedizin als Kontaminationsmonitore eingesetzt. Das Zählgas Xe besitzt insbesondere für die weiche Strahlung des I-125 (28 keV K-Strahlung nach EC des I-125) eine hohe Photoansprechwahrscheinlichkeit. Das Zählrohr ist durch eine sehr dünne Metallfolie abgeschlossen, die in der praktischen Routine vor mechanischen Beschädigungen möglichst durch z.B. einen Röntgenfilm geschützt werden sollte.

Durch die modernen Schaltkreise sind die Kontaminationsmonitore weitestgehend automatisiert. Die Geräte haben für verschiedene häufig benutzte Nuklide Eichfaktoren eingespeichert. Diese werden durch Festtasten oder durch Wahl aus dem ROM-Speicher angewählt. Der Meßwert selbst – an sich eine reine Impulszahl – wird dann in der Einheit $\mathrm{Bq\,cm^{-2}}$ auf dem numerischen Display angezeigt. Diese Angabe ist leicht mißverständlich: sie gilt nur für etwa homogen verteilte Flächenkontamination und nur auf glatten Oberflächen ohne Absorption von Elektronenstrahlung. Im allgemeinen ist aber die anzeigte Aktivität niedriger als die wahre. Der Grund: bei β-Strahlern wie z.B. für I-131 wird der Hauptanteil des Meßeffekts durch die Elektronen geliefert, sofern die β das Zählrohrfenster durchdringen können. Die Elektronen sind jedoch wegen ihrer geringen Reichweite in Materie leicht absorbierbar. Daher ist z.B. von der in eine rauhe Oberfläche eingedrungenen Aktivität nur ein geringer Anteil der β-Strahlung für die Messung effektiv. Die Anzeige fällt zu niedrig aus.

Unterschiedliche Nuklide können mittels der Nuklidtasten nicht voneinander unterschieden werden, weil das Zählrohr nicht energieselektiv arbeitet. Zur Unterscheidung kann man durch zwischengeschaltete Absorberfolien lediglich grob auf die am Meßeffekt beteiligten Elektronen oder auf die Härte der Photonen schließen. In der DIN-Norm [4] wird in der Fußnote empfohlen, Elektronen vom Nachweis durch eine 3–5 mm dicke Plexiglasschicht auszuschließen. Durch solche Absorberschicht wird die Messung quantifizierbarer, jedoch kann die Empfindlichkeit des Kontaminationsmonitors beträchtlich sinken (bei I-131 auf ca. 5% gegenüber der unabgeschirmten Messung, Abb. 7.12).

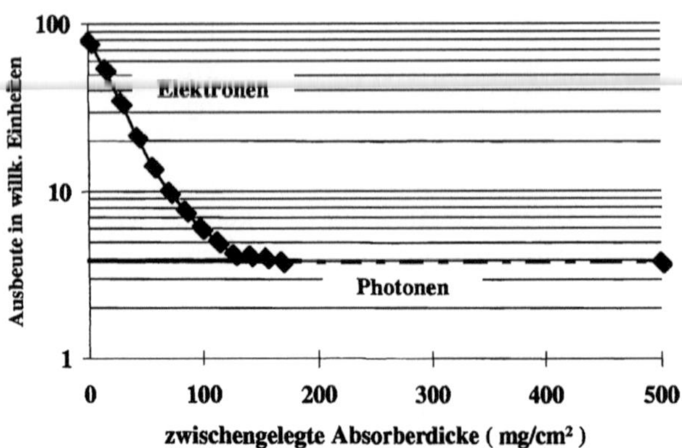

Abb. 7.12. Abnahme der Zählausbeute eines Kontaminationsmonitors für I-131. Durch dünne (einige zehntel mm) zwischen Präparat und Zählrohrfolie eingelegte Plastikfolien sinkt die Zählausbeute auf weniger als 5% des nichtabgeschirmten Wertes. Nach vollständiger Absorption der Elektronen des I-131 in den Folien bleibt die weitere Ausbeute für die Photonen konstant

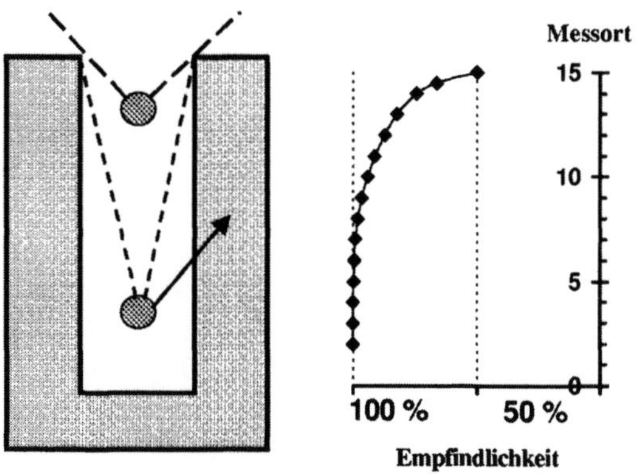

Abb. 7.13. Abhängigkeit der Ausbeute einer Schachtkammer eines Aktivimeters als Funktion des Messortes des Präparats. Bei kleinen Schachtdurchmessern ist die Abnahme zum offenen Ende der Kammer geringer und der Bereich der konstanten Empfindlichkeit größer ausgedehnt

7.2.4 Aktivimeter

Mit Aktivimetern wird die in Spritzen oder Proben enthaltene Aktivität bestimmt. Die Geräte haben einen sehr großen Aktivitätsmeßbereich, typisch sind 5–8 Dekaden. Innerhalb dieses Bereichs sollten sie linear, d.h. aktivitätsproportional anzeigen.

Im Aktivimeter arbeitet ein Becherzählrohr als Proportionalzählrohr. Zur Verbesserung des Ansprechvermögens steht das Zählgas Xe unter hohem Druck, typisch 10 bar. Das Becherzählrohr mißt den von den Photonen im Zählgas erzeugten Ionisationsstrom, gleichgültig ob die Ladungen gleichzeitig oder nacheinander von mehreren Photonen erzeugt wurden. Aktivimeter sind unempfindlich gegen hohe Photonenfluenzen, es treten keine Totzeitverluste auf. Aus keinem Meßwert kann auf das Nuklid geschlossen werden, im Unterschied zu einem Szintillationszähler mit Energiefenster. Mit den auf dem Gerät angebrachten Nuklidtasten wird lediglich der Ionisationsstrom für die Anzeige der Aktivität [Bq] jeweils anders bewertet.

Die Empfindlichkeit des Aktivimeters hängt vom Meßort der Aktivität im Meßschacht ab (Abb. 7.13) [17]. Je größer die Entweichwahrscheinlichkeit für Photonen – insbesondere bei Positionierung am offenen Ende des Schachts – ist, um so weiter und um so stärker fällt das relative Ansprechvermögen unter 100%. Für ausschließliche Messungen von kleinen Proben wie z.B. Spritzen oder Elutionsflaschen sind daher Becherzählrohre mit kleinem Schachtdurchmesser günstiger: hier sind nur geringe Empfindlichkeitsabweichungen vom Maximalwert zu erwarten.

7.2.5 Halbleiterzähler

Halbleiterzähler finden wegen ihrer hervorragenden Energieauflösung zunehmend Anwendung in Probenmeßeinrichtungen oder auch in Ganzkörperzählern bei der Personalüberwachung.

Verwendet wird ein Einkristall aus Germanium (Ge), der während der Messung mit flüssigem N_2 tiefgekühlt werden muß. Ein undotierter HPG-Kristall (High Purity Germanium) darf außerhalb der Meßzeit bei Raumtemperatur gelagert werden. Mit Lithium (Li) gedriftete Ge-Detektoren Ge(Li) müssen auch tiefgekühlt aufbewahrt werden, um die durch Dotierung mit anderen Atomen erzeugte Mikrostruktur des Detektors nicht durch die thermische Bewegungen der dotierten Atome zu zerstören.

Wie in einer Ionisationskammer driften die durch Ionisation im Detektor erzeugten Ladungen im Feld der angelegten Hochspannung (ca. 5 kV) auf die Elektroden des Kristalls, Ladungssammlungszeiten einige hundert µs. Besonders lineare und rauscharme ladungsempfindliche Vorverstärker werden verwendet, die übersteuerungsfest sein müssen, wenn bei höheren Photonenfluenzen mehrere Ladungswolken (Abb. 7.14a) gleichzeitig durch den Detektor driften müssen. Die hervorragende Energieauflösung (Abb. 7.14b) [14,20] beruht auf der hohen Anzahl der primär erzeugten Ladungen und deren geringer statistischer Schwankung um den Mittelwert. Von einem 140 keV Photon werden bei Photoeffekt in einem HPG-Kristall ca. 50 000 Ladungs-

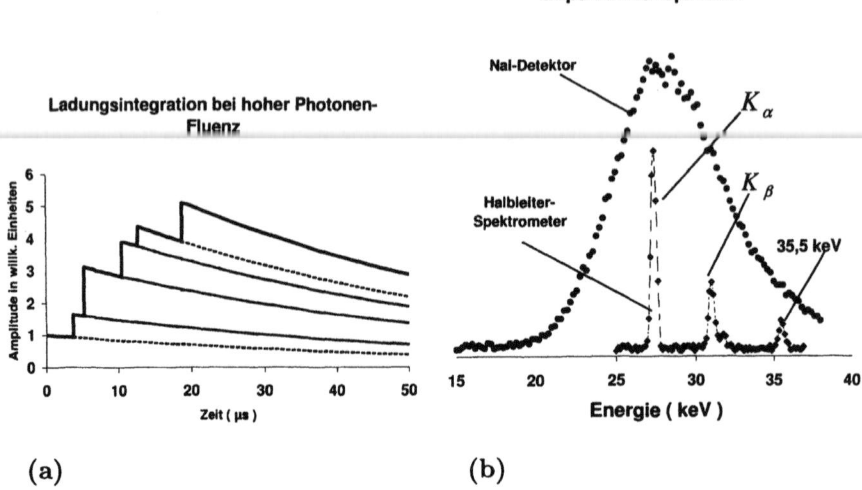

(a)   (b)

Abb. 7.14. a Zeitlicher Verlauf der Impulsamplitude am Eingang eines ladungsempfindlichen Vorverstärkers bei hohen Impulsraten. **b** Vergleich des energetischen Auflösungsvermögens eines NaI-Kristalls und eines Halbleiterzählers für die Photonen des I-125. Der Halbleiterzähler löst K_α- und K_β-Linie und die Photonenlinie bei 35 keV auf (nach Jordan [14])

paare erzeugt – mit statistischer 1-σ-Schwankung 0,45%; bei Photoeffekt im NaI-Szintillationsdetektor werden im PM an der Photokathode hingegen bestenfalls 1500 sekundäre Elektronen erzeugt – mit statistischer 1-σ-Schwankung 2,6%.

7.3 Szintillationskamera

Das Prinzip der Szintillationskamera wurde 1958 von Anger vorgestellt. Für die Ortung eines Lichtimpulses in einem großflächigen (bis 65 × 45 cm²) NaI-Einkristall werden mehrere PM – anfänglich 7, heute bis zu 91 PM – benötigt.

7.3.1 Detektor

Der Detektorkopf einer Szintillationskamera [18,19] enthält hinter einem Viellochbleikollimator (dieser erzeugt das Bild) den NaI-Kristall (6–12 mm dick), darauf die angekitteten PM zur Lichtumwandlung (Abb. 7.15), und folgende elektronische Komponenten zur Energie- und Ortsanalyse des Lichtimpulses, bei modernen Geräten auch die Korrekturschaltkreise und gespeicherte Matrizen für Linearität, Energiehomogenität etc. Die PM sind meist hexagonal angeordnet, auch in rechteckigen Detektoren, und z.T. mit unterschiedlichen PM-Photokathodendurchmessern, um eine möglichst hohe Packungsdichte zu erzeugen.

7.3.2 Ortung und örtliches Auflösungsvermögen

An jeder Stelle des Kristalles muß der Photoeffekt vom Compton-Effekt unterscheidbar sein. Das gesamte GIS-Spektrum als Lichtsumme aus dem Kristall wird nach einer Summierstufe hinter allen PM von einem EKD oder

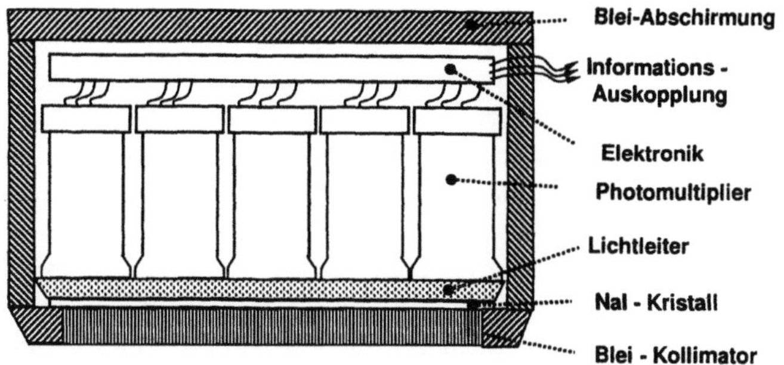

Abb. 7.15. Aufbau eines Meßkopfes einer Szintillationskamera. Im allseits durch Blei abgeschirmten Gehäuse befindet sich hinter dem Kollimator der flache NaI-Kristall. Auf ihm sind die optisch angekitteten Photomultiplier hexagonal angeordnet. Im Kopf befindet sich die Ortungselektronik und neuerdings Elektronik für die On-line-Korrekturen der Signale nach Digitalisierung jedes PM-Ausgangs

MCA analysiert. Nur ein Lichtimpuls im Energiefenster des Impulshöhen-spektrums erzeugt ein logisches Signal. Dessen örtliche Position wird durch zwei Koordinatensignale x, y angezeigt, die von einer von der Position des PM abhängigen Widerstandsmatrix aus dem Szintillationssignal selbst abgeleitet werden (klassisches Anger-Prinzip: komplementäre Auskopplung [18,19] des Anodensignals x^+, x^- und y^+, y^-, durch einfache ohmsche Unterteilung der Signalamplitude an jedem einzelnen PM).

Moderne Kameras digitalisieren den Summenimpuls, neuerdings sogar den primären Impuls direkt hinter jedem PM unabhängig, und analysieren und synthetisieren die Bildinformation per Software. In der Computermatrix wird an der Adresse des Ortes ein Z-Signal hinzugezählt (Digitalbild), bzw. es wird von einem Oszilloskop als Lichtblitz ortsgetreu abgebildet (Analogbild). Der Szintillationsort ist heute im Kristall auf ca. 2,5 mm genau zu lokalisieren (intrinsic resolution).

7.3.3 Kollimatoren

Der Bildinhalt steckt in der räumlich inhomogenen Flußverteilung der Photonen hinter dem Kollimator. Dieser läßt nur Photonen mit Flugrichtungen gemäß der (Projektions-)Richtung seiner Bohrungen aus dem an sich isotropen Strahlungsfeld aus dem Patienten durch. Die räumlich unterschiedliche Dichte wird durch die örtliche Verteilung der Szintillationen im Kristall ermittelt.

Die am weitesten verbreiteten Parallellochkollimatoren weisen bis zu 170 000 Löcher auf. Die Wände zwischen den Bohrungen, die sog. Septen, sollen schräg fliegende Photonen absorbieren. Die Septen müssen entsprechend der untersuchten Photonenenergie ausreichend dick sein. Im Kollimator gestreute Photonen werden weitestgehend durch das Fenster des EKD oder MCA vom Nachweis ausgeschlossen. Dieser idealisierte Fall wird durchbrochen durch zwei kontrastmindernde Vorgänge:

1. Im Patienten erzeugte und vom Kollimator durchgelassene Compton-Streuung hat zwischen Emissionsort und Absorptionsort die Richtung – aber auch die Energie – geändert. Die Quellorte liegen nicht in der Projektionsrichtung des Kollimators. Zu ihrem Ausschluß ist die Fensterlage (LL) und eine gute Energieauflösung entscheidend für ein streuarmes Bild.
2. Die durch zu dünne Kollimatorsepten penetrierte Strahlung. Diese ist energetisch nicht von kollimierter Strahlung zu unterscheiden. Die Szintillationsorte im Kristall entstehen auch hier nicht durch Photonen gemäß der Projektionsrichtung des Kollimators.

Auflösungsvermögen und Abstand. Das nach optischen Gesetzen von einem üblichen Parallelochkollimator durchgelassene Strahlenbündel einer Punktquelle liegt innerhalb eines geraden Kreiskegels [18,19] (Abb. 7.16).

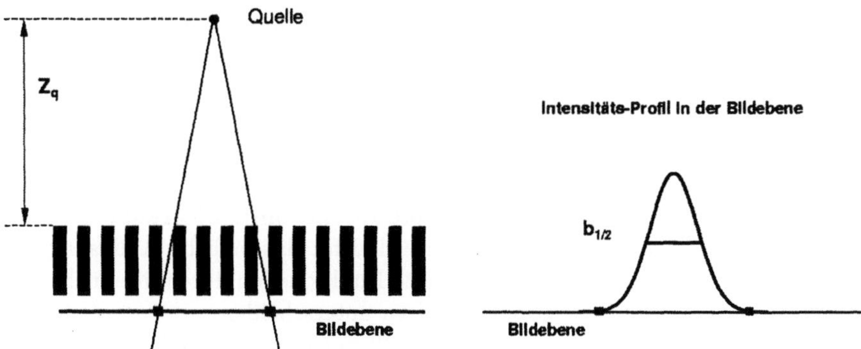

Abb. 7.16. Gerader Kreiskegel, innerhalb dessen die kollimierten Photonen einer Punktquelle (Kollimatorabstand z_q) durch die Kollimatorbohrungen auf den NaI-Kristall gelangen. Der Schnitt durch die gaußförmige Häufigkeitsverteilung der Szintillationsblitze im Bild der Punktquelle weist die Halbwertsbreite $b_{1/2}$ auf. Diese ist ein Maß für das örtliche Auflösungsvermögen

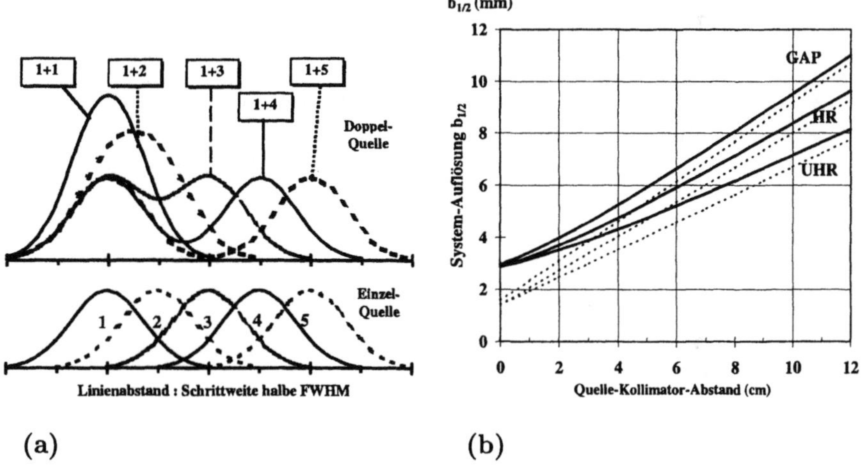

Abb. 7.17. a Profilschnitte durch die Bildfunktionen von Einzel- oder Doppellinienquellen mit gleicher Halbwertsbreite $b_{1/2}$, jedoch unterschiedlichem Abstand voneinander. Bei einem Abstand unterhalb der Halbwertsbreite $b_{1/2}$ sind die Linien nicht voneinander zu trennen; **b** Halbwertsbreiten $b_{1/2}$ der Ortsauflösungskurven für drei verschiedene Kollimatortypen als Funktion des Abstandes z_q der Punkt- (oder Linien-)quelle von der Kollimatoroberfläche (Kollimatortypen aus Tabelle 7.3)

Der Öffnungs-(Divergenz-)winkel dieses Kegels ist bautechnisch bedingt durch das Verhältnis von Bohrungslänge zu Bohrungsdurchmesser (entspricht dem Schachtverhältnis eines Streustrahlenrasters der Röntgentechnik). In der

Kegelachse fliegende Photonen durchdringen die Bohrung ideal, die höchste Empfindlichkeit liegt im Zentrum des Bildes vor. Weiter außen leuchten schräg fliegende Photonen die Bohrungen nur noch teilweise aus (Halbschatten), die Empfindlichkeit nimmt ab.

Ein Querschnitt durch das Photonenbündel ergibt eine gaußförmige Intensitätsverteilung über der Ortskoordinate (bei einer Linienquelle die sog. Linienabbildungsfunktion LSF [line-spread-function]). Die Halbwertsbreite $b_{1/2}$ [FWHM] dieser Gaußkurve ist ein Maß für das örtliche Auflösungsvermögen, d.h. die Fähigkeit, zwei getrennte Punktquellen durch ihre mehr oder weniger getrennten Bilder voneinander zu unterscheiden.

Die FWHM wächst etwa linear [17–19] mit dem Abstand z_q der Punktquelle vom Kollimator (Abb. 7.17b). Sie ist bei gleichem Abstand z_q umso größer, je weiter die Löcher des Kollimators sind. Der dann größere Divergenzwinkel schließt einen größeren Raumwinkel ein, in dem also mehr Photonen aus derselben Quelle fliegen. Ein solcher Kollimator hat meist eine größere Empfindlichkeit – Lichtstärke – aber eine schlechtere Ortsauflösung als ein Kollimator mit kleinerem Lochdurchmesser / geringerem Divergenzwinkel / kleinerem Raumwinkel / besserer Ortsauflösung.

Bei Penetration eines zu dünnen Kollimators ergeben sich folgende Symptome:

- Die Empfindlichkeit ist unerwartet hoch bei sehr schlechtem Bildkontrast.
- Reine Punktquellen werden sternförmig abgebildet.
- Satellitenlinien mit höherer Photonenenergie haben eine größere relative Intensität im Energiespektrum als dem Niveauschema entspricht (Nachweis durch Oszillograph oder Vielkanal).
- Quellen seitlich außerhalb des Gesichtsfeldes des Kollimators erzeugen trotzdem Impulse im Bild bzw. im Impulshöhenspektrum.

Für das Nuklid Tc-99m (140 keV) sind beispielsweise mehrere Kollimatortypen gebräuchlich, für I-131 nur einer (s. Tabelle 7.3).

Wegen der Penetration müssen höherenergetische Kollimatoren immer dann benutzt werden, wenn der Patient durch eine Voruntersuchung noch Restaktivität mit höherenergetischer Strahlung aufweist oder wenn ein Nuklid mit einer „unbedeutenden" γ-Linie mit höherer Energie appliziert wurde (s. Tabelle 7.4).

Empfindlichkeit und Abstand. Die Empfindlichkeit eines Kollimators ist bei wachsendem Abstand z_q der Quelle vom Kollimator unabhängig, solange der kollimierte Strahlenkegel ganz vom Kollimator erfaßt wird [18]. Lediglich die Ortsauflösung nimmt ab. Erst wenn der kollimierte Kegel größer wird als der Kollimatordurchmesser, treten abstandsabhängige Empfindlichkeitsverluste auf (Abb. 7.18). Für die gesamte Impulsausbeute im Kegel (z.B. cts s^{-1} MBq^{-1}) gilt daher nicht das bekannte Abstandsquadratgesetz. Das Abstandsquadratgesetz vermindert jedoch die Impulsdichte pro cm^2. Mit wachsendem

Tabelle 7.3. Geometrische Daten verschiedener Kollimatoren (Daten der Firma Picker 1994)

Loch-länge [mm]	Durch-messer [mm]	Septen-dicke [mm]	FWHM in 10 cm Abstand [mm]	Empfind-lichkeit, relativ	Bezeichnung des Kollimators	zur Unter-suchung von
für Tc-99m, 140 keV (Niederenergie-Kollimatoren):						
25,4	1,57	0,24	9,2	337	General All Purpose (GAP)	Lunge/Herz
27	1,40	0,18	8,0	230	High Resolution (HR)	Knochen/SD
34,9	1,40	0,15	6,7	155	Ultra High Resolution (UHR)	
für I-131, 364 keV (Hochenergie-Kollimator HE):						
58,4	3,81	1,73	11,7	220	High Energy (HE)	

Tabelle 7.4. Nuklide mit hochenergetischen Satellitenlinien (Halbwertszeiten nach [26])

Nuklid	$T_{1/2}$	Hauptline [kev]	Häufigkeit [%]	Satelliten-linie [keV]	Häufigkeit [%]	verwendet für
Co-57	270 d	122	85,9	692	0,15	Qualitäts-kontrolle
Ga-67	3,26 d	93	38	394	5,3	Diagnostik
I-123	13,2 h	159	82,9	530	2	Diagnostik
I-131	8,02 d	364	81	637	6,5	Diagnostik

Abstand wird das Bild flauer, kontrastärmer, hinzu kommt die abnehmende Ortsauflösung.

Wichtige Konsequenz für die Praxis: die besten Bilder macht eine Kamera bei kleinem Abstand, die Aufnahmezeit für ein Szintigramm ist jedoch — bis auf Penetrationsanteile — abstandsunabhängig.

7.4   Digitale Bilddokumentation und -bearbeitung

Zwei verschiedene Arten der Bilddatenerfassung sind üblich:

- **List-Mode.** Die Koordinaten x, y einer Szintillation, gelegentlich sogar gekoppelt mit der Photonenenergie, werden in einer Kette zeitlich nacheinander einzeln, d.h. sequentiell ohne weitere Vorverarbeitung, abgelegt.

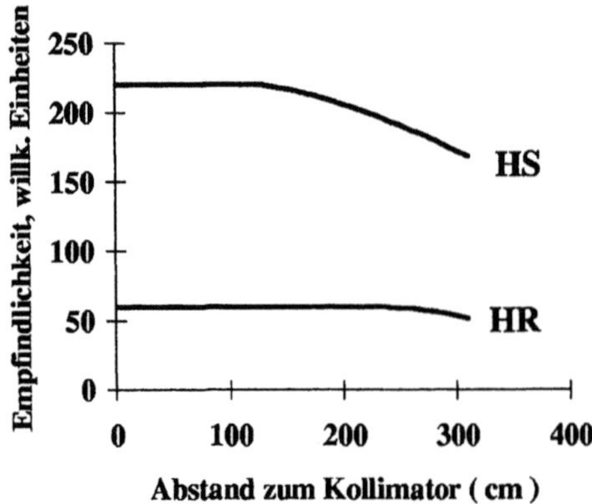

Abb. 7.18. Empfindlichkeit einer Szintillationskamera – ohne Penetration des Kollimators – als Funktion des Abstandes für einen hochempfindlichen (*HS*) und für einen hochauflösenden (*HR*) Parallelochkollimator

Zwischen diese Daten werden durch einen Zeitgenerator in kurzen Abständen speziell codierte Zeitimpulse eingefügt. Bei der späteren Zusammenfassung in Zeitinkrementen können die Daten zeitlich mit der Genauigkeit des Zeittaktes (1 ms oder 10 ms) zugeordnet und aufgearbeitet werden.

Die Aufarbeitung benötigt relativ viel Zeit. Sie ist bei dynamischen Studien nur für sehr schnelle Zeitabläufe gelegentlich üblich (z.B. Herzdiagnostik, Angioszintigraphie), wo der erforderliche optimale Zeittakt einer Messung nicht vorhersehbar ist. Erst durch die mehrfach zu wiederholende, zeitlich flexible Aufarbeitung wird dieser optimierte Zeittakt festgelegt.

- **Frame-Mode.** Die Daten werden ortsgetreu in Bildmatrizen für vorgegebene Zeitintervalle einsortiert. Die Matrizen werden sequentiell abgespeichert. Sie können bei der Bearbeitung später noch zu zeitlich größeren Intervallen zusammengefaßt werden (Reframing). Falls bei kurzzeitig nacheinander produzierten Matrizen die On-line-Übertragungsgeschwindigkeit auf die Festplatte kritisch ist, müssen die Matrizen in schnellen RAM-Speichern zwischengepuffert werden.

- **Multigated Frame-Mode.** In der Herzdiagnostik wird die Zeitdauer eines Herzzyklus, Größenordnung 1 s, in bis zu 32 gleichlange Intervalle unterteilt. Bildmatrizen werden in jedem Zeitintervall erzeugt. Ihr Impulsinhalt ist primär klein, viele Pixel sind ohne Inhalt. Die Matrizen werden während der Dauer eines Herzzyklus zwischengespeichert. Erst nach dem gültigen Herzzyklus, z.B. ohne Extrasystole, werden die Matrizen in der richtigen zeitlichen Abfolge zu den schon summierten Matrizen dazugefügt. Additionen von bis zu 1000 Herzzyklen sind üblich. Nach Ablauf der Untersuchung steht die Bildsequenz der wie mit Stroboskop gewonnenen Zeitinkremente für weitere Analysen des integrierten

Herzzyklus zur Verfügung (z.B. Fourier-Zerlegung für die morphologische Abbildung von Amplitude und Phasen der Herzwandbewegung).

7.4.1 Planare Szintigraphie

Die unter diskreten Projektionsrichtungen gemessenen Bildmatrizen werden als Einzel-Frames oder als Kette von Frames ausgewertet. Die Bildinhalte werden ggf. geglättet, um gleichmäßigere Bildmatrizen zu erzeugen. Die Pixelinhalte werden gemäß einer Schwärzungskurve als Grautonbild, einfarbig oder mehrfarbig wiedergegeben. Bei mehrfarbiger Darstellung mit zu wenigen Farbstufen führt ein Farbsprung leicht zu einer Überbewertung des Sachverhalts, weil die scharfen Farbgrenzen die statistische Streuung mißachten.

Gegenstand der Beurteilung der Szintigramme ist die regelrechte morphologische Verteilung der Bildsignale, insbesondere bei Seitenvergleichen „gesund gegen krank". Insbesondere hierauf gründet die Entwicklung von großformatigen Detektoren, wodurch der gesamte Patient längs seiner Körperachse mit gleicher Empfindlichkeit an beiden lateralen Körperpartien zeitgleich untersucht werden kann.

Kontrastverbesserung. Zur Bereinigung eines Bildes von mitgemessenen Streuanteilen sind Doppelfenstermethoden gebräuchlich. Ein zusätzliches Bild mit Fenster auf dem Compton-Spektrum wird gemessen. Dieses Bild wird von dem regulär mit Fenster auf dem Photopeak gemessenen Bild mit einem passenden Faktor subtrahiert. Bei einem anderen Verfahren wird das Spektrum im Photopeak energetisch 16–32fach unterteilt in unterschiedlichen Einzelmatrizen gemessen. Ein Fit-Verfahren über alle Frames des Photopeaks ermittelt für Pixelnachbarschaften die Gestalt des Photopeaks im Pixelareal auf der hochenergetischen Flanke. Daraus wird die erwartete niederenergetische Flanke des Peaks geschätzt und streukorrigiert. Die Bilder gewinnen an Kontrast.

Kontrastanhebung durch Background-Cutoff. Durch Abzug einer Untergrundschwelle kann die Skala der dargestellten Farbwerte auf den Impulsinhalt oberhalb der Abschneidegrenze verteilt werden. Eine höhere Aufgliederung der Farbwerte entsteht, jedoch wird dadurch auch die Wahrscheinlichkeit erhöht, falsch-positive Ergebnisse zu diagnostizieren.

7.4.2 Funktionskurven und Auswertung

Bei Funktionsuntersuchungen wird eine Kette von Bildmatrizen gleicher Untersuchungsdauer erzeugt. In einer Einzelaufnahme oder in einem geeigneten Summenbild wird ein geschlossener Bereich von Pixeln markiert – die Region of Interest (ROI). Innerhalb dieser ROI wird die zeitliche Änderung der Impulsinhalte als Zeitaktivitätskurve erzeugt (Abb. 7.19). Eine oder mehrere

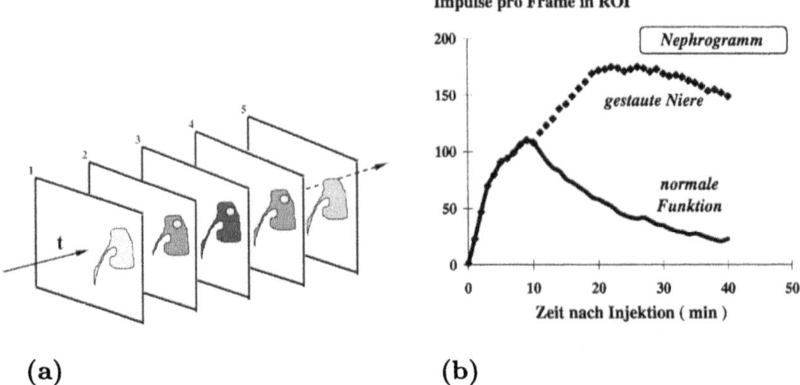

Abb. 7.19. a Zeitliche Aufeinanderfolge von 5 Bildmatrizen. In diesen werden verschiedene ROI markiert. Die darin enthaltenen Impulszahlen ergeben Zeitaktivitätskurven wie in **b**; **b** Funktionskurven einer mäßig verzögerten Nierenausscheidung (*ausgezogene Kurve*) und einer gestauten Niere

Zeitaktivitätskurven werden miteinander verglichen, ggf. nach Normierung auf gleiche Amplitude. Es werden charakteristische Parameter untersucht wie Zeitpunkt und/oder Höhe des Maximums, Halbwertszeit für die Entleerung von Organen, Steilheit der Anstiege/Abfälle der regionalen Zeitaktivitätskurven. Bei morphologischer Darstellung dieser Parameter spricht man von Parameterszintigraphie. Prominentes Beispiel: Herzdiagnostik, Hirndurchblutung. In der Bildmatrix wird durch die visuelle Integration der Ortsverteilung des Parameters die Aussage abgesichert, weil vom Auge des Betrachters die statistische Streuung kompensiert wird. Es werden nur morphologisch sinnvoll zusammenhängende Pixel bewertet.

7.4.3 SPECT

Prinzip der Rückprojektionstechniken. Planare Bilder werden als Projektionen bezeichnet. Projektionsrichtung ist die durch den Kollimator festgelegte Flugrichtung der Photonen. Der Ablauf des Nachweisprozesses wird nun durch Rückprojektion invertiert [15]. Der Emissionsort des Photons muß in der Projektionsrichtung in einer nicht bekannten Entfernung vor dem Kollimator gelegen haben.

Die aus dem Patienten emittierte Strahlung wird aus verschiedenen, äquidistanten Blickwinkeln in Projektionsfiles gleicher Aufnahmedauer abgebildet. Der planare Bilddetektor der Kamera rotiert im allgemeinen parallel zur Kollimatoroberfläche um die ortsfeste Rotationsachse. Die Blickrichtungen eines Parallellochkollimators liegen dann senkrecht zur Rotationsachse und spannen für alle Rotationswinkel die Transversalebene auf [5,8]. Die Rückprojektion jedes einzelnen Projektionsbildes wird anhand der gemessenen Photonenintensität mit allen anderen Rückprojektionen der gleichen ortsfesten Transversalebene des Computers überlagert (Schnittbildtechnik). Die Menge der Pixel in den rekonstruierten koplanaren Transversalebenen bildet einen räumlichen Kubus.

Voraussetzung für diese Techniken: in jedem Nachweisort eines Photons im Kristall ist seine Flugrichtung bekannt, entweder aus den Daten des Kollimators + Szintillationsort, oder durch die Koinzidenzmeßtechnik bei PET-Verfahren mit Vernichtungsstrahlung (zwei Szintillationsorte). Bei den Parallellochkollimatoren ist der Inklinationswinkel für alle Photonen auf dem Kristall gleich. Damit sind vergleichsweise geringe Rechenzeiten für die Rückprojektion erforderlich. Die schiefwinkligen Verfahren – Neurofokalkollimator, 7-Pinhole oder PET – benötigen größeren Rechneraufwand. Besondere Filteralgorithmen sind gebräuchlich, um die Rauschfreiheit und die Randschärfe der Schnittbilder zu verbessern [15] (s. Kap. 9).

Abgeleitete Schnittebenen. Alle anderen Projektionsbilder bei SPECT werden aus den primären Transversalebenen abgeleitet. Die zueinander orthogonalen, ortsfesten Ebenen heißen die Sagittal- und die Coronarebene. Bei windschiefen Achsen von Körperorganen (Hirn, Herz) werden zusätzlich noch zueinander orthogonale, im ortsfesten System jedoch windschiefe Bildebenen berechnet, sog. oblique Schichten (Herzmuskel, Hirn).

Der Rechenaufwand der Rekonstruktion ist bei großer Pixelauflösung größer. Da die Pixel wegen statistischer Nebenbedingungen ausreichend Impulsinhalt aufweisen müssen, steigt die Meßzeit entsprechend an. Rekonstruktionsalgorithmen und bildverbessernde Filtertechniken sind für alle Schnittbildverfahren PET, CT, SPECT ähnlich. Sie werden deshalb in Kap. 9 zusammenfassend abgehandelt.

Mehrdetektorsysteme. Wegen der besseren Empfindlichkeit und damit zu verringernder Aufnahmedauer werden Mehrdetektorsysteme eingesetzt. Bei zwei gegenüberliegenden Detektoren mit großen Kristallen kann der Körperquerschnitt ganz erfaßt werden. Um den geringsten Abstand zum Körper für beste Ortsauflösung zu ermöglichen, können elliptische Abtastbewegungen gewählt werden.

Bei drei Detektoren sind aus geometrischen Gründen meist kleinere Detektoren gebräuchlich, um einen geringen Kollimatorabstand zum Patienten zu ermöglichen. Bei allen Mehrdetektorsystemen kann der Grenzwinkel der Rotationsbewegung auf den entsprechenden Bruchteil des Kreiswinkels 360° vermindert werden.

Sinogramm. Das Bild einer Punktquelle wandert während der Rotation von Blickwinkel zu Blickwinkel in der x-Richtung (senkrecht zur Projektion der Rotationsachse RA) über die jeweilige Projektionsmatrix. Die x-Koordinaten des Maximums der Bildfunktion bilden eine Sinusschwingung gegenüber der Winkelposition des Detektors. Bei elektronisch gut abgeglichenem Gerät liegt die Symmetrieachse der Sinusschwingung beim Koordinatenwert 0, d.h., die mechanische Projektion der Rotationsachse auf die Bildebene stimmt mit der elektronisch gemessenen überein. Abweichungen hiervon müssen vor der Rückprojektion Bild für Bild, Ebene für Ebene rechnerisch durch Koordinatenverschiebung korrigiert werden – Center-of-Rotation-Korrektur, COR-Korrektur (Abb. 7.20).

Während der Untersuchungszeit darf sich der Patient nicht bewegen. Zur Kontrolle der konstanten Lage des Patient während der Untersuchungsdauer – im allgemeinen mehr als 30 min – wird nach Untersuchungsschluß ein sog. Sinogramm der Aufnahmen angefertigt. Jede der planaren Projektionsbildmatrizen wird in einen eindimensionalen Zahlenvektor $H(x)$ projiziert, indem die Summen aller Pixelinhalte gleicher Koordinate x (die senkrecht zur Rotationsachse RA liegt) gebildet werden. $H(x)$ ist damit nur dort von null verschieden, wo sich die Körperprojektion bei diesem Rotationswinkel abbildet. Legt man die $H(x)$ für jeden Rotationswinkel zeilenweise nebeneinander, ergibt sich eine neue Bildmatrix, in der die eine Koordinatenachse den Rotationswinkeln, die andere der x-Koordinate entspricht. In dieser Bildmatrix müssen die Berandungen der $H(x)$-Zeilen stetige (sinusförmige) Kurven bilden. Änderungen entsprechend einer Sinusschwingung sind nur regelgerecht, wenn der Körperdurchmesser aus verschiedenen Blickwinkeln verschieden groß ist. Bewegungen des Patienten quer zur Körperachse imponieren als Unstetigkeiten. Bewegungen längs der Körperachse sind so nicht darzustellen.

Kollimator. Für SPECT verwendete Kollimatoren sollten eine mit dem Abstand nur geringfügig abnehmende Ortsauflösung aufweisen. Die Einhaltung der theoretischen Ausrichtung der Löcher ist unbedingte Voraussetzung für eine artefaktfreie Bildrekonstruktion. Mit stellenweise schielenden Kollimatorlöchern werden sichelförmige Artefakte erzeugt.

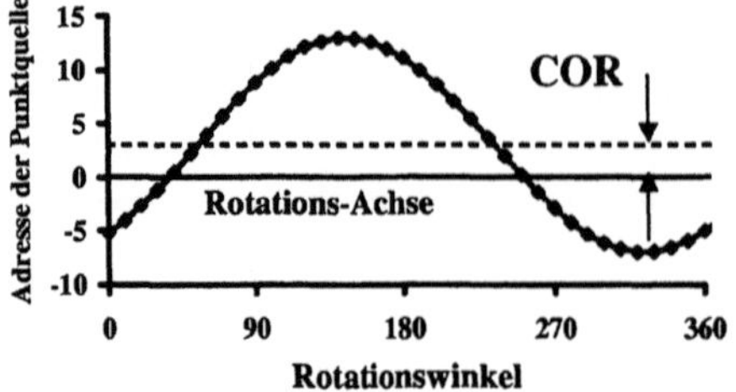

Abb. 7.20. Sinogramm einer Punktquelle zur Überprüfung der Verschiebung des Center of Rotation COR

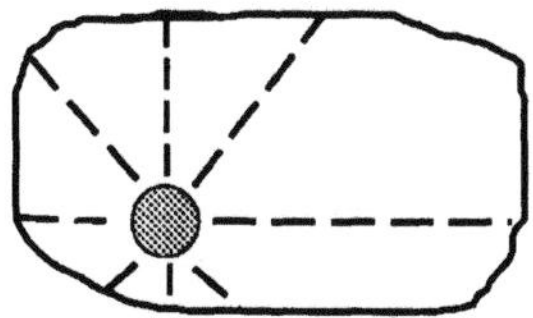

Abb. 7.21. Zur Schwächungskorrektur nach CHANG aus dem rekonstruierten Transversalquerschnitt

Schwächungskorrektur. Vom Detektor weiter entfernte Photonenquellorte werden im planaren Projektionsbild benachteiligt, wie z.B. jede Einzelaufnahme eines knöchernen Thorax (Knochenszintigramm) nachweist. Zum einen ist die Auflösung schlechter. Zum anderen tritt beträchtliche Selbstabsorption im Körper auf. Bei der Rotation wird also eine ungewichtete Rückprojektion insbesondere zentrale Aktivitäten in voluminösen Körperteilen unterbewerten, weil diese von keinem Blickwinkel aus ungeschwächt gemessen werden können.

Eine pragmatische Lösung ist, die Schwächung erst anhand des rekonstruierten Bildes zu korrigieren [15]. Im rekonstruierten Bild ist die Länge der Laufwege der Strahlung sichtbar (Abb. 7.21). Durch Mittelung über alle Rotationsrichtungen wird die mittlere Schwächung für jedes Volumenelement berechnet (Chang) und korrigiert, d.h. der Pixelinhalt wird angehoben.

Bessere Verfahren messen die Schwächung durch einen bekannten Vergleichsstrahler, der ggf. mitrotiert und dessen Strahlung den Patienten aus allen Blickwinkeln einmal durchsetzt (Transmissionsmessung). Die Photonenenergie muß der vom Patienten emittierten Strahlung etwa vergleichbar sein. Der Detektor für die Erfassung der transmittierten Strahlung wird ggf. mit seinem Energiefenster auf den Transmissionsstrahler umgeschaltet, solange die transmittierte Strahlung auf den Detektor fällt.

Iterative Rekonstruktion. Die vermutete Aktivitätsverteilung wird durch schrittweise Annäherung unter Beachtung von Konvergenzkriterien wiederholt gerechnet. Aus dem ersten Bild der Rückprojektion wird eine vermutliche Aktivitätsverteilung ermittelt. Von dieser ausgehend wird geschätzt, wie das Projektionsbild unter jedem Projektionswinkel – bei Berücksichtigung von Gewebeabsorption, veränderlicher Auflösungsvermögen, evtl. Compton-Streuanteil – aussehen würde. Das hierdurch unter jedem Projektionswinkel entstehende Bild wird mit dem gemessenen verglichen. Aus den Unterschieden wird eine erneute, verbesserte (angenäherte) Schätzung der Aktivitätsverteilung als Ausgang für eine zweite Bildberechnung ermittelt. Das Verfahren wird mehrmals wiederholt. Die Algorithmen werden an Phantomen geprüft und danach bewertet, wann die von Schritt zu Schritt notwendigen Veränderungen der Annahmen klein werden (Konvergenz), ob die Rechenergebnisse der Verfahren weiterhin stabil sind, und wie groß der Rechenaufwand ist. Kennzeichnend für iterative Verfahren sind die schärferen Berandungen der

Körperkontur und von isolierten Aktivitäten im Patient, sowie die im Außenraum fehlenden strahlenartigen Artefakte.

7.5 Tomographie mittels Positronenvernichtungsstrahlung

Das modernste Verfahren der Schnittbildtechnik in der Nuklearmedizin nutzt die Vernichtungsstrahlung von Positronenstrahlern (PET = Positronenemissionstomographie) zur Definition eines rückprojizierbaren Strahls durch den Emissionsort. Positronenstrahler emittieren nach β^+-Emission pro Zerfall zwei 511-keV-Photonen, die vom Zerstrahlungsort unter 180° emittiert werden. In der klinischen Praxis erwachsen daraus verschiedene besondere Gesichtspunkte. Die hohe Photonenenergie ist nur durch dicke Strahlenschutzwände abschirmbar. Strahlenschutzaspekte – sowohl für das Personal wie für die Umgebung der Untersuchungsräume bzw. des Labors – spielen eine ganz besondere Rolle. Wenn kurzlebige Nuklide verwendet werden sollen, gehört ein Zyklotron zur Ausrüstung der Abteilung. Nur Nuklide mit mehr als 1 h Halbwertszeit (HWZ) sind von außerhalb von einem externen Hersteller transportabel. Bei kurzer HWZ werden sehr hohe Anfangsaktivitäten appliziert, was den Strahlenschutz zusätzlich aufwendig macht. Wegen der zweifachen Photonenquellstärke weisen alle Positronennuklide eine hohe Dosisleistungskonstante auf.

7.5.1 PET-Zweikopfkamera

Hierbei werden zwei gegenüberliegende Köpfe einer Szintillationskamera ohne Kollimator benutzt (s. Abb. 7.22a). Zwischen den beiden Köpfen befindet sich der Patient, dem ein mit einem Positronenstrahler markiertes Radiopharmakon appliziert wurde (überwiegend F-18, s. Tabelle 7.5). Wegen der hohen Photonenenergie werden etwas dickere Kristalle eingesetzt (9–15mm) als für überwiegend für Tc-99m verwendete Kameraköpfe (6–9 mm). Daher verschlechtert sich die erreichbare intrinsische Auflösung der Kameras. Die Elektronik beider Köpfe ist in Koinzidenz geschaltet. Ausgewertet werden Signale nur, wenn sie innerhalb einer sehr kurzen Auflösungszeit (im allgemeinen unter 20 ns) gleichzeitig – koinzident – registriert werden. Die beiden diametral emittierten Vernichtungsquanten definieren den rückprojizierbaren Strahl, auf dem der Vernichtungsort gelegen hat. Dieser Strahl wird als räumliche Verbindungslinie der beiden koinzidenten Szintillationsorte in den gegenüberliegenden Szintillationskristallen berechnet.

Die beiden Kameraköpfe erfassen den gesamten Raum nur unvollständig. Für eine ideale Rückprojektionstechnik werden alle Blickwinkel bezüglich der Rotationsachse benötigt. Daher müssen die gegeneinander fixierten Köpfe um die Rotationsachse rotieren. Die Bilder in beiden unkollimierten Köpfen werden nacheinander erfaßt. Ohne aufwendige Korrektur der zeitlichen Verände-

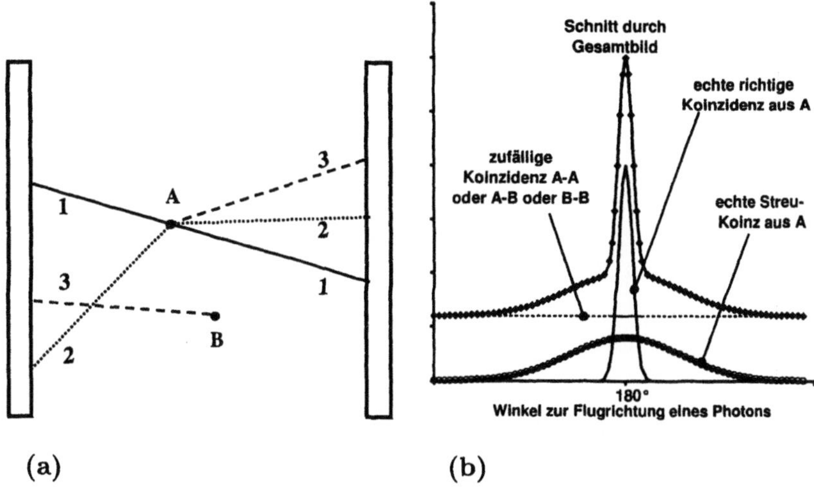

(a)   (b)

Abb. 7.22. a Schematischer Aufbau einer unkollimierten Doppelkopfszintillationskamera in Koinzidenz. Die eingezeichneten Strahlen kennzeichnen nachgewiesene 511-keV-Photonen. *Fall 1*: echte Koinzidenz, der Rückprojektionsstrahl fällt mit der wahren Flugrichtung durch Quellort A zusammen. *Fall 2*: echte Koinzidenz, aber ein Photon wurde gestreut. Der Rückprojektionsstrahl – Verbindung beider Nachweisorte – geht nicht durch den wahren Emissionsort A. *Fall 3*: zufällige Koinzidenz von zwei Einzelphotonen, hier aus zwei verschiedenen Emissionsorten A und B. Der scheinbare Rückprojektionsstrahl geht höchstens zufällig durch einen der wahren Emissionsorte A und A oder A und B oder B und B; **b** Zusammensetzung der Bildinformation, schematisch. Nur echte Koinzidenzen aus A ohne Streuung erzeugen einen rückprojizierbaren Projektionsstrahl, auf dem der Emissionsort A liegt

rungen der Abbildungseigenschaften kann deshalb im allgemeinen nur das langlebige F-18 (1,83 h HWZ) verwendet werden.

Koinzidenznutzrate, Gesamtzählrate und zufällige Koinzidenzen. Wegen der unkollimierten Kristalle müssen sehr hohe Impulsraten verarbeitet werden können (mehr als 10^6 Counts pro Sekunde [cps]). Von diesen sind nur ca. 1% echte koinzidente Signale. Man rechnet im allgemeinen mit maximal $3 \cdot 10^4$ cps Koinzidenznutzsignalrate. Die maximal verwendbare Aktivität variiert mit der Kristallgröße. Sie liegt in der Größenordnung unter 200 kBq im effektiven Empfindlichkeitsvolumen.

Die durch die hohen Zählraten bedingten zufälligen Koinzidenzen verändern den Bildkontrast. Zählverluste in der Elektronik wegen der hohen Zählrate vermindern die Empfindlichkeit. Koinzidenzen aus zwar gestreuten, miteinander aber echt koinzidenten Vernichtungsquanten (s. Abb. 7.22b) beeinflussen den Bildkontrast.

Tabelle 7.5. Physikalische Daten häufig verwendeter Positronenradionuklide (nach [20]) und mit ihnen durchgeführte Untersuchungsverfahren

Nuklid	$T_{1/2}$	$E_{\beta+}$ [MeV]	$\bar{E}_{\beta+}$ [MeV]	$\bar{R}$ [mm]	FWHM [mm]	System[1]	Klinik[2]
C–11	20,38 min	0.96	0.4	1.2	3–5	a	S, M
N–13	9.96 min	1.2	0.5	1.6	3–5	a	S, M
O–15	2.03 min	1.73	0.72	2.7	4–5	a	S, M
F–18	1.83 h	0.63	0.25	0.6	3–5	a	M
					5–8	b	
Ga–68	67.63 min	1.9	0.84	1.0	3–5	a	M
					5–8	b	

[1] a = PET-Ringscanner, b = PET-Doppelkopfkamera
[2] S = Stoffwechsel, M = Morphologie

Zufällige Koinzidenzen kann man isoliert messen, wenn man die Koinzidenzschaltung vertrimmt, indem man den Signalzweig eines Kopfes grundsätzlich einer zeitlichen Verzögerung unterwirft. Die hierdurch berechenbare scheinbare räumliche Verteilung der Aktivität ist in der räumlichen Verteilung der unverzögerten Bildsignale als zufälliger Untergrund enthalten. Er kann daher im Prinzip isoliert gemessen und rechnerisch berücksichtigt werden. Zur Verminderung der Anzahl der zufälligen Koinzidenzen bemüht sich die Industrie um Szintillatoren mit sehr kurzer Abklingzeit des Szintillationslichts – bis 40 ns (im Vergleich zu 220 ns bei NaI) sind in der Diskussion. Damit könnte man die Zeitauflösung der Koinzidenzstufe vermindern, ohne daß die Impulshöhe der Signale zu klein wird. Als Grenze der Koinzidenzzeitverkürzung muß die Laufzeit der Photonen betrachtet werden. Ein vom Zerstrahlungsort um 1 m weiter fliegendes Photon der Vernichtungsstrahlung benötigt für diesen Weg 3,3 ns länger als das zugehörige, den kürzeren Flugweg nehmende Photon.

Die Anzahl von zufälligen Koinzidenzen hängt vom Produkt der Einzelzählraten ab. Daher verändert sich ihre Anzahl quadratisch mit der Präparatstärke, die Anzahl der echten Koinzidenzen jedoch nur proportional.

Koinzidenzen durch gestreute Photonen. Die in der berechneten Aktivitätsverteilung durch gestreute Koinzidenzen (s. Abb. 7.22b) hervorgerufenen falschen Anteile lassen sich schwieriger berücksichtigen. In den Impulshöhenspektren der einzelnen Kameraköpfe treten die gestreuten Photonen zwar unterhalb des Photopeaks in Erscheinung. Jedoch sind Energieanalysen – die nur die ausschließliche Auswertung des Photopeaks zum Ziel hätten – im Vergleich zur schnellen Koinzidenz sehr langsam und stehen im Widerspruch zu den notwendigen hohen Impulsraten. Auf eine Energieanalyse der koinzidenten Signale wird daher im allgemeinen verzichtet. In Abb. 7.22b wird gezeigt, daß die echt koinzidierenden Ereignisse von Photonenpaaren, von denen eines im Patienten vor dem Nachweis gestreut wurde, mit wachsendem Winkel gegen die ungestreute Richtung abnehmen. Die Häufigkeitsverteilung dieser Koinzidenzen und ihr verfälschender Einfluß auf die Ergebnisse der Rückprojektion sind ein besonderes Problem der Informationsaufarbeitung.

Schwächungskorrektur. Im Körper des Patienten werden die 511-keV-Photonen natürlich geschwächt. In die Nachweiswahrscheinlichkeit beider koinzidenter Photonenpaare geht das Produkt F_{ges} der Schwächungsfaktoren F_1 und F_2 ein. Dieses Produkt hängt nur von der im Körper zurückgelegten Gesamtweglänge $x = x_1 + x_2$, d.h. von der gesamten Gewebedicke des Patienten ab gemäß (7.4):

$$F_{\text{ges}} = F_1 \cdot F_2 = e^{-\mu x_1} \cdot e^{-\mu x_2} = e^{-\mu(x_1 + x_2)} \,. \tag{7.4}$$

Zur Schwächungskorrektur der berechneten Aktivitätsverteilung wird daher ein Schwächungsprofil des Patienten benötigt. Es wird aus der gemessenen Durchlaßstrahlung von 511-keV-Photonen Photonen (gebräuchlich ist eine Ge-68/Ga-68-Quelle, HWZ 270,8 d) vor oder nach der eigentlichen Untersuchung, oder auch mittels Cs-137 (662 keV) während der Untersuchung ermittelt.

Räumliches Auflösungsvermögen. Das örtliche räumliche Auflösungsvermögen des Verfahrens, ausgedrückt durch die FWHM des Bildes einer Punktquelle, ist im Vergleich zum SPECT-Verfahren deutlich besser. Die FWHM wird bestimmt durch die intrinsische Auflösung der Kamera (ca. 3–4 mm) und die maximale (mittlere) Reichweite der Positronen, ehe diese sich mit einem Elektron vernichten (weniger als 2–8 mm, je nach Nuklid im Mittel 0,6–2,7 mm, s. Tabelle 7.5). Die erreichbare örtliche Gesamtauflösung mit PET-Koinzidenzdoppelkopfkameras liegt bei 5–8 mm.

7.5.2 PET-Ringscanner

Bei dieser Technik ist der Patient von einem Ringsystem mit sehr vielen kleinen Szintillationsdetektoren umgeben (s. Abb. 7.23a). Diese werden in Detektorblocksystemen von mehreren Photomultipliern derart ausgelesen, daß der Szintillationsort im Ring mit einer Genauigkeit gleich dem Einzeldetektordurchmesser (ca. 2–4 mm) ermittelt wird. Als Szintillator wird BGO (kristallines Wismutgermanat) verwendet, das wegen seiner hohen Ordnungszahl und der großen Kristalldicke (bis 30 mm) ein sehr gutes Ansprechvermögen für die 511-keV-Strahlung besitzt [28]. Aufgrund der Einzeldetektoren im Detektorring (bis zu 18 400 in mehreren coplanaren Ringebenen) sind nur noch Zeitanalysen zur Ermittlung der koinzidenten Detektoren und des sie verbindenden räumlichen Projektionsstrahles notwendig. Die Einzelzählraten

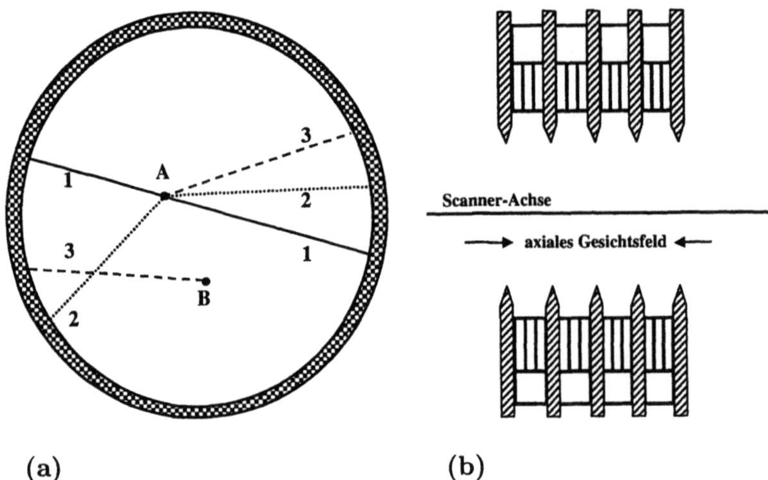

Abb. 7.23. a Aufbau eines PET-Ringscanners, mit Blickrichtung der Scannerachse senkrecht auf die Transversalebene. Flugrichtungen der registrierten Photonen wie in Abb. 7.22; **b** Aufbau mehrerer coplanarer Detektorebenen mit zwischenliegenden Abschirmungsringen zur Einschränkung des effektiven Gesichtsfeldes

sind klein. Die verwendbaren Aktivitäten können höher als bei der Doppelkopfkoinzidenzkamera gewählt werden (bis zu 50 MBq im Gesichtsfeld). Die Geräte können in 2D-Mode betrieben werden (Koinzidenzen nur innerhalb derselben Transversalebene bezüglich der Scannerachse) oder in 3D-Mode (Koinzidenzen sind zugelassen zwischen Detektoren in unterschiedlichen transversalen Ringebenen).

Verwendete Halbwertszeiten und Nuklide. Der Ring umgibt den Patienten simultan auf dem Umfang einer Transversalebene senkrecht zur Achse des Scanners. Alle Projektionsrichtungen sind on-line mit gleichem Ansprechvermögen wirksam. Es können kurze Halbwertszeiten der Radionuklide verwendet werden, kurzzeitig ablaufende physiologische Vorgänge können untersucht werden (s. Tabelle 7.5).

Kollimation und empfindlicher Ortsbereich. Ringförmige Kollimatoren (s. Abb. 7.23b) grenzen den effektiven Ortsbereich ein. Dadurch werden Photonen ausgeblendet, die sehr windschief gegen die Scannerachse emittiert werden und bei denen nicht beide Photonen nennenswerte Nachweischancen aufweisen. Die Einzelimpulsraten von nichtkoinzidenzfähigen Zerstrahlungsereignissen werden vermindert. In manchen PET-Scannern werden bis zu 4 solcher paralleler, koplanarer Ringsysteme benutzt. Das nutzbare Untersuchungsvolumen hat dann in axialer Richtung eine Ausdehnung von maximal ca. 25 cm.

Örtliches Auflösungsvermögen. Ein PET-Ringscanner hat von allen abbildenden nuklearmedizinischen Geräten die beste Ortsauflösung. Diese liegt bei ca. 3–5 mm (s. Tabelle 7.5). Sie hängt von der Reichweite der Positronen bis zu ihrer Vernichtung ab, d.h. also von der β^+-Endenergie; darüber hinaus von geometrischen Größen wie Kristalldurchmesser und Ringdurchmesser. Wegen der guten geometrischen räumlichen Auflösung ergibt sich ein guter Bildkontrast zur Umgebungsaktivität. Daher können sehr schwach abbildbare heiße Knoten (Lymphknoten, Metastasen im Frühstadium) auf einem Untergrund sichtbar dargestellt werden.

7.6 Qualitätskriterien

Die technische Qualität eines Geräts ist Voraussetzung für eine sichere Diagnostik. Wiederholungsmessungen bei unveränderter Fragestellung verursachen zusätzliche, unnötige Strahlenbelastung von Patient und Personal, ggf. auch der Umwelt.

7.6.1 Allgemeines

Technische Qualitätsmerkmale sind meßbar [8,9,12,22]. Manche Qualitätsmerkmale können nur vom Hersteller gemessen werden. Diese fallen dann nicht unter die routinemäßig durchzuführenden Kontrollen durch den Nutzer. Andere Merkmale sind als zeitlich konstant anzusehen, sie werden ggf. in einer Abnahmeprüfung vor Inbetriebnahme vor Ort gemessen. Veränderliche Qualitäten müssen je nach Relevanz oder Fehlerhäufigkeit regelmäßig überprüft werden. Der zeitliche Abstand ist u.U. von Gerät zu Gerät verschieden und selbst für dasselbe Gerät nicht dauernd gleich.

Kontrollprüfungen zur Langzeitkonstanz (Reproduzierbarkeit) von Werten sind für eine gleichmäßige Beurteilbarkeit von Meßergebnissen relevant. Bei anderen Prüfungen sind absolute Forderungen zu erfüllen, die die numerische Richtigkeit der erhobenen Meßwerte garantieren. Hierunter fallen regelmäßige Eichmessungen mit kalibrierten Eichlösungen und zwischenzeitlich Überprüfungen der Gerätekonstanz mit geeigneten Dauerstandards oder Prüfstrahlern. Die erhobenen Daten sollten nicht nur als Zahlenparameter dokumentiert werden, sondern als Bilder oder als Zeitkurven. Aus diesen können Ausreißer oder Trends selbst in Fällen abgeleitet werden, in denen durch statistische Schwankungen der Meßwerte ein Einzelwert nur einen eingeschränkten Aussagewert hat.

7.6.2 Empfindlichkeit

Bei richtig eingestelltem Energiefenster hat ein Gerät immer die gleiche Empfindlichkeit (z.B. cts s^{-1} MBq^{-1}) bei gegebener Strahlergeometrie.

Die konstante Empfindlichkeit von Aktivimetern wird mit langlebigen Prüfstrahlern in immer dem gleichen Nuklidkanal – meist für Tc-99m – bestimmt. Die Ergebnisse sollten graphisch dargestellt werden. Bei langen HWZ wie bei Cs-137 reicht sogar ein linearer Maßstab. Das Verhältnis der Anzeigen in den verschiedenen Nuklidkanälen sollte mit dem gleichen Strahler ebenfalls konstant sein.

Bei Kameras wird eine im Aktivimeter bestimmte Aktivität im konstanten Abstand vor dem gleichen Kollimator gemessen. Abweichungen vom Erwartungswert können durch veränderte Fensterlage, veränderte Verstärkung (extrem von der Hochspannung U der PM abhängig) und vom Kollimator (bei Penetration dann sogar vom Abstand vom Kollimator) abhängen.

Im Bohrlochkristall hängt die Empfindlichkeit ebenfalls von der relativen Lage des Photopeak zum eingestellten Fenster ab. Eine praktikable Umgehung von Schwierigkeiten ist die sehr breite Fenstereinstellung, sofern nur mit einem Nuklid gearbeitet wird. Hiermit ist jedoch die Konstanz des Geräts selbst nicht zu kontrollieren, sondern nur seine Verwendbarkeit.

7.6.3 Homogenität

Unter der Homogenität wird die konstante ortsunabhängige Empfindlichkeit pro Flächenelement, d.h pro Pixel, verstanden. Diese hängt ab von der PM-Fensterlage, von Linearitätsfehlern bei der Abbildung und von Inhomogenitäten des Kollimators. Sie wird im allgemeinen überprüft entweder mit weit entfernten Punktquellen ohne Kollimator (intrinsische Homogenität) oder mit homogen gefülltem Volumenphantom mit, d.h. auf dem Kollimator (Systemhomogenität). Der Inhalt der Pixel einer Homogenitätsmatrix wird durch Rechenprogramm automatisch auf die relativen Abweichungen der Pixelinhalte vom Mittelwert analysiert (Abb. 7.24). Die Homogenität ist um so besser, je geringer diese Abweichungen sind. Die Matrix wird vor der numerischen Abtastung einmal 9-Punkt-geglättet und dabei von den gröbsten statistischen Schwankungen befreit [8,9,12].

Ein hoch eingestellter LL-Wert des Energiefensters verbessert den Kontrast des Bildes. Das dann aber nicht symmetrisch liegende Fenster kann

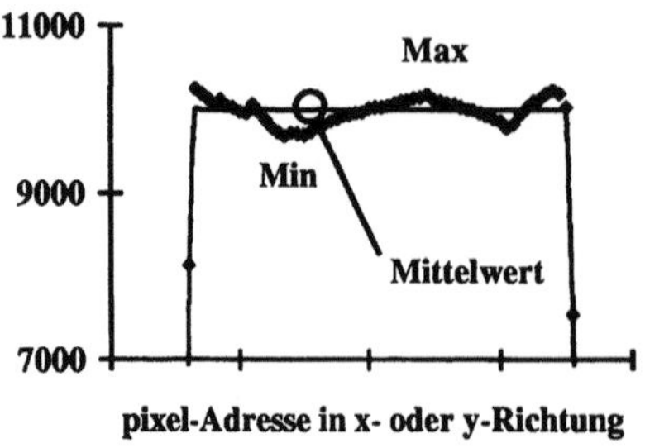

Abb. 7.24. Schnitt durch das Bild einer homogenen Flächenquelle mit örtlichen Abweichungen – Inhomogenitäten – der Impulsausbeute vom Mittelwert M

die Homogenität einer älteren, nicht energiekorrigierten Szintillationskamera beträchtlich alterieren und damit den Vorteil des besseren Kontrasts kompensieren. Vor allem bei SPECT-Rekonstruktionen entstehen Artefakte.

Je Pixel werden 10^4 Impulse gefordert. Deren statistische Schwankung um den Mittelwert beträgt 1%. Somit sind keine kleineren geräteabhängigen Inhomogenitäten des Geräts meßbar. In einer 4-k-Matrix mit ca. 3000 mit Information belegten Pixeln – bei einem runden Kameragesichtsfeld – werden damit für eine Homogenitätsmatrix (HM) ca. 30 Mio. Impulse verlangt. Deren Meßzeit beträgt bei niedrigen Impulsraten einige Stunden. Werden größere HM für die Kontrolle benutzt, z.B. 16 k, sind die benötigten Impulszahlen 120 Mio. und die Meßzeit dafür größenordnungsmäßig 10 h. Die Messungen einer HM werden daher nur an Wochenenden und möglichst selten durchgeführt, soweit das angemessen erscheint.

Ein Kurztest mit zwei Bildern mit schmalem Fenster jeweils auf einer Flanke des Photopeaks ist selbst bei kleinen Impulszahlen häufig aufschlußreich. Im Falle eines vertrimmten PM ergibt sich komplementär im einen Bild eine Anreicherung und im anderen Bild eine Verarmung der Bildsignale am gleichen Ort (Ping-Pong-Effekt). Ein negativer Kurztest ohne Befund erfordert im allgemeinen keine Neubestimmung der HM. Die Verwendung der HM als Korrekturmatrix für den rechnerischen bildlichen Ausgleich der bildlichen Inhomogenität erscheint neuerdings zweifelhaft. Die zu korrigierenden medizinischen Matrizen weisen weit weniger als 100 counts pro Pixel auf. Deren statistische Unsicherheit und Anzeigeungenauigkeit ist damit erheblich größer als die Korrektur selbst.

7.6.4 Linearität

Dieser für Kameras wichtige Parameter [8] kann häufig mangels Ausrüstung mit dem notwendigen engtolerierten Linienphantom vom Nutzer nicht gemessen und kontrolliert werden. Verwendet wird z.B. ein Bleistreifenphantom, das direkt auf den Kristall gelegt und aus großem Abstand mit einer Punktquelle durchstrahlt wird. Die Streifen werfen Schatten, die streng parallel sein müssen. Die Abweichungen vom Idealwert sind heutzutage so klein, daß sie mit bloßem Auge nicht entdeckbar sind und nur mittels Computerprogramm ausgewertet werden können. Die Daten werden für die On-Line-Korrektur jedes einzelnen Bildsignals in einer Linearitätskorrekturmatrix abgespeichert.

7.6.5 Zählverluste

Die meßbare Zählausbeute jedes Zählers bleibt mit steigender Photonenfluenz zunehmend unter der erwarteten Zählausbeute, d.h., ein zählendes Gerät ist bezüglich seiner Empfindlichkeit nicht linear in Abhängigkeit von der Photonenfluenz. Bei abbildenden Geräten werden bei hohen Zählraten durch zufällige Koinzidenzen, d.h. zufällige Vektorsummation von Einzeladressen

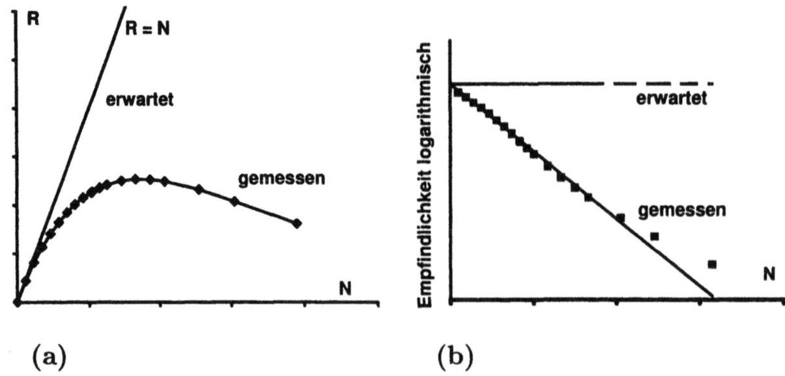

Abb. 7.25. Zählratencharakteristiken eines Impulszählers. a Erwartete und gemessene Impulsrate als Funktion der erwarteten Impulsrate N; (b) die gemessene Empfindlichkeit – z.B. die Impulsrate pro Aktivität – nimmt exponentiell mit der Photonenfluenz ab. Der Erwartungswert ergibt sich als Schnittpunkt der Meßkurve mit der Ordinate. Die Photonenfluenz ist proportional zur zerfallskorrigierten Aktivität

[17], zusätzlich Fehladressen erzeugt, wenn die Energie der skalaren Impulssumme vom EKD oder MCA als gültig erkannt wird.

Verschiedene Methoden sind gebräuchlich, um die Zählverluste zu quantifizieren. Der Begriff „Totzeit" steht für die Unfähigkeit des Zählers, ein zweites Signal zu verarbeiten, wenn das erste noch nicht fertig analysiert wurde. Das Gerät übersieht dann das zweite Signal, es entsteht ein Zählverlust. Mißlich scheint die gleiche Benennung „Totzeit" einmal für eine mit einem Oszillographen wirklich meßbare Totzeit einer Zählschaltung wie zum anderen für einen Fitparameter. Die meßbare Zählrate R hängt mit der meist gesuchten erwarteten Zählrate N (beide in cts s^{-1}) zusammen gemäß [10,14,17] (Abb. 7.25):

$$R = N \cdot \exp\left(-\tau \cdot N\right) . \tag{7.5}$$

τ ist hier ein Fit-Parameter und liegt in der Größenordnung zwischen $\tau = 1,5$–$8\,\mu$s. Zur zahlenmäßigen Ermittlung werden genau bekannte Quellen verwendet, entweder die Zweipräparatemethode [10,17] oder eine Verdünnungsreihe mit genau bekannten Quellen unterschiedlicher Stärke. Bei Berechnung von Zählverlusten muß die gesamte Zählrate des Detektors herangezogen werden, nicht z.B. nur der Inhalt einer ROI-Zählratenkurve.

7.6.6 Kontrast

Der Bildkontrast wird im Prinzip durch das Signal-Untergrund-Verhältnis bestimmt. Den Untergrund können die geräteabhängigen Bildsignale – Streuung und Penetration – und im Gewebe die evtl. durch unzureichende Clearance der Umgebung länger als üblich verbleibende Aktivität liefern. Die Effekte überlagern am Ort der gesuchten Struktur unspezifische Bildinformation, wodurch die Befundbarkeit insbesondere aktivitätsarmer („kalter") Bereiche erschwert wird.

Zur Messung des Kontrasts sind verschiedentlich Phantome vorgestellt worden, eine genormte Untersuchungsmethode für klinische Routinekontrollen ist nicht festgelegt. Grund dafür dürften die vielparametrigen Ursachen und die schlechte numerische Erfassung sein.

7.6.7 COR-Bestimmung

Die Übereinstimmung der mechanischen Rotationsachse mit der elektronischen wird regelmäßig mit Punkt- oder Linienquellen und normaler Detektorrotation überprüft. Eine grobe Prüfung ist bei rundem Kameragesichtsfeld die evtl. verschobene Abbildung eines Flachfeldphantoms, dessen Bildrand mit überall gleichmäßigem Abstand allen Seiten der quadratischen Bildmatrix anliegen muß. Die zugelassenen Toleranzen der COR-Abweichung liegen bei ca. 1 mm im Ortsbereich [8].

7.7 Strahlenschutz für Patienten und Umgebung

Die Radioaktivät erzeugt eine dauernde, monoton abnehmende Dosisleistung in der Umgebung der Aktivität. Der Patient trägt diese Strahlenquellen in die normale Umwelt. Andere Personen, auch klinisches Personal, unterliegen damit einer externen und u.U. auch einer internen Exposition. Gegen beide Arten der Exposition ist kontrollierbare Vorsorge zu treffen [25,27].

7.7.1 Externe Exposition

Für die externe Exposition ist nahezu ausschließlich die Photonenstrahlung verantwortlich. Sie wird überwacht durch Filmplakette, sofort ablesbare Dosimeter und ortsfeste Strahlenmonitore. Aus der Dosisverteilung werden ggf. bauliche Strahlenschutzmaßnahmen oder Aufenthaltsbeschränkungen abgeleitet. Die Schwächung von Photonen durch Strahlenschutzwände (z.B. Bleiwände, s. Tabelle 7.6) ist sehr unterschiedlich, da sich die Massenschwächungskoeffizienten und die daraus abgeleiteten Halbwertsdicken insbesondere der Strahlenschutzmaterialien Blei und Schwerbeton um mehr als drei Größenordnungen im Energiebereich der Photonen zwischen ca. 40 keV und 500 keV unterscheiden [10,24].

Für das ärztliche Personal gilt die Überwachungspflicht durch amtliche Personendosimeter. Die Ergebnisse dieser Messungen werden protokolliert, ein benannter Strahlenschutzbeauftragter und sein Vertreter sind Voraussetzung für die Betriebsgenehmigung einer Abteilung.

Tabelle 7.6. Strahlenschutzwirkungen von Blei für nuklearmedizinische Photonenenergien (teilweise nach DIN 6844 [4,12,22])

Nuklid	Energie	Halbwertsdicke	Zehntelwertdicke
	[keV]	[mm]	[mm]
I-125	28	0,03	0,1
Tc-99m	140	0,3	1
I-131	364	2,5	10
Vernichtungs- strahlung	511	4,4	14,6

7.7.2   Interne Exposition

Der interne Expositionspfad ist im allgemeinen der heikle Punkt beim Umgang mit offenen Substanzen in der Nuklearmedizin. Für das Arbeiten mit offenen radioaktiven Substanzen gelten besondere Regeln [6,25,27]. Da eine gelegentliche Gefährdung durch Inkorporation nicht ausgeschlossen werden kann, dürfen im Kontrollbereich für offene Substanzen schwangere Frauen nicht beschäftigt werden. Mit Flächenkontaminationsmonitoren können Arbeitsgerät, Hände und Fußboden auf Verunreinigung mit Aktivität mit weitaus ausreichender Empfindlichkeit überwacht werden. Festgestellte Aktivität muß bis auf abriebfeste Restaktivität gesäubert (dekontaminiert) werden. Die verbleibende Reststrahlung von der weiterhin nicht mehr abreibbaren Aktivität ist strahlenschutzmäßig unkritisch; der kritische Inkorporationspfad ist damit unterbunden.

7.7.3   Kontrolle der Patientenausscheidungen

Patienten mit Aktivitäten für therapeutische Behandlungen müssen 48 h innerhalb des Kontrollbereichs „Radioaktive Therapiestation" verbleiben [7,25,27], um die Gefährdung von normalen Personen durch die Ausscheidungen des Patienten zu unterbinden. Die Abwasser sind zurückzuhalten, bis sie nach ausreichendem Abklingen in das öffentliche Kanalnetz abgegeben werden dürfen. Die Betriebsgenehmigung wird durch die örtlichen Überwachungsbehörden ausgesprochen. Diese dürfen die Einhaltung der angeordneten Strahlenschutzmaßnahmen jederzeit kontrollieren.

Für nahezu alle Bereiche bestehen Verpflichtungen zur Buch- und Protokollführung. Selbstverständlich gehören die für den Patienten relevanten Daten in die Krankenakten, die aus forensischen Gründen 30 Jahre lang aufzubewahren sind. In diesem Sinne sind die qualitätsüberwachten Geräte der Nuklearmedizin Teil der Strahlenschutzmaßnahmen, sowohl was die gemessenen Aktivitäten und Kontaminationsüberwachungen angeht als auch die Qualitätskontrollen, die eine optimale Diagnostik schon bei der ersten Untersuchung und nicht erst bei einer Wiederholung garantieren sollen.

Literatur

1. Angerstein W (Hrsg)(1979) Lexikon der radiologischen Technik in der Medizin 3. Aufl. Thieme, Stuttgart
2. Angerstein W (Hrsg) (1989) Lexikon der radiologischen Technik in der Medizin 4. Aufl. Thieme, Leipzig
3. Crouthamel CE (Ed) (1960) Applied Gamma-Ray Spectrometry Vol 2. Pergamon Press, Oxford
4. DIN 44801 (1984) T1: Oberflächen-Kontaminationsmeßgeräte und -Monitore für Alpha-, Beta- und Gammastrahlung: Allgemeine Festlegungen. Beuth, Berlin
5. DIN 6814 (1992)
   T2: Begriffe und Benennungen in der radiologischen Technik – Strahlenphysik
   T3: Begriffe und Benennungen in der radiologischen Technik – Dosisgrößen und Dosiseinheiten
   T4: Begriffe und Benennungen in der radiologischen Technik – Radioaktivität
   T5: Begriffe und Benennungen in der radiologischen Technik – Strahlenschutz
   T10: Begriffe und Benennungen in der radiologischen Technik – Szintigraphie inkorporierter Radionuklide
   T13: Begriffe und Benennungen in der radiologischen Technik – Kollimatoren und Abschirmungen für nuklearmedizinische Messgeräte
   T22: Begriffe und Benennungen in der radiologischen Technik – Digitale Verfahren der diagnostischen Bildgebung: Emissions-Computertomographie. Beuth, Berlin
6. DIN 6843 (1992) Strahlenschutzregeln für den Umgang mit offenen radioaktiven Stoffen in der Medizin. Beuth, Berlin
7. DIN 6844 (1989)
   T1: Nuklearmedizinische Betriebe: Regeln für die Errichtung und Ausstattung von Betrieben zur diagnostischen Anwendung von offenen radioaktiven Stoffen
   T2: Nuklearmedizinische Betriebe: Regeln für die Errichtung und Ausstattung von Betrieben zur therapeutischen Anwendung von offenen radioaktiven Stoffen
   T3: Nuklearmedizinische Betriebe: Strahlenschutzberechnungen. Beuth, Berlin
8. DIN 6855 (1992)
   T1: Qualitätsprüfung nuklearmedizinischer Meßsysteme: In vivo- und in vitro-Meßplätze
   T2: Qualitätsprüfung nuklearmedizinischer Meßsysteme: Meßbedingungen für die Einzel-Photonen-Emissions-Tomographie mit Hilfe rotierender Meßköpfe einer Gamma-Kamera
   T3: Qualitätsprüfung nuklearmedizinischer Meßsysteme: Einkristall-Gamma-Kamera zur planaren Szintigraphie und Systeme zur Meßdatenaufnahme und -auswertung. Beuth, Berlin
9. DIN EN 60789 (1993) Merkmale und Prüfbedingungen für bildgebende Systeme in der Nuklearmedizin: Einkristall-Gamma-Kameras. Norm-Entwurf 1993 (Deutsche Fassung von IEC 789)
10. Evans RD (1955) The atomic nucleus. McGraw-Hill, New York
11. Grimsehl E (1990) Lehrbuch der Physik, Bd 4, 18. Aufl. Teubner, Leipzig
12. IEC 789 (1992) Characteristics and Test Methods for Anger Type Gamma Cameras. IEC Standard

210   D. Lange

13. Jaeger RG, Hübner W (1974) Dosimetrie und Strahlenschutz, 2. Aufl. Teubner, Stuttgart
14. Jordan K (1980) Grundlagen der Strahlenmesstechnik. In: Handbuch der medizinischen Radiologie, Bd XV/1 a. Springer, Berlin Heidelberg New York
15. Jordan K, Knoop B (1988) Meßtechnik in der Emissions-Computertomographie. In: Handbuch der medizinischen Radiologie, Bd XV/1 b. Springer, Berlin Heidelberg New York Tokyo
16. Kohlrausch F (1985) Praktische Physik, Bd 2, 23. Aufl. Teubner, Stuttgart
17. Kretschko J, Berg D (1985) Messtechnik. In: Kriegel H (Hrsg) Grundlagen der Nuklearmedizin. Fischer, Stuttgart (Handbuch der Nuklearmedizin, Bd 1)
18. Lange D (1980) Physikalische Grundlagen und Technik. In: Feine U, zum Winkel K (Hrsg) Nuklearmedizin – Szintigraphische Diagnostik, 2. Aufl. Thieme, Stuttgart
19. Lange D (1984) Nuklearmedizinische bildgebende Verfahren. In: Maurer H-J, Zieler E (Hrsg) Physik der bildgebenden Verfahren in der Medizin. Thieme, Stuttgart
20. Lange D (1999) Physikalische Grundlagen. In: H Büll, H Schicha, H-J Biersack, WH Knapp, C Reiner, O Schober (Hrsg) Nuklearmedizin, 3. Aufl. Thieme, Stuttgart
21. Lederer CM, Virginia SS (Eds) (1978) Tables of Isotopes. Wiley & Sons, New York
22. NEMA NU 1 (1986) Performance Measurements of Scintillation Cameras. National Electrical Manufacturers Association, Washington
23. Physik (1994) Bd 1, 3. Aufl. Bibliographisches Institut u. Brockhaus, Mannheim Leipzig
24. Reich H (Hrsg) (1990) Dosimetrie ionisierender Strahlung. Teubner, Stuttgart
25. Richtlinie für den Strahlenschutz bei Verwendung radioaktiver Stoffe und beim Betrieb von Anlagen zur Erzeugung ionisierender Strahlen und Bestrahlungseinrichtungen in der Medizin ("Richtlinie Strahlenschutz in der Medizin") GMBl 1992, Nr 40, S 991
26. Seelmann-Eggebert W, Pfennig G, Münzel H, Kleve-Nebenius H (1995) Karlsruher Nuklidkarte 6. Aufl. Kommunalschriften-Verl. J. Jehle, München
27. Verordnung über den Schutz vor Schäden durch ionisierende Strahlen (Strahlenschutzverordnung), in der Fassung der Bekanntmachung vom 30.6.1989 (BGBl I S 1321, 1926), geändert durch Vierte Änderungsverordnung vom 18. August 1997 (BGBl I, S 2113), Neufassung verabschiedet am 20.7.2001 (GMBI T.1), G5702 N. 38 (26.7.2001)
28. Ziegler S (1999) Grundlagen, Physik, Qualitätskontrolle. In: Wieler HJ (Hrsg) PET in der klinischen Onkologie. Steinkopff, Darmstadt
29. Zum Winkel K (Hrsg.) (1990) Nuklearmedizin, 2. Aufl. Springer, Berlin Heidelberg New York Tokyo

8 Grundlagen der Physikalischen Ultraschalldiagnostik und -therapie

J. Debus

8.1 Ultraschallphysik

8.1.1 Ultraschall als ein Teilgebiet der Akustik

Die Akustik umfaßt alle Erscheinungen, die mit der Erzeugung, Ausbreitung und dem Empfang von Schall in Zusammenhang stehen. Schall manifestiert sich in Druckwellen, die sich in elastischen Medien (Gas, Flüssigkeiten und feste Körper) ausbreiten. Schall entsteht infolge einer sich ausbreitenden mechanischen Verformung des Übertragungsmediums, dessen Zustandsgrößen durch eine physikalische Einwirkung (Schallquelle), häufig periodisch, aus dem Gleichgewicht gebracht werden [12]. Die mit den Schallwellen verknüpfte Energie füllt einen Raum aus, der Schallfeld genannt wird.

Bei der Einteilung der Akustik in Frequenzbereiche bildet der Hörbarkeitsbereich des Menschen den Bezugspunkt. Als Ultraschallwellen werden Schallwellen mit Frequenzen oberhalb der Hörbarkeitsgrenze des Menschen in einem Bereich von 16 kHz bis 1 GHz bezeichnet (Tabelle 8.1).

Ebene akustische Wellen werden praktisch nur im Ultraschallbereich realisiert und können daher als spezifisches Ultraschallphänomen betrachtet werden [14].

8.1.2 Erzeugung von Ultraschallwellen

Grundsätzlich lassen sich mit allen Mitteln, die dazu geeignet sind, elastische Deformationen zu erzeugen, Schallwellen generieren. Technische Verbreitung konnten dabei nachfolgende Schallerzeugungsprinzipien erlangen:

Tabelle 8.1. Frequenzbereiche der Akustik

	Frequenzbereich
Infraschall	0 Hz–20 Hz
Hörschall	16 Hz–20 kHz
Ultraschall	16 kHz–1 GHz
Hyperschall	>1 GHz

- Schallerzeugung durch mechanische Energieumwandlung,
- Schallerzeugung durch thermische Energieumwandlung,
- Schallerzeugung durch optische Energieumwandlung,
- Schallerzeugung durch elektromechanische Energieumwandlung,
- Schallerzeugung durch piezoelektrische Energieumwandlung.

Mechanische Ultraschallerzeugung. Ultraschallwellen können in Luft und in Flüssigkeiten mittels Pfeifen bzw. Sirenen erzeugt werden. Abrißwirbel, die an Schneiden erzeugt werden, regen Resonanzräume bzw. Resonanzkörper zu Schwingungen an.

Thermische Ultraschallerzeugung. Durch periodische Überhitzung von Gasen oder Festkörpern werden mechanische Druckschwankungen ausgelöst. Thermische Ultraschallverfahren finden meist zur Erzeugung sehr hoher Frequenzen im Gigahertzbereich Anwendung.

Optische Ultraschallerzeugung. Durch Einstrahlen von Licht können Ultraschallwellen in Flüssigkeiten und Festkörpern erzeugt werden. Lichtenergien von Impulslasern in einem Bereich von 10–100 mJ reichen zur Erzeugung von Ultraschallpulsen bereits aus. Als Wirkungsmechanismus kommen thermische Effekte durch absorbierte Strahlung, Elektrostriktion und dielektrische Durchbrüche bei hohen Lichtintensitäten in Betracht. Überschreitet die absorbierte Energie einen gewissen Schwellwert, führt dies zur explosionsartigen Verdampfung des Mediums und zur Entstehung von Kavitationsblasen. Von diesen Kavitationen gehen während ihres Kollapses sphärische Schallwellen aus.

Elektromechanische Ultraschallerzeugung. Auch durch Ausnutzung der Lorentz-Kraft können Ultraschallwellen erzeugt werden. Eine Flachspule, die durch eine Isolierschicht von einer Metallmembran getrennt ist, wird vom Entladestrom eines Hochspannungskondensator durchflossen. Die Ausbildung von Wirbelströmen führt zur Abstoßung der Metallmembran. Da die Abstoßungskraft ihre Richtung unabhängig von der Stromrichtung beibehält, wird eine Schallfrequenz von doppelter Stromfrequenz erzeugt.

Piezoelektrische Ultraschallerzeugung. Piezoelektrische Ultraschallsender zeichnen sich durch einfache Konstruktion und Handhabung sowie durch ihre vielseitige Verwendbarkeit aus. Ein piezoelektrischer Ultraschallerzeuger besteht im einfachsten Fall aus einer Schicht piezoelektrischen Materials geeigneter Orientierung, die beidseitig mit einem elektrisch leitenden Belag versehen ist. Wird an diese Elektroden eine elektrische Wechselspannung

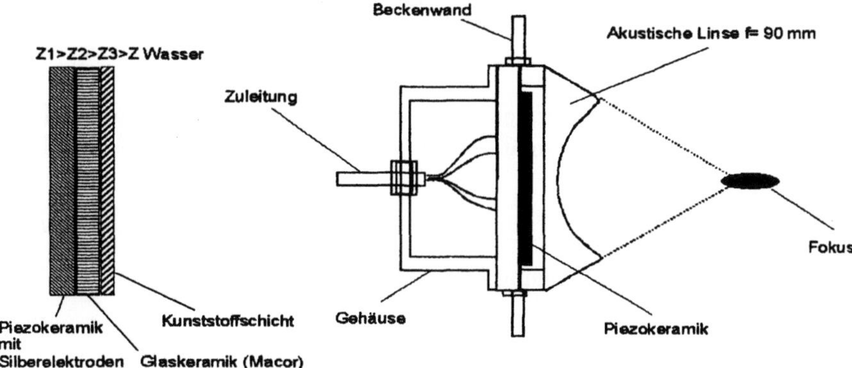

Abb. 8.1. Schematischer Aufbau eines Ultraschallwandlers sowie der Piezokeramik mit den zugehörigen akustischen Anpassungsschichten. Zur Verringerung des akustischen Impedanzsprungs zwischen Keramikmaterial und Ankopplungsmedium werden Anpassungsschichten mit abnehmender akustischer Impedanz auf die Piezokeramik aufgebracht. Eine akustische Linse dient zur Fokussierung der Schallwellen

angelegt, so ändert sich die Dicke der piezoelektrischen Schicht im Rhythmus des erzeugten Wechselfeldes. Aufgrund der Umkehrbarkeit des piezoelektrischen Prinzip können auch mechanische Schwingungen mit Hilfe piezoelektrischer Materialien in elektrische Schwingungen umgewandelt werden. Technisch eröffnet dies die Möglichkeit, mit ein und demselben Schallwandler sowohl Ultraschall zu erzeugen, als auch Ultraschallwellen zu empfangen. Ein Vorteil piezoelektrischer Ultraschallquellen liegt zudem in der Möglichkeit, nahezu beliebige Bauformen und Baugrößen realisieren zu können (s. auch Abb. 8.1).

8.1.3   Schallausbreitung

Lineare Schallausbreitung

Wellengleichung. Die Ausbreitung von Ultraschall in Flüssigkeiten und Gasen erfolgt fast nur als Longitudinalwellen. Festkörper dagegen zeigen neben Volumenelastizität auch Formelastiziät, so daß sich auch Transversalwellen ausbreiten können. Im folgenden wird die Wellengleichung für isotrope Medien hergeleitet. Dabei wird vorausgesetzt:

- lineare und elastische Deformation des Volumenelements nach dem Hookeschen Gesetz,
- Teilchenauslenkung klein gegen die Wellenlänge,
- quadratische und höhere Terme werden vernachlässigt.

Vernachlässigt man außerdem unter der Annahme einer schnellen Änderung der Zustandsgrößen Effekte durch Wärmetransport, kann das Medium mit einer adiabatischen Zustandsgleichung beschrieben werden:

$$p_{\mathrm{g}} = p_{\mathrm{g}}(\rho_{\mathrm{g}})\,. \tag{8.1}$$

Der Index g bezieht sich auf den absoluten Gesamtwert, der Index 0 auf den Ruhezustand. Definitionsgemäß ist der Schalldruck p gleich der Abweichung vom Ruhewert p_0:

$$p = p_{\mathrm{g}} - p_0\,. \tag{8.2}$$

Ebenso gilt für die schallbedingte Dichteänderung:

$$\rho = \rho_{\mathrm{g}} - \rho_0\,. \tag{8.3}$$

Druck und Dichte lassen sich formal verknüpfen, indem man p nach ρ in eine Taylorreihe entwickelt:

$$p = \frac{A}{1!}\left(\frac{\rho}{\rho_0}\right) + \frac{B}{2!}\left(\frac{\rho}{\rho_0}\right)^2 + \frac{C}{3!}\left(\frac{\rho}{\rho_0}\right)^3 + \ldots \tag{8.4}$$

mit

$$A = \rho_0\left(\frac{\mathrm{d}p}{\mathrm{d}\rho}\right), B = \rho_0^2\left(\frac{\mathrm{d}^2p}{\mathrm{d}\rho^2}\right) \text{ usw.}$$

Massen und Impulserhaltung führen zu:

$$\nabla p + \rho_{\mathrm{g}}\frac{\mathrm{d}\boldsymbol{v}}{\mathrm{d}t} = 0 \; \text{Impulserhaltung} \tag{8.5}$$

$$\Delta\left(\rho_{\mathrm{g}}\boldsymbol{v}\right) + \frac{\mathrm{d}\rho}{\mathrm{d}t} = 0 \; \text{Massenerhaltung} \tag{8.6}$$

Hier ist $\boldsymbol{v}$ der Vektor der Schallschnelle, d.h. die Geschwindigkeit der einzelnen Teilchen $\mathrm{d}\boldsymbol{v}/\mathrm{d}t$ ist die totale Beschleunigung. Falls die Druck- und Dichteänderungen verglichen mit den Gleichgewichtswerten p_0 und ρ_0 klein sind, können die Glieder höherer Ordnung vernachlässigt werden, und man erhält:

$$p = c^2\rho \quad \text{mit} \quad c^2 \equiv \frac{\mathrm{d}p}{\mathrm{d}\rho} \approx \left(\frac{\mathrm{d}p}{\mathrm{d}\rho}\right)_0\,. \tag{8.7}$$

Zwischen Dichte- und Druckänderung wird ein linearer Zusammenhang angenommen, wobei sich c als Ausbreitungsgeschwindigkeit erweisen wird. Bei hinreichend kleinen Schallschnellen wird der Unterschied zwischen der „totalen Beschleunigung" $\mathrm{d}\boldsymbol{v}/\mathrm{d}t$ und der „lokalen Beschleunigung" $\partial\boldsymbol{v}/\partial t$ bedeutungslos, und ρ_{g} wird durch ρ_0 ersetzt. Man erhält dann die als Helmholtz-Gleichung bekannte Wellengleichung, die in der gleichen Form auch für alle anderen Schallfeldgrößen gilt:

$$\Delta p = \frac{1}{c^2}\frac{\partial^2 p}{\partial t}\,. \tag{8.8}$$

Die in der Realität unvermeidlichen Verluste bei der Wellenausbreitung bleiben dabei unberücksichtigt.

Geschwindigkeitspotential. Der wirbelfreie Charakter der Bewegung in idealen Medien gestattet es, das Geschwindigkeitspotential als skalares Feld des Gradienten der Teilchenschnelle zu definieren:

$$v = -\nabla \Phi. \tag{8.9}$$

In Analogie zur potentiellen Energie, deren Differentiation nach den Ortskoordinaten den Wert der wirkenden Kraft angibt, ist $\Phi(r,t)$ das Geschwindigkeitspotential. Die Wellengleichung wird zu

$$\Delta \Phi = \frac{1}{c^2} \frac{\partial \Phi}{\partial t} \tag{8.10}$$

und die akustischen Größen zu

$$v = -\nabla \Phi, \quad p = p_0 \frac{\partial \Phi}{\partial t}, \quad \frac{\partial \rho}{\partial t} = \Phi_0 \Delta \Phi. \tag{8.11}$$

Ebene Wellen. Wählt man als Ausbreitungsrichtung die x-Achse eines kartesischen Koordinatensystems, ergibt sich als allgemeine Lösung:

$$f(x,t) = F(x - ct) + G(x + ct). \tag{8.12}$$

F und G sind beliebige, aber zweimal differenzierbare Funktionen. F beschreibt eine Druckstörung, die zur Zeit $t = 0$ als $F(x)$ gegeben ist und sich von da an unter Beibehaltung ihrer Form mit der Geschwindigkeit c ausbreitet. Entsprechend stellt G eine in negativer x-Richtung fortlaufende Welle dar. Die Flächen konstanter Phasen sind parallele Ebenen senkrecht zum Wellenvektor $k = \omega/c$. Setzt man $G = 0$ und wählt die Sinusfunktion für F, verifiziert man durch Einsetzen, daß

$$\Phi(x,t) = \Phi_{\max} \sin(\omega t - kx) \tag{8.13}$$

die Wellengleichung löst. Schallschnelle und Druck sind phasengleich, was nur für ebene Wellen gilt. Es ergibt sich der Wellenwiderstand oder die charakteristische Impedanz Z_0 als Verhältnis von Schalldruck zur Schallschnelle:

$$Z_0 \equiv \frac{p}{v} = \frac{\rho_0 \omega}{k} = \rho_0 c. \tag{8.14}$$

Schallfeldgrößen

Schallgeschwindigkeit in isotropen Medien. Die Annahme, daß die Verformung eines Volumenelements nach dem Hookeschen Gesetz erfolgt, führt auf Gleichungen mit 36 Konstanten. Für isotrope Stoffe genügen wegen der Symmetrie zwei elastische Konstanten, die Laméschen Konstanten λ und μ.

Die Schallgeschwindigkeit läßt sich mit den elastischen Konstanten folgendermaßen ausdrücken:

$$c = \sqrt{\frac{\lambda + 2\mu}{\rho_0}} \, . \tag{8.15}$$

Die Umrechnung in andere häufig verwendete elastische Konstanten ist leicht möglich [12]. Für den Kompressionsmodul K ergibt sich z.B. $K = \lambda + 2/3\mu$.

Schallgeschwindigkeit in Flüssigkeiten. Da Flüssigkeiten kaum Querkräfte übertragen, verschwindet in erster Näherung die Konstante μ. Mit dem oben eingeführten Kompressionsmodul K läßt sich die Schallgeschwindigkeit in Flüssigkeiten schreiben als

$$c = \sqrt{\frac{K}{\rho_0}} \, . \tag{8.16}$$

Die in idealen Medien frequenzunabhängige Schallgeschwindigkeit wird in realen Medien durch Frequenzdispersion infolge Relaxationsprozesse frequenzabhängig – allerdings nur um wenige Prozent [14]. Die Schallgeschwindigkeit im Wasser ist vom Druck und der Temperatur abhängig. Bei Atmosphärendruck und einer Temperatur von 20°C beträgt sie 1482,7 ms [10]. Bei einer typischen, in diesem Kapitel verwendeten Schallfrequenz von $f = 500\,\text{kHz}$ entspricht das einer Wellenlänge λ nach $c = f\lambda$ von etwa 3 mm.

Schallgeschwindigkeit in Festkörpern. In Festkörpern gibt es neben Longitudinalwellen in Ausbreitungsrichtung auch Teilchenauslenkungen senkrecht zur Ausbreitungsrichtung. In anisotropen Festkörpern hängt die Schallgeschwindigkeit zusätzlich noch von der Ausbreitungsrichtung ab. Für die Schallgeschwindigkeit longitudinaler Wellen c_l gilt:

$$c_\text{l} = \sqrt{\frac{\lambda + 2\mu}{\rho_0}} \, . \tag{8.17}$$

Transversale Wellen breiten sich im Festkörper mit der geringeren Geschwindigkeit c_t aus:

$$c_\text{t} = \sqrt{\frac{\mu}{\rho_0}} \, . \tag{8.18}$$

Reflexion und Brechung. Trifft eine Schallwelle auf die Grenzfläche zwischen zwei Medien mit unterschiedlichen Schallgeschwindigkeiten und Impedanzen, so wird ein Teil der Welle an der Grenzschicht reflektiert und der andere gebrochen. Handelt es sich bei den beiden Medien um Flüssigkeiten, erhält man, wie in der Optik, aus Stetigkeitsüberlegungen das Snelliussche Brechungsgesetz:

$$\frac{\sin\theta'}{\sin\theta} = \frac{c'}{c} \tag{8.19}$$

und den Reflexionskoeffizienten R sowie den Transmissionskoeffizienten T:

$$R = \frac{Z_0'\cos\theta - Z_0\cos\theta'}{Z_0'\cos\theta + Z_0\cos\theta'}\,,$$

$$T = \frac{2Z_0\cos\theta'}{Z_0'\cos\theta + Z_0\cos\theta'} = 1 + R\,. \tag{8.20}$$

Für den senkrechten Einfall $\theta = 0$ vereinfacht sich (8.20) zu

$$R = \frac{Z_0' - Z_0}{Z_0' + Z_0}\,, \qquad T = \frac{2Z_0'}{Z_0' + Z_0}\,. \tag{8.21}$$

Diese einfachen Überlegungen gelten im übrigen nur bei fluiden Medien. Im allgemeinen sind die Verhältnisse komplizierter, da in Festkörpern auch Tangentialkräfte auftreten können.

Eine besonders wichtige praktische Anwendung ist der senkrechte Einfall von Schall auf eine planparallele Platte, die zwei Medien von einander trennt. Innerhalb der Platte wird der Schall mehrfach reflektiert, und der Gesamttransmissionskoeffizient R_{g} ist dann durch

$$R_{\mathrm{g}} = \frac{R + R'e^{-2ik_2b}}{1 + RR'e^{-2ik_2b}} \quad \text{mit} \quad R = \frac{Z_2 - Z_1}{Z_1 + Z_2} \quad \text{und} \quad R' = \frac{Z_3 - Z_2}{Z_2 + Z_3} \tag{8.22}$$

gegeben.

Wie man sieht, kommt es auch hier wie in der Optik zu Resonanzphänomenen. Wenn $b = \lambda/4$ und $R = R'$ ist, was $Z_2 = \sqrt{Z_1 Z_3}$ entspricht, verschwindet der Reflexionsfaktor R_{g}, und die Welle tritt ohne Verluste durch die Platte hindurch. Eine solche Schicht wird $\lambda/4$-Schicht genannt. Sie wird u.a. benutzt, um den Impedanzsprung zwischen dem Schallwandler und dem Ausbreitungsmedium zu überwinden und eine möglichst verlustfreie Ankopplung zu gewährleisten. Die Ankopplung ist allerdings nur für eine bestimmte Frequenz optimal; sollte eine breitbandige Anpassung nötig sein, müssen mehrere solcher $\lambda/4$-Schichten aufgebracht werden.

Energie und Leistung. Als Schallintensität I einer Schallwelle bezeichnet man die durch die Einheitsfläche transportierte Energie pro Zeiteinheit. Sie ist das Produkt aus Schallschnelle und Schallwechseldruck:

$$I = vp\,. \tag{8.23}$$

In der Literatur werden Ultraschallintensitäten unterschiedlich angegeben, je nachdem, ob es sich um die räumlichen oder zeitlichen Spitzenintensitäten

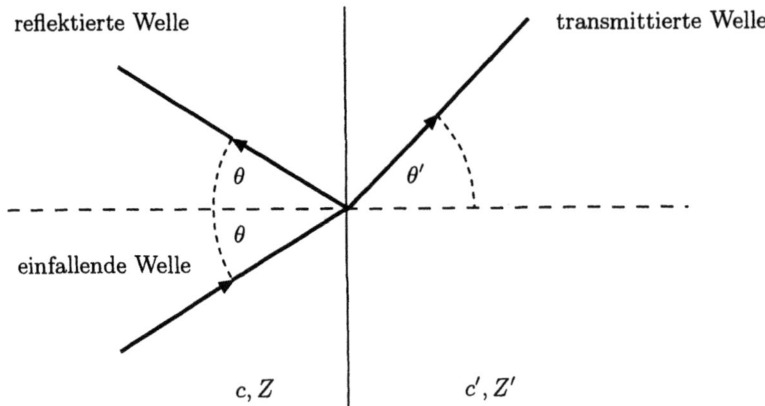

Abb. 8.2. Reflexion und Brechung an der Grenzschicht zweier fluider Medien. Die einfallende Welle trifft aus einem Medium mit Schallgeschwindigkeit c und Wellenwiderstand Z unter dem Winkel θ auf die Grenze zu einem Medium mit Schallgeschwindigkeit c' und Wellenwiderstand Z'. Ein Teil der Welle wird unter dem Winkel θ' gebrochen, der andere Teil wird mit dem Ausfallwinkel θ reflektiert

oder auch um Mittelungen darüber handelt. Die momentane Ultraschalleistung wird zu

$$I = \frac{p^2}{\rho_0 c}\,. \tag{8.24}$$

Für ebene Wellen mit sinusförmigem Druckverlauf $p = \sin(\omega t - kx)$ wird die momentane Intensität zu

$$I = \frac{\hat{p}^2}{\rho_0 c}\sin^2(\omega t - kx) = \frac{\hat{p}^2}{2\rho_0 c}\left[1 - \cos 2(\omega t - kx)\right]. \tag{8.25}$$

Im zeitlichen Mittel (SPTA = Spatial Peak Temporal Averaged) gilt daher für die Intensität bei sinusförmigem Druckverlauf:

$$\bar{I}_{\mathrm{SPTA}} = \frac{\hat{p}^2}{2\rho_0 c}\,. \tag{8.26}$$

Nichtlineare Effekte

Die Wellengleichung wurde oben mit einer Reihe von vereinfachenden Annahmen abgeleitet, die zu einer Linearisierung der Gleichungen führten. Strenggenommen ist dies nur für verschwindend kleine Schallfeldamplituden zulässig. Schallwellen hoher Amplitude können mit den linearisierten Gleichungen nicht beschrieben werden. Es treten Nichtlinearitäten auf.

Aufsteilung der Wellenform. Grundsätzlich muß man feststellen, daß die durch $c^2 = \mathrm{d}p/\mathrm{d}\rho$ gegebene Schallgeschwindigkeit in Wirklichkeit von der momentanen Dichte, also auch vom momentanen Druck und der Schnelle des Mediums abhängt. Zur Schallgeschwindigkeit muß also noch die Schallschnelle v addiert werden [9]:

$$c = v + \sqrt{\frac{\mathrm{d}p}{\mathrm{d}\rho}} \, . \tag{8.27}$$

Berücksichtigt man, daß die Schallfeldamplituden nicht beliebig klein sind, so müssen weitere Terme der Reihenentwicklung in die Rechnung einbezogen werden. Bricht man die Reihenentwicklung erst nach dem quadratische Glied ab, so erhält man

$$\frac{\mathrm{d}p}{\mathrm{d}\rho} = \frac{A}{\rho} + B\frac{\rho}{\rho_0^2} = c^2 \left(1 + \frac{B}{A}\frac{v}{c_0} \right) . \tag{8.28}$$

$c_0 = \sqrt{A/\rho_0}$ ist hier die Schallgeschwindigkeit für kleine Amplituden. Das Verhältnis B/A wird Nichtlinearitätsparameter genannt. Radiziert man die obige Gleichung und entwickelt die Wurzel in eine Potenzreihe, braucht man nur die ersten beiden Terme zu berücksichtigen, da die Schallschnelle immer noch klein im Verhältnis zur Schallgeschwindigkeit sein soll. Formt man diese Gleichung um, so erhält man für die Schallgeschwindigkeit

$$c = c_0 + \left(1 + \frac{B}{2A} \right) v \, . \tag{8.29}$$

Diese Gleichung drückt aus, daß mit zunehmender lokaler Schallschnelle v auch die Schallgeschwindigkeit zunimmt. Dies hat die Konsequenz, daß sich Schwingungsphasen mit hohem Schalldruck – gleichbedeutend mit einer hohen Schallschnelle – schneller ausbreiten als solche mit kleinerem Schalldruck. Eine ursprünglich sinusförmige Welle steilt sich an ihrer Vorderfront immer mehr auf und flacht an ihrer Rückfront immer mehr ab. Dieser Vorgang geht so lange weiter, bis die Vorderfront der Welle senkrecht steht. Es kommt also nach einer gewissen Laufstrecke x_∞ der Welle zu einer Stoßfront (Abb. 8.3). Für diesen, auch kritisch genannten Abstand gilt

$$x_\infty = \frac{c_0^2}{\hat{v}\omega \left(1 + \frac{B}{2A} \right)} \, . \tag{8.30}$$

Dieser Vorgang ist gleichbedeutend mit der Entstehung von höheren harmonischen Frequenzkomponenten. Er setzt sich fort, bis schließlich dreieckige Stoßfronten entstanden sind. Eigentlich sollte sich jede Schallwelle, gleich welcher Intensität, nach einer gewissen Laufzeit aufsteilen. Diesem Vorgang entgegengesetzt ist jedoch die Absorption, die mit höherer Frequenz zunimmt.

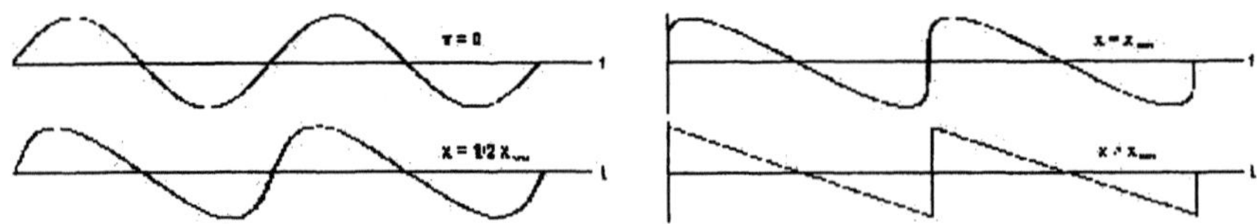

Abb. 8.3. Der nichtlineare Effekt der Wellenaufsteilung einer sinusfusförmigen Welle. Gezeigt wird der zeitliche Verlauf einer Welle an vier Punkten ihrer Ausbreitung

Der Langevinsche Schallstrahlungsdruck. Der Strahlungsdruck einer Schallwelle zählt ebenfalls zu den nichtlinearen Effekten. Zur Verdeutlichung schreibt man (8.5) und (8.6) für den Fall einer ebenen Welle um und erhält:

$$\frac{\partial p}{\partial x} + \rho_{\mathrm{g}}\frac{\partial v}{\partial t} + \frac{\rho_{\mathrm{g}}}{2}\frac{\partial v^2}{\partial x} = 0 \quad \text{und} \quad \frac{\partial \rho}{\partial t} + \rho_{\mathrm{g}}\frac{\partial v}{\partial x} + v\frac{\partial \rho}{\partial x} = 0. \tag{8.31}$$

Faßt man diese Gleichungen zusammen und integriert, ergibt sich für den Druck:

$$p = -\rho_{\mathrm{g}}v^2 - \int \frac{\partial\left(\rho_{\mathrm{g}}v^2\right)}{\partial t}\, \mathrm{d}x. \tag{8.32}$$

Eine Mittelung über die Zeit – in der Formel durch ein Überstrich angedeutet – bewirkt ein Verschwinden der Ableitung im Integral. Daraus folgt:

$$\bar{p} \approx -\rho_0 \bar{v^2}. \tag{8.33}$$

Dies ist ein zeitlich und örtlich konstanter Unterdruck in einer ebenen Schallwelle. In einem begrenzten Schallstrahl strömt aufgrund dieses Unterdrucks das Medium aus den ihn umgebenden Bereichen in den Schallstrahl nach. Verringert sich die Energiedichte des Strahls aufgrund von Verlusten im Medium, so erzeugt ein Teil des nachströmenden Mediums einen Druck in Richtung des Energiegefälles.

Ultraschallwind. Im akustischen Feld entstehen auch konstante Strömungen unterschiedlichster Art. Eine typische Erscheinung für ein Ultraschallbündel ist der Ultraschallwind, auch Quarzwind genannt. Er tritt nur bei hohen Intensitäten auf und wird durch den längs des Bündels wirkenden Strahlungsdruck hervorgerufen. Durch die Absorption in realen Flüssigkeiten wirkt eine Kraft auf ein Volumenelement (Teilchen) in Ausbreitungsrichtung der Welle, welche dieses beschleunigt. Dieser Beschleunigung wirken die viskosen Kräfte des realen Mediums entgegen, und es kommt zu einer stationären Strömung. Bei hohen Intensitäten nimmt diese Strömung turbulenten Charakter an.

8.1.4 Fokussierung von Ultraschall

Ultraschallwellen können fokussiert werden, so daß im Fokusbereich hohe Energiedichten erreicht werden (Abb. 8.4). Der physikalische Fokus wird als dasjenige Gebiet definiert, innerhalb dessen der maximale Schalldruck auf $-6\,$dB abfällt. Eine Fokussierung ist durch Linsen und durch geeignete Reflektorgeometrien möglich.

Wegen der Beugung an der Apertur der Linsen bleiben die Energiedichten auch im Fokus endlich. Betrachtet man monochromatische Anregeungen, so ergibt sich für die laterale Ausdehnung a und die Länge l des Fokalschlauchs des $-6\,$dB Bereichs:

$$a = 0{,}257\frac{\lambda f}{b} = 0{,}257\frac{\lambda}{N_A} \tag{8.34}$$

$$l_{\mathrm{f}} \approx 1{,}8\lambda \left(\frac{f'}{a}\right)^2 = \left(\frac{1}{N_A}\right)^2 . \tag{8.35}$$

Dabei ist die numerische Apertur $N_A = b/f$ mit b Radius der beugenden Öffnung und f der Brennweite. Die maximale Schallverstärkung im Fokus gegenüber der einfallenden ebenen, monochromatischen Welle ergibt sich zu

$$\frac{p_{\max}}{p_0} = \frac{\pi b^2}{\lambda f} = \frac{\pi}{\lambda}bN_A . \tag{8.36}$$

Je größer die numerische Apertur, desto größer ist die fokussierende Wirkung. Für Ultraschallinsen gilt gerade das umgekehrte Verhältnis wie in der Optik. Konkave Linsen fokussieren und konvexe Linsen zerstreuen, weil für die meisten Stoffe die Schallgeschwindigkeit höher ist als in Wasser. Als Linsenmaterial eignen sich möglichst gut an die Impedanz des Propagationsmediums angepaßte Stoffe, um Reflexionen zu vermeiden. Im Gegensatz zu Dauerschall muß bei Schallpulsen neben den strahlgeometrischen Bedingungen auch die akustische Weglänge zum Fokus gleich sein. Wenn r_1 und r_2 die Krümmungsradien der Linsenfläche bezeichenen, ist die Brennweite f unter der Annahme dünner Linsen 5

$$\frac{1}{f} = (n-1)\left(\frac{1}{r_1} + \frac{1}{r_2}\right) . \tag{8.37}$$

8.1.5 Schalleigenschaften von menschlichem Gewebe

In einigen Experimenten wurde der Zusammenhang zwischen der eingestrahlten Ultraschallfrequenz und dem Absorptionskoeffizienten untersucht. Im Frequenzbereich zwischen 1 und 10 MHz ergab sich ein empirischer Zusammenhang der Form

$$\alpha(f) = \alpha_0 f^m , \tag{8.38}$$

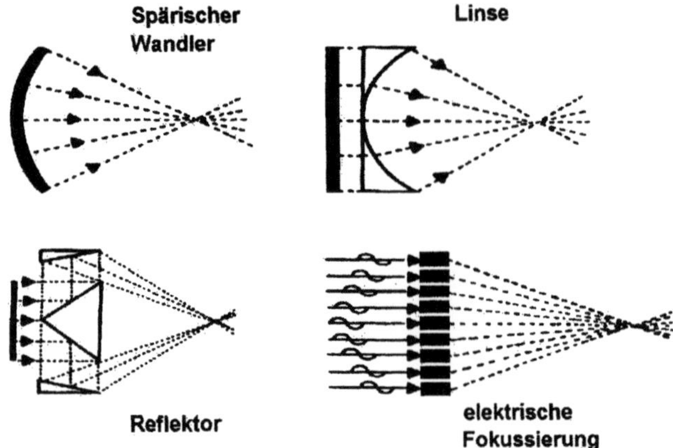

Abb. 8.4. Verschiedene Methoden zur Fokussierung von Ultraschall: Durch eine sphärische Wandlerscheibe, mit Hilfe einer akustischen Linse, einer Reflexionstechnik und eines phased array. Bei diesem wird die Fokussierung durch die elektrische Ansteuerung erreicht

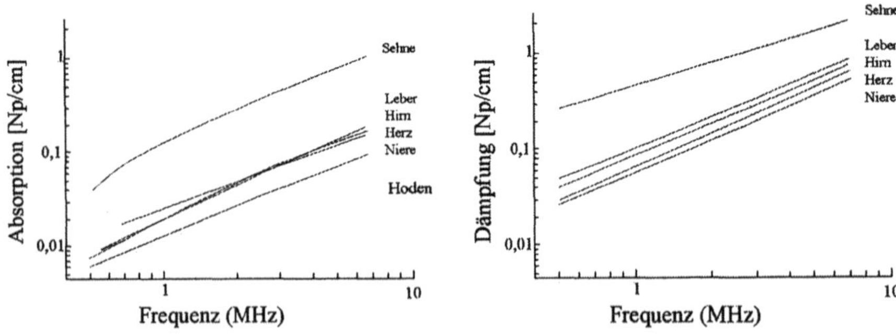

Abb. 8.5. Absorptions- und Dämpfungskoeffizienten in Weichteilgewebe in Abhängigkeit von der Frequenz

wobei α_0 der Absorptionskoeffizient bei 1 MHz ist und f die Frequenz in MHz darstellt. Die Potenz m hat einen empirisch gefundenen Wert zwischen 1 und 1,3. In Abb. 8.5 ist das Absorptionsverhalten in Abhängigkeit von der Frequenz dargestellt. Während Herz, Leber, Niere und Hirn annähernd den gleichen Absorptionskoeffizienten (ca. $0,03 \, \mathrm{Np\,cm^{-1}\,MHz^{-1}}$) und gleiches Frequenzverhalten zeigen, hat der Absorptionskoeffizient von Sehnengewebe einen ca. 5mal so hohen Absorptionswert, was mit dem hohen Kollagengehalt der Sehnen in Zusammenhang gebracht wird.

Eine umfassende Sammlung von Literaturdaten wurde von Goss et al. [7] durchgeführt. Eine kurze Zusammenfassung der Gewebeparameter findet sich in Tabelle 8.2. Besonders auffällig ist der große Impedanzunterschied zwischen den Weichteilgeweben und den Knochen. Dies führt zu großen Reflexionen

Tabelle 8.2. Akustische Eigenschaften verschiedener Gewebearten bei 37°C

Medium	Geschwindigkeit c [ms]	Dichte ρ [kgm^3]	Impedanz Z [10^6 kgm^{2}s]	Dämpfung μ [Npm]	Absorption α [Npm]
Fett	1 400–1 490	921	1,29–1,37	5–9	—
Gehirn	1 516–1 575	1 030	1,46–1,62	4–29	1,2[a]–6,4[b]
Haut	1 498[c]	1 200	1,80	14–66	—
Hoden	1 595	—	—	1,5–3,8	1,5
Knochen	1 500–3 700	1 380–1 810	3,75–7,38	150–350	2,3–3,2
Leber	1 540–1 640	1 060	1,70–1,74	3,2–18	2,3–3,2
Lunge	470–658	400	0,188–0,263	430–480	7
Muskel	1 508–1 630	1 070–1 270	1,61–2,07	4,4–15[d]	2–11
Niere	1 564–1 640	1 040	1,62–1,71	3–10	3,3
Sehne	1 750	—	—	30–70	14
Wasser	—	1 000	—	—	—

[a] weiße Hirnsubstanz
[b] graue Hirnsubstanz
[c] bei 23°C
[d] bei 40°C

an der Grenzschicht von Weichteilgewebe und Knochen. Vergleicht man die Schallgeschwindigkeit, die Dichte und die akustische Impedanz von Wasser und Gewebe, so zeigen sich große Ähnlichkeiten.

8.2 Ultraschalltherapie

8.2.1 Biologische Wirkungen

Wärmeeffekte. Die thermische Wechselwirkung wird durch die im Gewebe auftretende Ultraschallabsorption hervorgerufen. Im Rahmen einer Tumortherapie findet diese Ultraschalleigenschaft ihre therapeutische Anwendung in der lokalen Hyperthermie. Bei der Standardhyperthermiebehandlung wird das Gewebe für einen Zeitraum von 30–60 min auf Temperaturen zwischen 43 und 45 °C erhitzt. Eine andere Möglichkeit ist die Hochtemperaturhyperthermie, die mit höheren Temperaturen und kürzeren Expositionszeiten die gleiche biologische Wirkung auf das maligne Gewebe zu erreichen sucht. Immer mehr in den Mittelpunkt des Interesses rückt die Ultraschallchirurgie. Bei ihr wird die Ultraschalleistung auf ein so hohes Niveau gebracht, daß es innerhalb kürzester Zeit ($\sim$ s) zu Gewebenekrosen aufgrund von thermischen Koagulationen kommt. Hierzu wird hochenergetischer, fokussierter cw-Ultraschall mit Wechseldruckamplituden im Bereich von ± 5 MPa und Leistungen von mehreren kW/cm^2 eingesetzt. Dieser hat den Vorteil, daß er tief in das Gewebe eindringen kann und seine Wirkung auf den Fokusbereich

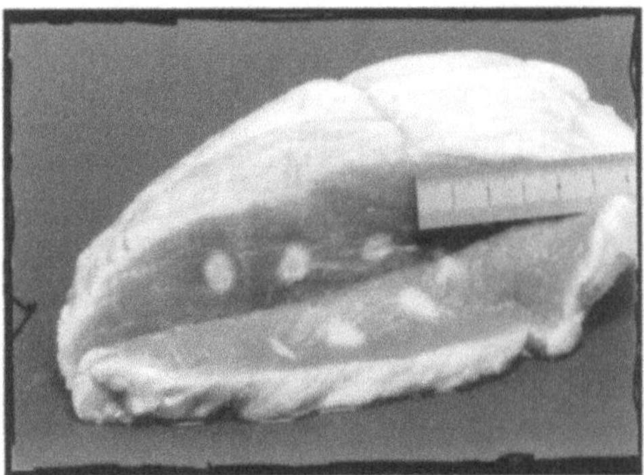

Abb. 8.6. Drei Koagulationsnekrosen in einem Muskelphantom nach Beschallung mit hochenergetischem Ultraschall. Die zigarrenfenförmigen Läsionen bildeten sich nach Beschallung mit einer Frequenz von 1,18 MHz. Der Durchmesser der Läsionen liegt zwischen 0,6 und 0,8 cm

des Schallfeldes begrenzt bleibt, da nur hier hohe US-Intensitäten erreicht werden. Abbildung 8.6 zeigt drei mit unserer Beschallungsanlage in einem Fleischphantom erzeugte Läsionen. Ein Vorteil dieser nichtinvasiven Therapieform liegt in ihrer hohen räumlichen Auflösung. Der wesentliche Nachteil der US-Chirurgie besteht darin, daß nur begrenzte Bereiche des Körpers einer Ultraschallbehandlung zugänglich sind. Als Anwendungsgebiete wurden die Bereiche Prostata, Leber und Blase angesehen. Klinisch eingesetzt wurde die US-Chirurgie schon zur Ablation von Gewebe in der benignen Prostatahyperplasie und zur Behandlung von Glaukomen in der Augenheilkunde. Ein bisher unzureichend gelöstes Problem dieser Behandlungsart ist – wie bei der Hyperthermie im allgemeinen – die Temperaturüberwachung während der Behandlung. Die Möglichkeit einer On-line-Temperaturkontrolle mittels Kernspintomographie während der Ultraschallapplikation sind Gegenstand neuester Forschungen.

Kavitation

Unter akustischer Kavitation versteht man die Entstehung kleiner Hohlräume in einer Flüssigkeit, die durch starke Zugkräfte, wie sie beim Durchgang hochenergetischer Schallpulse in der Unterdruckphase auftreten, hervorgerufen werden können (Abb. 8.7). Grundsätzlich werden Kavitationsereignisse in zwei Klassen eingeteilt.

Stabile Kavitation. Unter stabiler Kavitation versteht man kontinuierliche Schwingungen von Blasen in einem Schallfeld, hervorgerufen durch den steten Wechsel von positiven und negativen Phasen des Drucks. Die Blase schwingt um einen Gleichgewichtsradius. Eine solche pulsierende Blase existiert über

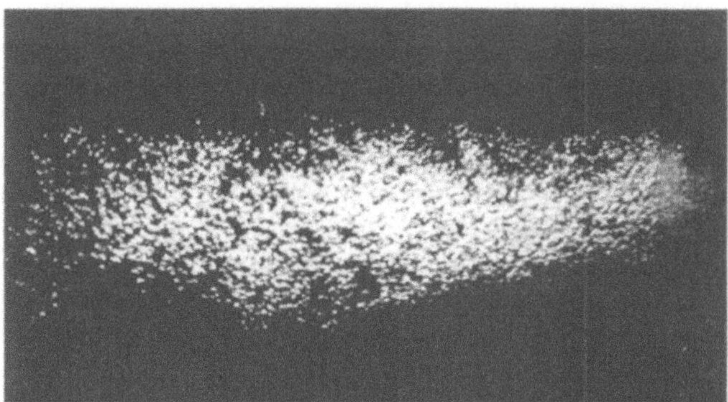

Abb. 8.7. Kavitationsblasenfeld nach Durchgang eines Lithotripterpulses. Stroboskopaufnahme, Belichtungszeit 1/250 000 s, maximaler Blasendurchmesser 1,1 mm

eine beachtliche Anzahl von Schwingungszyklen. Die Erscheinung stabiler Kavitation in flüssigen Medien führt zu schallinduzierten Strömungen und zu starken Scherspannungen im beschallten Medium. Auf biologischer Ebene konnten durch die auftretenden mechanischen Spannungen und Strömungen Zerstörungen der Zellmembran in biologischen Medien nachgewiesen werden [11].

Transiente Kavitation. Unter transienter Kavitation versteht man Blasen, die unter Einwirkung eines akustischen Feldes um ihren Gleichgewichtsradius schwingen, anschließend bis zu einem maximalen Grenzradius anwachsen (in der Größenordnung des doppelten Ausgangsradius [5]), um dann in einem heftigen Kollaps zu implodieren. Dieser Prozeß kann in Abhängigkeit der erzeugenden Schallamplituden wie auch in Abhängigkeit des beschallten Mediums sowohl in einem einzigen Zyklus [6] als auch in mehreren Zyklen stattfinden. Der Kollaps transienter Kavitationsblasen, der sich innerhalb weniger µs vollzieht, ist von der Entstehung sehr hoher Temperaturen sowie der Emission starker sekundärer Schallwellen begleitet. Werden beim Blasenkollaps hinreichend hohe Temperaturen ($>$ 1 500 K) erreicht, können kavitationsinduzierte Lichterscheinungen (Sonolumineszenz) sowie chemische Umwandlungsprozesse (Sonochemie), verbunden mit der Erzeugung freier Radikale, beobachtet werden. Abschätzungen der Blasentemperatur während der als adiabatisch angenommenen Blasenimplosion können durch Analyse des auftretenden Sonolumineszenzspektrums angestellt werden. Wird die Kavitationsblase als „schwarzer Körper" aufgefaßt, so ergibt die Analyse des Sonolumineszenzspektrums Temperaturen von 50 000 K im Blaseninneren während deren Implosion [8]. Abschätzungen der Blasentemperatur unter der Annahme, daß das emittierte Licht durch Emission angeregter Zustände im beschallten Medium hervorgerufen wird, liefern während des Blasenkollapses Temperaturwerte von 5 000 K [13]. Abschätzungen der beim Blasenkollaps auftretenden sekundären Schallwellen ergeben Druckamplituden von bis zu 700 MPa [5]. Obwohl während des Blasenkollapses sehr hohe Energien freigesetzt werden (ca. 100 MeV [1]), handelt es sich bei den auftretenden Erscheinungen um sehr kurzzeitige, stark lokalisierte Effekte. Auf biologischer Ebene konnten nach Beschallung mit hochenergetischen Ultraschallpulsen neben Ödemen, Nekrosen, Hämatomen und Läsionen [15] auch funktionelle Einschränkungen sowie hochsignifikante Wachstumsverzögerungen an Experimentaltumoren [3,4,2] nachgewiesen werden. Als Wechselwirkungsmechanismus wird die Entstehung von Kavitationen im beschallten Gewebe angenommen.

8.2.2 Gerätekonzepte

Extrakorporale Steinzertrümmerung. Bei der extrakorporalen Steinzertrümmerung wird das Stoßwellenprinzip benutzt. Obwohl sich Stoßwellen physikalisch ähnlich verhalten wie Ultraschallwellen, bestehen physikalischenergetisch große Unterschiede zwischen Ultraschall und Stoßwelle. Während eine Stoßwelle aus einem einzigen Druckimpuls mit steiler Anstiegsfläche und langsamen Abfall besteht, sind Ultraschallwellen durch einen sinusförmigen Druckverlauf gekennzeichnet.

Da beim Durchlauf biologischen Gewebes hochfrequente Wellenanteile stärker gedämpft werden als niederfrequente, besitzen Stoßwellen, die aus einem großen Spektrum niederfrequenter Wellenanteile bestehen, eine größer Eindringtiefe als Ultraschallwellen.

Trifft eine Stoßwelle bei Mediendurchgang auf eine Körper unterschiedlicher Impedanz, so wird sie entsprechend den akustischen Eigenschaften dieser Grenzfläche als Druck- oder Zugwelle reflektiert. Eine mechanische Zerstörung tritt ein, wenn dabei die Druck- oder Zugfestigkeit des Materials überschritten wird.

Der Zertrümmerungsvorgang kann dann folgendermaßen erklärt werden: Eine extrakorporal erzeugte Stoßwelle dringt in den Körper ein und breitet sich ungestört aus, da zwischen Wasser und Gewebe kein wesentlicher Impedanzunterschied besteht. An der Grenzfläche Gewebe/Steinvorderseite tritt teilweise Reflexion auf, und es entstehen Druckkräfte, die auf den Stein einwirken. Die den Stein durchlaufende Stoßwelle wird an der Rückwand reflektiert, und es entstehen Zugkräfte. Durch die dabei entstehende Überschreitung der Druck- und Zugbelastbarkeit des Steins wird dieser zerstört.

Ultraschalltumortherapie. Die Erkenntnis, daß mit Ultraschallchirurgie selektiv Gewebestrukuren abgetragen werden knnen, ist nicht neu. Umfangreiche In-vitro- und In-vivo-Studien wurden bereits seit den 50ziger Jahren durchgeführt. Unter anderen sind diese Forschungen mit den Namen Fry und Lele, in neuerer Zeit mit Coleman, Ter Haar, Chapelon und Hynynen verkünpft.

Obwohl fokussierter Ultraschall wahrscheinlich die eleganteste physikalische Methode für die Thermotherapie tiefliegender Tumoren ist, konnte sich die Ultraschallchirurgie wegen der fehlenden Überwachungsmöglichkeiten der erzeugten Gewebedestruktionen und Temperaturveränderungen bis heute nicht durchsetzen.

Die nächstliegende Weise zur Überwachung einer Ultraschalltherapie war zunächst die Ultraschalldiagnostik selbst: Es stellte sich heraus, daß die thermisch und mechanisch induzierten Gewebeveränderungen im Ultraschallbild sichtbar werden, aber die Ultraschallbildgebung erwies sich als alleiniges Instrument zur Zielvolumenansteuerung in der Tumortherapie klinisch als nicht genau genug. Bei der Behandlung der gutartigen Prostatahyperplasie (BPH) könnte dagegen eine ultraschallgesteuerte Gewebeablation ausreichen. Solche Ultraschallapplikatoren werden bereits klinisch bei der BPH in Form von Endorektalsonden eingesetzt. Ihr Stellenwert im Vergleich zu den etablierten Methoden kann z.Z. noch nicht beurteilt werden.

Für die Tumortherapie ist aber eine exaktere Zielvolumenkontrolle notwendig. Deshalb eröffnete sich erst mit der Entwicklung computergesteuerter Ultraschalltransducer in Kombination mit der nichtinvasiven kernspintomographischen Temperaturmessung für die Ultraschallhyperthermie als lokoregionäre Therapieoption eine neue Chance.

Auch wenn prinzipiell alle schalldiagnostisch einsehbaren Lokalisationen in Frage kommen, muß jedoch berücksichtigt werden, daß nicht viele Körperregionen für die therapeutische Ultraschallanwendung in der Tiefe des Gewebes geeignet sind. Wegen der starken Ultraschallreflektion an Impedanzsprüngen, wie sie z.B. an der Lunge oder im GastroIntestinaltrakt auftreten, kann die Ultraschallintensität in der Regel nicht zuverlässig am vorgesehenen Ort deponiert werden. An knöchernen Strukturen wie der Schädelkalotte wird die Ultraschallintensität ebenfalls in beträchtlichem Maß reflektiert und absorbiert. Dies ist wegen der Erwärmung des Periostes sehr schmerzhaft.

Dagegen erscheinen die Weichteile der Extremitäten, die Brust, das Retroperitoneum, das kleine Becken und insbsondere die Leber für eine Ultraschalltherapie zugänglich. Die Methode müßte wahrscheinlich schon dann als erfolgreich eingestuft werden, wenn es gelänge, für inoperable Lebermetastasen eine therapeutische Option anzubieten.

Literatur

1. Apfel RE (1986) Possibility of microcavitation from diagnostic ultrasound. IEEE Trans UFFC 33: 139–141
2. Chapelon JY, Prat F, Delon C, Margonari J, Gelet A, Blanc E (1991) Effects of cavitation in the high intensity therapeutic ultrasound. IEEE Ultrasonics Symposium Proceedings 91: 1357–1360
3. Debus J, Peschke P, Hahn EW, Lorenz WJ, Lorenz A, Ifflaender H, Zabel HJ, van Kaick G, Pfeiler M (1991) Treatment of the dunning prostate rat tumour

R3327-AT1 with pulsed high energy ultrasound shock waves (PHEUS); growth delay and histomorphologic changes

4. Delius M, Denk R, Berding C, Liebich HG, Jordan M, Brendel W (1990) Biological effects of shock waves: Cavitation by shock waves in piglet liver. Ultrasound Med Biol 16: 467–472

5. Flynn HG (1982) Generation of transient cavities in liquids by microsecond pulses of ultrasound. J Acoust Soc Am 72: 1926–1932

6. Fowlkes JB, Crum LA (1988) Cavitation threshold measurements for microsecond length pulses of ultrasound. J Acoust Soc Am 83: 2190–2201

7. Goss SA, Frizell LA, Dunn, F (1979) Ultrasonic absorption and attenuation in mammalian tissues. Ultrasound Med Bio 5: 181–186

8. Hiller R, Puttermann SJ, Barber BP (1992) Spectrum of synchronous picosecond sonoluminescence. Phys Rev Lett 69: 1182–1184

9. Kuttruff H (1988) Physik und Technik des Ultraschalls. Hirzel, Stuttgart

10. Landolt-Börnstein (1967) Zahlenwerte und Funktionen aus der Naturwissenschaft und Technik, Gruppe 2, Bd 5, Molekularakustik. Springer, Berlin Heidelberg New York

11. Lewin PA, Bjorno L (1981) Acoustic pressure amplitude thresholds for rectified diffusion in gaseous microbubbles in biological tissue. J Acoust Soc Am 69: 846–852

12. Millner R et al. (1988) Ultraschalltechnik – Grundlagen und Anwendungen. Physik-Verlag, Weinheim

13. Suslick KS (1990) Sonochemistry. Science 247: 1439–1445

14. Sutilov AV (1984) Physik des Ultraschalls. Springer, Wien New York

15. Vykhodtseva NI, Hynynen K, Damianou C (1995) Histologic effects of high intensity pulsed ultrasound exposure with subharmonic emission in rabbit brain in vivo. Ultrasound Med Biol 21/7: 869–879

9 Röntgencomputertomographie: Mathematische Grundlagen

T. Bortfeld

Das eigentlich faszinierende bei der Röntgencomputertomographie (CT) sind vielleicht weniger die physikalisch-technischen Prinzipien als vielmehr die mathematischen Methoden, mit deren Hilfe eine räumliche Verteilung aus ihren Projektionsaufnahmen rekonstruiert werden kann. In diesem Kapitel werden wir zunächst die mathematischen Grundlagen analytischer Rekonstruktionsverfahren besprechen. Dann werden wir auf die Rekonstruktion diskret abgetasteter Daten und auf die Abtastung in der Fächerstrahlgeometrie eingehen. Insbesondere werden wir uns mit der Methode der gefilterten Rückprojektion beschäftigen, die bei kommerziellen CT-Anlagen am häufigsten eingesetzt wird. Die folgenden Betrachtungen gelten aber auch für andere Anwendungsbereiche, und zwar überall dort, wo zweidimensionale Verteilungen aus Projektionsaufnahmen rekonstruiert werden sollen, die aus unterschiedlichen Winkeln aufgenommenen wurden. So wurden beispielsweise einige der hier vorgestellten Methoden zuerst für die RadioAstronomie entwickelt.

9.1 Radontransformation und Rückprojektion

9.1.1 Die Projektion

Gegeben sei eine Funktion $f(r)$ der Variablen $r = (x, y)$ innerhalb der Fläche A. Bei der CT steht $f(r)$ für die Verteilung der Schwächungskoeffizienten in einem ebenen Schnitt durch den menschlichen Körper. Wir nehmen an, daß wir die „Projektionen" von $f(r)$ unter beliebigen Winkeln kennen. Unter einer Projektion λ verstehen wir das Integral über $f(r)$ entlang einer Schar von Projektionsgeraden:

$$\lambda_\phi(p) = \int_A f(r)\delta(p - r \cdot \hat{n}_\phi)\mathrm{d}^2 r \,. \tag{9.1}$$

Dabei bezeichnet ϕ den Winkel zwischen der y-Achse und den Projektionsgeraden, und p ist der (mit Vorzeichen behaftete) Abstand der jeweiligen Projektionsgerade vom Koordinatenursprung (0,0). Eine Projektionsgerade wird in der Hesseschen Normalform durch die Geradengleichung $p = r \cdot \hat{n}_\phi$ beschrieben, wobei $\hat{n}_\phi = (\cos\phi, \sin\phi)$ der Einheitsvektor senkrecht zur Projektionsrichtung ist. Die δ-Funktion in dem obenstehenden Integral „greift" also aus der Fläche A genau diejenigen r heraus, die auf der Projektionsgeraden liegen. Als Beispiel möge man sich davon überzeugen, daß aus obiger

Gleichung mit $\phi = 0$ folgt: $\lambda_0(p) = \int_{-\infty}^{\infty} f(p,y)dy$, d.h. die Projektion in y-Richtung.

Die Projektionsgeraden werden hier als parallel zueinander (und senkrecht zu $\hat{\mathbf{n}}_\phi$) angenommen. Man spricht in diesem Fall von einer Parallelprojektion. Ein alternative Projektionsgeometrie ist die Fächerprojektion, die wir später behandeln werden.

Wir betrachten nun die Gesamtheit aller Projektionen als Funktion von p und ϕ und schreiben dafür $\lambda(p,\phi)$. Wir bezeichnen die Transformation $f(x,y) \to \lambda(p,\phi)$ nach dem Mathematiker Johann Radon, der bereits 1917 das erste mathematische Verfahren zur Rekonstruktion von Projektionen beschrieben hat [7], als Radon-Transformation von f und schreiben dafür kurz:

$$\lambda(p,\phi) = \mathfrak{R}\left[f(\mathbf{r})\right] . \tag{9.2}$$

Das Problem der Rekonstruktion von f aus den als bekannt angenommenen Projektionen $\lambda(p,\phi)$ besteht nun offensichtlich in der Bestimmung der inversen Radontransformation, $\mathfrak{R}^{-1}$. Bevor wir uns diesem Problem zuwenden, wollen wir einen einfachen und naheliegenden Ansatz zur Rekonstruktion untersuchen: die Rückprojektion.

9.1.2 Die Rückprojektion

Hierunter verstehen wir die „Verschmierung" der Werte von $\lambda_\phi(p)$ entlang der Projektionsgeraden zurück über die Fläche A, wodurch sich ein Streifenbild ergibt (s. Abb. 9.1). Mathematisch läßt sich die Rückprojektion unter einem bestimmten Winkel ϕ durch

$$f_\phi(\mathbf{r}) = \lambda_\phi(\mathbf{r} \cdot \hat{\mathbf{n}}_\phi) \tag{9.3}$$

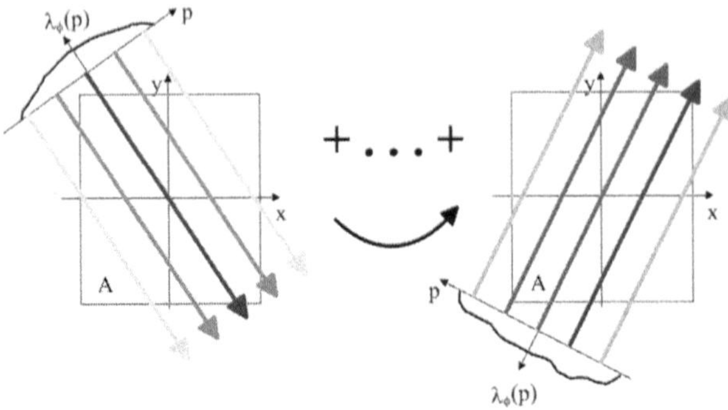

Abb. 9.1. Durch Rückprojektion und Summation über ϕ von 0 bis π können die Projektionen zurück in den Bildraum transformiert werden (Operator $\mathfrak{B}$)

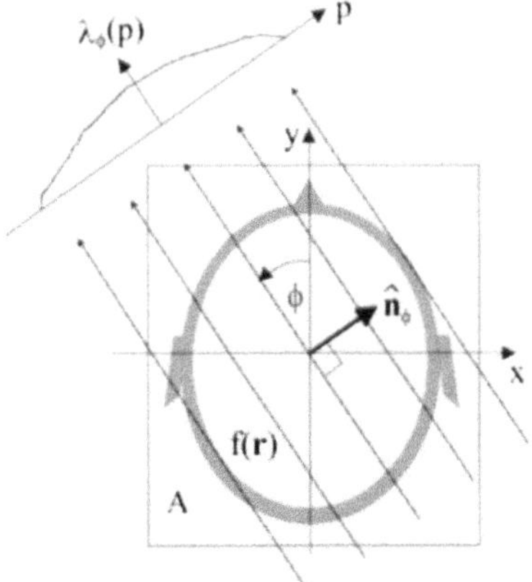

Abb. 9.2. Veranschaulichung der Projektion (= Radontransformation, $\mathfrak{R}$) einer Verteilung $f(x,y)$ unter dem Winkel ϕ

ausdrücken. Werden Rückprojektionen für alle Winkel im Intervall $(0,\pi)$ durchgeführt und die Ergebnisse aufintegriert, so ergibt sich

$$f_{\mathrm{b}}(\boldsymbol{r}) = \int_0^{\pi} \lambda_\phi(\boldsymbol{r}\cdot\hat{\mathbf{n}}_\phi)\mathrm{d}\phi\,. \tag{9.4}$$

Eine volle Rotation von 0 bis 2π ist aufgrund der Symmetrie $f_\phi(\boldsymbol{r}) = f_{\phi+\pi}(\boldsymbol{r})$ nicht nötig. Rückprojektion und Integration über ϕ werden häufig zu einem Operator $\mathfrak{B}$ zusammengefasst:

$$f_{\mathrm{b}}(\boldsymbol{r}) = \mathfrak{B}\left[\lambda(p,\phi)\right] = \mathfrak{B}\,\mathfrak{R}\left[f(\boldsymbol{r})\right]\,. \tag{9.5}$$

Mit $\mathfrak{B}$ können wir offensichtlich die Projektionen wieder in den Bildraum (x,y) zurücktransformieren. Es stellt sich die Frage, ob wir mit $\mathfrak{B}$ schon die inverse Radontransformation gefunden haben bzw. ob $f_{\mathrm{b}}(\boldsymbol{r})$ mit $f(\boldsymbol{r})$ übereinstimmt. Durch einen kurzen Blick auf Abb. 9.1 läßt sich diese Frage offensichtlich mit „nein" beantworten. Bei einem räumlich begrenzten Objekt (wie in Abb. 9.2) liefert die Rückprojektion nämlich auch außerhalb des Objekts endliche Werte. Der Zusammenhang zwischen $f(\boldsymbol{r})$ und $f_{\mathrm{b}}(\boldsymbol{r})$ soll nun genauer untersucht werden.

9.1.3 Der Operator $\mathfrak{B}\mathfrak{R}$

Wir betrachten den zusammengesetzten Operator $\mathfrak{B}\mathfrak{R}$ als abbildendes System und schreiben mit Hilfe von (9.1) und (9.4):

$$\mathfrak{B}\,\mathfrak{R}\,\{f(\boldsymbol{r})\} = \int\limits_0^\pi \int\limits_A f(\boldsymbol{r}')\,\delta((\boldsymbol{r}-\boldsymbol{r}')\cdot\hat{\mathbf{n}}_\phi)\mathrm{d}^2r'\,\mathrm{d}\phi \tag{9.6}$$

$$= \int\limits_A f(\boldsymbol{r}')\left[\int\limits_0^\pi \delta((\boldsymbol{r}-\boldsymbol{r}')\cdot\hat{\mathbf{n}}_\phi)\mathrm{d}\phi\right]\mathrm{d}^2r' \tag{9.7}$$

$$= \int\limits_A f(\boldsymbol{r}')\left[\int\limits_0^\pi \delta(|\boldsymbol{r}-\boldsymbol{r}'|\cos(\psi-\phi))\mathrm{d}\phi\right]\mathrm{d}^2r', \tag{9.8}$$

wobei ψ der Winkel zwischen $(\boldsymbol{r}-\boldsymbol{r}')$ und der x-Achse ist. Zur Auswertung des inneren Integrals verwenden wir die allgemeingültige Beziehung $\delta(g(x)) = \sum_i |g'(x_i)|^{-1}\delta(x-x_i)$, mit g' als der ersten Ableitung und x_i als den (einfachen) Nullstellen von $g(x)$. Das Argument der δ-Funktion in (9.8) hat im Intervall $0 \leq \phi < \pi$ genau eine Nullstelle und zwar $\phi_0 = \psi+\pi/2$ oder $\phi_0 = \psi - \pi/2$, je nachdem welcher Wert in dieses Intervall fällt. Damit folgt:

$$\mathfrak{B}\,\mathfrak{R}\,\{f(\boldsymbol{r})\} = \int\limits_A f(\boldsymbol{r}')\left[\int\limits_0^\pi \frac{\delta(\phi-\phi_0)}{|\boldsymbol{r}-\boldsymbol{r}'|\,|\sin(\pm\pi/2)|}\mathrm{d}\phi\right]\mathrm{d}^2r' \tag{9.9}$$

$$= \int\limits_A f(\boldsymbol{r}')\frac{1}{|\boldsymbol{r}-\boldsymbol{r}'|}\mathrm{d}^2r'. \tag{9.10}$$

Wie schon vermutet ist also $f_b(\boldsymbol{r}) = \mathfrak{B}\,\mathfrak{R}\,\{f(\boldsymbol{r})\}$ verschieden von $f(\boldsymbol{r})$. An dieser Stelle sei auf eine bemerkenswerte Analogie hingewiesen: Der Zusammenhang zwischen f und f_b entspricht genau dem zwischen einer mit der elektrischen Ladungsdichte $f(\boldsymbol{r})$ belegten Ebene und ihrem elektrischen Potential $f_b(\boldsymbol{r})$ in derselben Ebene. Damit können zur Rekonstruktion von $f(\boldsymbol{r})$ aus $f_b(\boldsymbol{r})$ potentialtheoretische Methoden angewendet werden. Wir wollen hier allerdings einen direkteren Weg einschlagen.

Mathematisch handelt es sich bei (9.10) um ein Faltungsintegral mit dem Faltungskern $h(\boldsymbol{r}) = |\boldsymbol{r}|^{-1}$. Man schreibt dafür kurz $f_b(\boldsymbol{r}) = (f * h)(\boldsymbol{r})$. Die Funktion $h(\boldsymbol{r})$ wird auch als Punktbildfunktion (PBF) der Abbildung $\mathfrak{B}\mathfrak{R}$ bezeichnet, weil die Abbildung eines punktförmigen Objekts $f(\boldsymbol{r}) = \delta(\boldsymbol{r})$ gerade $h(\boldsymbol{r})$ ergibt. Diese Tatsache kann anschaulich verstanden werden: Die Projektionen eines punktförmigen Objektes ergeben δ-förmige Profile λ_ϕ. Deren Rückprojektionen sind dann jeweils Geraden, die sich am Ort des punktförmigen Objektes schneiden. Die Überlagerung (Integration) dieser Geraden aus allen Winkeln liefert eine Verteilung, die wie $1/r$ nach

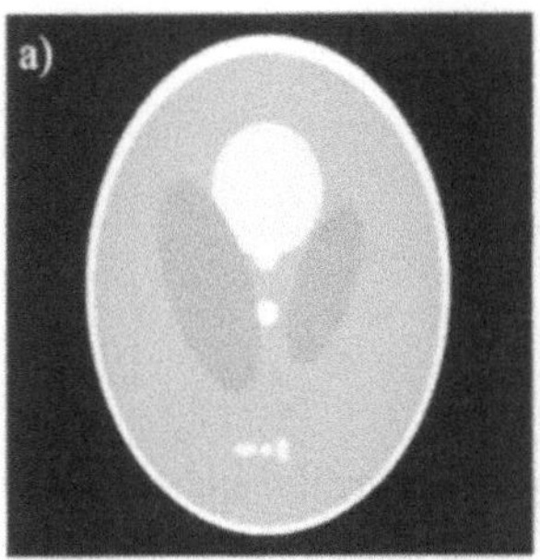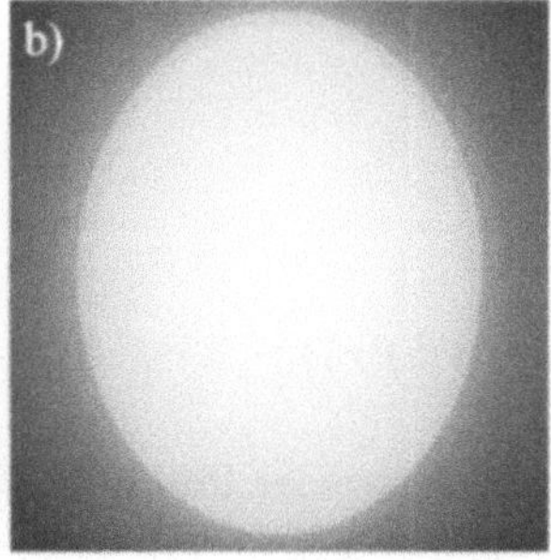

Abb. 9.3. Die Abbildung zeigt das Shepp-Logan Kopfphantom (**a**) und seine „Rekonstruktion" durch einfache Rückprojektion (**b**). Lediglich der grobe Umriß ist zu erkennen, jegliche Detailauflösung fehlt. Insbesondere liefert die Rückprojektion verschmierte Bildanteile außerhalb des ursprünglichen Phantoms

außen hin abfällt, weil die „Dichte" der Geraden entsprechend kleiner wird. Punktförmige Objeke werden durch $\mathfrak{BR}$ also unscharf abgebildet. Die Unschärfe ist so groß, daß ein durch einfache Rückprojektion rekonstruiertes Bild im allgemeinen unbrauchbar ist, wie in Abb. 9.3 am Beispiel des häufig verwendeten Shepp-Logan-Phantoms gezeigt wird.

9.2 Rückprojektion und Filterung

Wie wir gesehen haben, kann die Verteilung $f(\boldsymbol{r})$ nicht durch einfache Rückprojektion und Überlagerung aus den Projektionen gewonnen werden. Vielmehr muß zusätzlich eine Entfaltung durchgeführt werden, bzw. eine Faltung (Filterung) mit der inversen PBF. Die Begriffe Faltung und Filterung werden hier synonym verwendet.

9.2.1 Zweidimensionale Entfaltung

Eine Möglichkeit zur Entfaltung der PBF aus dem rückprojizierten Bild $f_{\mathrm{b}}(\boldsymbol{r})$ basiert auf dem Faltungssatz, wonach sich eine Faltung im Ortsraum als Multiplikation im Frequenzraum darstellt [2]:

$$\mathfrak{F}_2\left\{(f * h)(\boldsymbol{r})\right\} = \mathfrak{F}_2\left\{f(\boldsymbol{r})\right\} \cdot \mathfrak{F}_2\left\{h(\boldsymbol{r})\right\} . \tag{9.11}$$

Dabei steht $\mathfrak{F}_2$ für die zweidimensionale Fourier-Transformation (2D-FT).[1] Wir bezeichnen die 2D-FT von $h(\boldsymbol{r})$ als Übertragungsfunktion $H(\boldsymbol{\rho})$ und

---

[1] Wir definieren die Fourier-Transformation einer Funktion $g(x)$ als $G(\xi) = \int_{-\infty}^{\infty} g(x)\exp(-2\pi i\xi x)\mathrm{d}x$. Die 2D-FT einer 2D-Funktion von (x,y) ergibt sich durch nacheinander ausgeführte 1D-FT in x- und y-Richtung. Durch Verwendung des Faktors 2π im Argument der e-Funktion muß zur Berechnung der inversen FT lediglich das Vorzeichen im Exponenten gewechselt werden.

finden z.B. in [2]:

$$\mathfrak{F}_2\{h(r)\} = H(\rho) = |\rho|^{-1}. \tag{9.12}$$

Damit folgt:

$$f(r) = \mathfrak{F}_2^{-1}\Big\{|\rho| \cdot \mathfrak{F}_2\{(f * h)(r)\}\Big\}. \tag{9.13}$$

Setzen wir nun für $(f * h)(r)$ wieder $\mathfrak{B}\mathfrak{R}\{f(r)\}$ ein, so ergibt sich in abgekürzter Schreibweise:

$$f(r) = \mathfrak{F}_2^{-1}|\rho|\,\mathfrak{F}_2\,\mathfrak{B}\,\mathfrak{R}\{f(r)\}. \tag{9.14}$$

Die inverse Radontransformation kann also formal geschrieben werden als

$$\mathfrak{R}^{-1} = \mathfrak{F}_2^{-1}|\rho|\,\mathfrak{F}_2\,\mathfrak{B}. \tag{9.15}$$

Die Verteilung $f(r)$ kann folglich rekonstruiert werden, indem zunächst (i) die Projektionsprofile zurückprojiziert und über ϕ integriert werden, (ii) die resultierende Verteilung 2D-Fourier-transformiert wird, (iii) im Frequenzraum mit dem Abstand vom Ursprung multipliziert wird und schließlich (iv) mit der inversen 2D-FT in den Ortsraum zurücktransformiert wird. Einer der Nachteile dieses als „ρ-filtered Layergram" bezeichneten Verfahrens besteht jedoch darin, daß alle Projektionsprofile bekannt sein müssen, bevor mit der (Ent-)faltung begonnen werden kann. Vorteilhafter wäre ein Verfahren, bei dem die (Ent-)faltung schon im Raum der Projektionen (eindimensional) durchgeführt wird, womit eine schritthaltende Verarbeitung der Daten möglich wäre. Dazu dient das Central-Slice-Theorem.

9.2.2   Das Central-Slice-Theorem

Das Central-Slice-Theorem stellt einen Zusammenhang zwischen der eindimensionalen (1D-)FT der Projektion $\lambda_\phi(p) = \mathfrak{R}_\phi\{f(r)\}$ und der 2D-FT von $f(r)$ her:

$$\Lambda_\phi(\nu) = \mathfrak{F}_1\{\mathfrak{R}_\phi\{f(r)\}\} \tag{9.16}$$

$$= \int_{-\infty}^{\infty}\left[\int_A f(r)\,\delta(p - r\cdot\hat{n}_\phi)\,\mathrm{d}^2r\right]\exp(-2\pi i\,\nu p)\,\mathrm{d}p \tag{9.17}$$

$$= \int_A f(r)\left[\int_{-\infty}^{\infty}\delta(p - r\cdot\hat{n}_\phi)\exp(-2\pi i\,\nu p)\,\mathrm{d}p\right]\mathrm{d}^2r \tag{9.18}$$

$$= \int_A f(r)\,\exp(-2\pi i\,\nu r\cdot\hat{n}_\phi)\,\mathrm{d}^2r. \tag{9.19}$$

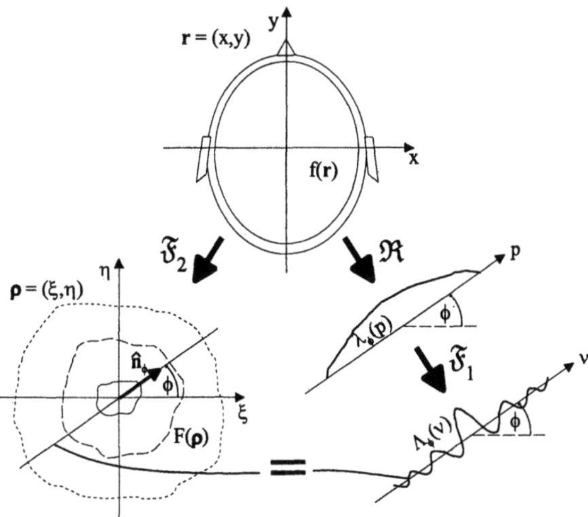

Abb. 9.4. Hier wird das Central-Slice-Theorem veranschaulicht: Die 1-D FT der Projektion der Funktion $f(x,y)$ ist gleich der 2-D FT von $f(x,y)$ entlang einer Geraden durch den Ursprung des Frequenzraums

Das letzte Integral erkennen wir als 2D-Fourier-Transformierte $F(\boldsymbol{\rho})$ der Verteilung $f(\boldsymbol{r})$ für $\boldsymbol{\rho} = \nu\hat{\mathbf{n}}_\phi$. Das bedeutet: *Die 1D-FT der Projektion einer 2D-Funktion liefert die 2D-FT der Funktion entlang einer Geraden durch den Ursprung des Frequenzraums.* In Operatorschreibweise erhalten wir:

$$\mathfrak{F}_1\left\{\mathfrak{R}_\phi\left[f(\boldsymbol{r})\right]\right\}(\nu) = \mathfrak{F}_2\left[f(\boldsymbol{r})\right](\boldsymbol{\rho} = \nu\hat{\mathbf{n}}_\phi) \tag{9.20}$$

oder kurz

$$\mathfrak{F}_1\mathfrak{R} = \mathfrak{F}_2 \, . \tag{9.21}$$

Es sei angemerkt, daß diese Beziehung durch Anwendung einfacher Operatoralgebra zu $\mathfrak{R}^{-1} = \mathfrak{F}_2^{-1}\mathfrak{F}_1$ umgeformt werden kann. Das bedeutet, daß mit Hilfe des Central-Slice-Theorems die inverse Radontransformation bestimmt werden kann, ohne die Rückprojektion zu benutzen (Abb. 9.4). Dieses Verfahren wird als *direkte Fourier-Rekonstruktion* bezeichnet. Bei der Umsetzung des Ausdrucks für $\mathfrak{R}^{-1}$ in einen praktisch anwendbaren Rekonstruktionsalgorithmus für diskret vorliegende Daten wird jedoch eine aufwendige Interpolation erforderlich, weshalb sich dieser Ansatz bisher nicht durchsetzen konnte.

9.2.3 Die gefilterte Rückprojektion

Eine Kombination der Operatorgleichungen (9.15) und (9.21) liefert nun das gesuchte Rekonstruktionsverfahren, bei dem die Projektionsprofile *vor* der

Rückprojektion gefiltert werden. Zunächst folgt aus (9.21) die Beziehung

$$\mathfrak{R}^{-1}\mathfrak{F}_1^{-1} = \mathfrak{F}_2^{-1}\,. \tag{9.22}$$

Wird dies zusammen mit (9.21) in (9.15) eingesetzt, folgt weiter

$$\mathfrak{R}^{-1} = \mathfrak{R}^{-1}\mathfrak{F}_1^{-1}|\rho|\,\mathfrak{F}_1\mathfrak{R}\mathfrak{B}\,. \tag{9.23}$$

Wegen $\rho = \nu\hat{\mathbf{n}}_\phi$ ist $|\rho| = |\nu|$. Weitere Umformungen liefern schließlich

$$\mathfrak{R}^{-1} = \mathfrak{B}\mathfrak{F}_1^{-1}|\nu|\,\mathfrak{F}_1\,. \tag{9.24}$$

In Worten bedeutet dies, daß die Verteilung $f(\mathbf{r})$ aus den Projektionsprofilen $\lambda_\phi(p)$ durch folgende Schritte zurückgewonnen werden kann:

1. *Fourier-Transformation* von $\lambda_\phi(p) \to \Lambda_\phi(\nu)$;
2. *Multiplikation* von $\Lambda_\phi(\nu)$ mit $|\nu| \to \Lambda_\phi^*(\nu)$;
3. *Fourier-Rücktransformation* von $\Lambda_\phi^*(\nu) \to \lambda_\phi^*(p')$;
4. *Rückprojektion* von $\lambda_\phi^*(p')$ *und Integration* über $\phi \to f(\mathbf{r})$.

Die ersten drei Schritte entsprechen einer Filterung der Projektionsprofile mit dem Filter $h^{-1}(p)$, wobei es sich um die inverse FT von $H^{-1}(\nu) = |\nu|$ handelt, d.h.:

$$\lambda_\phi^*(p') = (\lambda_\phi * h^{-1})(p') \tag{9.25}$$

$$= \int\limits_{-\infty}^{\infty} \lambda_\phi(p)\, h^{-1}(p' - p)\, \mathrm{d}p\,. \tag{9.26}$$

Der Filter $h^{-1}(p)$ läßt sich formal schreiben als

$$h^{-1}(p) = -\frac{1}{2\pi^2 p^2} \tag{9.27}$$

und muß als Distribution mit einem positiven δ-Peak bei $p = 0$ aufgefaßt werden, so daß das Integral über $h^{-1}(p)$ verschwindet [1]. In der Praxis ist dies wenig hilfreich. Abhilfe verschafft eine „Regularisierung" des Problems. Der dazu allgemein verwendete Ansatz besteht darin, $H^{-1}(\nu)$ mit einem weiteren Filter zu modifizieren und die hohen Ortsfrequenzen „abzuschneiden". Damit ergibt sich, wie weiter unten gezeigt wird, durch inverse FT ein wohldefinierter glatter Filter im Ortsraum. Der aus dem Abschneiden resultierende Fehler ist vernachlässigbar, sofern $\Lambda_\phi(\nu)$ im wesentlichen auf das Intervall $[-\nu_{\mathrm{max}}, \nu_{\mathrm{max}}]$ beschränkt oder „bandbegrenzt" ist [6] und die Abschneidefrequenz größer ist als ν_{max}. Im allgemeinen können die Projektionsprofile, wenn man vom Rauschen einmal absieht, tatsächlich im obigen Sinn als bandbegrenzt betrachtet werden. Das liegt vor allem daran, daß die hohen Ortsfrequenzen bereits durch den Aufnahmeprozeß herausgefiltert werden.

9.3 Praktische Implementierung

In der Praxis liegen die Werte von $\lambda_\phi(p)$ nicht kontinuierlich vor, sondern nur für diskrete Abtastpunkte (ϕ_m, p_n). Interessanterweise kann trotz der Diskretisierung eine nahezu perfekte Rekonstruktion erzielt werden. Voraussetzung dafür ist naturgemäß eine ausreichende Dichte der Abtastpunkte. Nehmen wir an, wir kennen $\lambda_{m \cdot \Delta\phi}(n \cdot \Delta p)$ für $n = -N, \ldots, N$ und $m = 1, \ldots, M$ mit $M = \pi/\Delta\phi$. Betrachten wir zunächst die lineare Abtastung mit Δp innerhalb der Projektionen. Nach der Nyquist-Bedingung muß die Anzahl der Abtastpunkte pro Längeneinheit, $1/\Delta p$, mindestens doppelt so groß sein wie die größte relevante Ortsfrequenz ν_{max}. Für das Abtastintervall muß daher gelten: $\Delta p \leq (2\,\nu_{\mathrm{max}})^{-1}$. Bei der CT wird ν_{max} wesentlich durch die effektive Strahlbreite w bestimmt, woraus die Bedingung $\Delta p \leq w/2$ folgt. Insgesamt werden in jeder Projektion mindestens $2N_{\mathrm{min}} \approx 2\,r_{\mathrm{max}}/\Delta p_{\mathrm{max}} = 4\,r_{\mathrm{max}}\,\nu_{\mathrm{max}}$ Abtastpunkte benötigt, wenn r_{max} der maximale Radius des zu rekonstruierenden Objektes ist.

Ähnliche Bedingungen können auch für die Winkelabtastung abgeleitet werden. Nach dem Central-Slice-Theorem liefert die 1D-Fourier-transformierte einer jeden Projektion eine Gerade durch den Ursprung des 2D-Frequenzraums. Mit Projektionen aus unterschiedlichen Richtungen können wir also den gesamten Frequenzraum auffüllen (vgl. Abb. 9.4). Der Abstand benachbarter Geraden im Frequenzraum beträgt $\nu\Delta\phi$ und wird im relevanten Frequenzbereich maximal für $\nu = \nu_{\mathrm{max}}$. Andererseits darf dieser Frequenzabstand höchstens $(2\,r_{\mathrm{max}})^{-1}$ betragen, um Überlappungseffekte im Ortsraum zu verhindern. Daraus können wir die Bedingung $\Delta\phi \leq (2\,r_{\mathrm{max}}\,\nu_{\mathrm{max}})^{-1}$ ableiten. Die Mindestanzahl der für eine artefaktfreie Rekonstruktion erforderlichen Winkel, unter denen die Rückprojektion zu erfolgen hat, beträgt folglich $M_{\mathrm{min}} \approx \pi/\Delta\phi_{\mathrm{max}} = 2\pi\,r_{\mathrm{max}}\,\nu_{\mathrm{max}}$ oder $M_{\mathrm{min}} \approx \pi N_{\mathrm{min}}$.

Das „Rezept" zur Rekonstruktion über die oben beschriebenen Schritte 1–4 (9.24) kann nun im Prinzip auf diskrete Daten übertragen werden. Die Fourier-Hin- und -Rücktransformation wird dazu als schnelle diskrete Fourier-Transformation(FFT) ausgeführt. Die Multiplikation mit $|\nu|$ erfolgt an den diskreten Punkten im Intervall $[-\nu_{\mathrm{max}}, \nu_{\mathrm{max}}]$ des Frequenzraums. Die Rückprojektion wird allgemein auf einem kartesischen Gitter durchgeführt. Da hierzu auch Daten zwischen den Abtastpunkten der gefilterten Profile benötigt werden, wird eine Interpolation erforderlich, wobei die lineare Interpolation allgemein ausreichend ist.

Diese direkte algorithmische Umsetzung von (9.24) unter Verwendung der FFT kann trotz ausreichender räumlicher Abtastung bestimmte Artefakte verursachen, die ihre Ursache im wesentlichen in der damit einhergehenden Abtastung mit $\Delta\nu$ *im Frequenzraum* haben. Daraus resultiert eine ungewollte Periodizität im Ortsraum und folglich eine *zyklische* Filterung. Durch feinere Abtastung im Frequenzraum können die Probleme reduziert aber nicht ganz verhindert werden (vgl. [4]). Nicht zuletzt deshalb basieren heutige Rekonstruktionsalgorithmen meistens auf dem Prinzip der Filterung mit $h^{-1}(p)$ im Ortsraum gemäß (9.26).

9.3.1 Entfaltung im Ortsraum

Bei bandbegrenzten Profilen $\lambda_\phi(p)$ kann die inverse Übertragungsfunktion $H^{-1}(\nu) = |\nu|$ auf das Intervall $[-1/(2\Delta p), 1/(2\Delta p)]$ beschränkt werden, sofern die Nyquist-Bedingung erfüllt ist. Die so modifizierte Funktion

$$H_{\mathrm{r}}^{-1}(\nu) = \begin{cases} |\nu| \ \text{für} \ \ |\nu| \le \frac{1}{2\Delta p} \\ \ 0 \ \ \text{sonst} \end{cases} \tag{9.28}$$

wird wegen ihrer Form als Rampenfilter bezeichnet. Zur Bestimmung von $h_{\mathrm{r}}^{-1}(p)$ muß $H_{\mathrm{r}}^{-1}(\nu)$ invers fourier-transformiert werden. Man erhält

$$h_{\mathrm{r}}^{-1}(p) = \mathfrak{F}_{\mathrm{I}}^{-1}\left\{H_{\mathrm{R}}^{-1}(\nu)\right\} \tag{9.29}$$

$$= \frac{1}{4\Delta p^2}\left(2\operatorname{sinc}\left(\frac{p}{\Delta p}\right) - \operatorname{sinc}^2\left(\frac{p}{2\Delta p}\right)\right), \tag{9.30}$$

wobei $\operatorname{sinc}(x)$ abkürzend für $\sin(\pi x)/(\pi x)$ steht. Eine Abtastung an den Stützstellen $p = n\Delta p$ liefert die diskrete Version

$$h_{\mathrm{r}}^{-1}(n\Delta p) = \begin{cases} \dfrac{1}{4\Delta p^2} & \text{für} \ \ n = 0 \\[2mm] 0 & \text{für} \ \ n \ \text{gerade}, \ \ne 0 \\[2mm] -\dfrac{1}{n^2\pi^2\Delta p^2} & \text{für} \ \ n \ \text{ungerade} . \end{cases} \tag{9.31}$$

Dieser Filter geht zurück auf Ramachandran und Lakshminarayanan. Glücklicherweise hat sich dafür die Abkürzung „Ram-Lak"-Filter durchgesetzt.

Die Bestimmung der gefilterten Profile an den Abtastpunkten $n'\Delta p$ kann jetzt analog zu (9.26) über die diskrete Faltung von $\lambda_{m\Delta\phi}(n\Delta p)$ mit $h_{\mathrm{r}}^{-1}(n\Delta p)$ erfolgen:

$$\lambda_{m\Delta\phi}^*(n'\Delta p) = \Delta p \sum_{n=-N}^{N} \lambda_{m\Delta\phi}(n\Delta p)\, h_{\mathrm{r}}^{-1}\big((n'-n)\Delta p\big) . \tag{9.32}$$

Ein weiterer in der Praxis häufig verwendeter Filter ist der sog. „Shepp-and-Logan"-Filter, der sich aus (9.30) durch Mittelung über Intervalle der Breite Δp ergibt, bzw. aus (9.28) durch Multiplikation mit $\operatorname{sinc}(\nu\Delta p)$ und inverse Fourier-Transformation:

$$h_{\mathrm{s}}^{-1}(p) = -\frac{2}{\pi^2\Delta p^2}\,\frac{1 - 2(p/\Delta p)\sin(\pi p/\Delta p)}{4(p/\Delta p)^2 - 1} . \tag{9.33}$$

Die diskrete Version dieses Filters lautet einfach:

$$h_{\mathrm{s}}^{-1}(n\Delta p) = -\frac{2}{\pi^2\Delta p^2(4n^2 - 1)} . \tag{9.34}$$

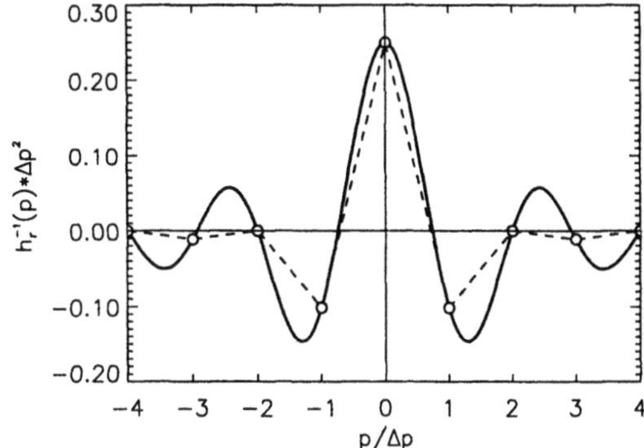

Abb. 9.5. Rekonstruktionsfilter nach Ramachandran und Lakshminarayanan (9.30). Die Kreise markieren die diskrete Version aus (9.31). Meistens wird der diskrete Filter zusammen mit linearer Interpolation bei der Rückprojektion verwendet (gestrichelte Linie)

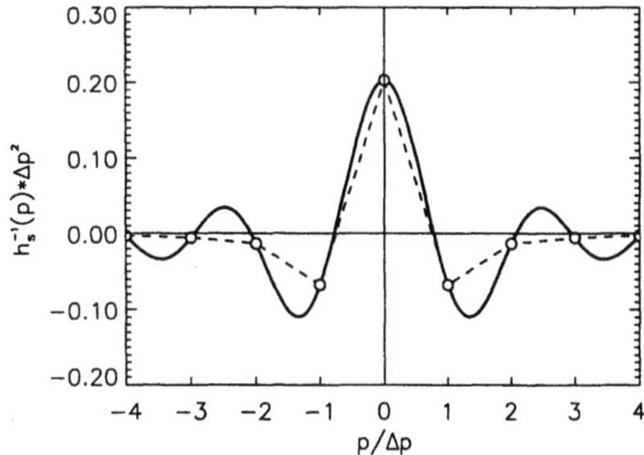

Abb. 9.6. Rekonstruktionsfilter nach Shepp und Logan (9.33). Dieser Filter ergibt sich aus dem in Abb. 9.5 dargestellten Ram-Lak Filter durch Mittelung über Intervalle der Breite Δp. Die Kreise markieren jeweils wieder die diskrete Version des Filters (9.34). Für größere n verhalten sich die Abtastwerte wie $1/n^2$

Aufgrund der Mittelung führt der Shepp-Logan-Filter zu einer leicht reduzierten räumlichen Auflösung, dafür wird aber auch der Rauschanteil entsprechend geringer. Vor allem produziert er weniger ausgeprägte Überschwinger an scharfen Kanten („Gibbs-Phänomen", vgl. [2]) im Fall von unterabgetasteten Projektionsprofilen, d.h. wenn $\nu_{\max} > 1/2\Delta p$.

Man erkennt, daß sowohl der diskrete Ram-Lak-Filter als auch der Shepp-Logan-Filter nur bei $n = 0$ positiv und sonst stets negativ (oder gleich Null) ist. Die negativen Werte bewirken insbesondere, daß die bei der Rückprojektion in Regionen außerhalb des ursprünglichen Objekts „verschmierten" Bildanteile kompensiert werden.

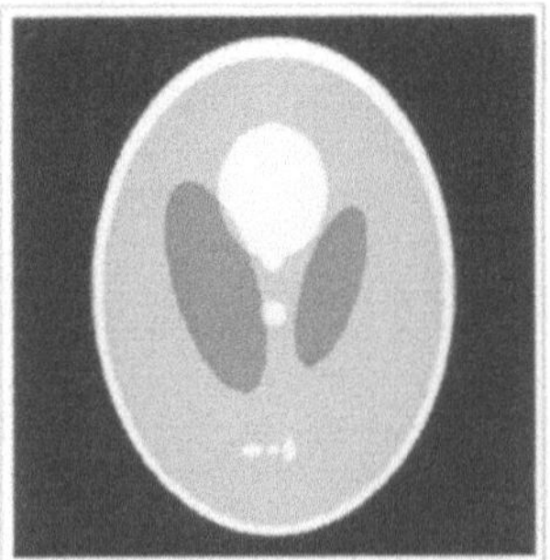

Abb. 9.7. Rekonstruktion des Shepp-Logan-Phantoms aus Abb. 9.3a mit der gefilterten Rückprojektion ($M = 750$ Projektionen mit jeweils $2N = 500$ Projektionsgeraden) unter Verwendung des Shepp-Logan-Filters. Im Vergleich zu Abb. 9.3b erkennt man, daß allein durch die Filterung eine fast artefaktfreie Rekonstruktion ermöglicht wird. Die Berechnung wurde von B. Groh mit Hilfe der Donner-Algorithmen durchgeführt [3]

9.3.2   Rekonstruktion von Fächerprojektionen

Die bisherigen Betrachtungen haben sich auf Parallelstrahlgeometrien beschränkt. Unter praktischen Gesichtspunkten ist es jedoch oft günstiger, die Projektionen in einer Fächergeometrie aufzunehmen, wobei die Projektionsstrahlen von einer Quelle ausgehen (Abb. 9.8). In der Tat arbeiten die heute eingesetzten Computertomographen fast ausschließlich nach dem Fächerstrahlprinzip. Wie kann nun eine Bildrekonstruktion für solche Fächerprojektionen erfolgen? Die einfachste Möglichkeit besteht darin, die Fächerprojektionen in Parallelprojektionen zu transformieren und die Rekonstruktion nach den oben beschriebenen Verfahren durchzuführen. Wir betrachten zunächst wieder den kontinuierlichen Fall.

Nehmen wir an, wir kennen die Projektionen $\zeta_\theta(\gamma)$, wobei θ der Winkel zwischen dem Zentralstrahl des Fächers und der y-Achse ist, und γ den Winkel bezeichnet, den der jeweilige Projektionsstrahl mit dem Zentralstrahl bildet. Wir wollen nun versuchen, eine Beziehung zwischen $\zeta_\theta(\gamma)$ und $\lambda_\phi(p)$ herzustellen. Aus Abb. 9.8 entnehmen wir:

$$p = R\sin\gamma \quad \text{und} \quad \phi = \theta + \gamma, \tag{9.35}$$

wobei R der Abstand der Quelle von der Rotationsachse ($=$ Koordinatenursprung) ist. Damit folgt:

$$\zeta_\theta(\gamma) = \lambda_{\theta+\gamma}(R\sin\gamma). \tag{9.36}$$

Falls $\zeta_\theta(\gamma)$ für beliebige γ in einem Fächer mit dem Öffnungswinkel $2\gamma_{\max}$ sowie für beliebige θ in einem Winkelbereich von $\pi + 2\gamma_{\max}$ bekannt ist, kann mit Hilfe dieser Gleichung $\lambda_\phi(p)$ für alle ϕ und für p im Intervall

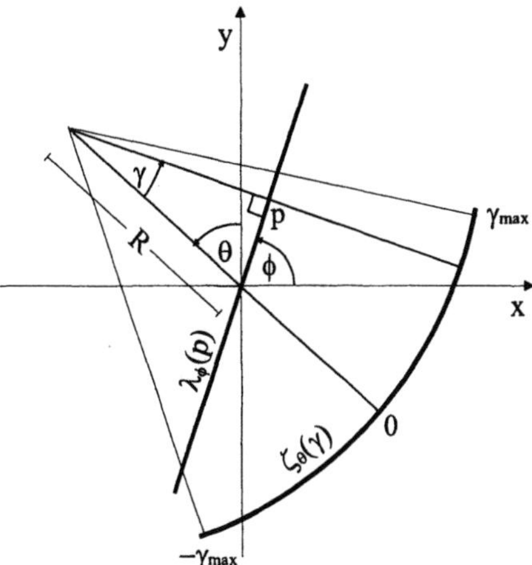

Abb. 9.8. Geometrische Beziehung zwischen dem Fächerstrahlsystem und dem Parallelstrahlsystem

$[-R\sin\gamma_{\mathrm{max}}, R\sin\gamma_{\mathrm{max}}]$ bestimmt und dann wie oben beschrieben die inverse Radontransformation durchgeführt werden.

Im praktisch relevanten diskreten Fall müssen die im (p,ϕ)-Gitter benötigten Daten aus den bekannten Werten $\theta_k = k\Delta\theta$ und $\gamma_l = l\Delta\gamma$ (bei äquidistanter Abtastung) durch Interpolation bestimmt werden. Besonders einfach liegen die Verhältnisse, wenn die Abtastintervalle in θ und γ gleich sind, d.h. wenn $\Delta\theta = \Delta\gamma =: \alpha$ ist. Dann gilt

$$\zeta_{k\alpha}(l\alpha) = \lambda_{(k+l)\alpha}(R\sin l\alpha) \ . \tag{9.37}$$

Man erhält also Parallelprojektionen unter den Winkeln $\phi = m\alpha$, indem man aus dem Satz von Fächerprojektionen jeweils die Projektionsstrahlen herausgreift, für die $k+l = m$ gilt. Abbildung 9.9 illustriert diesen Sachverhalt für ein grobes Abtastintervall von $\alpha = 10°$.

Es sei angemerkt, daß die resultierenden parallelen Projektionsgeraden nicht äquidistant sind, so daß immer noch 1D-Interpolationen in p durchgeführt werden müssen. Schließlich sei ein weiterer wichtiger Spezialfall erwähnt, der sich für $\Delta\theta = 2\Delta\gamma =: 2\alpha$ ergibt. Dies ist gerade die bei der 2D-Positronenemissionstomographie (PET) verwirklichte Abtastgeometrie, die in gewissem Sinn am effizientesten ist [6]. Hier lautet die Bedingung für die Umsortierung der Fächerprojektionen in Parallelprojektionen: $2k + l = m$.

Neben der erforderlichen Interpolation hat die beschriebene Umsortierung von Fächerstrahlen in Parallelstrahlen den Nachteil, daß viele Fächerprojektionen aufgenommen werden müssen, bevor eine Parallelprojektion vollständig erfaßt ist, die dann gefiltert und rückprojiziert werden kann. Eine mit der Datenaufnahme schritthaltende Datenverarbeitung ist also nur eingeschränkt möglich. Diese Nachteile können vermieden werden, wenn ein alternatives

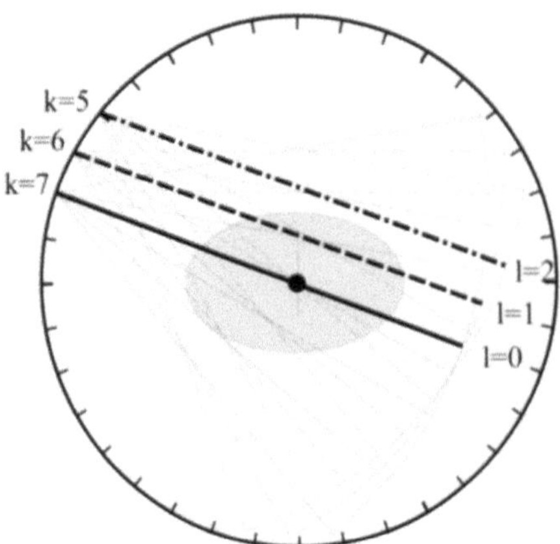

Abb. 9.9. Durch Kombination von Projektionsstrahlen aus verschiedenen Fächerprojektionen können Parallelprojektionen gewonnen werden. Hervorgehoben sind drei Linien der Parallelprojektion unter $\phi = 70°$ mit $m = k + l = 7$

Verfahren zur Fächerrekonstruktion verwendet wird, bei dem die gefilterte Rückprojektion direkt auf die Fächerdaten angewendet wird. Dazu wird eine modifizierte Filterung eingesetzt, sowie eine fächerförmige Rückprojektion, bei der mit dem Kehrwert des Abstandsquadrats von der Quelle gewichtet wird (s. kurze Herleitung im Anhang). Die Methode wird daher auch gewichtete gefilterte Rückprojektion genannt.

Anhang: Gewichtete gefilterte Rückprojektion für Fächerprojektionen

Wir starten mit der Rekonstruktionsformel (9.24), die ausgeschrieben lautet:

$$f(\boldsymbol{r}) = \int\limits_0^\pi \int\limits_{-\infty}^\infty \exp(2\pi i\,\nu\boldsymbol{r}\cdot\hat{\mathbf{n}}_\phi)\,|\nu| \int\limits_{-\infty}^\infty \lambda_\phi(p)\exp(-2\pi i\,\nu p)\,\mathrm{d}p\,\mathrm{d}\nu\,\mathrm{d}\phi \qquad (9.38)$$

bzw. nach Umformung:

$$f(\boldsymbol{r}) = \frac{1}{2}\int\limits_0^{2\pi}\int\limits_{-\infty}^\infty \lambda_\phi(p)\int\limits_{-\infty}^\infty |\nu|\exp\left[2\pi i\,\nu(\boldsymbol{r}\cdot\hat{\mathbf{n}}_\phi - p)\right]\,\mathrm{d}\nu\,\mathrm{d}p\,\mathrm{d}\phi \qquad (9.39)$$

$$= \frac{1}{2}\int\limits_0^{2\pi}\int\limits_{-\infty}^\infty \lambda_\phi(p)\,h^{-1}(\boldsymbol{r}\cdot\hat{\mathbf{n}}_\phi - p)\,\mathrm{d}p\,\mathrm{d}\phi\,. \qquad (9.40)$$

Der Filter $h^{-1}(\boldsymbol{r}\cdot\hat{\mathbf{n}}_\phi - p)$ ist dabei als Distribution aufzufassen [vgl. (9.26) und (9.27)]. Nun ersetzen wir (p, ϕ) durch die Fächerkoordinaten (γ, θ) gemäß

(9.35). Die Auswertung der Jacobi-Determinante liefert

$$\mathrm{d}p\,\mathrm{d}\phi = R\cos\gamma\,\mathrm{d}\gamma\,\mathrm{d}\theta \tag{9.41}$$

und folglich

$$f(\boldsymbol{r}) = \frac{1}{2}\int_{0}^{2\pi}\int_{-\pi/2}^{\pi/2} \zeta_\theta(\gamma)\,R\cos\gamma\,h^{-1}(\boldsymbol{r}\cdot\hat{\mathbf{n}}_{\theta+\gamma}-R\sin\gamma)\,\mathrm{d}\gamma\,\mathrm{d}\theta\,. \tag{9.42}$$

Sei nun $L(\boldsymbol{r},\theta)$ der Abstand des Punktes $\boldsymbol{r}$ von der Quelle und $\gamma'(\boldsymbol{r},\theta)$ der Winkel zwischen der Verbindungsgerade Quelle – Punkt $\boldsymbol{r}$ und dem Zentralstrahl. Wie man geometrisch leicht zeigen kann, vereinfacht sich damit das Argument von h^{-1}, wobei es sich um den Abstand des Punktes $\boldsymbol{r}$ von der durch γ und θ bestimmten Projektionsgeraden handelt:

$$f(\boldsymbol{r}) = \frac{1}{2}\int_{0}^{2\pi}\int_{-\pi/2}^{\pi/2} \zeta_\theta(\gamma)\,R\cos\gamma\,h^{-1}(L\sin(\gamma'-\gamma))\,\mathrm{d}\gamma\,\mathrm{d}\theta\,. \tag{9.43}$$

Das innere Integral ist jetzt wieder eine (zyklische) Faltung, allerdings hängt der Faltungskern bzw. Filter noch von L und folglich von r und θ ab. Nun gilt allgemein $h^{-1}(ax) = h^{-1}(x)/a^2$. Dies folgt entweder aus der Darstellung von $h^{-1}(x)$ als inverse Fourier-transformierte von $|\nu|$ oder mit Vorsicht aus (9.27) (s. dazu auch [1]). Damit erhalten wir:

$$f(\boldsymbol{r}) = \frac{1}{2}\int_{0}^{2\pi}\frac{1}{L^2}\int_{-\pi/2}^{\pi/2} \zeta_\theta(\gamma)\,R\cos\gamma\,h^{-1}(\sin(\gamma'-\gamma))\,\mathrm{d}\gamma\,\mathrm{d}\theta\,. \tag{9.44}$$

Hier handelt es sich um eine mit $1/L^2$ gewichtete fächerförmige Rückprojektion

$$f(\boldsymbol{r}) = \frac{1}{2}\int_{0}^{2\pi}\frac{1}{L^2(\boldsymbol{r},\theta)}\,\zeta_\theta^*\big(\gamma'(\boldsymbol{r},\theta)\big)\,\mathrm{d}\theta \tag{9.45}$$

der gefilterten Profile

$$\zeta_\theta^*(\gamma') := \int_{-\pi/2}^{\pi/2} \zeta_\theta(\gamma)\,R\cos\gamma\,\tilde{h}^{-1}(\gamma'-\gamma)\,\mathrm{d}\gamma \tag{9.46}$$

mit dem Filter

$$\tilde{h}^{-1}(\gamma) := h^{-1}(\sin\gamma) = -\frac{1}{2\pi^2\sin^2\gamma}\,. \tag{9.47}$$

Nun kann man aus mathematischen Tabellen (z.B. Gradshteyn) die folgende Beziehung zwischen $\tilde{h}^{-1}(\gamma)$ und $h^{-1}(\gamma)$ entnehmen:

$$\tilde{h}^{-1}(\gamma) := \sum_{n=-\infty}^{\infty} h^{-1}(\gamma + n\pi)\,. \tag{9.48}$$

Dies kann als Faltung von $h^{-1}(\gamma)$ mit einem unendlich ausgedehnten „δ-Kamm" interpretiert werden. Im Frequenzraum entspricht das einer Multiplikation von $H^{-1}(\nu) = |\nu|$ mit einem δ-Kamm:

$$\tilde{H}^{-1}(\nu) = |\nu| \frac{1}{\pi} \sum_{n=-\infty}^{\infty} \delta\left(\nu + \frac{n}{\pi}\right)\,. \tag{9.49}$$

Das bedeutet, daß die Frequenzraumdarstellung des Rekonstruktionsfilters für Fächerprojektionen gerade ein abgetasteter $|\nu|$-Filter ist.

Praktisch implementierbare Filter erhält man jetzt genau wie im Fall der Parallelprojektion. Zunächst ergibt sich der Ram-Lak-äquivalente Fächerfilter durch Bandbegrenzung, d.h. durch Einschränkung der unendlichen Summe in (9.49) auf den Bereich $n = -N_0, \ldots, N_0$. Die Randwerte werden dabei mit dem Faktor $1/2$ gewichtet. Die inverse Fourier-Transformation kann dann mit Hilfe von Tabellen (z.B. Gradshteyn) durchgeführt werden und liefert:

$$\tilde{h}_{\mathrm{r}}^{-1}(\gamma) = -\frac{2\sin^2(N_0\gamma) - N_0\sin(2N_0\gamma)\sin(2\gamma)}{2\pi^2 \sin^2\gamma}\,. \tag{9.50}$$

Erfolgt die Abtastung dieses Filters mit $\gamma_l = l\Delta\gamma$ und $\Delta\gamma = \pi/(2N_0)$, so verschwindet der zweite Term im Zähler, und der erste Term ist alternierend 0 oder 2.

Zur Bestimmung des Shepp-Logan-Filters für Fächerprojektionen wird vor der inversen Fourier-Transformation wieder mit der sinc-Funktion $\mathrm{sinc}(\nu\pi/(2N_0))$ multipliziert. Es folgt:

$$\tilde{h}_{\mathrm{s}}^{-1}(\gamma) = -\frac{2N_0}{\pi^3} \frac{\sin\left(\pi/(2N_0)\right) - \sin(2N_0\gamma)\sin(2\gamma)}{\cos\left(\pi/(2N_0)\right) - \cos(2\gamma)}\,. \tag{9.51}$$

An den Abtastpunkten γ_l entspricht $\tilde{h}_{\mathrm{s}}^{-1}(\gamma_l)$ dem sog. Kotangenskern [5].

Literatur

1. Barrett HH (1984) The Radon transform and its applications. In: Wolf E (ed) Progress in optics, Vol XXI. Elsevier
2. Bracewell RN (1986) The Fourier transform and its applications. 2nd edn. McGraw-Hill, New York

3. Huesman RH, Gullberg GT, Greenberg WL, Budinger TF (1977) Users manual: Donner algorithms for reconstruction tomography. Lawrence Berkeley Laboratory, University of California, USA. *Die Algorithmen und das zugehörige Handbuch sind über das Internet zu beziehen:* http://cfi.lbl.gov/cfi_software.html
4. Kak AC, Slaney M (1988) Principles of computerized tomographic imaging. IEEE Press, New York *Algorithmen über Internet verfügbar:* http://biocomp.arc.nasa.gov/3dreconstruction/software/ct.html
5. Morneburg H (Hrsg) (1995) Bildgebende Systeme für die medizinische Diagnostik. 3. Aufl. Publicis MCD, Erlangen
6. Natterer F (1986) The mathematics of computerized tomography. Teubner, Stuttgart
7. Radon J (1917) Über die Bestimmung von Funktionen durch ihre Integralwerte längs gewisser Mannigfaltigkeiten. Berichte der Sächsischen Akademie der Wissenschaften – Math.-phys. Klasse 69: 262–277

10 Röntgencomputertomographie: Physikalisch-technische Grundlagen

T. Bortfeld

10.1 Einleitung

Die Röntgenstrahlen wurden einmal als das schönste Geschenk bezeichnet, das je die Physik der Medizin gemacht hat. Sie sind heute insbesondere aus der medizinischen Diagnostik nicht mehr wegzudenken. Dennoch hat die konventionelle Röntgenfilmaufnahme zwei prinzipielle Nachteile, die auch durch die im Laufe der Zeit immer ausgefeilteren Aufnahmetechniken nicht behoben werden konnten:

1. Der Bildkontrast ist bei der Darstellung von Weichteilen mit nur geringfügig unterschiedlichen Schwächungskoeffizienten nicht zufriedenstellend.
2. Die Tiefeninformation geht verloren. Das Röntgenbild ist ein zweidimensionales Projektionsbild, in dem alle im Strahlengang befindlichen Strukturen überlagert dargestellt sind. Bestimmte Befunde im Röntgenbild können daher nicht ohne weiteres im Patienten lokalisiert werden.

So entstand bereits sehr früh der Wunsch, auf bestimmte Körperregionen in genau definierten Tiefen „fokussieren" zu können. Es ist nicht schwer einzusehen, daß dazu Projektionsaufnahmen aus unterschiedlichen Richtungen nötig sind. Entsprechende Überlegungen führten in den Jahren um 1920–1930 zur Entwicklung der sog. Verwischungstomographie oder Planigraphie [9]. Das Prinzip wird in Abb. 10.1 gezeigt. Während der Aufnahme werden Röntgenröhre und Film in entgegengesetzten Richtungen synchron bewegt, so daß der Patient aus verschiedenen Richtungen durchstrahlt wird. Nur die in der Fokusschicht (a–b) liegenden Punkte werden dabei immer auf die gleichen Bildpunkte (A–B) und damit scharf abgebildet, während darüber- oder darunterliegende Schichten verwischt werden. Daher erklärt sich der Name Verwischungstomographie (Tomographie = Schichtaufnahme). Das Prinzip ist grob analog zu einer photographischen Aufnahme mit geringer Tiefenschärfe, bei der auch nur die im Fokus liegenden Objekte scharf abgebildet werden. Die Verwischungtomographie wurde seitdem erheblich weiterentwickelt und wird heute in teilweise abgewandelter und stark verbesserter Form noch vielfach eingesetzt, wobei jetzt u.a. auch gekrümmte Schichten möglich sind. Eines der wichtigsten Anwendungsbeispiele ist die zahnärztliche Röntgenuntersuchung mit dem „Panoramaschichtverfahren", bei dem die gesamte Zahnreihe mit nur geringen Überlagerungen auf einem breiten Panoramafilm dargestellt wird [9].

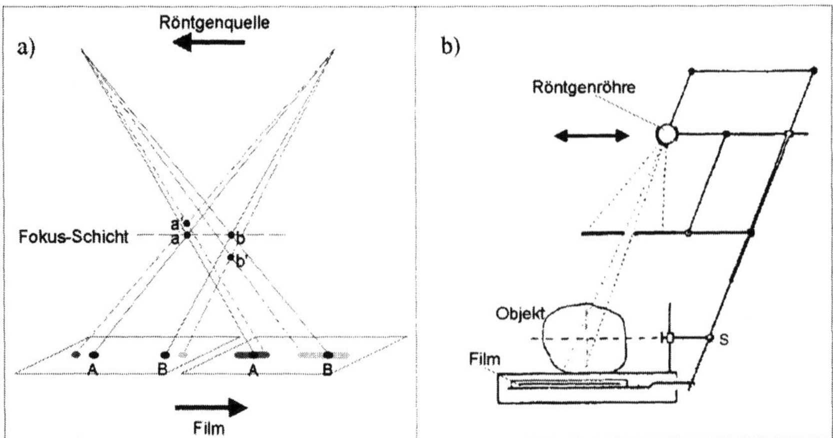

Abb. 10.1. (a) Prinzip der Verwischungstomographie oder Planigraphie. Während der Aufnahme bewegen sich die Röntgenquelle und der Film synchronisiert in entgegengesetzten Richtungen. Dadurch werden nur die Punkte der Fokusschicht scharf abgebildet. Darüber oder darunter liegende Punkte (a', b') werden verwischt. Das Maß der Verwischung hängt vom Abstand von der Fokusschicht ab. (b) Skizze eines frühen Apparats zur Verwischungstomographie nach Ziedses des Plantes [10]

Die unscharf abgebildeten Anteile aus nicht interessierenden Schichten treten bei der Verwischungstomographie jedoch in vielen Fällen immer noch störend in Erscheinung. Diese Methode kann daher nur als Zwischenschritt auf dem Weg zu einer überlagerungs*freien* Schichtaufnahmetechnik mit größerem Weichteilkontrast angesehen werden, die mit der Röntgencomputertomographie (CT) erstmals 1972 zur Verfügung stand. Dazu war es erforderlich, den Film als Aufnahmemedium abzulösen und durch Szintillations- oder Gasdetektoren zu ersetzen, die direkt elektronisch ausgelesen werden können. Die wichtigste Voraussetzung aber war die Entwicklung der Computertechnologie, die es ermöglicht, die überlagerten Bildanteile mit einem mathematischen Verfahren herauszufiltern. Pionierarbeiten wurden auf diesen Gebieten (nach zahlreichen Vorarbeiten anderer Forscher) von G.N. Hounsfield und A.M. Cormack durchgeführt, die dafür 1979 den Nobelpreis für Medizin erhielten. Die CT kann als die erste größere und bislang wichtigste Anwendung des Computers in der Medizin angesehen werden. Sie hat die medizinische Diagnostik in einem ähnlichen Maß revolutioniert wie seinerzeit die Entdeckung der Röntgenstrahlung.

10.2   Grundprinzip

10.2.1   Bildaufnahme

Bei der CT wird der Patient schichtweise unter vielen verschiedenen Winkeln durchstrahlt (Abb. 10.2). Als Strahlenquelle wird allgemein eine um die Paa)

b)

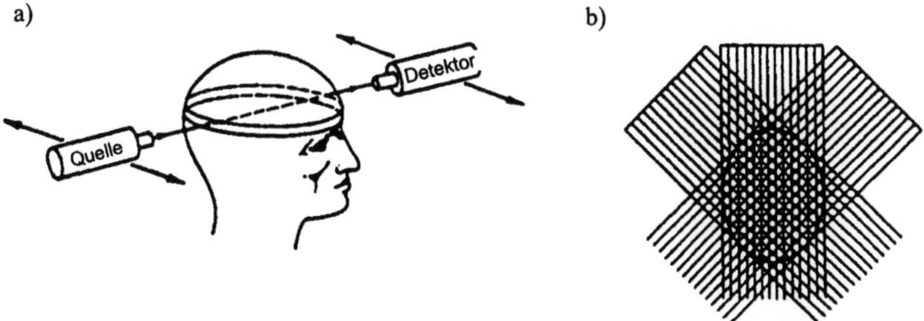

Abb. 10.2a,b. Prinzip der Bildgewinnung bei der CT. Der Patient wird in einer vorgegebenen Schicht an verschiedenen Stellen und unter verschiedenen Winkeln durchstrahlt. Aus den aufgenommenen Schwächungsprofilen kann die Verteilung der Schwächungskoeffizienten innerhalb der Schicht mathematisch rekonstruiert werden. Um ein gutes Ergebnis mit hoher Auflösung zu erzielen, ist eine möglichst dichte Abtastung erforderlich, d.h. es werden Aufnahmen unter sehr vielen Winkeln (Größenordnung 10^3) mit jeweils vielen Meßpunkten (ebenfalls um 10^3) benötigt [1]

tientenlängsachse (z-Achse) rotierbare Röntgenröhre vewendet, die mit Beschleunigungsspannungen von 70 bis ca. 150 kV betrieben wird. Die Detektoren sind auf der gegenüberliegenden Seite der Röhre montiert und messen die Intensität der Strahlung nach Durchdringung des Patienten. Die verschiedenen Bauformen der CT-Geräte, auch CT-Scanner genannt, werden weiter unten beschrieben.

Als CT-Detektoren haben sich sowohl Gasdetektoren als auch Szintillationskristalle mit angekoppelten Photodioden bewährt. Gasdetektoren zeichnen sich durch eine hohe zeitliche Stabilität und eine geringe Empfindlichkeit gegenüber Umgebungsbedingungen wie Temperatur und Feuchtigkeit aus. Ein weiterer Vorteil ist ihre inhärente Kollimierungseigenschaft aufgrund der in Strahlrichtung ausgerichteten Hochspannungs- und Meßelektroden. Damit sind diese Detektoren relativ unempfindlich gegenüber Streustrahlung. Als Gas wird meistens reines Xenon unter hohem Druck ($\approx$ 20 bar) verwendet. Bei der zweiten Art von Detektoren kommen z.B. die Szintillationskristalle Cäsiumjodid, Cadmiumwolframat oder Wismutgermanat in der CT zum Einsatz. Diese Kristalle haben aufgrund ihrer hohen Dichte im Vergleich zu den Xe-Detektoren den Vorteil einer starken Absorption der Röntgenstrahlung. Damit wird eine höhere Quantenausbeute erreicht, d.h. eine bessere Effizienz bei der Umwandlung der Strahlungsintensität in das Meßsignal, was einem besseren Signal-Rausch-Verhältnis zugute kommt.

Um den weiten Dynamikbereich (darunter versteht man das Verhältnis von maximalem zu minimalem Signal) der Detektoren ausnutzen zu können, müssen hohe Anforderungen an die aus Analogverstärker, Integrator und AD-Wandler bestehende Elektronik zur Meßwerterfassung gestellt werden. Beispielsweise muß der AD-Wandler, der zur Transformation der analogen Meßdaten in die digitale Form für die Bearbeitung mit dem Computer dient, eine Auflösung von mindestens 20 bit haben. Die große Menge der in kurzer Zeit anfallenden Daten macht auch eine hohe Übertragungsrate erforderlich. Heutige Systeme verwenden zumeist optische Verfahren mit Datenübertragungsraten bis über 200 Mbit/s.

10.2.2   Rekonstruktion und Darstellung

Sei $\mu(x,y)$ die gesuchte Verteilung der linearen Schwächungskoeffizienten in der zu untersuchenden Schicht. Wenn man von Streueffekten absieht, ist die am Detektor aufgenommene Intensität der Strahlung nach Durchdringung des Patienten von I_0 auf den Wert

$$I = I_0 \exp\left(-\int \mu(x,y)\,ds\right) \tag{10.1}$$

abgefallen. Das Integral ist dabei als Linienintegral entlang des jeweiligen Strahls zu verstehen. Durch Logarithmierung des Meßwerts erhält man direkt das Integral über die Schwächungskoeffizienten, das als Projektion von $\mu(x,y)$ bezeichnet wird:

$$\lambda := -\ln\left(\frac{I}{I_0}\right) = \int \mu(x,y)\,ds \quad (\text{„Projektion“}) . \tag{10.2}$$

Damit besteht nun ein *linearer* Zusammenhang zwischen der Verteilung $\mu(x,y)$ und ihren Projektionen λ, und eine Berechnung („Rekonstruktion“) von $\mu(x,y)$ wird mit den im nachfolgenden Kapitel beschriebenen Verfahren ermöglicht. Es ergeben sich überlagerungsfreie Schichtbilder, die direkt am Computerbildschirm dargestellt oder wiederum auf Filme belichtet werden können.

Die Schwächungskoeffizienten sind naturgemäß energieabhängig. Um trotzdem eine gewisse Vergleichbarkeit zwischen verschiedenen CT-Anlagen mit unterschiedlichen Energiespektren herzustellen, verwendet man zur Darstellung allgemein die Skala der „CT-Zahlen“ oder „*Hounsfield-Werte*“, H, die sich wie folgt aus den Schwächungskoeffizienten ableiten lassen:

$$H := \frac{\mu - \mu_{\mathrm{w}}}{\mu_{\mathrm{w}}} \times 1000 . \tag{10.3}$$

Dabei ist μ_{w} der Schwächungskoeffizient von Wasser. Aus der Definition ergibt sich zwangsläufig der Hounsfield-Wert von Wasser zu $H_{\mathrm{w}} = 0$ und der von Vakuum bzw. Luft zu -1000. Viele Weichteile und Körperflüssigkeiten liegen zwischen $H = -100$ und $H = +100$ (s. Abb. 10.3). Ein Unterschied von $\Delta H = 1$ in den CT-Zahlen entpricht dann etwa einem Unterschied von $0{,}1\%$ in den Schwächungskoeffizienten. Die meisten Gewebe bestehen wie Wasser aus relativ leichten Elementen, so daß im relevanten Energiebereich (um 100 keV) der Comptoneffekt dominiert. Hier sind die Unterschiede in

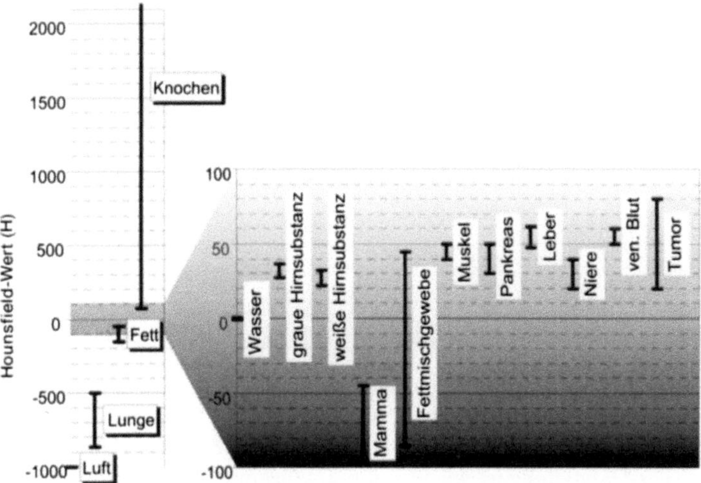

Abb. 10.3. Hounsfield-Werte und -Bereiche für unterschiedliche Körpersubstanzen und Organe. Vergrößert dargestellt ist ein „Weichteilfenster" um $H = 0$ mit der Breite $\Delta H = 200$. Die Hounsfield-Bereiche überlappen sich in vielen Fällen. Daher kann man allein aus den Hounsfield-Werten nicht eindeutig auf die jeweilige Substanz schließen

den Schwächungskoeffizienten hauptsächlich auf unterschiedliche Elektronendichten, ρ_e, zurückzuführen, und es gilt $\mu/\mu_\mathrm{w} \approx \rho_\mathrm{e}/\rho_\mathrm{e,w}$. Damit ist H in der Tat fast energie- und geräteunabhängig. Dies gilt jedoch nicht oder nur in weniger guter Näherung für Gewebe, die aus schwereren Elementen bestehen, wie z.B. Knochen.

Die Verteilung der Hounsfield-Werte $H(x, y)$ wird in einer Matrix mit normalerweise 512×512 Bildpunkten (Pixel) rekonstruiert. Die maximale Bildfeldgröße liegt bei $50 \times 50\,\mathrm{cm}^2$, so daß Querschnitte aus allen Körperregionen im allgemeinen vollständig erfaßt werden. Der Pixelabstand beträgt typischerweise 0,5–1 mm. Die Hounsfield-Matrix wird als Grauwertmatrix auf einem Bildschirm dargestellt, wobei teilweise bis auf 1024×1024 Pixel gezoomt wird. Meistens wird nur ein kleiner Ausschnitt aus dem Wertebereich von -1000 bis über $+3000$ gezeigt, da das menschliche Auge ohnehin nur relativ wenige (maximal 100) Grauwerte unterscheiden kann. Ist man beispielsweise an der Darstellung von Weichteilen interessiert, so wird man ein „Weichteilfenster" im Bereich von $H \approx -100$ bis $\approx +100$ wählen (s. Abb. 10.3–10.4). Alle darunterliegenden Hounsfield-Werte werden schwarz dargestellt und darüberliegende weiß.

10.3 CT-Bauformen und -Eigenschaften

Die Entwicklung von CT-Prototypen mit dem Ziel des medizinischen Einsatzes wurde von Sir Hounsfield um 1967–1971 in der Forschungsabteilung

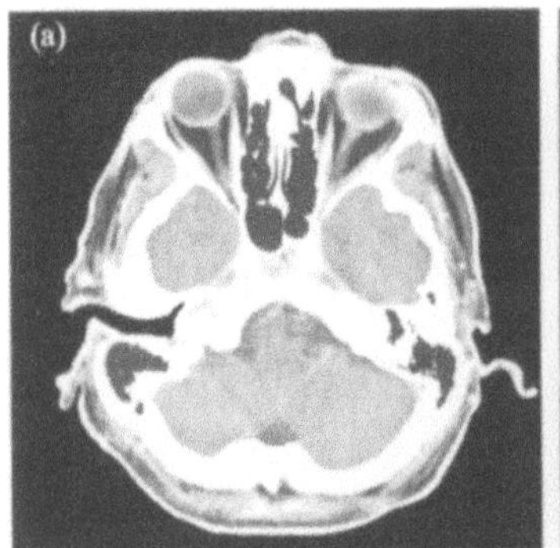 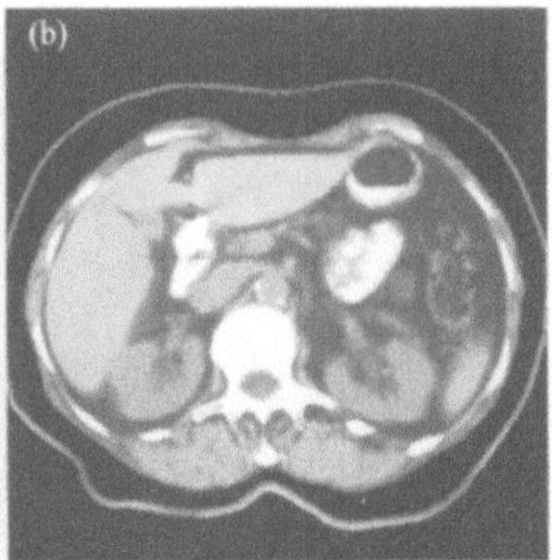

Abb. 10.4. CT-Bilder aus verschiedenen Körperregionen (Somatom Plus, Siemens). (a) Schädelaufnahme in der Höhe der Augen; Zentrum des CT-Fensters bei $H = 48$, Breite $\Delta H = 208$. (b) CT des Abdomens; Zentrum bei $H = 26$, $\Delta H = 290$. Die Darstellung ist wie üblich so, als schaue man von unten auf die ausgewählte Schicht, d.h. das rechte Auge oder die rechte Niere eines auf dem Rücken liegenden Patienten erscheinen auf der linken Bildseite

des Unterhaltungskonzerns EMI Ltd. (bekannt vor allem als Plattenlabel) in England vorangetrieben. Mit den ersten experimentellen Versuchsaufbauten wurde die prinzipielle Machbarkeit bewiesen, wenngleich die Aufnahmezeit wegen der geringen Aktivität der verwendeten ^{241}Am-Quelle über 9 Tage betrug und die Rekonstruktion auf einem Großrechner 2,5 h benötigte. Bereits im Jahr 1972 konnte die Firma EMI einen kliniktauglichen CT-Scanner für Kopfuntersuchungen kommerziell anbieten, der auf Hounsfields Entwicklungen beruhte. Es handelte sich um einen sog. Translationsrotationsscanner, bei dem ein eng fokussierter Röntgenstrahl und ein einzelner NaI Kristalldetektor verwendet wurden. Später kamen zwei Detektoren zum Einsatz, so daß zwei Schichten gleichzeitig erfaßt („abgetastet") werden konnten. Das Abtastprinzip wird in Abb. 10.5a schematisch gezeigt. Die Aufnahmezeit dieser EMI-Scanner, die später als Geräte der ersten Generation bezeichnet wurden, lag bei 5 min pro Schicht, gefolgt von 20 min Rekonstruktionszeit.

Eine naheliegende Weiterentwicklung folgte bereits 1973 mit den Geräten der zweiten Generation, bei denen ein Array mit 10–100 Detektoren eingesetzt wurde, so daß mehrere Projektionsgeraden unter verschiedenen Winkeln gleichzeitig aufgenommen werden konnten (Abb. 10.5b). Die Abtastung erfolgte nach wie vor nach dem Translationsrotationsprinzip, allerdings konnten größere Winkelschritte ($10°$) verwendet werden, so daß sich die Aufnahmezeit immerhin auf ca. 20 s pro Schicht reduzierte. Seitdem gingen die Entwicklungen auf dem Gebiet der CT so schnell voran, daß die Geräte der ersten und zweiten Generation heute nur noch von historischem Interesse sind. Der heutige Stand der Technik bietet eine erheblich verbesserte Bildqualität bei nochmals drastisch verkürzter Aufnahmezeit.

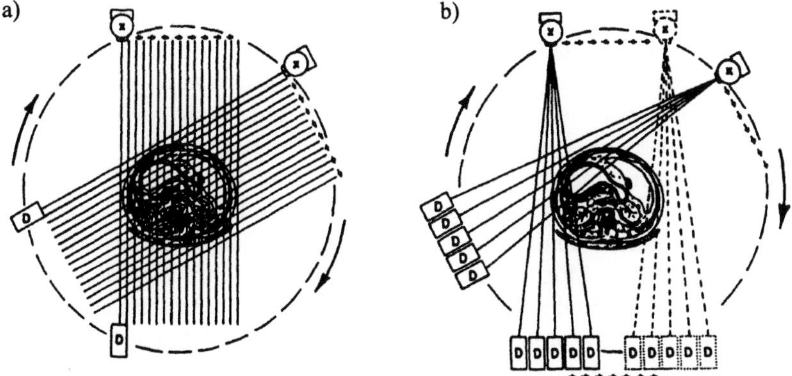

Abb. 10.5. Aufnahmeprinzip bei den Translations-Rotations-Geräten der ersten (**a**) und der zweiten Generation (**b**). (x – Röntgenröhre; D – Detektoren)

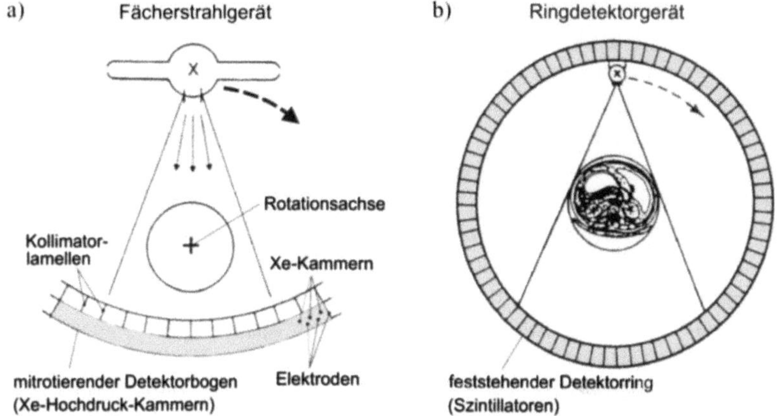

Abb. 10.6. Aufnahmeprinzip von CT-Scannern der neueren Generationen: (**a**) Fächerstrahlgerät; (**b**) Ringdetektorgerät. Die Skizze ist nicht maßstabgerecht

10.3.1 Fächerstrahl- und Ringdetektorgeräte

Bei modernen CT-Scannern handelt es sich entweder um Fächerstrahl- oder um Ringdetektorgeräte. Charakteristisch für beide Bauformen ist eine reine Rotationsbewegung ohne Translation der Röntgenquelle. Bei ersteren spricht man manchmal auch von Geräten der dritten und bei letzteren von der vierten Generation. Hier bezieht sich der Begriff der Generation aber lediglich auf das Datum der Einführung und nicht auf eindeutig verbesserte Qualitätsmerkmale.

Fächerstrahlgeräte. Die Fächerstrahlgeräte (Abb. 10.6a), stellen eine konsequente Weiterentwicklung der Geräte der zweiten Generation dar. Es wird ein breites aber flach ausgeblendetes Strahlenfeld verwendet, das den gesamten Querschnitt des Patienten durchsetzt. Die Detektoren sind bogenförmig angeordnet und auf die Quelle ausgerichtet. Typischerweise werden 500–800 Detektoren verwendet, deren Breite jeweils nur wenig mehr als 1 mm beträgt. Der Detektorbogen ist zusammen mit der Röntgenröhre auf einem rotierbaren Trägerrahmen („Gantry") montiert, der für eine 360°-Rotation etwa 1 s benötigt. Damit ist die Scanzeit vorgegeben. Ein Vorteil der Fächerstrahlgeräte gegenüber den noch zu besprechenden Ringdetektorgeräten besteht in der einfachen Möglichkeit zur Reduktion der Streustrahlung durch den Einbau schmaler Kollimatorlamellen aus strahlenabsorbierendem Material zwischen den Detektoren (s. Abb. 10.6a). Nachteilig ist ihre Anfälligkeit für ringförmige Artefakte, die bereits durch kleinste Kalibrierungsfehler und Drifts der Detektoren hervorgerufen werden können. Daher werden hier zumeist die stabileren Gasdetektoren verwendet.

Ein weiteres Problem besteht ganz einfach darin, daß für jeden Gantry-Winkel nicht mehr Meßwerte aufgenommen werden können als Detektoren vorhanden sind. Um Artefakte zu vermeiden, muß die Abtastung aber auf einem Raster erfolgen, das mindestens doppelt so fein ist wie das durch die Detektoren vorgegebene Fächerraster.

Die Erklärung dafür liefert das Nyquist-Theorem. Die Detektoren mitteln die Strahlungsintensität über die Breite des Strahleintrittsfensters und stellen damit einen Tiefpaßfilter für die Schwächungsprofile dar, der die maximale Ortsfrequenz festlegt. Nach dem Nyquist Theorem muß die Anzahl der Abtastpunkte pro cm mindestens doppelt so groß sein wie die maximale Ortsfrequenz. Das entspricht der hier genannten Bedingung.

Um diese Forderung zu erfüllen, wird häufig ein sog. Detektorviertelversatz verwendet. Dabei wird der Detektorbogen um ein Viertel des Detektorrastermaßes (= Detektorbreite + Abstand zwischen den Detektoren) gegenüber der symmetrischen Anordnung seitlich versetzt auf der Gantry montiert. Von der Quelle aus gesehen erscheinen die Detektormitten dann unter den Winkeln $\gamma = 1/4\Delta\gamma + l\Delta\gamma$ mit $l = 0, \pm 1, \pm 2, \ldots$, wobei $\Delta\gamma$ der Winkelabstand der Detektormitten ist und $\gamma = 0$ der Verbindungslinie Quelle – Rotationsachse entspricht. Damit kann man nun zu je zwei benachbarten Strahlen eines Fächers genau einen Strahl eines um etwa 180° gedrehten Fächers finden, der gerade in der Mitte zwischen den beiden liegt [6]. Das bedeutet eine effektive Halbierung des Abtastabstands im Sinne der oben genannten Forderung.

Bei einigen Geräten wird dasselbe Ziel durch einen beweglichen Fokus der Röntgenröhre erreicht. Das hat den zusätzlichen Vorteil, daß die benachbarten Strahlen und „Zwischen-Strahlen" auch zeitlich zusammenhängend aufgenommen werden und nicht erst mit einem Verzug von 180° Gantry-Drehung. Damit wird u.a. die Gefahr von Artefakten durch Bewegungen des Patienten reduziert.

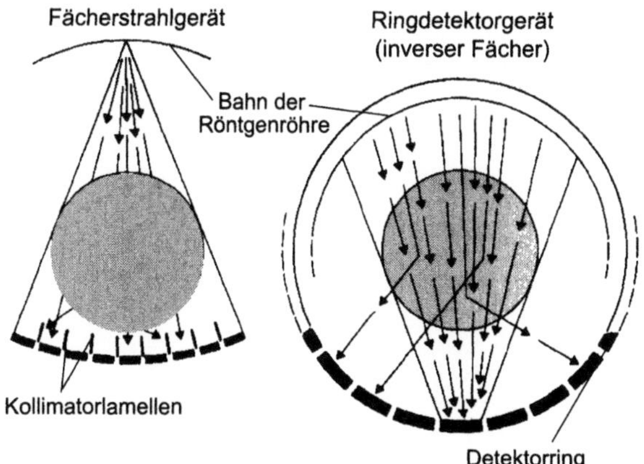

Abb. 10.7. Beim Durchgang von Röntgenstrahlung durch Materie bzw. durch den Patienten entsteht Streustrahlung, die für die CT-Bildgebung unerwünscht ist. Bei Fächerstrahlgeräten kann die Streustrahlung auf einfache Weise durch das Einbringen von Kollimatorlamellen, die auf die Primärstrahlung ausgerichtet sind, unterdrückt werden. Im Fall der Ringdetektorgeräte, die auch als inverse Fächerstrahlgeräte bezeichnet werden, ist eine wirksame Unterdrückung der Streustrahlung nur schwer möglich, da hier sowohl Primär- als auch Streustrahlung aus unterschiedlichen Richtungen kommen [8]

Ringdetektorgeräte. Auch hier wird ein breites Strahlenfeld verwendet, allerdings wird der Detektorbogen zu einem geschlossenen Ring erweitert, der nicht mit der Röhre mitbewegt wird. Es werden bis zu 4000 Detektoren eingesetzt, in den meisten Fällen Szintillatorkristalle. Die Aufnahmezeit beträgt wie bei den Fächerstrahlgeräten etwa 1 s pro Schicht. Ein Problem besteht darin, daß es keine einfache und zugleich effiziente Möglichkeit gibt, Streustrahlung zu unterdrücken (s. Abb. 10.7).

Aus Gründen, die ebenfalls in Abb. 10.7 verdeutlicht werden, spricht man bei Ringdetektorgeräten auch von inversen Fächerstrahlgeräten. Die Detektoren bilden die Zentren dieser inversen Fächer. Im Gegensatz zu den direkten Fächerstrahlgeräten kann eine beliebig feine Abtastung innerhalb der inversen Fächer erreicht werden, indem die Detektoren während der Rotation der Röhre entsprechend häufig ausgelesen werden. Dagegen ist die Anzahl der inversen Fächer durch die Anzahl der Detektoren fest vorgegeben.

Im allgemeinen werden „nur" etwa 1000 Fächer benötigt, um gute Rekonstruktiosnergebnisse zu erhalten. Daher wird die Anzahl der Detektoren bei einigen Geräten entsprechend reduziert, und es werden Lücken zwischen den Detektoren freigelassen. Diese Maßnahme kommt der Kosteneinsparung zugute, sie hat allerdings eine geringere Quantenausbeute zur Folge, was sich in einem schlechteren Signal/Rausch-Verhältnis bzw. in einer höheren Dosisbelastung bemerkbar macht. Die Verwendung größerer Detektoren würde eine zu schlechte Auflösung bewirken.

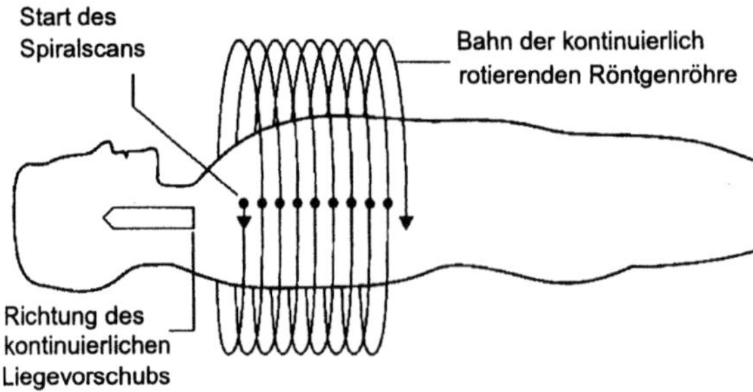

Abb. 10.8. Aufnahmeprinzip beim Spiral-CT [3]

10.3.2 Spiral-CT

Bisher wurde die Abtastung der Daten innerhalb von Schichten (2-D) besprochen. Die naheliegende Methode zur Gewinnung von 3D-Volumendatensätzen besteht darin, einen Stapel von Schichten an verschiedenen z-Positionen aufzunehmen, indem man die Liege mit dem Patienten zwischen den Aufnahmen um den jeweiligen Schichtmittenabstand verschiebt. Der Schichtmittenabstand wird normalerweise entsprechend der Schichtdicke (ca. 1–10 mm) eingestellt, die durch eine Kollimierung des Röntgenstrahls über detektor- und röhrenseitige Blenden festgelegt wird.

Dieses diskrete Abtasten des gesamten zu erfassenden Volumens wird seit 1990 mehr und mehr durch das Prinzip des sog. Spiral-CT abgelöst. Dabei wird die Patientenliege *kontinuierlich* weiterbewegt, während die Röhre um den Patienten kreist. Im Patientenkoordinatensystem ergibt sich damit eine schraubenförmige Bahn der Röhre (s. Abb. 10.8). Dennoch hat sich dafür der Begriff Spiral-CT durchgesetzt. Ein wichtiger Einstellparameter bei der Spiral-CT ist der Pitch-Wert, P. Darunter versteht man das Verhältnis von Liegevorschub pro 360° Gantry-Rotation, ΔL, zur Schichtdicke d: $P = \Delta L/d$.

Die Vorteile der Spiral-CT liegen auf der Hand: Da die Daten ohne Unterbrechung für den schrittweisen Liegevorschub, die Beschleunigung und Abbremsung der Gantry etc. erfaßt werden, ergeben sich kurze Gesamtaufnahmezeiten. Beispielsweise kann bei einem Pitch-Wert von $P = 1$ und einer Schichtdicke von $d = 5\,\mathrm{mm}$ ein 15 cm langer Abschnitt innerhalb von 30 s abgescant werden. In vielen Fällen kann P ohne nennenswerten Verlust an Bildqualität auf Werte um 1,5 erhöht werden, so daß in der gleichen Zeit entsprechend größere Bereiche aufgenommen werden können und die Dosisbelastung reduziert wird. Die Patienten können meistens während der gesamten Aufnahme den Atem anhalten. Das erleichtert vor allem Untersuchungen im Thoraxbereich. Hier bestand bisher die Gefahr der „Veratmung", d.h. daß kleine Läsionen wie z.B. Lungenmetastasen durch unterschiedlich tiefe Inspiration zwischen zwei Scans in keiner Schicht erfaßt wurden.

Aus technischer Sicht erfordert die Spiral-CT insbesondere eine Schleifkontaktübertragung der hohen Spannungen und Ströme an die Gantry sowie

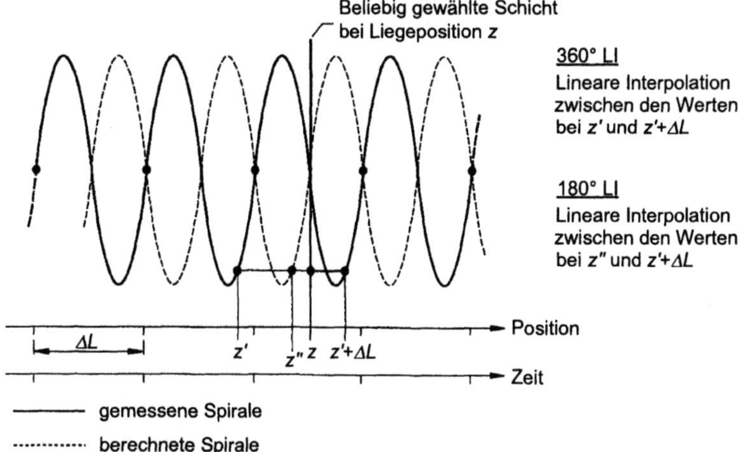

Abb. 10.9. Interpolationsverfahren zur Gewinnung planarer Datensätze aus Spiralvolumendaten. Die durchgezogene Linie repräsentiert $\cos\theta$, d.h. die Projektion der Röntgenquelle auf die y-Achse (mod. nach [7])

die Speicherung und Abführung der Wärmemenge, die beim Dauerbetrieb der Röntgenröhre über 30–60 s in erheblichem Maße entsteht. Beide Probleme können heute als gelöst betrachtet werden.

Nun ist zu berücksichtigen, daß die *Rekonstruktion* der Bilder bei der Spiral-CT genau wie bei der konventionellen CT schichtweise erfolgt. Daher müssen die in der schraubenförmigen Geometrie gewonnenen Projektionen vor der Rekonstruktion in planare Datensätze transformiert werden. Das bedeutet, daß für jede Position z, an der eine Schicht rekonstruiert werden soll, viele Projektionsprofile mittels Interpolation ermittelt werden müssen.

Nehmen wir an, wir wollen ein Projektionsprofil an der Position z zu einem bestimmten Gantry-Winkel θ bestimmen. Im einfachsten Fall erreicht man dies mittels linearer Interpolation (LI) zwischen den beiden benachbarten Projektionsprofilen, die unter demselben Winkel θ, aber an anderen Positionen z' und $z' + \Delta L$ aufgenommen wurden (Abb. 10.9), wobei ΔL wieder der Liegevorschub pro 360° Gantry-Rotation ist. Diese Art der Interpolation wird daher als 360° LI oder „wide" Methode bezeichnet. Wie man sich leicht überlegen kann, werden zur Ermittlung eines vollständigen planaren Datensatzes Spiralprojektionen aus einem Winkelbereich von $2 \times 360°$ benötigt, wobei z' zwischen $z - \Delta L$ und z variiert. Dies bedeutet eine signifikante Verbreiterung des sog. Schichtempfindlichkeitsprofils, d.h. die räumliche Auflösung in z-Richtung verschlechtert sich gegenüber dem durch die Schichtdicke vorgegebenen Wert.

Dieses Problem kann reduziert werden, indem man die Redundanz der Daten bei einer 360° Gantry-Rotation ausnutzt. Abgesehen von kleinen Abweichungen aufgrund der Strahldivergenz und dem Detektorviertelversatz

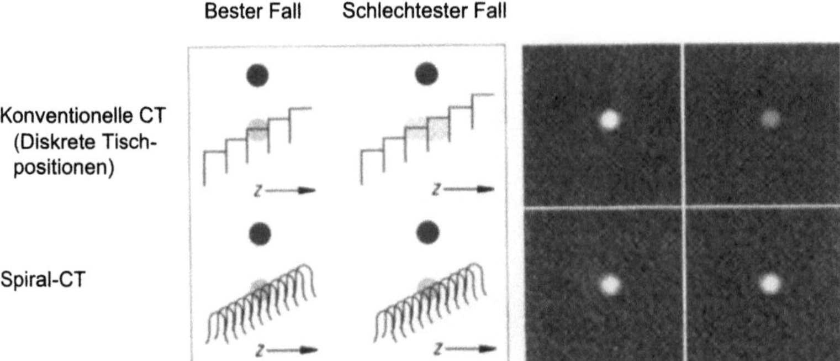

Abb. 10.10. Bei der konventionellen CT ohne überlappende Abtastung (Schichtmittenabstand = Schichtdicke) hängen Bildkontrast und räumliche Auflösung von der Lage des Abtastrasters ab. Eine kleine Läsion (hier durch ein Kügelchen von 5 mm Durchmesser simuliert), deren Ausdehnung in der Größenordnung der Schichtdicke liegt, kann nur dann mit maximalem Kontrast dargestellt werden, wenn sie sich genau innerhalb einer Schicht befindet. Im Fall der Spiral-CT besteht eine solche Abhängigkeit nicht, vorausgesetzt die Schichten werden in einem hinreichend kleinen z-Abstand rekonstruiert. Allerdings sind Kontrast und Auflösung hier etwas schlechter als im besten Fall der konventionellen CT (mod. nach [6])

werden alle Meßdaten bei einer vollen Rotation zweimal gemessen. Die Messung des Zentralstrahls wiederholt sich nach exakt 180°, die der anderen Strahlen nach leicht unterschiedlichen Winkeln um 180°. Daher kann man durch Umsortieren und Interpolieren der Daten eine zweite Spirale berechnen, die gegenüber der gemessenen um 180° phasenverschoben, d.h. um $\Delta L/2$ linear verschoben ist (gestrichelte Linie in Abb. 10.9). Dadurch werden Daten für die Interpolation verfügbar, die sehr viel näher an der gewünschten Position z liegen. Insgesamt werden Daten aus einem Winkelbereich von nur $2 \times (180° + 2\gamma_{\max})$ benötigt, wobei $2\gamma_{\max}$ der Öffnungswinkel des Strahlenfächers ist. Dieses heute vielfach eingesetzte Interpolationsverfahren wird als 180° LI oder „slim" bezeichnet. Es führt zu einer besseren z-Auflösung (relativ schmales Schichtempfindlichkeitsprofil), bei allerdings leicht erhöhtem Rauschanteil.

In jedem Fall ist das Schichtempfindlichkeitsprofil der Spiral-CT etwas breiter als das der konventionellen CT. Dieser Nachteil wird aber aufgewogen durch die Möglichkeit, Schichten in einem beliebig feinen Abstand, vollkommen unabhängig von der Schichtdicke, zu rekonstruieren. Dadurch werden u.a. die bekannten Stufenartefakte bei multiplanaren und 3D-Darstellungen vermieden, und es wird eine genauere Volumetrie ermöglicht. Ein weiterer Vorteil besteht darin, daß bestimmte Merkmale der Bildqualität wie die räumliche Auflösung und der Bildkontrast nicht von der Lage des Aufnahmerasters abhängen (Abb. 10.10).

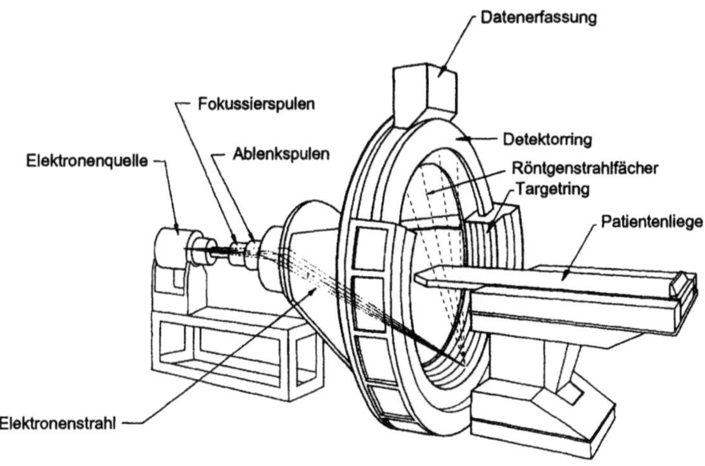

Abb. 10.11. Prinzip des Elektronenstrahl-CT [2]

10.3.3 Elektronenstrahl-CT

Die derzeit kürzesten Aufnahmezeiten ermöglicht ein Verfahren mit dem Namen Elektronenstrahl-CT („electron beam CT" – EBCT), das völlig ohne bewegte Teile auskommt. Es handelt sich um ein Ringdetektorsystem, bei dem statt der rotierenden Röntgenröhre ein magnetisch über ein ringfömiges Target geführter Elektronenstrahl zur Strahlerzeugung eingesetzt wird. Der jeweilige Auftreffpunkt des Elektronenstrahls auf das Wolfram-Target ist Ausgangspunkt eines Bremsstrahlunsgsfächers, der, durch Schlitzblenden kollimiert, den Patienten durchdringt. Für die eigentliche Aufnahme wird also auch hier Röntgenstrahlung verwendet. Die Aufnahme mehrerer Schichten erfolgt über die sukzessive Fokussierung des Elektronenstrahls auf verschiedene benachbarte Targetringe. In der Praxis ist die Anzahl der Ringe auf wenige (4) begrenzt, so daß zur Abtastung ausgedehnter Volumina immer noch die Patientenliege verschoben werden muß.

Das EBCT erlaubt die Erfassung einer kompletten Schicht in weniger als 0,1 s. Diese enorm kurze Abtastzeit wird zum einen durch den Verzicht auf Mechanik erreicht. Zum anderen wird erst durch das ausgedehnte Target die Bewältigung der in der kurzen Zeit anfallenden Verlustwärme ermöglicht.

Aus medizinischer Sicht besteht der wesentliche Vorteil der EBCT in einer verbesserten Diagnostik bewegter Organe; insbesondere ermöglicht sie faszinierende Aufnahmen des schlagenden Herzens. Damit können beispielsweise deutliche Fortschritte in der quantitativen Diagnose von Verkalkungen der Koronararterien erzielt werden. Obwohl die EBCT bereits in den frühen achtziger Jahren eingeführt wurde, hat sie bisher jedoch keine größere Verbreitung gefunden. Dies mag z.T. an den derzeit um ca. 50% höheren Kosten im Vergleich zu einer konventionellen CT-Anlage liegen. In Deutschland wurden erst in jüngster Zeit die ersten Elektronenstrahltomographen installiert.

10.4 Bildqualität

Wie alle bildgebenden Systeme hat auch die CT-Abbildung bestimmte Grenzen, d.h. das CT-Bild stimmt nicht perfekt mit der zugrundeliegenden Verteilung der Schwächungskoeffizienten bzw. Hounsfield-Werte überein. Die wichtigsten und bereits mehrfach erwähnten Kriterien zur Beurteilung der erreichbaren Bildqualität sind die räumliche Auflösung und der Kontrast.

10.4.1 Räumliche Auflösung und Kontrast

Unter räumlicher Auflösung versteht man die Fähigkeit eines CT-Scanners, zwei kleine Objekte, deren Abstand ihrem Durchmesser entspricht, getrennt wiederzugeben. Die Objekte sollten sich deutlich von der Umgebung abheben, d.h. einen hohen Kontrast aufweisen, um den Einfluß des Rauschens zu minimieren. Man spricht in diesem Zusammenhang auch von Hochkontrastauflösung. Bei kommerziellen CT-Scannern liegt die höchste Auflösung bzw. der minimale Abstand getrennt darstellbarer Objekte innerhalb einer Schicht unter 0,5 mm. Dieser Wert ist rein technisch bedingt und wird im wesentlichen durch die Strahlbreite bestimmt, die sich aus der Detektorgröße und dem Fokus der Röntgenröhre ergibt. Ferner hängt die Auflösung von der Größe der Pixel in der Rekonstruktionsmatrix ab. In Schichtrichtung ist die Auflösung hauptsächlich durch die Schichtdicke gegeben, bei der Spiral-CT wird sie zusätzlich durch den Pitch-Faktor (s. 10.3.2) beeinflußt. In speziellen experimentellen CT-Untersuchungen von Knochenstrukturen (μ-CT) erreicht man heute Auflösungen im 10-μm-Bereich. Dieser Wert ist immer noch um viele Größenordnungen schlechter als die theoretische physikalische Grenze, die erst unterhalb von 1 Å mit der Wellenlänge der Röntgenstrahlung erreicht wird.

Als Kontrast bezeichnet man Unterschiede zwischen den Hounsfield-Werten der betrachteten Objekte oder Strukturen. Dabei muß man zwischen dem tatsächlichen Objektkontrast und dem Bildkontrast unterscheiden. Der Zusammenhang wird durch die Kontrastübertragungsfunktion oder Modulationsübertragungsfunktion bestimmt. Weil sich die Hounsfield-Werte insbesondere bei den Weichteilen oft nur sehr wenig voneinander unterscheiden (Abb. 10.3), ist die *Erkennbarkeit* kleiner Objektkontraste ein sehr wichtiges Beurteilungskriterium bei der CT. Nun hängt die Kontrasterkennbarkeit stark von der Größe der jeweiligen Strukturen ab. So können kleine Details nur bei großem Kontrast zur Umgebung erkannt werden, während große Strukturen bereits bei relativ geringem Kontrast erkennbar sind. Zur Quantifizierung dieses Zusammenhangs werden Kontrastdetaildiagramme verwendet (Abb. 10.12). Diese werden z.B. mit Hilfe eines Phantoms aufgenommen, das aus einer Scheibe mit Einsätzen verschiedener Dichten und Durchmesser besteht. Aufgetragen wird der entsprechende Objektkontrast gegenüber dem kleinsten erkennbaren Einsatz.

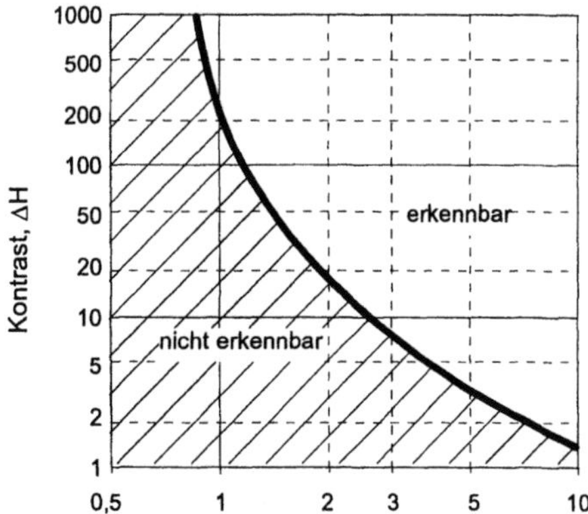

Abb. 10.12. Beispiel eines Kontrastdetaildiagramms für ein kommerzielles CT-System

Dem linken Teil der Kurve entnimmt man die bereits angesprochene räumliche Auflösung bei hohem Kontrast, die z.B. zur Darstellung feiner knöcherner Strukturen von Bedeutung ist. Der rechte Teil der Kurve zeigt die Brauchbarkeit des CT für die Untersuchung von Weichgeweben. Bei Strukturgrößen im Bereich von 10 mm können Objektkontraste bis hinab zu $\Delta H < 2$, d.h. weniger als 0,2% detektiert werden. Dieser Wert ist um eine Größenordnung besser als bei der konventionellen Röntgenuntersuchung, wobei der Objektkontrast selbst natürlich unverändert bleibt. Es ist zu berücksichtigen, daß die genaue Form des Kontrastdetaildiagramms von den verwendeten Abtastparametern abhängt sowie subjektiv vom jeweiligen Betrachter geprägt ist.

10.4.2 Artefakte

Die Grenzen der CT-Abbildung bestehen nicht nur darin, daß sehr kleine Strukturen und solche mit geringem Kontrast „verschluckt" werden. Vielmehr können bestimmte Effekte auch dazu führen, daß Strukturen vorgespiegelt werden, die nicht wirklich vorhanden sind. Diese künstlichen Strukturen werden als Artefakte bezeichnet. Eine der möglichen Ursachen von Artefakten ist ein defekter oder nicht einwandfrei funktionierender CT-Scanner. Als Beispiel seien die ringfömigen Artefakte aufgrund einer fehlerhaften Kalibrierung bei Fächerstrahlgeräten genannt. Selbst bei einem einwandfrei arbeitenden Scanner gibt es jedoch eine ganze Reihe von Artefakten aufgrund unterschiedlicher Ursachen.

Rauschen. Dieses zeigt sich als unregelmäßige Struktur, die dem ganzen Bild überlagert ist. Das Rauschen an sich ist unvermeidbar, wenngleich dessen

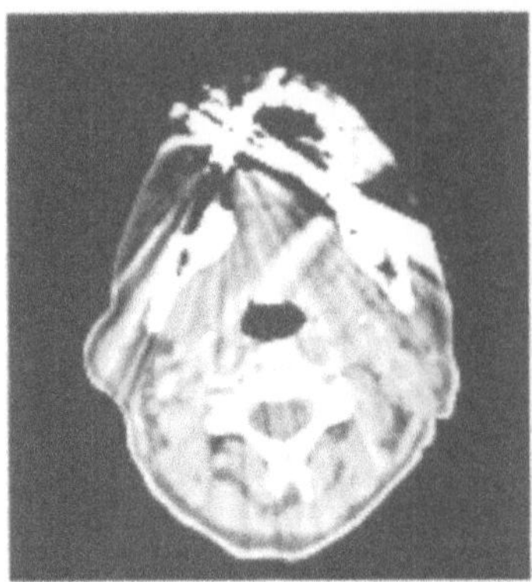

Abb. 10.13. Streifenbildung durch stark absorbierende Zahnimplantate

Ausmaß beeinflußt werden kann. Die wesentliche Ursache sind statistische Schwankungen der verschiedenen Projektionsmessungen aufgrund der Quantennatur der Röntgenstrahlung. Hinzu kommt ein Rauschanteil durch die Elektronik zur Meßwerterfassung.

Metallfremdkörper. Einige körperfremde Materialien wie Zahnfüllungen, Goldbrücken, Metallclips oder Hüftgelenkimplantate schwächen die Strahlung so stark, daß der zulässige Meßbereich unter- bzw. (nach Logarithmierung) überschritten wird. Das Resultat sind Streifen im Bild, die strahlenförmig vom Verursacher ausgehen. Derartige Artefakte machen die CT-Bilder häufig unbrauchbar (Abb. 10.13). Zusätzlich treten bei stark absorbierenden Substanzen meistens auch Aufhärtungs- und Partialvolumeneffekte auf.

Strahlaufhärtung. Die niederenergetischen Anteile des Energiespektrums der Röntgenstrahlung werden im relevanten Energiebereich stärker geschwächt als diejenigen mit höherer Energie. Daher werden diese unteren spektralen Anteile beim Durchgang der Strahlung durch Materie mehr und mehr herausgefiltert, und die Strahlung wird durchdringungsfähiger oder „härter". Das bedeutet auch, daß der Schwächungskoeffizient, μ, homogener Medien entlang des Strahls abnimmt. Damit ist nun die gemessene Projektion $\lambda = -\ln(I/I_0)$ kleiner als man bei konstantem μ nach (10.2) erwarten würde[1]. Der Wert von λ ist *nichtlinear* von der im Medium zurückgelegten Wegstrecke s abhängig. Als Konsequenz liefert die unkorrigierte CT-Aufnahme ausgedehnter homogener Objekte inhomogene Bilder, und zwar ist der Hounsfield-Wert in der Objektmitte, wo s am größten ist, deutlich geringer als am Rand.

---

[1] Die Energieabhängigkeit des Detektorsignals wird hier der Einfachheit halber vernachlässigt.

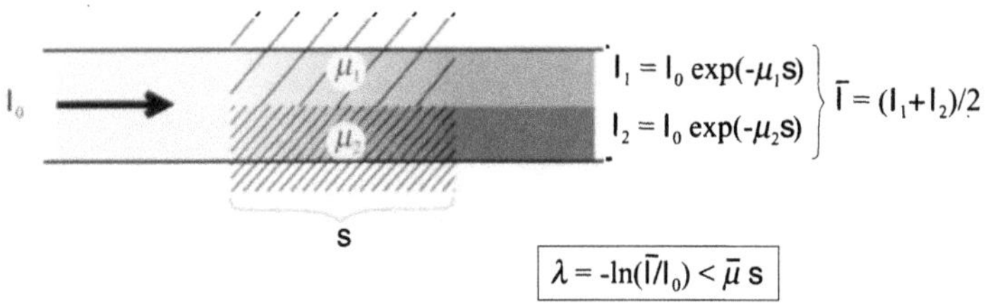

$$I_1 = I_0 \exp(-\mu_1 s)$$
$$I_2 = I_0 \exp(-\mu_2 s)$$
$$\bar{I} = (I_1 + I_2)/2$$

$$\boxed{\lambda = -\ln(\bar{I}/I_0) < \bar{\mu}\, s}$$

Abb. 10.14. Verdeutlichung des nichtlinearen Partialvolumeneffektes am Beispiel eines breiten Abtaststrahls, dessen Mitte tangential zu einer Grenzfläche verschieden stark absorbierender Substanzen einfällt. Aufgrund des exponentiellen Schwächungsgesetzes ist die gemessene Projektion λ stets kleiner als man bei arithmetischer Mittelung $\bar{\mu} = (\mu_1 + \mu_2)/2$ der beteiligten Schwächungskoeffizienten erwarten würde

Die Entstehung solcher Schüsselformen (engl. „cupping") kann für eine bestimmte Meßsubstanz verhindert werden, indem die Beziehung $\lambda(s)$ durch eine Kalibrierung der Meßwerte linearisiert wird. Allgemein wird auf Wasser kalibriert. Da das Maß der Aufhärtung jedoch vom Medium abhängt, verbleibt eine gewisse Nichtlinearität bei anderen Substanzen. In der Praxis kann dies u.a. zu streifenförmigen Artefakten im Bereich der Übergänge von Knochen zu Weichteilen führen.

Nichtlinearer Partialvolumeneffekt. Der Partialvolumeneffekt ist auf die endliche Schichtdicke und die endliche Breite der Abtaststrahlen innerhalb der Schichten zurückzuführen. Er tritt immer dann auf, wenn Substanzen mit unterschiedlichem Schwächungskoeffizienten im Strahlquerschnitt liegen, beispielsweise wenn dichte Knochenstrukturen teilweise in die CT-Schicht „eintauchen". Es erfolgt eine gewisse Mittelung über den Strahlquerschnitt, was sich, wie bereits dargelegt, in einer begrenzten Auflösung und reduziertem Bildkontrast äußert.

Zusätzliche können Artefakte daraus resultieren, daß es sich auch beim Partialvolumeneffekt aufgrund der exponentiellen Strahlschwächung um einen *nichtlinearen* Effekt handelt. Dies wird in Abb. 10.14 verdeutlicht. Die gemessenen Projektionen λ sind stets kleiner als der Wert, den man bei einfacher Mittelung der Schwächungskoeffizienten erwarten würde. Dies kann genau wie der Aufhärtungseffekt zu dunklen Streifen im rekonstruierten Bild führen, insbesondere an Übergängen von Knochen zu Weichgeweben oder Hohlräumen (Abb. 10.15).

Bewegungsartefakte. Sie zeigen sich ebenfalls als Streifen oder auch als Flecken. Sie entstehen immer dann, wenn sich der Patient oder seine inneren Organe während der Aufnahme bewegen, so daß die gemessenen Projektionen inkonsistent werden.

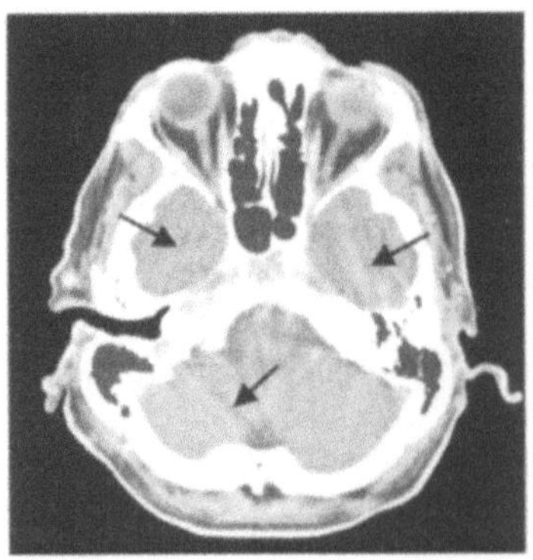

Abb. 10.15. Streifenartefakte aufgrund von Aufhärtungs- und Partialvolumeneffekten bei einer Schädelaufnahme. Die Schichtdicke beträgt $d = 5\,\mathrm{mm}$

Insgesamt fällt an dieser Liste auf, daß die verschiedenen Ursachen zumeist ähnliche, nämlich streifenförmige Artefakte hervorrufen. Den Grund dafür findet man in dem Verfahren der gefilterten Rückprojektion, mit dem die Bilder rekonstruiert werden (s. nachfolgendes Kapitel).

10.4.3 Einfluß der Abtastparameter

Die Bildqualität kann durch die Wahl der Abtastparameter beeinflußt werden. Die wichtigsten einstellbaren Parameter sind Röhrenspannung, Röhrenstrom, Meßzeit und Schichtdicke sowie im Fall der Spiral-CT zusätzlich der Pitch-Wert.

Röhrenspannung. Die Röhrenspannung bestimmt die mittlere Energie der Röntgenstrahlung und damit die Strahlschwächung. Wählt man kleine Spannungen, so sind die Schwächungskoeffizienten hoch und man erzielt einen guten Objektkontrast. Allerdings kann bei sehr großen Schwächungen das Meßsignal zu klein werden, so daß das Rauschen dominiert. Als guter Kompromiß hat sich für viele Anwendungen der Spannungswert von $120\,\mathrm{kV}$ bewährt. Höhere Spannungen (140–$150\,\mathrm{kV}$) kommen im Bereich großer Patientendurchmesser (z.B. Schulter oder Becken) sowie bei dicken Patienten zum Einsatz. Kleinere Spannungen (70–$80\,\mathrm{kV}$) werden vor allem bei Untersuchungen von Kindern verwendet.

Röhrenstrom und Meßzeit, Dosis. Das Produkt aus Röhrenstrom und Meßzeit wird als mAs-Produkt bezeichnet und bestimmt die Anzahl der für die Messung zur Verfügung stehenden Photonen. Naturgemäß kann durch ein hohes mAs-Produkt das Rauschen reduziert werden, allerdings erhöht sich die Dosisbelastung für den Patienten proportional. Bei einem typischen Wert von $200\,\mathrm{mAs}$ pro Schicht liegt die Energiedosis in der Größenordnung von

10–30 mGy und variiert im Gegensatz zur konventionellen Röntgenaufnahme im gesamten untersuchten Volumen nur relativ wenig. Bei der Untersuchung von Strukturen mit hohen Kontrasten zum umliegenden Gewebe (z.B. Knochen, Lunge) spielt das Rauschen kaum eine Rolle, so daß man mit kleineren mAs-Werten und entsprechend geringerer Dosis auskommt. In der Weichteildiagnostik sind hohe Dosiswerte jedoch unvermeidlich, wenn die Erkennbarkeit von Strukturen mit geringen Kontrasten nicht durch zu starkes Rauschen beeinträchtigt werden soll. Besonders bei dicken Patienten müssen Werte von z.T. deutlich über 200 mAs verwendet werden. Die Meßzeit selbst sollte so kurz wie technisch möglich gewählt werden, um die Gefahr von Bewegungsartefakten zu reduzieren.

Schichtdicke. Im Sinne einer hohen Auflösung und zur Minimierung der nichtlinearen Partialvolumeneffekte sollten möglichst dünne Schichten verwendet werden. Bereits bei 5 mm dicken Schichten können Partialvolumeneffekte störend in Erscheinung treten, wie Abb. 10.15 zeigt. Durch Verkleinerung der Schichtdicke auf 2 mm werden die Artefakte fast vollständig behoben (s. Abb. 10.4a). Je dünner die Schicht ist, desto größer wird allerdings auch das Bildrauschen und die Gesamtaufnahmezeit. In der Praxis werden für Untersuchungen im Kopfbereich Schichtdicken von typischerweise 3 mm verwendet, im Körperstammbereich wählt man Schichten von 5–10 mm Dicke.

Literatur

1. Brooks RA, Di Chiro G (1976) Phys Med Biol 21: 689–732
2. Imatron, San Francisco, CA, USA, www.imatron.com
3. Kalender WA et al. (1990) Radiology 176: 181–183
4. Kalender WA et al. (1997) Grundlagen der Spiral-CT: Prinzipien von Aufnahme und Rekonstruktion. Z Med Phys 7: 231–240
5. Kalender WA et al. (1998) Grundlagen der Spiral-CT: Bildqualität. Z Med Phys 8: 7–18
6. Morneburg H (Hrsg) (1995) Bildgebende Systeme für die medizinische Diagnostik. 3. Aufl. Publicis MCD, Erlangen
7. Polacin A et al. (1992) Radiology 185: 29–35
8. Siemens, Medical Solutions, Erlangen, Deutschland, www.siemens.com
9. Webb S (1990) From the watching of shadows: The origins of radiological tomography. Hilger, Bristol
10. (1932) Ziedses des Plantes. Acta Radiol 13: 182–192

11 Magnetresonanztomographie

G. Brix

11.1 Physikalische Grundlagen

11.1.1 Kernspin und magnetisches Moment

Alle Atomkerne mit einer ungeraden Anzahl von Protonen oder Neutronen besitzen in ihrem Grundzustand einen von Null verschiedenen Kerndrehimpuls oder Kernspin I, der sich aus den Eigendrehimpulsen und den Bahndrehimpulsen der den Kern bildenden Protonen und Neutronen zusammensetzt. Wie jeder Drehimpuls im atomaren und subatomaren Bereich ist auch der Kernspin I gequantelt. Die Quantisierung wird durch die beiden folgenden Regeln beschrieben:

1. *Betragsquantisierung*: Der Betrag $|I|$ des Drehimpulsvektors I kann nur die Werte $|I| = \hbar \cdot \sqrt{I(I+1)}$ annehmen. Dabei ist $\hbar = 1,0545 \cdot 10^{-34}$ Js das Plancksche Wirkungsquantum und I die Spinquantenzahl, die auf halb- oder ganzzahlige Werte beschränkt ist.
2. *Richtungsquantisierung*: Die Komponente I_z des Drehimpulsvektors I entlang der Richtung eines externen Magnetfeldes ist ebenfalls quantisiert. Für einen gegebenen Wert von I sind nur die diskreten Werte $I_z = \hbar m$ erlaubt, wobei die magnetische Quantenzahl m die Werte $-I, -I + 1, \ldots, I - 1, I$ annehmen kann. Es gibt also insgesamt $2I + 1$ Einstellmöglichkeiten des Drehimpulsvektors I.

Abbildung 11.1 illustriert die Drehimpulsquantisierung in Form eines Vektordiagramms für einen Kern mit der Spinquantenzahl $I = 1$.

Mit einem Kernspin I ist stets auch ein magnetisches Kernmoment μ verknüpft. Zwischen den beiden Größen besteht die einfache Beziehung

$$\mu = \gamma I \, . \tag{11.1}$$

Die Proportionalitätskonstante γ wird als gyromagnetisches Verhältnis bezeichnet. Sie ist eine charakteristische Konstante des betreffenden Atomkerns.

Während für chemische und physikalische Untersuchungen mit Hilfe der Magnetresonanzspektroskopie (MRS) im Prinzip alle Kerne mit $I \neq 0$ geeignet sind, wird für die Magnetresonanztomographie (MRT) fast ausschließlich der Kern des Wasserstoffatoms ^{1}H mit der Spinquantenzahl $I = 1/2$ verwendet. Dafür sind zwei Gründe ausschlaggebend: Der ^{1}H-Kern kommt erstens

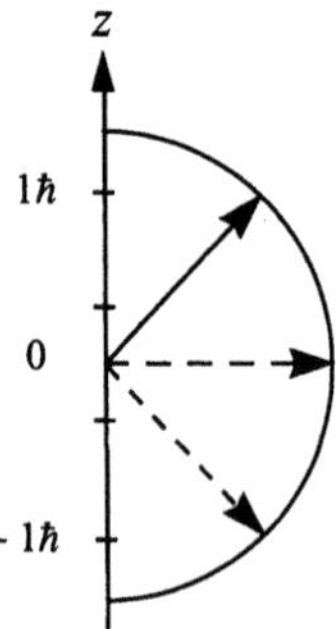

Abb. 11.1. Quantisierung des Kernspins. Vektordiagramm für den Fall $I = 1$ und $m = +1$. Die beiden anderen erlaubten Einstellmöglichkeiten $(m = -1, 0)$ sind *gestrichelt* eingezeichnet

Tabelle 11.1. MR-relevante Eigenschaften einiger Atomkerne, die häufig für biomedizinische Untersuchungen genutzt werden (I Spinquantenzahl, γ gyromagnetisches Verhältnis, ν Resonanzfrequenz, NH natürliche Häufigkeit des Isotops, RE relative MR-Empfindlichkeit bezogen auf ^{1}H)

Isotop	I	$\gamma/10^7$ [rad T^{-1}s^{-1}]	ν bei $1,0T$ [MHz]	NH [%]	RE [%]
^{1}H	1/2	26,752	42,577	99,985	100,00
^{13}C	1/2	6,728	10,708	1,11	1,59
^{19}F	1/2	25,181	40,077	100,00	83,34
^{23}Na	3/2	7,080	11,268	100,00	9,25
^{31}P	1/2	10,841	17,254	100,00	6,63

mit Abstand am häufigsten in biologischen Geweben vor und hat zweitens von allen stabilen Isotopen das größte gyromagnetische Verhältnis. Für einige wichtige Kerne sind die MR-relevanten Kerneigenschaften in Tabelle 11.1 zusammengestellt.

11.1.2 Quantenmechanische Beschreibung eines Spins im Magnetfeld

Im feldfreien Raum sind alle Orientierungen des magnetischen Moments $\boldsymbol{\mu} = \gamma \boldsymbol{I}$ energetisch gleichwertig. Befindet sich der Kern dagegen in einem statischen, homogenen Magnetfeld der magnetischen Induktion $\boldsymbol{B}_0 = (0, 0, B_0)$, das in z-Richtung zeigt, so hat der Kern die zusätzliche potentielle Energie

$$E = -\mu_z B_0 \,. \tag{11.2}$$

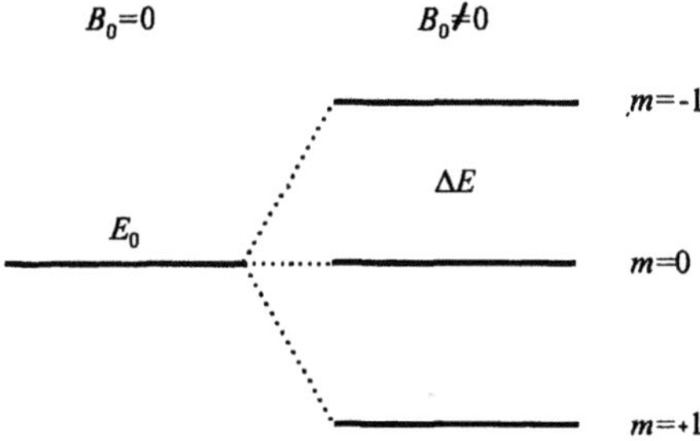

Abb. 11.2. Kern-Zeeman-Niveaus. Aufspaltung der Energieniveaus eines Kerns mit der Spinquantenzahl $I = 1$ in einem externen Magnetfeld der magnetischen Induktion B_0

Dabei ist μ_z die z-Komponente des magnetischen Moments, die aufgrund der Richtungsquantelung nur die diskreten Werte $\mu_z = \gamma\hbar m$ (mit $m = -I, -I + 1, \ldots, I - 1, I$) annehmen kann. Infolgedessen gibt es $2I + 1$ äquidistante Energiezustände, die sog. Kern-Zeeman-Niveaus (Abb. 11.2)

$$E_m = -\gamma\hbar m B_0 \ . \tag{11.3}$$

Betrachtet man ein isoliertes magnetisches Moment in einem statischen Magnetfeld, so sind Übergänge zwischen den verschiedenen Energieniveaus aufgrund des Energieerhaltungssatzes verboten; Übergänge können nur durch ein zusätzliches zeitabhängiges elektromagnetisches Hochfrequenzfeld induziert werden, das mit dem magnetischen Moment wechselwirkt. Dieser Effekt wird als *magnetische Resonanz* bezeichnet. In der MR werden Übergänge gewöhnlich durch ein magnetisches Hochfrequenzfeld B_1 mit der Kreisfrequenz ω_{HF} induziert, das senkrecht zur Richtung des statischen Magnetfeldes B_0 eingestrahlt wird. Durch ein solches zeitabhängiges Magnetfeld können allerdings nur Übergänge induziert werden, die die Auswahlregel $\Delta m = \pm 1$ erfüllen, d.h. Übergänge zwischen benachbarten Energieniveaus. Da die Energie $E_{HF} = \hbar\omega_{HF}$ des HF-Quants mit der Energiedifferenz $\Delta E = \hbar\omega_0 = \hbar\omega_{HF}$ zwischen zwei benachbarten Energieniveaus übereinstimmen muß (vgl. Abb. 11.2), ergibt sich die Resonanzbedingung

$$\omega_{HF} = \omega_0 = \gamma B_0 \ . \tag{11.4}$$

Es ist bemerkenswert, daß in dieser Grundgleichung der magnetischen Resonanz das Plancksche Wirkungsquantum $\hbar$ nicht mehr vorkommt. Das legt die Vermutung nahe, daß die grundlegenden Effekte der magnetischen Resonanz auch im Rahmen eines semiklassischen Modells beschrieben werden können.

11.1.3 Semiklassische Beschreibung

Ein makroskopischer magnetischer Dipol erfährt in einem externen Magnetfeld ein Drehmoment, das ihn in Feldrichtung auszurichten trachtet. Anders

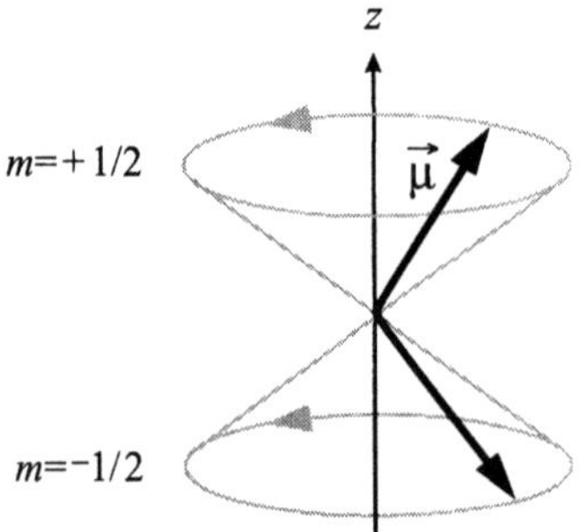

Abb. 11.3. Doppelpräzessionskegel für einen Atomkern mit dem Kernspin $I = 1/2$. Die beiden erlaubten Spinzustände (Präzessionskegel) werden durch die Quantenzahlen $m = \pm 1/2$ gekennzeichnet

dagegen, wenn mit dem Dipol ein Drehimpuls verknüpft ist. In diesem Fall reagiert der rotierende Magnet wie ein rotierender mechanischer Kreisel: er weicht senkrecht zur Feld- und Drehimpulsrichtung aus und präzediert um die Richtung des B_0-Feldes. Die Frequenz dieser Präzessionsbewegung, die Larmorfrequenz, stimmt mit der in (11.4) angegebenen Resonanzfrequenz ω_0 überein.

Die Richtungsquantelung des magnetischen Moments μ läßt sich in die klassische Beschreibung integrieren, indem man den Winkel zwischen der Magnetfeldachse und dem Präzessionskegel auf diskrete Werte einschränkt, die den $2I + 1$ erlaubten Energieniveaus entsprechen. Für Spin-1/2-Kerne ergibt sich somit ein Doppelpräzessionskegel (Abb. 11.3).

Die prinzipielle Schwierigkeit des diskutierten semiklassischen Modells besteht darin, daß der Begriff der Bahnbewegung nur schwer mit der Quantisierung physikalischer Größen in Übereinstimmung zu bringen ist. Wie sieht z.B. die Bahnbewegung des Vektors μ aus, wenn durch ein magnetisches Hochfrequenzfeld Übergänge zwischen den verschiedenen Präzessionskegeln bzw. Energieniveaus induziert werden? Ist dem Vektor μ zu jedem Zeitpunkt eine wohlbestimmte Richtung im Raum zuzuordnen und ändert sich diese stetig mit der Zeit? Wenn ja, dann widerspricht dieser Vorgang dem Postulat einer quantenhaften Energie- und Drehimpulsänderung. Die angedeuteten Aporien lassen sich letztendlich nur im Rahmen einer konsequenten quantenmechanischen Behandlung des Problems lösen. Dabei zeigt sich, daß der quantenmechanische Erwartungswert $\langle \mu \rangle$ der klassischen Kreiselgleichung gehorcht

$$\frac{\mathrm{d}\langle \boldsymbol{\mu}(t) \rangle}{\mathrm{d}t} = \gamma \langle \boldsymbol{\mu}(t) \rangle \times \boldsymbol{B}(t) \, . \tag{11.5}$$

11.1.4 Makroskopische Magnetisierung

Die mit den Atomkernen einer makroskopischen Probe verknüpften magnetischen Momente sind im feldfreien Raum – bedingt durch die thermische

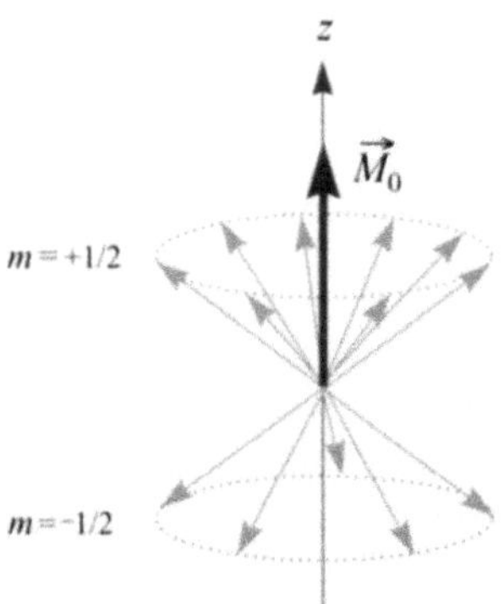

Abb. 11.4. Ursprung der Kernmagnetisierung. Die Verteilung eines Ensembles von Spin-1/2-Kernen auf die beiden erlaubten Präzessionskegel wird durch die Boltzmann-Statistik geregelt. Der Zustand mit der niedrigeren Energie ($m = +1/2$) ist stärker besetzt als der Zustand mit der höheren Energie ($m = -1/2$), so daß sich eine makroskopisch meßbare Magnetisierung M_0 parallel zum B_0-Feld ausbildet

Bewegung der Kerne – völlig ungeordnet, so daß sie sich nach außen hin gegenseitig kompensieren. Anders verhält es sich in einem homogenen Magnetfeld B_0. In diesem Fall sind nur $2I + 1$ diskrete Orientierungen der magnetischen Momente entlang der Feldrichtung erlaubt, die sich nach (11.3) energetisch unterscheiden. Wie viele magnetische Momente im thermischen Gleichgewicht eine bestimmte Orientierung einnehmen, wird durch die Boltzmann-Statistik beschrieben: Je niedriger die Energie $E_m = -\gamma \hbar m B_0$ eines Spinzustands mit dem Moment $\mu_z = \gamma \hbar m$ in z-Richtung ist, desto größer ist die Besetzungszahl des Niveaus.

Obwohl sich die Besetzungszahlen der Spinzustände bei Zimmertemperatur prozentual gesehen nur minimal voneinander unterscheiden, bildet sich doch – aufgrund der großen Anzahl von Spins in der Probe – ein meßbares magnetisches Moment in Richtung des B_0-Feldes aus (Abb. 11.4); die Kernmaterie wird im Magnetfeld magnetisiert (Kernparamagnetismus). Die meßbare makroskopische Kernmagnetisierung wird durch die Magnetisierung M beschrieben. Sie ist definiert als die Vektorsumme der magnetischen Kernmomente in der Probe bezogen auf das Volumen V der Probe. Für den Betrag M_0 der Gleichgewichtsmagnetisierung in Richtung des B_0-Feldes berechnet man

$$M_0 = \frac{N}{V} \langle \mu_z \rangle = \frac{N}{V} \frac{(\gamma \hbar)^2 B_0 I(I+1)}{3kT} \, . \tag{11.6}$$

Dabei bezeichnet N die Gesamtzahl der magnetischen Momente in der Probe, T die absolute Temperatur der Probe und k die Boltzmann-Konstante ($k = 1,3806 \cdot 10^{-23} \, J/K$). Der Quotient $\rho = N/V$ wird als Spindichte bezeichnet.

11.1.5   Dynamik der Magnetisierung

Freie Bewegungsgleichung und Resonanzanregung. Da die makroskopische Magnetisierung $M(t)$ als die über alle Kerne in einer Volumeneinheit erstreckte Vektorsumme der magnetischen Momente

$$M(t) = \frac{N}{V}\langle \boldsymbol{\mu}(t)\rangle \tag{11.7}$$

definiert ist, läßt sich die „kohärente" Bewegung der isolierten Spins unter dem Einfluß eines beliebigen zeitabhängigen Magnetfeldes $B(t)$ nach (11.5) durch die klassische Kreiselgleichung

$$\frac{\mathrm{d}M}{\mathrm{d}t} = \gamma(M \times B) \tag{11.8}$$

beschreiben.

Im folgenden betrachten wir die Bewegung der Magnetisierung M unter dem Einfluß des zeitabhängigen Magnetfeldes

$$B(t) = \Big(B_1 \cos(\omega_{\mathrm{HF}}t), B_1 \sin(\omega_{\mathrm{HF}}t), B_0\Big) , \tag{11.9}$$

das sich aus einem statischen Feld in z-Richtung und einem dazu transversalen zirkularpolarisierten HF-Feld mit der Frequenz ω_{HF} zusammensetzt.

Das Problem läßt sich am einfachsten in einem rotierenden Bezugsystem analysieren, das sich mit der Frequenz ω_{HF} um die Achse des statischen Magnetfeldes dreht. Der Übergang ins rotierende Koordiantensystem mit den Achsen (x', y', z) ist aus zwei Gründen vorteilhaft:

1. Da sich die x'-y'-Ebene des rotierenden Bezugssystems synchron mit dem HF-Feld mitbewegt, ruht der B_1-Vektor in diesem System.
2. Wie in Kap. 1.1.3 erläutert wurde, präzediert ein magnetisches Moment $\boldsymbol{\mu}$ mit der Larmorfrequenz um die Achse des B_0-Feldes, wenn es nicht parallel zu diesem Feld ausgerichtet ist (vgl. Abb. 11.3). Das gilt natürlich auch für die Summe der magnetischen Momente, d.h. für die makroskopische Magnetisierung M. Ein Beobachter, der die Präzessionsbewegung der Magnetisierung M vom rotierenden Bezugsystem aus betrachtet, wird jedoch zu der Feststellung gelangen, daß sich die Richtung der Magnetisierung nicht ändert. Von seinem Standpunkt aus betrachtet verhält sie sich so, als ob das B_0-Feld gar nicht vorhanden wäre.

Faßt man die beiden Einzelüberlegungen zusammen, so gelangt man zu dem Ergebnis (Larmortheorem), daß die Dynamik der Magnetisierung M im rotierenden Bezugsystem nur durch das statische B_1-Feld bestimmt wird. Zeigt dieses in x'-Richtung, so präzediert die Magnetisierung M mit der Frequenz $\omega_1 = \gamma B_1$ um die x'-Achse. Betrachtet man diese einfache Drehbewegung der Magnetisierung M in der y'-z-Ebene des rotierenden Koordinatensystems vom ortsfesten Bezugsystem aus, so ist ihr die wesentlich schnellere Präzessionsbewegung ($B_0 \gg B_1$) um das statische Grundfeld B_0 überlagert. Im ortsfesten Bezugssystem bewegt sich die Spitze des Vektors M demzufolge schraubenlinienförmig auf der Oberfläche einer Kugel um B_0.

Befindet sich das Spinsystem vor dem Einschalten des B_1-Feldes im thermischen Gleichgewicht, so wird die Gleichgewichtsmagnetisierung $M_0 = (0, 0, M_0)$ im rotierenden System unter dem Einfluß des HF-Feldes in der Zeit t_P um den Winkel

$$\alpha = \omega_1 t_\mathrm{P} = \gamma B_1 t_\mathrm{P} \tag{11.10}$$

aus der Gleichgewichtslage ausgelenkt (Resonanzanregung). Wählt man die Einschaltdauer t_P des HF-Feldes gerade so, daß sich die Magnetisierung im rotierenden Bezugssystem um den Winkel $\alpha = 90°$ in die y'-Richtung dreht, so spricht man von einem $90°$- oder $\pi/2$-Impuls. Entsprechend ergibt ein doppelt so langer HF-Impuls bei derselben B_1-Feldstärke eine Drehung um $\alpha = 180°$. Ein solcher Impuls, der die Magnetisierung aus der positiven in die negative z-Richtung klappt, wird als $180°$- oder π-Impuls bezeichnet.

Genau genommen werden durch einen kurzen HF-Impuls mit der Trägerfrequenz ω_HF natürlich nicht nur die Kerne angeregt, die die Resonanzbedingung $\omega_0 = \omega_\mathrm{HF}$ exakt erfüllen, sondern auch Kerne, deren Resonanzfrequenz etwas von ω_HF abweicht. Das ist darauf zurückzuführen, daß das Frequenzspektrum eines HF-Impulses endlicher Dauer aus einem kontinuierlichen Frequenzband besteht, das um die nominelle Frequenz ω_HF verteilt ist. Die Einschaltdauer des Impulses und die Breite der Frequenzverteilung stehen im reziproken Verhältnis zueinander: je kürzer die Impulsdauer ist, desto breitbandiger ist das Frequenzspektrum um ω_HF verteilt.

Für die folgenden Überlegungen erweist es sich als zweckmäßig, die Magnetisierung M in zwei Komponenten zu zerlegen: in die Längsmagnetisierung M_z parallel zur Achse des statischen B_0-Feldes und in die Quermagnetisierung M_{xy} senkrecht zu dieser Achse. Im ortsfesten Bezugssystem präzediert die Quermagnetisierung M_{xy} mit der Larmorfrequenz ω_0, im rotierenden Bezugssystem ruht sie.

Relaxationsprozesse. Bislang wurde implizit vorausgesetzt, daß Wechselwirkungen der einzelnen Kernspins untereinander und mit ihrer Umgebung (dem sog. „Gitter" vernachlässigbar sind. Diese Voraussetzung ist in realen Spinsystemen aber nicht erfüllt, da jeder Kern von anderen intra- und intermolekularen magnetischen Momenten umgeben ist, die aufgrund von Molekülbewegungen (Rotationen, Translationen, Schwingungen) oder chemischen Austauschprozessen in ständiger thermischer Bewegung sind und ein magnetisches Zusatzfeld B_lok am Ort des betreffenden Kerns hervorrufen. Diese fluktuierenden lokalen Magnetfelder führen dazu, daß das Spinsystem nach einer HF-Anregung wieder in den thermischen Gleichgewichtszustand übergeht. Für Spinsysteme mit einer hinreichend hohen thermischen Beweglichkeit (z.B. Flüssigkeiten und Weichteilgewebe) lassen sich die Relaxationsprozesse phänomenologisch durch die 1946 von F. Bloch formulierten

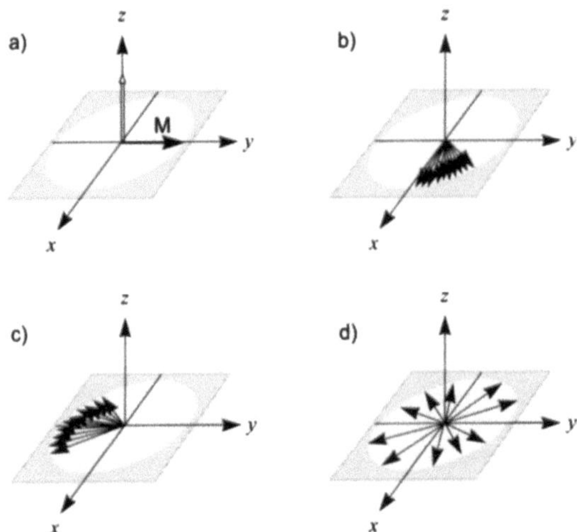

Abb. 11.5. Dephasierung der Quermagnetisierung. Zur Erklärung der Querrelaxation wird die Quermagnetisierung in verschiedene Magnetisierungskomponenten zerlegt, die mit geringfügig unterschiedlichen Larmorfrequenzen um die Richtung des statischen Feldes präzedieren. **a** Unmittelbar nach dem 90°-Impuls sind die Magnetisierungskomponenten parallel ausgerichtet. **b-d** Im Laufe der Zeit laufen die Komponenten jedoch auseinander, so daß die makroskopische Quermagnetisierung M_{xy} zerfällt

Differentialgleichungen

$$\frac{\mathrm{d}M_{xy}(t)}{\mathrm{d}t} = -\frac{M_{xy}(t)}{T2} \quad \text{und} \quad \frac{\mathrm{d}M_z(t)}{\mathrm{d}t} = \frac{M_0 - M_z(t)}{T1} \tag{11.11}$$

mit den Zeitkonstanten $T1$ und $T2$ beschrieben. $T1$ wird als Längs- oder Spin-Gitter-Relaxationszeit bezeichnet und $T2$ als Quer- oder Spin-Spin-Relaxationszeit.

Der Prozeß der Querrelaxation läßt sich auf makroskopischer Ebene anschaulich beschreiben (Abb. 11.5). Dazu wird die Quermagnetisierung M_{xy} in verschiedene Magnetisierungsanteile zerlegt, die aufgrund fluktuierender lokaler Zusatzfelder $B_{\mathrm{lok}}(t)$ mit geringfügig unterschiedlichen Larmorfrequenzen präzedieren. Unmittelbar nach der Anregung zeigen alle Komponenten in die gleiche Richtung; kurz danach präzedieren aber einige Anteile schneller, andere langsamer um die Richtung des B_0-Feldes. Infolgedessen kommt es zu einer Dephasierung der Komponenten und die Nettomagnetisierung M_{xy} nimmt exponentiell ab.

In realen MR-Experimenten hat die zu untersuchende Probe immer eine endliche Ausdehnung, so daß nicht nur die fluktuierenden lokalen Magnetfelder zur Querrelaxation beitragen, sondern auch technisch bedingte räumliche Inhomogenitäten ΔB des statischen Grundfeldes. Da sich die beiden Effekte überlagern, ist die resultierende effektive Relaxationszeit $T2^*$ immer

Tabelle 11.2. ^{1}H-Relaxationszeiten biologischer Gewebe bei unterschiedlichen B_0-Feldstärken. (Nach Bottomley [1])

Gewebe	$T2$ [ms]	$T1$ [s] bei 0,5 T	$T1$ [s] bei 1,0 T	$T1$ [s] bei 1,5 T
Skelettmuskel	47 ± 13	$0,55 \pm 0,10$	$0,73 \pm 0,13$	$0,87 \pm 0,16$
Leber	43 ± 14	$0,33 \pm 0,07$	$0,43 \pm 0,09$	$0,50 \pm 0,11$
Niere	58 ± 24	$0,50 \pm 0,13$	$0,59 \pm 0,16$	$0,65 \pm 0,18$
Fett	84 ± 36	$0,21 \pm 0,06$	$0,24 \pm 0,07$	$0,26 \pm 0,07$
Graue Hirnsubstanz	101 ± 13	$0,66 \pm 0,11$	$0,81 \pm 0,14$	$0,92 \pm 0,16$
Weiße Hirnsubstanz	92 ± 22	$0,54 \pm 0,09$	$0,68 \pm 0,12$	$0,79 \pm 0,13$

kürzer als die wahre, substanzspezifische Querrelaxationszeit $T2$

$$\frac{1}{T2^*} = \frac{1}{T2} + \frac{\gamma \Delta B}{2} \, . \tag{11.12}$$

Biologische Gewebe können im Hinblick auf ihr Relaxationsverhalten meist als zähe oder viskose Flüssigkeiten beschrieben werden. Die starke Gewebeabhängigkeit der Relaxationszeiten erklärt den ausgezeichneten Gewebekontrast der MR-Bilder, der auch dann zu beobachten ist, wenn sich die Protonendichten der abgebildeten Gewebe oder Organe nur geringfügig voneinander unterscheiden. In Tabelle 11.2 sind ^{1}H-Relaxationszeiten für verschiedene Gewebe zusammengestellt. Bei der Interpretation dieser Daten sind zwei Punkte zu beachten:

1. Während die Querrelaxationszeit $T2$ biologischer Gewebe nahezu frequenzunabhängig ist, zeigt die Längsrelaxationszeit $T1$ eine ausgeprägte Frequenzabhängigkeit. Bei einem Vergleich von $T1$-Werten muß also immer die B_0-Feldstärke berücksichtigt werden.
2. Relaxationsprozesse sind oft mehrkomponentig, so daß die Beschreibung durch einfache Exponentialfunktionen nur eine grobe Näherung ist.

11.1.6 Das MR-Experiment

Der prinzipielle Meßaufbau eines MR-Experiments ist in Abb. 11.6 schematisch dargestellt. Die zu untersuchende Probe wird in einem sehr homogenen statischen Magnetfeld B_0 plaziert, das entweder durch einen Permanentmagneten oder durch eine (supraleitende) Spule erzeugt wird. Das HF-Sendesystem liefert über eine Sendespule das zur Anregung der Kernresonanz benötigte elektromagnetische Hochfrequenzfeld. Diese HF-Spule ist so angeordnet, daß das hochfrequente B_1-Feld senkrecht zum B_0-Feld in das Meßvolumen eingestrahlt wird.

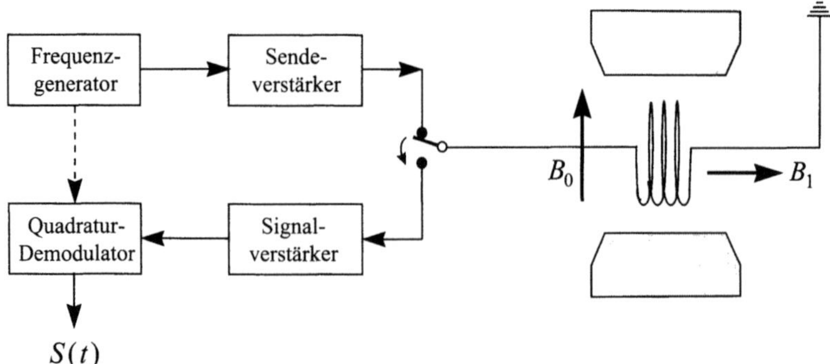

Abb. 11.6. Prinzipieller Aufbau eines MR-Experiments. Das Meßobjekt wird in einem homogenen statischen Magnetfeld B_0 plaziert, in das mittels einer HF-Spule ein magnetisches HF-Feld $B_1(t)$ senkrecht zum B_0-Feld eingestrahlt wird. Nach der Anregung wird das in der HF-Spule empfangene Kernresonanzsignal der Probe über eine Empfangselektronik dem Systemrechner zugeführt

Nach Beendigung der Impulsanregung induziert die präzedierende Quermagnetisierung M_{xy} ihrerseits eine schwache Wechselspannung in einer Empfangsspule, die im allgemeinen mit der Sendespule identisch ist. Das gemessene HF-Signal, dessen Frequenzen schmalbandig um $\omega_{HF} \cong \omega_0$ verteilt sind, wird verstärkt, mittels eines Quadraturdemodulators um ω_{HF} frequenzverschoben und dem MR-System-Rechner zugeführt. Eine eingehende Analyse des Detektionszweigs ergibt, daß das komplexe Ausgangssignal $S(t)$ durch die Beziehung

$$S(t) \propto \int_V m(\boldsymbol{x}, t)\, \mathrm{e}^{-\mathrm{i}\omega_{HF} t}\, dV \tag{11.13}$$

mit der komplexen Magnetisierung $m = M_x + \mathrm{i}M_y$ der Probe verknüpft ist.

Das induzierte Kernresonanzsignal $S(t)$ hat die Form einer gedämpften Schwingung (engl. Free-Induction-Decay, FID; Abb. 11.7), die mit der Larmorfrequenz ω_0 der angeregten Kerne oszilliert und mit der Zeitkonstanten $T2^*$ abklingt. Enthält die Probe Atomkerne eines bestimmten Isotops, die sich aufgrund von intramolekularen Wechselwirkungen geringfügig in ihren Resonanzfrequenzen unterscheiden, so wird in der Empfangsspule ein Signal induziert, das sich aus mehreren interferierenden Abklingkurven zusammensetzt. Eine derartige Überlagerung läßt sich aber nur noch schwer analysieren und interpretieren. Aus diesem Grund ist es in der MRS üblich, mittels einer Fourier-Transformation das Frequenzspektrum zu berechnen (Abb. 11.7).

11.1.7 Impulssequenzen

Meßtechnisch kann in einem gepulsten MR-Experiment immer nur das HF-Signal beobachtet werden, das von der rotierenden Quermagnetisierung M_{xy}

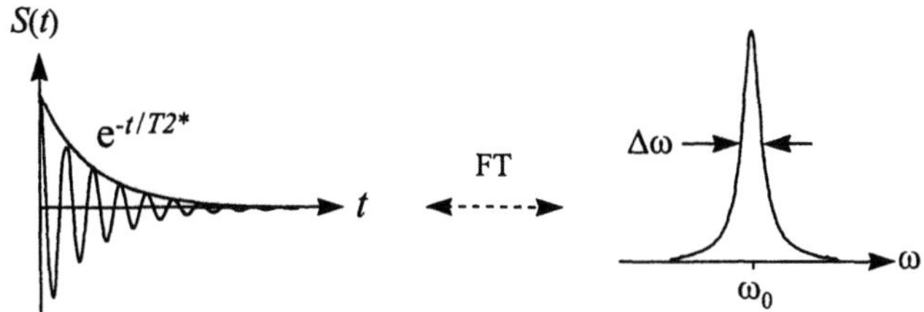

Abb. 11.7. FID-Signal und Frequenzspektrum. Das gemessene FID-Signal $S(t)$ hat die Form einer gedämpften Schwingung, deren Frequenz mit der Larmorfrequenz ω_0 übereinstimmt. Die Dämpfung wird durch die Zeitkonstante $T2^*$ charakterisiert. Berechnet man die Fourier-Transformierte (FT) des detektierten FID-Signals, so erhält man das Frequenzspektrum

in der Empfangsspule induziert wird. Die verschiedenen Experimente unterscheiden sich jedoch in der Art und Weise, wie das Spinsystem vor der Datenakquisition durch eine Folge von HF-Impulsen angeregt und präpariert wird. Eine definierte Abfolge von HF-Impulsen, die üblicherweise mehrfach wiederholt wird, bezeichnet man als *Impulssequenz*. Im folgenden werden die beiden „klassischen" MR-Impulssequenzen beschrieben: die Inversion-Recovery- und die Spinechosequenz.

Inversion-Recovery-Sequenz. Bei der Inversion-Recovery-Methode (IR-Methode) wird die Längsmagnetisierung zunächst durch einen 180°-Impuls („Inversions"-Impuls) invertiert, dem nach einer Inversionszeit TI ein 90°-Impuls („Auslese"-Impuls) folgt (Abb. 11.8). Direkt nach dem 90°-Impuls, der die teilweise relaxierte Längsmagnetisierung $M_z(TI)$ in die x-y-Ebene dreht, wird das FID-Signal akquiriert. Die IR-Sequenz wird durch das Impulsschema $\{180° - TI - 90° - \mathrm{ADC}\}$ gekennzeichnet (ADC: Registrierung des Signals über ADC). Wie man leicht nachrechnen kann, läßt sich das gemessene Signal S_{IR} durch die Signalgleichung

$$S_{\mathrm{IR}}(TI) \propto N \left(1 - e^{-TI/T1}\right) \tag{11.14}$$

beschreiben. Bei der Ableitung dieser Beziehung wurde vorausgesetzt, daß die Längsmagnetisierung vor der Anwendung des Inversionspulses vollständig relaxiert ist. Bei einer wiederholten Anwendung der IR-Sequenz ist also darauf zu achten, daß die Repetitionszeit TR wesentlich größer ist als die Längsrelaxationszeit $T1$ ($TR > 5 \cdot T1$).

Spinechosequenz. Wie in Kap. 11.1.5 erläutert wurde, wird der zeitliche Zerfall der Quermagnetisierung M_{xy} durch zwei unterschiedliche Effekte verursacht: (1) fluktuierende lokale Magnetfelder und (2) technisch bedingte

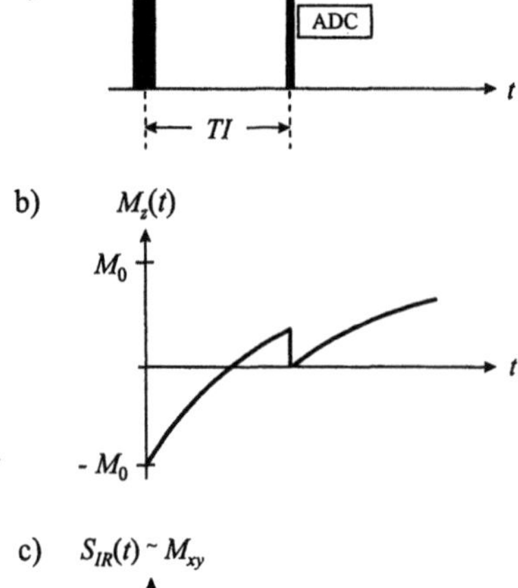

Abb. 11.8. Inversion-Recovery-Sequenz. **a** Impulsschema der IR-Sequenz. **b** Verlauf der Längsmagnetisierung M_2. Zunächst wird durch einen 180°-Impuls die Längsmagnetisierung M_z invertiert, dem nach der Inversionszeit TI ein 90°-Impuls folgt, der die aktuelle Längsmagnetisierung in die x-y-Ebene klappt. Nach dem 90°-Impuls nähert sich die Längsmagnetisierung der Gleichgewichtsmangetisierung M_0 an. **c** Induziertes Kernresonanzsignal $S_{\mathrm{IR}}(t)$ (ADC = Akquisitionsphase)

räumliche Inhomogenitäten des statischen Magnetfeldes. Die Quermagnetisierung M_{xy} relaxiert somit nicht mit der substanzspezifischen Relaxationszeit $T2$, sondern mit der effektiven Zeitkonstanten $T2^*$ ($T2^* \leq T2$). Für die Bestimmung der substanzspezifischen Querrelaxationszeit $T2$ ist es daher notwendig, die Wirkung der Feldinhomogenitäten zu kompensieren. Dies gelingt, wie E. Hahn bereits 1950 gezeigt hat, mit der sog. Spinechosequenz (SE-Sequenz). Dazu nutzt man die Tatsache aus, daß die Dephasierung der Quermagnetisierung aufgrund der zeitlich konstanten Feldinhomogenitäten reversibel ist, während der Einfluß der fluktuierenden lokalen Magnetfelder irreversibel ist.

Um das Prinzip der SE-Sequenz mit dem Impulsschema {90° − τ − 180° − τ − ADC} zu verstehen, vernachlässigen wir vorerst den Einfluß der fluktuierenden lokalen Magnetfelder und betrachten nur den Einfluß von statischen Feldinhomogenitäten. Unmittelbar nach dem 90°-Impuls zeigen alle Magnetisierungsanteile, aus denen sich die Quermagnetisierung M_{xy} zusammensetzt, in die y-Richtung (Abb. 11.9a). Kurz danach präzedieren aber einige Anteile schneller, andere langsamer um die Richtung des B_0-Feldes, so daß die ursprüngliche Phasenkohärenz verlorengeht (vgl. Abb. 11.5). Betrach-

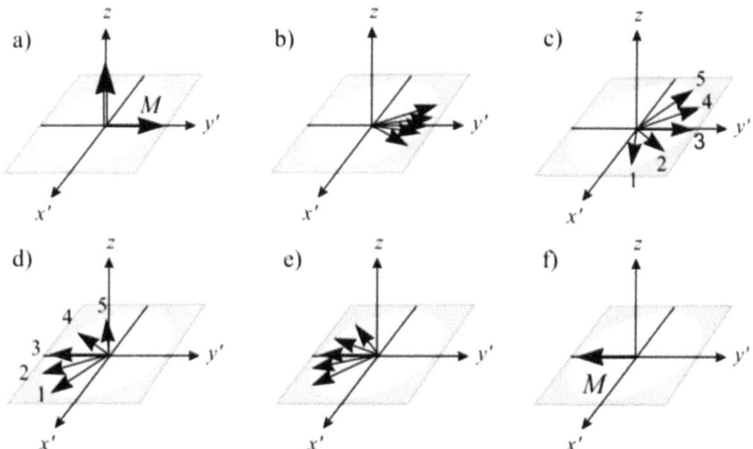

Abb. 11.9a–f. Erklärung des Spinechoexperiments im rotierenden Bezugssystem. Eine detaillierte Beschreibung ist im Text gegeben. Man beachte, daß die irreversible substanzspezifische $T2$-Relaxation in der Darstellung nicht berücksichtigt wird

tet man diese Situation vom rotierenden Bezugssystem aus, so kommt es zu einer Auffächerung der Magnetisierungskomponenten um die y'-Achse (Abb. 11.9b,c). Strahlt man nun nach der Zeit τ einen 180°-Impuls entlang der x'-Achse ein, so werden die Magnetisierungskomponenten bezüglich der x'-Achse gespiegelt (Abb. 11.9d). Durch diese HF-Einwirkung wird aber der Drehsinn der Komponenten nicht verändert, es wird lediglich die Verteilung der Komponenten invertiert: Die schnelleren Komponenten laufen jetzt den langsameren hinterher. Nach der Zeit $t = 2\tau$ zeigen alle Magnetisierungskomponenten wieder in die gleiche Richtung und das Signal erreicht ein Maximum (Abb. 11.9f).

Der 180°-Impuls bewirkt also eine Rephasierung der dephasierten Quermagnetisierung, die sich in einem Anwachsen des FID-Signals widerspiegelt, dem sog. Spinecho (Abb. 11.10). Nach der Spinechozeit $TE = 2\tau$ zerfällt das Echo – wie das ursprüngliche FID-Signal – mit der Zeitkonstanten $T2^*$. Aufgrund der rephasierenden Wirkung des 180°-Impulses ist die Amplitude $S_{\mathrm{SE}}(t = TE)$ des Spinechos unabhängig von den Grundfeldinhomogenitäten; der Signalverlust gegenüber dem Signal $S_{\mathrm{SE}}(0)$ zur Zeit $t = 0$ wird ausschließlich durch die substanzspezifische Relaxationszeit $T2$ bestimmt

$$S_{\mathrm{SE}}(TE) \propto N\,\mathrm{e}^{-TE/T2} \, . \tag{11.15}$$

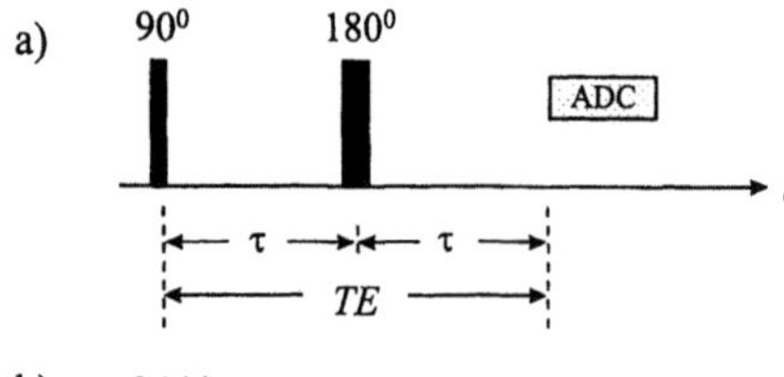

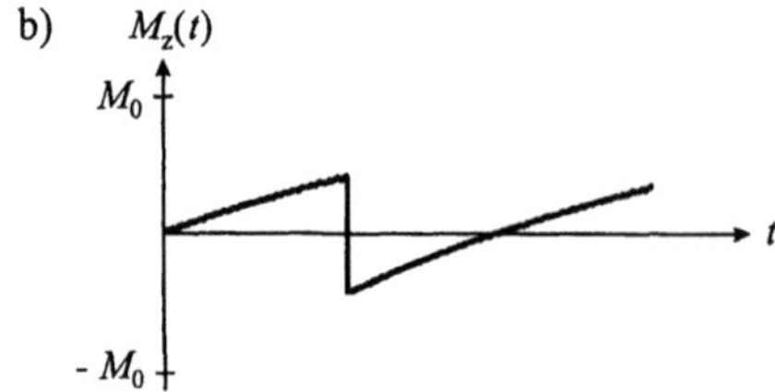

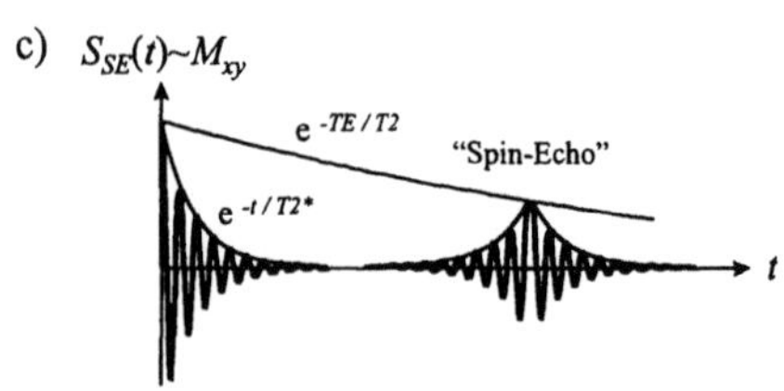

Abb. 11.10. Spinechosequenz. **a** Impulsschema der Spinechosequenz. **b** Verlauf der Längsmagnetisierung M_z. Man beachte, daß durch den 180°-Impuls die Längsmagnetisierung invertiert wird. **c** Induziertes Kernresonanzsignal $S_{SE}(t)$. Der 180°-Impuls bewirkt eine als Spinecho bezeichnete Regeneration des Signals

11.2   Bildrekonstruktion und Bildgebungssequenzen

11.2.1   Gradientenfelder

Unterteilt man den menschlichen Körper in kleine Volumenelemente (Voxel), so besteht die Aufgabe in der MR-Tomographie darin, die Beiträge der einzelnen Voxel zum detektierten Summensignal voneinander zu unterscheiden und in Form von Tomogrammen darzustellen. Dies gelingt dadurch, daß man dem homogenen Grundfeld B_0 ein magnetisches Zusatzfeld mit einer definierten Ortsabhängigkeit überlagert, so daß die Larmorfrequenz des Kernresonanzsignals eine Funktion des Ortes wird.

In der Praxis werden für die Bildrekonstruktion fast ausschließlich Gradientenfelder verwendet. Dabei handelt es sich um drei magnetische Zusatzfelder B^x, B^y und B^z, deren Feldvektor in z-Richtung zeigt und deren Feldstärke linear von der jeweiligen Ortskoordinate (x, y oder z) abhängt. Bezeichnet man die z-Komponenten der drei Gradientenfelder mit B^x, B^y bzw. B^z, so gilt

$$B^x = G^x \cdot x, \quad B^y = G^y \cdot y \quad \text{und} \quad B^z = G^z \cdot z. \tag{11.16}$$

Die Proportionalitätskonstanten G^x, G^y und G^z beschreiben die Stärke oder Steilheit der magnetischen Gradientenfelder. Damit keine Bildverzerrungen auftreten, müssen die Gradientenstärken so gewählt werden, daß die durch die Gradientenfelder bedingten lokalen Feldänderungen größer sind als die lokalen Feldinhomogenitäten des Grundfeldes; typische Werte liegen zwischen 1 und $30\,\mathrm{mT/m}$. Technisch werden die Gradientenfelder B^x, B^y und B^z durch drei Spulensysteme (Gradientenspulen) erzeugt, die unabhängig voneinander angesteuert werden können.

In der MRT werden Gradientenfelder auf zwei unterschiedliche Arten genutzt: für die selektive Anregung der Kernspins in einer definierten Region des Meßobjekts (z.B. einer dünnen Objektschicht) sowie für die Ortskodierung innerhalb einer definierten Region des Meßobjekts (z.B. einer Schicht oder eines Volumens).

11.2.2 Selektive Schichtanregung

Ein MR-Signal kann prinzipiell nur aus dem Volumen detektiert werden, dessen Kerne zuvor durch einen HF-Impuls angeregt worden sind. Diesen Zusammenhang nutzt man bei den planaren Rekonstruktionsverfahren aus, um das primär dreidimensionale (3D-) Rekonstruktionsproblem auf ein zweidimensionales (2D) zu reduzieren, indem man nur die Kerne in einer dünnen Körperschicht anregt.

Um eine bestimmte Körperschicht selektiv anzuregen, wird dem homogenen Grundfeld ein Gradient (Schichtauswahlgradient) senkrecht zur gewünschten Schichtebene überlagert. Aufgrund dieser Überlagerung variiert die Larmorfrequenz ω der Kerne entlang der Richtung des Gradienten. Wird z.B. ein Gradientenfeld $B^z = G^z z$ überlagert, so gilt

$$\omega(z) = \gamma(B_0 + G^z z) \,. \tag{11.17}$$

Die Objektschicht $z_1 \leq z \leq z_2$ wird demnach durch ein schmales Frequenzintervall $\gamma(B_0 + G^z z_1) \leq \omega \leq \gamma(B_0 + G^z z_2)$ charakterisiert. Strahlt man nun einen HF-Impuls ein, dessen Frequenzspektrum nur in diesem Frequenzintervall einen von Null verschiedenen konstanten Wert besitzt, so werden nur die Kerne innerhalb der gewünschten Schicht angeregt (Abb. 11.11). Die *Dicke* $d = z_2 - z_1$ der Schicht wird variiert, indem entweder die Bandbreite des HF-Impulses, d.h. die Breite der Frequenzverteilung, oder die Gradientenstärke G^z verändert wird. Die *Lage* der Schicht kann verändert werden, indem das Frequenzspektrum des HF-Impulses bei gleicher Bandbreite verschoben wird.

Die praktische Realisierung der selektiven Schichtanregung setzt voraus, daß sowohl die Form des HF-Impulses als auch das Schaltschema des Schichtauswahlgradienten sorgfältig optimiert wird (Abb. 11.12):

1. *Pulsmodulation*: Um eine möglichst gleichförmige Verteilung der Quermagnetisierung über die Schichtdicke zu erreichen, muß die Form des selektiven HF-Impulses so moduliert werden, daß das Frequenzspektrum

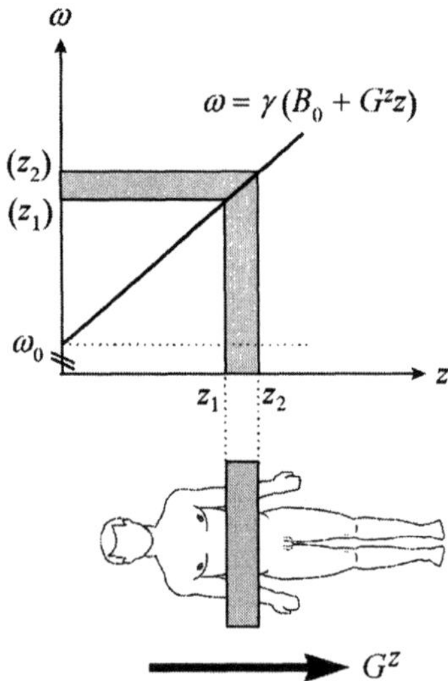

Abb. 11.11. Prinzip der selektiven Schichtanregung. Dem statischen Grundfeld B_0 wird ein magnetisches Gradientenfeld in z-Richtung überlagert, so daß die Larmorfrequenz $\omega(z)$ linear von der Ortskoordinate abhängt. Die Objektschicht wird somit eindeutig durch das Frequenzintervall $\omega(z_1) \leq \omega \leq \omega(z_2)$ charakterisiert. Strahlt man einen HF-Impuls ein, dessen Frequenzspektrum in diesem Frequenzband von Null verschieden ist, so werden nur die Kerne innerhalb der gewünschten Schicht angeregt

möglichst rechteckförmig ist. Die Einhüllende des HF-Impulses im Zeitbereich muß also die Form einer „sinc-Funktion" haben.

2. *Gradientenrefokussierung*: Unterteilt man die Objektschicht der Dicke d gedanklich in mehrere dünne Teilschichten, so wird durch einen geeignet modulierten selektiven HF-Impuls zwar die Magnetisierung aller Teilschichten um den gleichen Winkel gedreht, die Magnetisierungskomponenten sind jedoch am Ende der Anregungsperiode t_P völlig dephasiert. Das ist darauf zurückzuführen, daß sich die Larmorfrequenzen der einzelnen Teilschichten aufgrund des Schichtauswahlgradienten voneinander unterscheiden. Bei einem selektiven 90°-Impuls der Impulsdauer t_P läßt sich dieser unerwünschte Dephasierungseffekt kompensieren, indem das Gradientenfeld nach der HF-Anregung für die Zeitdauer $t_P/2$ umgepolt wird.

11.2.3 Ortskodierung innerhalb eines Teilvolumens

Nach der selektiven Anregung einer Körperregion muß das Kernresonanzsignal der einzelnen Voxel innerhalb des definierten Teilvolumens räumlich kodiert werden. Dafür stehen zwei Techniken zur Verfügung: die Frequenz-

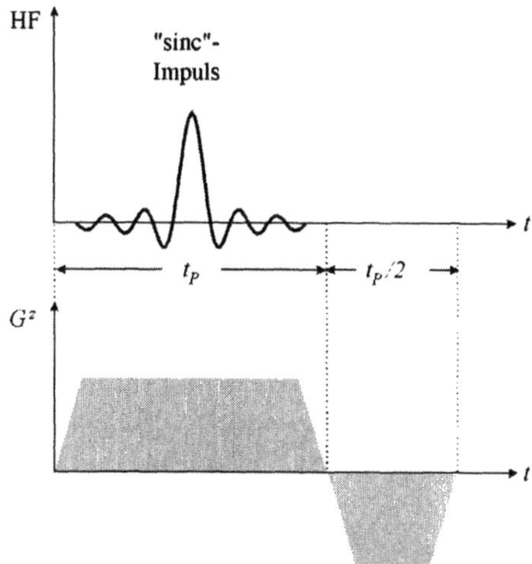

Abb. 11.12. Pulsmodulation und Gradientenrefokussierung. Einzelheiten s. Text

und die Phasenkodierung des MR-Signals. Das Prinzip der beiden Kodierungstechniken wird im folgenden erklärt.

Frequenzkodierung. Befindet sich der zu untersuchende Körper in einem homogenen Magnetfeld der magnetischen Induktion B_0, so präzedieren die Magnetisierungskomponenten der Voxel in der angeregten Schicht – wenn man die chemische Verschiebung vernachlässigt – mit der gleichen Frequenz um die Richtung des B_0-Feldes. Das Frequenzspektrum besteht daher nur aus einer einzigen Resonanzlinie bei der Larmorfrequenz $\omega_0 = \gamma B_0$; es enthält keine räumliche Information. Überlagert man dem homogenen Grundfeld B_0 jedoch während der Akquisitionsphase des FID ($0 \leq t \leq T$) ein Gradientenfeld, z.B. $B^x = G^x x$, so ist die Larmorfrequenz eindeutig durch die Resonanzbedingung mit dem Ort x verknüpft. Oder anders ausgedrückt: Alle Kerne in einem Streifen senkrecht zur Richtung des *Auslesegradienten* spüren das gleiche magnetische Feld und tragen somit mit der gleichen Frequenz zum detektierten Kernresonanzsignal der angeregten Schicht bei; die räumliche Information ist in Form der Resonanzfrequenz kodiert.

Unter dem Einfluß des Gradientenfeldes $B^x = G^x x$ präzediert die Magnetisierung am Ort x mit der Frequenz $\omega(x) = \gamma(B_0 + G^x x)$. Sie läßt sich daher in der Form $m(\boldsymbol{x}, t) = m^{(R)}(\boldsymbol{x}, t)e^{i\gamma(B_0 + G^x x)t}$ schreiben, wobei $m^{(R)}(\boldsymbol{x}, t)$ den Betrag der Magnetisierung im rotierenden Bezugssystem (ω_{HF}) angibt. Setzt man diesen Ausdruck in die Signalgleichung (11.13) ein, so erhält man für das gemessene Kernresonanzsignal den Ausdruck

$$S(t) \propto \int\limits_V m(\boldsymbol{x}, t)e^{-i\omega_{\mathrm{HF}}t}dV = \int\limits_V m^{(R)}(\boldsymbol{x}, t)e^{i(\omega_0 + \gamma G^x x - \omega_{\mathrm{HF}})t}dV$$

$$= e^{i\Omega t} \int\limits_x \left[\int\limits_y \int\limits_z m^{(R)}(\boldsymbol{x}, t)dydz \right] e^{i\omega_x t}dx, \quad (11.18)$$

mit $\omega_x = \gamma G^x x$ und der Offsetfrequenz $\Omega = \omega_0 - \omega_{\mathrm{HF}}$. Nimmt man an, daß der Betrag $m^{(R)}(\boldsymbol{x}, t)$ der Magnetisierung während der Auslesephase zeitlich konstant ist (d.h. $T_2^* \gg T$), dann ist das gemessene Kernresonanzsignal $S(t)$ bis auf den Phasenfaktor $\exp(i\Omega t)$ die eindimensionale Fourier-Transformierte der gesuchten Quermagnetisierung $m^{(R)}(\boldsymbol{x})$. Durch eine inverse Fourier-Transformation des Kernresonanzsignal $S(t)$ kann also die *Projektion* des Objekts auf die Richtung des Auslesegradienten [der Ausdruck in der eckigen Klammer in (11.18)] rekonstruiert werden.

Meßtechnisch kann das Kernresonanzsignal $S(t)$ immer nur in diskreten Schritten Δt über einen begrenzten Zeitraum T abgetastet und digitalisiert werden. Für die Fourier-Analyse des FID-Signals steht somit nur eine begrenzte Anzahl von N Meßwerten

$$S_1 = S(\Delta t), S_2 = S(2\Delta t), \ldots, S_N = S(N\Delta t) \quad \text{mit} \quad N = T/\Delta t \quad (11.19)$$

zur Verfügung. Infolgedessen ist auch die Ortsauflösung Δx der Projektion auf die x-Achse begrenzt. Zwischen dem maximal auflösbaren Objektdurchmesser X, der Anzahl N und der Abmessung Δx der Ortsintervalle einerseits und dem Abtastinvervall Δt und der Gradientenstärke G^x andererseits besteht die Beziehung (Sampling-Theorem)

$$\Delta x = \frac{X}{N} = \frac{2\pi}{\gamma G^x N \Delta t}. \quad (11.20)$$

Die gesuchten N Projektionswerte können mittels einer diskreten Fourier-Transformation aus den N Werten des Kernresonanzsignals S_n ($1 \leq n \leq N$) berechnet werden. [Zur Herleitung der diskreten Version von (11.18) denkt man sich alle in einem Voxel befindlichen Spins in dessen Zentrum vereinigt, so daß die Magnetisierung durch eine Summe von Deltafunktionen ausgedrückt werden kann.]

Phasenkodierung. Bei der Frequenzkodierung wird das Kernresonanzsignal $S(t)$ als Funktion der Zeit gemessen, während der die Präzessionsfrequenz durch den konstanten Auslesegradienten beeinflußt wird. In dieser Zeit präzediert die Quermagnetisierung am Ort x unter dem Einfluß des Gradientenfeldes um den Winkel

$$\varphi(x) = (\gamma G^x x)\, t = \omega_x t. \quad (11.21)$$

Zum Zeitpunkt der Signalerfassung ist die Ortsinformation also über die Frequenz ω_x im Phasenwinkel $\varphi(x)$ kodiert. Nun kann der Phasenwinkel $\varphi(x)$ aber auch variiert werden, indem die Einschaltdauer des Gradienten konstant gehalten und statt dessen die Gradientenstärke in äquidistanten Schritten ΔG^x erhöht wird. Dieser äquivalente Ansatz wird Phasenkodierung genannt.

Das Konzept der Phasenkodierung läßt sich experimentell leicht realisieren, indem vor der Akquisition des FID's für eine definierte Zeit T_{Ph} ein Gradientenfeld, z.B. $B^x = G^x x$, einschaltet wird. Unter der Wirkung dieses Phasenkodiergradienten präzediert die Magnetisierung am Ort x um den Phasenwinkel [vgl. (11.21)]

$$\varphi(x) = (\gamma G^x T_{\mathrm{Ph}})\, x = k_x x \,. \tag{11.22}$$

Der Parameter $k_x = \gamma G^x T_{\mathrm{Ph}}$ wird Ortsfrequenz genannt. Nach dem Abschalten des Phasenkodiergradienten präzedieren alle Magnetisierungskomponenten wieder mit der ursprünglichen, ortsunabhängigen Larmorfrequenz $\omega_0 = \gamma B_0$ um die Richtung des B_0-Feldes; nun allerdings mit ortsabhängigen Phasenwinkeln. Mit anderen Worten: Bei der Phasenkodierung tragen die Magnetisierungskomponenten der angeregten Voxel zwar alle mit der gleichen Frequenz ω_0, jedoch mit unterschiedlichen Phasen zum detektierten FID-Signal bei. Damit schreibt sich (11.18) in der Form

$$S(k_x, t_0) \propto \int\limits_V m(\boldsymbol{x}, t_0) e^{-i\omega_{\mathrm{HF}} t_0} dV =$$

$$e^{i\Omega t_0} \int\limits_x \left[\int\limits_y \int\limits_z m^{(R)}(\boldsymbol{x}, t_0) dy dz \right] e^{i k_x x} dx \,. \tag{11.23}$$

Um die Projektion der Magnetisierung auf die Richtung des Phasenkodiergradienten zu berechnen, wird die gewählte Impulssequenz N-mal mit unterschiedlichen Ortsfrequenzen $k_n = n\Delta k\,(1 \leq n \leq N)$ wiederholt. Im Gegensatz zur Frequenzkodierung wird bei der Phasenkodierung jedoch nicht der gesamte FID benötigt, sondern – wie bereits in (11.23) formuliert – immer nur das FID-Signal $S_n = S(k_n, t_0)$ zu einem definierten Zeitpunkt t_0. Nach Abschluß der N Einzelmessungen kann die Projektion der Objektverteilung wie bei der Frequenzkodierung durch eine diskrete Fourier-Transformation aus dem akquirierten Datensatz

$$S_1 = S(\Delta k, t_0),\, S_2 = S(2\Delta k, t_0),\, \ldots,\, S_N = S(N\Delta k, t_0) \tag{11.24}$$

berechnet werden.

Obwohl die beiden beschriebenen Kodierungstechniken unter mathematischen Gesichtspunkten völlig äquivalent sind, unterscheiden sie sich doch ganz erheblich hinsichtlich der Zeit, die benötigt wird, um die Datensätze (11.19) bzw. (11.24) für die Berechnung der Projektion meßtechnisch zu akquirieren: Bei der Frequenzkodierung ist nur ein einziger Sequenzdurchgang erforderlich, bei der Phasenkodierung muß die Sequenz dagegen N-mal wiederholt werden. In der Praxis macht sich dieser Unterschied vor allem darin bemerkbar, daß die Phasenkodiertechnik gegenüber Bewegungen (Patientenbewegungen, Blut- und Liquorpulsationen usw.) wesentlich störanfälliger ist als die Frequenzkodiertechnik.

11.2.4 Rekonstruktionsverfahren

In der Praxis haben sich zwei Rekonstruktionsverfahren bewährt, die sich letztlich nur darin unterscheiden, wie die in den beiden vorangegangenen Abschnitten beschriebenen Techniken der selektiven Schichtanregung und der Ortskodierung kombiniert werden.

Die 2D-Fourier-Methode. Bei der planaren Variante der Fourier-Bildgebung wird zunächst selektiv eine Schicht angeregt. Die Kodierung der Ortsinformation in der Schicht erfolgt dann durch eine kombinierte Phasen- und Frequenzkodierung mittels zweier orthogonaler Gradienten. Liegt die Schicht in der x-y-Ebene, so sind dies die Gradienten G^x ung G^y (Abb. 11.13). Die Bildgebungssequenz wird N-mal für verschiedene Werte des Phasenkodiergradienten $G^x_n = n\Delta G^x$ ($1 \leq n \leq N$) wiederholt, wobei das Kernresonanzsignal bei jedem Sequenzdurchgang M-mal ($1 \leq m \leq M$) zu den Zeiten t_m in Anwesenheit des Auslesegradienten G^y digitalisiert und abgespeichert wird. Auf diese Weise erhält man für jede Kombination (k_n, t_m) der Parameter $k_n = n\gamma\Delta G^x T_{\mathrm{Ph}}$ und $t_m = m\Delta t$ einen unabhängigen Meßwert $S(k_n, t_m)$, insgesamt also eine Zahlenmatrix mit $N \times M$ Datenpunkten. Aus diesem Datensatz, dem sog. *Hologramm*, kann durch eine 2D-Fourier-Transformation unmittelbar ein MR-Bild der betrachteten Schicht mit einer Auflösung von $N \times M$ Pixeln rekonstruiert werden.

Berücksichtigt man, daß für die selektive Schichtanregung, die Ortskodierung und die Erfassung des Kernresonanzsignals in der Regel nur ein Bruchteil der Zeit benötigt wird, die das Spinsystem braucht, um nach der HF-Anregung zumindest teilweise zu relaxieren, ehe es erneut angeregt werden kann, so kann die Datenakquisition optimaler gestaltet werden. Die langen Wartezeiten können nämlich genutzt werden, um zeitlich versetzt benachbarte Schichten anzuregen und das ortskodierte Kernresonanzsignal dieser Schichten zu detektieren.

Die 3D-Fourier-Methode. Um die beschriebene 2D-Fourier-Technik zu einem 3D-Rekonstruktionsverfahren zu erweitern, wird der Schichtauswahlgradient durch einen zweiten Phasenkodiergradient ersetzt (Abb. 11.13). Das bedeutet, daß durch den HF-Impuls das gesamte Körpervolumen angeregt und die Ortsinformation ausschließlich durch orthogonale Gradientenfelder kodiert wird: durch zwei Phasen- und einen Frequenzkodiergradienten. Die

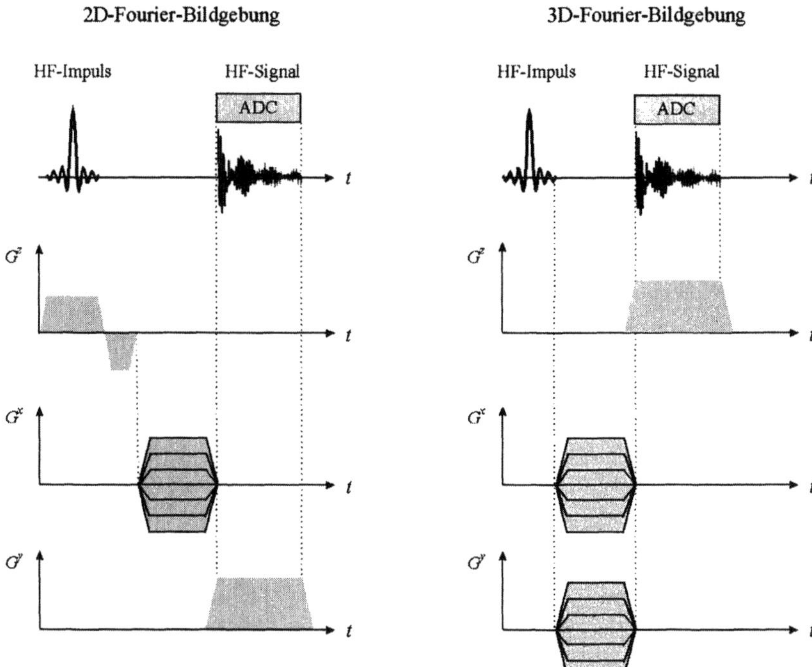

Abb. 11.13. Typische Impuls- und Gradientenfolge bei der 2D- und 3D-Fourier-Bildgebung

räumliche Auflösung entlang der Richtung des zweiten Phasenkodiergradienten wird durch die Stärke des betreffenden Gradientenfeldes und die Anzahl M der Phasenkodierschritte definiert; je nach Wahl ergeben sich würfel- oder quaderförmige Voxel (isotrope bzw. anisotrope Auflösung). Um ein 3D-Hologramm mit $N \times N \times M$ unabhängigen Meßwerten zu akquirieren, muß die Bildgebungssequenz $N \times M$-mal wiederholt werden. Der 3D-Bilddatensatz ergibt sich durch eine 3D-Fourier-Transformation.

11.2.5 Bildgebungssequenzen und Parameterwichtung

Neben der variablen Schnittführung ist der ausgezeichnete Weichteilkontrast der rekonstruierten MR-Bilder einer der Hauptvorteile der MRT. Er beruht im wesentlichen auf den unterschiedlichen Relaxationszeiten $T1$ und $T2$ der Gewebe (vgl. Tabelle 11.2), die in komplexer Weise die Wechselwirkung der Wasserstoffatomkerne mit ihrer Umgebung widerspiegeln. Unterschiede in den Protonendichten spielen demgegenüber, zumindest bei Weichteilgeweben, nur eine untergeordnete Rolle. Der Bildkontrast wird aber nicht nur durch die intrinsischen *Gewebeparameter* bestimmt, sondern auch durch die verwendete *Bildgebungssequenz* und der entsprechenden *Aufnahmeparameter*. In der klinischen Routine werden meist mehrere Aufnahmen mit unterschiedlichen

Aufnahmeparametern akquiriert, die so gewählt werden, daß der Bildkontrast der einzelnen Bilder hauptsächlich durch einen einzigen Gewebeparameter bestimmt wird. Man spricht dementsprechend von $T1$-, $T2$- und ρ-gewichteten Aufnahmen.

In den vergangenen Jahren wurde eine Vielzahl von Bildgebungssequenzen mit dem Ziel entwickelt, die Gewebedifferenzierung bei speziellen klinischen Fragestellungen zu optimieren und die Meßzeit zu verkürzen. Einen Überblick über die verschiedenen Sequenzen findet man in den Standardwerken zur MR-Bildgebung. Im folgenden werden die wesentlichen Konzepte an ausgewählten Sequenzen exemplarisch vorgestellt.

Spinechosequenz. Das Grundprinzip der Spinechotechnik (SE-Technik) wurde bereits in Kap. 11.1.7 beschrieben. Eine mögliche Kombination der SE-Impulsfolge mit dem Gradientenschema der 2D-Fourier-Methode ist in Abb. 11.14 dargestellt. Die Signalintensität S_{SE} eines Voxels mit den Gewebeparametern ρ, $T1$ und $T2$ läßt sich für $TE \ll T1$ in guter Näherung durch den Ausdruck

$$S_{\mathrm{SE}} = \rho \cdot \left[1 - e^{-TR/T1} \right] \cdot e^{-TE/T2} \qquad (11.25)$$

beschreiben. Die Signalintensität S_{SE} in einem Voxel wird also durch drei unabhängige Faktoren bestimmt, die jeweils nur von einem der drei Gewebeparameter abhängen. Daraus ergibt sich eine sehr übersichtliche Abhängigkeit des Bildsignals von den Gewebe- und Aufnahmeparametern:

1. *ρ-Abhängigkeit.* Die Signalintensität ist direkt proportional zur „Protonendichte" ρ des betrachteten Gewebes, d.h. zur Anzahl der angeregten Wasserstoffatomkerne im Voxel. Der Einfluß der Protonendichte auf den Bildkontrast kann meßtechnisch nicht variiert werden.

2. *$T1$-Abhängigkeit.* Nach der HF-Anregung relaxiert die Längsmagnetisierung M_z mit der Zeitkonstanten $T1$ gegen die Gleichgewichtsmagnetisierung M_0; der thermische Gleichgewichtszustand wird nach einer Zeitdauer von etwa $5 \cdot T1$ erreicht. Gewöhnlich wird die Impulsfolge jedoch bereits wesentlich früher wiederholt, so daß die Längsmagnetisierung zu Beginn des nächsten Sequenzzyklus um den Faktor $[1 - \exp(-TR/T1)]$ gegenüber der Gleichgewichtsmagnetisierung reduziert ist. Aus dieser Überlegung ergibt sich, daß der $T1$-Kontrast eines SE-Bildes durch die Wahl der Repetitionszeit TR variiert werden kann.

3. *$T2$-Abhängigkeit.* Der Einfluß der $T2$-Relaxation auf die Signalintensität wird durch den Faktor $\exp(-TE/T2)$ in der Signalgleichung beschrieben. Für eine vorgegebene $T2$-Zeit ist der Signalverlust umso größer, je größer die Echo-Zeit TE ist.

In der klinischen Routine ist die SE-Sequenz nach wie vor die am meisten verwendete Bildgebungssequenz, da sie gegenüber den statischen Grundfeldinhomogenitäten und anderen Ungenauigkeiten des MR-Systems relativ unempfindlich ist und durch geeignete Wahl der Aufnahmeparameter TR und

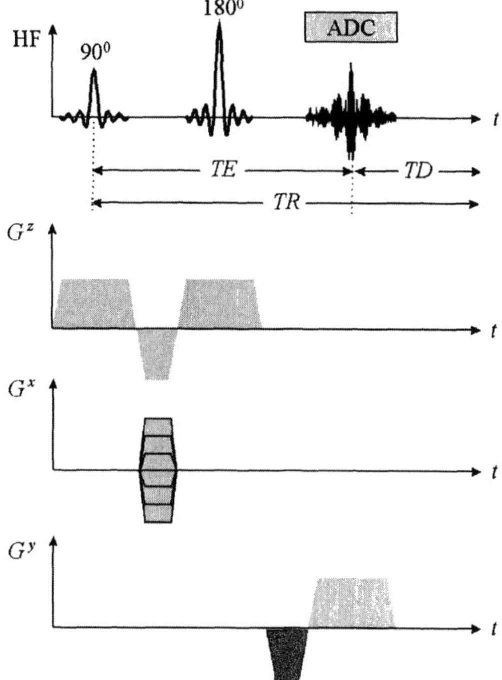

Abb. 11.14. Impuls- und Gradientenschema der SE-Sequenz. Aufnahmeparameter: TR = Repetitionszeit, TE = Echozeit. G^z ist der Schichtauswahl-, G^x der Phasenkodier- und G^y der Auslesegradient. Der *dunkel* dargestellte Teil des Auslesegradienten bewirkt, daß die Quermagnetisierung in der Mitte der Auslesephase wieder rephasiert ist, so daß zu diesem Zeitpunkt ein maximales Signal entsteht (Gradientenecho, s. S. 292)

TE die Akquisition von $T1$-, $T2$- und ρ-gewichteten Aufnahmen ermöglicht. Die in Abb. 11.15 dargestellten SE-Aufnahmen illustrieren die Parameterwichtung am Beispiel einer transversalen Kopfschicht. Dargestellt ist eine $T1$-gewichtete ($TR \approx T1, TE \ll T2$), eine ρ-gewichtete ($TR \gg T1, TE \ll T2$) und eine $T2$-gewichtete ($TR \gg T1, TE \approx T2$) SE-Aufnahme. Den beiden genannten Vorteilen steht allerdings die lange Untersuchungszeit als limitierender Faktor gegenüber, die je nach Parameterwichtung zwischen 2 und 10 min beträgt.

Gespoilte Gradientenechosequenz (FLASH). Die langen Aufnahmezeiten der konventionellen Bildgebungssequenzen sind darauf zurückzuführen, daß durch den 90°-Ausleseimpuls die gesamte Längsmagnetisierung in die Transversalebene gedreht wird, so daß die Impulssequenz erst wiederholt werden kann, nachdem sich aufgrund der Längsrelaxation wieder eine nennenswerte z-Magnetisierung aufgebaut hat. Um MR-Bilder mit einem akzep-

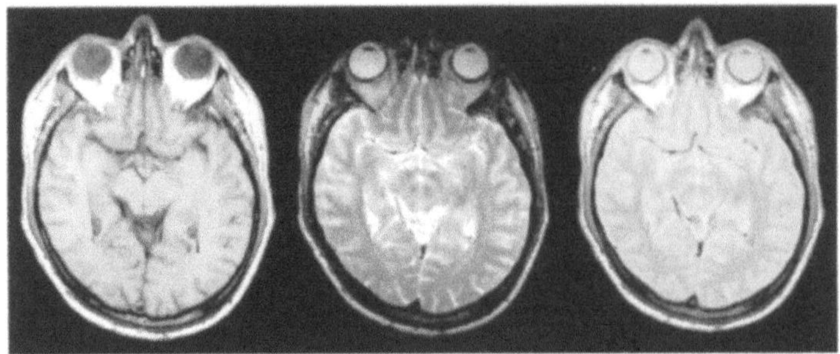

Abb. 11.15. SE-Aufnahmen einer transversalen Kopfschicht: $T1$-gewichtete ($TR/TE = 600/15$ ms, *links*), $T2$-gewichtete ($TR/TE = 2400/90$ ms, *Mitte*) und ρ-gewichtete Aufnahme ($TR/TE = 2400/20$ ms, *rechts*)

tablen Signal-Rausch-Verhältnis zu erfassen, muß die Sequenzwiederholzeit TR in der Größenordnung der $T1$-Relaxationszeit liegen. Dieses Grundproblem der konventionellen Bildgebungssequenzen läßt sich allerdings umgehen, indem man für die Anregung des Spinsystems einen HF-Impuls mit einem Drehwinkel von $\alpha < 90°$ verwendet, so daß nur ein Bruchteil der Längsmagnetisierung M_z in die Transversalebene geklappt wird.

Um das Prinzip der *Kleinwinkelanregung* zu diskutieren, vernachlässigen wir zunächst die für die Ortskodierung notwendigen Gradientenfelder und betrachten die in Abb. 11.16 dargestellte einfache Sequenz. Sie besteht nur aus einem einzigen HF-Impuls mit einem Anregungswinkel $\alpha < 90°$ und einem „Spoiler"-Gradienten, durch den die verbleibende Quermagnetisierung nach der Akquisition des FID zerstört wird. Wird die betrachtete Sequenz mehrmals wiederholt, so erreicht das Spinsystem bereits nach wenigen Sequenzdurchgängen einen dynamischen Gleichgewichtszustand. Der Gleichgewichtswert der z-Magnetisierung, die sog. Steady-State-Magnetisierung M_z^{SS}, wird durch den Ausdruck

$$M_z^{SS} = M_0 \frac{1 - e^{-TR/T1}}{1 - \cos\alpha \cdot e^{-TR/T1}} \tag{11.26}$$

beschrieben. Der Wert der Steady-State-Magnetisierung M_z^{SS} hängt sowohl vom verwendeten Anregungswinkel α als auch von der Repetitionszeit TR ab; er ist umso kleiner, je größer der Anregungswinkel α ist. Für $\alpha = 90°$ stellt sich bereits nach der ersten Anregung der Wert $M_z^{SS} = M_0[1 - \exp(-TR/T1)]$ ein.

Für die Beurteilung des Kernresonanzsignals ist allerdings nicht die Längs-, sondern die Quermagnetisierung M_{xy} zum Zeitpunkt der Datenakquisition die entscheidende Größe. Ausgehend von (11.26) ergibt sich für die Amplitude des MR-Signals der Ausdruck

$$S = M_z^{SS} \cdot \sin\alpha \cdot e^{-TE/T2^*} . \tag{11.27}$$

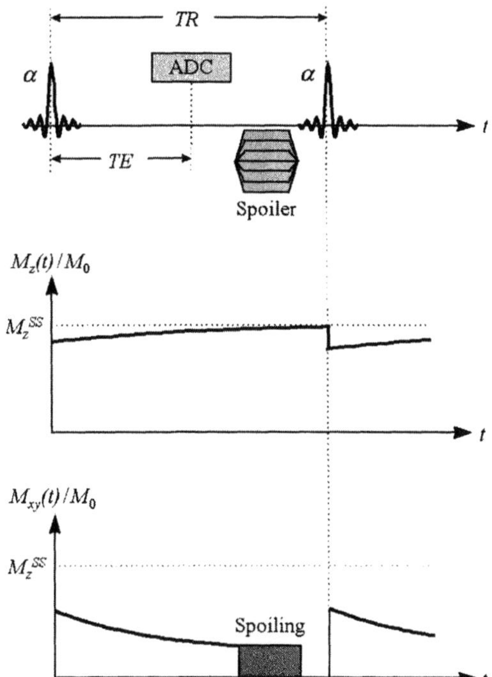

Abb. 11.16. Prinzip der Kleinwinkelanregung. Die Sequenz besteht aus einem einzigen HF-Impuls mit einem Anregungswinkel $\alpha < 90°$ und einem Spoilergradienten, durch den die Quermagnetisierung nach der Datenakquisition dephasiert wird. Dargestellt ist die zeitliche Entwicklung der Längsmagnetisierung M_z und der Quermagnetisierung M_{xy} im Gleichgewichtszustand. Obwohl die Längsmagnetisierung durch den Anregungsimpuls nur geringfügig reduziert wird, ergibt sich eine relativ große Quermagnetisierung

Während der Faktor $\sin \alpha$ den Bruchteil der Steady-State-Magnetisierung M_z^{SS} angibt, der in die x-y-Ebene geklappt wird, beschreibt der Faktor $\exp(-TE/T2^*)$ den Zerfall des FID-Signals während der Ausleseverzögerungszeit TE. Zur Veranschaulichung der Zusammenhänge ist in Abb. 11.17 die Signalstärke S als Funktion des Quotienten $TR/T1$ für verschiedene Pulswinkel aufgetragen. Es zeigt sich, daß die Kleinwinkelanregung im Vergleich zur konventionellen 90°-Anregung bei kurzen Repetitionszeiten wesentlich höhere Signalwerte liefert.

Der mit der Kleinwinkelanregung verknüpfte Signalgewinn bei kurzen Repetitionszeiten läßt sich allerdings nur um den Preis erkaufen, daß man auf den 180°-Impuls zur Erzeugung eines Spinechos verzichtet, da durch den 180°-Impuls nicht nur die Phase der Quermagnetisierung, sondern auch die Längsmagnetisierung invertiert werden würde (vgl. Abb. 11.10). Das bedeutet aber, daß die Dephasierung der Spins aufgrund von statischen Feldinho-

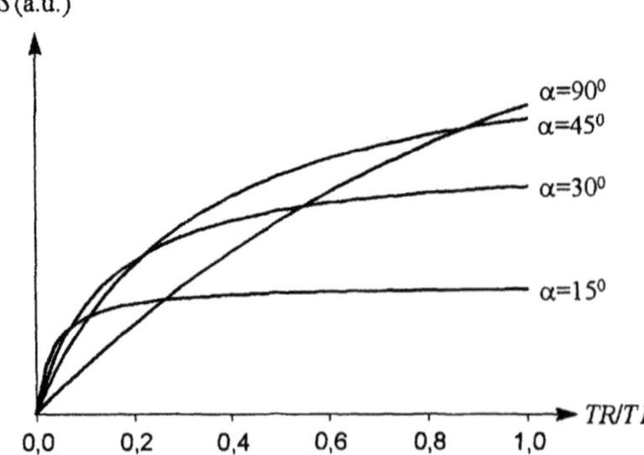

Abb. 11.17. Signalintensität der in Abb. 11.16 dargestellten gespoilten Kleinwinkelsequenz als Funktion von $TR/T1$ für verschiedene Anregungswinkel α. Für kurze Repetitionszeiten ($TR \ll T1$) ist das detektierbare Kernresonanzsignal bei der Kleinwinkelanregung größer als bei der konventionellen 90°-Anregung

mogenitäten bei der Anwendung der Kleinwinkelanregung nicht kompensiert werden kann. Um die Vorteile der Kleinwinkelanregung für die schnelle MR-Bildgebung zu nutzen, muß die in Abb. 11.16 dargestellte Sequenz noch durch Gradientenfelder für die Ortskodierung komplettiert werden. Das Impuls- und Gradientenschema der resultierenden 2D-Bildgebungssequenz ist in Abb. 11.18 schematisch dargestellt. Wie bei der konventionellen Spinechosequenz findet auch hier eine Rephasierung bezüglich des Schichtselektions- und eine Vordephasierung bezüglich des Frequenzkodiergradienten statt. Durch diese Gradientenschaltung wird die durch die Gradienten hervorgerufene Dephasierung der Quermagnetisierung kompensiert, so daß in der Mitte der Datenakquisitionsphase ein Echosignal entsteht, das als Gradientenecho bezeichnet wird. Sequenzen, die auf dem Prinzip der Kleinwinkelanregung beruhen und bei denen das Echosignal ausschließlich durch Gradientenumkehrung generiert wird, werden *Gradientenechosequenzen* genannt. Diese Bezeichnung darf allerdings nicht darüber hinwegtäuschen, daß auch bei den konventionellen Bildgebungssequenzen immer ein Gradientenecho erzeugt wird (Abb. 11.14). Der Unterschied besteht lediglich darin, daß bei der Spinechotechnik durch die Einstrahlung des 180°-Impulses zusätzlich noch ein Spinecho erzeugt wird, das zeitlich mit dem Gradientenecho zusammenfällt.

Die in Abb. 11.18 schematisch dargestellte gespoilte Gradientenechosequenz wurde 1986 von Frahm und Haase unter dem Akronym FLASH (*F*ast *L*ow *A*ngle *S*hot) vorgestellt. Die Signalintensität S_{FLASH} eines FLASH-Bildes kann durch die Wahl der Repetitionszeit TR, der Echozeit TE und des Anregungswinkels α variiert werden. Mathematisch wird der Zusammenhang zwischen den Gewebe- und den Aufnahmeparametern nach (11.26) und (11.27)

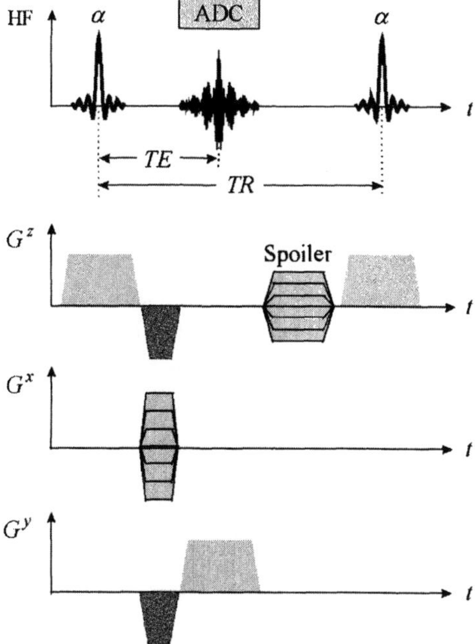

Abb. 11.18. Impuls- und Gradientenschema der gespoilten Gradientenechosequenz (FLASH-Sequenz). Aufnahmeparameter: $TR =$ Repetitionszeit, $TE =$ Echozeit und $\alpha =$ Anregungswinkel. G^z ist der Schichtauswahl-, G^x der Phasenkodier- und G^y der Auslesegradient. Durch die Umpolung des Schichtauswahl- und Auslesegradienten (*dunkle Flächen*) wird die durch die beiden Gradienten hervorgerufenen Dephasierung der Quermagnetisierung kompensiert, so daß in der Mitte der Auslesephase ein Gradientenecho entsteht

durch den Ausdruck

$$S_{\text{FLASH}} = \rho \cdot \frac{\left(1 - e^{-TR/T1}\right) \cdot \sin\alpha}{1 - \cos\alpha \cdot e^{-TR/T1}} \cdot e^{-TE/T2^*} \tag{11.28}$$

beschrieben.

1. *T1-Abhängigkeit.* Im Gegensatz zur Spinechosequenz wird das $T1$–Kontrastverhalten der FLASH-Sequenz nicht nur von der Repetitionszeit TR beeinflußt, sondern auch durch die Wahl des Anregungswinkels α.

2. *T2*-Abhängigkeit.* Um ein $T2$- oder $T2^*$-gewichtetes MR-Bild zu akquirieren, muß der Einfluß der $T1$-Relaxation minimiert werden. Wird eine Spinechosequenz für die Messung verwendet, so kann diese Bedingung nur erfüllt werden, wenn die Repetitionszeit TR möglichst groß gewählt wird ($TR \gg T1$). Anders dagegen in der Gradientenechobildgebung: Wie Abb. 11.17 zeigt, kann der $T1$-Kontrast bei diesem Sequenztyp bereits für wesentlich kürzere TR-Zeiten vernachlässigt werden, wenn der Impuls-

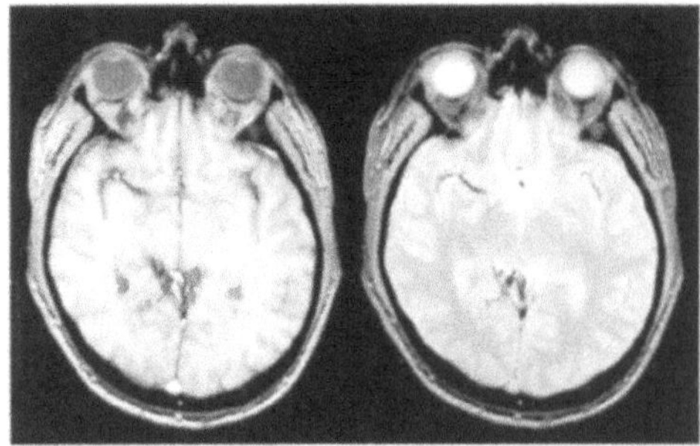

Abb. 11.19. FLASH-Bilder einer transversalen Kopfschicht: $T1$-gewichtete $(TR/TE/\alpha = 150/10/60°$, *links*) und ρ-gewichtete $(TR/TE/\alpha = 400/10/20°$, *rechts*) Aufnahme

winkel entsprechend klein gewählt wird. Der $T2^*$-Kontrast eines Gradientenechobildes kann durch die Wahl der Echozeit TE variiert werden. Dabei ist jedoch zu beachten, daß aufgrund des raschen $T2^*$-Zerfalls (vgl. (11.12)) eine $T2^*$-Wichtung bereits bei wesentlich kürzeren TE-Zeiten auftritt als bei der Spinechotechnik.

Zur Illustration des diskutierten Kontrastverhaltens ist in Abb. 11.19 ein $T1$- und ein ρ-gewichtetes FLASH-Bild dargestellt.

Echoplanar- und Segmentierungstechniken. Der Grundgedanke der von P. Mansfield bereits 1976 beschriebenen *Echoplanartechnik* besteht darin, nach der selektiven HF-Anregung in sehr kurzer Zeit eine Serie von Spin- oder Gradientenechos zu generieren, die durch eine geeignete Gradientenschaltung unterschiedlich phasenkodiert werden. Auf diese Weise können alle Zeilen eines Hologramms (vgl. Kap. 11.2.4) mit einem einzigen Sequenzdurchgang erfaßt werden. Die verschiedenen Varianten der Echoplanartechnik unterscheiden sich letztlich nur darin, wie die Phasenkodiergradienten geschaltet werden, d.h. in welcher Reihenfolge die Datenpunkte der Rohdatenmatrix abgetastet werden. Ein mögliches Abtastschema ist in Abb. 11.20 angegeben. Der limitierende Faktor ist offensichtlich die Geschwindigkeit, mit der die Quermagnetisierung nach der HF-Anregung zerfällt, da die Datenakquisition innerhalb einer Zeitspanne abgeschlossen sein muß, die in etwa der Zerfallszeit der Quermagnetisierung entspricht.

Eine Verbesserung der Bildqualität und/oder der räumlichen Auflösung läßt sich dadurch erreichen, daß man von der „Single-Shot-Technik"abgeht und pro Sequenzdurchgang nur einige wenige Hologrammzeilen auf einmal erfaßt (Abb. 11.20). Eine technische Realisierung dieser *segmentierten Akquisitionstechnik* stellt z.B. die von J. Hennig 1986 vorgestellte und in Abb. 11.21 skizzierte Turbospinecho- oder RARE-Sequenz dar. Bei dieser Sequenz werden durch N_E aufeinanderfolgende, schichtselektive 180°-Impulse N_E Spinechos erzeugt, die unterschiedlich phasenkodiert werden. Diese Sequenz liefert

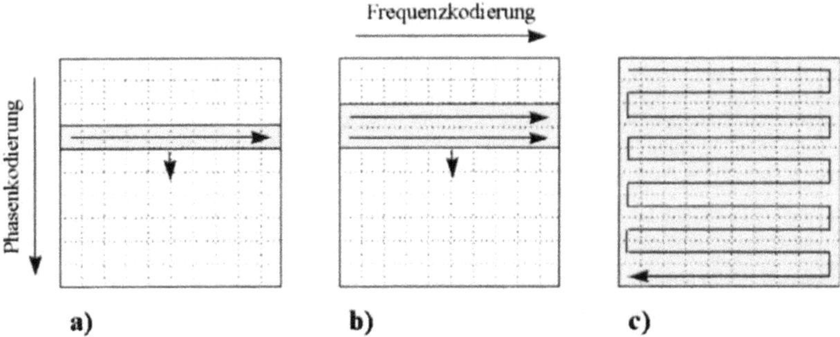

Abb. 11.20. Mögliche Abtastschemata der Rohdatenmatrix: **a** Konventionelle 2D-Fourier-Technik, **b** segmentierte Akquisitionstechnik und **c** „Single-Shot"-Echoplanartechnik. In der Abbildung sind die Hologrammzeilen, die pro Sequenzdurchgang akquiriert werden, jeweils *grau* dargestellt

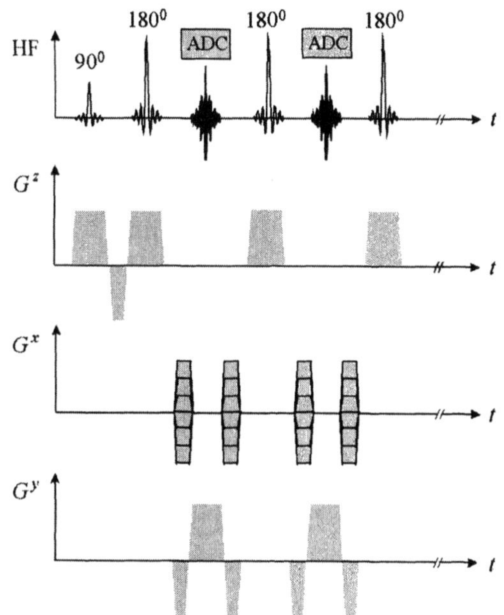

Abb. 11.21. Impuls- und Gradientenschema der Turbospinechosequenz. Es handelt sich um eine Multiechosequenz, die so modifiziert wurde, daß die generierten Spinechos unterschiedlich phasenkodiert werden. G^z ist der Schichtauswahl-, G^x der Phasenkodier- und G^y der Auslesegradient

$T2$-gewichtete Aufnahmen, deren $T2$-Kontrast u.a. durch die Anzahl der Echos variiert werden kann, die pro Sequenzdurchgang akquiriert werden. Im Vergleich zur konventionellen Spinechosequenz ist die Meßzeit um den Faktor $1/N_E$ reduziert.

Literatur

1. Bottomley PA, Foster TH, Argersinger RE et al. (1984) A review of normal tissue NMR relaxation times and relaxation mechanisms from 1–100 MHz. Med Phys 11: 425–448
2. Brix G (1997) Physikalische Grundlagen der MR. In: Reiser M, Semmler W (Hrsg) Magnetresonanztomographie, 2. Aufl. Springer, Berlin Heidelberg New York Tokyo S 5–27
3. Brix G (1997) Abbildungsverfahren. In: Reiser M, Semmler W (Hrsg) Magnetresonanztomographie, 2. Aufl. Springer, Berlin Heidelberg New York Tokyo, S 28–37
4. Brix G, Kolem H, Nitz WR (1997) Bildkontraste und Bildgebungssequenzen. In: Reiser M, Semmler W (Hrsg) Magnetresonanztomographie, 2. Aufl. Springer, Berlin Heidelberg New York Tokyo, S 37–76
5. Edelmann RR, Hesselink JR (eds) (1990) Clinical magnetic resonance imaging. Saunders, Philadelphia
6. Haache EM et al. (1999) Magnetic resonance imaging: Physical principles and sequence design. Wiley & Sons, New York
7. Harris RK (1987) Nuclear magnetic resonance spectroscopy. Longman, Burnt Mill, Harlow
8. Hauser KH, Kalbitzer HR (1989) NMR für Mediziner und Biologen. Springer, Berlin Heidelberg New York Tokyo
9. Parikh AM (1992) Magnetic resonance imaging techniques. Elsevier, New York
10. Slichter CP (1990) Principles of magnetic resonance. 2nd edn. Springer, Berlin Heidelberg Heidelberg New York Tokyo
11. Vlaardingerbroek MT, den Boer JA (1999) Magnetic resonance imaging, 2nd edn. Springer, Berlin Heidelberg New York Tokyo
12. Wehrli FW (1991) Fast-scan magnetic resonance: Principles and applications. Raven, New York

12 Magnetresonanzspektroskopie

P. Bachert

In der magnetischen Kernspinresonanz (MR oder NMR, nuclear magnetic resonance) werden Signale verwendet, die beim Zerfall angeregter Spinzustände von Atomkernen emittiert werden [1–3,24]. Methodische Innovationen auf diesem Gebiet ermöglichen es heute, mit schnellen Meßtechniken, z.B. Echo-Planar-Imaging (EPI) [20], quasianatomische Schnittbilder des menschlichen Körpers in Aufnahmezeiten unter 100 ms zu erhalten (s. Kap. 11). Dazu werden die Signale der Wasserstoffkerne (^{1}H) im Gewebswasser unter geeigneter Kodierung detektiert [6,17,18,21]. Neben der morphologischen und funktionellen Information, welche die MR-Tomographie liefert, können durch selektive Messung von Signalen von Kernspins, die in Biomolekülen lokalisiert sind, biochemische Prozesse im lebenden Gewebe (Metabolismus in vivo) beobachtet werden.

12.1 Vom Magnetismus der Atome zur „Living Chemistry"

Ausgangspunkt für Untersuchungen des Magnetismus atomarer Systeme war die Beobachtung des Zeeman-Effekts 1896. In den 1950er Jahren breitete sich die magnetische Resonanz in viele Gebiete der Physik und Chemie aus und erreichte schließlich in den 1980er Jahren die radiologische Diagnostik.

Magnetismus ist ein Quantenphänomen, da ein klassisches System im thermischen Gleichgewicht kein magnetisches Moment besitzen kann [15]. W. Gerlach und O. Stern wiesen in Experimenten an Molekularstrahlen die Quantisierung der zum äußeren Feld parallelen Komponente atomarer magnetischer Momente nach. Bereits 1924 postulierte W. Pauli die Existenz eines Eigendrehimpulses bei bestimmten Atomkernen, um die Hyperfeinstruktur in optischen Spektren zu erklären.

Der Kernspin folgt den Regeln der Quantisierung des Drehimpulses (s. Kap. 11). Die Kernspinquantenzahl I (in Einheiten des Planckschen Wirkungsquantums $\hbar = h/2\pi = 1,055 \cdot 10^{-34}$ sJ) ist entweder ganzzahlig oder halbzahlig, wobei Werte für I zwischen 0 und 15/2 beobachtet wurden. I läßt sich aus der Anzahl der Aufspaltungskomponenten der Hyperfeinstruktur der Atomspektren ermitteln. Etwa zwei Drittel aller stabilen Atomkerne besitzen Kernspin $I \neq 0$.

Nach vergeblichen Versuchen von C. Gorter in den 1930er Jahren, die resonante Absorption von Radiofrequenz durch ein atomares System nachzuweisen, und der indirekten Beobachtung von Kern-Dipolübergängen in Molekularstrahlen durch I. Rabi, gelang es 1946 den Arbeitsgruppen von F. Bloch und E. Purcell unabhängig voneinander, magnetische Kernresonanz in kondensierter Materie zu beobachten [1–3,24]. Der nächste wichtige Schritt war die Entdeckung der Abhängigkeit der Resonanzfrequenz eines NMR-Kerns von seiner „chemischen Umgebung" (chemische Verschiebung, chemical shift), zuerst an Metallen [16]. In diamagnetischen Flüssigkeiten kommt dieser Effekt voll zum Tragen und bildet die Grundlage der NMR-Spektroskopie, die breite Anwendung in der organischen Chemie und Biochemie gefunden hat.

Mit der NMR-Spektroskopie lassen sich komplexe molekulare Strukturen analysieren und Wechselwirkungen zwischen den Atomkernen in unterschiedlichsten Materialien untersuchen. Insbesondere kann die dreidimensionale Struktur biologischer Makromoleküle in Lösung, die der Röntgenkristallographie nicht zugänglich ist, ermittelt werden. Die NMR-Spektroskopie ist die einzige Methode, die Strukturanalysen an nicht kristallisierbaren Proteinen erlaubt.

Die Anwendung der NMR an biologischem Gewebe begann mit Messungen der Protonenrelaxationszeiten (^{1}H) [5] und der Aufnahme des ersten Phosphor-(^{31}P)-NMR-Spektrums von Metaboliten [14]. Die schnelle Entwicklung der MR-Bildgebung [17,18,20] in den 1970er Jahren führte zum ersten MR-Tomogramm vom Menschen [21], dem ersten Ganzkörper-MR-Bild [6] und schließlich zum ersten MR-Schnittbild des Gehirns des Menschen [13]. Mit der Entwicklung von Ganzkörpermagneten mit hoher Feldstärke (B_0) wurde die Anwendung der hochaufgelösten NMR-Spektroskopie auch am Menschen möglich. In diesem Zusammenhang verwendet man heute meist die Bezeichnung MR-Spektroskopie (MRS), der wir uns im folgenden anschließen.

12.2 Spektrale Auflösung und Sensitivität

Bei der MR-Tomographie wird das Gesamtsignal der Protonen (^{1}H) im Gewebe für den Bildaufbau verwendet und die chemische Verschiebung nicht berücksichtigt. Für die MR-Spektroskopie ist dieser Effekt von zentraler Bedeutung.

Chemische Verschiebung ist die Änderung der Resonanzfrequenz eines Kernspins aufgrund der Abschirmung des äußeren Magnetfeldes am Ort des Kerns durch Elektronen in dessen Umgebung. Der Effekt läßt sich durch Einführung eines Tensors $\boldsymbol{\sigma}$ in den Hamilton-Operator der Zeeman-Kopplung (Wechselwirkung von magnetischen Dipolmomenten $\boldsymbol{\mu}$ mit einem äußeren Magnetfeld $\boldsymbol{B}_0$, s. Kap. 11) beschreiben:

$$\hat{H}_0 = -\sum_{i=1}^{N} \hat{\boldsymbol{\mu}}_i \cdot (1 - \boldsymbol{\sigma}) \cdot \boldsymbol{B}_0 . \tag{12.1}$$

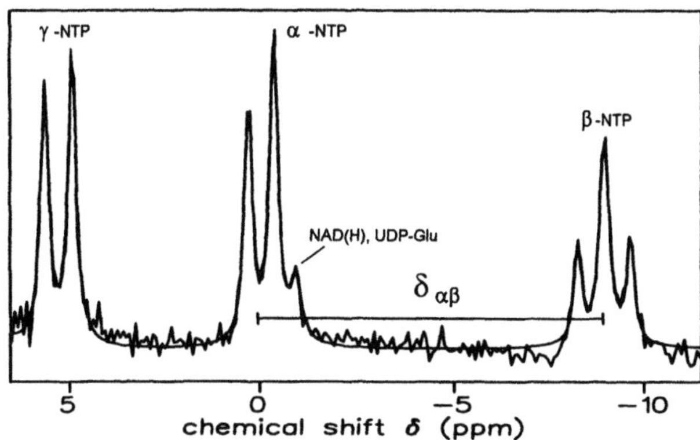

Abb. 12.1. In Dubletts und Triplett aufgespaltene Resonanzen der Nukleosid-5'-Triphosphate (NTP, vor allem ATP) im In-vivo-^{31}P-MR-Spektrum (1,5 T) des Wadenmuskels eines Probanden. Die Frequenzdifferenz $\delta_{\alpha\beta}$ ist ein Maß für die Komplexierung des ATP mit Magnesiumionen (Mg^{2+}). Den Meßdaten ist eine Linienanpassung mit Lorentzfunktionen unterlegt

Die Frequenzänderungen liegen in der Größenordnung von 10^{-4}–10^{-5} der Larmorfrequenz und werden erkennbar, wenn die gemessenenen Signalintensitäten als Funktion der Frequenz („Spektrum") aufgetragen werden, z.B. in den drei Liniengruppen im ^{31}P-MR-Spektrum in Abb. 12.1. Diese Signale werden den Phosphoratomen (α-, β-, γ-Position im Molekül) in der Phosphorsäureanhydridkette des Adenosin-5'-Triphosphats (ATP) zugeordnet, dessen Strukturformel in Abb. 12.2 dargestellt ist. Durch eine Frequenzmessung mit entsprechender Auflösung können somit unterschiedliche molekulare Gruppen identifiziert werden. Bei Kernen mit einem großem Bereich der chemischen Verschiebung, wie ^{13}C und ^{19}F, werden auch bei relativ niedrigen Feldstärken MR-Spektren mit teilweise sehr großen Frequenzabständen zwischen den Resonanzen unterschiedlicher chemischer Gruppen gemessen.

Neben der chemischen Verschiebung werden Linienverbreiterungen bzw. Aufspaltungen der Resonanzlinien in Multipletts beobachtet, die durch eine *skalare* Spin-Spin-Wechselwirkung erklärt werden (dagegen haben dipolare Kopplungen infolge der isotropen Zufallsbewegung der Moleküle in der flüssigen Phase normalerweise keinen direkten Einfluß auf die Form des Spektrums). Die Bezeichnung rührt daher, daß man die Wechselwirkung, z.B. für zwei Spins I und S (mit Drehimpulsoperatoren $\hat{I}$ und $\hat{S}$), durch den Hamilton-Operator

$$\hat{H}_1 = 2\pi J \hat{I} \cdot \hat{S} \tag{12.2}$$

beschreiben kann. Die Größe der Linienaufspaltung ist durch die Kopplungskonstante J gegeben. Die skalare oder J-Kopplung wird durch die Elektronen der chemischen Bindungen vermittelt und wirkt daher nur auf Kernspins in demselben Molekül (intramolekular). Ein Beispiel sind die Dublett-

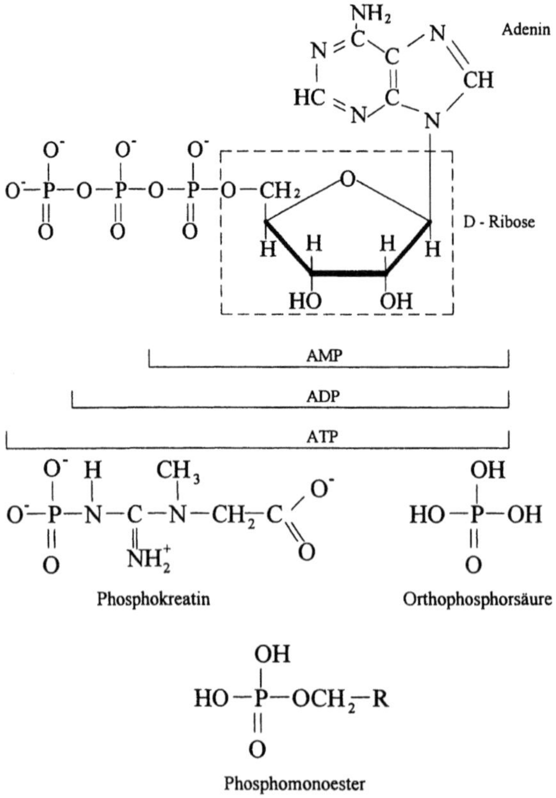

Abb. 12.2. Chemische Struktur Phosphor-enthaltender Metaboliten, die mit der ^{31}P-MR-Spektroskopie im lebenden Gewebe beobachtet werden (AMP: Adenosin-5'-Monophosphat, ADP: Adenosin-5'-Diphosphat, ATP: Adenosin-5'-Triphosphat)

und Triplettlinien im ^{31}P-MR-Spektrum in Abb. 12.1, deren Frequenzaufspaltung von $J = 17\,\text{Hz}$ (gemessen im Muskelgewebe in vivo) durch die Wechselwirkung benachbarter ^{31}P-Kerne in der Triphosphatgruppe verursacht wird.

Zur hohen Frequenzauflösung der MR kontrastiert die geringe Nachweisempfindlichkeit. Die Detektion einzelner Quanten wie in der Optik oder in der γ-Spektroskopie ist nicht möglich. Gegenüber optischen Übergängen ist die Sensitivität um etwa den Faktor $(\omega_{\text{MR}}/\omega_{\text{opt}}) \sim 10^{-7}$ reduziert; die Energie von ca. $10^{-6}\,\text{eV}$ der im MR-Experiment detektierten Photonen beträgt nur etwa 10^{-12} der Energie der bei der Positronenemissionstomographie (PET) verwendeten γ-Quanten. In der MRS sind daher makroskopische Proben (hohe Substanzkonzentrationen) erforderlich.

Dies erschwert die Anwendung in vivo, da nur wenige Metaboliten im Gewebe in ausreichenden Konzentrationen vorliegen. Nur die Protonen (^{1}H-Kerne) in H_2O und in Fettsäureketten ($[-CH_2-]_n$) geben ein intensives Signal; denn Körpergewebe ist wasserreich (Wassergehalt: 65–70%, in der grauen

Substanz des Gehirns: 80% $\cong$ 44 mol/l) und enthält vielfach hohe Konzentrationen an Lipiden. Bei $B_0 = 1,5\,\mathrm{T}$ und einer Temperatur $T = 300\,\mathrm{K}$ beträgt der Besetzungsunterschied der beiden Zeeman-Niveaus (^{1}H hat Kernspin 1/2) etwa 10^{-6} der Besetzungszahl. Berücksichtigt man, daß $1\,\mathrm{cm}^3$ reines Wasser ca. $6,7 \cdot 10^{22}$ Protonen enthält (dies entspricht einer Konzentration von 110 mol/l Protonen oder 55 mol/l Wasser), so tragen im Gewebevolumen von einigen cm^3, das in der lokalisierten ^{1}H-MRS erfaßt wird, mehr als 10^{17} Spins zur Gesamtmagnetisierung bei. Damit erhält man auch für einige Metaboliten ein detektierbares Signal.

Die früher zur Spektrenaufnahme verwendeten cw-Methoden (cw, continuous wave) erfordern lange Meßzeiten, da der Bereich der chemischen Verschiebung sequenziell abgetastet wird, und sind daher ungeeignet für die In-vivo-MRS. Bei gepulster Anregung werden dagegen alle Resonanzen, die zum Spektrum beitragen, gleichzeitig angeregt. Die Dauer der Einzelanregung (einschließlich der Pulswiederholzeit T_R) kann einige ms bis s betragen. Das Signal-Rausch-Verhältnis (S/N) im Spektrum steigt proportional zur Quadratwurzel aus der Anzahl n der Anregungen an:

$$S/N \propto \sqrt{n}\,. \tag{12.3}$$

Gepulste Anregungen wurden schon früh untersucht und führten zur Entdeckung des Spinechos durch E. Hahn [11]. R. Ernst und W. Anderson zeigten, daß die gepulste Fourier-Transform-MR dasselbe Multilinienspektrum wie das cw-Verfahren liefert [8]. Durch den Zeitgewinn bei gepulster Anregung werden auch seltener vorkommende Kerne nachweisbar.

Die wichtigsten Kerne für die In-vivo-MRS sind in Tabelle 12.1 aufgeführt, Kerne, die seltener verwendet werden, in Tabelle 12.2. Neben der Häufigkeit des Nuklids im lebenden Gewebe bestimmt das gyromagnetische Verhältnis γ_I die Nachweisempfindlichkeit: Die Sensitivität eines Atomkerns mit Kernspin I ist proportional zu

$$S/N \propto I\,(I+1) \cdot \gamma_I^3\,. \tag{12.4}$$

Im Gegensatz zum ubiquitären Proton (gyromagnetisches Verhältnis $\gamma_\mathrm{H} = 2,675 \cdot 10^8\,\mathrm{rad/sT}$) ist Fluor (^{19}F) bei physiologischen Konzentrationen ($< 10^{-6}$ mol) im Körper nicht MR-nachweisbar. Allerdings ist wegen $(\gamma_\mathrm{F}/\gamma_\mathrm{H})^3 = 0,83$ bei gleicher Zahl der Spins Fluor fast so sensitiv wie ^{1}H. Nach exogener Gabe fluorhaltiger Pharmaka (z.B. 5-Fluoruracil bei der Chemotherapie eines Tumors) ist In-vivo-^{19}F-MRS möglich, wobei die Metaboliten ohne störendes Hintergrundsignal im Körper beobachtet werden können [27]. Auch der Quadrupolkern ^{7}Li mit Kernspin $I = 3/2$ fällt in diese Gruppe. Lithiumsalze werden zur Prophylaxe und Therapie depressiver Zustände angewandt. Nach Gabe von Lithiumkarbonat wurde das ^{7}Li-MR-Signal in vivo nachgewiesen [25]. Der Spin-(3/2)-Kern ^{23}Na liefert das zweitstärkste MR-Signal des Gewebes und eignet sich wie das Proton für die MR-Bildgebung [12].

Tabelle 12.1. Eigenschaften der wichtigsten In-vivo-MR-Kerne [4]

Nuklid	Kern-spin $[\hbar]$	gyromag-netisches Verhältnis $[\gamma_H]$	Frequenz bei 1,5 T [MHz]	natürliche Häufigkeit [%]	relative Sensi-tivität × na-türliche Häu-figkeit
^{1}H	1/2	1,000	63,86	99,98	1,00
^{13}C^a	1/2	0,252	16,06	1,11	$1,76 \times 10^{-4}$
^{19}F^b	1/2	0,941	60,08	100	0,83
^{31}P	1/2	0,405	25,85	100	$6,63 \times 10^{-2}$

^{a} ^{12}C hat Kernspin $I = 0$ und ergibt daher kein MR-Spektrum
^{b} Physiologische Konzentrationen $< 10^{-6}$ M, Anteil in solider Phase von Zähnen und Knochen ca. 2×10^{-4}

Tabelle 12.2. Eigenschaften der seltener in der In-vivo-MR beobachteten Kerne [4]

Nuklid	Kern-spin $[\hbar]$	gyromag-netisches Verhältnis $[\gamma_H]$	Frequenz bei 1,5 T [MHz]	natürliche Häufigkeit [%]	relative Sensi-tivität × na-türliche Häu-figkeit
^{2}H	1	0,154	9,80	$1,5 \times 10^{-2}$	$1,45 \times 10^{-6}$
^{7}Li^a	3/2	0,389	24,82	92,58	0,27
^{14}N	1	0,072	4,61	99,63	$1,01 \times 10^{-3}$
^{15}N	1/2	0,101	6,47	0,37	$3,85 \times 10^{-6}$
^{17}O^b	5/2	0,136	8,66	$3,7 \times 10^{-2}$	$1,08 \times 10^{-5}$
^{23}Na	3/2	0,265	16,89	100	$9,25 \times 10^{-2}$
^{39}K	3/2	0,047	2,98	93,1	$4,73 \times 10^{-4}$

^{a} Spurenelement
^{b} ^{16}O hat Kernspin $I = 0$ und gibt daher kein Signal

Die Frequenzen, mit denen die Kerne in den Tabellen 12.1 und 12.2 bei 1,5 T angeregt werden, liegen zwischen 3 und 64 MHz, also im Bereich der Radiowellen (HF, Hochfrequenz.) Biologisches Gewebe ist für Radiowellen transparent. Ihre Energie ist zu gering, um Vibrationsfreiheitsgrade und elektronische Niveaus von Molekülen anzuregen oder chemische Bindungen aufzubrechen. Hochfrequenz induziert im Gewebe vor allem eine oszillierende Orientierungspolarisation der Wassermoleküle, die sich in Joulesche Wärme umsetzt. Dies kann bei hoher Leistungsabsorption eine Erwärmung des Gewebes bewirken. Das Maximum der Energieabsorption von freiem Wasser liegt allerdings bei 20 GHz, also außerhalb des Bereichs der Anregungsfrequenzen der MR.

Durch Detektion von Signalen von Kernspins im Körpergewebe des Menschen ermöglicht die In-vivo-MRS die nichtinvasive

- Beobachtung von Biomolekülen und Metaboliten und von exogen zugeführten Pharmaka und deren Disposition (Verteilung, Umwandlung in Metaboliten, Exkretion);
- Messung von intrazellulärem pH, absoluten Metabolitenkonzentrationen, Konzentrationen intrazellulärer Kationen (Mg^{2+}), Raten enzymatischer Reaktionen, Diffusionskonstanten.

Aufgrund der Empfindlichkeit der MR auf lokale Magnetfelder und damit auch auf Störfelder und der geringen Signalstärke ergeben sich Einschränkungen bei der Anwendung der MRS in vivo:

- spektrale Auflösung: Die Spektren sind oftmals komplex infolge der Überlagerung einer Vielzahl von Resonanzen unterschiedlicher Metaboliten; die Linien sind teilweise stark verbreitert aufgrund von Heterogenitäten des Gewebes, Suszeptibilitätsunterschieden, paramagnetischen Substanzen sowie physiologischen Bewegungsprozessen;
- Sensitivität: es können im wesentlichen nur frei bewegliche Metaboliten mit kleiner Molekülmasse und Konzentrationen $> 10^{-4}\,mol/l$ ($= 100\,nmol$ pro g Gewebe) detektiert werden; die geringe Sensivität bedingt lange Untersuchungszeiten und große Meßvolumina (Voxel) bei der lokalisierten MRS und bei der spektroskopischen Bildgebung.

12.3 Lokalisierung

Lokalisierung bedeutet, daß die MR-Signale aus einer vorgegebenen Region (Voxel) in einem Organ oder Tumor aufgenommen und Signalbeiträge vom Außengebiet des Voxels weitgehend unterdrückt werden. Die Sensitivität des Kerns und die Metabolitenkonzentration im Gewebe bestimmen das minimale Detektionsvolumen. Je größer das zu untersuchende Volumen ist, desto geringere Konzentrationen können mit der MRS detektiert werden.

Die Schwierigkeit bei der Lokalisierung insensitiver Kerne zeigt folgende Abschätzung. Bei der MR-Bildgebung erhält man in einer Meßzeit von 1 s ein verwertbares Signal der Protonen in einem Gewebevolumen von $1\,mm^3$. Um das ^{31}P-MR-Signal von Phosphokreatin (Abb. 12.2) mit vergleichbarem S/N aus einem Voxel der gleichen Größe zu erhalten, ist wegen der geringeren Konzentration ($[PCr]\,/\,[H_2O] \cong 10^{-4}$) und Sensitivität (Faktor $6,63 \cdot 10^{-2}$, Tabelle 12.1) mit (12.3) eine etwa $2 \cdot 10^{10}$ längere Meßzeit erforderlich. Für die Detektion von ^{31}P-MR-Signalen in vivo bleibt daher nur die Möglichkeit, große Voxel ($> 30\,cm^3$) zu messen. Die räumliche Auflösung der lokalisierten MRS ist somit unter den Bedingungen des thermischen Gleichgewichts für alle Kerne, mit Ausnahme des Protons, sehr gering. Gelingt es jedoch, eine Hyperpolarisation des Spinsystems (d.h. Besetzung der Zeeman-Niveaus fern vom Boltzmann-Gleichgewicht) zu erzeugen, dann ist sogar schnelle MR-Bildgebung mit insensitiven Spins in der Gasphase möglich [7].

Tabelle 12.3. Chemical-Shift-Artefakt. Fehllokalisierung Δz in mm nach (12.6) für verschiedene Kerne im Feld von 1,5 T und bei 10 mT/m Gradientenstärke

Nuklid	σ [ppm]	chemische Gruppen[a]	Δz [mm]
^{1}H	3,3	$-CH_2- \ldots H_2O$	0,5
^{13}C	157,7	$-CH_3 \ldots -O-CO-$	23,7
^{19}F	19	FBAL $\ldots$ 5-FU	2,9
^{31}P	23,1	β-NTP $\ldots$ PE	3,5

[a] FBAL $= \alpha$-Fluor-β-Alanin; 5-FU $=$ 5-Fluoruracil; PE $=$ Phosphoethanolamin

Die Anwendung von Gradientenfeldern $G(x, y, z, t)$, die in bestimmter Abfolge für die Zeit t_G dem statischen Feld überlagert werden, ermöglicht es, über die Larmorfrequenzen $\omega = \gamma_I (G \cdot x + B_0)$ oder über die Phasen $\varphi = \gamma_I (G \cdot x + B_0) t_G$ der MR-Signale die Ursprungsorte der Signale zu bestimmen (s. Kap. 11). Aufgrund der chemischen Verschiebung führt die Ortskodierung über die Frequenz zu unterschiedlichen räumlichen Zuordnungen für die einzelnen Resonanzen, auch wenn sich die signalgebenden Kerne an der gleichen Position befinden. Die Frequenzdifferenz $\Delta\omega$ aufgrund der chemischen Verschiebung wird beim Anlegen eines Gradienten, beispielsweise in z-Richtung, als scheinbare Ortsverschiebung Δz gedeutet, die als Chemical-Shift-Artefakt bekannt ist. Mit

$$\omega(z, \sigma) = \gamma_I (1 - \sigma)(G_z \cdot z + B_0) \tag{12.5}$$

und der Bedingung $\omega(\Delta z, 0) = \omega(0, \sigma)$ ergibt sich ein räumlicher Versatz der Größe

$$\Delta z = -\frac{\sigma}{G_z} \cdot B_0. \tag{12.6}$$

Der Effekt steigt mit σ an und führt bei Kernen mit einem großen Bereich der chemischen Verschiebungen zu Problemen bei der Lokalisierung (Tabelle 12.3).

Neben Oberflächenspulen verwendet man zur Lokalisierung in der In-vivo-MRS v.a. Single-Voxel-Techniken, bei denen MR-Signale aus einem quader- oder würfelförmigen Voxel aufgenommen werden [9], und Methoden der spektroskopischen Bildgebung (SI, spectroscopic imaging). Beim SI bleibt die spektrale Information erhalten, da kein Auslesegradient während der Detektion des MR-Signals, sondern ein zusätzlicher Phasenkodiergradient geschaltet wird (s. Kap. 11).

12.4 Wasserstoff-(^{1}H)-MR-Spektroskopie

Die Anwendungen der Wasserstoff-MRS in vivo beziehen sich vor allem auf die Beobachtung des ^{1}H-Kerns. Die Sensitivität des seltenen Isotops Deuterium (^{2}H) ist um 6 Größenordnungen kleiner (Tabelle 12.2). Die Verwendung von Tritium (^{3}H), des empfindlichsten MR-Kerns überhaupt, als Tracerkern in vivo ist nicht möglich, da makroskopische Mengen des radioaktiven Nuklids appliziert werden müßten.

Hochauflösende Techniken für die lokalisierte In-vivo-^{1}H-MRS an Ganzkörpertomographen stehen seit Ende der 1980er Jahre zur Verfügung [9].

Die Protonen, die den Hauptbeitrag zum In-vivo-^{1}H-MR-Signal liefern, sind im Gewebswasser und in freien Lipiden (Fettsäuren, Triacylglyceride) lokalisiert, wobei die Resonanz der Wasserprotonen dominiert (Ausnahmen: Spektren von Fettgewebe und Knochenmark). Protonen in Makromolekülen wie Proteinen und DNA oder in festkörperähnlichen Strukturen wie der mineralischen Substanz von Knochen und Zähnen geben kein MR-Signal. Die unterschiedliche Nachweisbarkeit ist eine Folge der Bewegungscharakteristik der Moleküle, die durch die Korrelationszeit τ_c in den mathematischen Ausdrücken für die Relaxationsraten quantitativ erfaßt wird.

Das In-vivo-^{1}H-MR-Signal der in den Wassermolekülen gebundenen Protonen ist mindestens 10^5-fach größer als die Signale der Protonen in Metaboliten. Wenn die Signale simultan erfaßt werden, treten Dynamic-Range- und Digitalisierungsprobleme auf: Schwache Signale erscheinen im Fourier-Spektrum mit geringer vertikaler digitaler Auflösung oder fehlen vollständig. Zur Detektion von Metabolitenresonanzen, muß daher das Signal der Wasserprotonen eliminiert werden (Abb. 12.3). Bei der lokalisierten ^{1}H-MRS mit der stimulierten Echopulssequenz (Abb. 12.4) werden zur Wassersignalunterdrückung CHESS-Pulse (chemical-shift-selektive Sättigung) vor den drei schichtselektiven 90°-Pulsen eingestrahlt [9].

Durch Einstrahlung einer Folge aus drei schichtselektiven HF-Pulsen läßt sich das Signal von Spins in einem quader- oder würfelförmigen Voxel, entsprechend dem Bereich der Überschneidung von drei orthogonalen Schichten, detektieren (Single-Voxel-Lokalisierung). Bei der ^{1}H-MRS erzielt man mit Gradientenpulsen zur Schichtselektion und zur Rephasierung und Dephasierung der Spinpakete eine präzise Lokalisierung des stimulierten Echosignals (STE) mit der Pulssequenz

$$90° - T_\mathrm{E}/2 - 90° - T_\mathrm{M} - 90° - T_\mathrm{E}/2 - \mathrm{STE}$$

oder des zweiten Hahn-Spinechos [11] (SE_2) mit einer Doppelspinechosequenz

$$90° - T_\mathrm{E1}/2 - 180° - T_\mathrm{E1}/2 - SE_1 - T_\mathrm{E2}/2 -$$
$$180° - T_\mathrm{E2}/2 - SE_2\,.$$

Die Sequenz aus HF- und Gradientenpulsen zur Erzeugung eines lokalisierten stimulierten Echos (STEAM) [9] ist in Abb. 12.4 gezeigt. Wirken keine Dephasierungsgradienten ein, dann erzeugt die Folge aus drei 90°-Pulsen neben dem dominanten STE auch Hahn-Echos des 3. bezüglich des 2., des 2. bezüglich des 1. und des 3. bezüglich des 1. HF-Pulses sowie Spinechos und stimulierte Echos höherer Ordnung. Die Dephasierung ist notwendig, da diese Signale nur in einer oder zwei Dimensionen räumlich selektiv sind, und

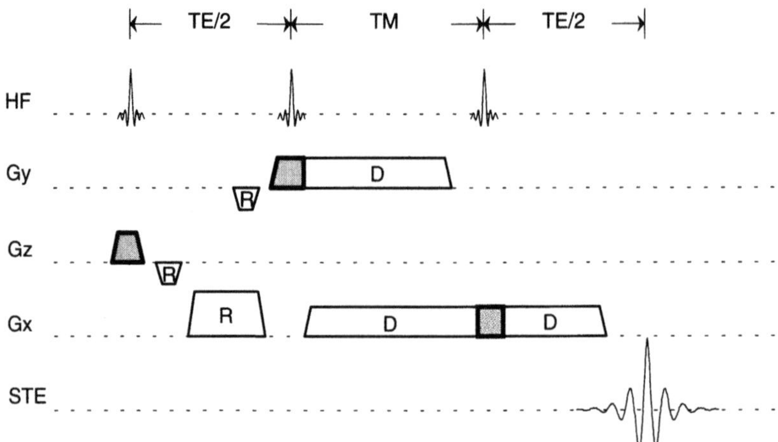

Abb. 12.3. Wasserstoff-MRS. Wassersignalunterdrückung mit drei CHESS-Pulsen (a) in der stimulierten Echopulssequenz (Abb. 12.4) an einer wäßrigen Lösung von N-Acetyl-Aspartat (NAA) und Laktat (Lac). Das Signal der Wasserprotonen ist in dem mit CHESS-Pulsen aufgenommenen Spektrum (a) um den Faktor 1000 vermindert. Die Signale von NAA (Singulett) und Lac (Dublett der β-Methylprotonen, skalare Kopplung $J = 7\,\mathrm{Hz}$) sind nur in (b) aufgelöst. Die Trägerfrequenz ($\nu = 0$) wurde auf die Larmorfrequenz der Wasserprotonen gesetzt

ihre Überlagerung mit dem stimulierten Echo (oder dem zweiten Spinecho) die Lokalisierung aufhebt.

Eine Untersuchung mit lokalisierter In-vivo-^{1}H-MRS umfaßt die folgenden Messungen: (1) MR-Bildgebung zur Festlegung von Größe und Position des Voxels sowie Berechnung der HF-Pulse (Einhüllende, B_1-Sendeamplituden) für die schichtselektive Anregung; (2) Optimierung der B_0-Homogenität innerhalb des sensitiven Volumens der Spule (Shim); (3) Optimierung der Feldhomogenität innerhalb des Voxels; (4) Justierung der HF-Pulse für die Wassersignalunterdrückung; (5) Aufnahme des MR-Spektrums.

Bei der Anwendung der ^{1}H-MRS in der Tumordiagnostik nimmt man zusätzlich zu den Spektren aus der Tumorregion oft auch Spektren aus dem kontralateralen gesunden Hirngewebe auf, um Referenzdaten zu gewinnen. Das Voxel hat meist die Größe von $2 \times 2 \times 2\,\mathrm{cm}^3$ ($8\,\mathrm{ml}$). Die separate Akquisition von Spektren aus verschiedenen Hirnregionen ist sehr zeitaufwendig, da entsprechend mehr Justierungen erforderlich sind.

Alternativ kann mit dem SI eine Matrix aus Spektren (z.B. 16×16 Voxel à $1,5 \times 1,5 \times 2\,\mathrm{cm}^3$) aus einem größeren Bereich des zu untersuchenden Organs in einem Meßvorgang aufgenommen werden. Allerdings ist die spektrale Auflösung wegen des größeren Meßvolumens geringer als bei der Single-Voxel-MRS. Die lokale Verteilung der Intensitäten oder Metaboliten-Konzentrationen wird in farbkodierten Karten dargestellt und den MR-Bildern derselben anatomischen Region überlagert (Metabolische Bildgebung).

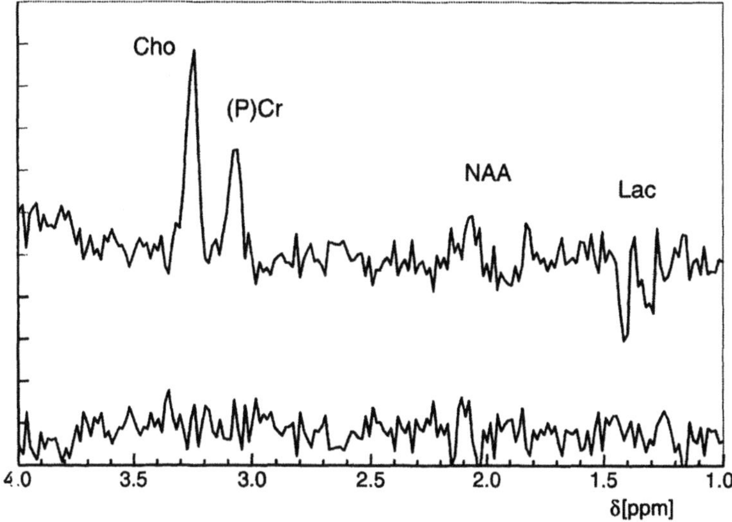

Abb. 12.4. Stimulierte Echopulssequenz (STEAM) für die lokalisierte In-vivo-^{1}H-NMR-Spektroskopie [9]. Zur Wassersignalunterdrückung werden vor den drei sinc-förmigen 90°-Pulsen zusätzlich CHESS-Pulse eingestrahlt. Die während der HF-Pulse anliegenden Schichtselektionsgradienten sind *grau* gezeichnet. Die Rephasierungsgradienten (R) heben die durch die Schichtselektionsgradienten bewirkte Störung der Phasenentwicklung auf. Die Dephasierungsgradienten (D) haben die Funktion, unerwünschte Echosignale zu eliminieren. Das Maximum des stimulierten Echos (STE) erscheint zum Zeitpunkt $T_E + T_M$ nach dem ersten 90°-Puls

Lokalisierte In-vivo-^{1}H-MR-Spektren des Gehirns des Menschen zeigen Resonanzlinien sehr hoher Auflösung (Halbwertsbreite der In-vivo-Wasserprotonenresonanz nach Shim auf ein Voxel von $2 \times 2 \times 2\,\mathrm{cm}^3$: $\Delta\nu_{1/2} \cong 1\text{–}6\,\mathrm{Hz}$). Diese Signale werden „kleinen" Metaboliten zugeordnet: N-Acetyl-Aspartat (NAA), Phosphokreatin und Kreatin ([P]Cr), Choline (Cho), Inositole (Ins), Aminosäuren und – bei ischämischen Zuständen – Laktat (Lac) [9]. NAA ist ein Marker für neuronale Funktion, das Lac-Signal ein wichtiger Parameter für die Beurteilung der O_2-Versorgung des Gewebes. Die Signalintensitätsverhältnisse, die in Hirntumorgewebe beobachtet werden, unterscheiden sich deutlich vom Normalbefund (Signalintensitätsverhältnisse bei Echozeit $T_E = 135\,\mathrm{ms}$: $I_{\mathrm{Cho}} : I_{\mathrm{(P)Cr}} \cong 1$, $I_{\mathrm{Cho}} : I_{\mathrm{NAA}} \cong 0,5$). In Spektren von Hirntumoren ist das Cho-Signal oft erhöht und das NAA-Signal signifikant vermindert (Abb. 12.5).

12.5 Phosphor-(^{31}P)-MR-Spektroskopie

Den Beginn der In-vivo-MRS markiert die 1974 erschienene Arbeit von D. Hoult et al. [14], in der gezeigt wird, daß der Gehalt von ATP und an-

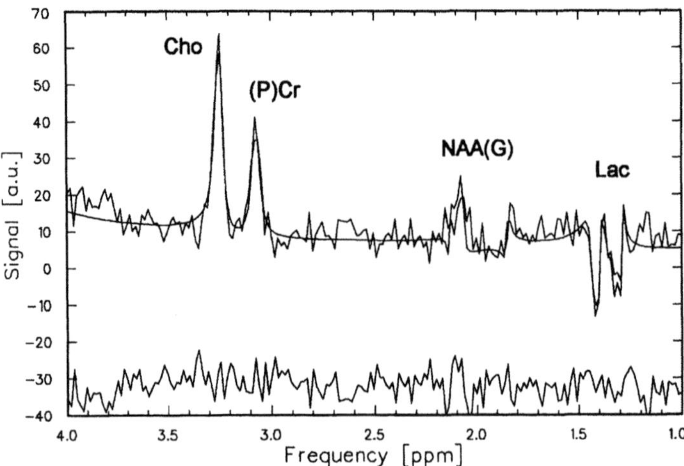

Abb. 12.5. Lokalisiertes In-vivo-^{1}H-MR-Spektrum eines niedergradigen Glioms einer Patientin vor Therapiebeginn. Das Spektrum (*Auschnitt*, dargestellt ist der Bereich rechts der Wasserprotonenresonanz bei $\delta = 4,7$ ppm) wurde bei 1,5 T mit einer 90°–180°–180°-[Doppelspinecho]-Pulssequenz und Echozeit $T_E = 135$ ms aufgenommen. Es zeigt im Vergleich zum Normalbefund ein erhöhtes Cholinsignal (Cho, bei $\delta = 3,2$ ppm), stark reduzierte NAA-Intensität ($\delta = 2,0$ ppm) und das β-Methylprotonen-Dublett (invertiert) des Laktats (Lac, $\delta = 1,3$ ppm, $J = 7$ Hz). *Unten*: Differenz von Meßdaten und theoretischer Linienanpassung

deren phosphorenthaltenden Molekülen im lebenden Gewebe mit der ^{31}P-Kernresonanz nichtinvasiv gemessen werden kann. Der Phosphorkern weist 6,63% der Sensitivität von ^{1}H (Tabelle 12.1) und einen relativ großen Bereich der chemischen Verschiebung auf (ca. 23 ppm in vivo, entsprechend 600 Hz bei 1,5 T). Trotz der geringen physiologischen Konzentration des Phosphors, die nur 0,4% der von Protonen beträgt, werden In-vivo-^{31}P-MR-Spektren guter Qualität in kurzen Meßzeiten erhalten.

Die Möglichkeit, Phosphorylgruppen ($O = P[-O^-]_2 \sim R$) im lebenden Gewebe zu beobachten, eröffnet der In-vivo-^{31}P-MRS wichtige Anwendungen. Der Phosphorylgruppentransfer ist eine der wichtigsten Reaktionen der Biochemie. Die Bildung und Hydrolyse von P–O–P-Bindungen, vor allem im ATP-ADP-Zyklus, ist von zentraler Bedeutung für die Energieübertragung und Energiespeicherung in biologischen Systemen.

ATP (Abb. 12.2) ist aufgrund seiner beiden Phosphorsäureanhydridbindungen ein „energiereiches" Molekül; es stellt den primären und universellen Überträger freier Energie in allen Lebensformen dar. Die Verbindung wird bei Biosynthesen, zur Signalverstärkung, beim aktiven Transport und bei der Muskelkontraktion und anderen Zellbewegungen verbraucht. Bei der Abspaltung des terminalen Phosphats entsteht viel freie Energie ($\Delta G^\circ = -30,5$ kJ/mol), da sich die elektrostatische Abstoßung zwischen den negativ geladenen Gruppen vermindert [26]. ATP entsteht bei der Glykolyse und

– mit wesentlich höherer Ausbeute – bei der oxidativen Phosphorylierung. Die Enzyme, die diese Prozesse katalysieren, sind im Cytoplasma bzw. in der inneren Membran der Mitochondrien lokalisiert.

Phosphokreatin (PCr) ist eine Speicherform für energiereiche Phosphatgruppen in Muskel- und Gehirnzellen und ermöglicht eine rasche Resynthese von ATP. Der Transfer der Phosphorylgruppe des PCr auf ATP, d.h. die Reaktion

$$PCr^{2-} + MgADP^- + H^+ \Leftrightarrow Cr + MgATP^{2-}$$

wird durch die Kreatinkinase katalysiert. Wie die Hydrolyse von ATP, ist auch die Kreatinkinasereaktion reversibel. In der Muskelzelle liegt das Gleichgewicht auf der Seite der ATP-Bildung, wodurch ein konstanter ATP-Spiegel gewährleistet ist.

Phosphorylgruppen können nicht nur Anhydrid-, sondern auch Esterbindungen eingehen. Die einfachste dieser Strukturen ist die Phosphomonoestereinheit (–P–O–C–C–). Sie findet sich als funktionelle Gruppe z.B. in phosphorylierten Ribonukleotiden (ATP) (Abb. 12.2). Wenn zwei Hydroxylgruppen der Orthophosphorsäure unter Esterbildung miteinander reagieren, bildet sich die Phosphodiestergruppe (–C–C–O–P–O–C–C–), die z.B. in Phospholipiden vorkommt.

Die In-vivo-^{31}P-MRS wurde anfangs vor allem in Untersuchungen am Skelettmuskel eingesetzt, da dieses Organ mit Oberflächenspulen leicht zugänglich ist. Spektren von Muskelgewebe werden vom Signal des PCr dominiert. Spektren aus anderen Organen sind in der Regel weniger gut aufgelöst als Muskelspektren.

In-vivo-^{31}P-MR-Spektren zeigen Resonanzen von energiereichen Phosphaten (Nukleosid-5'-Triphosphate [NTP], PCr), Uridindiphosphozucker (z.B. UDP-Glukose [UDP-Glu]), Nikotinamidadenindinukleotid (NAD$^+$, NADH) und NAD-Phosphat (NADP$^+$, NADPH). Die NTP-Resonanzen weisen Multiplettstruktur auf (Abb. 12.1, 12.6). PCr wird als interne Chemical-Shift-Referenz verwendet ($\delta \equiv 0$ ppm). Auf der Niederfeldseite der PCr-Linie erscheinen Resonanzen von anorganischem Phosphat (P$_i$, bei $\delta \sim 4$–5 ppm, abhängig vom pH-Wert) und von Zwischenstufen der Glykolyse und des Membranphospholipidstoffwechsels (Phosphomonoester [PME] mit $\delta \sim 5$–7 ppm, Phosphodiester [PDE] mit $\delta \sim 2$–3 ppm) (Abb. 12.2). Die intensivste Komponente der PDE-Resonanz in Wadenmuskelspektren ist das Signal des Glycerophosphorylcholins (GPC), das allerdings nur sichtbar ist, wenn die Multiplettaufspaltung durch ^{1}H-Spinentkopplung aufgehoben wird [19] (Abb. 12.6).

Die relativen Signalintensitäten von NTP, PCr und P$_i$ liefern ein Maß für den energetischen Zustand von Zellen. Somit kann mit der MRS eine anaerobe Stoffwechsellage im Gewebe nichtinvasiv festgestellt werden (Laktat, das Endprodukt der anaeroben Glykolyse ist mit der ^{1}H-MRS nachweisbar, Abb. 12.5). Die primäre Zielstellung bei der Anwendung der In-vivo-^{31}P-MRS ist daher die Beobachtung des Energiestoffwechsels in Skelettmuskel, Herzmuskel, Gehirn und Leber sowie in Tumoren. Der Metabolismus der energie-

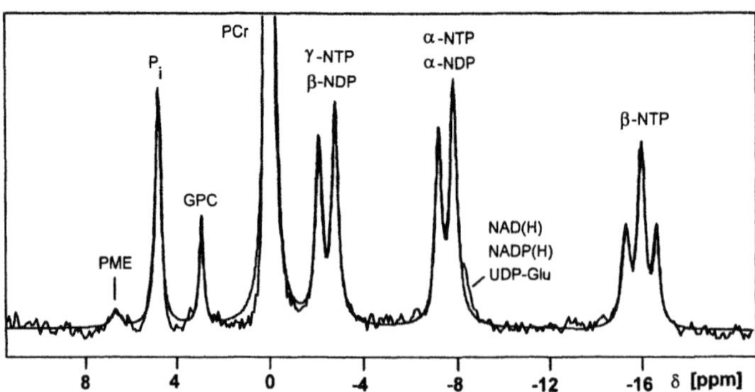

Abb. 12.6. Protonen-entkoppeltes In-vivo-^{31}P-MR-Spektrum der Wade eines Probanden, aufgenommen bei 1,5 T mit einem konzentrischen Oberflächensystem von 5 cm (^{31}P) und 10 cm Durchmesser (^{1}H). Die Protonen wurden während der Detektion des ^{31}P-NMR-Signals angeregt, um die skalare [31]P-[1]H-Spin-Spin-Kopplung aufzuheben. Dem gemessenen Spektrum ist eine Linienanpassung mit Lorentzfunktionen unterlegt. Das Signal des Glycerophosphorylcholins (GPC) im Spektralbereich der Phosphodiester ist nur unter Entkopplung sichtbar

reichen Phosphate im Muskelgewebe wurde mit dieser Methode während artifizieller Ischämie, bei Myopathien und in Patienten mit peripheren Gefäßerkrankungen untersucht.

In ^{31}P-MR-Spektren von Hirn-, Leber- und Tumorgewebe sind auch die Signale jener Phosphomonoester und Phosphodiester von Bedeutung, die als Zwischenstufen des Phospholipidmetabolismus fungieren und beim Membranzerfall freigesetzt werden. Intensive PME- und PDE-Resonanzen sind charakteristisch für ^{31}P-MR-Spektren von Tumoren. Im Laufe der Gehirnentwicklung des Menschen, aber auch unter therapeutischer Intervention, z.B. bei der Chemotherapie von Tumoren, werden Änderungen der Intensitäten dieser Signale beobachtet.

Mit der ^{31}P-MRS können neben den Phosphormetabolitenkonzentrationen weitere biochemische Parameter nichtinvasiv im Gewebe gemessen werden: der intrazelluläre pH-Wert [22,23] und die intrazelluläre Magnesiumionenkonzentration [Mg^{2+}] (Abb. 12.1) [10].

Der pH-Wert, ein Maß für die Wasserstoffionenkonzentration [H^+], ergibt sich aus der chemischen Verschiebung der P_i- relativ zur PCr-Resonanz im ^{31}P-MR-Spektrum. Die Orthophosphorsäure (H_3PO_4, Abb. 12.2) dissoziiert in Wasser zu $H_2PO_4^-$ mit pK' $\cong$ 2; $H_2PO_4^-$ zerfällt weiter zu HPO_4^{2-} mit pK' $\cong$ 7. Der pK'-Wert steht mit dem pH-Wert in folgender Beziehung

(Henderson-Hasselbalch-Gleichung):

$$\begin{aligned}
pK' &= -\log\frac{[A^-]\cdot[H^+]}{[AH]} \\
&= -\log\frac{[A^-]}{[AH]} - \log[H^+] \\
&= -\log\frac{[A^-]}{[AH]} + pH \, .
\end{aligned} \qquad (12.7)$$

Diese Relation läßt sich für die Anwendung in der ^{31}P-MRS umschreiben, da die veränderte elektronische Umgebung des Phosphors in den einzelnen Dissoziationsstufen der Phosphorsäure zu unterschiedlichen chemischen Verschiebungen führt. Der Protonenaustausch zwischen den Dissoziationsprodukten erfolgt so schnell, daß nur eine Resonanz des P_i im MR-Spektrum erscheint, deren chemische Verschiebung relativ zu PCr (δ_{obs}) das Dissoziationsgleichgewicht des vorliegenden pH-Wertes widerspiegelt. Sind δ_{AH} und δ_A die chemischen Verschiebungen der protonierten und der dissoziierten Form des Moleküls, dann gilt mit (12.7):

$$pK' = -\log\frac{\delta_{obs} - \delta_A}{\delta_{AH} - \delta_{obs}} + pH \, . \qquad (12.8)$$

Die Titrationskurve kann für lebendes Gewebe nicht gemessen werden, daher ist die Absolutbestimmung des pH-Wertes mit der MR in vivo mit Fehlern behaftet. Allerdings können die relativen Änderungen recht genau bestimmt werden. Zu berücksichtigen ist auch, daß nur ein mittlerer pH-Wert über die verschiedenen Kompartimente des Gewebes gemessen werden kann. Abhängig von den verwendeten Endpunkten der Titrationskurve werden in der Literatur unterschiedliche Ausdrücke für die Funktion pH (δ_{obs}) im physiologischen pH-Wertbereich angegeben, z.B. [23]

$$pH = 6{,}803 + \log\left[\frac{\delta_{obs} - 3{,}22}{5{,}73 - \delta_{obs}}\right] \, , \qquad (12.9)$$

mit δ_{obs} = gemessene Differenz der chemischen Verschiebungen (in ppm) von P_i und PCr. Die quantitative Auswertung von ^{1}H-entkoppelten ^{31}P-NMR-Spektren (Abb. 12.6) von $n = 17$ Probanden (21–34 J.) ergab mit (12.9) einen mittleren pH-Wert von $7{,}11 \pm 0{,}05$ für das Wadenmuskelgewebe des Menschen. In Tumoren wird vielfach eine pH-Verschiebung zu alkalischen Werten beobachtet, die mit Tumornekrose erklärt wird.

12.6 Kohlenstoff und Fluor

Kohlenstoff kommt in allen organischen Verbindungen vor und ist daher ein potentiell wichtiger Kern für die In-vivo-MRS. Allerdings kann nur der seltene ^{13}C-Kern beobachtet werden; das häufigste Kohlenstoff-Isotop ^{12}C hat Kernspin $I = 0$ und ist damit nicht MR-sichtbar.

^{13}C hat ein 4fach kleineres gyromagnetisches Verhältnis als das Proton und eine natürliche Häufigkeit von nur 1,1% (Tabelle 12.1). Die ^{13}C-MRS ist charakterisiert durch eine geringe Sensitivität ($1,76 \cdot 10^{-4}$ der Nachweisempfindlichkeit von ^{1}H), einen großen Bereich der chemischen Verschiebungen (ca. 220 ppm) und starke Kopplungen von ^{13}C-Kernen mit direkt gebundenen Protonen ($J_{CH} \sim$ 120–180 Hz). Bei natürlicher Häufigkeit aufgenommene In-vivo-^{13}C-MR-Spektren werden dominiert von Resonanzen der freien Fettsäuren (Triacylglyceride).

Möglichkeiten, die ^{13}C-Sensitivität für andere Metaboliten im lebenden Gewebe zu erhöhen, ergeben sich mit Doppelresonanztechniken und mit spezifischer Isotopenanreicherung. Nach der Applikation ^{13}C-markierter Verbindungen, z.B. [^{13}C]-Glukose, kann die Kinetik der Ausgangssubstanz und ihrer Folgeprodukte selektiv beobachtet werden. Vor allem die ^{1}H-Spinentkopplung ist unerläßlich, um skalare ^{13}C-^{1}H-Kopplungen zu unterdrücken. In nichtentkoppelten ^{13}C-MR-Spektren sind die Resonanzen z.T. auf komplizierte Weise überlagert, wodurch sich Probleme bei der Identifikation und Quantifizierung der Signale ergeben.

Die ^{13}C-MRS wurde in Untersuchungen zum Kohlenhydrat- und Lipidstoffwechsel zunächst in Tierexperimenten, später auch in Studien am Menschen eingesetzt. Dabei führt der große Bereich der chemischen Verschiebung einerseits zu einer ausgezeichneten spektralen Auflösung, limitiert aber andererseits die Möglichkeiten zur Lokalisierung der Signale im Innern des Körpers.

Fluor (^{19}F) weist nach ^{1}H die größte MR-Sensitivität aller stabilen Atomkerne auf (Tabelle 12.1). Die physiologische Konzentration von mobilem ^{19}F ist sehr gering (im Körper vorhandenes Fluor ist überwiegend immobilisiert). Allerdings können die Signale von exogen zugeführten ^{19}F-haltigen Pharmaka, z.B. Neuroleptika oder Fluorpyrimidinen, und deren Metaboliten im Körper beobachtet werden. Das Modellsystem ist 5-Fluoruracil (5-FU). Das MR-Signal des Fluorkerns an Position 5 des Pyrimidinrings läßt sich nach Applikation des Wirkstoffes in vivo detektieren.

Die ersten ^{19}F-MR-Untersuchungen an Patienten während der Chemotherapie mit 5-FU wurden von W. Wolf et al. unternommen [27]. Mit der Methode kann die Pharmakokinetik während der Behandlung ohne Hintergrundsignal im Körper beobachtet werden. Der weite Bereich der chemischen Verschiebung von ^{19}F ermöglicht die Unterscheidung von 5-FU und seiner Metaboliten (z.B. α-Fluor-β-Alanin [FBAL], 5-FU-Nukleoside und -Nukleotide [5-FUranuc]).

12.7 Ausblick

Von den Kernen, die in der MRS am Ganzkörpertomographen detektiert werden, hat das Proton in den letzten Jahren die größte Bedeutung erlangt. Für die Diagnose und Verlaufskontrolle von Hirntumoren, Morbus Alzheimer,

Epilepsie, bei angeborenen Stoffwechselerkrankungen u.a. liefert die ^{1}H-MRS wichtige Beiträge. Das [1]H-SI wird erfolgreich zur diagnostischen Abgrenzung und Bestrahlungsplanung des Prostatakarzinoms eingesetzt. Die Untersuchungstechnik ist nichtinvasiv und kann im Prinzip an jedem Tomographen mit Feldstärke > 1 Tesla implementiert werden. Die Methodik für insensitive Kerne ist wesentlich aufwendiger; hier befindet sich die MRS am Ganzkörpertomographen noch im experimentellen Stadium.

Literatur

1. Bloch F et al. (1946) Nuclear induction. Phys Rev 69: 127
2. Bloch F (1946) Nuclear induction. Phys Rev 70: 460–474
3. Bloch F et al. (1946) The nuclear induction experiment. Phys Rev 70: 474–485
4. Bruker Analytik (1989) Almanac, Karlsruhe
5. Damadian R (1971) Tumor detection by NMR. Science 171: 1151–1153
6. Damadian R et al. (1977) NMR in cancer: XVI. FONAR image of the live human body. Physiol Chem Phys 9: 97–100
7. Ebert M et al. (1996) Nuclear magnetic resonance imaging with hyperpolarised helium-3. Lancet 347: 1297–1299
8. Ernst RR et al. (1966) Application of Fourier transform spectroscopy to magnetic resonance. Rev Sci Instrum 37: 93–102
9. Frahm J et al. (1989) Localized high-resolution proton NMR spectroscopy using stimulated echoes: Initial applications to human brain in vivo. Magn Reson Med 9: 79–93
10. Gupta RK et al. (1980) ^{31}P NMR studies of intracellular free Mg^{2+} in intact frog skeletal muscle. J Biol Chem 255: 3987–3993
11. Hahn EL (1950) Spin echoes. Phys Rev 80: 580–594
12. Hilal SK et al. (1985) In vivo NMR imaging of sodium-23 in the human head. J Comp Assist Tomogr 9: 1–7
13. Holland GN et al. (1980) Nuclear magnetic resonance tomography of the brain. J Comp Assist Tomogr 4: 1–3
14. Hoult DI et al. (1974) Observation of tissue metabolites using ^{31}P nuclear magnetic resonance. Nature 252: 285–287
15. Kittel C (1976) Introduction to solid state physics. 5th edn. Wiley & Sons, New York
16. Knight WD (1949) Nuclear magnetic resonance shift in metals. Phys Rev 79: 1259–1260
17. Kumar A et al. (1975) NMR Fourier zeugmatography. J Magn Reson 18: 69–83
18. Lauterbur PC (1973) Image formation by induced local interactions: Examples employing nuclear magnetic resonance. Nature 242: 190–191
19. Luyten PR et al. (1989) Broadband proton decoupling in human ^{31}P NMR spectroscopy. NMR Biomed 1: 177–183
20. Mansfield P et al. (1976) Planar spin imaging by NMR. J Phys C 9: L409–L412
21. Mansfield P et al. (1977) Medical imaging by NMR. Br J Radiol 50: 188–194
22. Moon RB et al. (1973) Determination of intracellular pH by ^{31}P magnetic resonance. J Biol Chem 248: 7276–7278
23. Ng TC et al. (1982) ^{31}P NMR spectroscopy of in vivo tumors. J Magn Reson 49: 271–286

24. Purcell EM et al. (1946) Resonance absorption by nuclear magnetic moments in a solid. Phys Rev 69: 37–38
25. Renshaw PF et al. (1985) In vivo NMRI of lithium. Magn Reson Med 2: 512–516
26. Stryer L (1990) Biochemie. Spektrum der Wissenschaft, Heidelberg
27. Wolf W et al. (1987) Fluorine-19 NMR spectroscopic studies of the metabolism of 5-fluorouracil in the liver of patients undergoing chemotherapy. Magn Reson Imag 5: 165–169

13 Technische Komponenten
klinischer Magnetresonanztomographen

M. Bock

Die grundlegenden Komponenten, aus denen ein klinischer MR-Tomograph aufgebaut ist, sind bei allen Herstellern im wesentlichen gleich. Sie bestehen aus:

1. Einem Hauptfeldmagnet, der ein statisches, möglichst homogenes Grundmagnetfeld mit der magnetischen Induktion B_0 erzeugt.
2. Gradientenspulen, deren linear in alle Raumrichtungen anwachsende Zusatzfelder beliebig geschaltet werden können und so die Ortskodierung des empfangenen Signals ermöglichen.
3. Ein Hochfrequenzsystem bestehend aus einem Sender und einer oder mehreren Hochfrequenzspulen, das zum Einen die Kerne aus ihrer thermischen Ruhelage auslenkt und dann das von den Kernen in der Spule erzeugte Induktionssignal empfängt.
4. Der Steuerrechner, der den Ablauf einer Messung kontrolliert, die nach der Messung erhaltenen Rohdaten in Bilddaten transformiert und die Archivierung der Bilder ermöglicht.

Neben diesen Komponenten bieten einige Hersteller verschiedene Zusatzeinrichtungen für die Überwachung der Patienten und die physiologisch gesteuerte Bildgebung an. In Abb. 13.1 ist der prinzipielle Aufbau einer MR-Anlage zu sehen.

13.1 Hauptfeldmagnet

In der Kernspintomographie werden zur Erzeugung des Grundmagnetfeldes drei verschiedene Typen von Magneten verwendet: Permanentmagnete, resistive Magnete und supraleitende Magnete. Die Wahl des jeweiligen Magneten hängt von den Anforderungen an das Magnetfeld ab. Wichtige Merkmale sind hierbei die Stärke, Homogenität und Stabilität des Feldes, die Zugangsmöglichkeit zum Patienten sowie die Betriebskosten des Magneten. Grundsätzlich ist eine hohe Magnetfeldstärke B_0 wünschenswert, da das Signal S in der Kernspintomographie proportional zum Quadrat und das Signal-Rausch-Verhältnis S/N ungefähr linear mit der Grundfeldstärke anwächst. Mit zunehmender Feldstärke erwartet man daher, daß sich die Meßzeiten bei gleicher räumlicher Auflösung deutlich verkürzen lassen. Gegen eine beliebige Erhöhung der Feldstärke sprechen jedoch folgende Gründe:

1. Die T1-Relaxationszeit verlängert sich mit zunehmender Feldstärke. Dies bedeutet, daß bei gleichbleibenden Meßparametern eine geringerwerdende T1-Wichtung in Bildern von Hochfeldanlagen zu beobachten ist, da typischerweise der T1-Kontrast nur vom Verhältnis der Repetitionszeit TR zu T1 abhängt. Um einen zu Niederfeldanlagen vergleichbaren Kontrast zu erzielen, müßte daher TR (und damit die gesamte Meßzeit) deutlich verlängert werden.

2. Gemäß $\omega_0 = \gamma B_0$ steigt die Resonanzfrequenz ω_0 linear mit der Grundfeldstärke. Bei höheren Frequenzen absorbiert das menschliche Gewebe jedoch stärker als bei niedrigen und die Eindringtiefe der Hochfrequenz ist reduziert. Dieser Skineffekt bewirkt bei hohen Feldstärken, daß das Innere des abgebildeten Objektes signalärmer als die Oberfläche dargestellt wird.

3. Die Leistung, die bei der Hochfrequenzanregung mit der Larmorfrequenz im Gewebe deponiert wird, steigt quadratisch mit ω_0 (und somit auch mit B_0) an. Dies führt zu einer stärkeren Erwärmung des Gewebes, kann aber durch geeignete Wahl der Bildgebungstechniken teilweise kompensiert werden.

4. Die für die Erzeugung großer Magnetfelder notwendigen Magnete (hier spielen in der Ganzkörperbildgebung nur noch supraleitende Magnete eine Rolle) werden immer schwerer und teurer. Außerdem haben sie stärkere Streufelder, die abgeschirmt werden müssen, um z.B. Störungen von Herzschrittmachern in größerer Entfernung zu verhindern.

5. Mit zunehmender Feldstärke wird die Differenz der Resonanzfrequenzen unterschiedlicher chemischer Verbindungen immer größer. Dieser Effekt ist in der hochauflösenden Spektroskopie erwünscht, da er oft die Trennung verschiedener Resonanzlinien überhaupt erst ermöglicht. In der Bildgebung kann jedoch ein verstärkter Verschiebungsartefakt zwischen Fett- und Wasserprotonen auftreten, der sich an den Grenzbereichen zwischen fett- und wasserhaltigen Geweben in einer Signalüberlagerung oder -auslöschung manifestiert.

6. Auf Grund der unterschiedlichen Suszeptibilitäten in verschiedenen Geweben werden an den Gewebeübergängen Feldgradienten erzeugt. Diese intrinsischen Gradienten skalieren mit der Grundmagnetfeldstärke. Das bedeutet, daß man zu einer verzerrungenfreien Signalkodierung zunehmend stärkere Bildgebungsgradienten bei immer kürzer werdenden Signalauslesezeiten benötigt. Allerdings wird diese erhöhte Empfindlichkeit auf Suszeptibilitätsänderungen in der neurofunktionellen Bildgebung ausgenutzt, um aktivierte Hirnareale darstellen zu können.

In der klinischen Bildgebung werden zur reinen Diagnostik typischerweise Magnetfeldstärken im Bereich von 0,5 bis 2,0 T eingesetzt. Kernspintomographen mit kleineren Feldstärken trifft man hauptsächlich im Bereich der interventionellen Bildgebung an, bei der ein guter Zugang zum Patienten notwendig ist. Es sind in letzter Zeit jedoch auch Ganzkörpermagnete mit

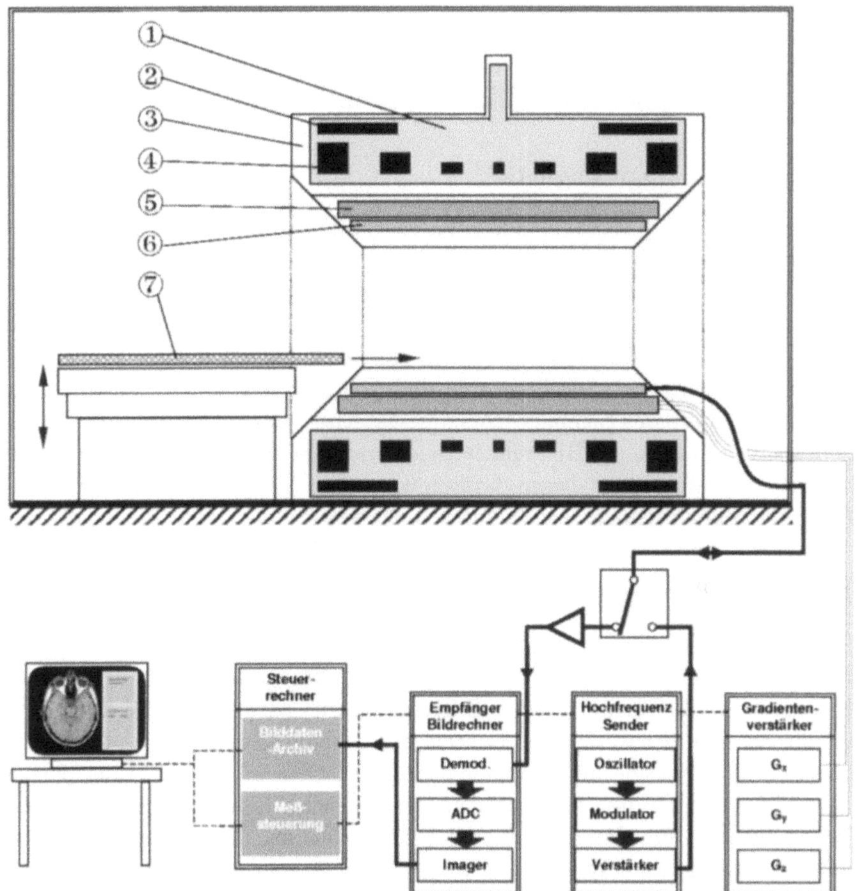

Abb. 13.1. Schematische Darstellung eines klinischen Kernspintomographen. Der Hauptfeldmagnet ist zusammen mit der beweglichen Patientenliege (**7**) in einem Faraday-Käfig untergebracht, der Hochfrequenzsignale von äußeren Störquellen mit Dämpfungen von über 100 dB unterdrückt. Der im Bild dargestellte supraleitende Solenoidmagnet besteht aus einem Kryotank (**1**), der mit flüssigem Helium gefüllt ist. In diesem Tank sind auf Halterungen die eigentlichen Spulenwindungen (**4**) sowie äußere Gegenwindungen (**2**) untergebracht, mit denen das Magnetfeld erzeugt wird. Der Kryotank ist von einem evakuierten Vakuumtank (**3**) umgeben, um eine Erwärmung des Heliums zu verhindern. In einem separaten inneren Rohr befinden sich in unmittelbarer Nähe zum Patienten die Gradientenspulen (**5**) und die Ganzkörperhochfrequenzspule (**6**). Die Steuerung des Tomographen erfolgt über eine Bedienkonsole, die mit dem Steuerrechner verbunden ist. Der Rechner überwacht den Meßablauf und verwaltet die akquirierten Bilddaten

Feldstärken bis zu 8 T realisiert worden, um neurofunktionelle Studien, räumlich hochaufgelöste Bildgebung und Spektroskopie zu betreiben.

Im folgenden sollen die drei verschiedenen Typen von Magneten zur Erzeugung des Grundfeldes näher erläutert werden.

13.1.1 Permanentmagnete

Permanentmagnete verwenden ferromagnetisches Material zur Erzeugung des Hauptfeldes. Das Untersuchungsvolumen wird dabei von zwei Polschuhen aus ferromagnetischem Material (meist wird NdBFe verwendet) eingeschlossen. Die Polschuhe sind auf der Rückseite über ein Joch aus Eisen verbunden, um den magnetischen Fluß zwischen ihnen einzuschließen.

Permanentmagnete zeichnen sich dadurch aus, das sie mit zunehmender Feldstärke wegen des Eigengewichts des Materials sehr schwer werden. Außerdem ist das Material NdBFe relativ teuer und benötigt eine konstante Umgebungstemperatur. Aus diesen Gründen werden Permanentmagnete in der Regel nur bis zu Feldstärken von 0,25 T eingesetzt.

13.1.2 Widerstandsmagnete

Fließt ein elektrischer Strom durch einen Leiter, so wird senkrecht zu seiner Flußrichtung ein Magnetfeld erzeugt, das zur Stromstärke proportional ist. In konventionellen Leitern (wie z.B. Kupferdraht) wird auf Grund des Widerstands des Leitermaterials die Energie des Stroms allerdings weniger in magnetische Feldenergie als hauptsächlich in Wärme umgesetzt. Eine permanente Stromversorgung zur Kompensation dieser Ohmschen Verluste ist daher notwendig, um das magnetische Feld in den sog. Widerstandsmagneten aufrecht zu erhalten. Widerstandsmagnete benötigen außerdem zur Wärmeabfuhr eine gute Wasserkühlung und nehmen im Betrieb Leistungen von einigen 100 kW auf.

Widerstandsmagnete verwenden oft zur Verstärkung des Feldes ein Eisenjoch, das von den Drahtwindungen umschlossen ist und das Untersuchungsvolumen beidseitig durch Polschuhe begrenzt. Ist der Ring des Eisenjochs nur an einer Stelle unterbrochen, so spricht man von einem C-Magneten (vgl. Abb. 13.2). Wird das homogene Volumen beidseitig von dem Joch eingeschlossen, wird der Widerstandsmagnet wegen seiner Form als H-Magnet bezeichnet.

Das Feld von Widerstandsmagneten ist typischerweise nicht so homogen wie das supraleitender Magnete vergleichbarer Größe. Um das Feld innerhalb des Untersuchungsvolumens so homogen wie möglich zu halten, sollte der Durchmesser der Polschuhe nicht weniger als das 2,5fache und der Polabstand mehr als das 1,5fache des Durchmessers des angestrebten homogenen Volumens betragen. Bei einem angestrebten freien Polschuhabstand von 45 cm ergibt sich so der Durchmesser des homogenen Volumens zu 30 cm bei einem Polschuhdurchmesser von 75 cm.

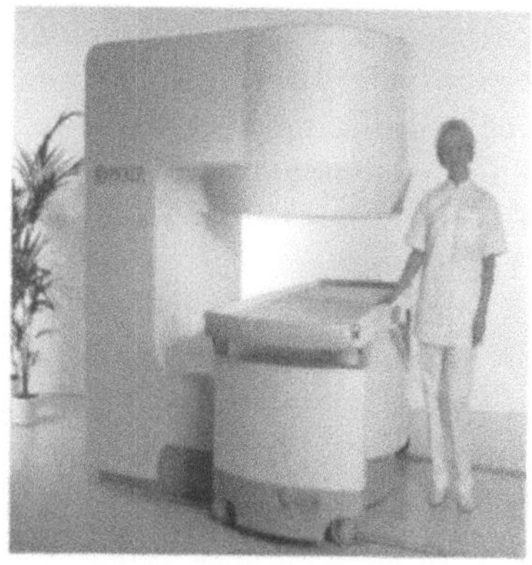

Abb. 13.2. Zwei resistive Niederfeldtomographen mit C-Magneten und separater Patientenliege (*links*: Siemens Open Viva, $B_0 = 0,2\,\mathrm{T}$; *rechts*: Marconi Outlook Proview, $B_0 = 0,23\,\mathrm{T}$)

13.1.3 Supraleitende Magnete

Um höhere magnetische Felder als 0,3 T zu erzeugen, verwendet man meist supraleitende Magnete. Diese Magnete funktionieren ähnlich wie resistive Magnete ohne Eisenjoch: auch hier wird mit einer stromdurchflossenen Drahtspule ein magnetisches Feld generiert. Allerdings verwendet man an Stelle von Kupferdraht spezielle Metallegierungen (z.B. NbTi), die unterhalb einer sog. Sprungtemperatur ihren Widerstand vollständig verlieren. Diese Supraleitung genannte Eigenschaft tritt in der Regel bei sehr tiefen Temperaturen um $-270°\mathrm{C}$ auf und verliert sich oberhalb der Sprungtemperatur. Supraleitende Magnete benötigen daher eine permanente Kühlung, die typischerweise mit flüssigem Helium (Siedepunkt: $-269°\mathrm{C}$) realisiert wird.

Um die freie Bohrung des supraleitenden Magneten auf Raumtemperatur, das innere der felderzeugenden Spulen jedoch nahe dem absoluten Nullpunkt der Temperatur zu halten, wird die Feldspule in einen isolierten Tank, den Kroystaten, eingebracht. Die in den Kroystat integrierten Strahlungsschilde und Isolationsfolien sollen dabei verhindern, daß sich der Spulendraht erwärmt und Helium abgedampft wird. Wird der stromtragende Draht nämlich plötzlich nur an einer einzigen Stelle auf Grund einer Erwärmung wieder normalleitend, so wird diese Erwärmung schlagartig auf die benachbarten Bereiche der Feldspule übertragen. Innerhalb kürzester Zeit ist in diesem Quenchen genannten Vorgang die Temperatur im gesamten Magneten über die Sprungtemperatur angestiegen und das Helium verdampft explosionsartig.

In den letzten Jahren sind neben NbTi auch spröde, supraleitende Keramiken (Niob-Zinn-Verbindungen) als Stromträger verwendet worden (General Electric SP, $B_0 = 0,5\,\mathrm{T}$). Diese Nb_3Sn-Verbindungen haben den Vorteil, daß sie bei einer höheren Sprungtemperatur normalleitend werden ($-263°\mathrm{C}$) und damit nicht unbedingt flüssiges Helium zur Kühlung benötigen. So können sie bei einer guten thermischen Vakuumisolierung mit einem konventionellen Kühlaggregat (Gifford-McMahon) supraleitend gehalten werden. Ohne Heliumkühlung arbeitet auch ein supraleitendes MR-System (Toshiba OPART, $B_0 = 0,35\,T$), bei dem mit einem besonderen Kühlaggregat eine Temperatur von $-269°C$ aufrechterhalten werden kann. Da eine Heliumkühlung Platz benötigt, hat ein heliumfreier gegenüber einem heliumgekühlten Magneten den Vorteil, daß er sich in kleineren Räumen unterbringen läßt und auf den Bau einer Überdruckquenchleitung für Helium verzichtet werden kann.

Die am weitesten verbreitete Form des supraleitenden Magneten ist der Solenoid, bei dem die Windungen des supraleitenden Drahtes die horizontal verlaufende Bohrung auf einem Zylinder umschließen (s. Abb. 13.3). Mit Solenoidmagneten lassen sich sehr homogene Felder erzeugen – allerdings ist der Zugang zum (meist liegenden) Patienten erschwert. Für die Bildgebung während interventioneller Eingriffe sind supraleitende Solenoidmagnetpaare entwickelt worden, die quasi einen in der Mitte geteilten einzelnen Solenoiden darstellen und damit dem Operateur durch die Lücke einen direkten Zugang zum Patienten ermöglichen. Solenoidmagnete lassen sich bei geeigneter Modifikation der Windungsdichten des supraleitenden Drahts aber auch so verkürzen, daß Gesamtlängen von ca. 1 m bei stark konisch zulaufender Bohrung erreicht werden. Diese verkürzten Magnete eignen sich in beschränktem Maß auch für interventionelle Bildgebung und sind insbesondere für klaustrophobische Patienten ein Gewinn.

Um die bei supraleitenden Magneten auf Grund der hohen Feldstärke auftretenden Streufelder außerhalb des Magneten einzudämmen, werden zwei verschiedene Techniken eingesetzt. Bei der passiven Abschirmung wird in größeren Mengen Eisen in die Nähe des Magneten gebracht, um das Feld einzudämmen. Diese Technik ist wegen des Eisengewichts jedoch nur beschränkt anwendbar, da für einen Magneten von 1.5 T die Abschirmung schon ein Gewicht von ca. 20 t hat. Man verwendet daher zusätzlich eine aktive Abschirmung, bei der in den Kryostaten neben den eigentlichen Drahtwicklungen weitere, umgekehrt stromdurchflossene Wicklungen integriert werden. Diese Abschirmwicklungen sind so gestaltet, daß sie außerhalb des Magneten das Feld der inneren Windungen kompensieren. Da sie allerdings auch in der Bohrung des Magneten feldabschwächend wirken, muß im Vergleich zu einem nicht aktiv abgeschirmten Magneten gleicher Feldstärke der Strom in allen Windungen angehoben werden. Der umgekehrte Stromfluß in den Abschirmwindungen führt zu einer zusätzlichen Schwierigkeit beim Design aktiv abgeschirmter Magnete: die magnetostatischen Kräfte (hervorgerufen durch die Lorentzkraft) zwischen den Wicklungen, die den Magneten zu zerreißen drohen, werden in dieser Konfiguration deutlich stärker, und eine Versteifung der Magnetstruktur wird notwendig.

Um die Inhomogenität der Feldverteilung im Magneten, die unweigerlich durch Fertigungstoleranzen bei der Herstellung auftreten, möglichst gut zu kompensieren, werden bei der Aufstellung des Magneten zusätzliche Bleche

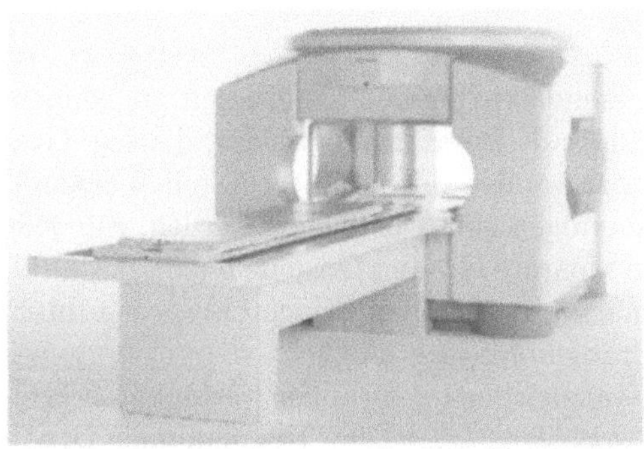

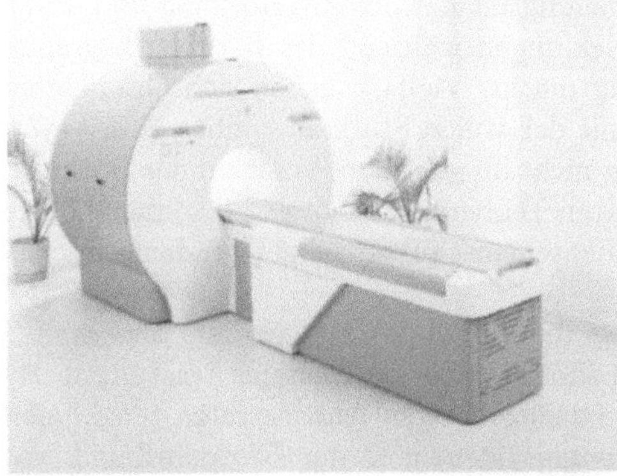

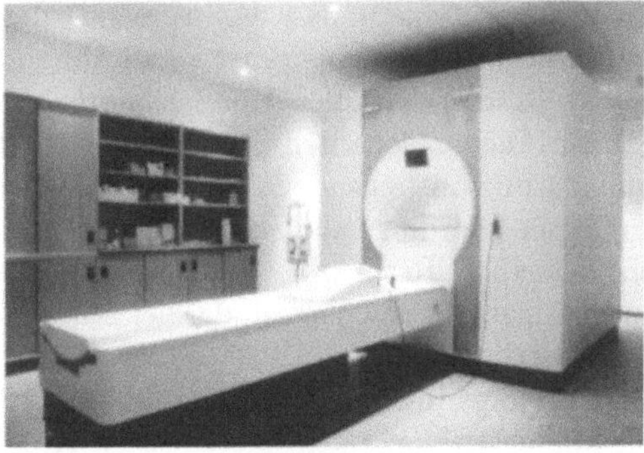

Abb. 13.3. Drei MR-Systeme mit supraleitenden Magneten (*oben*: Toshiba Opart, $B_0 = 0,35\,T$, *Mitte*: Marconi Apollo, $B_0 = 0,5\,T$, *unten*: Siemens VISION, $B_0 = 1,5\,T$)

in das Innere eingebracht. Diese Shim-Bleche werden so positioniert, daß innerhalb des spezifizierten homogenen Volumens eine gewisse Feldvariation nicht überschritten wird (z.B. 0,5 ppm in einer Kugel mit Radius 15 cm).

13.2 Gradienten

Um die aus dem Körper zurückgesendeten Signale lokalisieren zu können, werden dem Hauptfeld linear ansteigende Zusatzmagnetfelder, die sog. Gradienten, überlagert. Diese Gradienten werden mit Gradientenspulen erzeugt, die mit hohen Strömen von bis zu einigen 100 A betrieben werden. Für jede der drei Raumrichtungen wird eine separate Gradientenspule benötigt – Ortskodierungen in zu den Gradientenachsen gekippten Schichten werden durch die Überlagerung verschiedener Gradientenfelder möglich.

Die heute in konventionellen Ganzkörpertomographen verfügbaren Gradienten haben Gradientenstärken von bis zu 30 mT/m. Die maximale Gradientenstärke ist durch die Leistungsfähigkeit der Stromversorgung und durch die Erwärmung der Gradientenwicklungen während des Betriebs begrenzt, die eine Wasserkühlung notwendig macht. Vielfach lassen sich Gradientensysteme daher nicht permanent mit der vollen Stärke betreiben (duty cycle < 1). Wird die Gradientenwirkung nicht im gesamten Volumen der Bohrung, sondern nur in einem eingeschränkten Teilbereich benötigt, so können höhere Gradientenstärken mit sog. Gradienteneinschüben (engl.: gradient inserts) realisiert werden.

Neben der Gradientenstärke ist die minimale Zeit, die zum Einschalten des Gradienten auf volle Stärke benötigt wird, ein weiteres Leistungsmerkmal. Diese Anstiegszeiten und die dazugehörigen Anstiegsraten (engl.: slew rate) liegen bei modernen Gradientensystemen in der Größenordnung von einigen 100 μs. Sie lassen sich nicht beliebig steigern, da jede Stromänderung im Gradientensystem ein Gegenfeld induziert, das sich erst verzögert abbaut. Schaltet man jedoch parallel zu den Gradientenspulen Kondensatoren, so lassen sich die Anstiegszeiten verkürzen. Diese resonanten Gradientensysteme haben den Nachteil, daß sie nur sinusförmig ansteigende Rampen erlauben – bei geeigneter Ansteuerung kann man sie allerdings auch konventionell (d.h. ohne zugeschaltete Kondensatoren) betreiben. Resonante Gradientensysteme sind insbesondere in der Echoplanarbildgebung von Vorteil, da hier schnelle, sinusförmig oszillierende Gradienten benötigt werden.

Gradienten erzeugen auch außerhalb ihres Inneren ein Magnetfeld. Ist der Gradient wie beim supraleitenden Magneten von einem metallischen Kroystat umgeben, so werden daher beim Einschalten Ströme in den leitenden Strukturen des Kroystaten induziert. Diese Wirbelstromfelder reduzieren und verzerren das Gradientenfeld teilweise. Sie können kompensiert werden, indem ihre Wirkung schon bei der Ansteuerung der Gradienten berücksichtigt wird (Wirbelstromkompensation). Geschickter ist es jedoch, die Gradienten (analog zur aktiven Abschirmung beim Hauptfeldmagneten) mit zusätzlichen Gegenwicklungen zu versehen, die das Gradientenfeld außerhalb des Gradientenrohrs fast vollständig aufheben. Diese aktive Gradientenabschirmung ist Bestandteil nahezu eines jeden modernen Kernspintomographens.

In Gradientensystemen wirken auf die stromdurchflossenen Spulen starke Kräfte, die proportional zur Stromstärke im Gradienten sind. Da insbeson-

dere bei der ultraschnellen Bildgebung Gradienten in hohen Frequenzen ein-
und ausgeschaltet werden, kommt es im Gradientenrohr zu Schwingungen,
die der Patient als laute Geräusche wahrnimmt. Um die Geräuschbelastung
für den Patienten akzeptabel zu halten und mechanische Schwingungen zu reduzieren, werden moderne Gradientensysteme in einem Stück mit besonders
steifer Struktur gefertigt.

Um die durch das Meßobjekt hervorgerufenen Feldverzerrungen teilweise
auszugleichen, können an die Gradientenspulen auch konstante Ströme angelegt werden. Dieser als Shim bezeichnete Vorgang verwendet allerdings
oft nicht nur die zur Bildgebung notwendigen linearen Gradienten, sondern
zusätzliche Spulen, die nichtlinear variierende Felder erzeugen können.

13.3 Hochfrequenzsystem

Das Hochfrequenzsystem des Kernspintomographen dient sowohl zur resonanten Anregung der Kernspins als auch zur Auslese des Resonanzsignals.
Es besteht aus einer Sende- und einer Empfangskette (s. Abb. 13.1).

13.3.1 HF-Sender

Den Anfang der Sendekette bildet der Hochfrequenzsender, der sich aus einem
sehr frequenzstabilen Synthesizer und einem Leistungsverstärker zusammensetzt. Der Sender muß bei der Resonanzfrequenz von einigen MHz Spitzenleistungen von mehreren 10 kW erzeugen können. Neben der Spitzen- ist noch
die mittlere Leistung von Bedeutung, da insbesondere bei Turbospinecho-
sequenzen durchgängig hohe Sendeleistungen erforderlich sind. Zusätzlich
enthält der Sender einen digital angesteuerten Pulsformer, mit dem die Aus-
gangsspannung des Senders beliebig moduliert werden kann. Dies ist notwendig, um z.B. schichtselektive HF-Pulse realisieren zu können.

13.3.2 HF-Spulen

Über eine Sende-Empfangs-Weiche (s. Abb. 13.1) wird das hochfrequente
Sendesignal im Kernspinexperiment auf eine Antenne, die sog. Hochfrequenz-
spule (HF-Spule), übertragen. Zu Beginn des Experiments wird die HF-
Spule auf die Sendefrequenz abgestimmt (engl.: tuning), um die Kernspins
mit der passenden Larmorfrequenz anzuregen. Des weiteren wird das interne Schaltnetzwerk der Spule elektrisch so angepaßt (engl.: matching),
daß die Hochfrequenzleistung optimal in das Untersuchungsobjekt einkop-
pelt und nicht wieder in der Sender zurückreflektiert wird. Diese Abstim-
mungen hängen von dem zu untersuchenden Objekt ab und müssen bei nicht
vorabgestimmten Spulen immer wiederholt werden.

Grundsätzlich unterscheidet man bei den HF-Spulen reine Empfangsspu-
len, die nur das Resonanzsignal aus dem Körper detektieren ohne selber zu

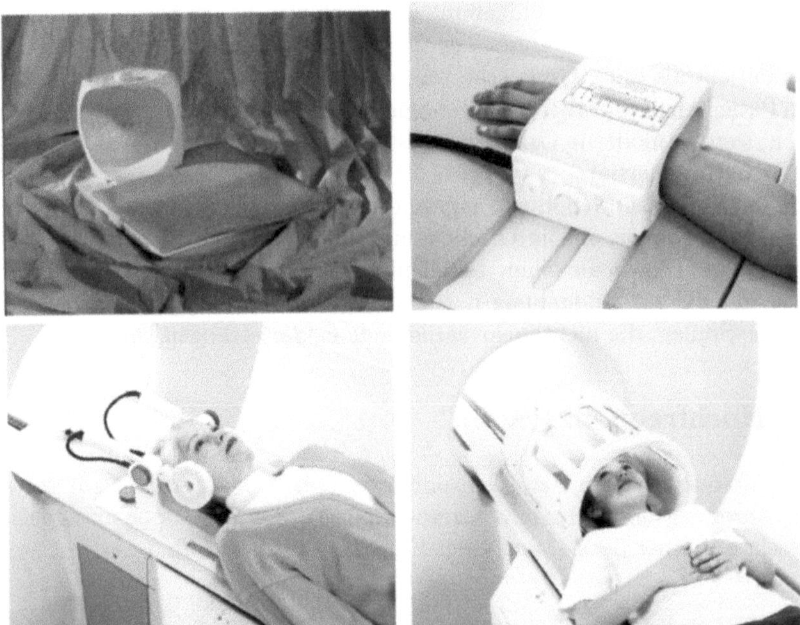

Abb. 13.4. *Oben links*: Oberflächenempfangsspule (Firma GE) zur Untersuchung des Schultergelenks. *Oben rechts*: kleiner Volumenresonater für Bildgebung der Extremitäten (Firma Marconi). *Unten links*: kreisförmige Oberfächenspulen zur Darstellung des Kiefergelenks (Firma Marconi). *Unten rechts*: Kopfspule (Firma Marconi)

senden, und Sende-Empfangs-Spulen. Da das empfangene Resonanzsignal sehr schwach (einige Mikrovolt) ist und sich mit steigendem Abstand zur Quelle noch verkleinert, gibt es HF-Spulen in vielen unterschiedlichen Formen und Größen. Die größte HF-Spule eines Kernspintomographen ist typischerweise der Ganzkörperresonator, der bei Solenoidmagneten oft im Gehäuse nahe beim Gradientensystem angebracht ist.

Für Untersuchungen am Kopf oder Knie setzt man meist kleinere Volumenresonatoren ein, die im Gegensatz zur Ganzkörperspule ein deutlich verbessertes Signal-zu-Rausch-Verhältnis (SNR) aufweisen (s. Abb. 13.4). Außerdem existieren flexible Spulen, die um Arme oder Beine gewickelt werden können. Für Messungen aus sehr kleinen, oberflächennahen Teilvolumen (z.B. Augen und Ohren) eignen sich ringförmige Oberflächenspulen, die zwar lokal ein sehr gutes SNR haben, jedoch aufgrund ihres extrem inhomogenen Detektionsprofils nur eingeschränkt für die Bildgebung geeignet sind. Schaltet man zwei Ringspulen in Reihe und plaziert sie ober- und unterhalb des Körpers (Helmholtzanordnung), so kann das HF-Feld zwischen den Ringspulen tiefer eindringen als bei einer einfachen Oberflächenspule.

Verwendet man mehrere Oberflächenspulen simultan zur Signalauslese, so läßt sich ein sehr gutes SNR bei gleichzeitig homogenerem Empfangsprofil erreichen. Diese Phased-Array-Spulen wurden ursprünglich hauptsächlich zur Bildgebung des Abdomens und der Wirbelsäule eingesetzt, es sind aber auch Kopf-, Extremitäten- und sogar Ganzkörperspulen realisiert worden. Phased-Array-Spulen erzeugen im Gegensatz zu einfachen HF-Spulen pro Teilspule je ein Empfangssignal und benötigen daher mehrere Empfänger. Für jede Teilspule wird erst ein separates Bild errechnet, und die Bilder werden schließlich durch einen Rechenalgorithmus zu einem Gesamtbild kombiniert, was die Rekonstruktionszeit der Bilder deutlich verlängert.

Neben reinen Bildgebungsspulen existieren auch noch doppelresonante HF-Spulen, mit denen man zwei verschiedene Kernsorten mit unterschiedlichen Frequenzen gleichzeitig anregen kann. Außerdem sind für die interventionelle Bildgebung Einmalspulen, die nach Gebrauch weggeworfen werden, und Katheterspulen, die man z.B. durch die Blutgefäße in den Körper einführt, entwickelt worden. In HF-Spulen ist das SNR, also das Verhältnis von Rausch- zu Signalspannung, von der Geometrie der Spule, der verwendeten Meßtechnik und dem gemessenen Objekt abhängig. Zusätzlich ist es zur Dichte der Kernspins ϱ, zur Wurzel der Aufnahmezeit TA und zum Volumen ΔV der betrachteten Bildelemente (engl.: voxel) proportional:

$$ \text{SNR} \sim \varrho \cdot \sqrt{TA} \cdot \Delta V. \tag{13.1} $$

Dieser Zusammenhang zeigt, daß eine 4fache Verlängerung der Meßzeit notwendig ist, um das SNR zu verdoppeln. Den gleichen Effekt kann man erzielen, indem man die lineare Ausdehnung der Voxel isotrop um 26% vergrößert.

13.3.3 HF-Empfänger

Das von der HF-Spule detektierte Kernresonanzsignal wird auf dem Empfangspfad über die Sende-Empfangsweiche einem Verstärker zugeführt (viele HF-Spulen haben zusätzlich einen Vorverstärker integriert). Die Sende-Empfangs-Weiche hat die Aufgabe, den Sende- und den Empfangspfad des Signals vollständig voneinander zu entkoppeln.

Das verstärkte Signal wird dann im Demodulator mit der Referenzfrequenz des Senders gemischt. Am Ausgang des Demodulators erhält man ein Signal, das nicht mehr mit der hohen Larmorfrequenz (einige MHz), sondern bei niedrigen Frequenzen von einigen kHz oszilliert. Diese niederfrequente Schwingung trägt die durch die Gradienten aufgeprägte Ortsinformation in sich. Anschließend wird das analoge Spannungssignal im Analog-Digital-Wandler (ADC) digitalisiert und einem Rechner zur Bildrekonstruktion zugeführt.

13.4   Steuerrechner

Der Zentralrechner des Kernspintomographen muß die gesamte Steuerung des Meßablaufs übernehmen, d.h. der Patientenliege, des HF-Senders, der Gradienten, des ADC, der Patientenüberwachung sowie der Bildrekonstruktion. Zusätzlich wird er zur Archivierung der Bilddaten und zur Auswertung von Bildern genutzt.

Um den Zentralrechner nicht mit der sehr zeitaufwendigen Aufgabe der Bildrekonstruktion zu belasten, werden oft zusätzlich zwischengeschaltete Bildrechner verwendet. Diese Bildrechner speichern während der Messung die anfallenden Rohdaten aus dem ADC, errechnen aus ihnen die Bilder und geben sie schließlich an den Zentralrechner weiter. Die Bildrekonstruktion besteht im einfachsten Fall aus einer schnellen ein-, zwei- oder dreidimensionalen Fourier-Transformation (engl.: Fast Fourier Transform, FFT), kann jedoch weitere Berechnungen wie z.B. Phasenkorrekturen oder Bildkombinationen enthalten. Auf dem Bildrechner werden oft auch andere rechenaufwendige Nachverarbeitungen durchgeführt, wie z.B. die Maximum Intensity Projection (MIP) von Angiographiebildern.

In die Steuerungssoftware des Tomographen ist meist ein Datenbanksystem integriert, das die anfallenden Bilder nach Untersuchungen und Patienten sortiert. Die Datenbank verwaltet dabei eine oder mehreren Festplatten, die wegen der Größe und Menge der anfallenden Bilddaten einige GByte fassen sollte (ein Bild der Auflösung 256×256 benötigt einen Speicherplatz von $130\,\text{kByte}$). Zusätzlich können Bilder meist aus der Datenbank auf Speichermedien wie magnetooptische Platten (MOD) oder Magnetbänder archiviert werden.

Um Bilddaten digital austauschen zu können, werden die Steuerrechner oft über Netzwerke mit anderen Computern oder Ausgabegeräten wie Druckern oder Filmbelichtern verbunden. Als Standard für die Kommunikation zwischen diesen Geräten hat sich in den letzten Jahren das Protokoll DICOM (Digital Image Communication in Medicine) etabliert. Dieses Protokoll legt das Format der Bilddaten und die Details des Bildaustausches fest. Eine Vernetzung des Steuerrechners kann auch dazu genutzt werden, Patientendaten über ein Patientenverwaltungssystem (Picture Archiving and Communication System PACS) zu beziehen und so den Ablauf von Untersuchungen zu optimieren.

13.5   Zusatzkomponenten

Einige spezielle Aufnahmetechniken der Kernspintomographie erfordern zusätzliche Komponenten, die nicht notwendigerweise an allen Tomographen zur Verfügung stehen. Diese Komponenten dienen meist zur Ableitung physiologischer Signale, die dann im Steuerrechner analysiert werden. So kann

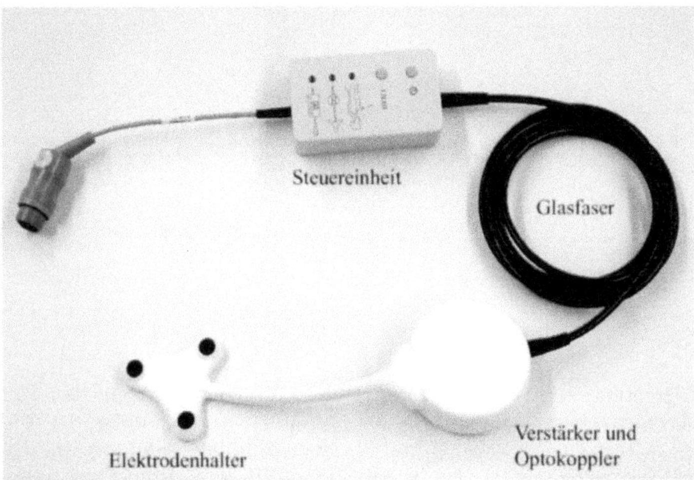

Abb. 13.5. Optisch entkoppeltes EKG-System (Fa. Bruker/Siemens), bei dem das EKG-Signal in unmittelbarer Nähe der Elektroden verstärkt wird. In konventionellen EKG-Systemen ohne optische Signalübertragung können aufgrund der langen Verbindungswege innerhalb des Tomographen durch schnelle Gradientenschaltungen Spannungen in den Elektrodenkabeln induziert werden, die sich dem eigentlichen EKG-Signal als Störung überlagern und die Detektion der R-Zacke im EKG erschweren. Die kurzen, nahezu vollständig abgeschirmten Kabel reduzieren die Störeinflüsse selbst bei starken Gradientenschaltungen auf ein absolutes Minimum. Im batteriebetriebenen Verstärker wird das EKG-Signal in ein optisches Signal umgesetzt und über eine Glasfaser an eine Steuereinheit außerhalb des Magneten übertragen, die das optische Signal wieder in ein Spannungssignal zurückwandelt

man z.B. die Bildaufnahme mit dem EKG-Signal synchronisieren (EKG Triggerung), um Bewegungs- und Blutpulsationsartefakte zu vermeiden oder Bildserien in Abhängigkeit von der Zeit innerhalb des Herzzyklus zu akquirieren.

Die Ableitung eines EKG im Kernspintomographen während einer Messung ist schwierig, da die Gradientenschaltungen in den EKG-Elektroden Spannungen induzieren, die das EKG-Signal vollständig maskieren können. Dieser Effekt läßt sich minimieren, indem die Zuleitungen zu den Elektroden möglichst kurz gehalten werden. Verstärkt man das Signal elektrodennah und wandelt es in ein digitales, optisches Signal um, so lassen sich selbst während der Echoplanarbildgebung auswertbare EKG-Signale ableiten. Die optische Übertragung hat den zusätzlichen Vorteil, daß in den kurzen Elektroden keine großen Ströme umlaufen, die bei schlechtem Elektrodenkontakt zu Verbrennungen auf der Haut führen können.

Pulsoxymeter bieten eine weitere Möglichkeit, pulsabhängige Artefakte zu minimieren. Sie bestimmen an einem Finger oder Zeh die zeitliche Variation der Infrarotabsorption, die mit dem Pulsschlag korreliert ist. Da der Pulsschlag im Finger mit einiger Verspätung nach der R-Zacke des Herzens

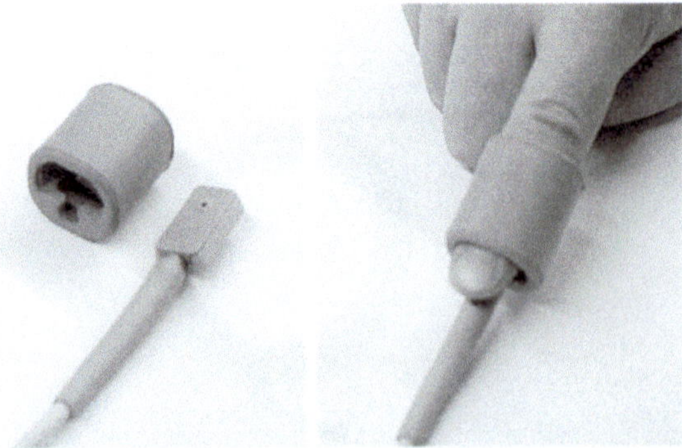

Abb. 13.6. Pulsoxymeter zur Ableitung eines pulssynchronen Signals aus dem Finger. Der Pulsrezeptor besteht aus einer Manschette und einem Pulsfühler, der über ein kleines Fenster Infrarotlicht aussendet und die Reflektion der Strahlung im Finger mißt. Der Grad der Reflektion ist von der Menge des Blutes im Finger abhängig, die ihrerseits mit dem Pulsschlag variiert

ankommt, lassen sich mit der peripheren Ableitung des Pulsoxymeters keine Vorgänge in der frühen Systole darstellen.

Um die Atembewegung des Patienten zu erfassen, werden Gurte um den Thorax gespannt, deren Ausdehnung in Abhängigkeit von der Atmung gemessen wird. Neben dieser mechanischen Ableitung existieren auch Sensoren, die aus dem Feuchtigkeitsgehalt der ausgeatmeten Luft auf die Atemlage des Thorax zurückschließen.

Alle die hier beschriebenen physiologischen Ableitungen werden dazu verwendet, die Messung mit dem Herzschlag oder der Atembewegung zu synchronisieren. Hierbei werden grundsätzlich zwei Methoden unterschieden: Bei der prospektiven Triggerung wird die Messung durch ein physiologisches Signal ausgelöst. Dazu muß aus dem Signal durch geeignete Nachverarbeitungsalgorithmen (z.B. Schwellwertbildung mit Tiefpaßfilterung) ein Auslösesignal, der Trigger, gebildet werden. Bei der retrospektiven Triggerung wird die Messung nicht unterbrochen, bis das nächste Triggersignal erscheint, sondern die Meßdaten werden kontinuierlich akquiriert und das physiologische Signal wird mitaufgezeichnet. Im Nachhinein werden dann die Meßdaten umsortiert. Der Vorteil der retrospektiven gegenüber der prospektiven Triggerung besteht darin, daß Daten kontinuierlich akquiriert werden und keine Pausen in der Abtastung entstehen, die besonders bei Pulssequenzen mit dynamischen Gleichgewichtszustand (steady state sequences) zu Artefakten in den Bildern führen können. Der Rechenaufwand bei der Rekonstruktion retrospektiv getriggerter Daten ist jedoch höher, da erst eine Umsortierung vorgenommen werden muß. Außerdem müssen im Mittel mehr Daten aufgenommen werden (Überabtastung), um gewährleisten zu können, daß mindestens ein passender Rohdatensatz zu jeder physiologischen Situation zur Verfügung steht.

Für neurofunktionelle Studien sind auch EEG-Systeme entwickelt worden, die im Kernspintomographen betrieben werden können. Da im Vergleich zum EKG beim EEG etwa 100fach geringere Spannungen detektiert werden, muß das EEG-Signal möglichst nahe bei der Elektrode vorverstärkt und in ein optisches Signal umgesetzt werden. Neben den durch die Gradienten induzierten Spannungen treten in den EEG-Ableitungen EKG-korrelierte Signale auf, die auf die Wechselwirkung des Blutflusses mit dem statischen Magnetfeld zurückzuführen sind.

Da alle im MR-Tomographen abgeleiteten Signale Störungen durch Gradienten- und Hochfrequenzschaltungen sowie Veränderungen durch die Wirkung des statischen Magnetfeldes aufweisen, dürfen sie nicht primär zur Überwachung physiologischer Parameter bei Risikopatienten eingesetzt werden. Um trotzdem diese Patienten untersuchen zu können, werden von einigen Herstellern inzwischen separate Monitorsysteme angeboten, die auch unter MR-Bedingungen verwendet werden dürfen.

Literatur

1. Chen CN, Hoult DI (1989) Biomedical magnetic resonance technology. Hilger, Bristol New York
2. Felblinger J, Lehman C, Boesch C (1994) Electrocardiogram aquisition during MR examinations for patient monitoring and sequence triggering. Mag Reson Med. 32: 523–529
3. Jin J (1999) Electromagnetic analysis and design in magnetic resonance imaging. CRC Press, Boca Raton
4. Mansfield P, Chapman B (1986) Active magnetic screening of gradient coils in NMR imaging. J Phys E 15: 235–239
5. Morneburg H (Hrsg.) (1995) Bildgebende Systeme für die medizinische Diagnostik. Publicis, Erlangen
6. Reisser M, Semmler W (1997) Magnetresonanztomographie. Springer, Berlin Heidelberg New York Tokyo
7. Vlaardingerbroeck MT, den Boer JA (1996) Magnetic resonance imaging: Theory and practice. Springer, Berlin Heidelberg New York Tokyo

Teil III

Mathematische, physikalische und technische Grundlagen der Strahlentherapie

14 Bestrahlungsplanung

T. Bortfeld, W. Schlegel, R. Bendl, U. Oelfke, G. Küster und W. Schneider

Mit den Entwicklungen der vergangenen Jahre auf dem Gebiet der Röntgencomputertomographie (CT), der Magnetresonanztomographie (MR) und der Positronenemissionstomographie (PET) wurde eine Revolution in der bildgebenden medizinischen Diagnostik eingeleitet. Dadurch wurde auch die radiologische Therapie, und auf diesem Gebiet vor allem die computerunterstützte Planung von Strahlenbehandlungen, ganz erheblich beeinflußt. Mit der Verfügbarkeit leistungsfähiger kompakter Arbeitsplatzrechner und moderner CT-/MR-basierter Planungssoftware ist eine neue Generation von Bestrahlungsplanungssystemen entstanden, die derzeit Einzug in die klinische Anwendung hält. Diese neue Generation von Planungssystemen unterscheidet sich von der bisher üblichen 2D-Planung durch den Anspruch der 3D-Fähigkeit. Die Bedeutung der dreidimensionalen Planung für die klinische Praxis ist nahezu unbestritten: Erst die dreidimensionale Planung eröffnet die Möglichkeit einer hochdosierten, kleinvolumigen Konformationsbestrahlung mit den Möglichkeiten einer Dosiseskalation zur Erzielung höherer Tumorkontrollraten bei gleichbleibenden oder reduzierten Nebenwirkungen.

Die Bestrahlungsplanung ist ein iterativer Vorgang [12,22,24]. Der Strahlentherapeut definiert zunächst das zu behandelnde Zielvolumen und zu berücksichtigende strahlenempfindliche Risikoorgane anhand der verfügbaren Bilddaten (Abb. 14.1). Dann werden die Bestrahlungsparameter mit Hilfe der virtuellen Therapiesimulation bestimmt. Daraufhin wird die Dosisberechnung gestartet. Anschließend werden die zu erwartenden Dosisverteilungen analysiert und verglichen. Falls sie die individuellen Randbedingungen nicht erfüllen, werden die Bestrahlungsparameter solange modifiziert, bis ein akzeptabler Plan gefunden ist.

In jüngster Zeit steht mit der Technik der intensitätsmodulierten Radiotherapie (IMRT) zusammen mit der Methode der inversen Bestrahlungsplanung ein weiterer Technologiesprung in der Strahlentherapie bevor, der vor allem in komplizierten Fällen zu einer weiteren deutlichen Verbesserung der Dosiskonformation führen wird [13,28]. Bei der inversen Bestrahlungsplanung wird der manuelle Optimierungsschritt der konventionellen Planung durch ein computerbasiertes Verfahren ersetzt. Diese neuesten Verfahren sind bislang allerdings erst an sehr wenigen Zentren im praktischen Einsatz.

In diesem Beitrag werden die einzelnen Schritte der Bestrahlungsplanung genauer beschrieben, und es werden die Grundprinzipien der inversen Bestrahlungsplanung angesprochen.

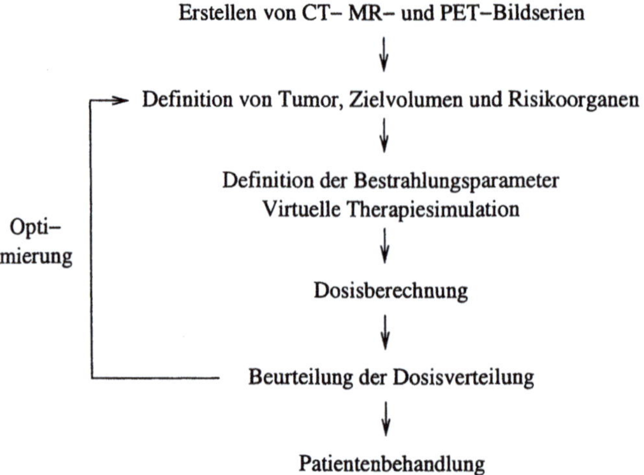

Abb. 14.1. Ablaufdiagramm Bestrahlungsplanung

14.1 Zielvolumen und Risikoorgane

Der erste Schritt der Bestrahlungsplanung besteht in der Festlegung des Zielvolumens. Entsprechend der ICRU (International Commission on Radiation Units and Measurements), Ausgabe 50 und 62, werden verschiedene Zielvolumina definiert. Das eigentlich sichtbare Zielvolumen (Gross Tumour Volume, GTV) zeichnet sich visuell mehr oder weniger scharf begrenzt in einzelnen Schichtbildern der verschiedenen Bildgebungsverfahren ab. Weitere indirekte Anhaltspunkte zur Definition des GTV liefert z.B. die Deformierung oder Verdrängung gesunder anatomischer Strukturen. Mögliche unsichtbare Ausläufer des Tumorgewebes werden durch das Konzept des klinischen Zielvolumens (Clinical Target Volume, CTV) berücksichtigt. Hierzu wird aufgrund der Histologie des Tumorgewebes und medizinischer Erfahrung ein Sicherheitsbereich um das GTV gelegt, der auch den wahrscheinlichen Befall benachbarter Lymphknoten, mögliche umliegende Metastasen oder bevorzugte Ausbreitungswege eines Tumors in Betracht zieht. Die Definition des Planungszielvolumens (Planning Target Volume, PTV) soll Ungenauigkeiten bei der Patientenpositionierung oder Fehlerquellen durch Bewegungen des ganzen Patienten oder einzelner Organe während der Bestrahlung berücksichtigen. Das PTV resultiert in der Definition einer weiteren Sicherheitszone um das CTV (Abb. 14.2). Das GTV und das CTV stellen somit medizinische Konzepte dar; das PTV berücksichtigt physikalisch-technische Randbedingungen bei der Bestrahlung.

Während das Planungszielvolumen die therapeutisch wirksame Dosis erhalten soll, müssen die sog. Risikoorgane (Organs at Risk, OAR) je nach ihrer Strahlenempfindlichkeit vor zu hoher Dosis geschützt werden. Über die Strahlentoleranz von Normalgeweben finden sich in der Literatur nur grobe

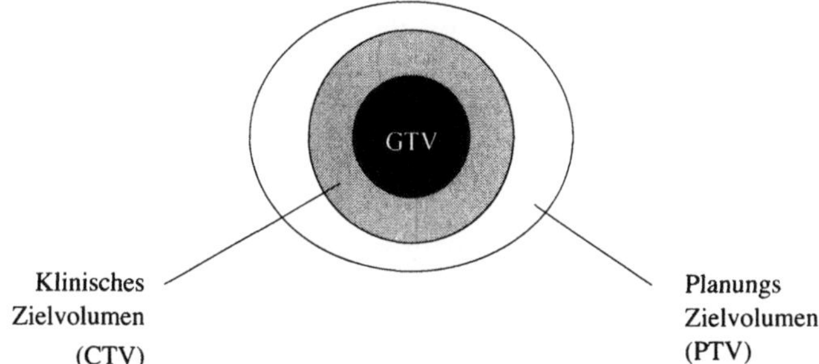

Abb. 14.2. Schematische Darstellung der verschiedenen Zielvolumina

Anhaltswerte, vor allem in den umfangreichen Tabellen von Emami et al.
[6]. Im Kopfbereich ist die Augenlinse das mit Abstand strahlenempfind-
lichste Organ, dessen Schädigung zu einem entsprechenden Verlust der Seh-
kraft führt. Weitere relativ sensible Organe sind die Sehnerven mit ihrem
Kreuzungspunkt, dem Chiasma, und die Hypophyse. Kritisch für die Vitalität
des Patienten ist der Hirnstamm, wohingegen die Schädigung der Hirnrinde
zu mehr oder weniger diffusen Einbußen im mentalen Bereich führt.

Die geometrische Form der verschiedenen Strukturen und ihre Lagebeziehung zueinander werden in den weiteren Planungsschritten benutzt, um die
Lage, Form und Einstrahlrichtung der einzelnen Strahlenfelder optimal fest-
zulegen. Dies geschieht manuell mit Hilfe verschiedener Planungswerkzeuge
wie z.B. der Beam's-Eye-View-Technik oder durch automatische Optimie-
rungsalgorithmen. Eine wichtige Rolle spielen die definierten Volumina auch
bei der quantitativen Planbewertung durch Dosis-Volumen-Histogramme
oder durch strahlenbiologische Modelle. Ungenauigkeiten bei der Definition
des Zielvolumens und der Risikoorgane beeinflussen daher in hohem Maß die
Qualität der Bestrahlungsplanung und damit den Erfolg der Strahlentherapie
insgesamt.

14.1.1 Segmentierung von Zielvolumen und Risikoorganen

Die für die klinische Therapieplanung praktizierte Methode besteht überwiegend in der manuellen Segmentierung der relevanten Strukturen [7]. Dabei
umrandet der Bestrahlungsplaner mit der Maus am Computer die entsprechenden Strukturen. Diese Vorgehensweise ist sehr zeitaufwendig, da der
Therapeut bzw. Bestrahlungsplaner in bis zu 50 oder mehr Schichtbildern bis
zu 10 Strukturen von Hand einzuzeichnen hat. Um diese Prozedur in einem
vertretbaren Zeitrahmen zu halten, werden geeignete Software-Werkzeuge
benötigt, die den Therapeuten bei der Bearbeitung der enormen Datenmengen bestmöglich unterstützen. Hinsichtlich der Funktionalität dieser Systeme
müssen vor allem zwei Punkte berücksichtigt werden. Zum einen müssen
gleichzeitig Bilddaten verschiedener Herkunft dargestellt werden, um eine

möglichst optimale Entscheidungsgrundlage für die Definition des klinischen Zielvolumens bereitzustellen. Zum anderen werden effiziente Verfahren zur manuellen Segmentierung von Schichtbildserien benötigt, die hohe Anforderungen an die Benutzerfreundlichkeit derartiger Programme stellen.

Darstellung und Verarbeitung der Bildinformation. Für die 3D-Bestrahlungsplanung ist stets ein CT-Datensatz des Patienten erforderlich, da die CT-Hounsfield-Werte mit der Elektronendichte des Gewebes korrelieren und somit direkt für die anschließende Dosisberechnung zur Verfügung stehen. Der Patient wird in derselben Lage untersucht, in der er später auch behandelt wird, so daß die CT-Untersuchung eine Serie einzelner axialer Schichtbilder des Körpers liefert. Zur Darstellung dieser Bilder auf einem Arbeitsplatzrechner kommen verschiedene Möglichkeiten in Betracht. Direkt vertraut ist dem Radiologen die parallele Darstellung einzelner Schichten in einer Art Übersicht. Dabei müssen die einzelnen Bilder allerdings wegen des begrenzten Bildschirms relativ klein dargestellt werden. Eine weitere Methode besteht deshalb in der Darstellung eines einzelnen großen Bildes, verbunden mit der Möglichkeit, in Echtzeit durch die ganze Bildserie vor- und rückwärts zu blättern.

Weitere Funktionen wie Kontrasteinstellung, Zoom und Glättungsfilter sollten für eine optimale Bildauswertung vorhanden sein. Zur Unterstützung des räumlichen Vorstellungsvermögens können Volumendatensätze auch in einer 2 1/2-D-Darstellung präsentiert werden [3]. Rechnerisch werden z.B. frontale und sagittale Bilder erzeugt und zusammen mit Referenzlinien dargestellt, die die jeweilige Position korrespondierender Schichten anzeigen. Möglich sind auch beliebig im Raum gelegene Schnittbilder, deren Interpretation jedoch häufig sehr schwierig ist.

Mit dem Aufkommen der MR-Bildgebung ergab sich der Wunsch, diese Bildserien in die Therapieplanung mit einzubeziehen, da die MR-Bilder bzgl. des Weichteilkontrasts der CT-Bildgebung weit überlegen sind. Die gleichzeitige Verarbeitung verschiedener Bildserien erhöht die Komplexität entsprechender Software im Hinblick auf Algorithmen, Datenmengen und Darstellung von Bildinformation enorm. Um einzelne Punkte oder Strukturen simultan in mehreren Bildserien zu lokalisieren, müssen diese zunächst räumlich exakt überlagert werden. Dieses Problem ist unter den Stichworten Bildkorrelation oder image registration bekannt und kann durch geometrische Transformationen gelöst werden, die die unterschiedlichen Koordinatensysteme der verwendeten Bildserien aufeinander abbildet.

Eine wichtige Voraussetzung dafür ist die Verzeichnungsfreiheit der Bilder. Insbesondere bei der MR-Bildgebung kann es zu sog. Kissenverzeichnungen aufgrund von Inhomogenitäten des Magnetfeldes am Bildrand kommen. Diese Fehler müssen unbedingt vor der Korrelation korrigiert werden [21].

Zur Bestimmung der Transformation haben sich mehrere Verfahren etabliert, die sich hinsichtlich Aufwand, Genauigkeit und Flexibilität unterschei-

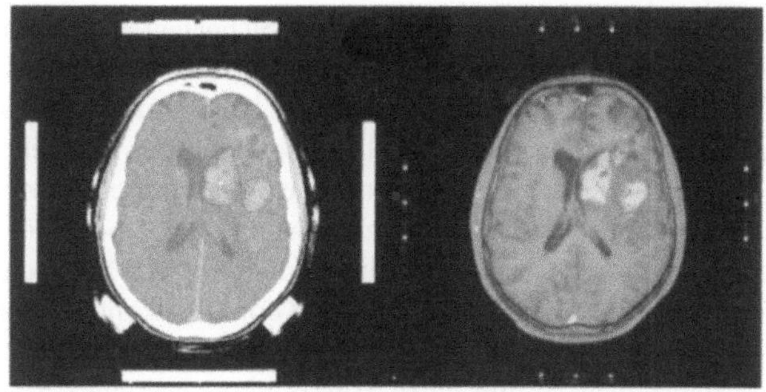

Abb. 14.3. Bildkorrelation (Image registration)

den. Ein bekanntes Verfahren besteht in der Verwendung anatomischer oder
künstlicher Landmarken, bei denen wenige Punkte, deren Zuordnung bekannt
ist, aufeinander abgebildet werden. Ein weiteres Verfahren, die Head-hat-
Methode, versucht mit Hilfe eines Optimierungsalgorithinus diejenige Transformation zu finden, für die der Abstand zweier Oberflächen, z.B. der Kopf-
außenkonturen, minimal wird [18]. Eine interaktive Methode versucht ebenfalls den Abstand von Oberflächen zu minimieren. Allerdings werden die
Transformationsparameter hierbei nicht automatisch sondern manuell mit
Hilfe interaktiver Computergrafik gefunden.

Ein besonders exaktes Verfahren aus der Stereotaxie erreicht durch die
Abbildung zweier stereotaktischer Koordinatensysteme aufeinander eine Genauigkeit im Bereich von 1 mm [23]. Nach der Korrelation (Abb. 14.3) können
die verschiedenen Bildserien auf mehrere Arten simultan dargestellt werden.
Die einfachste Methode besteht darin, die Originalbilder nebeneinander zu
präsentieren und mit einem Bildschirmzeiger einzelne Punkte zu lokalisieren.
Dabei wird der Bildschirmzeiger in jeder Bildserie entsprechend ihrer räumlichen Lage transformiert und simultan in allen Bildserien angezeigt. Die
zweite Möglichkeit besteht darin, eine Bildserie festzuhalten und alle anderen Serien entsprechend der Transformation ihrer Koordinatensysteme neu
zu formatieren. Während die zweite Methode den Vorteil hat, direkt vergleichbare Schichten darzustellen, besteht der Vorteil der ersten Methode
darin, keine Verschlechterung der Bildqualität durch die Transformation einer
ganzen Bildserie in Kauf nehmen zu müssen. Eine weitere Methode ist das
Erzeugen synthetischer Bilder, die durch das Mischen unterschiedlicher Bildmatrizen entstehen. Neben CT und MR können weitere Bildgebungsverfahren
wie PET und SPECT oder auch orthogonale Röntgenbilder durch Korrelation in die Planung mit einbezogen werden.

Werkzeuge für die manuelle Segmentation. In den meisten kommerziellen Bestrahlungsplanungsprogrammen stehen verschiedene manuelle und
halbautomatische Funktionen für die Segmentierung zur Verfügung. Grundlegende Werkzeuge sind das Freihand- und das Polygonzeichnen mit Hilfe der

Maus. Zur Festlegung eines in Millimeter definierten Sicherheitsabstands, z.B. beim CTV oder PTV, kann der Mauszeiger durch einen Kreis mit entsprechendem Durchmesser dargestellt werden. Bei den Polygonen kann wahlweise eine Spline-Interpolation aktiviert werden, die es sehr leicht ermöglicht, mit wenigen manuell definierten Stützpunkten natürlich gekämmte Kurven zu erzeugen. Bei annähernd elliptischen Strukturen wie den Augen oder dem verlängertem Rückenmark ist eine Kreis- bzw. Ellipsenfunktion sehr hilfreich. Für Strukturen mit gutem Hintergrundkontrast (z.B. Kopfaußenkontur oder Lungen) eignet sich ein schwellwertbasierter Konturverfolger, der interaktiv durch Angabe eines Schwellwertes und eines Startpunktes gesteuert werden kann. Sind die Werte in einer Anfangsschicht geeignet eingestellt worden, können alle nachfolgenden Schichten sehr bequem automatisch segmentiert werden. Alle einmal eingegebenen Strukturen können zur weiteren Manipulation mit der Maus selektiert werden. Dieser objektorientierte Ansatz ermöglicht das interaktive Verschieben, Skalieren, Ändern, Kopieren oder Löschen von Konturen.

Diese Methode ist dem Benutzer bereits durch andere standardisierte PC-Programme vertraut. Dabei wird der manuelle Segmentierungsaufwand erheblich reduziert, falls Strukturen durch geringfügige Anpassung von Konturen definiert werden können, die bereits in vorhergehenden Schichten eingezeichnet wurden. Dies gilt z.B. für die Augen oder den Hirnstamm. Alle Konturen werden bei der Bearbeitung simultan in korrelierten Bildserien angezeigt. Beim Freihandzeichnen kann während des Zeichnens die Bildserie gewechselt werden, so daß zur Definition einer Struktur jeweils diejenige Serie ausgewählt werden kann, die an einer bestimmten Bildstelle den höchsten Informationsgehalt aufweist. Zur Konsistenzprüfung der manuell definierten Konturen können diese als 3D-Modell räumlich dargestellt und interaktiv in Echtzeit rotiert werden.

14.1.2 Unsicherheiten bei der Modellierung von Zielvolumina und Risikoorganen

Ein Problem bei der Festlegung vor allem des CTV besteht in der inter- und intrapersonellen Variabilität der eingezeichneten Strukturen. Da jede manuelle Segmentierung ein subjektiver Vorgang ist, der in starkem Maße von der medizinischen Erfahrung des Therapeuten und der vorhandenen klinischen Information abhängt, können mehr oder weniger große Abweichungen des Ergebnisses zwischen verschiedenen Therapeuten auftreten. Es ist sogar für ein und dieselbe Person nahezu unmöglich, Strukturen zu verschiedenen Zeitpunkten exakt zu reproduzieren. Im Bereich der Strahlentherapieplanung ist man sich dieses Problems seit langem bewußt. Das Zeichnen von Konturen zwingt den Therapeuten ständig zu binären Entscheidungen, obwohl dieser Vorgang mit einigen Unsicherheiten bzgl. des zugrundeliegenden medizinischen Entscheidungsprozesses behaftet ist. Bislang fehlt allen Systemen bei der Festlegung vor allem des CTV die Möglichkeit, Unsicherheiten in Form von unscharfer Logik zu modellieren. Diese Modellierung könnte jedoch bei der Bestrahlungsplanung berücksichtigt werden und zu einer realistischeren Bewertung von Plänen fuhren. Derzeit wird nach Methoden gesucht, die Unsicherheit bei der Segmentierung zu modellieren und in die Bestrahlungsplanung zu integrieren [27].

14.1.3 Automatische Interaktive Segmentierung

Die üblichen automatischen low-level Segmentierungsverfahren beruhen auf der Auswertung der Grauwertinformation von Bildmatrizen, die aus einzelnen Elementen, den Pixeln, bestehen. Die einfachsten schwellwertbasierten Methoden verwenden dabei die Grauwerte einzelner Pixel. Komplexere Methoden beruhen auf der Untersuchung einzelner Pixel unter Einbeziehung von Nachbarschaftspixeln. Diese Verfahren können klassischerweise in zwei Gruppen unterteilt werden: Segmentierung durch Unstetigkeitserkennung und Segmentierung nach Homogenitätskriterien. Die erste Methode fährt zur Anwendung von sog. Kantendetektionsverfahren (edge detection), während die zweite Methode durch Bereichswachstum (region growing) und Texturanalyse gekennzeichnet ist. Bekannt sind auch Algorithmen, die beide Ansätze kombinieren. Hierbei kann z.B. das Bereichswachstum durch zuvor ermittelte Kanten sinnvoll beschränkt werden. Idealerweise werden die Bilder durch die Algorithmen in einzelne Bereiche gegliedert, die den gewünschten anatomischen Strukturen entsprechen. Diese Strukturen müssen anschließend durch Objekterkennungsalgorithmen in nachfolgenden Arbeitsschritten erkannt und bezeichnet werden. Diese Vorgehensweise von *unten nach oben* (bottom up) erzeugt ausgehend von Bildinformation ein Modell. Andere Ansätze beschreiten den umgekehrten Weg (top down). Hierbei werden Modelle vorgegeben und durch unterschiedliche Methoden an die Bildinformation angepaßt.

Im medizinischen Bereich und speziell in der Bestrahlungsplanung bleibt der Einsatz der oben beschriebenen vollautomatischen Segmentierungsverfahren bis heute auf Forschungssysteme beschränkt, da die Anforderungen für die klinische Routine wie einfache Handhabung, Flexibilität, Geschwindigkeit und Genauigkeit bisher nicht erfüllt werden können. Vielversprechender sind hier Verfahren, deren Segmentierungsergebnisse durch manuelles Einstellen der benötigten Parameter interaktiv steuerbar sind und somit den speziellen Bedürfnissen der Strahlentherapieplanung angepaßt werden können. Für diese Art der halbautomatischen Segmentierung wurde der Begriff interaktive Segmentierung geprägt, um den Unterschied zu rein automatischen Verfahren einerseits und rein manuellen Verfahren andererseits deutlich zu machen.

Zwei solcher Verfahren haben sich bisher durch eine signifikante Zeitersparnis im Vergleich zur rein manuellen Segmentierung als nützlich erwiesen. Zum einen handelt es sich dabei um ein Bottom-up-Verfahren, das auf interaktiv steuerbarem und kantenbegrenzendem Bereichswachstum beruht, und zum anderen um einen Top-down-Ansatz, bei dem ein dreidimensionales anatomisches Modell der Risikoorgane des Kopfbereichs interaktiv an individuelle Patientendatensätze angepaßt werden kann. Die Anwendung des anatomischen Modells des Kopfbereichs bleibt dabei allerdings auf die Planung von Hirntumoren beschränkt, während die erste Methode auch in allen anderen Körperbereichen vorteilhaft einsetzbar ist.

14.2 Festlegung der Bestrahlungstechniken: Virtuelle Therapiesimulation

Der nächste wichtige Schritt im Ablauf der 3D-Planung besteht in der Bestimmung und Festlegung der Bestrahlungstechnik. Wie bei der herkömmlichen Planung sind gewisse Forderungen an die Bestrahlungstechnik zu stellen, die vom Planer beachtet und vom Planungsprogramm unterstützt werden müssen. Charakteristisch für ein dreidimensionales Programm ist das Ziel einer tumorkonformen Bestrahlung, oft realisiert durch den Einsatz irregulärer Felder (oder Multi-Leaf-Kollimatoren) und die Möglichkeit der Definition nichtkoplanarer Bestrahlungstechniken.

Eine Bestrahlungstechnik sollte in der Regel folgenden Anforderungen genügen:

1. möglichst einfach,
2. leicht reproduzierbar,
3. technisch realisierbar,
4. mit möglichst geringem Aufwand einstellbar,
5. homogene Bestrahlung des Zielvolumens mit einer ausreichenden Absolutdosis,
6. möglichst geringe Strahlenbelastung des gesunden Gewebes und insbesondere der Risikoorgane.

Moderne Methoden der 3D-Computergraphik können heute in einem 3D-Planungssystem den Bestrahlungsplaner bei dieser teilweise schwierigen Aufgabe wirkungsvoll unterstützen.

14.2.1 Auswahl geeigneter Einstrahlrichtungen

Nachdem sich der Therapeut einen Überblick über die räumliche Lage des Zielvolumens und der Risikoorgane verschafft hat, legt er die Richtung des ersten Strahlenfeldes fest. Das Hauptkriterium für die Wahl einer geeigneten Richtung ist dabei, daß das Zielvolumen möglichst komplett vom Strahlenfeld erfaßt wird, ohne daß sich Risikoorgane im Strahlenfeld befinden. Falls dies nicht möglich ist, wird zumindest der Anteil der vom Feld erfaßten Risikoorgane minimiert. Ein weiteres Kriterium ist die Größe des Strahlenfeldes: Der Therapeut wählt nach Möglichkeit eine Richtung, bei der die Projektion des Zielvolumens und damit das Feld klein ist, um so auch die Dosisbelastung im gesunden Gewebe zu minimieren.

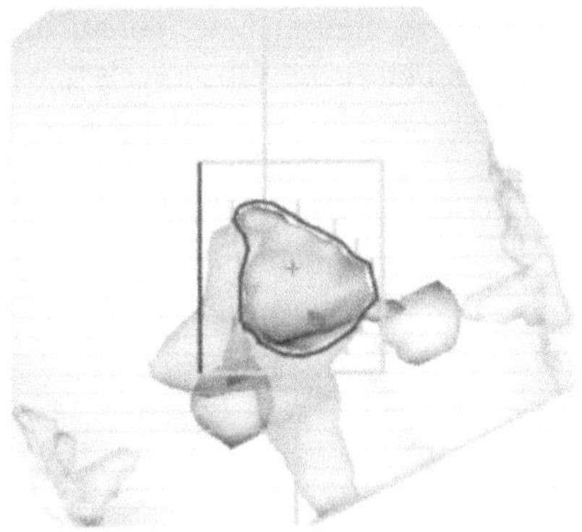

Abb. 14.4. Beam's Eye View

14.2.2   Beam's Eye View

Geeignete Richtungen können interaktiv mit dem Beam's Eye View (BEV) gefunden werden. In dem BEV sieht der Therapeut das dreidimensionale Oberflächenmodell aus der Position der Strahlenquelle und kann damit sofort erfassen, welche Strukturen vom Strahlenfeld getroffen werden. Mit Hilfe des BEV kann anschließend die Form des Strahlenfeldes an die Form des Zielvolumens angepaßt werden. Um irregulär geformte Strahlenfelder realisieren zu können, wurden spezielle Kollimatoren und Hilfsmittel zur Strahlformung entwickelt (Abb. 14.4).

14.2.3   Observer's View

Anschließend definiert der Therapeut nach dem gleichen Schema weitere Strahlenfelder. Ein wichtiges Kriterium ist nun, den Bereich, in dem sich

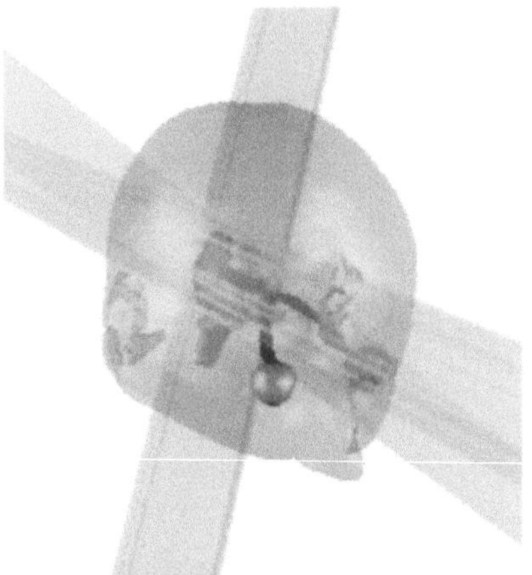

Abb. 14.5. Observer's View

die einzelnen Felder überlagern, möglichst klein zu halten bzw. genau auf das Zielvolumen zu begrenzen. Diese Information liefert der Observer's View (OEV), der das gleiche dreidimensionale Patientenmodell wie der BEV von einem beliebigen Betrachtungspunkt zeigt (Abb. 14.5). Zusätzlich enthält der OEV die Ausdehnung aller definierten Strahlenfelder. Der Überlagerungsbereich läßt sich damit gut erkennen. Neben diesen dreidimensionalen Darstellungen ist es natürlich wichtig, die Ausdehnung der Strahlenfelder auch in den der Planung zugrundeliegenden Bildwürfeln kontrollieren zu können.

14.2.4 Spherical View

Die Suche nach geeigneten Einstrahlrichtungen ist ein Trial-and-error-Verfahren. Der BEV erlaubt zwar die Beurteilung der aktuellen Einstrahlrichtung, der Therapeut bekommt aber keinen Hinweis, wo sich geeignetere Einstrahlrichtungen finden lassen. Dazu wurde der Spherical View entwickelt. Durch eine Veränderung der Gantry- und Tischstellungen kann die Strahlenquelle auf einer kugelförmigen Umlaufbahn um den Zielpunkt bewegt werden. Visualisiert man auf dieser Kugeloberfläche die Bahnen der Quelle bei

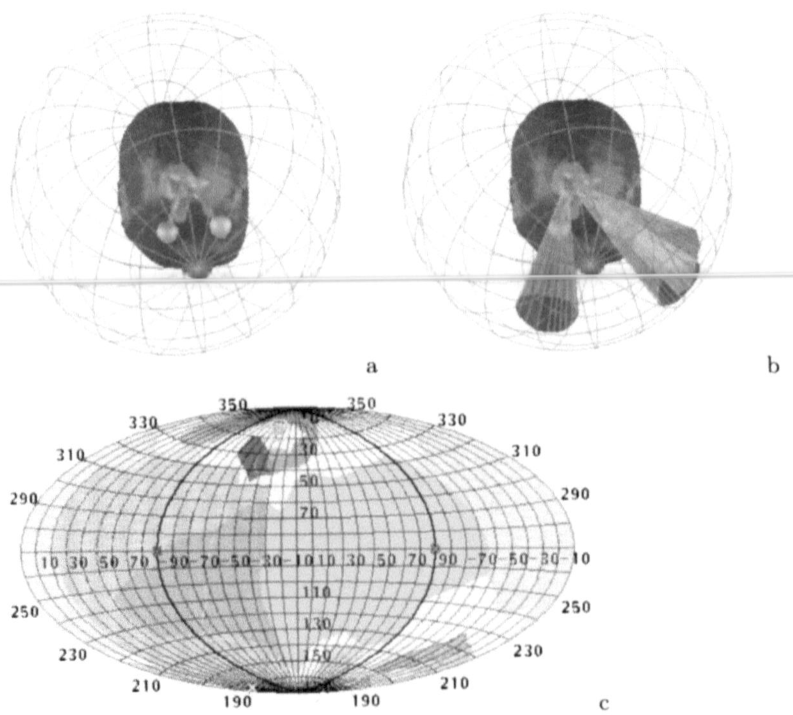

Abb. 14.6. **a** Umlaufbahnen der Quelle: Meridiane = Gantryrotationen, Breitenkreise = Couchrotationen; **b** Projektion der Risikoorgane; **c** Spherical View

Gantry- und Tischrotationen, so erscheinen Gantry-Rotationen wie Meridiane und Tischrotationen wie Breitenkreise auf einem Globus. Auf diese Kugeloberfläche werden im nächsten Schritt alle Risikoorgane projiziert (Abb. 14.6), wo sie wie Kontinente erscheinen. Alle Punkte innerhalb dieser Projektionen entsprechen Einstrahlrichtungen, bei denen der Zentralstrahl auf seinem Weg von der Quelle zum Zielpunkt durch das jeweilige Risikoorgan dringt. Entsprechend werden auch alle Einstrahlrichtungen gekennzeichnet, bei denen der Zentralstrahl durch ein Risikoorgan dringt, nachdem er den Zielpunkt passiert hat. Alle Punkte außerhalb dieser Projektionen kennzeichnen nun die erfolgversprechenden Einstrahlrichtungen, bei denen der Zentralstrahl nicht durch ein Risikoorgan dringt.

Eine dreidimensionale Visualisierung dieser Kugel zeigt immer nur eine Hälfte der Oberfläche. Um alle erfolgversprechenden Einstrahlrichtungen parallel anzeigen zu können, wird die Kugeloberfläche mit Hilfe von Landkartenprojektionen auf eine zweidimensionale Ebene projiziert, wo sie sich dann wie eine Landkarte der Erdkugel darstellt. Diese Form des Spherical View berücksichtigt nur den Zentralstrahl. Abhängig von der notwendigen Feldgröße und -form kann es jedoch sein, daß außerhalb des Zentralstrahls Risikoorgane vom Strahlenfeld getroffen werden. Der Spherical View bietet deshalb nur eine Vorauswahl erfolgversprechender Einstrahlrichtungen, die mit Hilfe des BEV untersucht werden müssen.

14.2.5 Beam's-Eye-View-Volumetrie

Der Informationsgehalt des Spherical View kann durch Einbeziehung von Daten, die mit Hilfe der Beam's-Eye-View-Volumetrie (BEV-Volumetrie) ermittelt werden, deutlich gesteigert werden. Bei der BEV-Volumetrie wird für jede mögliche Einstrahlrichtung berechnet, welcher Anteil einer Risikostruktur vom jeweiligen Strahlenfeld erfaßt wird. Diese Informationen lassen sich in den Spherical View integrieren (Abb. 14.7). Dazu erweitert man die zweidimensionale Landkartenprojektion um eine dritte Dimension, d.h., man modelliert den Kontinenten Täler und Berge auf. Die Höhe der Berge ist pro-

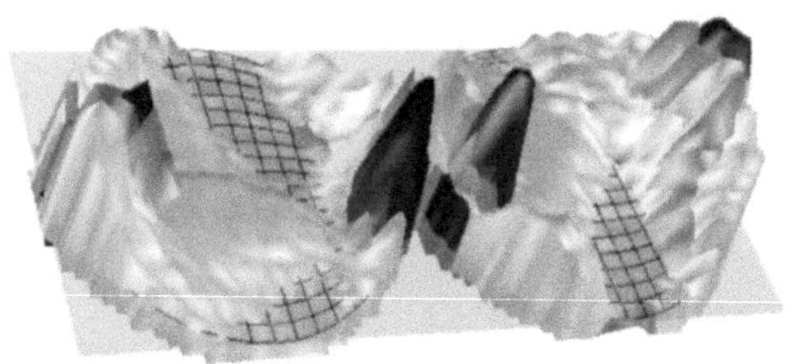

Abb. 14.7. Spherical View mit Beam's Eye View Volumetrie Informationen

portional zu dem Volumen, das von einem Strahlenfeld erfaßt wird und aus dieser Richtung appliziert würde. Damit lassen sich unter Berücksichtigung der notwendigen Feldgröße leicht Richtungen finden, für die die Belastung eines Risikoorgans minimal wird.

Leider erhält man nun einen optimalen Plan nicht einfach dadurch, daß man eine gewisse Anzahl Richtungen auswählt, bei der das erfaßte Volumen der Risikoorgane klein bleibt. Nicht berücksichtigt wird bei dieser Methode, in welchen Bereichen sich die Strahlenfelder überlagern. Dadurch ist es möglich, daß Feldkombinationen gewählt werden, die prinzipiell nur ein kleines Teilvolumen eines Risikoorgans erfassen, deren Dosis sich aber in diesem Bereich auf einen nicht mehr tolerierbaren Bereich auf summiert. Damit ist die Kombination aus BEV-Volumetrie und Spherical View kein Hilfsmittel, mit dem quasi automatisch optimale Beam-Konfigurationen gefunden werden können. Da die fehlenden Informationen aber aus den anderen Ansichten (BEV, OEV) erhältlich sind, hilft sie erfolgversprechende Richtungen zu finden und kann die Planungszeit reduzieren.

14.2.6 Darstellung der Behandlungssituation

Während der Definition der Einstrahlrichtungen muß der Therapeut natürlich berücksichtigen, ob die von ihm gewünschten Richtungen auf die vorhandene Therapieeinrichtung übertragen werden können. Je nach Beschleuniger und ausgewähltem Zubehör (Multi-Leaf-Kollimatoren, Applikatoren etc.) kann es sein, daß gewünschte Richtungen nicht realisierbar sind, da es sonst zu einer Kollision zwischen der Gantry und dem Behandlungstisch oder sogar dem Patienten kommen könnte (Abb. 14.8). Die möglichen Einstellbereiche hängen u.a. von der Lage des Zielpunktes im Patienten ab und können nicht allgemeingültig festgelegt werden. Da das Patientenmodell nur den Teil des Patienten enthält, der bei der Bildakquisition erfaßt wurde, ist es ohne weitere Informationen nicht in der Lage, mögliche Kollisionen automatisch zu erkennen. Deshalb hat sich eine dreidimensionale Darstellung der Behandlungseinrichtung bewährt, in die das Patientenmodell integriert ist. Der Therapeut

Abb. 14.8. Linac View. Linke Seite ohne, rechte Seite mit einer Kollision von Gantry und Patient/Tisch

kann damit sehr gut abschätzen, welche Einstrahlrichtungen sich problemlos realisieren lassen bzw. bei welchen er die Machbarkeit mit dem Patienten am Beschleuniger überprüfen muß.

14.2.7 Weitere Behandlungsparameter

Neben der Definition der Einstrahlrichtungen und Feldformen muß der Therapeut noch eine Reihe weiterer Parameter definieren, die Einfluß auf die resultierende Dosisverteilung haben. An erster Stelle steht die Auswahl der Strahlenart und der Energie. In der klinischen Routine werden in der Regel Photonen eingesetzt, bei oberflächennahen Tumoren kommen aber auch Elektronen zum Einsatz. An einigen wenigen Forschungseinrichtungen ist es darüber hinaus möglich, Patienten mit Protonen oder auch schweren Ionen zu behandeln. Neben der Strahlenart hat natürlich auch die verwendete Energie einen Einfluß auf die resultierende Dosis. Mit Hilfe von Blöcken, Keilen, Kompensatoren und dynamischen Kollimatoren kann die Intensität eines Strahlenfeldes moduliert werden; d.h., die Dosis wird nicht mehr homogen über die gesamte Öffnung des Strahlenfeldes appliziert. Damit kann erreicht werden, daß sich die Dosis noch besser an die Form des Zielvolumens anpaßt. Ein modernes Planungssystem sollte deshalb die Definition solcher Strahlmodulatoren geeignet unterstützen.

14.2.8 Standardpläne

Bei einer ganzen Reihe von Tumorlokalisationen kommen häufig Standardkonfigurationen zum Einsatz. Um den Planungsprozeß zu beschleunigen, sollte ein Planungsprogramm deshalb die Vordefinition solcher Standardtechniken erlauben, so daß der Therapeut nicht jedesmal diese Standards von Hand noch einmal nachvollziehen muß. Sind Standardkonfigurationen abrufbar, können diese als Ausgangspunkt für individuelle Anpassungen verwendet werden und führen so schneller zu einem optimalen Plan.

14.3 Dreidimensionale Dosisberechnung

Die Vorausberechnung der im Patienten applizierten Dosis ist die Grundlage der nachfolgenden Bewertung eines Bestrahlungsplans durch den Strahlentherapeuten. Die medizinische Charakterisierung eines „optimalen" Bestrahlungsplans erfolgt durch die Spezifikation von Bedingungen an die dreidimensionale Dosisverteilung, wie z.B. durch das Festlegen von Toleranzdosen in Risikoorganen, der Begutachtung des Verlaufs bestimmter Isodosenflächen oder Anforderungen an die Dosishomogenität im Zielvolumen. Die Erfüllung dieser klinischen Kriterien entscheidet über den prognostizierten Erfolg der Therapie und ist damit die zentrale Größe zur Entscheidungsfindung in der

Therapieplanung. Aus dieser zentralen Rolle in der Planungsphase der Therapie leiten sich auch die beiden im Widerstreit zueinander stehenden Anforderungen an die Dosisberechnung ab: 1) Die Vorhersage der Patientendosis muß mit hoher Präzision und Zuverlässigkeit möglich sein, und 2) die Dosisberechnung muß in einem Zeitrahmen erfolgen können, der sich problemlos in eine interaktive Planungsstrategie integrieren läßt. Zur Lösung des Konflikts zwischen Genauigkeit und Geschwindigkeit der klinischen Dosisberechnung wurden vielfältige Ansätze entwickelt, von denen die wichtigsten im folgenden kurz dargestellt werden.

14.3.1   Dosisberechnung für Photonen

Physikalische Grundlagen

Energieabsorption von Photonenstrahlen. Zum Verständnis der Konzepte zur Dosisberechnung von Photonenstrahlen stellen wir noch einmal die physikalischen Prinzipien der Energieabsorption elektromagnetischer Strahlung in Geweben vor.

Ausgangspunkt ist die Vorstellung, daß Gewebe größtenteils aus Wasser bestehen und man daher zunächst die absorbierte Dosis in einem Wasserphantom berechnet. Die Dosis in Geweben mit einer vom Wasser abweichenden Elektronendichte, im allgemeinen charakterisiert über die Hounsfield-Werte des CT, werden dann anschließend als Korrektur zur Wasserenergiedosis berechnet. Die pro Massenelement absorbierte Energie – die Energiedosis – im Patienten wird durch zwei Faktoren bestimmt. Dies sind erstens die Eigenschaften des vom Beschleuniger emittierten Photonenstrahls und zweitens durch die Wechselwirkungsprozesse der Photonen mit den Atomen des bestrahlten Gewebes. Der Einfluß des Beschleunigers auf die Dosisverteilung, der durch das Energiespektrum und die Zahl der pro Raumwinkel emittierten Photonen bestimmt ist, wird durch gemessene Dosisgrößen in die Dosisberechnung integriert.

Die zweite Komponente, die Wechselwirkung von Photonen und Materie, kann anhand physikalischer Modelle berechnet werden. Ausgangspunkt dieses komplexen Prozesses ist die primäre Absorption von Photonen, deren Energie größtenteils auf sekundäre Elektronen übertragen wird, die ihrerseits ihre Energie in weiteren Wechselwirkungskaskaden durch Streuung an Elektronen des Gewebes abgeben.

Die Zusammenführung der beiden Hauptkomponenten – Photonenspektrum des Beschleunigers und Berechnung der mikroskopischen Energiedeposition von Photonen und ihren Sekundärteilchen – in einen schnellen und zuverlässigen Dosisalgorithmus ist die Aufgabe der Dosisberechnung in der Strahlentherapie [1].

Standardmethoden der Dosisberechnung

a) Rein Phänomenologische Modelle. Die phänomenologische Dosisberechnung beruht auf einer Parametrisierung der Dosisverteilung durch gemessene Kenndaten, die sog. dosimetrischen Basisdaten. Für eine Anzahl klinisch relevanter, regulär geformter Felder wird sowohl die Tiefendosis als auch die laterale Aufstreuung der Dosis im Wasser gemessen. Die Dosis ergibt sich dann als Produkt verschiedener auf ein Referenzfeld bezogener dosimetrischer Verhältnisse, wie z.B. der Tiefendosiskurve, und lateralen Größen, wie dem Kollimatorstreufaktor und dem Phantomstreufaktor [19].

Zur Korrektur der Dosisverteilung in Gewebeinhomogenitäten gibt es verschiedene phänomenologische Verfahren. Am einfachsten ist die Skalierung der Tiefendosis mit der relativen Elektronendichte von Gewebe zu Wasser. Es ist zu beachten, daß alle üblichen Verfahren zur Inhomogenitätskorrektur nur Inhomogenitäten längs der Richtung des Photonenstrahls berücksichtigen. Laterale Dichteschwankungen des Gewebes können nicht berücksichtigt werden.

b) Faltungsverfahren – Kerne und Pencil-Beams. Die Anwendung der rein auf Meßdaten basierenden Dosisalgorithmen ist streng genommen auf die Bestrahlung regulär geformter Felder, d.h. quadratischer oder kreisförmiger Felder beschränkt. Korrekturen irregulärer Feldkonturen wie z.B. durch die Clarkson-Integrationsmethode sind rechentechnisch aufwendig und liefern nur bedingt zuverlässige Ergebnisse. Eine schnelle, elegante Methode zur genauen Berechnung der Dosis bei beliebig irregulär geformten Feldern, wie sie besonders bei modernen Therapietechniken wie der IMRT auftreten, sind die sog. Faltungsalgorithmen.

Die Idee der Dosisberechnung mit Faltungsalgorithmen besteht darin, die mikrospischen Wechselwirkungsprozesse der Energiedeposition in Wasser für einen definierten „Elementarphotonenstrahl" einmal auszurechnen und abzuspeichern. Dieser Energiedosiskern ist im Idealfall unabhängig von den Eigenschaften des verwendeten Beschleunigers. Im zweiten Schritt wird das Photonenspektrum des Beschleunigers in eine Summe der zuvor definierten Elementarstrahlen zerlegt, so daß sich die Dosis an einem Punkt als die Summe der Energiekerne aller vorkommenden Elementarstrahlen ergibt. Die Gesamtheit der „Elementarstrahlen" wird häufig als Primärfluenz, d.h. als die in einer Ebene senkrecht zur Strahlachse pro Fläche emittierten Photonen, charakterisiert. Nimmt man weiterhin an, daß das Gewebe in der lateralen Ebene homogen ist, so kann die Dosis einfach als eine mathematische Verknüpfung (Faltung) zwischen Primärfluenz und Dosiskern bestimmt werden [14]. Mit Hilfe derartiger Faltungsalgorithmen läßt sich insbesondere die Dosis beliebig irregulär geformter Felder innerhalb weniger Sekunden zuverlässig berechnen [5].

Als Beispiel für einen Energiedosiskern betrachten wir in Abb. 14.9a einen sog. Pencil-beam. Der Pencil-beam stellt die Dosisverteilung eines unendlich

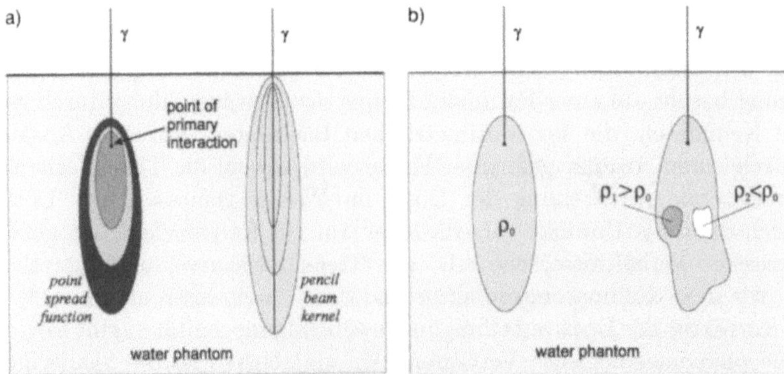

Abb. 14.9. a Die Energieverteilung um den primären Wechselwirkungspunkt wird durch den Energiedosiskern beschrieben. Eine Integration des Energiedosiskerns entlang der Einstrahlrichtung liefert den Pencil-beam. **b** Dichteskalierung des Kerns zur Inhomogenitätskorrektur

dünnen Nadelstrahls im Wasser dar, der senkrecht auf die Oberfläche eines Phantoms trifft. Die Faltung des Pencil-beams mit der durch die Kollimatoröffnung definierte Primärfluenz ergibt dann die Gesamtdosisverteilung des vollständigen Bestrahlungsfeldes. Die hohe erreichbare Präzision dieses Dosisalgorithmus soll an einer klinischen Dosisverteilung aus dem Bereich der IMRT in Abb. 14.10 demonstriert werden. In Abb. 14.10a ist das mit einem Kompensator zu realisierende Feld der Primärfluenz dargestellt, bei dem das Rückenmark durch eine zentrale Blockung der Fluenz soweit wie möglich von Dosisbelastung verschont wird. Abbildung 14.10b zeigt ein Profil der mit einem schnellen Faltungsalgorithmus erzeugten Dosisverteilung im Vergleich zu dosimetrischen Messungen, die eine Übereinstimmung im Rahmen von ca. 3% ergibt.

Das Problem der Gewebeinhomogenitäten. Die korrekte Berechnung der Dosis in Gewebeinhomogenitäten wird durch die Anwendung der beschriebenen Faltungsalgorithmen nicht verbessert. Wie im Fall der phänomenologischen Modelle besteht die Inhomogenitätskorrektur meist lediglich in der tiefenabhängigen Dosisskalierung relativ zur Wasserenergiedosis. Insbesondere starke Gewebeinhomogenitäten innerhalb des lateralen Strahlenfeldes, die z.B. bei der Bestrahlung von Lungentumoren oder Tumoren im Bereich der Nasennebenhöhlen unvermeidbar sind, führen bei Verwendung der beschriebenen Algorithmen zu klinisch relevanten Fehlern in der berechneten Patientendosis.

Als Beispiel betrachten wir den Einfluß einer Luftkavität auf eine Tiefendosisverteilung, bei der Effekte beobachtet werden, die mit den bisher dargestellten Verfahren nicht beschrieben werden können. Die zunehmende seitliche Streuung der Teilchen in die Kavität führt zu einer Ausdehnung der

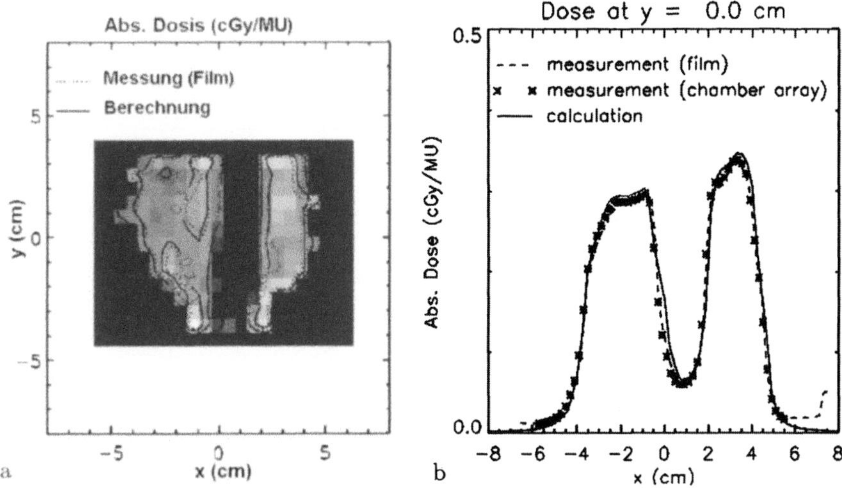

Abb. 14.10. Beispiel zur Anwendung eines Faltungsalgorithmus zur Dosisberechnung für ein intensitätsmoduliertes Feld. **a** zeigt gemessene und berechnete Isodosen für eine CT-Schicht im Vergleich mit der zugrundeliegenden Fluenzmatrix. Die zentrale Blockung dient zur Schonung des Risikoorgans Rückenmark. **b** zeigt das Profil der mit einem Faltungsalgorithmus berechneten Dosis (durchgezogene Linie) im Vergleich zu Messungen

Dosis in lateraler Richtung, so daß sich die Dosis in der Kavität auf dem Zentralstrahl deutlich erniedrigt. Dieser Effekt der lateralen Streuung in inhomogenen Geweben ist im Konzept der Standarddosisalgorithmen nicht berücksichtigt, so daß die Zentralstrahldosis in der Kavität signifikant überschätzt wird. Dieser Fehler macht sich dann in einer klinisch relevanten Überschätzung der Dosis im an die Kavität angrenzenden Gewebe bemerkbar. In Abb. 14.11a und b ist der Effekt einer Luftkavität auf die berechnete Tiefendosis im Vergleich zu Messungen in einem Plexiglasphantom dargestellt.

Zur Verbesserung der Dosisverteilungen in stark inhomogenen Geweben wurde die Methode der Superpositionsalgorithmen entwickelt. Die zentrale Idee dieses Algorithmus besteht darin, den Energiedosiskern des Pencil-beams weiter zu verkleinern und auf einen Punktkern zu reduzieren, an diesem die Inhomogenitätskorrektur vorzunehmen und abschließend die Dosis als Superposition der Beiträge aller Punktkerne zu berechnen [15,26]. Ein Punktkern beschreibt die Dosisverteilung, die sich um den Ort der Absorption eines primären Photons im Wasser ergibt. Den zuvor beschriebenen Pencil-beam erhält man somit als Aufsummation aller Punktkerne entlang seiner zentralen Achse. Die Inhomogenitätskorrektur des Kerns erfolgt durch eine dreidimensionale Skalierung des Punktkerns mit der relativen Elektronendichte (s. Abb. 14.9b), so daß in diesem Fall auch laterale Streueffekte in der Rechnung berücksichtigt werden. Als Anwendung der Superpositionsmethode mit skalierten Punktkernen betrachten wir wieder das Beispiel einer Luftkavität

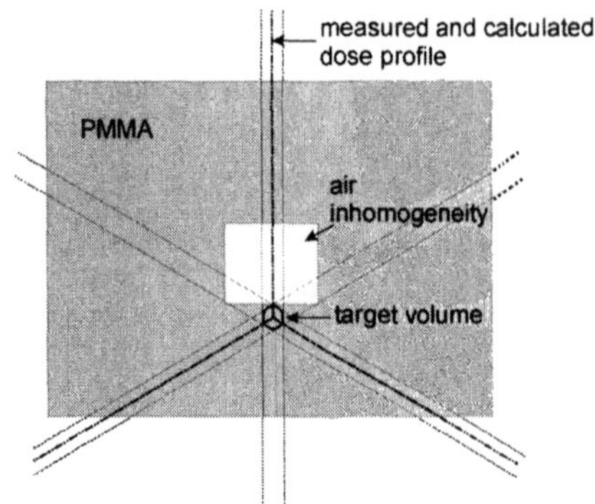

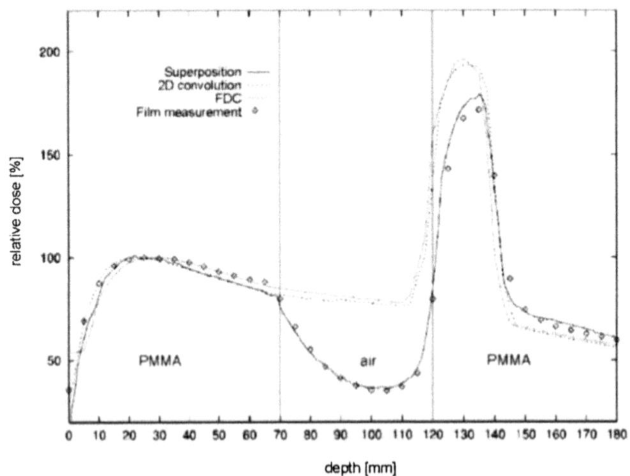

Abb. 14.11. a Beispiel für eine Strahlgeometrie mit drei Feldern und einer Luft-inhomogenität. Das zylindrische Zielvolumen liegt hinter dem Lufthohlraum. **b** Gemessene und berechnete Tiefendosisverläufe entlang der in **a** gezeigten Richtung. Von den drei angewendeten Berechnungsverfahren beschreibt nur das Superpositionsverfahren die Dosis hinter dem Luftspalt korrekt. Sowohl die 2D-Faltung als auch das sog. FDC-Verfahren (ausschließlich auf Wasserdaten basierend) unterschätzen hingegen die Dosis im Aufbaugebiet hinter der Kavität. (Dieses Bild wurde freundlicherweise von C. Schulze zur Verfügung gestellt)

im Gewebe. Die zuvor mit dem Pencil-beam fehlerhafte Dosis auf dem Zentralstrahl stimmt für den Superpositionsalgorithmus gut mit den Verifikationsmessungen überein. Die erhöhte Genauigkeit dieser Dosisberechnung wird allerdings durch eine erheblich längere Rechenzeit erkauft, die in der Größenordnung von vielen Minuten bis zu wenigen Stunden liegen kann. Aus diesem Grunde sind Superpositionsalgorithmen auch erst in Ausnahmefällen in kommerziellen Bestrahlungsplanungssystemen zu finden.

Monte-Carlo-Verfahren zur Dosisberechnung. Ein Ansatz, der die mikroskopischen Prozesse der Energieabsorption am genauesten beschreibt, sind die sog. Monte-Carlo Techniken [2]. In diesem Fall wird der Transport der Strahlung direkt in der Patientengeometrie auf die grundlegenden physikalischen Prozesse zurückgeführt. Der Transport und die Erzeugung von Photonen und Sekundärelektronen wird hierbei als Folge von Zufallsprozessen an Wechselwirkungspunkten mit dem Medium aufgefaßt. Die Wahrscheinlichkeiten für die verschiedenen möglichen Prozesse sind aus der Physik gut bekannt, so daß der Weg und der Energieverlust aller beteiligten Teilchen „ausgewürfelt" werden können. Die Beschreibung des heterogenen Mediums wird aus den CT-Daten des Patienten gewonnen. Die gesuchte makroskopische Dosisverteilung ergibt sich dann als Mittelwert der zufälligen mikroskopischen Energieabgaben für viele Teilchen.

Um die statistischen Unsicherheiten zu begrenzen, kann die Anzahl der benötigten Teilchengeschichten dabei in der Größenordnung von 100 Mio. Teilchen liegen. Ein in der Medizinphysik weitverbreitetes Programmpaket für Monte-Carlo-Simulationen ist EGS (Electron Gamma Shower) [16]. Um die genauen Voraussagen einer Monte-Carlo-Simulation optimal auszunutzen, muß die einfallende Strahlung adäquat beschrieben werden. Diese Daten, insbesondere das Energiespektrum und die Winkelverteilung des einfallenden Photonstrahls, können selbst wiederum aus einer Monte-Carlo-Simulation des Linearbeschleunigers gewonnen werden. Zur Beschreibung des Beschleunigers wurden spezielle Zusatzprogramme wie beispielsweise das BEAM-System entwickelt [20]. Diese zeitaufwendige Simulation des Beschleunigerkopfes oberhalb der Blenden muß hierbei nur einmal durchgeführt werden, um die Anfangsdaten für die weiteren patientenbezogenen Simulationen zur Verfügung zu stellen. Zur Berechnung von Dosisverteilungen im Patienten hingegen schließen die notwendigen Rechenzeiten bisher einen routinemäßigen Einsatz der Monte-Carlo-Verfahren aus. Die mit Monte-Carlo-berechneten Dosisverteilungen dienen z.Z. daher als Kontrolle für andere Verfahren oder zur endgültigen Berechnung der Dosis eines bereits erstellten Plans. Durch die rapide Steigerung der Computerrechenleistung in den letzten Jahren stehen die Monte-Carlo-Techniken jedoch an der Grenze zur klinischen Einsetzbarkeit (z.B. Peregrine-System [19]).

14.3.2 Dosisberechnung für Elektronen

Problematik. Die Anforderungen an die Dosisberechnung sind im Fall von Elektronenstrahlen grundsätzlich dieselben wie bei Photonenstrahlen. Im Gegensatz zu Photonen ist jedoch bei Elektronen die präzise Berechnung der Dosisverteilung wesentlich komplizierter. Die Aufstreuung der Strahlelektronen im Gewebe ist viel ausgeprägter und hat wesentlichen Einfluß auf die Dosisverteilung. Aus diesem Grund können nur solche Berechnungsalgorithmen genaue Ergebnisse liefern, welche das Seitenstreuverhalten der Elektronen adäquat berücksichtigen. Entsprechende Berechnungsverfahren sind zwar bekannt bzw. bereits verfügbar, sind aber aufgrund der derzeit noch zu langen Rechenzeiten nicht im klinischen Routinebetrieb einsetzbar. In einzelnen Fällen wird deshalb auf den Einsatz von Elektronenfeldern verzichtet, weil man nicht über eine zuverlässige Dosisberechnung verfügt. Es ist deshalb wichtig, die Grenzen der derzeit klinisch eingesetzten Algorithmen zu kennen, aber gleichzeitig auch die Möglichkeiten, die diese Algorithmen zweifelsohne bieten.

Physikalische Grundlagen. Elektronen sind ungefähr um den Faktor 2000 leichter als die Kernbausteine in den Atomen. Stöße zwischen den Strahlelektronen und den Atomkernen des Gewebes sind deshalb vergleichbar mit Stößen zwischen Tischtennisbällen und Stahlkugeln. Während die Atomkerne nur unmerklich gestreut werden, erfahren die Strahlelektronen starke Ablenkungen von ihrer ursprünglichen Ausbreitungsrichtung. Bei diesen Wechselwirkungen wird praktisch keine Energie übertragen. Dies geschieht vielmehr bei den Stößen der Strahlelektronen mit den Elektronen des Gewebes. Wie stark die Strahlelektronen im Gewebe aufgestreut werden, ist abhängig von der Massendichte des Gewebes und in geringerem Umfang auch von dessen chemischer Zusammensetzung. Dringt ein in lateraler Richtung unendlich ausgedehnter Elektronenstrahl in ein homogenes Medium ein, so liegt vollständiges Seitenstreugleichgewicht der Elektronen vor. Das heißt, ebensoviele Elektronen, wie von einem beliebigen Punkt im Medium zur Seite weggestreut werden, werden von den seitlichen Richtungen zurückgestreut. Das Tiefendosisprofil ergibt sich unter diesen Voraussetzungen allein aufgrund der Elektronenergie. Charakteristisch ist hierbei die im Gegensatz zu Photonenstrahlung begrenzte Eindringtiefe der Elektronen (s. Abb. 14.12).

In der Praxis wird allerdings das Seitenstreugleichgewicht durch zwei Effekte gestört. Zum einen hat man es immer mit Feldern endlicher Querschnittsfläche zu tun. Die fehlenden Streubeiträge aus Bereichen außerhalb der Feldgrenzen bewirken, daß im Randbereich des Feldes die Elektronenfluenz niedriger ist als im zentralen Feldbereich. Die Folge ist ein Halbschattenbereich im Querprofil der Dosisverteilung, der deutlich ausgeprägter ist als bei Photonenfeldern. Bei kleinen Feldern mit Abmessungen von nur wenigen cm kann es besonders bei hohen Elektronenenergien vorkommen, daß sogar entlang des Zentralstrahls kein Seitenstreugleichgewicht besteht. In diesem Fall kann der Tiefendosisverlauf entlang des Zentralstrahls deutlich vom typischen und von großen Feldern bekannten Verlauf abweichen.

Neben der endlichen Feldgröße wird eine Störung des Seitenstreugleichgewichts durch Inhomogenitäten hervorgerufen. Wie bereits erwähnt, ist die Aufstreuung der Elektronen von der Massendichte des Gewebes abhängig. Befinden sich also in lateraler Richtung Gewebe mit unterschiedlicher Massendichte, werden von dem dichteren Gewebe mehr Strahlelektronen zur Seite gestreut als von dem weniger dichten. Als Folge ergibt sich auf der Seite des dichteren Gewebes eine Fluenzerniedrigung, ein sog. *Cold Spot.* Entsprechend

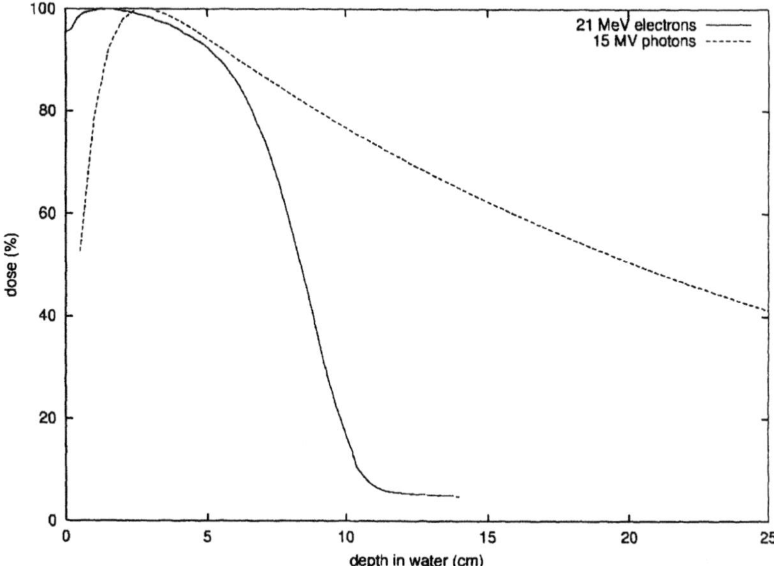

Abb. 14.12. Vergleich der Tiefendosisprofile eines 21-MeV-Elektronenstrahls und eines 15-MV-Photonenstrahls

beobachtet man auf der Seite des weniger dichten Gewebes eine Fluenzerhöhung, ein sog. *Hot Spot*. Besonders ausgeprägt treten solche Spitzen im Kopf-Hals-Bereich auf, wo sich Luftkavitäten und Knochenstrukturen in unmittelbarer Nähe befinden.

Dosisberechnung mit der Pencil-beam-Methode. Derzeit werden in der klinischen Routine vor allem sog. Pencil-beam-Algorithmen zur Dosisberechnung verwendet. Der erste Algorithmus dieser Art mit weitreichender klinischer Bedeutung wurde 1981 von Hogstrom et al. vorgestellt [9]. Inzwischen gibt es eine Reihe von Derivaten dieses Algorithmus, die in den verschiedenen kommerziellen Bestrahlungsplanungssystemen implementiert sind. Das grundlegende Konzept der Pencil-beam-Algorithmen besteht wie im Fall der Photonendosisberechnung darin, den durch Kollimatoren in seinem Querschnitt definierten klinischen Elektronenstrahl in einzelne Elementarstrahlen, auch Pencil-beams genannt, zu zerlegen. Die Ausdehnung dieser fiktiven Pencil-beams beträgt üblicherweise 1–3 mm. Für jeden dieser Pencil-beams wird die Dosisverteilung separat berechnet. Am Ende werden die Dosisbeiträge aller Pencil-beams aufsummiert, um die Dosisverteilung des klinischen Elektronenstrahls zu erhalten. Die Zerlegung des Elektronenfeldes in Pencil-beams ermöglicht zum einen die Berechnung der Dosisverteilung beliebig irregulär geformter Felder und zum anderen die Berechnung der von den vorliegenden Gewebeinhomogenitäten abhängigen Seitenstreuung der Elektronen.

Die Informationen über die Anatomie erhält man aus dem CT-Datensatz des Patienten. Die in den CT-Daten enthaltenen Hounsfield-Werte für die einzelnen Voxel werden zunächst in diejenigen physikalischen Größen konvertiert, die für die Berechnung der Elektronenaufstreuung benötigt werden. Mit Hilfe eines Ray-tracing-Verfahrens werden dann alle Voxel ermittelt, welche vom Zentralstrahl des jeweiligen Pencil-beams getroffen werden. Aus der so ermittelten Gewebeabfolge wird eine Schichtgeometrie aufgebaut, die senkrecht zur Ausbreitungsrichtung des Pencil-beams angeordnet ist. Basierend auf dieser Geometrie wird die Seitenstreuung der Elektronen und somit die Aufweitung des Pencil-beams berechnet.

Diese näherungsweise Geometriebeschreibung ist korrekt, solange innerhalb des lateralen Ausdehnungsbereiches des Pencil-beams keine Inhomogenitäten vorliegen. Es ist klar, daß mit zunehmender Eindringtiefe im Patienten wegen der Aufstreuung der Pencil-beams diese Voraussetzung immer weniger erfüllt ist. Dies ist der eigentliche Schwachpunkt der Berechnungsmethode von Hogstrom. Die Bestimmung der Dosisverteilung mit dem Pencil-beam-Algorithmus ist ein semiempirisches Verfahren. Entsprechend der dargestellten Vorgehensweise wird die Seitenstreuung der Elektronen berechnet. Zusätzlich wird jedoch für die Berechnung der Dosisverteilung der zur jeweiligen therapeutischen Elektronenenergie gehörige Tiefendosisverlauf benötigt. Dieser muß im Wasserphantom gemessen werden.

Beispiel für eine klinische Dosisberechnung. Der dramatische Einfluß von Inhomogenitäten auf die Dosisverteilung wird im folgenden am Beispiel einer Bestrahlung des Nasennebenhöhlenraums mit einem 12-MeV-Elektronenstrahl aufgezeigt. Hierzu wurde neben der Dosisberechnung mit dem Pencil-beam-Algorithmus eine CT-basierte Monte-Carlo-Simulation unter Verwendung des Programmpakets EGS4 (Nelson 85) durchgeführt. Wie bereits im vorangegangenen Abschnitt beschrieben, können mit der Monte-Carlo-Methode hochpräzise Ergebnisse erzielt werden. Insofern dient für unser Beispiel das Ergebnis der Monte-Carlo-Simulation als Referenz für die mit dem Pencil-beam-Algorithmus berechnete Dosisverteilung. Abbildung 14.13 zeigt die transversale CT-Schicht zusammen mit der Anordnung des Elektronenfeldes.

Die berechneten Dosisverteilungen sind in Abb. 14.14 zu sehen, Abb. 14.15 zeigt zusätzlich noch Dosisprofile entlang des Zentralstrahls sowie in lateraler Richtung. Auffallend ist zunächst die qualitative Übereinstimmung der Pencil-beam-Berechnung mit dem Ergebnis der Monte-Carlo-Simulation. So stimmt die Lage der aufgrund der inhomogenen Anatomie auftretenden Hot und Cold Spots in beiden Dosisverteilungen überein. Quantitative Übereinstimmung liegt darüberhinaus im Falle des Hot Spots jeweils seitlich des Nasenflügels vor. Die Ursache dieses Hot Spots liegt in der irregulären Gesichtsoberfläche, die eine Inhomogenität innerhalb des Strahlquerschnitts darstellt und somit eine Störung des Seitenstreugleichgewichts der Elektro-

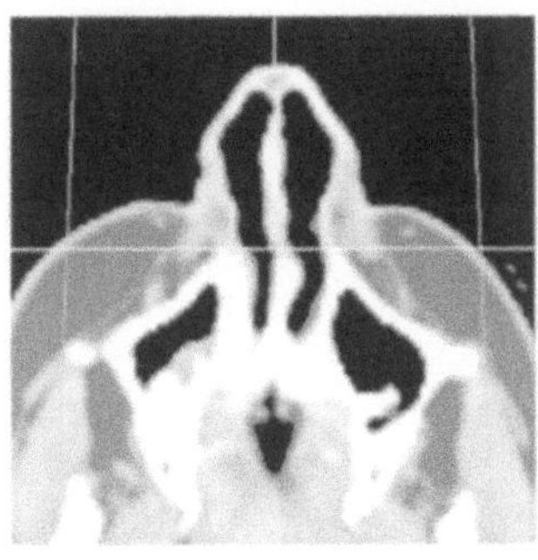

Abb. 14.13. CT-Schicht mit eingezeichnetem, frontal einfallenden Elektronenfeld. Die horizontale Linie bezieht sich auf den Verlauf des in Abb. 14.15 gezeigten Dosisprofils

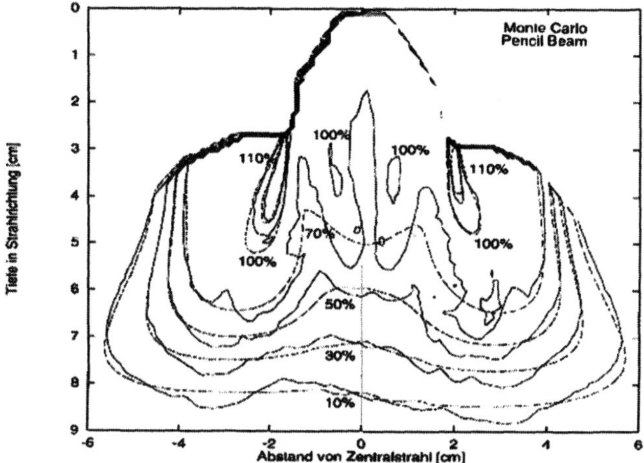

Abb. 14.14. Dosisverteilungen von Monte Carlo und Pencil Beam im Vergleich bei einer Patientengeometrie

nen bewirkt. Da an der Stelle des Hauteintritts die laterale Ausdehnung der Pencil-beams noch gering ist, ist die im Pencil-beam-Algorithmus verwendete Näherung einer Schichtgeometrie gerechtfertigt. Im Gegensatz dazu ergibt sich für den Cold Spot am Nasenseptum ein Unterschied zwischen Monte-Carlo- und Pencil-beam-Berechnung von 25%. Hier ist die laterale Ausdehnung des aufgestreuten Pencil-beams größer als die Dicke des Nasenseptums, weshalb die Anwendung des Schichtgeometriemodells völlig inadäquat ist.

Perspektiven für den klinischen Einsatz der Monte-Carlo-Methode. In den nächsten Jahren werden Monte-Carlo-Simulationen zur Berechnung klinischer Dosisverteilungen mehr und mehr an Bedeutung gewinnen. Das obige Beispiel zeigt, daß in Fällen mit sehr inhomogener Anatomie die derzeit verwendeten Pencil-beam-Algorithmen nicht ausreichend sind. Vergleiche von Monte-Carlo-Berechnungen mit Messungen in Phantomanordnungen haben

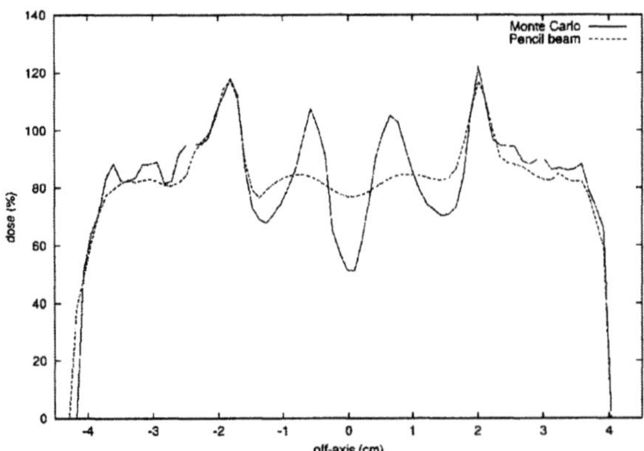

Abb. 14.15. Vergleich Monte-Carlo – Pencil-beam: Laterales Dosisprofil entlang der in Abb- 14.13 eingezeichneten horizontalen Linie

gezeigt, daß mit diesem Verfahren eine sehr gute Übereinstimmung auch bei Vorliegen von Inhomogenitäten erreicht wird. In den derzeitigen Forschungs-arbeiten beschäftigt man sich vor allem damit, den Transport des Strahls durch den Beschleunigerkopf mit dem Monte-Carlo-Verfahren zu simulieren. Dies hätte den Vorteil, daß man nach einer einmaligen dosimetrischen Verifikation der entwickelten Simulationsprogramme praktisch keine gemessenen Basisdaten mehr als Eingabe für die Dosisberechnung im Patienten benötigt. Neben diesen Aktivitäten wird z.Z. noch an kleineren Problemen geforscht, so z.B. an der Konvertierung der Hounsfield-Werte des CT-Datensatzes in die für die Monte-Carlo-Simulation benötigten Gewebeparameter [25].

Der klinische Einsatz der Monte-Carlo-Methode scheitert derzeit noch an den zu langen Rechenzeiten, die z.B. bei Verwendung des Programm-pakets EGS4 ungefähr um den Faktor 50-100 über denen der Pencil-beam-Algorithmen liegen. Dies hat zur Entwicklung verschiedener Ansätze geführt, Monte-Carlo-Simulationen durch Einführung von Näherungen zu beschleunigen, ohne dabei dramatische Einbußen in der Genauigkeit in Kauf nehmen zu müssen. Beispiele hierfür sind der Voxel-Monte-Carlo-Algorithmus (VMC) [11]und der Macro-Monte-Carlo-Algorithmus (MMC) [17]. Diese Algorithmen, die im Vergleich zu EGS4 um den Faktor 35 (VMC) bzw. 20 (MMC) schneller sind, benötigen noch Rechenzeiten im Bereich von Minuten, abhängig von der verwendeten Computer-Hardware sowie von Energie und Feldgröße des Elektronenstrahls. Betrachtet man die rasante Leistungsent-wicklung im Bereich der Computer, so werden Monte-Carlo-Simulationen für klinische Dosisberechnungen zunehmend an Bedeutung gewinnen. Besonders interessant sind hierbei Parallelrechnerarchitekturen auf PC-Prozessorbasis, die für diese Anwendungen derzeit das günstigste Verhältnis zwischen Rechenleistung und Preis bieten.

Eine klinische Anwendung der Monte-Carlo-Methode ist zuerst bei Elektronenstrahlen zu erwarten, da hier der mögliche Zugewinn an Genauigkeit wesentlich größer ist als bei Photonenstrahlen. Zu erwähnen ist außerdem, daß für die Dosisberechnung von Elektronenstrahlen deutlich weniger Teilchen simuliert werden müssen, um eine vorgegebene statistische Sicherheit der Ergebnisse zu erzielen, als bei Photonen. Hieraus ergeben sich entsprechend kürzere Rechenzeiten für Elektronenstrahlen. Inhomogenitäten sowie die endliche Feldgröße führen zu Störungen des Seitenstreugleichgewichts der Strahlelektronen. Die Folge dieser Störungen ist eine ungleichförmige Dosisverteilung mit auftretenden Hot und Cold Spots. Die derzeit klinisch eingesetzten Pencil-beam-Algorithmen sind nur begrenzt in der Lage, die Seitenstreuung der Elektronen zu berücksichtigen. Bei Vorliegen massiver Gewebeinhomogenitäten wie im Kopf-Hals-Bereich können Fehlberechnungen der Dosiswerte bis zu 25% auftreten. Berechnungsalgorithmen auf Basis der Monte-Carlo-Methode sind in der Lage, auch in solch komplizierten Fällen korrekte Dosisverteilungen zu liefern. Die höhere Präzision muß allerdings mit einer längeren Berechnungsdauer erkauft werden, weshalb mit dem klinischen Einsatz von Monte-Carlo-Verfahren erst sukzessive in den nächsten Jahren zu rechnen ist, wenn leistungsfähige und zugleich preiswerte Computer zur Verfügung stehen.

14.4 Darstellung und Bewertung von 3D-Therapieplänen

Nach einer erfolgten Dosisberechnung muß überprüft werden, ob die definierten Einstellungen zu einer akzeptablen Dosisverteilung im Patienten führen werden. Falls dies nicht der Fall ist, wird der Plan iterativ solange modifiziert, bis ein zufriedenstellendes Ergebnis erreicht ist. In der Regel werden verschiedene alternative Konfigurationen in einem abschließenden Schritt verglichen und die beste ausgewählt.

14.4.1 Isodosenbänder und Oberflächendosisdarstellung

Zur Beurteilung einer Dosisverteilung benötigt der Therapeut verschiedene quantitative und qualitative Evaluationswerkzeuge. Einen schnellen Überblick über die Lage und Ausdehnung der Dosis erhält man wieder mit Hilfe der 3D-Szenen. In das Patientenmodell können z.B. sog. Isodosenbänder oder Wolken integriert werden (Abb. 14.16), d.h., der Bereich im Patienten, der von einer bestimmten Dosis erfaßt wird, wird durch Linien, Bänder oder semitransparente Oberflächen im Patientenmodell dargestellt. Damit sieht der Therapeut sofort, ob das Zielvolumen komplett von der therapeutisch notwendigen Dosis umschlossen wird. Hilfreich ist auch die Darstellung der Oberflächendosis, d.h. die Darstellung der Dosis, die auf der Oberfläche einer anatomischen Struktur deponiert wird. Dadurch lassen sich schnell *Cold Spots* (Unterdosierungen) im Zielvolumen und *Hot Spots* (Überdosierungen) in Risikoorganen erkennen.

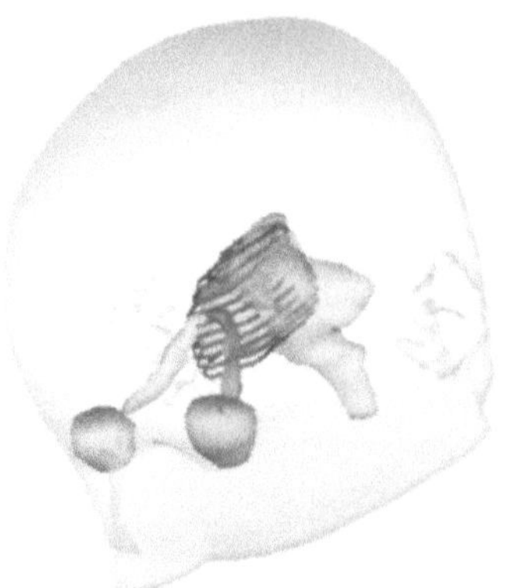

Abb. 14.16. Isodosenbänder

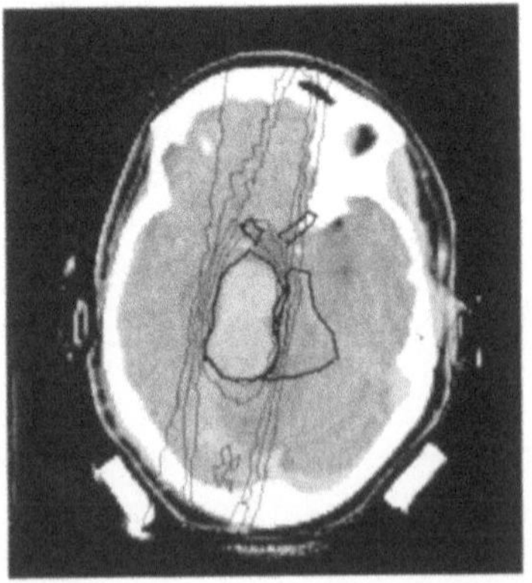

Abb. 14.17. Isodosen-Darstellung

Wichtiger ist bei diesem Schritt allerdings die Visualisierung der Dosis zusammen mit den der Planung zugrunde liegenden CT- und MR-Bildern. Hier kann wesentlich genauer Schicht für Schicht überprüft werden, wo welche Dosis deponiert wird. Die Darstellung erfolgt meist mit Hilfe von Isodosenlinien, d.h., die Bereiche, die von einer bestimmten Dosis erfaßt werden, werden durch eine farbige Linie begrenzt, die den CT-/MR-Bildern überlagert wird (Abb. 14.17). Alternativ werden auch *Colorwash*-Darstellungen eingesetzt. Dabei wird nicht nur der Umriß einer bestimmten Dosis dargestellt, sondern der gesamte Bereich, der von einer bestimmten Dosis erfaßt wird, wird farbcodiert den CT-/MR-Bildern überlagert.

14.4.2   Isodosen- und Colorwash-Darstellung (zweidimensional)

Bei der Bewertung der Dosis-Verteilung ist es besonders wichtig, daß der Therapeut in die Lage versetzt wird, auch in beliebigen Schnittführungen durch den Bildwürfel zu navigieren und dort die Dosis zu überprüfen. Mit diesen qualitativen Werkzeugen kann sich der Therapeut rasch einen Eindruck über die zu erwartende Dosisverteilung verschaffen und zugleich exakt für jeden Punkt im Patienten die Dosis überprüfen. Durch simultane Darstellung alternativer Pläne kann eine Unterstützung bei der Auswahl des optimalen Plans gegeben werden.

14.4.3 Statistische Parameter und Dosis-Volumen-Histogramme

Aufgrund der komplexen Gestalt der dreidimensionalen Dosisverteilungen ist es trotzdem schwierig, konkurrierende Pläne miteinander zu vergleichen. Durch die Berechnung quantitativer Parameter können *objektive Maßzahlen* zur Verfügung gestellt werden, die es zum einen ermöglichen, Unter- bzw. Überdosierungen leicht zu erkennen, zum anderen eine Hilfe bieten, die Homogenität der Dosisverteilung zu beurteilen. Dosis-Volumen-Histogramme (DVH) reduzieren die Komplexität der dreidimensionalen Verteilungen (Abb. 14.18). Sie zeigen, welcher prozentuale Teil des Organs mit der auf der x-Achse angegebenen Dosis oder einer höheren Dosis bestrahlt wird. Dies erleichtert den Vergleich konkurrierender Pläne. Der Verlust der Ortsinformation kann durch Hinzunahme der qualitativen Visualisierungstechniken ausgeglichen werden.

14.4.4 Biologische Modelle

Aber auch mit Hilfe von DVH ist der Vergleich konkurrierender Dosisverteilungen keine triviale Aufgabe, besonders wenn sich die DVH der zu vergleichenden Pläne überschneiden. Bei der Interpretation der DVH sind gewebespezifische Toleranzgrenzen und Volumeneffekte zu berücksichtigen. Aus diesen Gründen versucht man durch die Berechnung der Tumor Control Probability (TCP) und der Normal Tissue Complication Probability (NTCP) Maßzahlen für die klinischen Auswirkungen der Bestrahlung zu erhalten. Die Anwendbarkeit dieser Modelle wird bislang immer noch kontrovers diskutiert und ihre Ergebnisse deshalb eher als Ergänzung zu den anderen Untersuchungen gesehen.

14.5 Inverse Planung und Optimierung

Die dreidimensionale Bestrahlungsplanung ermöglicht wie oben beschrieben in den meisten Fällen eine tumorkonforme Strahlentherapie durch Verwendung mehrerer (im allgemeinen nichtkoplanarer) Photonenstrahlenfelder und individuelle Anpassung der Strahlenfelder an das Zielvolumen. Es gibt jedoch eine Reihe von Fällen, bei denen auf diese Weise keine zufriedenstellende Konformität der Dosisverteilung erzielt werden kann. Hierzu gehören Tumoren mit konkaven Einbuchtungen, d.h. insbesondere Tumoren, die um

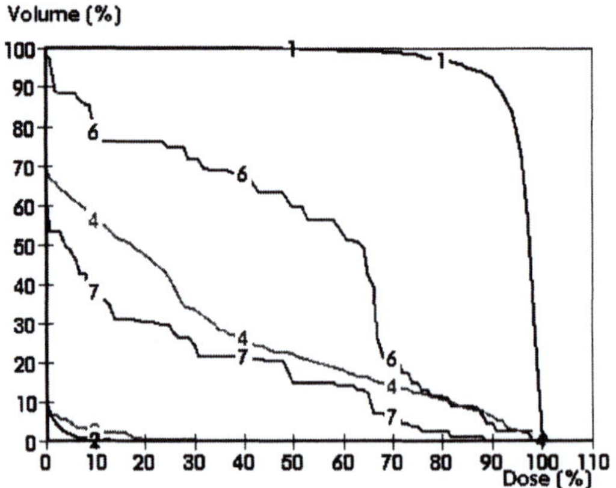

Abb. 14.18. Ein typisches Dosis-Volumen-Histogramm. In diesem Fall wird 90% des Zielvolumens (1) mit 90% der vorgeschriebenen Dosis oder mehr bestrahlt, und 20% des Risikoorgans (4) wird mit 55% der Dosis oder mehr bestrahlt

ein Risikoorgan herum wachsen. Beispiele sind Tumoren in der Nähe des Rektums (z.B. Prostatakarzinom) oder des Rückenmarks (z.B. Lymphome) sowie Hirntumoren in der Nähe der Augen (z.B. Meningeome). Dieser Sachverhalt ist in Abb. 14.19a dargestellt: Eine einfache Eingrenzung der Strahlenfelder auf die Projektion des Zielvolumens ergibt offensichtlich immer konvexe Dosisverteilungen. Ein in einer Einbuchtung des Zielvolumens gelegenes Risikoorgan wird mit der vollen therapeutischen Dosis bestrahlt. Wird andererseits das Risikoorgan ausgeblockt, so führt dies zu einer unzureichenden Dosishomogenität im Zielvolumen.

Ein möglicher Ausweg aus diesem Dilemma besteht in der Verwendung intensitätsmodulierter Felder (Abb. 14.19). Dabei wird die Intensität der Photonenstrahlung in allen Strahlenfeldern individuell und kontinuierlich variiert. Auf diese Weise kann eine tumorkonforme Strahlentherapie auch für äußerst kompliziert geformte Zielvolumina verwirklicht werden [13,28]. Nun ist es unmittelbar einleuchtend, daß die Bestimmung der Intensitätsprofile für jedes Strahlenfeld nicht mehr vom Planer per „Trial and Error" erfolgen kann. Vielmehr müssen bei der Planung von Bestrahlungen mit intensitätsmodulierten Feldern neue Wege beschritten werden, die als inverse Planung bezeichnet werden.

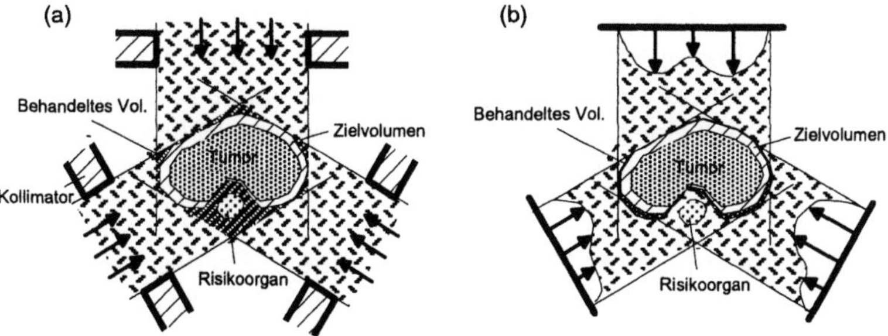

Abb. 14.19. Schematische Darstellung der Bestrahlung eines eingebuchteten Zielvolumens mit 3 Strahlenfeldern und Eingrenzung der Felder auf die Projektion des Zielvolumens (**a**) bzw. mit Intensitätsmodulation (**b**)

14.5.1 Inverse Planung

Das inverse Problem. Unter dem inversen Problem der Strahlentherapieplanung für Photonen versteht man das Problem der automatischen Bestimmung der Intensitätsprofile (sowie u.U. weiterer Bestrahlungsparameter), die die gewünschte räumliche Dosisverteilung im Patienten liefern. Dies ist die umgekehrte Vorgehensweise im Vergleich zur *konventionellen Planung*, bei der die Dosisverteilung aufgrund der vom Planer vorgegebenen Bestrahlungsparameter (Gantry-Winkel, Feldgrößen, Keile etc.) ermittelt wird.

Geht man zunächst theoretisch von sehr vielen koplanaren Strahlenfeldern aus, so besteht eine enge Verwandtschaft des inversen Problems der Strahlentherapieplanung mit dem Problem der Bildrekonstruktion aus Projektionen bei der Computertomographie (CT) und insbesondere beim SPECT (Single Photon Emission Computed Tomography). Bei der CT werden Projektionsaufnahmen des Patienten unter sehr vielen verschiedenen Winkeln durchgeführt, aus denen dann die Schnittbilder für die interessierenden Schichten im Computer rekonstruiert werden (s. Kap. 10.2).

Der Ausgangspunkt bei der Strahlentherapieplanung ist die gewünschte Dosisverteilung in allen relevanten Schichten im Patienten. Diese muß in geeigneter Weise projiziert werden, so daß sich Bestrahlungsprofile ergeben, die die gewünschte Dosisverteilung liefern. Es ist daher naheliegend, das in der CT-Bildrekonstruktion verwendete Verfahren der gefilterten Rückprojektion auch zur Lösung des inversen Problems der Therapieplanung heranzuziehen. Leider liefert dieses Verfahren bei der Anwendung auf die ideale Dosisverteilung (100% Dosis im Zielvolumen, 0% außerhalb) Intensitätsprofile mit negativen Bereichen. Daher ist es in fast keinem praxisrelevanten Fall möglich, die ideale Dosisverteilung mit physikalischen, d.h. nichtnegativen Profilen zu erzeugen, und damit ist eine exakte Lösung des inversen Problems unmöglich. Eine Dosisdeposition im Zielvolumen geht nach wie vor mit einer gewissen Dosisbelastung des umliegenden gesunden Gewebes einher. Der wesentliche Vorteil gegenüber der *konventionellen Therapie* ohne

Intensitätsmodulation besteht vielmehr in folgendem: Das Volumen, in dem mittlere und hohe Dosiswerte wirksam werden, kann durch Verwendung intensitätsmodulierter Felder an beliebig geformte Zielvolumina angepaßt werden. Das bedeutet, daß eine tumorkonforme oder besser *zielvolumenkonforme* Therapie zu einem sehr viel höheren Grad als bisher verwirklicht werden kann.

Iterative Optimierung von Bestrahlungsplänen. Da das inverse Problem keine exakte Lösung hat, werden heute im allgemeinen Näherungslösungen mit Hilfe von Optimierungsverfahren ermittelt [4]. Man versucht dabei die Intensitätsprofile so zu bestimmen, daß die resultierende Dosisverteilung dem Ideal so nahe wie möglich kommt. Die Optimierung wird allgemein mit iterativen Verfahren durchgeführt, die meistens auf dem Pencil-beam-Dosisberechnungsalgorithmus beruhen und die die Optimierung der Strahlprofile für eine praxisrelevante Zahl von Strahlenfeldern durchführen können. Das inverse Problem wird dabei in seiner vollen Dreidimensionalität behandelt, d.h. es können zweidimensionale Profile berechnet werden, und die schichtweise Betrachtungsweise (wie bei der CT) ist nicht erforderlich. Bei der Optimierung wird eine strahlentherapeutisch relevante *Zielfunktion* minimiert oder maximiert. Die Zielfunktion sollte ein Maß für die Qualität des Bestrahlungsplans sein.

Welche Kriterien bei der Aufstellung dieser Zielfunktion berücksichtigt werden sollten, wird kontrovers diskutiert. Es besteht die Möglichkeit, die Zielfunktion ausschließlich durch physikalische Größen zu definieren. Eine häufig verwendete physikalische Zielfunktion ist beispielsweise die mittlere quadratische Abweichung der tatsächlichen von der gewünschten Dosis in jedem Punkt des Zielvolumens. Dabei können Randbedingungen wie das Einhalten einer bestimmten Toleranzdosis in den Risikoorganen oder Dosis-Volumen-Beschränkungen berücksichtigt werden. In diesem Fall führt die Minimierung dieser Zielfunktion bei Berücksichtigung der Randbedingungen zum *optimalen* Bestrahlungsplan. Was hier als *optimal* bezeichnet wird, hängt natürlich von der Zielfunktion ab.

Manche Autoren verwenden biologische Zielfunktionen, die auf der Grundlage von Tumorkontrollwahrscheinlichkeiten (TCP) oder Komplikationswahrscheinlichkeiten im Normalgewebe (NTCP) definiert werden. Ein Beispiel für eine biologische Zielfunktion ist die Wahrscheinlichkeit für Tumorkontrolle ohne Nebenwirkungen (P+), die es zu maximieren gilt. Solche biologischen Zielfunktion korrelieren vom Ansatz her zweifellos besser mit dem eigentlichen Ziel der Strahlenbehandlung. Die zugrundeliegenden TCP- und NTCP-Modelle sind derzeit jedoch noch mit sehr großen Unsicherheiten behaftet, so daß die darauf beruhenden *optimalen* Bestrahlungspläne mit großer Vorsicht zu bewerten sind.

Zur Minimierung oder Maximierung von Zielfunktionen sind viele unterschiedliche Methoden bekannt. Die auf dem Gebiet der Bestrahlungsplanung am weitesten verbreiteten Verfahren sind das Gradientenverfahren und die Methode des *Simulated Annealing*. Beides sind iterative Verfahren. Ausgehend von einem geeigneten Startwert für die Intensitätsprofile (oder für die anderen zu optimierenden Parameter) werden die Profile schrittweise verändert, bis das Optimum erreicht ist. Die wesentlichen Unterschiede bestehen darin, wie die Schritte, d.h. die Richtungen, in denen das Optimum gesucht wird, ermittelt werden. Bei den Gradientenverfahren sind diese Suchrichtungen durch den Gradienten der Zielfunktion vorgegeben. Der Gradient ist ein Vektor, der in Richtung der maximalen Steigung einer Funktion zeigt. Mit Gradientenverfahren wird also das Maximum der Zielfunktion so ermittelt, wie ein Bergsteiger die Spitze eines Berges erreicht, wenn er immer in Richtung der maximalen Steigung bergan klettert. Die Analogie für die Minimierung einer Funktion wäre ein Skifahrer, der das Tal erreicht, indem er immer die steilsten Pisten bergab fährt. An Hand dieser Analogien kann man zwei wichtige Eigenschaften der Gradientenverfahren ableiten: Erstens sind diese Verfahren sehr schnell, weil man ohne Umwege zum Ziel kommt. Zweitens besteht jedoch die Gefahr, auf kleinen Hügeln oder in hochliegenden Nebentälern steckenzubleiben, denn dort ist die Steigung Null. Man kann sich also nicht sicher sein, das globale Optimum zu finden, sondern nur das dem Startwert am nächsten gelegene lokale Optimum.

Nun hat sich glücklicherweise herausgestellt, daß die für die Optimierung von Bestrahlungsplänen in Frage kommenden Zielfunktionen, wenn sie als Funktionen der Intensitätsprofile betrachtet werden, im allgemeinen nur ein Optimum haben, das damit zugleich das globale Optimum ist. Gradientenverfahren können also sehr effizient zur Bestimmung der Intensitätsprofile eingesetzt werden. Bei stochastischen Verfahren, zu denen das Simulated Annealing zählt, werden die Suchrichtungen zufällig ermittelt. Ergibt sich mit den neuen Parameterwerten ein besserer Wert für die Zielfunktion, dann wird die neue Position akzeptiert und von dort aus weiter gesucht. Verschlechtert sich die Zielfunktion, so wird dieser schlechtere Wert auch mit einer gewissen Wahrscheinlichkeit, die im Laufe der Zeit immer kleiner wird, akzeptiert. Auf diese Weise kann man also von lokalen Hügeln wieder herunter und aus Nebentälern herauskommen. Damit sind solche Verfahren für die Optimierung beliebiger Zielfunktionen geeignet. Im allgemeinen sind jedoch viele tausend Schritte erforderlich, um das globale Optimum zu erreichen, da viele Umwege gemacht werden müssen. Solche Verfahren sind also sehr rechenzeitaufwendig. Dennoch ist der Einsatz stochastischer Optimierungsverfahren unumgänglich, wenn es um die Optimierung der Einstrahlrichtungen geht. Hier treten sehr viele lokale Maxima und Minima auf, so daß Gradientenverfahren ungeeignet sind.

14.5.2 Anzahl und Richtungen der intensitätsmodulierten Strahlenfelder, Intensitätsstufen

Die Ähnlichkeit zwischen dem Bildrekonstruktionsproblem bei der CT und dem inversen Problem der Therapieplanung hatte zur Folge, daß die frühen theoretischen Ansätze zur Lösung des inversen Problems von sehr vielen koplanaren Einstrahlrichtungen ausgingen. Später wurde dann erkannt, daß sehr gute Ergebnisse auch mit einer moderaten Anzahl von Feldern erzielt werden können. Dies hängt damit zusammen, daß die Form der Zielvolumina allgemein sehr grob ist im Vergleich zu der feinen Auflösung, die vom CT gefordert wird. In einigen jüngeren Arbeiten wird sogar die Hypothese aufgestellt, daß man allgemein nicht mehr als drei intensitätsmodulierte Felder benötigt, um Ergebnisse zu erhalten, die kaum noch verbessert werden können. Wenn sich dies bewahrheitet, dann steht einer weiten Verbreitung des Einsatzes von intensitätsmodulierten Feldern kaum noch etwas im Wege.

Im Prinzip ist die Frage nach der optimalen Anzahl intensitätsmodulierter Strahlenfelder einfach zu beantworten: Es ist eine sehr große (theoretisch eine unendlich große) Zahl von Strahlenfeldern, die aus allen möglichen Richtungen einfallen. Obwohl klar ist, daß dann einige Strahlenfelder nur sehr wenig zur gesamten Dosis beitragen werden (insbesondere das Strahlenfeld in Patientenlängsrichtung wird kaum hilfreich sein), so wird es doch einige Nadelstrahlen in jedem Feld geben, die von Nutzen sind. Allerdings wird die Verbesserung der Dosiskonformität immer geringer, je mehr Strahlenfelder hinzugefügt werden, d.h., die Zielfunktion als Funktion der Feldanzahl wird asymptotisch ihrem Optimum zustreben.

Nun ist es aus praktischen Erwägungen wünschenswert, mit so wenigen Strahlenfeldern wie möglich auszukommen. Die wirkliche Frage nach der besten Zahl von Strahlenfeldern muß also lauten: *Wie groß ist die Anzahl von Feldern, bei deren Erhöhung keine klinisch relevanten Verbesserungen der Dosisverteilung mehr möglich sind?* Offensichtlich hängt diese *beste* Zahl vom individuellen Fall ab. Es sind aber einige generelle Aussagen möglich: Mehrere Autoren haben unabhängig voneinander gefunden, daß es kaum erforderlich ist, mehr als 10 intensitätsmodulierte Felder zu verwenden, um nahezu optimale Ergebnisse zu bekommen. Verwendet man weniger als 5 Felder, dann wird die erreichbare Dosiskonformität erheblich reduziert. Folglich benötigt man zwischen 5 und 10 intensitätsmodulierte Felder, um nahezu optimale konforme Dosisverteilungen zu erhalten (Abb. 14.20).

Es ist möglich, daß man eine nahezu optimale biologische Konformation auch mit weniger Feldern erreichen kann. Diese Fragestellung wird z.Z. intensiv untersucht. Man sollte den letzteren Ergebnissen aber sehr kritisch gegenüberstehen, solange die zugrundeliegenden biologischen Modelle nicht besser abgesichert sind. Die Frage nach der am besten geeigneten Zahl von Feldern muß im Zusammenhang mit der Suche nach optimalen Einstrahlwinkeln gesehen werden.

Es ist möglich, daß wenige Felder aus optimalen Richtungen bessere Ergebnisse liefern können als mehr Felder aus nicht so guten Richtungen. Die Größe dieses Effekts hängt von der Anzahl der Felder ab: Für kleine Feldzahlen bringt die Optimierung der Einstrahlrichtungen signifikante Vorteile; bei größeren Zahlen (mehr als 5) bringt die Optimierung wenig, und gleichmäßig

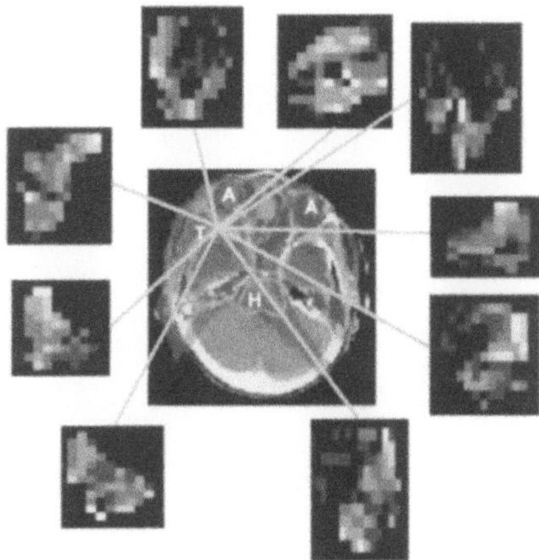

Abb. 14.20. Intensitätsmodulierte Strahlentherapie (IMRT) eines Meningioms. Es werden 9 intensitätsmodulierte Strahlenfelder verwendet

verteilte Einstrahlrichtungen liefern ungefähr die gleichen Ergebnisse wie optimierte.

Es sollte betont werden, daß sich die optimalen Einstrahlrichtungen für intensitätsmodulierte Felder im allgemeinen stark von denen für nichtmodulierte Felder unterscheiden: Bei der Therapie mit modulierten Feldern ist es im allgemeinen nicht notwendig und oft sogar eher ungünstig, nur solche Einstrahlrichtungen zu wählen, bei denen keine Risikoorgane im Strahlengang liegen. Dies hängt damit zusammen, daß die Risikoorgane besser dadurch geschont werden können, daß man die Intensität in den entsprechenden Bereichen der Strahlenfelder reduziert. Schließlich sollte bemerkt werden, daß die hier angestellten Überlegungen nur für koplanintensitätsmodulierte Strahlenfelder gelten.

Mit sehr wenigen Ausnahmen beschränken sich alle Studien zur Optimierung der Anzahl und der Richtungen der intensitätsmodulierten Felder auf koplanare Techniken. Erste Untersuchungen zeigen, daß man im nichtkoplanaren Fall mehr Felder benötigt, um nahezu optimale Ergebnisse zu erzielen. Bei der inversen Planung sind verschiedene Faktoren zu berücksichtigen, die durch die Methoden und Techniken vorgegeben werden, mit denen die IMRT praktisch durchgeführt wird. Als Beispiele seien die erreichbare Auflösung der Intensitätsmatrizen und die maximale Absorption genannt. Wird die IMRT mit der sog. „Step&shoot"-Methode durchgeführt, bei der verschiedene Einstellungen eines Multileaf-Kollimators diskret überlagert werden, so ist ferner zu berücksichtigen, daß damit nur stufenförmige Intensitätsprofile realisiert werden können. Auch hier konnte an Hand von Planungsstudien gezeigt werden, daß relativ wenige (ca. 5) Intensitätsstufen ausreichen. Dies hängt u.a. damit zusammen, daß die scharfen Stufen durch

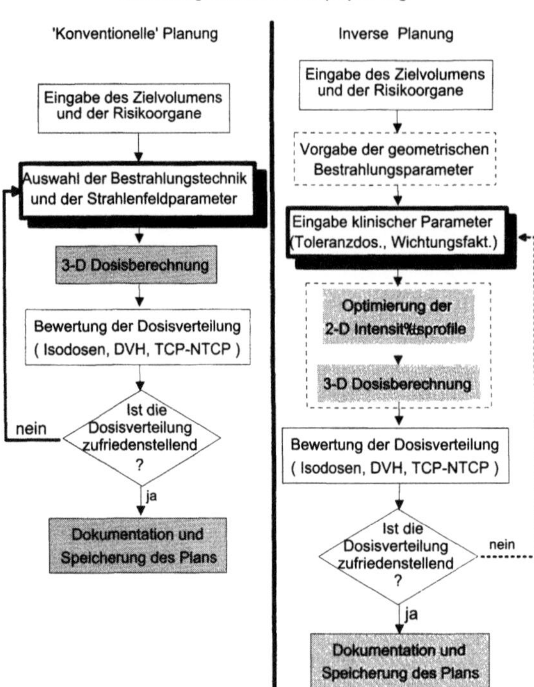

Abb. 14.21. Vergleich zwischen „konventioneller" und inverser Planung

lateralen Strahlungstransport im Patienten und durch die endliche Größe der
Strahlenquelle ohnehin verwaschen werden.

14.5.3 Praktische Durchführung der inversen Therapieplanung

Bei der inversen Therapieplanung mit intensitätsmodulierten Feldern muß der
Bestrahlungsplaner lediglich die Konturen des Zielvolumens und der Risikoorgane sowie u.U. die Einstrahlrichtungen vorgeben (falls diese nicht automatisch bestimmt werden sollen, s. Kap. 14.5.2).

Ferner benötigen Programme, die eine physikalische Zielfunktion verwenden, Informationen über die gewünschte Dosierung im Zielvolumen und die
Toleranzen der Normalgewebe sowie Wichtungsfaktoren, mit denen das Einhalten der Toleranzen und die Vermeidung von Unterdosierungen im Zielvolumen gegeneinander abgewogen werden. Auch können Dosis-Volumen-Beschränkungen, wie z.B. *„Nicht mehr als 50% eines Organs soll mit mehr
als 30 Gy bestrahlt werden"*, vorgegeben werden. Programme mit biologischer
Zielfunktion benötigen Daten über die TCP- und NTCP-Verläufe für die
jeweiligen Organe sowie Informationen über Volumeneffekte. Die Intensitätsprofile werden dann nach den oben beschriebenen Verfahren optimiert.

Bei der „konventionellen" Therapieplanung muß der Planer im allgemeinen mehrmals eine Schleife durchlaufen, um eine akzeptable Dosisverteilung zu erhalten. Dabei werden jeweils die Strahlenfeldparameter oder sogar die Bestrahlungstechniken geändert (Abb. 14.21). Mit der inversen Planung wird dagegen im Normalfall schon nach dem ersten Durchlauf eine zufriedenstellende Dosisverteilung erzielt. Der Planer kann das Ergebnis aber nach seinen Wünschen modifizieren, indem er bestimmte klinisch relevante Parameter variiert.

Es ist wichtig zu erkennen, daß die inverse Therapieplanung nicht immer vollkommen ohne Benutzerinteraktion auskommt. Das bedeutet, daß es nicht ausreicht, einfach einen „Optimierungsknopf" zu drücken und die ganze Arbeit dem Computer zu überlassen. Zum Beispiel kann es sein, daß der Bestrahlungsplaner nach dem ersten Durchgang durch die inverse Planung feststellt, daß das Einhalten der vorher gesetzten Toleranzschwelle für ein Risikoorgan zu einer nicht akzeptablen Inhomogenität der Dosisverteilung im Zielvolumen führt. Der Planer kann dann beispielsweise die Toleranzschwelle etwas anheben oder den Wichtungsfaktor für das Einhalten der Toleranzdosis reduzieren, um dann die inverse Planung erneut zu starten.

Literatur

1. Ahnesjö A, Aspradakis MM (1999) Dose calculations for external photon beams in radiotherapy. Phys Med Biol 44: R99–R155
2. Andreo P (1991) Monte Carlo techniques in medical radiation physics. Phys Med Biol 36: 861–920
3. Bendl R (1998) Bildverarbeitung in der Strahlentherapie. In: Richter J, Flentje M (eds) Strahlenphysik für die Radioonkologie. Thieme, Stuttgart, pp 91–98
4. Bortfeld T, Bürkelbach J, Boesecke R, Schlegel W (1990) Methods of image reconstruction from projections applied to conformation radiotherapy. Phys Med Biol 35: 1423–1434
5. Bortfeld T, Schlegel W, Rhein B (1993) Decomposition of pencil beam kernels for fast dose calculations in three-dimensional treatment planning. Med Phys 20: 311–318
6. Emami B, Lyman J, Brown A, Coi L, Goitein M, Munzenrider JE, Shank B, Solin LJ, Wesson M (1991) Tolerance of normal tissue to therapeutic irradiation. Int J Radiat Oncol Biol Phys 21: 109–122
7. Goitein M, Abrams M (1983) Multi-dimensional treatment planning: 1. delineation of anatomy. Int J Radiat Oncol Biol Phys 9: 777–787
8. Hartmann L, Siantar et al. (1997) Lawrence Livermore National Laboratory's PEREGRINE Project, Report UCRL-JC-126732, Lawrence Livermore National Laboratory
9. Hogstrom KR, Mills MD, Almond PR (1981) Electron beam dose calculations. Phys Med Biol 26: 445–459
10. ICRU (1992) International Commision on Radiation Units and Measurements, Recommendations for Prescribing, Recording, and Reporting External Beam Radiation Therapy, ICRU Report 50 (International Commission on Radiation Units and Measurements, Bethesda, MD)

11. Kawrakow I, Fippel M, Friedrich K (1996) 3D electron dose calculation using a voxel based Monte Carlo algorithm (VMC). Med Phys 23: 445–457

12. Kneschaurek P, Feldmann HJ, Molls M (1998) 2D-3D-Bestrahlungsplanung. In: Richter J, Flentje M (eds) Strahlenphysik für die Radioonkologie. Thieme, Stuttgart, pp 99–104

13. Mackie TR (Hrsg) (1999) Radiation therapy treatment optimization. Seminars in Radiat Oncol 9/1: 1–117

14. Mackie TR, Scrimger JW, Battista JJ (1985) A convolution method of calculation dose for 15-MV x-rays. Med Phys 12: 188–196

15. Mohan R, Chui C, Lidofsky L (1986) Differential pencil beam dose calculation model for photons. Med Phys 13: 64–73

16. Nelson WR, Hirayama H, Rogers DWO (1985) The EGS4 code system, Report SLAC-265. Stanford Linear Accelerator Center, Stanford, CA

17. Neuenschwander H, Mackie TR, Reckwerdt PJ (1995) MMC: A high-performance Monte Carlo code for electron beam treatment planning. Phys Med Biol 40: 543–574

18. Pelizzari CA, Chen GTY (1987) Registration of multiple diagnostic irnaging scans using surface fitting. In: Bruinvis IAD et al. (eds) The use of computers in radiation therapy. Amsterdam, pp 437–440

19. Richter J (1998) Dosisberechnung. In: Richter J, Flentje M (eds) Strahlenphysik für die Radioonkologie, Thieme, Stuttgart, pp 61–70

20. Rogers DWO, Faddegon BA, Ding GX, Ma C-M, We J, Mackie TR (1995) BEAM: A Monte Carlo code to simulate radiotherapy treatment units. Med Phys 22: 503–524

21. Schad LR, Lott S, Schmitt F, Sturm V, Lorenz WJ (1987) Correction of spatial distortion in MR imaging: A prerequisite for accurate stereotaxy. J Comput Assist Tomogr 11: 499–505

22. Schlegel W (1990) Computer assisted radiation therapy planning. NATO ASI Series Vol F60, 3D imaging in medicine, Höhne KH et al. (eds) Springer, Berlin Heidelberg New York Tokyo, pp 399–410

23. Schlegel W, Pastyr O, Bortfeld T, Becker G, Schad L, Gademann G, Lorenz WJ (1992) Computer systems and mechanical tools for stereotactically guided conformation therapy with linear accelerators. Int J Radiat Oncol Biol Phys vol 24, pp 781–787

24. Schlegel W, Bortfeld T, Stein J (1995) Dreidimensionale Stahlentherapieplanung. Tagungsband des Workshops '95. Selbstverlag, Heidelberg

25. Schneider W (1997) Vergleich von CT-basierten 3D Monte Carlo Simulationen und semi-empirischen Verfahren zur Dosisberechnung bei Elektronenbestrahlungen. Dissertation, Ruprecht-Karls-Universitat Heidelberg

26. Schulze C (1995) Entwicklung schneller Algorithmen zur Dosisberechnung für die Bestrahlung inhomogener Medien mit hochenergetischen Photonen. Dissertation, Ruprecht-Karls-Universitat Heidelberg

27. Waschek T, Levegrün S, van Kampen M, Glesner M, Engenhart-Cabillic R, Schlegel W (1997) Determination of target volumes for three-dimensional radiotherapy of cancer patients with a fuzzy system. Fuzzy Sets and Systems 89: 361–370

28. Webb S (2000) Intensity modulated radiation therapy. IOP Publishing, Bristol

15 Bestrahlungsgeräte der Teletherapie

W. Schlegel

Die Strahlentherapie verfügt mit der internen und der externen Bestrahlung über zwei grundsätzliche Behandlungsformen:

- Bei der internen Therapie werden radioaktive Strahler entweder in Körperhöhlen (intrakavitäre Therapie) oder direkt in das Tumorbett (interstitielle Therapie, Brachytherapie) eingebracht. Durch die interne Bestrahlung läßt sich die Strahlendosis sehr gut auf das Zielvolumen konzentrieren. Nachteilig ist jedoch die Invasivität des Eingriffs und die Tatsache, daß eine prospektive Therapieplanung bezüglich der Positionen der in den Tumor eingebrachten Strahlenquellen schwieriger ist als bei der Bestrahlung von außen, da vorausberechnete Positionen im allgemeinen manuell nicht reproduzierbar sind (eine Ausnahme ist z.B. die stereotaktische Implantationstechnik bei Hirntumoren).
- Die Bestrahlung mit außerhalb des Körpers gelegenen Strahlenquellen (*externe* oder *Teletherapie*) ist heute die bei weitem am häufigsten praktizierte Form der Strahlenbehandlung. Die nichtinvasive Teletherapie belastet den Patienten zunächst weniger, und die Fraktionierung der Strahlenbehandlung ist einfacher durchzuführen. Die Strahlung aus der externen Strahlenquelle durchdringt jedoch die vor und hinter dem Zielvolumen liegenden Gebiete gesunden Gewebes, was verglichen mit der internen Bestrahlung zu einer ungünstigeren Dosisverteilung führen kann.

15.1 Anforderungen an Bestrahlungsgeräte der Teletherapie

In Strahlrichtung ist die Dosis im gesunden Gewebe und im Zielvolumen durch den *Tiefendosisverlauf* der Strahlung charakterisiert (Abb. 15.1). Der Tiefendosisverlauf wird durch die *Strahlenart* und die *Strahlenenergie* bestimmt. Für tiefliegende Tumoren wird bei höheren Energien der Tiefendosisverlauf von Photonenstrahlen hinsichtlich des Hautschonungseffekts (Aufbaueffekt) und einer höheren Dosis im Tumor im Vergleich zum umgebenden Gewebe zunehmend günstiger.

Senkrecht zur Strahlrichtung wird die Dosisverteilung durch das Querprofil charakterisiert, das sich durch einen nahezu konstanten Dosisverlauf im Bereich des offenen Strahlenfeldes und mehr oder weniger steil verlaufende

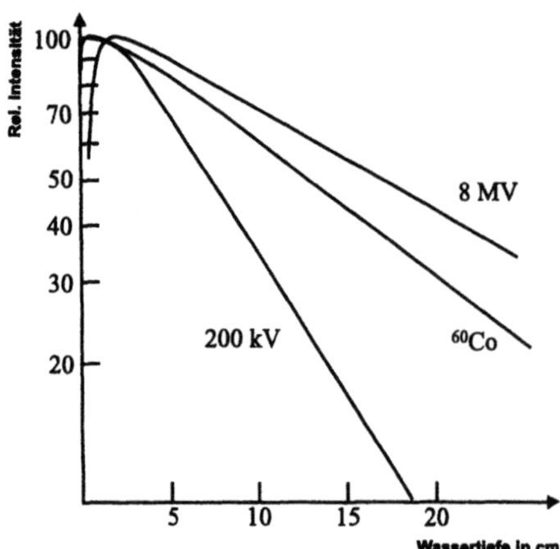

Abb. 15.1. Tiefendosisverteilungen für 200-kV-Röntgenstrahlung, ^{60}Co-γ-Strahlung und ultraharte Röntgenstrahlung eines 8-MV-Beschleunigers

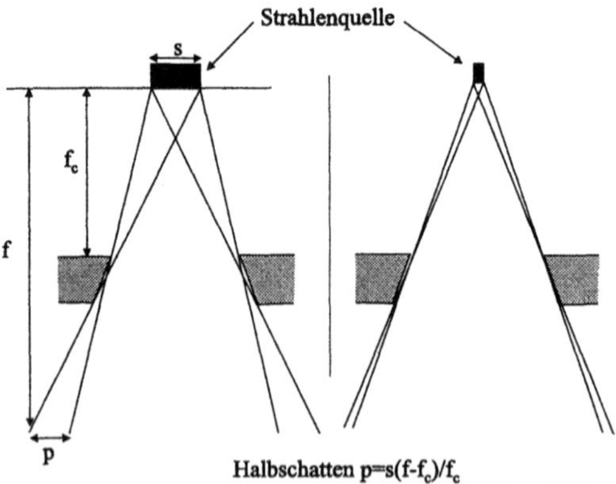

Abb. 15.2. Der Halbschatten eines Strahlenfeldes hängt vom Quellendurchmesser s, dem Abstand der Quelle von der Patientenoberfläche f und dem Abstand des Kollimators von der Quelle fc ab. Isotopenbestrahlungsanlagen (*links*) haben einen wesentlich größeren Quellendurchmesser und weisen daher einen deutlich größeren Halbschatten auf als Beschleuniger (*rechts*)

Halbschattenbereiche an den Feldrändern auszeichnet. Die Breite der Halbschattenbereiche und damit die Steilheit des Randabfalls werden durch die geometrischen Randbedingungen der Bestrahlungstechnik, vor allem jedoch durch den Quellendurchmesser bestimmt (Abb. 15.2).

Eine weitere wichtige Eigenschaft einer Strahlenquelle der Teletherapie ist die *Dosisleistung*. Sie muß so hoch sein, daß sich für einen klinischen Einsatz möglichst kurze Bestrahlungszeiten (im Bereich weniger Minuten) ergeben. Strahlenart, Energiespektrum und Strahlungsintensität sowie geometrische Abmessungen sind daher die charakteristischen Eigenschaften der Strahlenquellen der Teletherapie, die der jeweiligen Problemstellung der Strahlenbehandlung angepaßt werden müssen.

15.2 Zur Geschichte der Teletherapie

Die Teletherapie gliedert sich in die Bestrahlung mit künstlichen radioaktiven Quellen (Tele-Curie-Therapie, insbesondere mit ^{60}Co und ^{137}Cs) und die Bestrahlung mit technischen Strahlenquellen (Therapieröntgenanlagen, Betatron, Linearbeschleuniger).

15.2.1 Tele-Curie-Therapie

Obwohl schon kurze Zeit nach der Entdeckung der natürlichen Radioaktivität im Jahre 1896 durch Becquerel eine externe Strahlentherapie mit natürlichen radioaktiven Stoffen prinzipiell möglich war, konnte die Tele-Curie-Therapie mit natürlichen radioaktiven Quellen nie in größerem Maßstab Anwendung finden. Der Grund hierfür war das außerordentlich seltene Vorkommen der natürlichen radioaktiven Elemente. In geringem Umfang wurde ^{226}Ra eingesetzt, das, vom Ehepaar Curie im Jahre 1898 entdeckt, kurze Zeit später Einzug in die Medizin fand.

Die Tele-Curie-Therapie mit künstlichen radioaktiven Stoffen begann nach der Entdeckung der künstlichen Radioaktivität (Joliot-Curie, 1934) und vor allem mit der Möglichkeit, ^{60}Co und ^{137}Cs in Kernreaktoren zu produzieren.

In der Strahlentherapie hat vor allem das Nuklid ^{60}Co praktische Bedeutung erlangt. ^{60}Co kann relativ einfach im thermischen Neutronenfluß eines Kernreaktors aus ^{59}Co gewonnen werden. Nach dem 2. Weltkrieg begann die Produktion von ^{60}Co aus ^{59}Co in Kernreaktoren und der Einsatz von ^{60}Co in medizinische Strahlentherapieanlagen.

1951 erreichte man spezifische Aktivitäten von 925 GBq/g und konnte mit einer ca. 5 cm^3 großen Quelle 37 TBq erzielen. Solche Quellen wurden 1951 in Canada im Chalk-River-Reaktor produziert. Moderne ^{60}Co-Bestrahlungsgeräte haben die fast 10fache spezifische Aktivität und erzielen im gleichen Volumen etwa 300 TBq.

15.2.2 Technische Bestrahlungsgeräte
(Röntgentherapiegeräte, Beschleuniger)

Die Geschichte der Teletherapie mit technischen Bestrahlungsgeräten beginnt mit dem Einsatz von Röntgenröhren im Jahr 1896, kurz nach der Entdeckung der Röntgenstrahlen. Die Teletherapie mit Röntgenstrahlen im Energiebereich zwischen 200 und 400 kV, auch Orthovolttherapie genannt, war bis in die frühen 50er Jahre die wichtigste Form der Strahlentherapie.

Die Orthovolttherapie hat den Nachteil der zu geringen Energie; im Prinzip sind nur oberflächliche Tumoren behandelbar. Die optimale Strahlenquelle für die Teletherapie liegt im Bereich deutlich höherer Energien (je nach Lage des Tumors bei 4–25 MV), die nur mit Beschleunigern erreicht werden können.

Die ersten Elektronenbeschleuniger wurden seit etwa 1950 in der Strahlentherapie eingesetzt. Zunächst waren es überwiegend Betatrons, die parallel zu ^{60}Co betrieben wurden. Auf die frühen 70er Jahre kann der Beginn des Einsatzes von Linearbeschleunigern („Linacs") datiert werden. Linacs haben zunehmend die Betatrons abgelöst und sind heute die wichtigsten Strahlenquellen der Strahlentherapie.

Mit Linearbeschleunigern können Elektronen- und Photonenstrahlen im Energiebereich zwischen 4 und 25 MV mit hoher Intensität und geringem Halbschatten erzeugt werden. Ein weiterer wesentlicher Vorteil der Linearbeschleuniger ist das im Vergleich zu Betatrons wesentlich geringere Gewicht (Betatron ca. 30 t, Linac ca. 7 t).

15.3   Isotopenbestrahlungsgeräte

Für die Teletherapie wurden bisher die Isotope ^{226}Ra, ^{137}Cs und ^{60}Co eingesetzt. In größerem Umfang konnten sich nur die beiden letztgenannten Isotopenbestrahlungsanlagen durchsetzen.

15.3.1 ^{137}Cs-Bestrahlungsanlagen

^{137}Cs fällt als Spaltprodukt in Kernreaktoren an. Wegen der relativ geringen γ-Energie (0,662 MeV) und der geringen spezifischen Aktivität (max. 3 TBq/g) sind Cs-Bestrahlungsanlagen Spezialgeräte für Strahlenbehandlungen im Kopf-Hals-Bereich und für strahlenbiologische Experimente geblieben. Bei gleicher Aktivität beträgt die Dosisleistung einer Cs-Anlage nur etwa 1/16 der einer ^{60}Co-Bestrahlungsanlage.

15.3.2 ^{60}Co-Bestrahlungsanlagen

^{60}Co-Bestrahlungsgeräte waren in der Zeit zwischen 1950 und ca. 1970 die am meisten eingesetzten Strahlentherapiegeräte. Sie sind inzwischen in der westlichen Welt für die Strahlentherapie tiefer gelegener Tumoren weitgehend durch Elektronenlinearbeschleuniger ersetzt worden. Wegen ihres einfachen technischen Aufbaus sind sie vor allem noch in Entwicklungsländern von größerer Bedeutung.

Die Tele-Curie-Therapie, insbesondere mit ^{60}Co, hat mit der Strahlenergie im MV-Bereich bereits große Vorteile bezüglich des Tiefendosisverlaufs, dagegen jedoch ungünstige Eigenschaften bezüglich des Dosisrandabfalls der Strahlenfelder, zurückzuführen auf die relativ großen Quellendurchmesser von 2–3 cm. Ein spezielles ^{60}Co-Bestrahlungsgerät für zerebrale Zielvolumina, das sog. γ-Knife, hat allerdings in letzter Zeit wieder zunehmende Verbreitung gefunden.

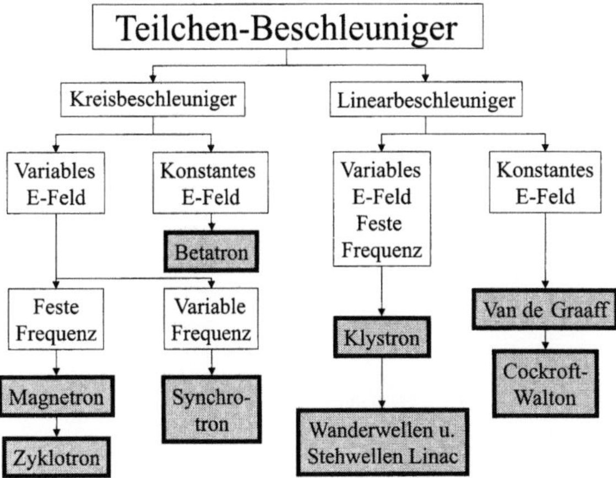

Abb. 15.3. Einteilung der Teilchenbeschleuniger

15.4 Elektronenbeschleuniger

15.4.1 Einteilung der Teilchenbeschleuniger

Teilchenbeschleuniger kann man zunächst in die Klassen der Kreisbeschleuniger und der Linearbeschleuniger einteilen (Abb. 15.3).

Bei den Kreisbeschleunigern unterscheidet man zwischen den Beschleunigern mit konstantem elektrischen Feld (Betatron) und solchen mit variablem E-Feld. Wird bei variablem E-Feld mit fester Frequenz beschleunigt, erhält man das Zyklotron, bei variabler Frequenz das Synchrotron.

Auch Linearbeschleuniger werden danach unterschieden, ob das beschleunigte Feld ein Wechselfeld oder ein stationäres Feld ist. Bei stationärem E-Feld erhält man die einstufigen Linearbeschleuniger (Van-de-Graaff- und Cockroft-Walton-Beschleuniger), während die Wanderwellen- und Stehwellen-Elektronen-Linacs mit variablen elektrischen Feldern bei fester Frequenz arbeiten (mehrstufige Linearbeschleuniger).

15.4.2 Einstufige Linearbeschleuniger

Die einfachsten Elektronenbeschleuniger waren Geräte, bei denen die Beschleunigungshochspannung durch einfache Transformation erzeugt wurde (sog. Transformatormaschinen). So gelang es z.B. Millikan und Lauritsen 1928 am CalTech, einen Hochspannungsgenerator für 750 kV zu entwickeln und diesen für die Elektronenbeschleunigung zu nutzen. 1930 fand am CalTech die erste Röntgenbehandlung mit 750 kV Bremsstrahlung statt. Die Kellogg-Laboratories am CalTech wurden zum Röntgenbehandlungszentrum ausgebaut, es konnten parallel vier Patienten bei Dosisleistungen von 0,2 Gy/min in 70 cm Abstand bestrahlt werden. Ein weiterer Meilenstein war die Installation

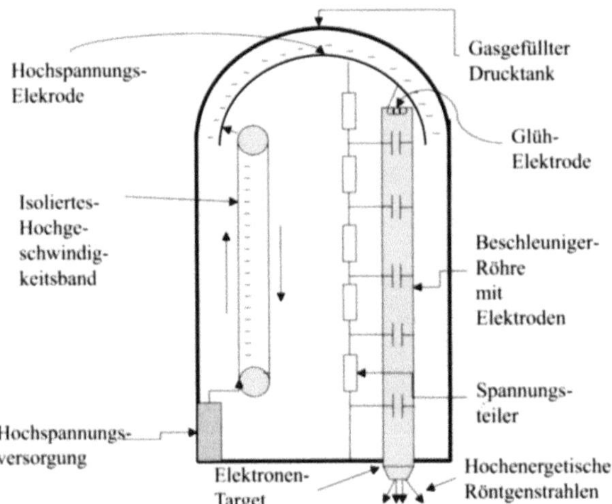

Abb. 15.4. Van-de-Graaff-Beschleuniger

eines 1-MV-Beschleunigers, der 1937 am Memorial Sloan Kettering Institute in New York installiert wurde. Mit Resonanztransformatoren und Isolierkerntransformatoren gelang es schließlich, Spannungen bis zu 2 MV zu erzeugen (GE, 1963), die im sog. Kaskadengenerator nach der Greinacherschen Spannungsverdoppelung noch gesteigert wurde. Im sog. Cockroft-Walton-Beschleuniger konnten so bei 4 MV maximaler Spannung 20 mA Strom erreicht werden.

Parallel zu den Transformatormaschinen wurde die Entwicklung der Van-de-Graaff-Beschleuniger vorangetrieben (Abb. 15.4). 1932 wurde mit einem Van-de-Graaff-Beschleuniger eine maximale Beschleunigungsspannung von 10 MV erreicht. Die Stromstärke war allerdings auf etwa 1 mA beschränkt.

1937 wurde der erste medizinisch genutzte 1-MV-Van-de-Graaff-Beschleuniger am Massachusetts General Hospital (MGH) in Boston installiert. Er lieferte 0,4 Gy/min in 80 cm Abstand. Von diesem Typ wurden immerhin etwa 50 Geräte gebaut, die letzte Installation eines 2-MV-Van-de-Graaff-Beschleunigers erfolgte im Jahre 1969. Ausführliche Darstellungen der historischen Entwicklung der Beschleunigertechnik für medizinische Anwendungen findet man in [9] und [8].

15.4.3 Das Betatron

Die Idee des Betatrons (auch der „Strahlentransformator" genannt) wurde bereits im Jahre 1923 von J. Slepian und R. Wideroe formuliert. Sie basiert auf dem physikalischen Prinzip, daß durch ein sich änderndes Magnetfeld ein ringförmiges elektrisches Feld induziert wird (Abb. 15.5 und Abb. 15.6). Dieses sich durch Induktion aufbauende Magnetfeld induziert das elektrische

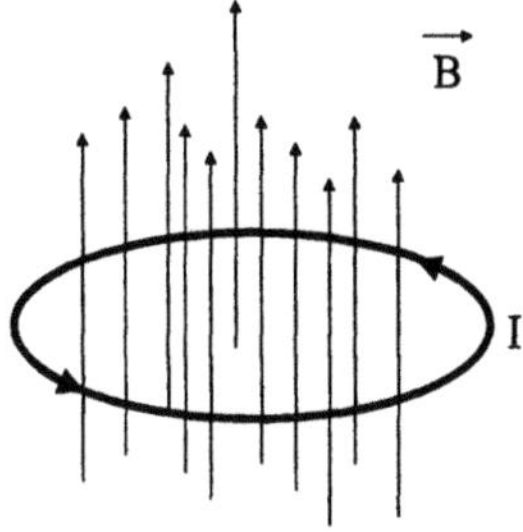

Abb. 15.5. Die grundlegende Idee des Betratons: Ein sich änderndes magnetisches Feld B induziert ein ringförmiges elektrisches Feld. In einem ringförmigen Leiter wird der Strom I erzeugt

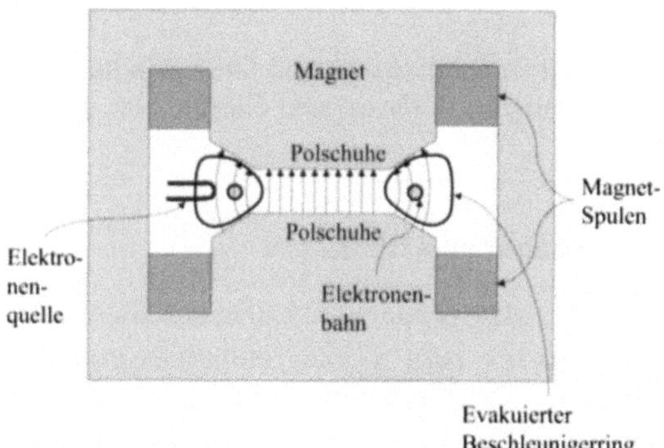

Abb. 15.6. Aufbau des Betratons (Querschnitt)

Beschleunigungsfeld für die Elektronen, die gleichzeitig durch das Magnetfeld auf einer Kreisbahn gehalten werden.

Die Erregungsspulen, die das Magnetfeld erzeugen, werden mit einer Wechselspannung betrieben. Als Beschleunigungsphase kann nur die erste viertel Periode der Erregung genutzt werden, da sich dann das elektrische Feld umkehrt. Die mit dem Betatron erzeugte Strahlung ist also entsprechend dieser Frequenz gepulst.

In den Jahren 1938–1940 wurde das Betatronkonzept von Kerst aufgegriffen. Erst in dieser Zeit war es möglich, hinreichend leistungsfähige hochfrequente Wechselspannunsgeneratoren zu bauen, mit denen ein Betatron betrieben werden konnte. 1948 wurde das erste medizinische Betatron in Betrieb genommen. In den 50er und 60er Jahren wurden Betatrons mit für die strahlentherapeutischen Zwecke ausreichenden Dosisleistungen und Energien von mehreren medizintechnischen Firmen zur Serienreife entwickelt (z.B. von Siemens mit Elektronenenergien bis zu 25 und 45 MeV). Diese Maschinen waren zuverlässig und praxistauglich. Sie wurden jedoch schon 10–20 Jahre später durch die Linearbeschleuniger, die höhere Dosisleistungen erreichten und kleiner, leichter und kostengünstiger sind, verdrängt.

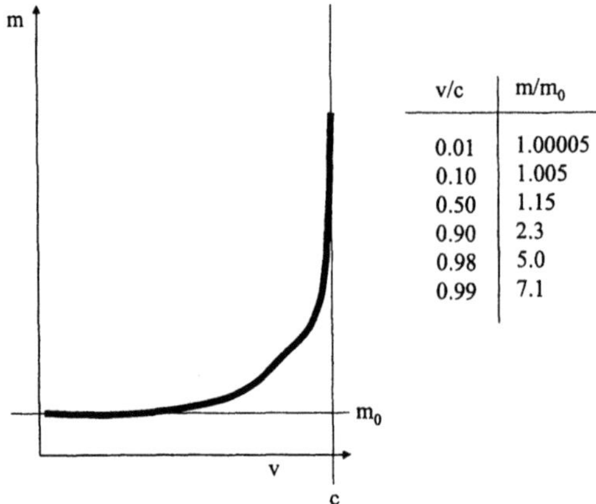

Abb. 15.7. Zusammenhang zwischen Elektronenmasse m und Geschwindigkeit v. In einem Elektronenlinearbeschleuniger haben die Elektronen die fünf- bis siebenfache Ruhemasse

15.4.4 Mehrstufige Elektronenlinearbeschleuniger

Die grundlegenden Ideen zum Prinzip des modernen Linearbeschleunigers stammen von dem schwedischen Physiker Ising (1923) und dem norwegischen Ingenieur Wideroe (1928). Die Idee der Beschleunigung von Elektronen durch elektromagnetische Wellen ist es, die Elektronen in eine Lage vor dem Maximum der elektrischen Feldkomponente zu bringen. Haben Teilchen und Welle annähernd gleiche Geschwindigkeit, dann wird das Teilchen fortlaufend beschleunigt und mit der Welle weggetragen. Als Analogon kann man sich einen Wellenreiter vorstellen, der auf seinem Surfbrett auf dem Abhang einer Wasserwelle reitet.

Das Beschleunigungsprinzip

Elektronen in elektrischen und magnetischen Feldern. Elektronen werden in Magnetfeldern auf eine Kreisbahn senkrecht zu den Feldlinien gezwungen; dabei nehmen die Elektronen keine Energie auf. In elektrischen Feldern werden die Elektronen in Richtung der Feldlinien beschleunigt, die Energieaufnahme ist dabei proportional zur Feldstärke. Bei der Beschleunigung von Elektronen bedient man sich elektrischer, für die Bahnführung dagegen magnetischer Felder.

Elektronen erreichen bereits bei Energien von unterhalb 2 MeV annähernd Lichtgeschwindigkeit. Eine weitere Beschleunigung bewirkt dann praktisch nur noch Massenzuwachs (Abb. 15.7 und 15.8). Im für die Strahlentherapie wichtigen Energiebereich haben die Elektronen also nahezu konstante Geschwindigkeit (Lichtgeschwindigkeit).

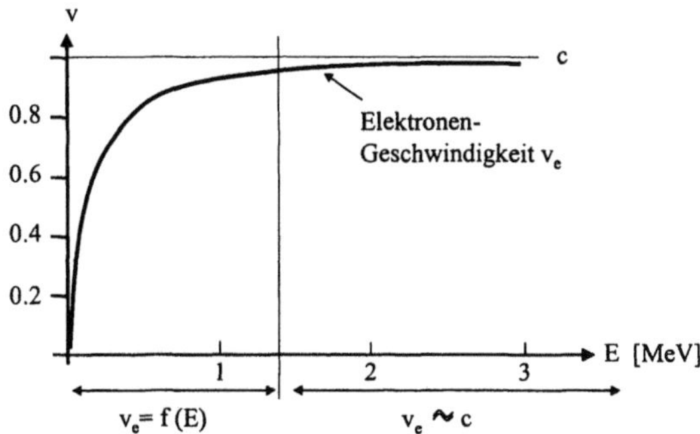

Abb. 15.8. Zusammenhang zwischen Elektronenenergie und Elektronengeschwindigkeit. Nach etwa 1,2 MeV haben die Elektronen nahezu Lichtgeschwindigkeit erreicht, die Geschwindigkeit nimmt dann nur noch geringfügig zu

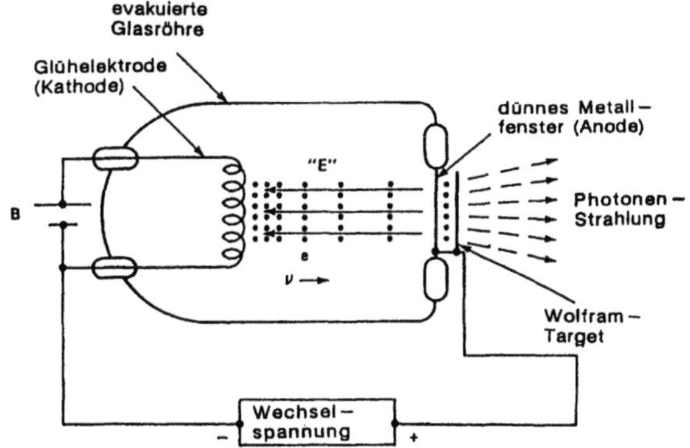

Abb. 15.9. Schema eines „einfachen" einstufigen Linearbeschleunigers

Das Prinzip eines einfachen Linearbeschleunigers. Der Aufbau eines einfachen einstufigen Linearbeschleunigers entspricht dem einer Therapieröntgenröhre (Abb. 15.9). In einem evakuierten Glasgefäß ist auf der einen Seite eine Heizspirale als Elektronenquelle eingebracht, auf der gegenüberliegenden Seite ein dünnes Metallfenster, zwischen beiden liegt eine Beschleunigungsspannung. Dabei bildet der Heizfaden die Kathode, das Metallfenster die Anode. Zwischen Kathode und Anode baut sich ein elektrisches Feld auf, die aus dem Heizfaden austretenden Elektronen werden in diesem Feld zum Metallfenster hin beschleunigt, treten durch das Metallfenster hindurch und prallen auf die hinter dem Metallfenster angebrachte Wolframplatte (Target). Im Target werden die Elektronen abgebremst, beim Abbremsen entsteht Röntgenbremsstrahlung.

Um nun für die Strahlentherapie Bremsstrahlung mit einer Strahlenqualität von mehreren MeV zu erreichen, müßten zwischen Anode und Kathode mehrere Millionen Volt Spannung angelegt werden. Diese Spannungen

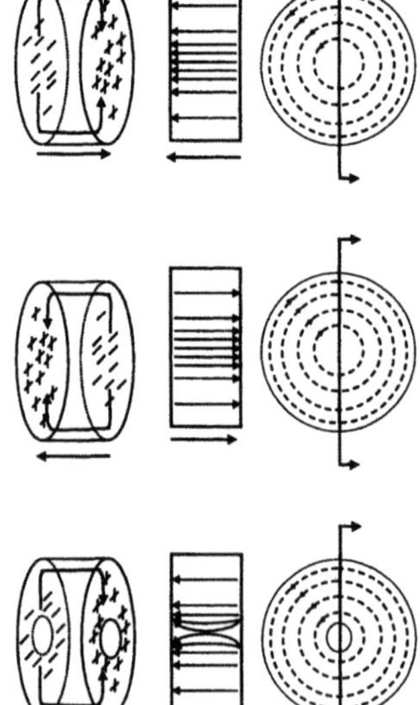

Abb. 15.10. Ladungsverteilung in einem Hohlraumresonator (*links*), elektrische Feldlinien (*Mitte*) und magnetische Feldlinien (*rechts*). Zum Zeitpunkt $t = t_0$

Abb. 15.11. Ladungsverteilung (*links*), elektrische Feldlinien (*Mitte*) und magnetische Feldlinien (*rechts*) eines Hohlraumresonators zum Zeitpunkt $t = t_0 + T/2$

Abb. 15.12. Das Beschleunigungssegment eines Linearbeschleunigers ist im Prinzip ein Hohlraumresonator mit je einem Loch im „Boden" und „Deckel" des Resonators

können zwar erzeugt werden, z.B. mit Van-de-Graaff-Generatoren; das Problem besteht jedoch in der Isolation solch hoher Spannung gegenüber der auf Erdpotential liegenden Umgebung.

Um die Elektronen zwischen Glühdraht und Austrittsfenster mit genügend hoher Energie zu versehen, kann man sie also nicht einfach mit beliebig hohen Spannungen „ziehen". Diese Erkenntnis hat zur Entwicklung der mehrstufigen Beschleuniger geführt: Statt eine hohe Spannung einmal zu durchlaufen, wird eine kleine Spannung mehrfach durchlaufen. Die Spannungen werden dabei durch Mikrowellen erzeugt.

Hohlraumresonatoren. Die Beschleunigungselemente der Linearbeschleunigerröhre haben die Eigenschaften von Hohlraumresonatoren. Ein Hohlraumresonator ist z.B. eine einfache Metalldose einer bestimmten Länge l (Abb. 15.10). Die Ladungen in der Metallwand des Resonators können zu Schwingungen zwischen Boden und Deckel der Dose angeregt werden (Abb. 15.10 und 15.11). Eine solche Schwingung kann erzeugt werden, wenn sich der Hohlraumresonator im Feld einer Mikrowelle befindet und Resonanz herrscht. Das ist z.B. dann der Fall, wenn die Länge l des Resonators genau 1/4 Wellenlänge der Mikrowelle entspricht (der sog. TM010-Modus). Das Beschleunigungselement einer Linearbeschleunigerröhre entspricht einem Hohlraumresonator mit je einer Lochblende („Apertur") im „Boden" und „Deckel" zum Durchtritt der beschleunigten Elektronen (Abb. 15.12).

Tabelle 15.1. Die Frequenzbänder der Hochfrequenztechnik. Medizinische Elektronenlinearbeschleuniger werden überwiegend im S-Band (3 GHz) betrieben

Bandbezeichnung	Frequenzbereich (GHz)
A	0,1–0,225
C	3,9–6,2
K	10,9–36
L	0,39–1,55
P	0,225–0,39
Q	36–46
S	1,55–3,9
V	46–56
W	56–100
X	6,2–10,9

Beschleunigung mit Wanderwellen. Die in Linearbeschleunigern eingesetzten Mikrowellen besitzen typischerweise eine Wellenlänge von 10 cm und damit eine Frequenz von 3 GHz (sie entsprechen dem „S-Frequenzband" und damit den Dezimeterwellen der Radartechnik, Tabelle 15.1). Die benötigten Amplituden der elektrischen Feldstärken liegen im Bereich von mehreren hundert kV.

Das Beschleunigerrohr ist das Kernstück des Linearbeschleunigers. Ein einzelnes Segment eines Wanderwellenbeschleunigerrohres besteht aus ca. 2,5 cm breiten Hohlraumresonatoren, die so zusammengesetzt sind, daß sich ein Rohr mit vielen Segmenten bildet, die durch Aperturen voneinander getrennt sind. Physikalisch entspricht das Beschleunigerrohr einem System aus gekoppelten Oszillatoren.

Wenn die Länge der Segmente des Beschleunigerrohrs genau 1/4 Wellenlänge der Mikrowelle entspricht, dann ist die Resonanzbedingung für die wie Hohlraumresonatoren wirkenden Beschleunigerrohrsegmente erfüllt ($\pi/2$ Schwingungsmodus des gekoppelten Oszillatorsystems). Bei Resonanz stellt sich im Beschleunigerrohr eine Ladungsverteilung ein, die sich im Takt der Mikrowellenfrequenz ändert. Abb. 15.13 zeigt vier Momentaufnahmen dieser Ladungsverteilung, die gerade 1/4 Schwingungsdauer auseinander liegen.

Betrachten wir zunächst die in der Abb. 15.13 oben liegende Ladungsverteilung. Durch die Einspeisung der Mikrowellen in das Beschleunigerrohr bilden sich einerseits Segmente mit nur positiven, andererseits solche mit nur negativen Ladungen. Diese Segmente liegen an den Knoten (Nulldurchgängen) der elektrischen Feldkomponente der Mikrowellen; in solchen Segmenten kann keine Beschleunigung von Elektronen stattfinden. Weiterhin liegen zwischen den Segmenten mit gleichnamigen Ladungsträgern solche mit ungleichnamigen Ladungsträgern.

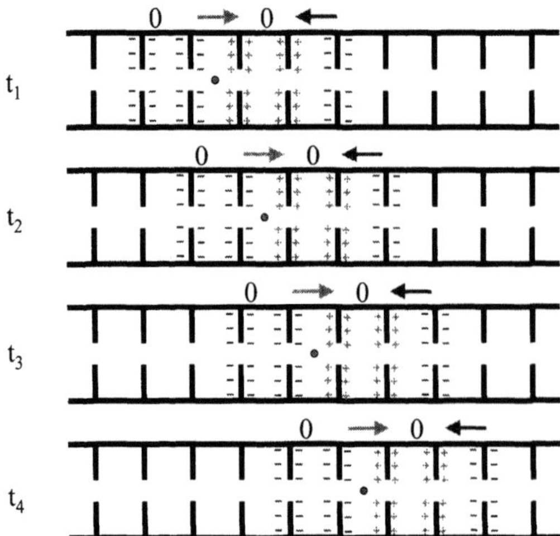

Abb. 15.13. Leitungsverteilungen im Beschleunigerrohr eines Wanderwellenbeschleunigers. Die verschiedenen Zeitpunkte t_1 bis t_4 liegen je eine viertel Schwingungsperiode auseinander

Die Segmente, bei denen sich die positiven Ladungen auf der rechten Seite und die negativen auf der linken Seite sammeln, entsprechen einer maximalen negativen Amplitude der elektrischen Feldkomponente der Mikrowelle. Elektronen, die sich in Richtung der Mikrowellenausbreitung bewegen und in diesen Segmenten befinden, werden beschleunigt.

Treten die beschleunigten Elektronen in das nächste Segment ein, dann entspricht die Flugzeit der Elektronen von einem Segment zum nächsten gerade der Zeitspanne, die notwendig ist, die Ladungsverteilung im benachbarten Segment so zu ändern, daß dort gerade wieder ein Maximum der negativen elektrischen Feldkomponente erreicht ist. Diese Zeitspanne t entspricht gerade 1/4 Schwingungsdauer T der Mikrowelle. Die Elektronen, die sich mit Lichtgeschwindigkeit c bewegen, legen dabei die Strecke $l/4$ cm zurück, was ja gerade der Segmentlänge entspricht.

Abbildung 15.14 stellt die Verteilung der elektrischen Feldkomponenten entlang des Beschleunigerrohrs für die Zeiten t_1 und $t_1 + T/4$ anhand von Pfeilen dar, die die Feldstärkenmaxima und -minima charakterisieren.

Lichtgeschwindigkeit besitzen die Elektronen jedoch noch nicht am Anfang des Beschleunigerrohrs, sondern erst nach einer gewissen Vorbeschleunigungsphase. Zu Beginn des Beschleunigerrohrs müßte sich daher die Segmentlänge ändern (was unmöglich ist, da dann die Resonanzbedingung verletzt würde), oder die Phasengeschwindigkeit der Mikrowellen muß der Anfangsgeschwindigkeit der Elektronen angepaßt werden. Letzteres erreicht man durch eine Variation des Durchmessers der Lochscheiben zu Beginn des Beschleunigerrohrs. Dieser Abschnitt des Beschleunigerrohrs wird auch der „Buncher“ (= Bündeler) genannt, da in dieser Strecke die Elektronenbündel

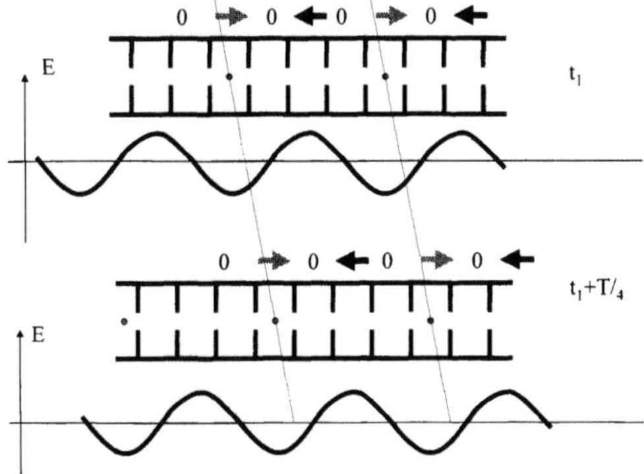

Abb. 15.14. Elektrische Feldstärken im Beschleunigerrohr eines Wanderwellenbeschleunigers zur Zeit t_1 (*oben*) und zur Zeit $t_1 + T/4$ (T = Schwingungsdauer der Welle)

„geschnürt" werden, die phasengerecht in jedem vierten Segment (nämlich in den Segmenten mit maximaler negativer Feldstärke) des Beschleunigerrohrs liegen. Nur diese Bündel werden durch das Rohr hindurch beschleunigt. Die maximal erreichbare Elektronenenergie hängt ganz offensichtlich von der Anzahl der Segmente und damit der Länge des Beschleunigerrohrs ab.

Beträgt die zu erzielende Maximalenergie 10 MeV, dann liegt die Rohrlänge bei ca. 125 cm. Bis zu solchen Energien ist die Rohrlänge für medizinische Beschleuniger noch praktikabel, bei höheren Energien werden die Beschleunigerrohre, die ja in horizontaler Lage in den Strahlerarm eingebaut werden müssen, zu lang. Für höhere Energien ist daher das Prinzip des Stehwellenbeschleunigers eingeführt worden, das im folgenden kurz erläutert werden soll.

Beschleunigung mit Stehwellen. Stehende Wellen werden im Beschleunigungsrohr erzeugt, indem man die Mikrowellen am rechten Rohrende reflektieren und in das Beschleunigerrohr zurücklaufen läßt (beim Wanderwellenbeschleuniger werden dagegen die Mikrowellen am Ende des Rohrs absorbiert (Mikrowellensumpf) oder über einen Hohlleiter außerhalb des Rohrs wieder zurückgeführt und am Rohranfang erneut eingespeist).

Durch Überlagerung von einlaufender und reflektierter Mikrowelle bilden sich in jedem zweiten Hohlraum Schwingungsbäuche, in den dazwischenliegenden Segmenten dagegen Schwingungsknoten (Abb. 15.15). Wie bei stehenden Wellen üblich, bleibt die Lage der Knoten und Bäuche erhalten. Elektronen werden in den Segmenten mit Schwingungsbäuchen dann beschleunigt, wenn sie sich gerade zum Zeitpunkt der maximalen negativen elektrischen Feldstärke dort befinden. Sie werden dort mit der doppelten Spannung der ur-

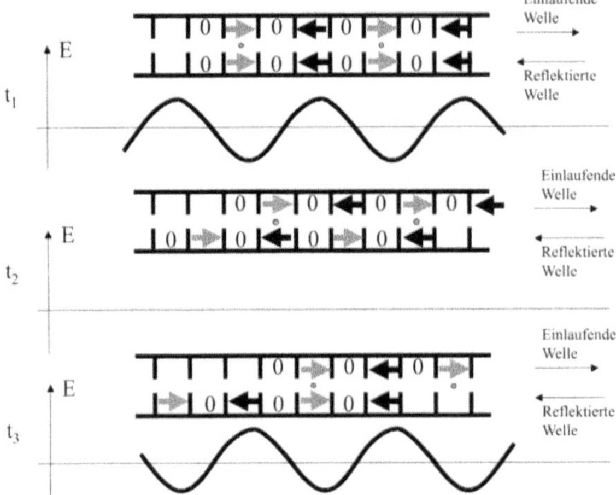

Abb. 15.15. Elektrische Feldverteilung im Beschleunigerrohr eines Stehwellenbeschleunigers

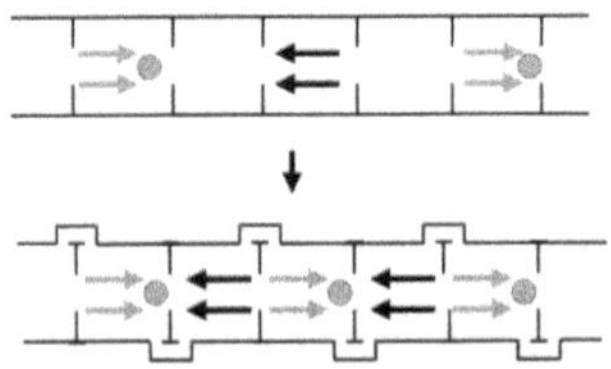

Abb. 15.16. Das Beschleunigerrohr eines Stehwellenbeschleunigers kann durch Auslagerung der Segmente, in denen die Feldstärke immer 0 ist, auf die halbe Länge verkürzt werden

sprünglichen Mikrowellenamplitude beschleunigt, da sich ja im Wellenbauch die elektrischen Feldstärken der ein- und auslaufenden Welle addieren.

Da zu jedem Zeitpunkt in jedem zweiten Hohlraum die Feldstärke 0 herrscht, findet jedoch im darauffolgenden Segment keine Elektronenbeschleunigung statt. Die „Nettobeschleunigung" ist daher bei gleicher Rohrlänge zunächst dieselbe wie beim Wanderwellenbeschleuniger.

Nun macht man sich jedoch beim Stehwellenbeschleuniger zunutze, daß die feldfreien Segmente keine Beschleunigerfunktion haben und deshalb aus der Beschleunigungsstrecke herausgenommen und nach außen verlagert werden können (Abb. 15.16 und 15.17). Dadurch reduziert sich die Länge des Beschleunigungsrohrs bei gleicher Energie auf die Hälfte. Die modernen hochenergetischen Linearbeschleuniger für die Strahlentherapie basieren daher auf dem Stehwellenprinzip.

Bahnstabilität und Phasenstabilität. Eine wichtige Eigenschaft eines Beschleunigers ist die Stabilität der Bahnen, die die einzelnen beschleunigten

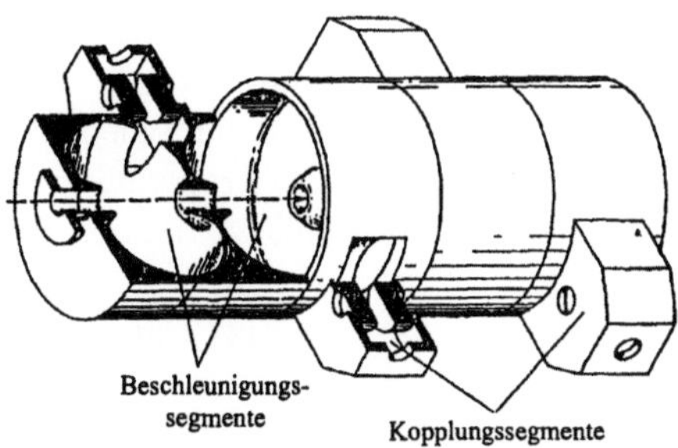

Abb. 15.17. Beschleunigungsrohr eines Stehwellenbeschleunigers mit ausgelagerten Kopplungssegmenten

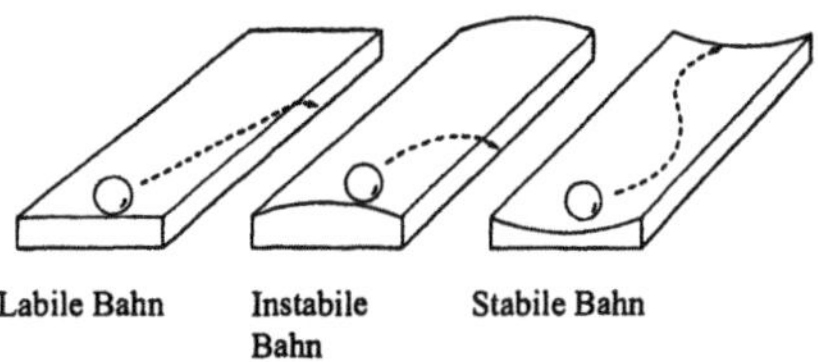

Abb. 15.18. Eine stabile Teilchenbahn kann nur dann erreicht werden, wenn Rückstellkräfte dafür sorgen, daß ein ausgelenktes Teilchen auf seine Bahn zurückkehrt

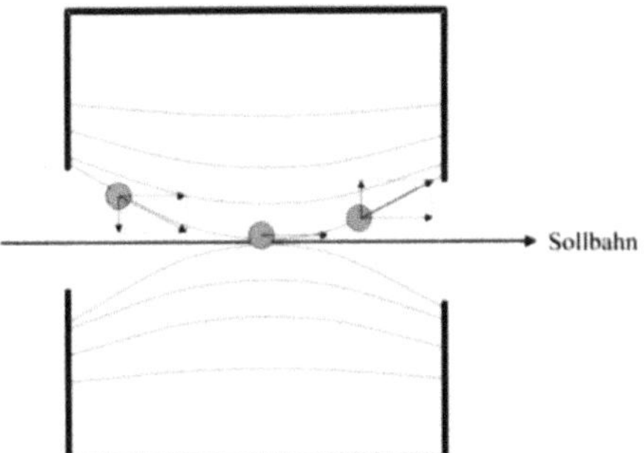

Abb. 15.19. Ein von der Sollbahn abweichendes Teilchen erfährt je nach Phasenlage eine Kraft, die es zur Sollbahn zurücklenkt (Phasenlage nach dem Feldstärkenmaximum, *links*) oder es von der Sollbahn wegtreibt (Phasenlage vor dem Feldstärkenmaximum, *rechts*)

Teilchen einnehmen. Bei kleinen Abweichungen von der Sollbahn muß eine rücktreibende Kraft dafür sorgen, daß das Teilchen wieder auf die Sollbahn zurückkehrt (Abb. 15.18). Ohne Bahnstabilität gehen zu viele Teilchen unterwegs verloren, und die Stromausbeute wird zu gering.

Abbildung 15.19 zeigt, daß die Bahnstabilität bei einem Elektronenlinearbeschleuniger von der Phasenlage abhängt. Je nach Phasenlage existieren elektrische Feldkomponenten, die die Teilchen bei Abweichung von der Sollbahn noch weiter ablenken (Phasenlage vor dem Maximum der elektrischen Feldkomponente) oder zur Sollbahn zurückführen (Phasenlage hinter dem Maximum der elektrischen Feldkomponente). Bahnstabilität wird also nur dann erreicht, wenn die Phasen des zu beschleunigenden Elektronenbündels hinter dem Maximum liegen. Zur Erzielung von Phasenstabilität müssen die Phasen der Elektronen dagegen etwas vor dem Maximum der Welle angeordnet sein (Abb. 15.20a–c). Es läßt sich also keine gleichzeitige Bahn- und Phasenstabilität erreichen!

In der Praxis läßt man bei einem Elektronenlinearbeschleuniger das zu beschleunigende Elektronenbündel am Anfang der Beschleunigungsstrecke dem Feldstärkenmaximum etwas vorauslaufen und erreicht damit Phasenstabilität. Um Bahnstabilität zu gewährleisten, sind am Beschleunigungsrohr zusätzliche Fokussierungselemente vorhanden (magnetische Linsen, Abb. 15.21). Nach Abklingen der adiabatischen Phasenschwingungen verschiebt man die vor dem Maximum liegende mittlere Phasenlage in das Feldstärkenmaximum.

Beschleuniger mit mehreren Beschleunigungsabschnitten. Da in der strahlentherapeutischen Praxis die Energie der Elektronen- oder Photonenstrahlung der Tumortiefe angepaßt werden muß, ist die Möglichkeit der Energievariation wünschenswert. Eine Energievariation kann z.B. durch zwei voneinander getrennte Beschleunigungsabschnitte verwirklicht werden. Bei einem Beschleuniger mit zwei Abschnitten wird im ersten Beschleunigungsabschnitt eine bestimmte Energie erreicht, zu der sich in der hochenergetischen Betriebsweise die Beschleunigung im zweiten Beschleunigungsabschnitt addiert, wenn Elektronen und Mikrowelle in beiden Beschleunigerrohren die gleiche Phasenbeziehung aufweisen. Ändert man jedoch im zweiten Beschleunigungsabschnitt die Phasenbeziehung z.B. um 180°, so werden dort die Elektronen wieder abgebremst.

Die Endenergie entspricht der Anfangsenergie, vermindert um den Energieverlust. Es versteht sich, daß die sich anschließenden Magnetfelder zur Strahlumlenkung und im Photonenmodus auch die Ausgleichskörper der jeweiligen Energie angepaßt werden müssen.

Es ist zu beachten, daß die erreichbare Endenergie immer auch vom Röhrenstrom abhängig ist. Im Photonenbetrieb werden durch die Verluste im Ausgleichskörper wesentlich höhere Ströme benötigt als im Elektronenbetrieb. Dies ist der Grund, warum die nominale maximale Energie für Elektronen meistens höher angegeben wird als die maximale Photonengrenzenergie.

Aufbau eines modernen Elektronenlinearbeschleunigers (LINAC)

Eine Übersicht über den Aufbau eines Elektronenlinearbeschleunigers ist in Abb. 15.22 dargestellt. Ein Elektronenlinearbeschleuniger besteht neben den Spannungs- und Stromversorgungen aus den Kontrollelementen sowie

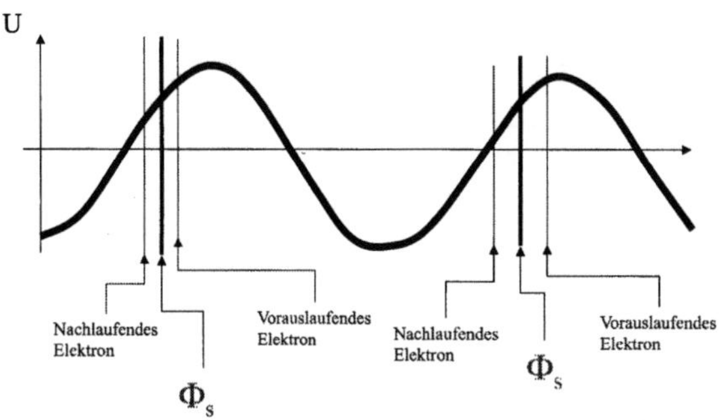

a) Sollphase Φ_S liegt vor dem Maximum

$\longrightarrow$ Phasen divergieren !

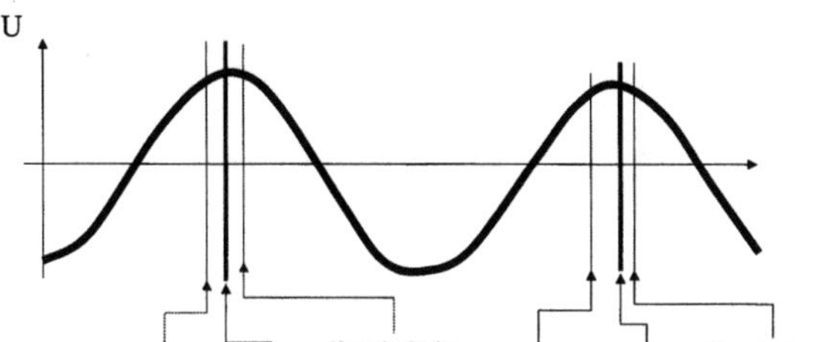

b) Sollphase Φ_S liegt im Maximum

$\longrightarrow$ Elektronen mit nachlaufenden
Phasen gehen verloren !

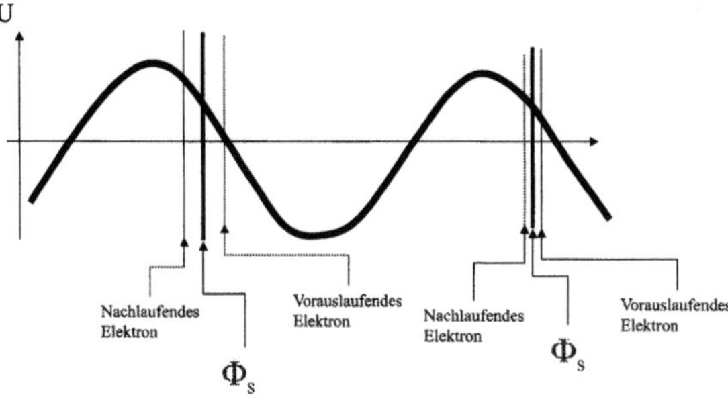

c) Sollphase Φ_S liegt vor dem Maximum

$\longrightarrow$ Phasen konvergieren !

Abb. 15.20. Das Problem der Phasenstabilität in einem Wanderwellenlinearbeschleuniger: Wenn die Sollphase vor dem Feldstärkenmaximum liegt, divergieren die Phasenlagen (**a**). Wenn die Sollphase im Maximum liegt, gehen die Elektronen mit nachlaufenden Phasenlagen verloren (**b**). Wenn die Sollphase vor dem Feldstärkenmaximum liegt, konvergieren die Phasen (**c**); Phasenstabilität ist also nur bei dieser Phasenlage gewährleistet

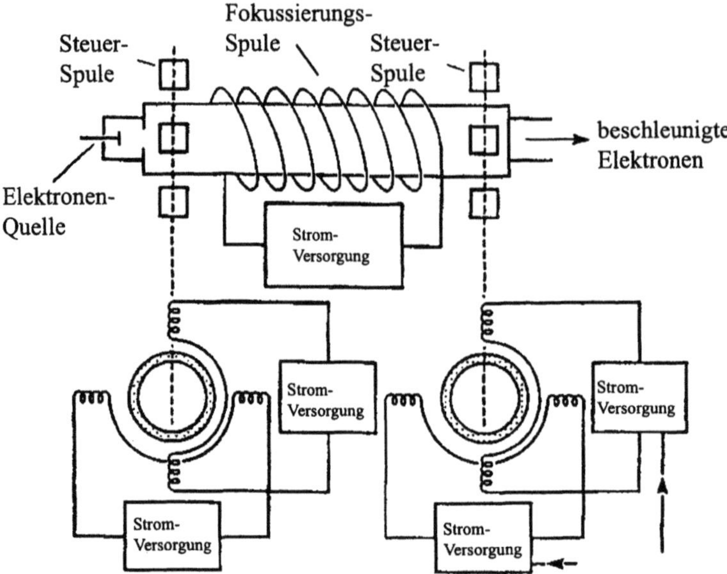

Abb. 15.21. Steuerspulen und Fokussierungsspulen sorgen bei einer Beschleunigerröhre für die erforderliche Bahnstabilität

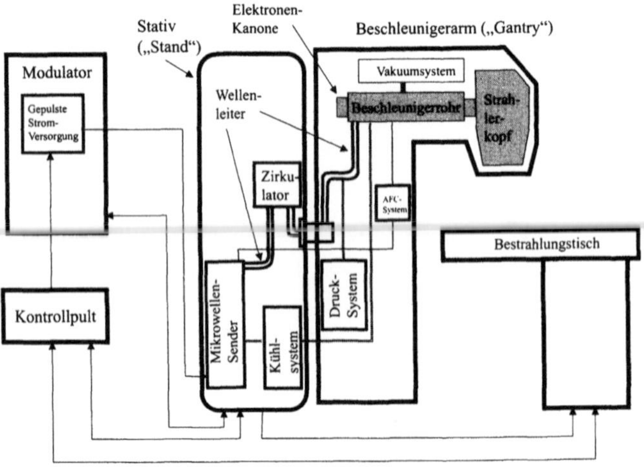

Abb. 15.22. Aufbau eines medizinischen Elektronenlinearbeschleunigers

einem feststehenden Teil (engl. „Stand") und einem beweglichen Teil (Bestrahlungsarm, engl. „Gantry"). Im Stand sind der Mikrowellensender (entweder Magnetron oder Klystron) und das Kühlsystem untergebracht, in der Gantry das Beschleunigungsrohr, der Strahlerkopf sowie Vakuum-, Druck- und AFC-Systeme.

Die im feststehenden Teil des Linearbeschleunigers befindlichen Mikrowellensender hoher Sendeleistung sind Entwicklungsergebnisse der Radartechnik des 2. Weltkriegs. Die Mikrowellen werden über mit Isoliergas gefüllte Hohlwellenleiter vom Sender über den Zirkulator in das Beschleunigerrohr geleitet. Von einer Elektronenkanone werden Elektronen ins Beschleunigerrohr geschossen. Diese treffen am Anfang des Beschleunigerrohrs mit den Mikrowellen zusammen, treten dort mit den elektrischen Feldkomponenten in Wechselwirkung und werden beschleunigt.

Die wichtigsten Komponenten eines Linearbeschleunigers

Mikrowellensender. Elektronenlinearbeschleuniger werden fast ausschließlich bei 3 GHz betrieben (S-Band). Es sind vereinzelt auch Geräte entwickelt worden, die im X-Band (9 GHz) arbeiten. Die höhere Frequenz hat den Vorteil, daß die Beschleunigerstrecken deutlich kürzer sind und dadurch kompaktere Beschleuniger gebaut werden können. Die gravierenden Nachteile sind jedoch die wesentlich geringere mechanische Konstruktionstoleranz und die Tatsache, daß Mikrowellensender in diesem Frequenzband mit ausreichender Leistung kaum verfügbar sind.

Als S-Band-Mikrowellensender werden bei medizinischen Elektronenlinearbeschleunigern bei niedrigeren Energien bis etwa 10 MeV überwiegend Magnetrons mit einer Spitzenleistung von etwa 2,5–3 MW eingesetzt. Bei höherenergetischen Maschinen sind leistungsstärkere Sender erforderlich. Eingesetzt werden in der Regel Klystrons, die Spitzenleistungen bis 7 MW liefern, vereinzelt auch Hochleistungsmagnetrons mit Spitzenleistungen bis 5 MW.

Magnetrons sind kleiner und arbeiten bei niedrigeren Spannungen, so daß sie auch in der Gantry eines Linearbeschleunigers eingebaut werden können. Klystrons haben größere Abmessungen, werden bei höherer Spannung betrieben und befinden sich in einem (mit Öl) isolierten Gehäuse, das nicht in die Gantry eingebaut werden kann. Für die Zuführung der Mikrowellen vom Klystron zum Beschleunigerrohr wird daher eine drehbare Mikrowellendurchführung benötigt.

Eine ausführliche Beschreibung von medizinisch eingesetzten Klystrons und Magnetrons findet sich in [5] und [2].

Wellenleiter. Für den Transport der Mikrowellen vom Sender (Klystron, Magnetron) zum Beschleunigerrohr werden in der Regel rechteckige Hohlleiter eingesetzt, die die Mikrowellen im für diese Hohlleiterform dominanten TE10-Modus übertragen (zu den Modi der Mikrowellenausbreitung s. [6]). Für das S-Band (3 GHz) ergeben sich für die rechteckigen Hohlleiter die Standardabmessung 3, 4 cm × 7, 2 cm. Hohlleiterabschnitte können entweder gerade sein oder in gewissen Grenzen Kurven und Verwindungen aufweisen. Ein besonderes Problem sind die Übergänge der Hohlleiter zum Mikrowellensender, zur Drehverbindung oder zum Beschleunigerrohr, wo rechteckige Leiter z.T.

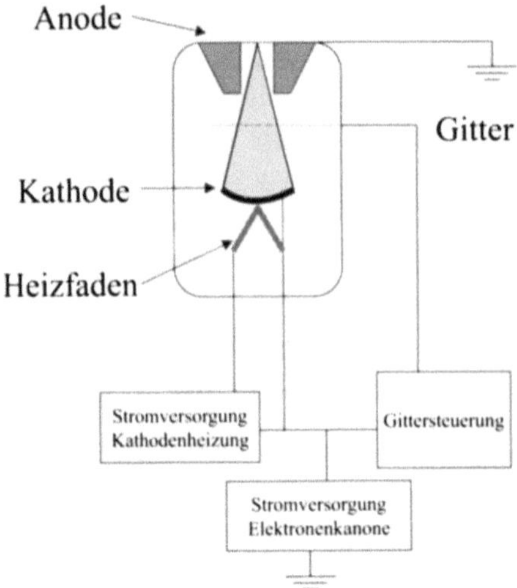

Abb. 15.23. Elektronenkanone mit indirekt geheizter Kathode und Steuergitter (Triodenelektronenkanone)

an runde Hohlleitungsstücke gekoppelt werden müssen. Um Hochspannungsüberschläge in den Hohlleitern zu vermeiden, werden diese mit Isoliergas (s. *Drucksystem*) gefüllt.

Modulator. Aufgabe des Modulators ist es, negative Hochspannungspulse zu erzeugen, die an die Kathode des Mikrowellengenerators (Klystron oder Magnetron) gelegt werden.

Zirkulator. Der Zirkulator (auch Isolator genannt) hat die Aufgabe, den Mikrowellensender von reflektierten und auf den Wellenleitern zurücklaufenden Wellen zu schützen. Zirkulatoren nutzen die Eigenschaften von Ferriten, die Schwingungsrichtung elektromagnetischer Felder um einen bestimmten Winkel zu drehen. Rücklaufende Wellen können auf diese Weise ausgekoppelt und einem Mikrowellensumpf zugeleitet werden.

Elektronenkanone. Die Elektronenkanone injiziert freie Elektronen in die Beschleunigerröhre. Eine Elektronenkanone eines Elektronenlinearbeschleunigers besteht aus einer direkt oder indirekt geheizten Kathode, einer Anode und einer Fokussierungselektrode (Abb. 15.23). In manchen Beschleunigern ist ein Steuergitter zur Beeinflussung des Elektronenstroms integriert (Triodenelektronenkanone), was den Vorteil hat, daß der Elektronenstrom schnell geregelt werden kann.

Beschleunigerrohr. Das Beschleunigerrohr ist das Kernstück des Elektronenbeschleunigers. Je nach Betriebsart werden Wanderwellen- oder Stehwellenrohre eingesetzt, deren Funktionsweisen unter 15.4.4 beschrieben sind.

AFC-System. Die Resonanzfrequenz eines Beschleunigerrohrs ändert sich mit der Temperatur, der zugeführten Leistung und anderen mechanischen und elektrischen Störungen der Beschleunigungssegmente. Das AFC-System („Auto Frequency Control System") hat die Aufgabe, die Frequenz des Magnetrons oder Klystrons ständig auf die zeitlich sich geringfügig ändernden Resonanzfrequenzen anzupassen.

Kühlsystem. In einem Beschleuniger müssen eine ganze Reihe von Komponenten ständig gekühlt werden. Es sind dies vor allem die Beschleunigerröhre, der Mikrowellensender, Zirkulator und Mikrowellensümpfe und die Hochspannungstransformatoren im Modulator. Obwohl dies sehr unterschiedliche Kühlanforderungen sind, wird in einem Beschleuniger ein und dasselbe Kühlsystem für alle Komponenten eingesetzt. Ein ausgeklügeltes geregeltes Pumpensystem sorgt dafür, daß jede Komponente mit einer entsprechenden Wasserdurchflußrate versorgt und auf eine festgelegte Temperatur gekühlt wird.

Drucksystem. Um Spannungsüberschläge in den Wellenleitern zu vermeiden, werden diese mit Isoliergasen (in der Regel Freon oder SF_6) gefüllt. Das Gas muß gegenüber dem unter Vakuum stehenden Beschleunigerrohr und dem Mikrowellensender mit einem HF-Fenster abgedichtet werden. Der Gasdruck von etwa 2 at wird vom Drucksystem aufrechterhalten und kontrolliert.

Vakuumsystem. Das Beschleuniger- und Strahlführungsrohr muß bei einem Vakuum von etwa 10^{-7} torr betrieben werden, damit einerseits Hochspannungsüberschläge vermieden werden, andererseits der Elektronenstrahl nicht abgebremst wird. Dieser Druck wird z.B. durch den kombinierten Einsatz von mechanischen Pumpen und Ionenpumpen aufrechterhalten.

Strahlerkopf. Das Beschleunigerrohr liegt horizontal, schon wegen seiner Länge von 1–2 m. Der Strahl muß daher um 90° nach unten in Richtung Isozentrum abgelenkt werden. Die Ablenkung geschieht durch ein Magnetfeld im Strahlerkopf.

Achromatisches Umlenksystem. Die aus dem Beschleunigerrohr austretenden Elektronen weisen eine gewisse Energieunschärfe auf. Bei einer Umlenkung im homogenen magnetischen Feld treffen Elektronen unterschiedlicher Energie an unterschiedlichen Stellen auf dem Target auf (Spektrometereffekt); die Energieunschärfe der im Linearbeschleuniger beschleunigten Elektronen führt zu einem relativ großen Strahlfleck und damit zu unerwünscht großen Halbschattenbereichen.

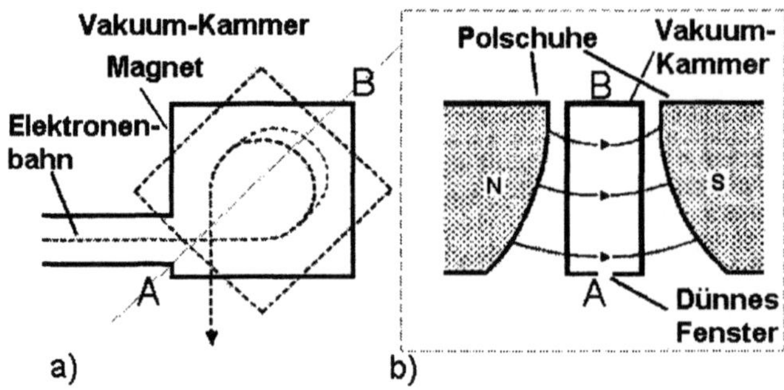

Abb. 15.24. Das Prinzip des achromatischen 270°-Umlenksystems im Strahlerkopf eines Elektronenlinearbeschleunigers: Aufsicht (**a**), Querschnitt entlang der Linie *AB* (**b**)

In modernen Beschleunigern wird dieser Nachteil durch eine Ablenkung um 270° umgangen (Abb. 15.24). Im 270°-Magneten nimmt die Stärke des Magnetfeldes für größere Bahnradien zu. Elektronen mit höheren Energien werden daher einem höheren Magnetfeld ausgesetzt. Das inhomogene Feld wirkt wie eine achromatische Linse: unabhängig von der Energie treffen die Elektronen in einem Brennfleck minimaler Ausdehnung auf dem Target auf.

In Linearbeschleunigern werden so Brennflecke von ca. 2–3 mm Durchmesser erreicht (10mal kleiner als der Durchmesser einer ^{60}Co-Quelle). Für viele strahlentherapeutische Fragestellungen kann damit der erwünschte scharfe Abfall der Strahlendosis am Feldrand realisiert werden.

Streufolien, Target, Ausgleichskörper, Monitorsystem. Nach der Umlenkung im 270°-Magneten treten die Elektronen in den Bereich ein, wo aus dem scharf gebündelten Elektronenstrahl ein für die Therapie geeignetes Strahlenfeld erzeugt wird (Abb. 15.25).

Sollen die *Elektronen* direkt therapeutisch genutzt werden, ist lediglich noch eine Aufweitung des aus dem Umlenkmagneten austretenden Nadelstrahls erforderlich, die meist durch eine dünne Metallfolie (Elektronenstreufolie) erreicht wird. Mit sog. Elektronentubussen oder variablen Blenden wird das Feld geformt.

Bei der Erzeugung von *Photonen* werden die beschleunigten Elektronen auf ein Target gelenkt (Wolframmetallplatte), wo sie abgebremst werden und dabei ultraharte Bremsstrahlung erzeugen. Die Bremsstrahlung entsteht überwiegend in Vorwärtsrichtung, so daß in Strahlrichtung höhere Intensitäten auftreten als am Feldrand. Die erforderliche Homogenisierung wird durch Einführung eines Ausgleichskörpers („Flattening Filter") in den Strahlengang erreicht. Diese Homogenisierung wird jedoch teuer erkauft: bis zu 98% der Strahlintensität werden im Ausgleichsfilter absorbiert. Die primäre

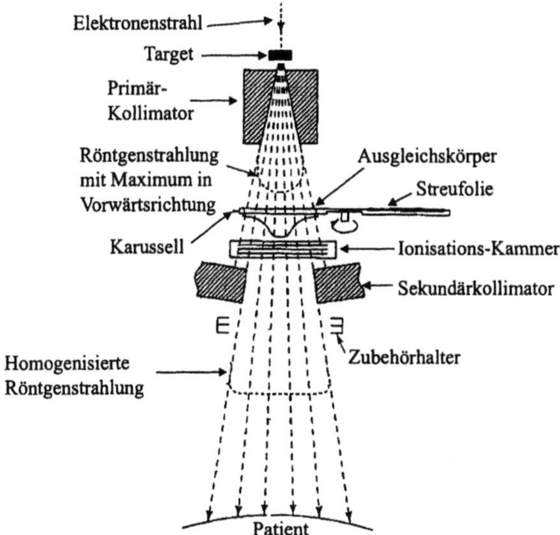

Abb. 15.25. Strahlenfelderzeugendes System eines Elektronenlinearbeschleunigers bestehend aus Target, Primärkollimator, Ausgleichskörper, Ionisationskammer und Sekundärkollimator

Strahlintensität gegenüber dem Elektronenmodus muß deshalb um Größenordnungen erhöht werden.

Bei der Umschaltung vom Elektronen- in den Photonenbetrieb ist die Erhöhung der Strahlintensität nicht unproblematisch: es muß im Photonenmodus absolut sichergestellt sein, daß sich der Ausgleichskörper auch tatsächlich im Strahlengang befindet. Fehlfunktionen an dieser Stelle können zu schweren Verletzungen des Patienten führen. Ein solcher Fehler ist 1986 in den USA als „Malfunction-54"-Unfall eines rechnergesteuerten Linearbeschleunigers bekannt geworden.

Ein weiterer wichtiger Bestandteil des Strahlerkopfes ist das Monitorsystem. Dies besteht aus einer Anzahl von Flächendetektoren (Ionisationskammern), die durchstrahlt werden und mit deren Hilfe sowohl die Strahlintensität als auch die Homogenität des Strahlenfeldes laufend kontrolliert werden. Das Monitorsystem muß redundant ausgelegt sein, da aus Gründen der Absolutdosierung der Strahlung höchste Zuverlässigkeit gefordert ist.

Strahlbegrenzungssysteme (Kollimatoren). Die Standardstrahlbegrenzung besteht aus im Strahlengang übereinanderliegend angeordneten (meist ca. 10 cm hohen) Wolframblöcken, die variabel so einstellbar sind, daß rechteckige Strahlenfelder bis zu einer maximalen Größe von ca. $40 \times 40\,\mathrm{cm}^2$ (im Isozentrum) erreicht werden. Man unterscheidet

Abb. 15.26. Multileafkollimator eines Elektronenlinearbeschleunigers

- den Kollimator, der die primär vom Target ausgehende Strahlung kollimiert,
- einen darunter liegenden, das maximale Strahlenfeld definierenden Sekundärkollimator und
- die variabel einstellbaren Kollimatorblöcke, die das endgültige, rechteckige Strahlenfeld definieren. Diese Kollimatorblöcke liegen ebenfalls getrennt übereinander und sind so einstellbar, daß rechteckige Strahlenfelder bis zu einer maximalen Größe von ca. $40 \times 40 \, \mathrm{cm}^2$ erreicht werden.

Multi-Leaf-Kollimatoren. Bei modernen Linearbeschleunigern sind Kollimatorsysteme im Linearbeschleuniger integriert, die nach dem „Multi-Leaf-Prinzip" arbeiten. Diese Kollimatoren bestehen aus einer Vielzahl von dünnen Wolframscheiben, die paarweise einander gegenüberliegend angeordnet sind (Abb. 15.26). Diese Lamellen können einzeln computergesteuert so verstellt werden, daß beliebig geformte Strahlenfelder aus dem Grundfeld des Beschleunigers ausgeblendet werden können. Eine ausführliche Darstellung der Problematik und des Einsatzes von Multi-Leaf-Kollimatoren findet man bei [10–12].

15.4.5 Zusammenfassung der Eigenschaften des Elektronen-LINAC

Zu Beginn der 70er Jahre wurde in dem namhaften Lehrbuch der medizinischen Physik „Physics of Radiology" von den Autoren Johns und Cunningham noch bezweifelt, ob Linearbeschleuniger jemals ein brauchbares Handwerkszeug der Strahlentherapie abgeben würden [3]:

> „Linear accelerators produce radiation distributions which are only slightly better than ^{60}Co. They are complicated and require extensive back up services of well trained technicians or physicists. Their increased complexity over ^{60}Co will prevent them from being universally accepted."

Inzwischen wird die Technik und Physik der Elektronenbeschleunigung so perfekt beherrscht, daß Linearbeschleuniger als wichtigste Strahlenquelle der Strahlentherapie angesehen werden können. Entsprechend der günstigen Eigenschaften können Linearbeschleuniger heute in einem sehr breiten Anwendungsspektrum eingesetzt werden: Sie eignen sich für Großfeldbestrahlungen, die zur Erreichung der erforderlichen Feldgrößen in mehreren m Entfernung vom Fokus mit hohen Dosisleistungen durchgeführt werden müssen bis hin zur Bestrahlung kleinster Zielvolumina in der stereotaktisch geführten Strahlentherapie und Radiochirurgie.

Durch die Variabilität der Strahlenart (Elektronen oder Photonen) und der Energie können Linearbeschleuniger im gesamten klassischen Gebiet der Teletherapie oberflächlicher und tiefliegender Tumoren eingesetzt werden.

Ein zukünftiges erfolgversprechendes Einsatzgebiet ist die Konformationsstrahlentherapie mit Multi-Leaf-Kollimatoren und intensitätsmodulierten Feldern (IMRT) [1].

Literatur

1. Bortfeld T, Stein J, Schlegel W (1998) Inverse Planung und Bestrahlungstechniken mit intensitätsmodulierten Feldern. In: Richter J (Hrsg) Strahlenphysik für die Radioonkologie. Thieme, Stuttgart, S 121–129
2. Greene D, Williams PC (1997) Linear accelerators for radiation therapy. IOP-Publishing, Bristol
3. Johns HE, Cunningham JR (1971) Physics of radiology. 3rd edn. Thomas Thomas, Springfield, IL
4. Johns HE, Cunningham JR (1983) The physics of radiology. Thomas, Springfield, IL
5. Karzmark CJ (1984) Advances in linear accelerator design for radiotherapy. Med Phys 11/2: 105–128
6. Karzmark CJ, Nunan CS, Tanabe E (1993) Medical electron accelerators. McGraw-Hill, New York
7. Livingston MS, Blewett J (1962) Particle accelerators. McGraw-Hill, New York
8. Mould RF (1993) A century of x-rays and radioactivity in medicine. IOP Publishing, Bristol
9. Trump JG (1964) Radiation for therapy: In retrospect and prospect. Am J Roentgenol 91: 22–30
10. Webb S (1993) The physics of three-dimensional radiation therapy. IOP-Publishing, Bristol
11. Webb S (1997) The physics of conformal radiotherapy: Advances in technology. IOP-Publishing, Bristol
12. Webb S (2000) Intensity modulated radiation therapy. IOP-Publishing, Bristol

16 Anwendungen und Techniken der MRT in der Strahlentherapieplanung

L.R. Schad

Eine bessere Anpassung der therapeutischen Strahlendosis an das Zielvolumen zur Schonung des gesunden Gewebes und von benachbarten Risikoorganen stellt eine der wichtigsten Aufgaben in der onkologischen Strahlentherapie dar. Bei der individuellen Festlegung des Zielvolumens bietet die Magnetresonanztomographie (MRT) aufgrund des guten Weichteilkontrastes hervorragende Möglichkeiten, insbesondere bei der Behandlung von Läsionen des menschlichen Gehirns. Ein grundsätzliches Problem der MRT bei stereotaktischer Arbeitsweise stellen die geometrischen Verzeichnungen dar, die durch Wirbelströme hervorgerufen werden. Diese Fehler können durch den Einsatz entsprechender Patientenfixierung (Kopfmaske, stereotaktisches System bestehend aus einem Keramikring oder mehrfachverleimtem Buchenholz) minimiert und mit Hilfe geeigneter Phantommessungen bzw. Algorithmen korrigiert werden. Hierdurch gelingt eine Korrelation dieser neuen Methoden mit anderen radiologischen Verfahren, wie CT, PET, US, und deren Anwendung in der Onkologie. Dadurch können neue Kontrastmechanismen, wie z.B. die kontrastmittelunterstützte MRT, die Diffusion, die funktionelle MRT (mittels BOLD-Effekt), sowie moderne Bildauswerteverfahren (z.B. T1-, T2-Analyse, Texturanalyse, Segmentierungsverfahren) einbezogen und z.B. mit PET (H_2O^{15}, FDG) korreliert werden, um eine Verbesserung der Abgrenzung funktioneller Tumorareale und damit der individuellen Therapieplanung zu erreichen. Auch können neue physiologische und für die Therapieplanung wichtige Parameter (z.B. Tumorvaskularisation und ggf. Tumorperfusion) aus der funktionellen MRT gewonnen werden, wobei zum besseren Verständnis und Interpretation dieser Daten derzeit noch die Positronenemissionstomographie als goldener Standard herangezogen werden muß. Auch dazu bietet die stereotaktische Arbeitsweise eine ideale Basis, da dadurch eine exakte räumliche Korrelation der funktionellen oder physiologischen MR-Daten mit morphologischen Daten und verschiedenen anderen bildgebenden Verfahren möglich ist.

16.1 MR-kompatible, stereotaktische Haltersysteme

Stereotaktischer Haltersysteme müssen in der MR besondere mechanische und magnetische Eigenschaften aufweisen. In der Stereotaxie werden für die Halteringe verschiedenste Materialien wie Aluminium, Edelstahl, Titan,

Kunststoff, Keramik und Holz eingesetzt. Die geringste mechanische Deformierbarkeit und somit höchste stereotaktische Genauigkeit besitzen Keramikringe, die allerdings keine hohe Schlagfestigkeit besitzen, und metallische Ringe. Im zirkularpolarisierten Feld des MR-Tomographen werden allerdings in metallischen Ringen sehr starke Wirbelströme induziert. Aus diesem Grund sind metallische Ringe im allgemeinen für die MRT-Bestrahlungsplanung ungeeignet. Nur stereotaktische Ringe aus Titan eignen sich bei hoher Reinheit von 99,9% aufgrund ihres ausreichend hohen Ohmschen Wiederstands für diese Zwecke. Die wohl besten mechanischen und magnetischen Eigenschaften für die MR-Stereotaxie besitzen: 1. Keramik, 2. Titan und 3. Holz (mehrfachverleimtes Buchenholz).

16.2 Schnelle morphologische MR-Bildgebungstechniken

In der MR-Bestrahlungsplanung werden heute zunehmend schnelle 3D-Gradientenechosequenzen wie z.B. 3D-Turbo-FLASH eingesetzt. Diese 3D-Techniken besitzen ideale Eigenschaften für eine 3D-Bestrahlungsplanung. Als besondere Vorteile dieser Technik sind hierbei hervorzuheben: isotrope und höchste geometrische Auflösung, schnelle Datenaufnahme (Meßzeit ca. 6 min für 256 × 256 × 128 Bildwürfel), verbesserter Weichteilkontrast durch 180°-Präparation und kleine SAR-Werte.

Allerdings zeigen 3D-Gradientenechosequenzen im Gegensatz zu den etablierten Spinechotechniken eine kompliziertere Abhängigkeit des Signals sowohl von den physikalischen Parametern des jeweiligen Gewebes als auch von experimentspezifischen Gegebenheiten. Während in Spinechosequenzen zeitunabhängige Störfaktoren im Bildsignal wie die Inhomogenitäten der äußeren Magnetfelder und Suszeptibilitätsdifferenzen, die zu lokalen Gradientenfeldern führen, kompensiert werden können, müssen diese Faktoren in einem Gradientenechoexperiment genauer untersucht und analysiert werden, um eine eindeutige, experimentunabhängige Information zu erhalten. Insbesondere werden bei diesen Techniken Hochfrequenzimpulse mit sehr hohen Repetitionsraten eingestrahlt. Das schnelle Wiederholen von Anregungspulsen bewirkt das Auftreten von stimulierten Echos, die zu Bildartefakten führen können. Außerdem ändert sich auch die Größe der Magnetisierung des abzubildenden Objekts während der Datenauslese, was zu einem Verlust der räumlichen Auflösung insbesondere bei Bildgebungstechniken mit Präparationsphase (z.B. Turbo-FLASH) führt. Die Ursache für diese Effekte ist die sog. „point spread function", die angibt, wieviel Intensität eines punktförmigen Objekts in umgebende Bildpunkte gestreut wird. Das zeitliche Verhalten der Magnetisierung und die daraus berechnete „point spread function" kann für zwei Extremfälle mit Hilfe der Blochschen Gleichungen simuliert werden. Im ersten Fall bleibt die Magnetisierung während der Messung konstant. Dadurch verbleibt (fast) die gesamte Intensität in dem Bildpunkt, in dem

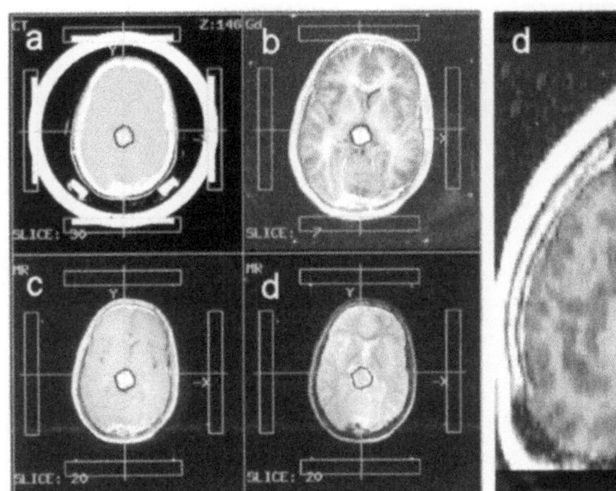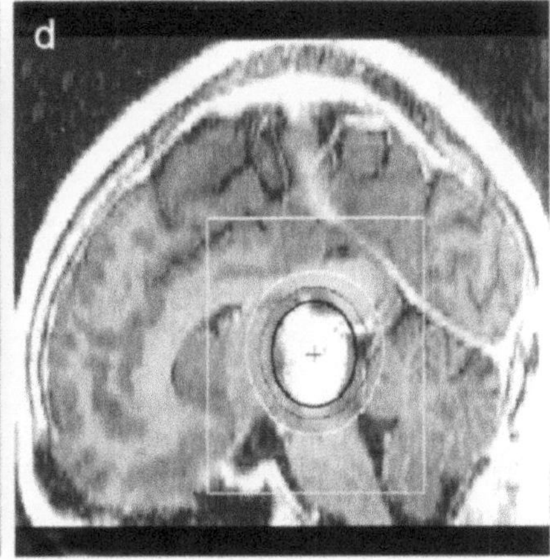

Abb. 16.1. Beispiel einer Bestrahlungsplanung mittels 3D-Turbo-FLASH-Technik
an einem Patienten mit Hirnmetastase: Zur genauen Festlegung der Dosisverteilung
werden mehrere Bildgebungsmodalitäten in einem stereotaktischen System korrelliert. **a** CT-Aufnahme, **b** T1-gewichtetes 3D-Turbo-FLASH-Bild nach KM, **c** T1-
gewichtetes SE-Bild nach KM, **d** T2-gewichtetes SE-Bild. Die stereotaktisch korrelierten Turbo-FLASH-Bilder zeigen einen deutlich besseren T1-Kontrast als die
entsprechenden SE-Bilder bei gesteigertem räumlichen Auflösungsvermögen (ca.
$1\,\mathrm{mm}^3$). **e** sagittale Rekonstruktion der 3D-Turbo-FLASH-Messung mit eingezeichneten Isodosen der stereotaktischen Hochdosisbestrahlung

sich das Objekt befindet. Im zweiten Fall entwickelt sich die Magnetisierung
zeitlich, was zu einer Streuung von Intensität in Nachbarpixel führt. Die
Schnellbildtechniken zeigen also im Gegensatz zu den etablierten Meßtechniken eine kompliziertere Abhängigkeit des Signals sowohl von den physikalischen Parametern des jeweiligen Gewebes als auch von experimentspezifischen Gegebenheiten. Erste klinische Erfahrungen zeigen, daß die 3D-Turbo-
FLASH-Technik bei der 3D-Bestrahlungsplanung von Hirntumoren eine geeignete Alternative zur 2D-SE-Untersuchung sein kann.

An dieser Stelle soll noch eine spezialisierte 3D-Meßtechnik vorgestellt
werden, die aufgrund ihrer sehr hohen räumlichen Auflösung eine interessante Option für die Bestrahlungsplanung darstellt: Die sog. CISS-Technik
(Constructive Interference in Steady State) eignet sich besonders zur Darstellung von Gewebestrukturen in Flüssigkeiten (z.B. Hirnnerven im Liquor) und
deren Abgrenzung als Risikostrukturen in der Präzisionshochdosisbestrah-
lung (z.B. bei Akustikusneurinomen).

Der CISS-Technik liegt die Tatsache zugrunde, daß bei einer Anregung
des Spinsystems durch viele Kleinwinkel α bei einer Repetitionszeit TR, die
kleiner als die T2-Relaxationszeit ist, sich eine Gleichgewichtsmagnetisierung
ausbildet, die im Normalfall einer Meßsequenzabfolge sowohl den Signalanteil
eines Gradientenechos S+ als auch eines „Spinechos" S− besitzt. Diese beiden

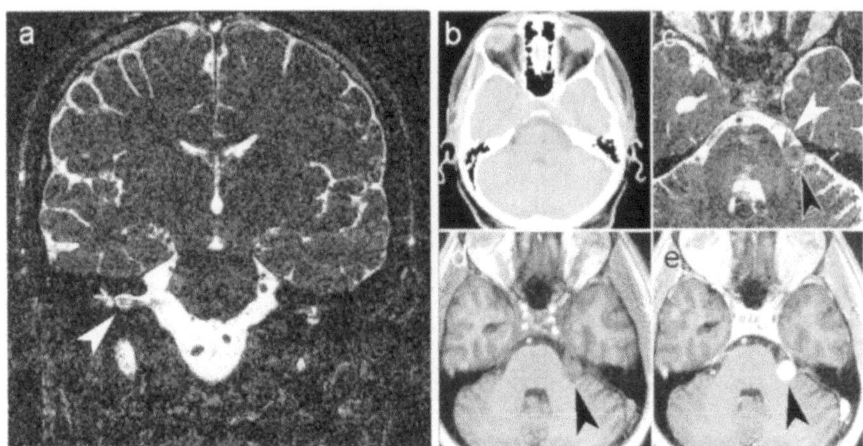

Abb. 16.2. Beispiel einer 3D-CISS-Bildgebung zur Abgrenzung von Risikostrukturen in der Bestrahlungsplanung: **a** CISS-Aufnahme (coronar) eines gesunden Probanden. Die CISS-Sequenz erlaubt die hochauflösende Darstellung der Hörnerven und Gehörschnecke (*weißer Pfeil*). **b–e** Patient mit einem Akustikusneurinom. **b** CT-Aufnahme, **c** CISS-Aufnahme mit Tumor (*schwarzer Pfeil*) und stark T2-kontrastierten Hirnnerven (*Fächerstruktur, weißer Pfeil*), **d** Spinechoaufnahme vor Kontrastmittelgabe mit schwach abgegrenztem Tumor (*schwarzer Pfeil*), **e** Spinechoaufnahme nach Kontrastmittelgabe mit gut abgegrenztem Tumor (*schwarzer Pfeil*)

Signalanteile werden normalerweise bei der FISP- (S+) und der PSIF-Technik (S−) Sequenzen getrennt gemessen. Bei der CISS-Technik werden nun beide Signalanteile durch geeignete Phasenmodulation der Hochfrequenzpulse und anschließender komplexer Addition der gemessenen Daten kombiniert, so daß bei einer CISS-Messung beide Signale S+ und S− bei hohem T2-Kontrast und gutem Signal-Rausch-Verhältnis abgebildet werden.

Abbildung 16.2 zeigt das Beispiel einer 3D-CISS-Bildgebung an einem gesunden Probanden (Abb. 16.2 links) und bei einem Patienten mit einem Akustikusneurinom (Abb. 16.2b–e). Hierbei wird durch die CISS-Technik eine hohe räumliche Auflösung von $0.7 \times 0.7 \times 0.7\,\mathrm{mm}^3$ erreicht bei einer Meßzeit von ca. 5 min für 32 Partitionen. Dieser Gewinn an Auflösung bei gutem T2-Kontrast ermöglicht die Abgrenzung wichtiger Hirnnerven [Abb. 16.2c (Fächerstruktur, weißer Pfeil)], die in den Spinechobildern (Abb. 16.2d, e) nur sehr schwer zu erkennen sind. Diese Strukturen können in der Präzisionshochdosisbetrahlung als Risikobereiche abgegrenzt werden.

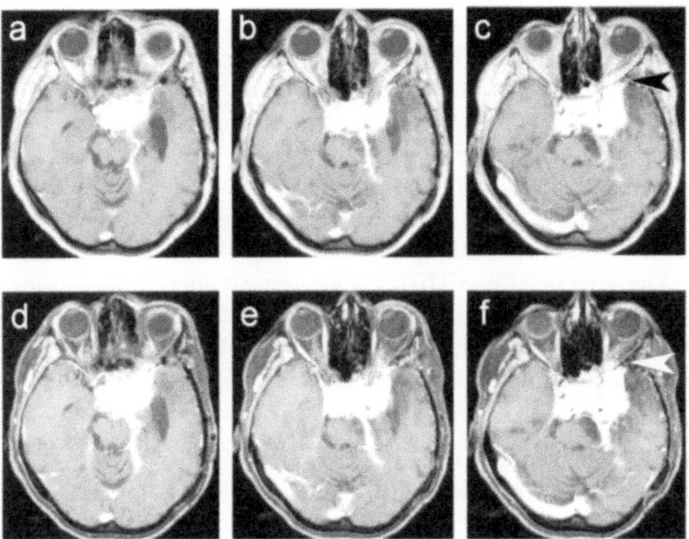

Abb. 16.3. Dynamische MRT mit Fettunterdrückung am Beispiel eines Patienten mit einem Meningiom: **a–c** dynamische FLASH-Bilder nach KM-Gabe ohne Fettunterdrückung, **d–f** dynamische FLASH-Bilder nach KM-Gabe mit Fettunterdrückung durch Binominalpulse. Die in **a–c** hell erscheinenden Bereiche des Fettgewebes sind in **d–f** in der Intensität reduziert. Ein Vergleich der beiden Bildserien zeigt eine deutliche Verbesserung bei der Differenzierung zwischen dem KM-Anreicherungsbereich und dem Fettgewebe des Auges durch die Fettunterdrückung in der FLASH-Technik (vgl. *Pfeile* in **c** und **f**)

16.3   MRT bei Kontrastmittelgabe

16.3.1   KM-Dynamik mit Fettunterdrückung

Eine weitere Möglichkeit zur Verbesserung der Gewebskontraste in der MRT besteht in der Anwendung paramagnetischer Kontrastmittel. Üblicherweise werden im klinischen Alltag z.B. Gadoliniumkomlexe verwendet, die zu lokalen Mgnetfeldverzerrungen führen und damit die Relaxationszeiten ändern.

Normalerweise werden zwei Aufnahmen (prä- und post-KM) gemacht, zwischen denen eine Wartezeit von einigen Minuten verstreicht, die zur Anreicherung des Kontrastmittels in der Läsion benötigt wird. Damit diese Wartezeit nicht ungenutzt bleibt, können schnelle sog. FLASH-Meßsequenzen eingesetzt werden, um während der Kontrastmittelgabe zusätzliche Informationen über das Anreicherungsverhalten der Läsion zu gewinnen. In Abb. 16.3a–d ist eine Schicht einer solchen dynamischen MRT während der Kontrastmittelgabe in 3 Zeitphasen am Beispiel eines Meningioms dargestellt. Oft kann allerdings bei Kontrastmittelgabe nur noch schlecht zwischen Anreicherungsbereich und hell erscheinendem Fettgewebe differenziert werden. Eine deutliche Verbesserung der Differenzierung zwischen Fettgewebe und

Anreicherungsbereich gelingt aber durch den Einsatz sog. Binominalpulse zur Fettunterdrückung bei den FLASH-Messungen, wie in Abb. 16.3d–f dargestellt. Der Einsatz einer solchen Technik ist besonders bei Läsionen in der Nähe der Augen vorteilhaft, um eine bessere Abgrenzung des KM-Anreicherungsbereichs im Fettgewebe zu erreichen (Abb. 16.3d–f). Ohne Fettunterdrückung besteht keine Kontrastdifferenz zwischen Fett (hell) und KM-Anreicherungsbereich (ebenfalls hell, vgl. Abb. 16.3a–c). Die Meßparameter sind mit einer FLASH-Technik identisch, allerdings können mit Fettunterdrückung nur 7 Schichten bei TR = 170 ms gemessen werden, da ca. 10 ms in der Meßsequenz für die zusätzlichen Binominalpulse benötigt werden. Diese reduzierte Anzahl von Schichten reicht allerdings zumeist aus, um das Gebiet des Fettgewebes der Augen ausreichend zu erfassen.

16.3.2 Hochauflösende KM-Dynamik: Modellrechnungen und Korrelation mit PET

In Erweiterung zu der im letzten Abschnitt vorgestellten FLASH-Meßtechnik mit Fettunterdrückung, bei der die Kontrastmittelgabe nur in geringer zeitlicher Auflösung (4 Zeitphasen) gemessen wird, kann das Anreicherungsverhalten auch mit höherer zeitlicher Auflösung dargestellt werden. Dies hat den Vorteil, daß damit eine Zweikompartimentmodellrechnung zur Bestimmung wichtiger pharmakokinetischer Parameter möglich wird.

Bei der dynamischen MRT ist immer ein Kompromiß zwischen erforderlicher Bildqualität (räumlicher Auflösung) einerseits und zeitlicher Auflösung andererseits notwendig. Eine hohe zeitliche Auflösung kann z.B. mit einer Turbo-FLASH-Technik erreicht werden, die sehr robust gegenüber Pulsationsartefakten der großen Blutgefäße reagiert und zudem einen guten T1-Kontrast aufweist. Im Vergleich zu einer klassischen FLASH-Technik hat diese Technik allerdings den Nachteil eines deutlich schlechteren Signal-Rausch-Verhältnisses (ca. Faktor 4). Daher besitzt die FLASH-Technik, bei der sich eine Gleichgewichtsmagnetisierung ausbilden kann, unter dem Aspekt der Bildqualität deutliche Vorteile. Zudem ist zu bedenken, daß bei der Turbo-FLASH-Technik aufgrund der T1-Relaxation der Magnetisierung während der Messung eine schlechtere Point-Spread-Function zu erwarten ist, was eine schlechtere Auflösung zur Folge hat und damit ebenfalls einen negativen Einfluß auf die Bildqualität ausübt.

Somit stellt die FLASH-Technik einen guten Kompromiß zwischen erforderlicher Bildqualität und räumlicher Auflösung einerseits und zeitlicher Auflösung andererseits dar. Hiermit kann eine zeitliche Auflösung von ca. 10 s erreicht werden. Mit dieser Technik gelingt eine ausreichende Darstellung des Anreicherungsverhaltens von Läsionen des menschlichen Gehirns bei einer einminütigen Kontrastmittelinfusion, wobei in 30 Serien à 7 Schichten das Signalverhalten über einen Zeitraum von ca. 5 min nach Kontrastmittelinfusion gemessen werden kann.

Die dynamische Signaländerung nach Kontrastmittelgabe läßt sich für jede MR-Sequenz mathematisch beschreiben. Hier wird im einfachsten Fall die lineare Zweikompartimentmodellrechnung zugrunde gelegt. Als Voraussetzung für eine solche Modellierung muß einerseits die Beziehung zwischen den Relaxationszeiten und der Kontrastmittelkonzentration im Gewebe bekannt sein und andererseits die Kinetik der Kontrastmittelkonzentration im Gewebe mit Hilfe eines pharmakokinetischen Modells quantitativ beschrieben werden können. Die Läsion wird durch ein peripheres Kompartiment beschrieben, das mit einem zentralen Plasmakompartiment über Austauschprozesse 1. Ordnung (k_{12}, k_{21}) in Verbindung steht. Das Kontrastmittel wird mit einer Kinetik 0. Ordnung gleichförmig in das zentrale Kompartiment infundiert (k_{in}) und mit einer Kinetik 1. Ordnung (k_{el}) eliminiert. Während die Transportkonstante k_{el} eine systemische Eigenschaft des Organismus widerspiegelt, nämlich die Distribution und die renale Elimination des Kontrastmittels, sind die Transportkonstanten k_{12} und k_{21} ein Maß für die Vaskularisierung und die Perfusion des Gewebes. Handelt es sich um eine Läsion des zentralen Nervensystems, so beschreiben die Konstanten k_{12} und k_{21} das Ausmaß der Störung der Blut-Hirn-Schranke. Ist die Blut-Hirn-Schranke intakt, so gelangt kein Kontrastmittel in das Hirngewebe bzw. in die Läsion; in diesem Fall gilt $k_{12} = k_{21} = 0$.

Mit Hilfe eines iterativen Algorithmus (z.B nach Marquardt) können außerdem andere wichtige Parameter, wie z.B. die relative Amplitudenänderung des Signals A und die Transportkonstanten, pixelweise berechnet und farbkodiert einem morphologischen Bild überlagert werden. Abbildung 16.4a zeigt das Ergebnis einer solchen Berechnung mittels eines Zweikompartimentmodells für eine dynamischen FLASH-Messung, wie sie oben dargestellt wurde, bei einem Patienten mit einem Astrozytom Grad II–III. Es wurde eine Kodierung der Parameter k_{21} und A in Graustufen vorgenommen. Dabei bedeutet der Übergang von Dunkel nach Hell in der Überlagerung ansteigendes k_{21} und A. Für das gezeigte Experiment wurde die Kontrastmittelinfusion mit Beginn der Messung der 4ten FLASH-Serie gestartet. Nach Aquisition des dynamischen MR-Bilddatensatzes wurden die drei Parameter A, k_{21} und k_{el} berechnet.

Insbesondere bei der Strahlentherapieplanung von Hirntumoren ist es wünschenswert, vitale Tumoranteile in ihrer Ausdehnung genau abzugrenzen und morphologischen Strukturen zuordnen zu können. Die funktionelle Ausdehnung kann mit PET oder dynamischer MRT bestimmt werden, während die morphologischen Bilder mit klassischer T1- oder T2-gewichteter MRT erhalten werden. Die Bilder werden dann räumlich korrelliert. Die exakte Korrelation der dynamischen MRT mit den entsprechenden PET-Daten als goldenem Standard ermöglicht auch eine bessere Interpretation dynamischer MR-Messungen. Eine korrelative Beurteilung von MRT- und PET-Untersuchungen setzt natürlich eine gemeinsame Referenz voraus, die durch das stereotaktische Lokalisationssystem in idealer Weise gegeben ist. Im Rah-

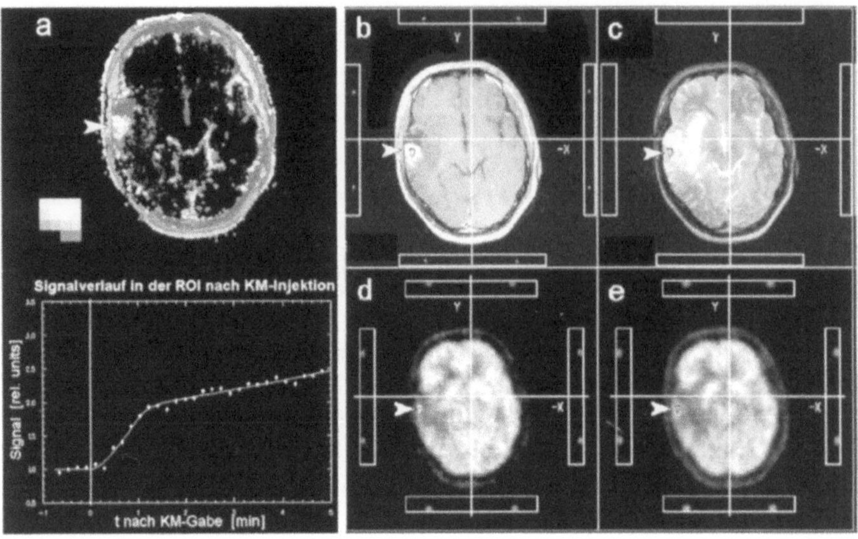

Abb. 16.4. Dynamische FLASH-Messung und PET-Aufnahmen am Beispiel eines Patienten mit einem Astrozytom Grad II–III (*links*). **a** *Oben:* Pixelweise Überlagerung zweier Parameter eines linearen Zweikompartimentmodells auf ein morphologisches MR-Bild. Die Graustufenskala in der Legende (*Quadrat links*) kodiert dabei in senkrechter Richtung die relative Amplitudenänderung und in waagerechter Richtung die Geschwindigkeitskonstante k_{21}. Hell bedeutet dabei große Amplitudenänderung bzw. großes k_{21} (und damit kurze t_{21}). Der zentrale Teil der Läsion zeigt also eine große relative Amplitudenänderung bei großem k_{21}. bzw. kurzer t_{21}-Zeit (*weißer Pfeil*). Ebenso erscheinen die Blutgefäße aufgrund der schnellen (großes k_{21}) und hohen Signaländerung weiß. **a** *Unten:* Gemessener Zeitverlauf der Amplitude im zentralen Teil der Läsion (ROI) (*Punkte*) und die Anpassung aus der Modellrechnung (*durchgezogene Linie*). Die Infusion wurde mit Beginn der Messung der 4ten FLASH-Serie gestartet. **b** T1 gewichtete Aufnahme mit Tumor und eingezeichneter ROI (region of interest) (*weißer Pfeil*). **c** T2-gewichtete Aufnahme mit Tumor und eingezeichneter ROI (*weißer Pfeil*). **d** Zu **b** und **c** korrelierte H_2O^{15}-PET-Aufnahme, **e** zu **b** und **c** korrelierte FDG-PET-Aufnahme. Die PET zeigt ein erniegrigtes H_2O^{15}-Signal – also reduzierte Perfusion, sowie einen erhöhten und gut abgrenzbaren FDG-Metabolismus im MRT-Kontrastmittelanreicherungsbereich der Läsion

men der Strahlentherapieplanung bei Patienten mit Hirntumoren wird hierzu eine individuelle Kopfmaske mit stereotaktischer Halterung und speziellen Markierungen jeweils bei der MRT (wassergefüllte Schläuche) und PET (radioaktive 64-Cu-Drähte) verwendet. Das MRT-Untersuchungsprotokoll besteht aus einer T1- bzw. T2-gewichteten Aufnahme vor Kontrastmittelgabe, einer dynamischen MRT während/nach einminütiger Kontrastmittelinfusion, und schließlich einer T1-gewichteten Aufnahme nach Kontrastmittelgabe. Die PET erfolgte als Doppeltraceruntersuchung mit ^{15}O-markiertem Wasser

(1550–3600 Mbq, 4×30 s, 6×60 s Akquisition) zur Perfusionsbestimmung und
^{18}F-Deoxyglukose (FDG, 240–360 Mbq, 20×60 s, 20×120 s Akquisition) zur
Bestimmung des Zuckerstoffwechsels. Alle PET-Aufnahmen wurden iterativ
mit Scatter- und Attenuation-Korrektur in einer Matrix von 256×256 bei
einer Pixelgröße von 1,2 mm rekonstruiert (Abb. 16.4b–e).

16.4 Magnetresonanzangiographie (MRA)

Bei der strahlenchirurgischen Behandlung von arteriovenösen Gefäßmißbildung (AVM) oder Tumoren im menschlichen Gehirn ist eine exakte Lokalisation des Bestrahlungsvolumens von zentraler Bedeutung. Für Gefäßmißbildungen war dies bisher nur mittels der Röntgenangiographie möglich.
Heute geschieht diese Lokalisation mit modernen bildgebenden Verfahren
wie der Magnetresonanz Angiographie (MRA), die hochaufgelöste dreidimensionale Darstellungen der Zielvolumina liefert. Ziel der strahlenchirurgischen Behandlung ist es, im Zielvolumen eine maximale Dosis zu applizieren
und gleichzeitig das umgebende gesunde Gewebe sowie Risikostrukturen zu
schonen.

Neben diesen rein qualitativen Darstellungen der Blutgefäße durch die
MRA können auch mit Hilfe neuer MR-Techniken wichtige hämodynamische Parameter in die Therapieplanung und -kontrolle der AVM einbezogen
werden. Hierbei kann durch eine geeignete MR-Markierung eines Blutbolus mit anschließender EKG-getriggerter Datenaufnahme eine nichtinvasive
dynamische MRA gemessen werden. Ziel der z.Z. noch laufenden Arbeiten
ist, diese neue Tagging-Technik weiter zu verbessern und zu untersuchen,
ob neue dynamische MRA-Techniken in Kombination mit den hämodynamischen Parametern einer MR-Flußmessung (z.B. Blutfluß, Akzelerationszeit,
Pulswellengeschwindigkeit) eine Verbesserung der individuellen Therapieplanung bzw. -kontrolle erlauben (z.B. bei der Festlegung des „feeders"). Von
besonderer Bedeutung ist dabei die Frage, inwieweit sich die Durchblutungs-
verhältnisse in der Malformation nach der Bestrahlung verändert haben – bei
Ansprechen der Therapie erwartet man eine Reduktion des Blutgefäßdurch-
messers im Zielvolumen und daher einen verminderten Blutfluß in der Mißbildung. In der konventionellen MR-Angiographie werden solche Veränderungen zwar sichtbar; der Erfolg einer Strahlentherapie läßt sich damit aber nur
unzureichend beurteilen, so daß häufig eine konventionelle Röntgenangiographie notwendig wird. Die Ursache hierfür liegt darin, daß sich zuerst die
Flußverhältnisse im Gefäß ändern müssen, damit sich der Gefäßdurchmesser
verringern kann. Die Messung der hämodynamischen Paramter ist daher sen-
sitiver und ermöglicht eine Quantifizierung der Therapiewirkung.

16.4.1 Bestrahlungsplanungssysteme für die MRA

Spezielle AVM-Planungssysteme bieten die Möglichkeit einer Korrelation der
diagnostischen Informationen von MRA, MIP, T1- bzw. T2-gewichteter MRT

und CT und unterstützen den Arzt bei der interaktiven Eingabe des Zielvolumens mit sämtlichen zur Verfügung stehenden Bilddaten. Im Einzelnen sind moderne Rechenprogramme mit folgenden Möglichkeiten ausgestattet:

- gleichzeitige Darstellung von MRA, MIP, T1- bzw. T2-gewichteter MRT und CT am Bildschirm. Dabei wird die richtige Zuordnung der Bilder (Schichtlage, Bildmaßstab, zentrale Projektion der MRA) vom Rechner automatisch mit Hilfe des stereotaktischen Bezugssystems vorgenommen. Das Einzeichnen des Zielvolumens kann vom Arzt interaktiv entweder in jeder Schicht oder in den Projektionsbildern vorgenommen werden und sich dabei auf die zur Verfügung stehenden Bilder stützen (Abb. 16.5);
- verzerrungsfreie Übertragung des Zielvolumens in die MRA, MIP, MRT und CT zur Kontrolle des definierten Zielvolumens;
- kombinierte dreidimensionale Darstellung der MRA-Bilddaten, der konventionellen MRT-Bildgebung und der berechneten Isodosen bei komplexen Bestrahlungstechniken. Darstellung und Überlagerung der Gefäße, der Gehirnkontur, der Risikostrukturen, des Zielvolumens und der berechneten Isodosen zur Überprüfung der Dosisverteilung und Patientenpositionierung. Mit Hilfe dieser Methode kann auch die Genauigkeit und Reproduzierbarkeit der Lokalisationstechnik bestimmt werden;
- dreidimensionale Bestrahlungsplanung auf der Basis von 3D-MRA-Bilddaten oder CT-Daten und deren Vergleich.

Mittels AVM-Planungssystemen können auch vergleichende MRA- bzw. CT-Dosisberechnungen für die Konvergenzbestrahlung im Schädel durchgeführt werden. Vergleiche der berechneten Dosisverteilungen aus CT und MRA zeigen, daß eine Berechnung der Dosisverteilung und Absolutdosierung bei der Konvergenzbestrahlung mit Hilfe der MRA-Daten der entsprechenden CT-Berechnung um nichts nachsteht. Die für die Simulation der Bestrahlung notwendige Information über die jeweilige Strecke zwischen Eintrittspunkt eines Nadelstrahls bis zum Isozentrum kann also mit gleicher Genauigkeit auch aus einem hochaufgelösten 3D-MRA-Bilddatensatz entnommen werden. Auch ein Vergleich der resultierenden Dosisverteilungen beider Verfahren läßt keine signifikanten Abweichungen der Isodosislinien erkennen. In der Absolutdosierung stimmen beide Berechnungen innerhalb 2% überein.

16.4.2 Dynamische MRA
mittels einer Blutbolusmarkierungstechnik

Mit Hilfe des Bolus-Tagging oder STAR (Signal Targeting with Alternating Radiofrequency) können ähnliche Bilder wie in der DSA erzeugt werden, wobei sowohl die statisch-angiographische Information als auch Information über die Blutflußdynamik mit dieser Technik gewonnen werden können. Bei dieser neuen MR-angiographischen Meßmethode wird die Longitudinalmagnetisierung eines Blutbolus in einer stromaufwärtsgelegenen Markierungs-

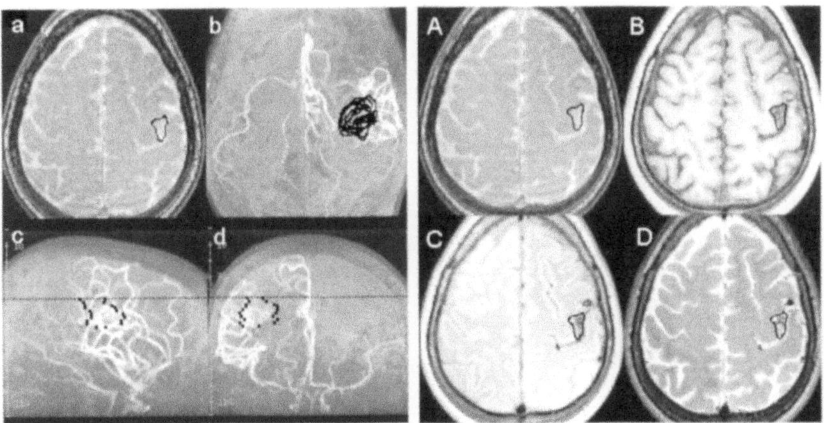

Abb. 16.5. Beispiel eines Bildkorrelationsprogramms zur Festlegung des Zielvolumens. Hier ein Patient mit arteriovenöser Mißbildung (AVM). **a–d** MR-Angiograhpiedaten und resultierende Projektionen mit eingezeichnetem Zielvolumen für die Bestrahlung: **a** MRA-Originaldaten, **b** transversale Projektion, **c** sagittale Projektion, **d** koronare Projektion, **A–D** konventionelle MR-Aufnahmen, **A** MRA-Bild (wie **a**), **B** T1-gewichtetes MPRAGE-Bild, **C** Spinechodichtebild, **D** T2-gewichtetes Spinechobild. Der behandelnde Arzt kann beim Einzeichnen des Zielvolumens in den Projektionen (MIP) auf die Orginaldaten der MRA und die konventionellen MRT-Bilder zurückgreifen. Dabei wird in den MIP automatisch die aktuelle Schichtposition der MRA angezeigt (*gestrichelte Linie* in **c** und **d**)

schicht invertiert (tagging). Nach einer variablen Verzögerungszeit TI, während der Blutbolus in die Ausleseschicht einfließt, werden mehrere Rohdatenzeilen eines oder mehrerer Bilder ausgelesen. Das Experiment wird dann mit dem identischen Sequenzablauf, aber ohne die Bolusmarkierung, wiederholt. Subtrahiert man die Rohdaten mit und ohne Bolusmarkierung vor der Bildrekonstruktion (Fast Fourier Transform), so zeigen die Bilder den Durchfluß des Bolus durch die Ausleseschicht bei maximaler Unterdrückung des umgebenden Gewebes. Um Bildartefakte durch pulsatilen Fluß zu minimieren, wird der Meßablauf mit dem Herzschlag synchronisiert (EKG-Triggerung). Dies hat gleichzeitig den Vorteil, daß man die Flußdynamik als Funktion des RR-Intervalls studieren kann. So kann insbesondere die Verfolgung eines markierten Blutbolus durch die Gefäße der AVM zusätzliche diagnostische Hinweise auf pathogene Veränderungen der vaskulären Struktur liefern.

Zur Verabschaulichung der beschriebenen Bolusmarkierungstechnik sind in Abb. 16.6 die Ergebnisse einer dynamischen MRA im Kopf eines AVM-Patienten zu verschiedenen Wartezeiten nach Inversion der Spins TI (100, ..., 1000 ms) dargestellt. Das AVM wird in den ersten beiden Bildern (TI = 100, 200 ms) von verschiedenen Arterien gefüllt. In den nächsten Bildern (TI = 300–900 ms) erkennt man, wie sich das Blut durch die Malformation fortbe-

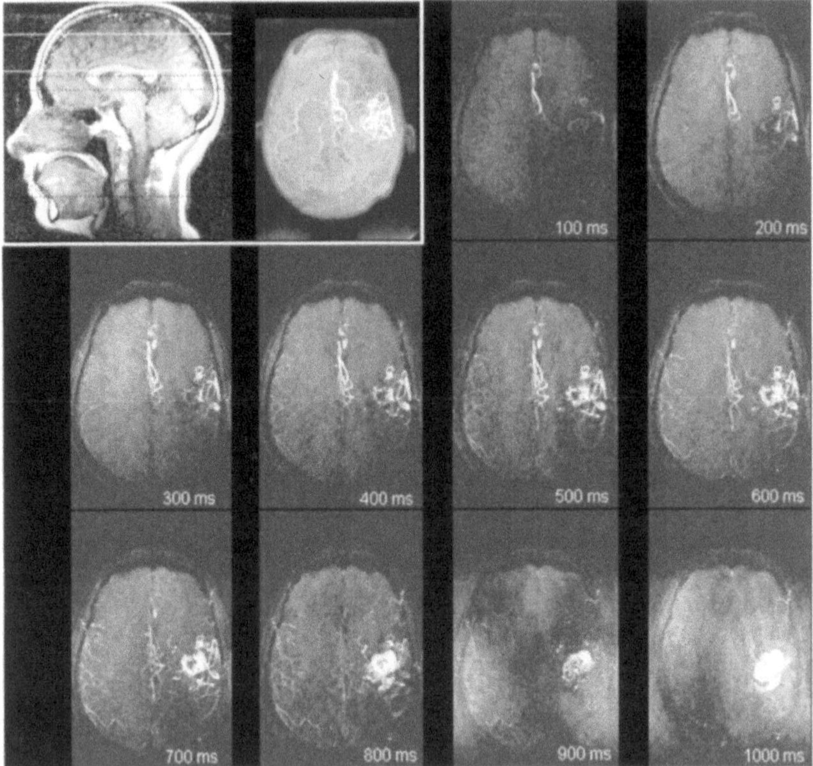

Abb. 16.6. Dynamische MRA am Beispiel eines AVM-Patienten zu verschiedenen Wartezeiten TI (100,..., 1000 ms). Links oben ist die Positionierung der Auslese- und Markierungsbereiche in einem sagittalen Schnitt dargestellt. Die Auslese erfolgt zwischen den *durchgezogenen weißen Linien*. Direkt darüber und darunter ist mit *gestrichelten Linien* der Vorsättigungsbereich angedeutet. Im unteren Bereich des Kopfes liegt die Markierungsschicht (Bereich zwischen den *gestrichelten schwarzen Linien*), die Blut nur in den Karotiden markiert. Daneben dargestellt ist ferner das entsprechende statische MRA-Bild (vgl. Abb. 16.5). Die dynamische MRA zeigt wie die AVM in den ersten beiden Bildern (TI = 100, 200 ms) von verschiedenen Arterien gefüllt wird. In den nächsten Bildern (TI = 300–900 ms) erkennt man, wie sich das Blut durch die Malformation fortbewegt und schließlich im letzten Bild (TI = 1000 ms) von einer Vene abgeleitet wird

wegt und schließlich im letzten Bild (TI = 1000 ms) von einer Vene abgeleitet wird.

16.5   Funktionelle MR-Bildgebung

Untersuchungen von Gehirnfunktionen waren bis etwa 1990 im wesentlichen eine Domäne von PET, wobei unter zerebraler Stimulation Änderungen des

Stoffwechsels in bestimmten Arealen des Gehirns durch radioaktiv markierte Substanzen bildlich dargestellt werden konnten. Bereits 1991 wurde über eine neue Möglichkeiten der MRT zum Nachweis von Änderungen im zerebralen Blutvolumen (CBV) berichtet bei visueller Stimulation nach Bolusinjektion des Kontrastmittels Gd-DTPA mit Hilfe der Echo-Planar-Imaging-Meßtechnik (EPI-Meßtechnik). In den letzten Jahren hat sich gezeigt, daß die MRT eine vollständig nichtinvasive Möglichkeit zum Nachweis zerebraler Stimulationen bietet. Dieses Verfahren, das heute als funktionelle MRT bekannt ist, beruht auf der Tatsache, daß sich bei einer lokalen Stoffwechselaktivität des Gehirns auch die magnetischen Eigenschaften des Blutes ändern. Diamagnetisches Oxyhämoglobin wird bei Einsetzen der Neuronenaktivität zunächst in paramagnetisches Desoxyhämoglobin umgewandelt. Der erhöte Sauerstoffverbrauch des Gewebes wird nach etwa 2–6 s durch eine lokale Zunahme des zerebralen Blutflusses überkompensiert, so daß der Sauerstoffgehalt des Blutes in den Kapillaren dann gegenüber dem Ruhezustand ansteigt. Dieses Phänomen wird als Blood-Oxygenation-Level-Dependent (BOLD)-Effekt bezeichnet. Die lokalen Änderungen im Gehirn führen zu einer Störung der lokalen Magnetfelder (T2*-Effekt) und ändern damit auch das gemessene Bildsignal. Durch diese geringen Änderungen im Bildsignal ist ein nichtinvasiver Nachweis einer zerebralen Stimulation mit Hilfe der MRT möglich. Was also früher als Bildartefakt (Suszeptibilitätseffekt) abgetan wurde, wird bei den heutzutage verfügbaren hochempfindlichen Tomographen als Meßgröße benutzt.

Zur Messung des BOLD-Effekts werden in der Regel T2*-gewichtete Gradientenechosequenzen verwendet. Konkret können also z.B. konventionelle FLASH- oder EPI-Sequenzen zur funktionellen Bildgebung genutzt werden. Die hier abgebildeteten Daten sind mit einer in 1. Ordnung flußrephasierten FLASH-Sequenz mit reduzierter Bandbreite (20–30 Hz/Pixel), Fettunterdrückung und folgenden Sequenzparametern aufgenommen worden: (TR = 80 ms, TE = 60 ms, FL = 40°, FOV = $150 \times 150\,\mathrm{mm}^2$, MA = 128×128, TH = 3 mm).

Zur Auswertung der Meßdaten kann prinzipiell eine einfache Subtraktion je eines Bildes mit Hirnaktivierung und eines Bildes in Ruhephase durchgeführt werden. Dadurch werden sog. Aktivierungskarten erhalten, die dann anatomischen Bildern farblich überlagert werden können. Da die Signalunterschiede durch den BOLD-Effekt allerdings nur etwa in derselben Größenordnung liegen wie das statistische Rauschen der MR-Bilder, werden in der Praxis aber Bildserien aus mehreren hundert Bildern aufgenommen, um statistisch signifikante Aktivierungskarten des Gehirns durch pixelweise Korrelation und andere statistische Verfahren zu erhalten. Eine Stimulation des Motorkortex kann beispielsweise, wie in Abb. 16.7 gezeigt, durch eigenständige, selbstwiederholende Fingerbewegung zum Daumen erreicht werden. Mehrere 10 s dauernde Phasen der Bewegung wechseln sich dabei mit Phasen der

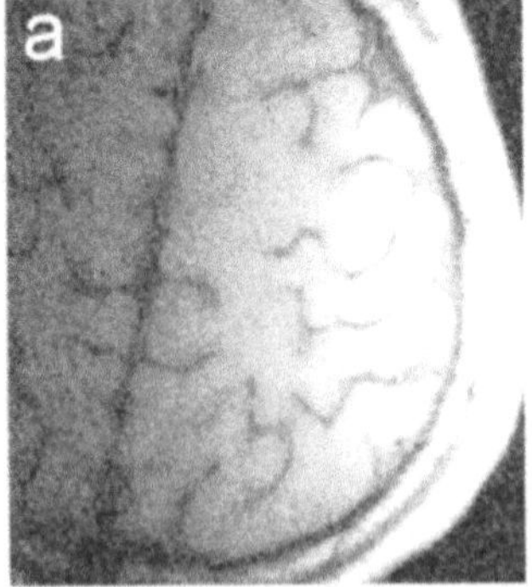

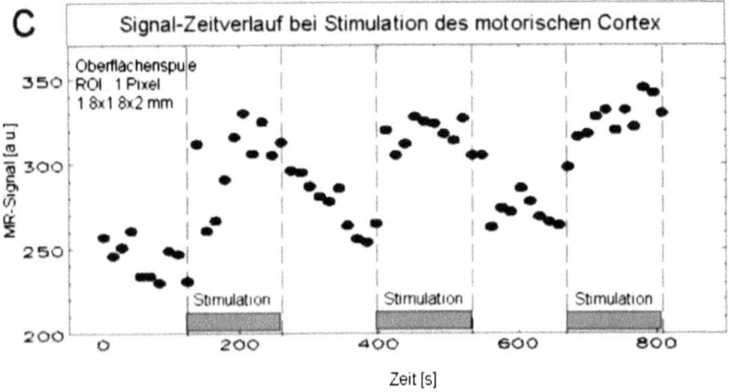

Abb. 16.7. Hochauflösende funktionelle MR-Bildgebung am Beispiel eines Probanden: **a** Morphologisches Spinechobild, **b** Subtraktionsbild zweier funktioneller T2*-gewichteter FLASH-Bilder bei motorischer Stimulation und in Ruhephase. Hier erkennt man die Aktivierung des motorischen Kortex als *helle Bereiche*, **c** Signalzeitverlauf eines Pixels im motorischen Kortex während eines Experiments mit motorischer Stimulation (Fingerbewegung). Das Signal steigt während der Hirnaktivierung durch den T2*-Effekt an

Ruhe ab. Während des gesamten Experiments werden kontinuierlich Bilder mit möglichst guter Zeitauflösung akquiriert.

Funktionelle MR-Bildgebung in der Therapieplanung. In den letzten Jahren sind Software-, Hardware- und Sequenzentwicklungen für die fMRT soweit fortgeschritten, daß sie zunehmend auch in der prächirurgischen Diagnostik und stereotaktischen Bestrahlungsplanung von Hirnläsionen eingesetzt werden kann. So kann z.B. bei Patienten mit Hirnläsionen durch fMRT Experimente nichtinvasiv die Lage des motorischen Kortex genau bestimmt und als Risikostruktur bei der Hochdosisbestrahlung von Läsionen in der Nähe dieses Kortex berücksichtigt werden. Damit besteht in der stereotak-

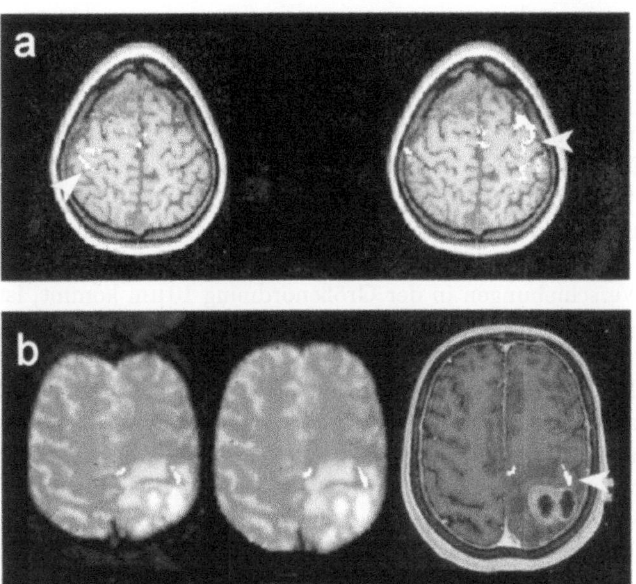

Abb. 16.8. Beispiel zweier funktioneller MR-Experimente mit motorischer Stimulation (Fingerbewegung) an Patienten: **a** Patient mit einer arteriovenösen Mißbildung. Die funktionellen Daten sind binär als *weiße Areale* anatomischen Aufnahmen überlagert (*Pfeile*). **b** Patient mit Glioblastom. *Links*: Originaldaten mit *weiß* dargestellten aktivierten Arealen. Aufgrund der Besonderheiten der Aufnahmetechnik (Echo-Planar Imaging) sind die Daten gestaucht. *Mitte*: Mit Hilfe eines Phasenbildes verzeichnungskorrigierte Originaldaten. *Rechts*: Überlagerung der funktionellen Daten auf eine anatomische Aufnahme (*Pfeil*: primär motorisches Areal). Diese funktionellen Bereiche können bei der Hochdosisbestrahlung als Risikostrukturen berücksichtigt werden

tischen Hochdosisbestrahlung die Möglichkeit zur Festlegung funktioneller Risikostrukturen bei der Hochdosisbestrahlung oder bei einer neurochirurgischen Operationsplanung (Abb. 16.8).

16.6   Diffusionsgewichtete MR-Bildgebung

Wenn im Zusammenhang mit der MR-Spektroskopie oder -Tomographie von Diffusion gesprochen wird, so meint man damit die stochastische Bewegung jener Sorte von Kernen die zum MR-Signal beitragen. In der In-vivo-MR sind dies in der Regel die Wasserstoffkerne. Es handelt sich hierbei also um die Brownsche Molekularbewegung einer Teilchensorte (auch Selbstdiffusion genannt), deren Stärke durch den Diffusionskoeffizienten $D\,[m^2/s]$ charakterisiert wird. Die mittlere quadratische Verschiebung der Spins ist hierbei gerade proportional zur Zeit, wobei D die Proportionalitätskonstante ist. Es gilt:

$$\langle x^2 \rangle = 2Dt\,. \tag{16.1}$$

Für die MR-Tomographie ist der Diffusionskoeffizient deshalb interessant, weil er als physikalischer Parameter unabhängig von den Relaxationszeiten T1, T2 und T2* ist. Gleichzeitig ist er auch eine Größe die mit physiologischen Vorgängen in engem Zusammenhang steht und in vivo bisher nur mit der MR-Technik meßbar ist. Da es bei der Brownschen Bewegung in Zeiträumen von z.B. 100 ms nur zu Verschiebungen in der Größenordnung 10 µm kommt, ist die Ortsänderung der Spins nicht direkt meßbar. Das Meßprinzip für Diffusion mittels der MR beruht darauf, daß im inhomogenen Feld bewegte Spins zum Zeitpunkt des Echos keine vollständige Rephasierung erfahren. Schaltet man nun gezielt Gradientenfelder während der Meßsequenz, so kann der Diffusionskoeffizient aus der Signalschwächung bestimmt werden. Die hierdurch erzeugte zusätzliche Signalschwächung kann getrennt von den Relaxationseffekten bestimmt werden, wenn das gleiche Experiment nacheinander mit verschiedenen Gradientenstärken durchgeführt wird.

Die bekannteste und am weitesten verbreitete Methode zur Bestimmung von Diffusionskoeffizienten mittels der MR ist die Spinechomethode nach Stejskal und Tanner, die in Abb. 16.9 veranschaulicht ist.

Für die Spinechomethode gilt ein einfacher exponentieller Zusammenhang zwischen der Signalschwächung und D:

$$S(G)/S(0) = \exp(-bD)\,. \tag{16.2}$$

Der sog. Gradientenfaktor b $[\mathrm{s/m^2}]$ ist durch das gyromagnetische Verhaltnis γ, die Stärke G der Diffusionsgradienten, ihre Dauer d und ihren zeitlichen Abstand D gegeben:

$$b = (\gamma G \delta)^2 (\Delta - \delta/3)\,. \tag{16.3}$$

Um D zu berechnen, werden in diesem Fall weder die Relaxationszeiten noch andere Sequenzparameter benötigt. Variiert man die Gradientenstärke G, so kann der Diffusionskoeffizient pixelweise errechnet und als Parameterbild dargestellt werden. Seit Mitte der 90iger Jahre stehen EPI-fähige Ganzkörpersysteme zur Verfügung, die sich gerade durch ein leistungsfähiges Gradientensystem auszeichnen (Gradientenstärke: 25 mT bei einer Anstiegszeit von ca. 600 ms ohne EPI-Booster bzw. 300 ms mit EPI-Booster) und daher besonders für eine schnelle Diffusionsbildgebung geeignet sind. Die Meßzeiten von weit unter 1 s pro Bild ermöglichen es, die für eine Berechnung von Parameterbildern erforderlichen Einzelaufnahmen in vertretbarer Zeit zu akquirieren.

Erste klinische Studien mit Probanden und Patienten zeigen, daß die Bestimmung des Diffusionskoeffizienten in Hirngewebe mit Hilfe einer DW-Turbo-FLASH-Sequenz gute Übereinstimmung mit veröffentlichten Werten besitzt (Abb. 16.10).

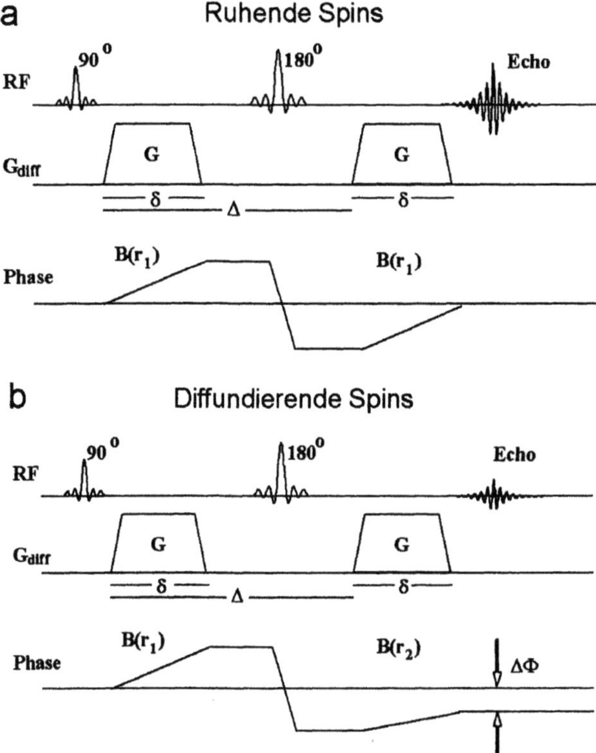

Abb. 16.9. Prinzip der Diffusionsmessung: **a** Im Fall von ruhenden Spins wird die Phase der Spins durch die Gradienten der Stärke G vor und nach dem 180°-Puls um den gleichen Betrag gedreht (**b**). Für bewegte Spins bleibt nach der Schaltung des zweiten Gradienten eine Phasedifferenz $\Delta\phi$. Das vom 180°-Puls erzeugte Echo erfährt daher eine Signalschwächung. *RF* Hochfrequenz; G_{diff} Diffusionsgradient; δ Brenndauer von G_{diff}; Δ Zeitdifferenz der beiden G_{diff}; $B(r_1)$ Phasenentwicklung eines Protons am Punkt r_1; $B(r_2)$ Phasenentwicklung eines Protons bei Diffusion von Punkt r_1 nach r_2

Es bleibt zu klären, ob diffusionsgewichtete Aufnahmen die Möglichkeit geben könnten, Tumorgewebe in verschiedene Anteile zu trennen, was zu einer weiteren Verbesserung der Zielvolumendefinition in der Therapieplanung oder als neues Verfahren in Therapiekontrolle führen könnte.

16.7 MR-Relaxometrie und Gewebscharakterisierung

Nach Magnetisierung durch ein äußeres Magnetfeld und Auslenkung des Magnetisierungsvektors aus der Gleichgewichtslage kehrt die longitudinale Magnetisierung gemäß der T1-Relaxationszeit aufgrund der Spin-Gitter-Wechselwirkungen in ihre Ausgangslage zurück. Die Transversalkompenente

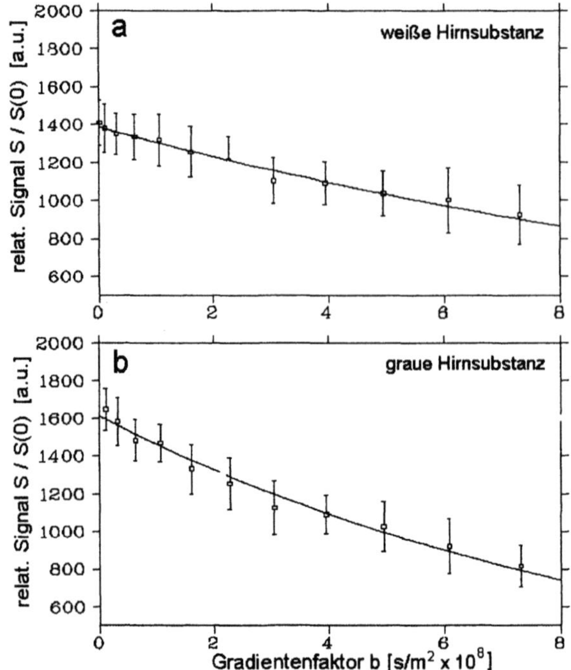

Abb. 16.10a,b. Messung des Diffusionskoeffizienten in weißer und grauer Hirnsubstanz eines Probanden mit einer DW-TurboFLASH-Sequenz. Auswertung einer ROI (84 Pixel weiße Substanz, 25 Pixel graue Substanz)

zerfällt bedingt durch Spin-Spin-Wechselwirkungen mit einer Zeitkonstante T2 (transversale Relaxationszeit). Durch Gewichtung der entsprechenden Sequenzen werden diese Parameter, wie in den vorhergehenden Kapiteln beschrieben, in der Bildgebung als unterschiedliche Kontrastmechanismen eingesetzt. Die Relaxationszeiten können aber auch direkt gemessen werden, um zu einer weitergehenden Gewebscharakterisierung zu kommen. Auch ist durch die nahezu lineare Abhängigkeit der T1-Zeit von der Temperatur eine Temperaturmessung möglich, die es z.B. ermöglicht, thermische Tumorablationen oder Hyperthermiebehandlungen nichtinvasiv im Verlauf zu kontrollieren. Die Anwendung herkömmlicher Meßsequenzen wie z.B. der SE-Technik zur Bestimmung dieser Parameter scheitert an den für Patienten nicht zumutbaren langen Aufnahmezeiten. So benötigt man mit diesem Verfahren ca. 30–60 min, um eine hochaufgelöste 256×256 T1-Bildmatrix zu messen.

16.7.1 Meßsequenzen und Meßgenauigkeit

Zur Bestimmung der T1-Relaxationszeit können Gradientenechosequenzen herangezogen werden, die aufgrund variabler 180°-Präparation eine sehr genaue und schnelle Messung erlauben (zentrale K-Raum-Auslese, Meßzeit ca.

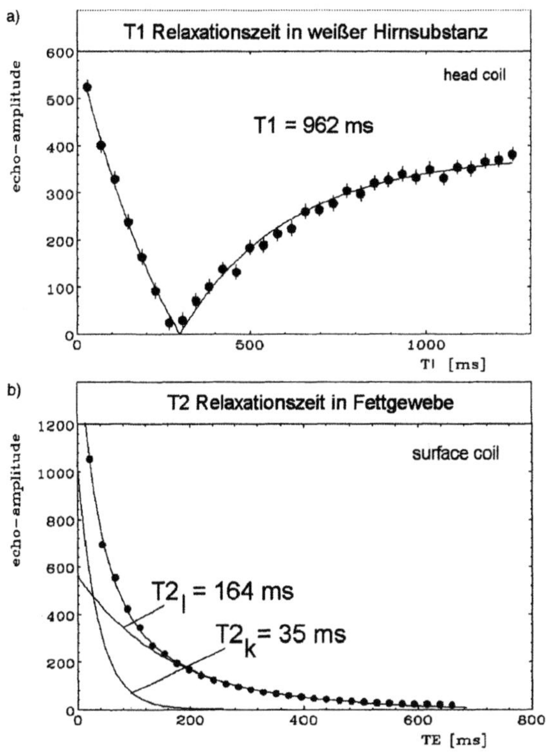

Abb. 16.11. Bestimmung von Relaxationszeiten am Beispiel eines gesunden Probanden. **a** Bestimmung von T1 in der weißen Hirnsubstanz durch monoexponentiellen Fit. **b** T2-Bestimmung im Fettgewebe durch biexpoentiellen Fit

3 s pro 128×256-Bild). Aus mehreren solchen Messungen bei variabler 180°-Präparation (TI-Zeit) kann schließlich – z.B. nach dem weiter unten beschriebenen Verfahren – die T1-Relaxationszeit sehr genau bestimmt werden. Durch vergleichende Messungen an einem hochauflösenden Spektrometer kann die Absolutgenauigkeit der T1-Messung am Ganzkörper ermittelt werden. Sie liegt für eine T1-Messung bei ca. 5% bei ca. 16–32 Meßpunkten pro Bildpunkt und einer Gesamtmeßzeit von ca. 3–5 min. Die Temperaturabhängigkeit kann in Phantomexperimenten zu ca. $T1/T = 11\,ms/°C$ ermittelt werden, was einer Temperaturauflösung von ca. 1°C im normalen Hirngewebe entspricht. Ähnliche Experimente können mit einer CPMG-Technik (Carr-Purcell-Meiboom-Gill-Technik) auch zur Bestimmung der T2-Relaxationszeit durchgeführt werden, wobei die Genauigkeit einer monoexponentiellen T2-Bestimmung bei ca. 5–10% liegt (Meßzeit ca. 5 min, 32 Echos). Somit können hochaufgelöste T1- bzw. T2-Parameterbilder mit einer Genauigkeit von ca. 5–10% bei einer Gesamtmeßzeit von etwa 10 min gemessen werden.

16.7.2 Algorithmen zur T2 Bestimmung

Zur Bestimmung von Parameterbildern der Relaxationszeiten werden pixelweise mono- oder multiexponentielle Fits an die Meßdaten durchgeführt, um den zeitlichen Zerfall des Signals zu ermitteln. Die hier exemplarisch vorgestellte Analyse der T2-Relaxationszeit erfolgte biexponentiell und die Analyse der T1-Relaxationszeit monoexponentiell, basierend auf einem iterativen Rechenverfahren (Marquardt-Levenberg-Algorithmus). Zur beispielhaften Erläuterung finden sich im folgenden die Entscheidungskriterien und Verarbeitungsschritte im Algorithmus für eine multiexponentielle T2-Analyse:

- Segmentierung und Verschiebung der 32 CPMG-SE-Bilder;
- Ermittlung des Bildrauschens und Verwerfen aller Spinechos, deren Pixelsignal kleiner als viermal das Rauschniveau ist;
- monoexponentieller Fit: ist der Regressionskoeffizient $r \geq 0,994$, so ist im Rahmen der Meßgenauigkeit eine biexponentielle Analyse der Echoamplituden unnötig. Berechnung der Parameter ρ_{mo}, $T2_{mo}$ und χ^2_{mo} (= mittlere quadratische Abweichung der Meßwerte von der monoexponentiellen Ausgleichskurve);
- biexponentieller Fit: iteratives Rechenverfahren mit Startwerten aus einer monoexponentielle Anpassung an die ersten bzw. letzten acht Spinechos. Berechnung der Parameter der kurzen ρ_k, $T2_k$ bzw. langen Komponente ρ_l, $T2_l$ und χ^2_{bi} (= mittlere quadratische Abweichung der Meßwerte von der biexponentiellen Ausgleichskurve);
- Entscheidungskriterium zwischen mono- und biexponentiellem Fit: bei $\chi^2_{mo} \leq 3\chi^2_{bi}$ wird von einer monoexponentiellen Beschreibung der Meßdaten ausgegangen und die lange Komponente gleich Null gesetzt (d.h. $\rho_l = 0$, $T2_l = 0$); bei $\chi^2_{mo} \geq 3\chi^2_{bi}$ wird der biexponentielle Fit akzeptiert und die Parameterwerte der kurzen ρ_k, $T2_k$ bzw. langen Komponente ρ_l, $T2_l$ in die entsprechenden Parameterbilder eingetragen.

Ein Anwendungsbeispiel der der multiexponentiellen Analyse von T2-Zeiten in vivo ergibt sich z.B. in den Randbereichen des Gehirns. Aufgrund des Teilvolumeneffekts beobachtet man hier eine kurze T2-Komponente von ca. 97 ms, was der T2-Relaxationszeit von grauer/weißer Hirnsubstanz entspricht, und eine lange T2-Komponente mit einem Wert von ca. 2160 ms, was der T2-Relaxationszeit von Wasser entspricht. Klares multiexponentielles T1-bzw. T2-Verhalten wird auch im Fettgewebe beobachtet (vgl. Abb. 16.11). Die hier durch biexponentiellen Fit ermittelten T2-Zeiten sind in Übereinstimmung mit den bekannten Literaturwerten aus Spektrometermessungen.

16.8 Zusammenfassung

Bei der individuellen Festlegung des Zielvolumens für die Strahlentherapie bieten sich für die MRT in den letzten Jahren viele interessante Einsatzmöglichkeiten. Insbesondere hat die MRT deutliche Vorteile gegenüber der CT bei der Darstellung von Läsionen des menschlichen Gehirns, da aufgrund des verbesserten Weichteilkontrastes hervorragende Möglichkeiten für die Diagnostik bestehen. Zur Verbesserung der individuellen Therapieplanung bzw. -kontrolle wird die MRT in Zukunft eine zunehmende Rolle spielen. Neben den konventionellen Aufnahmen von CT, MRT (T1, T2) und PET (H_2O^{15}, FDG), werden zunehmend auch neue, physiologische MR-Parameter, wie z.B. die Diffusion, die Perfusion, die funktionelle MRT oder dynamische MRT bei Kontrastmittelgabe von Gd-DTPA zur Bestrahlungsplanung eingesetzt. Ferner spielt die MRA bei der stereotaktischen Bestrahlungsplanung von Gefäßmalformationen (AVM) eine immer größer werdende Rolle. Obwohl diese Methode bisher ausschließlich im Bereich der Diagnostik angewandt wurde, können heutzutage weiterführend zur Therapie Bestrahlungsplanungsprogramme eingesetzt werden, die mit Hilfe eines 3D-Datensatzes der MRA die Berechnung stereotaktischer Bestrahlungsparameter bei der Konvergenzbestrahlung liefern. Heutzutage existieren Meßmethoden, die durch eine geeignete MR-Markierung eines Blutbolus mit anschließender EKG-getriggerter Datenaufnahme eine nichtinvasive dynamische MRA erlauben. Ziel weitergehender Arbeiten ist es nun zu untersuchen, ob diese neuen dynamischen MRA-Techniken in Kombination mit den hämodynamischen Parametern einer MR-Flußmessung (z.B. Blutfluß, Akzelerationszeit, Pulswellengeschwindigkeit) eine Verbesserung der individuellen Therapieplanung bzw. -kontrolle erlauben (z.B. bei der Festlegung des „feeders"), und ob eine räumliche Dosisberechnung der stereotaktischen Konvergenzbestrahlungstechnik ausschließlich auf der Basis der MRT möglich ist. Die meisten der hier vorgestellten Verfahren können auf einem konventionellen MR-Tomographen mit Standardgradientenstärke eingesetzt werden. Seit einigen Jahren stehen zusätzlich EPI-fähige Ganzkörpersysteme mit deutlich schnellerem und stärkerem Gradientensystem zur Verfügung, so daß besonders die funktionellen und dynamischen MR-Messungen oder 3D-Bildserien in wesentlich kürzeren Zeiten akquiriert werden können. Damit wird der Einsatz dieser Techniken auch in bewegten anatomischen Regionen wie z.B. Lunge, Herz oder Abdomen möglich.

Literatur

1. Baudendistel K, Schad LR, Friedlinger M, Wenz F, Schröder J, Lorenz WJ (1995) Postprocessing of functional MRI data of motor cortex stimulation measured with a standard 1.5 T imager. Mag Res Imag 13/5: 701–707
2. Blüml S, Schad LR, Stepanow B, Lorenz WJ (1993) Spin-lattice relaxation time measurement by means of a TurboFLASH technique. Mag Res Med 30: 289–295
3. Bock M, Schad LR, Scharf J, Essig M, Lorenz WJ (1995) Bolustagging in der MR-Angiographie. Z Med Phys 5: 59–67
4. Brix G, Semmler W, Port R, Schad LR, Layer G, Lorenz WJ (1991) Pharmacokinetic parameters in CNS Gd-DTPA-enhanced MR imaging. J Comput Assist Tomogr 15/4: 621–628

5. Friedlinger M, Schad LR, Blüml S, Tritsch B, Lorenz WJ (1995) Rapid automatic brain volumetry on the basis of multispectral 3D MR imaging data on personal computers. Comput Med Imaging Graph 19/2: 185–205

6. Le Bihan D (1991) Diffusion nuclear magnetic resonance imaging. Magn Res Quart 7/1: 1–30

7. Schad LR, Boesecke R, Schlegel W, Hartmann G, Sturm V, Strauss L, Lorenz WJ (1987) Three dimensional image correlation of CT, MR, and PET studies in radiotherapy treatment planning of brain tumours. J Comput Assist Tomogr 11/6: 948–954

8. Schad LR, Lott S, Schmitt F, Sturm V, Lorenz WJ (1987) Correction of spatial distortion in MR-imaging: A prerequisite for accurate stereotaxy. J Comput Assist Tomogr 11/3: 499–505

9. Schad LR, Brix G, Zuna I, Härle W, Lorenz WJ, Semmler W (1989) Multiexponential proton spin-spin relaxation in MR imaging of human brain tumors. J Comput Assist Tomogr 13/4: 577–587

10. Schad LR, Trost U, Knopp MV, Müller E, Lorenz WJ (1993) Motor cortex stimulation measured by magnetic resonance imaging on a standard 1.5 Tesla clinical scanner. Mag Res Imag 11/4: 461–464

11. Schad LR, Blüml S, Debus J, Scharf J, Lorenz WJ (1994) Improved target volume definition for precision radiotherapy planning of meningiomas by correlation of CT and dynamic, Gd-DTPA-enhanced FLASH MR imaging. Radiother Oncol 33: 73–79

12. Schad LR, Blüml S, Hawighorst H, Wenz F, Lorenz WJ (1994) Radiosurgical treatment planning of brain metastases based on a fast, three-dimensional MR imaging technique. Mag Res Imag 12/5: 811–819

13. Schad LR, Wenz F, Knopp MV, Baudendistel K, Müller E, Lorenz WJ (1994) Functional 2D and 3D magnetic resonance imaging of motor cortex stimulation at high spatial resolution using standard 1.5 Tesla imager. Mag Res Imag 12/1: 9–15

14. Schad LR, Wiener E, Baudendistel KT, Müller E, Lorenz WJ (1995) Event-related functional MR imaging of visual cortex stimulation at high temporal resolution using a standard 1.5 T imager. Mag Res Imag 13/6: 899–901

15. Schad LR, Bock M, Baudendistel K, Essig M, Debus J, Knopp MV, Engenhart R, Lorenz WJ (1996) Improved target volume definition in radiosurgery of arteriovenous malformations by stereotactic correlation of MRA, MRI blood bolus tagging, and functional MRI. Eur Radiol 6/1: 38–45

16. Stejskal EO, Tanner JE (1965) Spin diffusion measurements: Spin echoes in the presence of a time-dependent field gradient. J Chem Phys 42/1: 288–292

Teil IV

Ausgewählte Kapitel der klinischen Radiologie

17 Klinische Nuklearmedizin

H. Elser

17.1 Grundlagen der nuklearmedizinischen Diagnostik

17.1.1 Planare Szintigraphie

In der klinischen Nuklearmedizin wird zur Messung der zeitlichen und räumlichen Verteilung von γ-Strahlern die Szintillationskamera eingesetzt. Man unterscheidet die planare Szintigraphie von der Schnittbildtechnik SPECT (Single-Photon-Emissions-Computertomography) bzw. PET (Positronenemissionstomographie).

Bei der planaren Szintigraphie werden aus den vom Patienten emittierten Photonen zweidimensionale „Bilder" erzeugt. Der Vorteil der planaren Szintigraphie besteht in der Möglichkeit Bildsequenzen aufzuzeichnen und anschließend mittels *Regions of Interest* (ROI) Zeitaktivitätskurven über Organen zu erstellen. Damit lassen sich kinetische Daten wie z.B. biologische Halbwertszeiten und die Maximalaufnahme (Uptakemax) ermitteln. Bei allen szintigraphischen Aufnahmen entstehen Probleme durch Compton-Streuung und Penetration welche den Bildkontrast wesentlich verschlechtern. Die Abbildungseigenschaften der Gammakamera wird im wesentlichen durch den verwendeten Kollimator bestimmt. Beim Parallellochkollimator werden nur Photonen senkrecht zur Kristalloberfläche durchgelassen. Schräg einfallende Photonen werden absorbiert und tragen somit nicht zur Bildentstehung bei. Die Auflösung eines Parallellochkollimators wird durch die Lochdurchmesser und Lochlänge vorgegeben. Hochauflösende Kollimatoren besitzen kleine Lochdurchmesser und große Lochlängen. Hoch sensitive Kollimatoren werden bei kurzen Aufnahmezeiten z.B. bei dynamischer Akquisition eingesetzt. Um hier eine ausreichend hohe Photonenzahl zu erhalten, ist der Lochdurchmesser größer als bei den hochauflösenden Kollimatoren. Um eine ausreichende Bildqualität zu erhalten, werden für eine planare Szintigraphie 300 000 bis 1 Mio. Zerfallsereignisse im Kamerabild benötigt. Dabei kann bei modernen Gammakameras entweder die Aufnahmezeit oder die Impulszahl vorgewählt werden. Die durchschnittliche Aufnahmezeit für ein planares Bild beträgt 5–15 min. Bei den meisten planaren Aufnahmen wird die Gammakamera über dem interessierende Organ plaziert und ein Bild von der statischen oder dynamischen Verteilung des Radiopharmakons aufgenommen. Ganzkörperaufnahmen können dadurch entstehen, daß sich entweder der Tisch oder die Kamera entlang der Längsache des Patienten bewegen.

17.1.2 SPECT-Szintigraphie

Die Single-Photon-Emission-Computertomography (SPECT) ist ein Verfahren zum Erzeugen von Schichtbildern von Organen oder Körperregionen. Voraussetzung ist eine stabile Verteilung des Radiopharmakons über der Untersuchungsregion während der Aufnahme. Im Unterschied zur planaren Szintigraphie rotieren ein oder mehrere (bis zu drei) Kameraköpfe um den Patienten und sammeln Ereignisse aus verschiedenen Projektionen. Es kann damit die Aktivitätsverteilung in einem Volumen verfolgt werden. Aus den akquirierten Daten werden anschließend mittels gefilterter Rückprojektion oder iterativer Rekonstruktion Schnittbilder berechnet. In der Regel werden transversale, sagittale und koronare Schichten erzeugt. Im Unterschied zur planaren Szintigraphie ermöglicht die SPECT-Szintigraphie die überlagerungsfreie Darstellung der Aktivitätsverteilung in einem Organ. Probleme treten auf durch die unbekannte Aktivitätverteilung und die unterschiedliche Schwächung und Streuung der emittierten γ-Quanten. Es ist keine absolute Quantifizierung möglich, daher erfolgt die Analyse über Referenzregionen mit anschließendem semiquantitaiven Vergleich mit der gesunden Gegenseite.

17.1.3 PET-Szintigraphie

Die Positronenemissionstomographie nützt zur Bildgebung die beim Positronenzerfall auftretende „Vernichtungsstrahlung", welche bei der Vernichtung eines Positrons mit einem Elektron entsteht. Die koinzidente Detektion der 511-keV-γ-Strahlung in einem Winkel von 180° ist das Grundprinzip der Bildgebung mit PET. Im Unterschied zur konventionellen Nuklearmedizin sind die Impulse im PET-Bild direkt proportional zur lokalen Aktivitätsverteilung im Organ. Dies ermöglicht somit eine absolute Quantifizierung. Es können sowohl zwei- als auch dreidimensionale Schnitte rekonstruiert werden. Bei den modernen PET-Kameras sind auch Ganzkörperaufnahmen möglich.

Herstellung von Radionukliden

Künstliche Radionuklide können im Generator, Reaktor oder Zyklotron hergestellt werden; erwähnt werden soll nur die Herstellung im Generator.

Generatorsysteme erzeugen medizinisch verwendete Radionuklide mit kurzen Halbwertszeiten am Verbrauchsort und helfen damit Transport- und Produktionskosten zu minimieren. Das am häufigsten verwendete Generatorsystem ist der ^{99}Mo-^{99m}Tc-Generator. Für jedes Generatorsystem gilt:

$$\frac{dN_1}{dt} = -N_1\lambda_1 \tag{17.1}$$

und

$$\frac{dN_2}{dt} = -N_1\lambda_1 - N_2\lambda_2 \, . \tag{17.2}$$

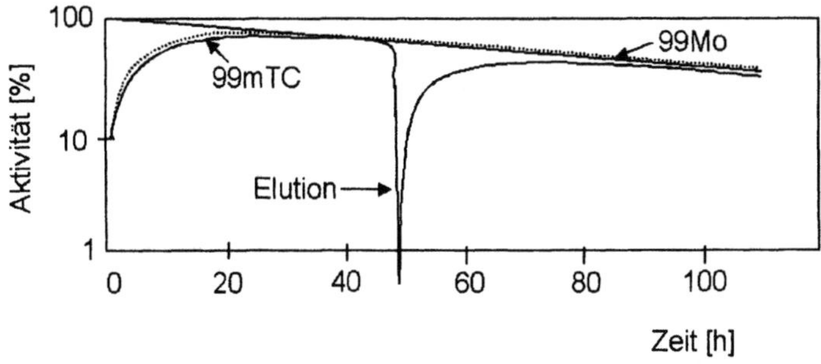

Abb. 17.1. Zeitaktivitätskurve eines ^{99}Mo/^{99}mTc-Generators ($\lambda_{99_{Mo}} \geq \lambda_{99_{mTc}}$). Die Abbildung zeigt den Aufbau und das transiente Gleichgewicht von ^{99}mTc und ^{99}Mo. Die gepunktete Linie entspricht der hypothetischen ^{99}mTc-Aktivität bei einem 100%igen Zerfall; dann könnte die Tochteraktivität die Aktivität der Muttersubstanz um ca. 11% übersteigen anstatt des 87%-Übergangs in Realität. Die maximale Aktivität des Tochternuklids wird nach 23 h erreicht, bei fehlender Elution kann die Aktivität der Muttersubstanz nahezu erreicht werden

Tabelle 17.1. Mutter-Tochter-Nuklide

Mutter-Nuklid	HWZ	Tochter-Nuklid	HWZ
^{99}Mo	2,8 Tage	^{99m}Tc	6,0 h
^{81}Rb	4,7 h	^{81m}Kr	13 s

N_1 entspricht der Anzahl der Atome des Mutternuklids, N_2 der Anzahl der Atome des Tochternuklids. Dabei repräsentiert $N_1\lambda_1$ die Rate, mit der die Tochteratome entstehen, $N_2\lambda_2$ die Rate, mit der die Tochteratome zerfallen.

Ein weiteres klinisches Beispiel ist der der ^{81}Rb-^{81m}Kr-Generator für die Lungenventilationsszintigraphie.

17.2 Organuntersuchungen

17.2.1 ZNS

Mit nuklearmedizinischen Methoden lassen sich Aussagen machen über

- den regionalen zerebraler Blutfluß,
- die Neurorezeptoren,
- den Gehirnstoffwechsel,
- den Sauerstoff- und Glukosemetabolismus,
- den Aminosäurenmetabolismus und
- den Tumormetabolismus.

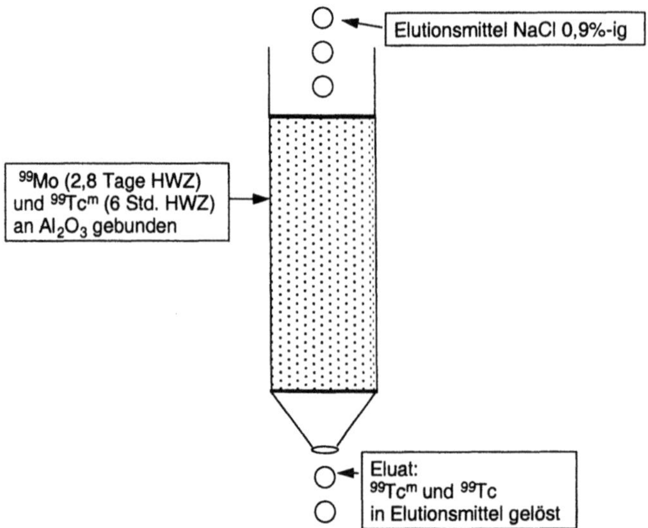

Abb. 17.2. Aufbau eines Molybdän-Technetium-Generators. Prinzip: Das Mutternuklid ist fest an das Ionenaustauschermaterial adsorbiert. Durch den Zerfall des Mutternuklids entsteht das Tochternuklid. Dieses wird mit einem geeigneten Lösungsmittel abgetrennt. Am unteren Ende der Generatorsäule befindet sich ein Filter, der das Mitreißen des Adsorbens verhindert

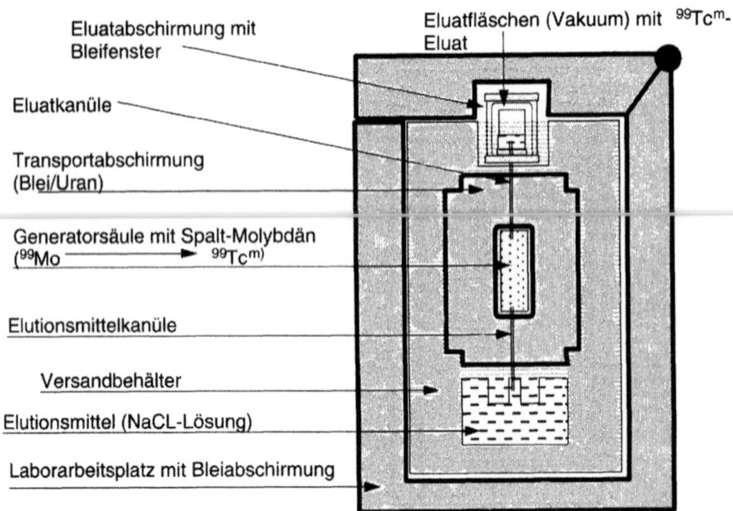

Abb. 17.3. Technischer Aufbau eines Molybdän-Technetium-Generators

Physiologie

Zerebrale Perfusion

Die Perfusion des Gehirns unterliegt einer Autoregulation. Durchblutungsstörungen der zuführenden Gefäße führen zu einem Abfall des Perfusions-

Tabelle 17.2. Mutter-Tochter-Nuklide

Nuklid	Herkunft	phys. Halbwertszeit	Radiopharmakon	Verwendung
^{99m}Tc	Generator	6 h	MAA, DTPA, MDP, TcO4 u.a.	Am häufigsten verwendetes bildgebendes Nuklid
^{131}I	Reaktor	8 d	Na-Jodid	Radiojodtherapie
^{123}I	Zyklotron	13 h	Na-Jodid	Schilddrüsenszintigraphie
^{68}Ga	Zyklotron	78 h	Ga-Zitrat	Tumorszintigraphie, Entzündungszintigraphie
^{111}In	Zyklotron	68 h	In-Oxin, In-Octreotide	Blutzellmarkierung, Tumorszintigraphie
^{201}Tl	Zyklotron	73 h	Thallium-Chlorid	Myocardszintigraphie
^{15}O	Zyklotron	2 min	H_2O	Blutfluß, PET
^{11}C	Zyklotron	20 min	^{11}C-Flumazenil u.a.	Metabolismus, PET
^{11}F	Zyklotron	110 min	Flourdeoxyglucose	Metabolismus, PET
^{99}Mo	Reaktor	67 h	Molybdän	Ausgangssubstanz für ^{99m}Tc

drucks. Über adaptive Mechanismen kommt es zunächst zu einer Dilatation präkapillarer Gefäße und zu einer Erhöhung des zerebralen Blutvolumens mit einer passageren Erhöhung der Sauerstoffextraktionsrate von 40 auf bis zu 100%. Hierdurch kann die Störung bis zu einem gewissen Ausmaß kompensiert werden. Erst wenn diese Mechanismen insuffizient werden, resultiert das klinische Bild einer Ischämie, die abhängig von der Dauer und dem Schweregrad der Perfusionsminderung mit neurologischen Symptomen einhergeht. Man unterscheidet

- TIA: *transitorisch ischämische Attacke* (neurologische Störung ≤ 24 h),
- PRIND: *prolongiertes reversibles ischämisches neurologisches Defizit* (24 h bis wenige Tage),
- Infarkt: irreversible Perfusionsstörung.

Im Akutstadium des Infarkts ist die Sauerstoffextraktion gesteigert, der Blutfluß vermindert und der pH im Gewebe im sauren Bereich. Im Rahmen der Infarzierung nehmen die Sauerstoffextraktion und der Gewebsstoffwechsel ab. Kommt es innerhalb von Stunden zu einer Reperfusion, nimmt der Blutfluß zu, und der pH im Gewebe kommt in den alkalischen Bereich. Obwohl der Gewebsmetabolismus noch vermindert ist, zeigt sich als Folge der Reperfusion eine Hyperperfusion im Infarktgebiet. Oft ist es schon allein durch die klinische Symptomatik des Patienten möglich, das betroffene Areal zu lokalisieren.

Ein bildgebender Nachweis der Perfusionsstörung kann nuklearmedizinisch oder mit Hilfe von CT, MRT oder angiographisch erfolgen.

Messung des zerebralen Metabolismus

Metabolische Veränderungen lassen sich absolut mit Positronenstrahlern durch die PET-Szintigraphie quantifizieren. Eine Übersicht über die klinisch gebräuchlichsten Tracer gibt Tabelle 17.3.

Messung der zerebralen Perfusion

Zur Bestimmung der zerebralen Perfusion werden mit ^{99m}Tc markierbare Substanzen zusammen mit HMPAO (Hexamethylpropylenaminoxim, Handelsname: Ceretec) bzw. Bicisat, (Handelsname: Neurolite) verwendet. Der Vorteil der szintigraphischen Methoden liegt darin, daß die regionale Verteilung des Radiopharmakons der Perfusion zum Zeitpunkt der Applikation entspricht und diese „Momentaufnahme" zu einem späteren Zeitpunkt (Stunden) über das szintigraphische Bild dargestellt werden kann. Somit kann z.B. die zerebrale Perfusion während eines epileptischen Anfalls dokumentiert werden.

HMPAO ist ein lipophiler Komplex und als Trockensubstanz im Handel erhältlich. Die Markierung erfolgt zur Zugabe von 500–600 MBq ^{99m}Tc. Der ^{99m}Tc-HMPAO-Komplex ist chemisch instabil, deshalb muß die Applikation innerhalb der ersten 30 min nach Markierung erfolgen. Aufgrund der Lipophilie kann HMPAO die Blut-Hirn-Schranke überwinden. Im Gewebe wird durch die Anwesenheit des Enzyms Glutathion die Substanz etwa zur Hälfte in lipophile und hydrophile Komplexe umgewandelt. Die liphophilen Komplexe werden aus dem Gewebe ausgewaschen. Die hydrophilen Komplexe werden im Hirngewebe zurückbehalten. Ca. 3–5% der applizierten Aktivität verbleiben im Hirnparenchym. Die regionale Verteilung entspricht dem regionalen cerebralen Blutfluß (rCBF).

99mTc-Bicisat.   (N,N-(1,2-Äthylendiyl)bis-L-Cystein-Diäthlyester-Dihydrochlorid) wird intrazellulär zu einem hydrophilen Monosäureester ^{99m}Tc-N,N-(1,2-Äthylendiyl)bis-L-Cystein-Monoäthylester (ECM) metabolisiert, welcher die Blut-Hirn-Schranke nicht mehr passieren kann. Die Verteilung entspricht dem regionalen cerebralen Blutfluß (rCBF).

Tabelle 17.3. Messung des zerebralen Stoffwechsels

Tracer	Stoffwechsel
^{15}O	Sauerstoffextraktion
^{18}F-2-fluoro-2deoxyglucose (FDG)	Glukoseutilisation

Klinische Ergebnisse

Zerebrovaskuläre Erkrankungen

SPECT. Bei Durchblutungsstörungen des Gehirns kommt es im ischämischen Areal nach einer initialen Minderperfusion im Akutstadium zu einer Hyperperfusion (Luxusperfusion) im subakuten Stadium (ca. 1–2 Wochen nach dem Ereignis). Im chronischen Stadium ca. 6 Wochen nach dem Ereignis findet sich als Folge der Narbenbildung eine umschriebene Minderbelegung [3].

Mit Hilfe der Perfusions-SPECT lassen sich Änderungen der Duchblutungsverhältnisse bereits im Akutstadium innerhalb der ersten 24 h nachweisen. Die SPECT-Szintigraphie kann somit Entscheidungshilfen bei der Frage nach lokaler Fibrinolyse geben. Durch serielle SPECT-Untersuchungen lassen sich Aussagen zur Prognose und zum Stadienablauf eines Hirninfarkts machen. Das Ausmaß der initialen zerebralen Minderdurchblutung korreliert mit der langfristigen klinischen Prognose [10]. Bei geringen Perfusionsausfällen im Akut-SPECT besteht bei gleicher klinischer Symptomatik hinsichtlich der neurologischen Restitution eine bessere Prognose für den Patienten. Auch eine möglichst frühe Reperfusion des ischämischen Areals gilt im Vergleich zu einer später beginnenden oder fehlenden Reperfusion als prognostisch vorteilhafter [2].

Neben der Minderperfusion im ischämischen Areal lassen sich aufgrund einer Minderaktivierung in funktionell abhängigen Hirnstrukturen Minderbelegungen erkennen; dies ist z.B. der Fall bei der sog. „gekreuzten zerebellaren Diaschisis“. Hier beobachtet man aufgrund einer Schädigung der Hirnrinde eine Minderperfusion im kontralateralen Kleinhirn. Solche funktionsdynamischen Beobachtungen sind mit der CT nicht möglich. Im Vergleich zur CT zeigen 80% der frischen und 83% der älteren Infarkte im Perfusions-SPECT eine Minderdurchblutung, die die Ausdehnung des CT-Befundes überschreitet. Mit einer raschen Restitution kann dann gerechnet werden, wenn die Minderbelegung im SPECT den CT-Befund deutlich übertrifft. Sind in beiden Untersuchungsverfahren die Befunde identisch, ist mit einer Funktionsverbesserung nicht mehr zu rechnen [11].

Wesentliche Informationen lassen sich im Rahmen reversibler Ischämien, TIA und PRIND erhalten. Bei 80–90% der Fälle zeigt das frühe Perfusions-SPECT eine lokale Minderperfusion, während die CT nur in 40–60% der Fälle pathologische Befunde erkennen läßt [8].

PET. Hämodynamische und metabolische Veränderungen lassen sich mittels PET quantifizieren (Tabelle 17.3). Die Größe des metabolischen Defizits und das Ausmaß der Glukoseutilisation korrelieren mit der klinischen Prognose des Patienten [9].

Epilepsie

SPECT. Lokale Perfusionsveränderungen finden sich in der Regel nur bei Patienten mit fokalen Anfällen. Bei Patienten mit generalisierten Anfallsformen ist die regionale Durchblutung dagegen unauffällig. Iktal, während des Anfalls, kommt es zu einer regionalen Steigerung der Hirndurchblutung. Interiktal, im anfallsfreien Intervall, findet man eine Hypoperfusion im Bereich des epileptischen Fokus. Die SPECT-Untersuchung liefert Daten über die Lage, die Größe und die Ausdehnung eines epileptischen Fokus. Gegenüber dem konventionellen EEG besteht der Vorteil des SPECT in der größeren „Eindringtiefe". Im EEG sind ähnliche Befunde nur mittels invasiver Verfahren, z.B. Tiefenelektroden, zu erzielen. Die Indikation besteht dann, wenn bei einer fokalen Epilepsie keine eindeutige Fokuslokalisation mit dem EEG gelingt. Ein Vorteil gegenüber dem EEG besteht darin, daß das Perfusions-SPECT erlaubt, ein iktales Stadium „einzufrieren" (Momentaufnahme) und nach dem Anfall zu untersuchen. Die Sensitivität des interiktalen SPECT liegt bei 60–80% und kann durch Kenntnis der MRT-Befunde auf ca. 90% gesteigert werden [1]. Die SPECT-Methode erlaubt die Differentialdiagnose von epileptischen und psychogenen Anfällen. Während bei den psychogenen Anfällen das SPECT interiktal unauffällig bleibt, ist bei den epileptischen fokalen Anfällen eine regionale Minderbelegung zu beobachten [5].

PET. Die meisten klinischen Studien wurden bisher mit 18 FDG durchgeführt. Generalisierte Anfälle führen zu einer diffus erhöhten Glukoseutilisation. Bei fokalen Anfällen zeigen 60–80% aller Patienten mit lateralisierten Herden im EEG ipsilateral interiktal einen hypometabolen Herd. Interiktale Untersuchungen sind wegen der kurzen Halbwertszeit des Tracers von 20 min. nur selten möglich. PET-Befunde finden eine gute Übereinstimmung mit dem Oberflächen- und Tiefen-EEG (90%) und mit pathologisch anatomischen Befunden in resezierten Temporallappen (60–80%) [7].

Dementielle Erkrankungen

SPECT. Demenzen sind erworbene Syndrome geminderter intellektueller Leistungsfähigkeit, welche auf einer Dysfunktion des Gehirns beruhen. Die klinische Zuordung ist eine Ausschlußdiagnose und ist aufgrund der klinischen Symptome schwierig; deshalb sind Zusatzuntersuchungen notwendig. Im CT und MRT gibt es keine spezifischen Veränderungen. Oft wird eine Ventrikeldilatation und eine kortikale Atrophie beobachtet, die jedoch auch bei Gesunden im Alter auftritt. Im SPECT findet sich je nach Krankheitsstadium eine Minderbelegung in den betroffenen Arealen als Ausdruck einer verminderten neuronalen Aktivität.

Demenz vom Alzheimer-Typ (DAT). Die DAT ist mit einem Anteil von mehr als 50%, gefolgt von der Multiinfarktdemenz (MID) (20%) und Mischformen (10%), die häufigste Ursache eines Demenzsyndroms. Im Perfusions-SPECT findet man schon im Frühstadium der Erkrankung eine bilaterale, parietotemporal betonte Minderperfusion. In den Spätstadien zeigt sich zusätzlich eine frontale Minderperfusion. Um das Ausmaß der Minderperfusion zu beurteilen, hat sich als Referenzregion die Kleinhirnhemisphäre bewährt. Mittels eines geeigneten Rekonstruktionsfilters konnte gezeigt werden, daß alle Gesunden von den an DAT erkrankten Patienten getrennt werden konnten. Das Perfusions-SPECT besitzt somit eine hohe Spezifität [6].

Multiinfarktdemenz (MID). Bei der MID zeigen sich kleinere Perfusionsausfälle an mehreren unterschiedlichen Stellen, wodurch sie von der DAT abgegrenzt werden kann.

Morbus Pick. Beim Morbus Pick wird vorwiegend der Frontallappen betroffen. Entsprechend findet sich eine Minderbelegung im frontalen Bereich im Perfusions-SPECT.

Huntington-Demenz betrifft hauptsächlich die Basalganglien. Je nach Ausprägung der Erkrankung zeigen die Basalganglien eine verminderte Nuklidaufnahme im SPECT.

PET. Im PET sind bei den oben genannten Demenztypen ein verminderter Glukosemetabolismus und ein verminderter Blutfluß in den betroffenen Arealen korrespondierend zu den SPECT-Ergebnissen zu erkennen. Der Vorteil der PET liegt darin, daß gegenüber SPECT tiefere kortikale Schichten und die Basalganglien besser beurteilt werden können. Somit ist es z.B. möglich, die Huntington-Demenz infolge einer Minderbelegung der Basalganglien von den anderen Demenztypen zu differenzieren.

ZNS-Rezeptoren

Mit nuklearmedizinischen Methoden lassen sich Rezeptoren innerhalb des Gehirns positiv darstellen. So ist es bisher möglich, D2-Dopamin-Rezeptoren mit 123I-IBZM (Jodobenzamid) zu markieren. Dies spielt für die Differentialdiagnose extrapyramidaler Erkrankungen, z.B. Morbus Parkinson, eine Rolle. Bei einem hohen Uptake im IBZM-SPECT ist ein gutes Ansprechen auf eine L-Dopa-Therapie bei Neuerkrankten zu erwarten. Bei einem verminderten Uptake an den postsynaptischen D2-Rezeptoren im Striatum ist die Diagnose eines Morbus Parkinson eher unwahrscheinlich. Bei der Huntington-Erkrankung kann das IBZM-SPECT schon in den Frühstadien eine Reduktion der D2-Dopamin-Rezeptordichte im Striatum nachweisen, wenn im CT

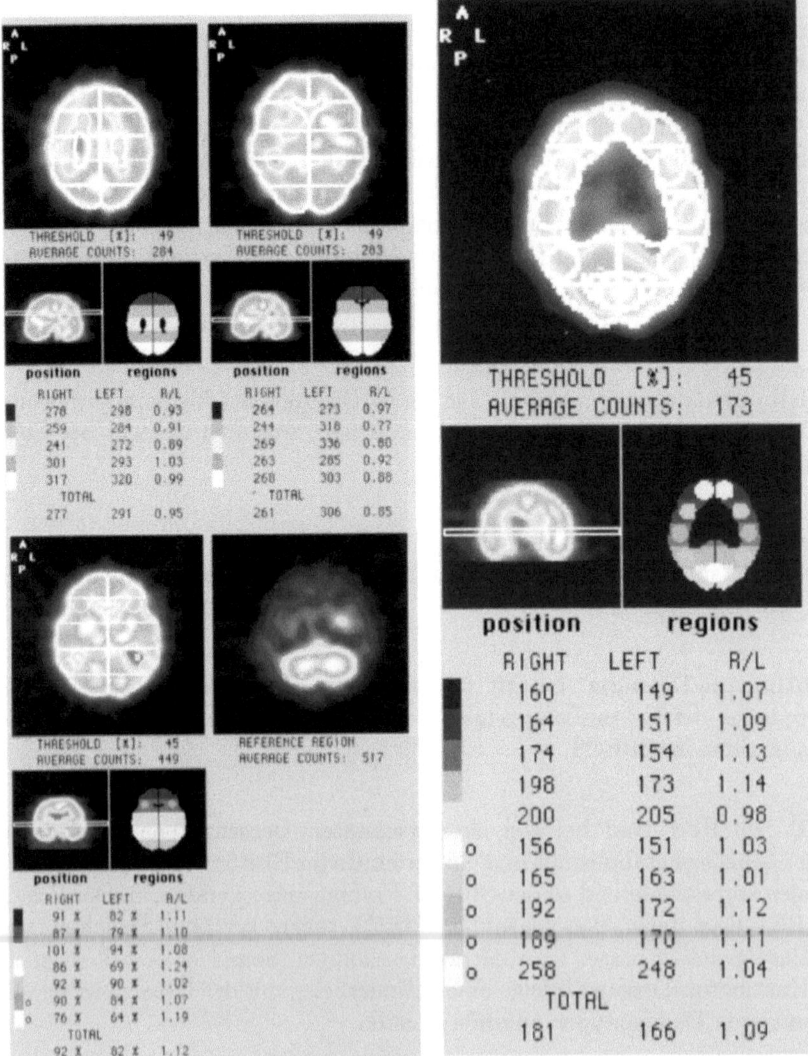

Abb. 17.4. ^{99m}Tc-ECD-Perfusions-SPECT bei Patient mit rechtsseitigem Mediainfarkt (*links oben*), ^{99m}Tc-ECD-Perfusions-SPECT bei Patient mit Alzheimer-Demenz (*links unten*), 111In-Jomazenil (Benzodiazepin-Rezeptor)-SPECT bei Patient mit Schizophrenie (*rechts*)

oder MRT noch keine signifikante Atrophie des Nucleus caudatus erkennbar ist. Eine Übersicht über die derzeit am häufigsten verwendeten neuronalen Rezeptorliganden gibt Tabelle 17.4.

Tabelle 17.4. Neuronale Rezeptorliganden

Rezeptor	Untersuchung	Erkrankung
Dopamin-D2 u. -D3	PET (^{11}C-Raclopride)	M. Parkinson, extra pyram. Erkrankungen
Dopamin-D2	SPECT (123I-IBZM)	M. Parkinson, extra pyram. Erkrankungen
Acetylcholin	SPECT (123I-QNB = 3-Quinuclinidyl-4-iodobenzilat)	M. Alzheimer
Serotonin	SPECT (123J-Ketanserin)	Schizophrenie, Zwangserkrankungen
Opiate	PET (^{11}C-Carfentanil u. ^{11}C-Diprenorphine)	Suchterkrankungen
Benzodiazepine	SPECT (123I-Jomazenil), PET(^{11}C-Flumazenil)	Schizophrenie, Angstzustände, Depressionen

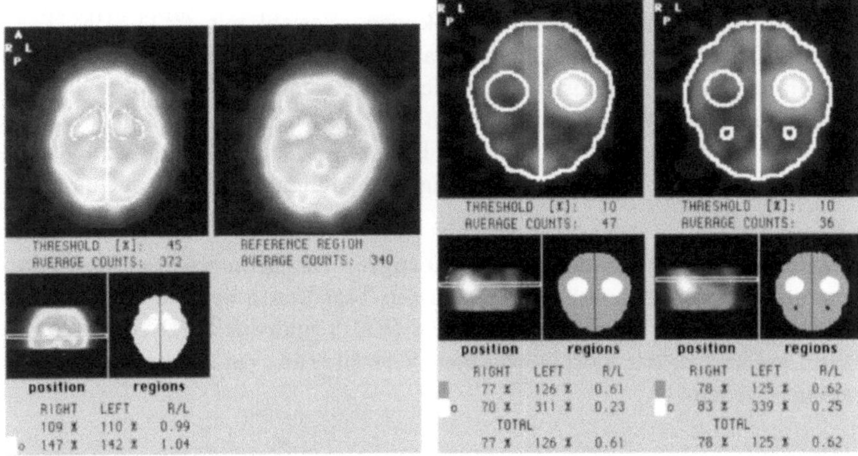

Abb. 17.5. 123I-IBZM-SPECT bei Patient mit M. Parkinson (*links*), 111In-DTPA-HSA-SPECT bei Patient mit links fronto-temporalem Glioblastom (*rechts*)

Hirntumoren

An erster Stelle für die Diagnose eines intrazerebralen Tumors unterschiedlichster Dignität und Histologie steht die Computertomographie und die Kernspintomographie. Die Nuklearmedizin kann Hilfestellung geben bei

- der Beurteilung der Malignität (Grading),
- Differentialdiagnose Rezidiv/Nekrose,
- als Verlaufskontrolle nach Chemotherapie.

Grading. Mittels 201Tl-SPECT läßt sich der Malignitätsgrad des Tumors semiquantitativ erfassen. Die Aufnahme im gesunden Gewebe ist gering, die Aufnahme im Tumor hängt ab von

- der Blut-Hirn-Schranke,
- der Tumorperfusion,
- der Aktivität der Na+-/K+-ATPase, d.h. vom Vorhandensein vitalen Tumorgewebes.

Durch Vergleich der Speicherung im Tumor und der gesunden kontralateralen Seite mittels *Regions of Interest* läßt sich der sog. „Grading-Index"(17.3) berechnen.

$$GI = \frac{Cts_{\text{Tumor}}}{Cts_{\text{Referenz}}} \tag{17.3}$$

nach Wieler [14] kann bei einem Grading-Index $< 1,5$ ein hochgradig malignes Gliom weitgehend ausgeschlossen werden.

Differentialdiagnose Rezidiv/Nekrose. Sowohl mit ^{201}Tl-SPECT als auch ^{123}I-α-Methyltyrosin kann der Nachweis eines Rezidivs erbracht werden. Im Unterschied zu ^{201}Tl ist die räumliche Auflösung bei ^{123}I-α-Methyltyrosin günstiger. ^{123}I-α-Methyltyrosin ist ein Tracer für den Proteinstoffwechel des Tumors und wird in den Tumor mit Hilfe eines Carrier-Systems aufgenommen. Die Anreicherung ist unabhängig vom Malignitätsgrad des Tumors.

Verlaufskontrolle nach Chemotherapie. Bei Ansprechen einer Chemotherapie kommt es innerhalb von wenigen Tagen nach der Therapie zu einer Abnahme der ^{11}C-Methionin-Aufname (PET) und des ^{18}FDG-Uptakes. So kann bereits vor der morphologischen Verkleinerung ein Ansprechen vorausgesagt werden.

17.2.2   Schilddrüse

Physiologie

Die physiologische Bedeutung der Schilddrüse liegt in der Produktion der Schilddrüsenhormone Trijodthyronin (T3) und Tetrajodthyronin (T4) durch die Thyreozyten und von Kalzitonin durch die C-Zellen. T3 und T4 wirken mit bei der Steuerung des Eiweiß-, Kohlenhydrat-, Fett-, Nerven- und Knochenstoffwechsels sowie der Gonadenfunktion und der Blutbildung. Kalzitonin hat Bedeutung für die Ca++-Regulation im Körper. Zur Produktion von T3 und T4 nimmt die Schilddrüse Jod aus der Blutbahn gegen ein Konzentrationsgefälle auf. In den Schilddrüsenzellen (Thyreozyten) wird Jodid zu Jod oxidiert (*Jodination*) und an Thyrosinreste von Thyreoglobulin

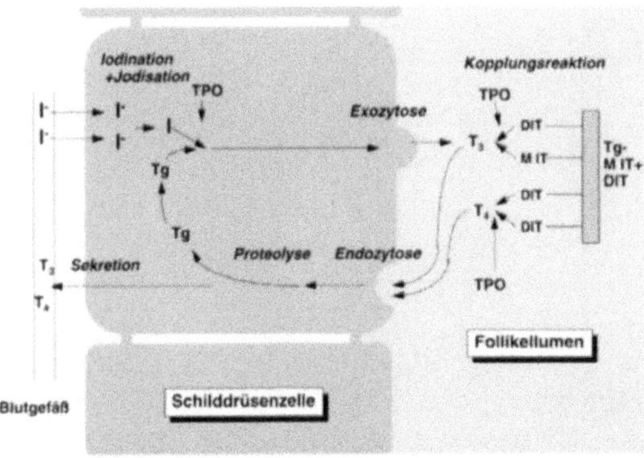

Abb. 17.6. Schematische Darstellung des Jodstoffwechsels der Schilddrüsen (nach [12])

eingebaut (*Jodisation*). Dieser Vorgang wird durch ein Enzym, die Schilddrüsenperoxidase (TPO) beschleunigt. Das jodierte Thyreoglobulin wird in die Schilddrüsenfollikel abgegeben (*Exozytose*). Dort entsteht mittels TPO als Katalysator aus Monojodthyrosin (MIT) und Dijodthyrosin (DIT) Trijodthyronin (Liothyronin = T3) und Tetrajodthyronin (Levothyroxin = T4) (*Kopplungsreaktion*). Abhängig vom Hormonbedarf und gesteuert durch das Hypophysenhormon TSH wird das in den Schilddrüsenfollikeln gespeicherte T3 und T4 wieder in die Thyreozyten aufgenommen (*Endozytose*) und nach Abspaltung des Thyreoglobulins (*Proteolyse*) in die Blutbahn abgegeben (*Sekretion*; vgl. Abb. 17.6).

Untersuchungsmethoden

Die Szintigraphie gibt Auskunft über die globale oder regionale Funktion der Schilddrüse, eines Knotens oder eines Schilddrüsenareals. Sie beruht auf dem Prinzip, daß funktionell aktives Schilddrüsenparenchym Jod aufnehmen kann. Mittels *Regions of Interest* kann die thyreoidale Jodaufnahme quantifiziert werden. Als Tracer wird am häufigsten Technetium (^{99m}Tc-Pertechnetat) verwendet. ^{99m}Tc-PTT ist von ähnlicher Größe wie Jodid und bindet an die Jodidrezeptoren der Schilddrüsenzellmembran, wird aber im Gegensatz zu Jod nicht weiter verstoffwechselt. Innerhalb der ersten 20–30 min. nach i.v. Applikation entspricht der ^{99m}Tc-Uptake (17.4) der Schilddrüse der Jodid-Clearance der Schilddrüse, so daß der ^{99m}Tc-Uptake zur Messung der Jodavidität der Schilddrüse verwendet werden kann.

Berechnung des ^{99m}Tc-Uptakes der Schilddrüse:

$$\text{TC–Upt. [\%]} = \frac{\text{Schildrüsenaktivität} - \text{Untergrundaktivität}}{\text{Nettoaktivität der Spitze}} . \tag{17.4}$$

Bei besonderen Fragestellungen, z.B. Nachweis von dystopem Schilddrüsengewebe oder mangelnder ^{99m}Tc-Aufnahme aufgrund vorausgehender Jod-

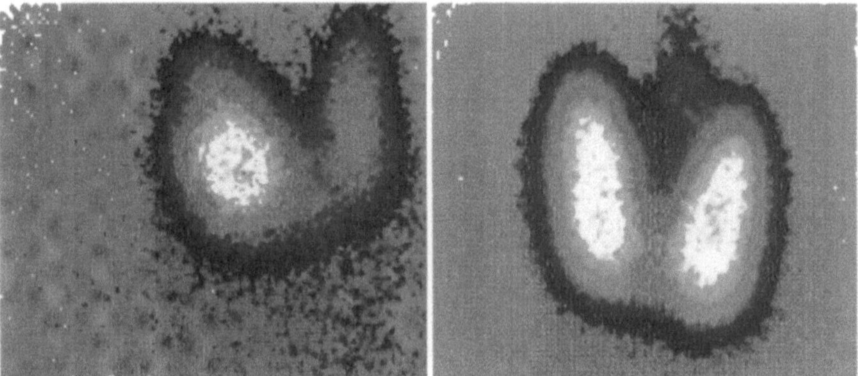

Abb. 17.7. ^{99m}Tc-Szintigraphie bei Morbus Basedow (*links*) und einem autonomen Schilddrüsenadenom (*rechts*)

exposition, kann das Radionuklid ^{123}Jod eingesetzt werden. Ein weiteres Isotop des Jods, das ^{131}Jod, ist ein γ- und β-Strahler und wird deshalb nur zur Radiojodtherapie benigner und maligner Schilddrüsenerkrankungen und zur Metastasenszintigraphie verwendet.

Der Schilddrüsenregelkreis

Die Schilddrüse wird zentral durch den Hypothalamus und die Hypophyse gesteuert. Abhängig von der Konzentration der freien Schilddrüsenhormone im Serum erfolgt die Abgabe von Thyreoidea stimulierendem Hormon (TSH) im Hypophysenvorderlappen und von Thyreotropin releasing hormon (TRH) im Hypothalamus. TSH steuert die Jodidaufnahme, die Thyreoglobulinproduktion sowie den Aufbau und die Freisetzung von T3 und T4 in den Schilddrüsenzellen. Neben der Steuerung durch TSH wird der Jodstoffwechsel der Schilddrüse auch durch eine TSH-unabhängige Autoregulation gesteuert. Diese sichert die normale Hormonproduktion bei unterschiedlichem Jodangebot. Sehr hohe Jodmengen wirken hemmend auf die Jodisation (= *Wolff-Chaikoff-Effekt*).

Die Schilddrüsenhormone werden im Serum zu über 99% an spezielle Transportproteine gebunden. Die Proteinbindung verhindert eine rasche Ausscheidung und inaktiviert die Schilddrüsenhormone. Die Schilddrüse sezerniert täglich ca. 100 µg T4 und nur in geringem Umfang auch T3. Dieses entsteht überwiegend in der Leber durch Dejodierung aus T4 (ca. 30 µg/Tag). Das freie T3 gilt als das eigentlich wirksame Schilddrüsenhormon. T4 ist Speicherhormon. Die Jodaufnahme in der Schilddrüse ist einerseits abhängig von der Schilddrüsenfunktion und andererseits abhängig von der Jodversorgung in der Bevölkerung. Bei einer Überfunktion der Schilddrüse und bei einem Jodmangel ist der Jod-Uptake in der Schilddrüse erhöht. Die Differenzierung zwischen erhöhter Jodavidität im Jodmangelgebiet und einer

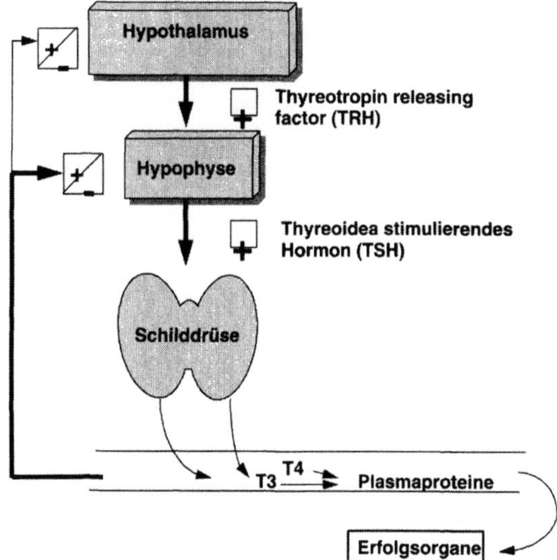

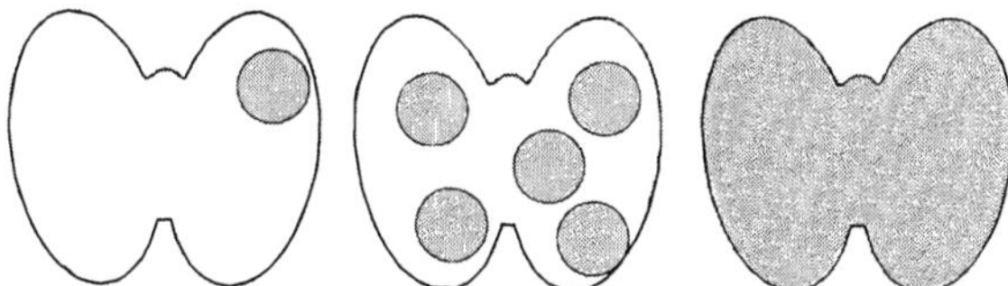

Abb. 17.8. Regelkreis der Schilddrüse

Abb. 17.9. Erscheinungsformen der funktionellen Autonomie

Hyperthyreose bzw. funktionellen Autonomie kann nur unter Kenntnis des Hypophysenvorderlappenhormons TSH erfolgen. Bei euthyreoten Patienten ohne Struma liegt der Normbereich für den ^{99m}Tc-Uptake bei 3–5%. Unter Suppressionsbedingungen (TSH < 0,01) sollte der Uptake unter 2% liegen. Läßt sich das Schilddrüsenparenchym nicht oder wenig supprimieren, ist dies ein Hinweis für das Vorliegen einer funktionellen Autonomie. Nach dem Verteilungsmuster im Szintigramm unterscheidet man unifokale, multifokale und disseminierte Autonomien.

Die Szintigraphie dient auch zur Differentialdiagnose der funktionellen Autonomie von anderen Hyperthyreoseformen: Aufgund der maximalen Schilddrüsenstimulation durch das Vorliegen von TSH-Rezeptorantikörpern kommt es bei der Autoimmunhyperthyreose (Morbus Basedow) typischerweise zu sehr hohen ^{99m}Tc-Uptake-Werten (bis 25%) bei homogener Aktivitätsverteilung. Bei den Thyreoiditiden ist das Speicherverhalten uneinheitlich: Bei der Quervain-Thyreoiditis zeigt sich in der Regel im Akutstadium eine Minderspeicherung in den betroffenen Arealen, welches nach Abheilung wieder unauffallig wird. Bei der Hashimotothyreoiditis ist das Speichermuster

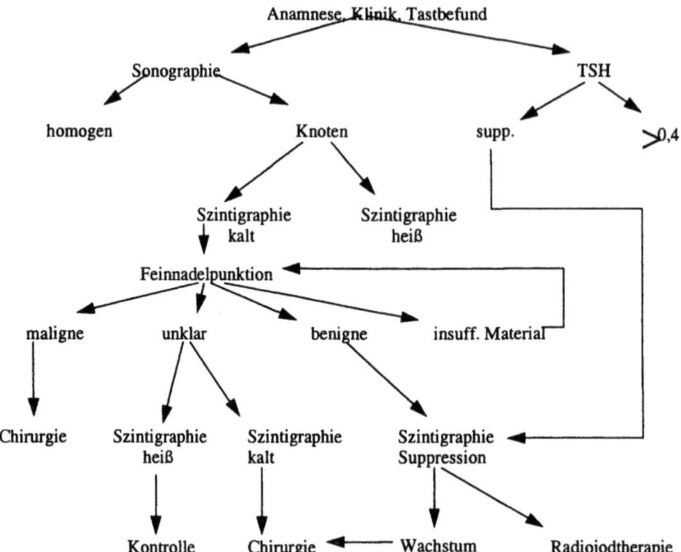

Abb. 17.10. Diagnostikschema für Diagnose und Behandlung von palpablen Schilddrüsenknoten

sehr variabel, in der Regel wird jedoch eine homogen verminderte Speicherung in der gesamten Schilddrüse beobachtet.

Schilddrüsenmalignome präsentieren sich im Szintigramm in der Regel als Minderspeicherung. Zysten, regressive Knoten und Thyreoiditiden können ebenfalls vermindert speichern, eine Differenzierung ist nur mittels zusätzlicher Sonographie und ggf. Feinnadelpunktion bzw. OP möglich. Ein Stufenschema zeigt Abb. 17.10.

Für die quantitative Schilddrüsenszintigraphie ergeben sich zusammenfassend folgende Indikationen:

- Struma mit tastbaren oder sonographisch nachweisbaren Knoten,
- zum Nachweis bzw. Ausschluß einer Autonomie (Suppressionsszintigramm), auch ohne sonographischen Herdbefund,
- zum Nachweis bzw. Ausschluß kalter Knoten und bei Karzinomverdacht,
- zur Therapieplanung einer fokalen oder disseminierten Autonomie bzw. zur Abgrenzung gegenüber anderen Hyperthyreoseformen (Morbus Basedow, Thyreoiditis),
- zur Prüfung des Therapieeffekts nach Radiojodtherapie einer Autnomie bzw. nach OP.

Zusätzlich kann die Szintigraphie ohne Bestimmung des Traceruptakes eingesetzt werden

- zum Nachweis und Lokalisation von dystopem Schilddrüsengewebe, z.B. Lobus pyramidalis, intrathorakaler und retrosternaler Strumen und Zungengrundstrumen,

- zur Differentialdiagnose von substernalen und mediastinalen Raumforderungen (hierzu ist ^{123}I besonders geeignet).

17.2.3 Lunge

Physiologie

Die Lungen dienen zum Gasaustausch des Blutes mit der atmosphärischen Luft. In den Lungen wird überschüssiges CO_2 abgeatmet und das Blut mit O_2 aus der Atemluft beladen. Dieser Gasaustausch findet in den Alveolen statt. Das regionale alveoläre Verhältnis von Ventilation zu Perfusion ist abhängig von der Schwerkraft und somit von der Lage des Patienten, und andererseits von den Ventilations- oder Perfusionsverhältnissen. Eine Störung der alveolären Ventilation in einem Lungenabschnitt bewirkt über einen CO_2-Anstieg in den Alveolen eine Drosselung der Durchblutung des entsprechenden Lungenabschnitts (*alveolovaskulärer Reflex, Von-Euler-Liljestrand-Reflex*).

Diagnostische Bedeutung

Die pulmonale Embolie kann tödlich enden; dies gilt besonders für die nicht erkannten Embolien. Die häufigste Indikation zur Lungenszintigraphie ist deshalb der Verdacht oder der Ausschluß einer Lungenembolie. Risikofaktoren für das Entstehen einer Lungenembolie sind Beinvenenthromben infolge postoperativer Immobilisierung, Herzfehler, Tumoren und Störungen der Blutgerinnung.

Klinisch ist es nicht möglich, eindeutig eine Lungenembolie zu diagnostizieren, da die Beschwerden häufig unspezifisch sind. Die sicherste Möglichkeit der Diagnose ist die Pulmonalisangiographie; wegen ihrer Invasivität kommt jedoch der nichtinvasiven Szintigraphie eine richtungweisende Bedeutung zu. Im Falle eines unauffälligen Befundes kann eine Lungenembolie ausgeschlossen werden. Andererseits können zahlreiche Erkrankungen zu einem Perfusionsausfall führen. Hilfreich bei der Differentialdiagnose ist der Vergleich mit der Lungenventilation. Die Treffsicherheit für Lungenembolien liegt im Vergleich zur Pulmonalisangiographie bei ca. 90%. Ventilations- und Perfusionsstörungen können eingeteilt werden in

- kombinierte Perfusions- und Ventilationsausfälle (*Match*) und
- Perfusionsausfälle bei unauffälliger Ventilation (*Mismatch*).

Eine Übersicht über die häufigsten Ursachen zeigt Tabelle 17.5. Eine Übersicht über die szintigraphischen Methoden ist in Tabelle 17.6 dargestellt.

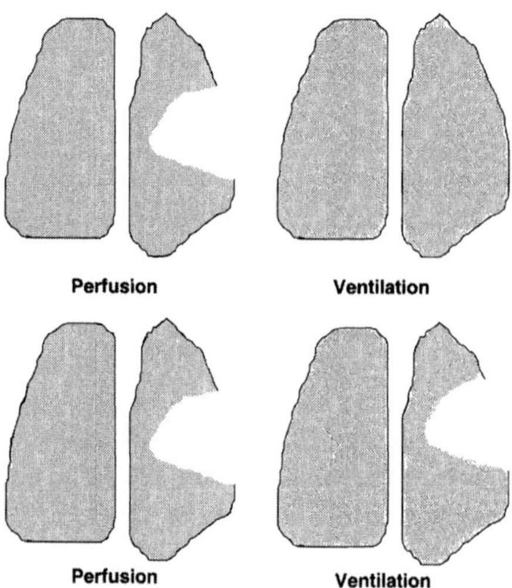

Abb. 17.11. Ventilations-Perfusions- Mismach (*oben*) und Mach (*unten*)

Tabelle 17.5. Ursache von Lungenperfusions- und Ventilationsstörungen

Vent./Perf-Mismatch	Vent./Perf-Match
• Lungenarterienembolien,	• Bronchusstenosen, z.B. akut durch
• Kompression von Gefäßen,	Fremdkörperaspiration oder bei Chronisch
(zentrale Tumoren und Metastasen,	• Obstruktiven Lungenerkrankungen (COPD)
mediastinale Lymphknoten)	• Thoraxwandprozesse z.B. Pleuritis, Erguß,
• Primäre Gefäßerkrankungen	Schwarte, Tumor,
(Hypo-, oder Aplasie)	• Lungenparenchymerkrankungen z.B.
• Z.n. Radiatio	Pneumonie, Emphysem, Narben.
	• intrapulmonale Raumforderungen z.B.
	Zysten, Tumoren, Metastasen.

Tabelle 17.6. Übersicht über nuklearmedizinische Verfahren der Lungenszintigraphie

Perfusion	Ventilation
^{99m}Tc-MAA	^{81m}Kr, ^{133}Xe
	^{99m}Tc-DTPA (Inhalation)

Lungenperfusionsszintigraphie

Zur Bestimmung der Lungenperfusion werden mit ^{99m}Tc markierte Makroalbuminaggregate (MAA) intravenös appliziert. Die Teilchengröße beträgt 20–50 µm. Die aus dem rechten Ventrikel ankommenden Albuminpartikel führen

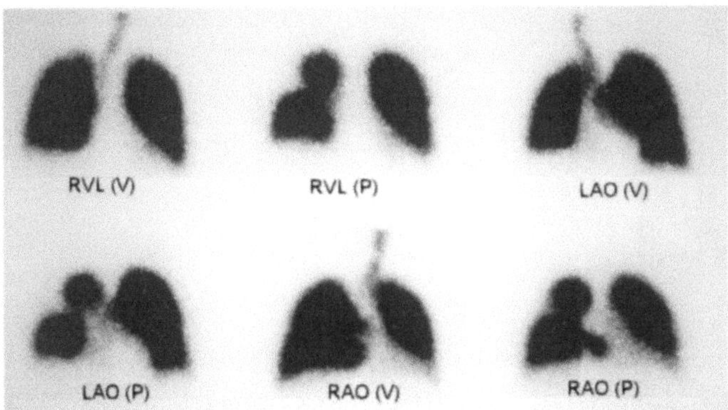

Abb. 17.12. Perfusionsszintigraphie mit ^{99m}Tc-MAA und Ventilationsszintigraphie mit ^{81m}Kr-Gas bei akuter Lungenembolie im rechten Oberfeld

Tabelle 17.7. Normalverteilung der Lungenperfusion bei Applikation im Liegen, nach Beaulieu [4]

	Rechte Lunge	Linke Lunge
Oberfeld	18%	13%
Mittelfeld	12%	12%
Unterfeld	25%	20%
Lunge	52%	42%

zu einer Mikroembolisation der jeweiligen Arteriole. Durchschnittlich wird aber nur jede 10 000. Arteriole embolisiert, so daß dadurch dem Patient kein Schaden zugeführt wird. Durch die nur wenige Stunden anhaltende Kapillarblockade wird der momentane Perfusionszustand „eingefroren" und kann anschließend im Szintigramm differenziert betrachtet werde. Die Verteilung der Aktivität entspricht der regionalen Durchblutung.

Lungeninhalationsszintigraphie

Die Belüftung der Alveolen wird mittels inhalierten ^{99m}Tc-markierten Aerosolen geprüft. Die regionale Verteilung in der Lunge ist abhängig von der Partikelgröße und von der regionalen Ventilation. Nur Partikel $< 2\,\mu$m erreichen die Alveolen. Eine weitere Methode (^{99m}Tc-Technegas) beruht auf dem Verdampfen von ^{99m}Tc-PTT auf Graphitpartikeln bei 2500°C in einer Argonatmosphäre. Es lassen sich ultrafeine ^{99m}Tc-markierte Kohlepartikel mit fullerenähnlicher Struktur (60–160 nm) erzeugen, die direkt inhaliert werden können (s. Abb. 17.13).

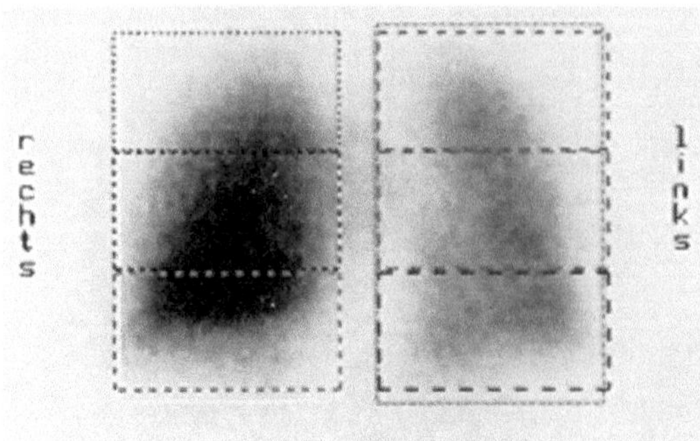

Abb. 17.13. Ventilationsszintigraphie mit ^{99m}Tc-Technegas

Lungenventilationsszintigraphie

Die gebräuchlichste Methode zur Beurteilung der Ventilation ist diejenige mit kurzlebigen radioaktiven Edelgasen, z.B. ^{81m}Krypton. ^{81m}Kr, ein γ-Strahler mit kurzer Halbwertszeit (13 s), entsteht im ^{81}Rb-^{81m}Kr-Generator durch isomeren Übergang mit einer Photonenergie von 190 keV. Wegen der kurzen Halbwertszeit muß Krypton, im Unterschied zu den Aerosolen und zu ^{133}Xe, während der Aufnahme ständig eingeatmet werden. Die γ-Energie von 190 keV ermöglicht eine gute Ortsauflösung. Die Ventilationsaufnahmen können in der selben Position wie die Perfusionsaufnahmen duchgeführt werden; dazu ist nur die Änderung des Energiefensters von ^{99m}Tc auf ^{81m}Kr an der Gammakamera notwendig. Wegen der kurzen Halbwertszeit wird ein Äquilibrium zwischen alveolärer Konzentration und Einatemluft nie erreicht. Somit kann im Gegensatz zu ^{133}Xe nur die regionale Ventilation, nicht aber das Atemvolumen bestimmt werden.

17.2.4 Nieren

Physiologie

Die Nieren sind sowohl hormonproduzierendes als auch Ausscheidungsorgan. Sie regulieren die Homöostase durch Regulation des Salz- und Wasserhaushalts, scheiden harnpflichtige Substanzen aus, produzieren Renin (Blutdruckregulation), Erythropoetin (Erythrozytenneubildung), Vitamin-D-Metabolite (Knochenstoffwechsel).

Die kleinsten funktionellen Einheiten der Niere sind die Nephrone. Jedes Nephron besteht aus dem Glomerulum und dem tubulären Apparat (proximaler Tubulus, Henle-Schleife, distaler Tubulus und Sammelrohr). Neben dem distalen Tubulus liegt der juxtaglomeruläre Apparat (Reninbildung).

Die Nieren sind sehr gut durchblutet, ca. 20% des Herzzeitvolumens strömen pro Minute durch die Nieren (renaler Blutfluß, RBF). Der Rindenanteil strömt durch die Glomerula. In den Glomerula entsteht durch passive

Filtration des Blutplasmas der Primärharn. Dieser wird zu 99% über den tubulären Apparat wieder rückresorbiert. Substanzen mit einem Molekulargewicht $<$ 50 000 MG (z.B. Inulin, Kreatinin oder DTPA) werden bei der Filtration mitgerissen, größere Moleküle und für den Köper wertvolle Substanzen werden zurückgehalten. Das pro Minute durch die Glomerulummembran filtrierte Flüssigkeitsvolumen ist die *glomeruläre Filtrationsrate* (*GFR*; Normwert: 125 ml/min). Um die GFR konstant zu halten, kann die Niere die Durchblutung der Nieren in weiten Teilen selbst steuern (Autoregulation). Nur 1% des Glomerulumfiltrats erreicht den Endurin.

Neben der glomerulären Filtration kann die Niere harnpflichtige Substanzen in das Tubuluslumen über Transportmechanismen im proximalen Tubulus aktiv sezernieren (tubuläre Sekretion). Der *renale Plasmafluß* (*RPF*) umfaßt die gesamte Nierendurchblutung und ist mit dem renalen Blutfluß durch den Hämatokrit verbunden. Er wird mit Substanzen gemessen, die während der ersten Passage durch die Nephrone durch glomeruläre Filtration und tubuläre Sekretion vollständig aus dem Plasma entfernt und ausgeschieden werden. Die Clearance einer solchen Substanz, z.B. Paraaminohippursäure (PAH), entspricht dann dem renalen Plasmafluß. Da aber ein Teil des Nierenblutes durch das Nierenmark fließt und somit die Nephrone der Rinde umgeht, ist die wahre Ausscheidung von PAH bei der ersten Nierenpassage nur 90%. Dieser geringere mit PAH oder analogen Pharmaka gemessene Wert wird *effektiver renaler Plasmafluß* (*ERPF*) bezeichnet. Neben PAH kann die Messung des ERPF auch mit OJH oder MAG3 erfolgen. Wegen der unterschiedlichen Plasmaeiweißbindung werden Korrekturfaktoren zum Umrechnen auf die PAH-Clearance benötigt.

Die *renale Clearance* einer Substanz ist definiert als das virtuelle Plasmavolumen, das von den Nieren in einer bestimmten Zeit (1 min) vollständig von dieser Substanz „befreit" (geklärt) wird:

$$\text{Clearance} = \frac{U \times V}{P} \left[\frac{\text{ml}}{\text{min}}\right], \tag{17.5}$$

dabei U steht für Konzentration der Indikatorsubstanz im Urin, V für ausgeschiedenes Urinvolumen pro Minute und P für Plasmakonzentration einer Substanz.

Wird ein Stoff wie Inulin oder DTPA nur glomerulär filtriert, entspricht die renale Clearance dieser Substanz der glomerulären Filtrationsrate (GFR). Die Clearance einer Substanz, die tubulär sezerniert und glomerulär filtriert wird (PAH, OJH oder MAG3), entspricht dem Effektiven renalen Plasmafluß (ERPF).

Untersuchungsmethoden

Die Nierenszintigraphie ist ein einfaches Verfahren zur Bestimmung der relativen und absoluten Funktion sowie der Abflußverhältnisse der Nieren. Funk-

Tabelle 17.8. Radiopharmaka und Einsatzgebiete in der Nierendiagnostik

Radiopharmakon	Verwendung
^{99m}Tc-DMSA	statische Nierenzintigraphie
^{99m}Tc-MAG3, ^{123}IOJH, ^{131}IOJH	dynamische Nierenszintigraphie

tionelle Tests ermöglichen ferner Aussagen über die Relevanz einer Nierenarterienstenose und sind somit bedeutsam bei der Abklärung einer arteriellen Hypertonie. Je nach klinischer Fragestellung können unterschiedliche Radiopharmaka eingesetzt werden.

Indikationen

Die statische Nierenszintigraphie dient zur Beurteilung von Lage, Größe, Form und Nachweis von funktionstüchtigem Nierenparenchym (heute weitgehend durch hochauflösende Sonographie ersetzt).

Die dynamische Nierenszintigraphie mit ^{99m}Tc-MAG3 und ^{123}I-Hippuran dient zur Abklärung von obstruktiven Nephropathien, Doppelnieren, Nierendysplasien und -hypoplasien, Nierenanomalien, Wandernieren, bei Pyelonephritis zum Nachweis von funktionsfähigem Nierenparenchym und bei Refluxnephropathien Perfusionsverhalten von Nierentumoren, die arterielle Versorgung von Transplantaten und Transplantatkontrollen, akute tubuläre Störungen z.B. im Rahmen eines akuten Nierenversagens.

Die Szintigraphie mit ACE-Hemmer (Captoprilszintigraphie) dient demm Nachweis einer hämodynamisch relevanten Nierenarterienstenose und zur Verlaufskontrolle nach Nierenarteriendilatation.

Berechnung der relativen (seitengetrennten) Nierenfunktion. Es werden über beide Nieren *Regions of interest* und anschließend Zeitaktivitätskurven erstellt. Die relative Funktion für jede Niere wird innerhalb der ersten 60–100 sec nach Applikation des Radiopharmakons ermittelt. Der Funktionsanteil jeder Niere wird aus dem Flächenintegral der Nierenfunktionskurve nach Abzug der Ganzkörperkurve (Untergrund) bestimmt (s. Abb. 17.14).

Bestimmung der Gesamt-Clearance. Am häufigsten wird die Gesamt-Clearance mit der „Single-Shot-Technik" bestimmt. Dabei erfolgt die Applikation der Indikatorsubstanz in einem möglichst kleinvolumigen Bolus (< 1 ml). Die Berechnung der Clearance beruht auf der „Slope-Methode", diese setzt ein exponentielles Abfallen der Aktivität im Blut voraus. Durch eine oder mehrere Blutabnahmen läßt sich die Lage der Exponentialfunktion

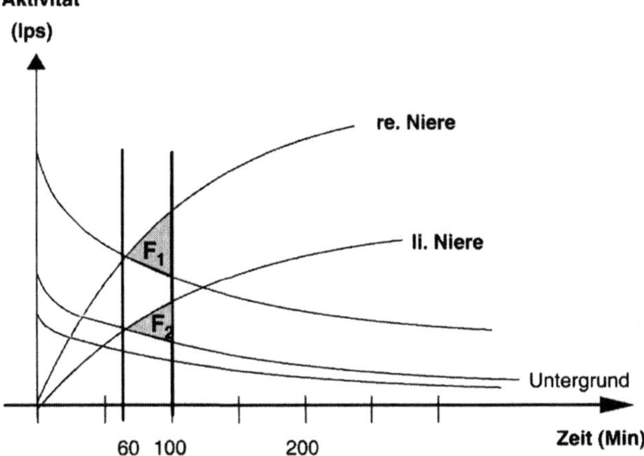

Abb. 17.14. Schema der Berechnung der seitengetrennten Nierenfunktion durch Flächenintegrale F1 und F2 in der 60.–100. Sekunde nach Applikation

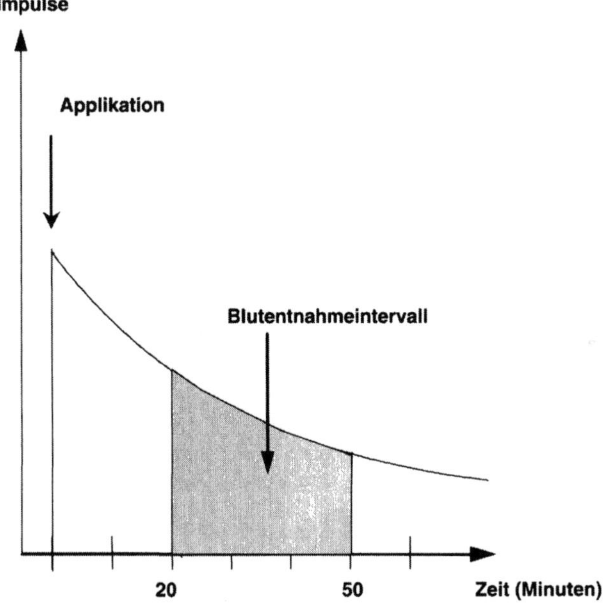

Abb. 17.15. Schematische Darstellung der Gesamtclearancebestimmung (Slope-Verfahren)

bestimmen. Die Plasmakonzentrationen werden jeweils im Bohrloch gemessen. Die Blutabnahme sollte zwischen der 20. und 50. Minute bei Erwachsenen und bei Kindern zwischen der 25. und 40. Minute erfolgen.

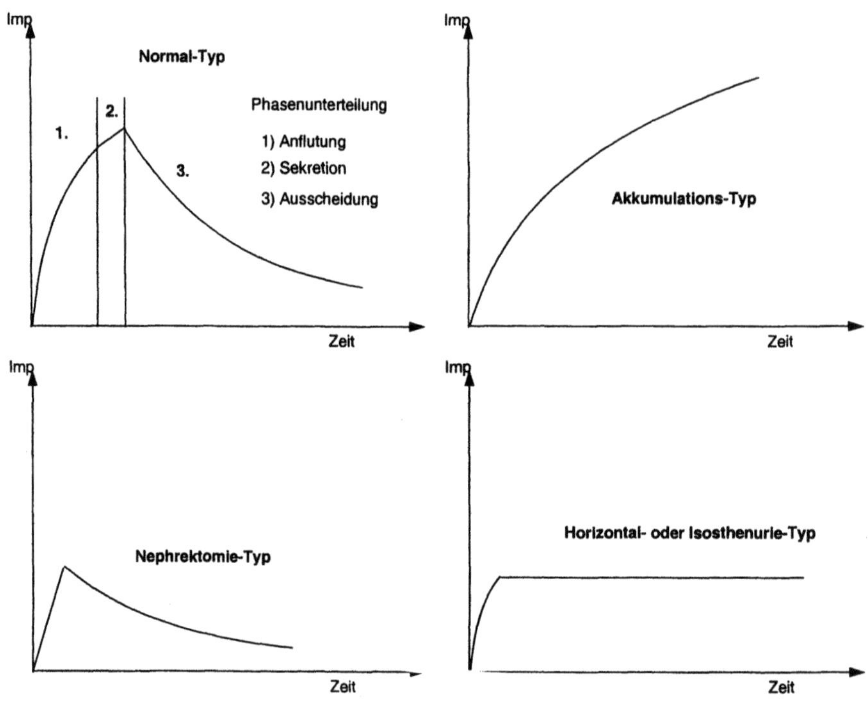

Abb. 17.16. Typische Nierenfunktionskurven

Untersuchungsergebnisse

Normalbefund. Beide Nieren liegen orthotop und sind in Lage, Form und Größe regelrecht dargestellt, die Funktion ist seitengleich.

Obstruktive Nierenerkrankung. Abhängig vom Ausmaß einer Obstruktion kommt es zur Anhebung des exkretorischen Kurvenschenkels, im Extremfall zu einer Akkumulationskurve. Die semiquantitative Beurteilung kann durch die Eliminationshalbwertszeit geschehen.

- E.-HWZ < 10 min → Normalbefund,
- E.-HWZ > 20 min → Obstruktion,
- E.-HWZ = 10–20 min → partielle Obstruktion.

Zur genaueren Differenzierung einer Abflußverzögerung durch eine Obstruktion oder infolge eines ektatischen Hohlraumsystems dient der *Furosemidbelastungstest*. Dabei werden in der 10. min nach Applikation von OJH oder MAG3 0,5 mg/kg KG Furosemid (Lasix) intravenös verabreicht und die Reaktion auf die Ausscheidung des Tracers aus dem Nierenbecken anhand der Ausscheidungskurven beobachtet.

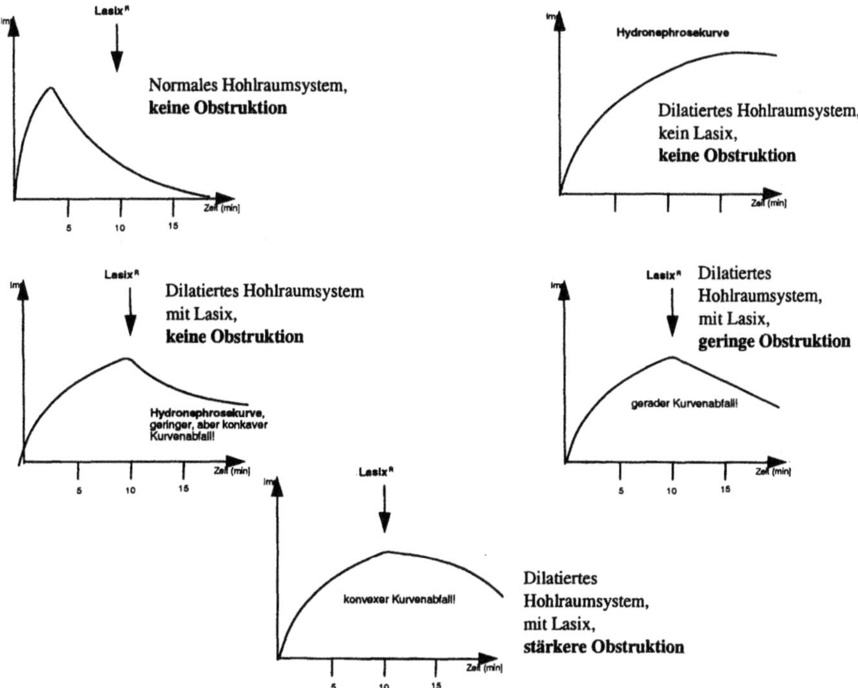

Abb. 17.17. Nephrogramme zur Beurteilung einer obstruktiven Nierenerkrankung

Tumorszintigraphie

Die Primärtumorsuche ist bis auf wenige Ausnahmen (z.B. Schilddrüsentumoren) keine Indikation zur Szintigraphie. Morphologische Methoden wie MRI, CT und Sonographie erlauben eine präzise Lokalisation und Beschreibung des Tumors.

Indiziert ist die nuklearmedizinische Diagnostik bei der Metastasensuche vor allem wegen der Möglichkeit der Ganzkörperszintigraphie. Ferner erlauben funktionelle Techniken Aussagen über die Tumorperfusion, den Tumorstoffwechsel und den Rezeptorstatus in vivo; dadurch können z.B. Aussagen über das Ansprechen einer Chemotherapie gemacht werden.

17.3 Therapie

Prinzip

Bei der Radionuklidtherapie wird der radioaktive Strahler (^{131}Jod) oral oder intravenös appliziert und gelangt über den Jodstoffwechsel in die Schilddrüse. Die therapeutische Wirkung stammt überwiegend aus dem β-Anteil (Elektronenstrahlung). Die geringe Eindringtiefe der Elektronen in das Gewebe

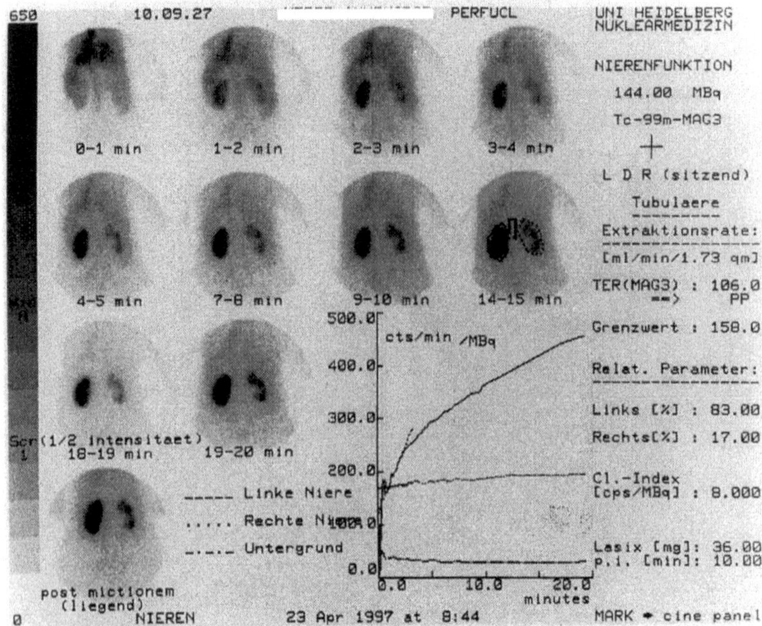

Abb. 17.18. Nierenszintigraphie, Harnstauungsniere links, eingeschränkte Par-
enchymfunktion rechts (Isosthenurie)

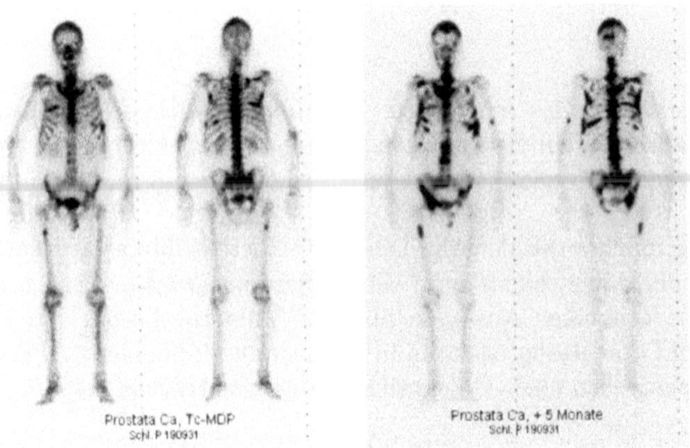

Abb. 17.19. Knochenszintigraphie mit ^{99m}Tc-MDP bei Patient mit Prostatakarzinom

(mm-Bereich) und deren Energie erlauben eine ausreichend hohe Herddosis
im kranken Gewebe und zugleich eine Schonung des gesunden Gewebes.

Tabelle 17.9. Übersicht über die wichtigsten zur Tumorszintigraphie verwendeten Radiopharmaka und ihre Indikationen

Ziel	Radiopharmaka	Indikation
Tumormetabolismus	^{99m}Tc-MDP, ^{18}F-FDG, ^{11}C-Methionin, ^{11}C-Thyrosin	unspezifisch
Rezeptorszintigraphie	^{111}In-Somatostatin-Analoge (OctreoScan)	Gastrointestinale Tumoren (APUD-Tumoren, z.B. Gastrinom, Vipom, Insulinom, Glukagonom, Karzinoid Paragangliom), Hypophysenadenom, Meningeom, Medulläres Schilddrüsen-Ca
Rezeptorszintigraphie/ Metabolismus	^{131}I u. ^{123}I	Differenziertes Schilddürsen-Ca
Rezeptorszintigraphie/ Metabolismus	^{123}I bzw. ^{131}I-MIBG	Phäochromozytom, Neuroblastom, Paragangliom
Tumorantigene	^{99m}Tc oder ^{111}In markierte monoklonale oder polyklonale Antikörper	Mammakarzinom, Malignes Melanom, Kolonkarzinom
Vitalität	^{67}Ga	Hodgkin- und Non-Hodgkin-Lymphome, Malignes Melanom
Perfusion	^{99m}Tc-MIBI, ^{201}Tl	Thyreozytenkarzinom, Medulläres Schilddrüsen-Ca, Hirntumoren

17.3.1 Radiojodtherapie
bei gutartigen Schilddrüsenerkrankungen

Das Ziel der Radiojodtherapie ist die Beseitigung der Schilddrüsenüberfunktion bei der Schilddrüsenautonomie und bei Autoimmunhyperthyreosen, z.B. Morbus Basedow. Bei großen euthyreoten Strumen kann sie auch, falls Kontraindikationen zur operativen Therapie bestehen, zur Verkleinerung der Schilddrüse eingesetzt werden.

Indikationen: Manifeste oder latente Hyperthyreose durch

- Schilddrüsenadenome,
- multifokale Autonomien,
- disseminierte Atonomien oder
- bei Autoimmunhyperthyreosen (Morbus Basedow),

Strumaverkleinerung bei euthyreoter Schilddrüsenfunktion, falls Kontraindikationen zur Operation bestehen.

Tabelle 17.10. Übersicht über die wichtigsten zur Tumorszintigraphie verwendeten Radiopharmaka und ihre Indikationen

Typ	Name
Autonomie	Autonomes Adenom, Multifokale- und Disseminierte Autonomien
Autoimmun	Morbus Basedow, Hashimoto-Thyreoiditis
Transient	Subakute Thyreoiditis de Quervain
Medikamentös	Jodinduziert (Autonomien, Basedow) Thyroxininduziert (Hyperthyreose factitia)
Sekundär	TSH sezernierender Tumor z.B. Hypophysenadenom
Ektop	Struma ovarii, Metastasen bei differenzierten Schilddrüsenkarzinomen

Dosisberechung. In Deutschland ist eine prätherapeutische Bestimmung der Jodaufnahme gesetzlich vorgeschrieben. Der 131-I-Uptake und die effektive Halbwertszeit werden in der Regel an einem Sondenmeßplatz gemessen (*Radiojod-Uptake-Test = Radiojodzweiphasentest*).

Die Radiojodaufnahme in der Schilddrüse wird mittels Szintilationszähler nach 2, 24 und 48 h in einem definierten Abstand gemessen (Szintillationsmeßsonde mit zylindrischem Kollimator, 30 cm Abstand von der Schilddrüse). Die gemessenen Impulsraten werden mittels einer Standardmessung in % der verabreichten Aktivität umgerechnet. Aus den Uptake-Werten werden der maximale ^{131}I-Uptake (in der Regel der 24-h-Wert) sowie die effektive Halbwertszeit des ^{131}Jods aus dem Kurvenabfall berechnet. Für eine genauere Bestimmung der effektiven thyreoidalen Halbwertszeit sind zusätzliche spätere Messungen bis zu 8 Tagen notwendig. Die Radiojodaufnahme in die Schilddrüse ist individuell sehr unterschiedlich. Sie ist stark abhängig vom Jodangebot in der Nahrung und von der Stoffwechsellage der Schilddrüse, dies findet Berücksichtigung im Testergebnis.

Therapieberechnung. Zur Bestimmung der therapeutischen Aktivität wird in Deutschland überwiegend die Marinelli-Formel eingesetzt:

$$^{131}\text{I-Aktivität [MBq]} = \frac{\text{Herddosis [Gy]} \times \text{Herdvolumen [ml]}}{^{131}\text{I-Uptake}_{max}\,[\%] \times \text{HWZ}_{eff}} * F; \quad (17.6)$$

bei Verwendung der neuen SI-Einheiten ist die Konstante F = 25, ^{131}I-Uptake$_{max}$ ist die maximale ^{131}I-Aufnahme in der Schilddrüse, bezogen auf die applizierte Aktivität, und HWZ$_{eff}$ ist die effektive Halbwertszeit des ^{131}Jods in Tagen in der Schilddrüse.

Bei der Radiojodtherapie gutartiger Schilddrüsenerkrankungen werden folgende Herddosen im Zielvolumen angestrebt:

- Schilddrüsenadenome 300–400 Gy,

131-I-Uptake in der Schilddrüse [%]

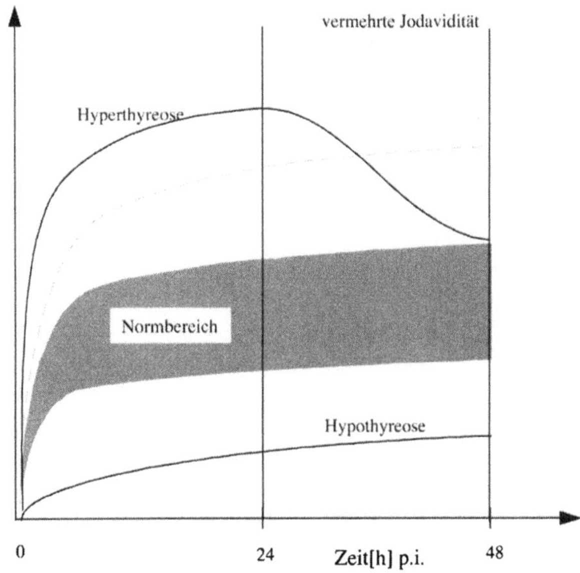

Abb. 17.20. Schematische Darstellung der Radiojodaufnahme in der Schilddrüse innerhalb der ersten 48 h bei Funktionsstörungen der Schilddrüse und bei Jodmangel

- multifokale Autonomien 150 Gy,
- disseminierte Autonomien 150 Gy,
- Autoimmunhyperthyreosen (Morbus Basedow) 150–200 Gy,
- Euthyreote Struma (Strumaverkleinerungstherapie) 150 Gy.

Die Radiojodtherapie darf in Deutschland nur stationär in speziellen Bettenstationen durchgeführt werden. Während der Therapie muß der zeitliche Aktivitätsverlauf aufgezeichnet werden. Für alle Patienten ist ein stationärer Mindestaufenthalt von 2 Tagen gesetzlich vorgeschrieben. Die Entlassung von Patienten ist in der Richtlinie „Strahlenschutz in der Medizin" geregelt.

17.3.2 Radiojodtherapie bei malignen Schilddrüsenerkrankungen

Differenzierte Schilddrüsenkarzinome speichern Radiojod; deshalb können sie prinzipiell mit Radiojod behandelt werden. Die Therapiewirkung ist umso besser, je geringer das Zielvolumen ist; deshalb werden alle Thyreozytenkarzinome erst operiert und mit Ausnahme des papillaren Karzinoms im T1-Stadium (< 1 cm, unifokal) einer Radiojodtherapie zugeführt.

Das Ziel der Radiojodtherapie bei differenzierten Schilddrüsenkarzinomen besteht in der Ablation des Restschilddrüsengewebes nach totaler Thyreoidektomie. Hierzu werden Herddosen über 500 Gy oder Standarddosen in einer

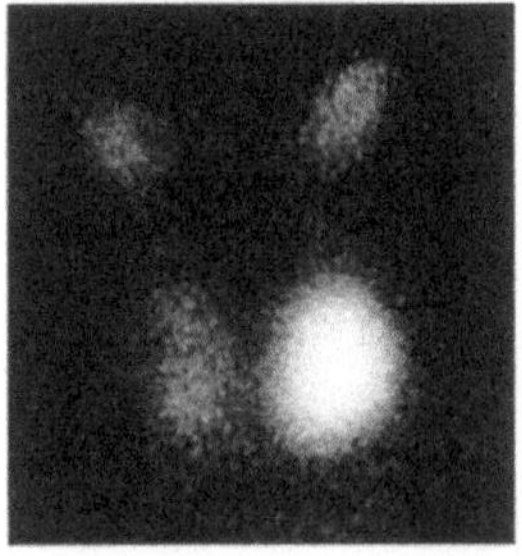
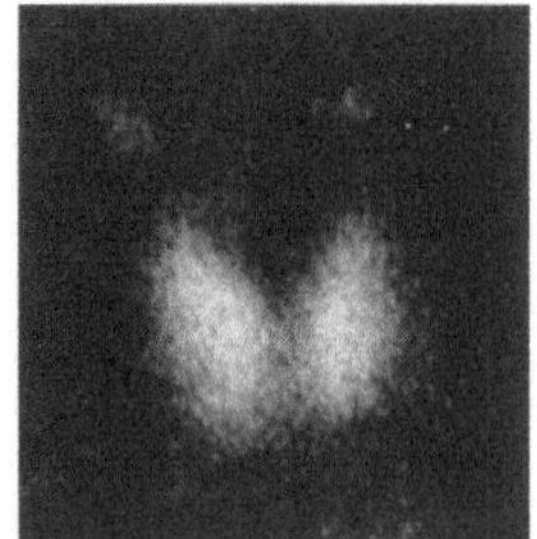

vor RJT (TSH < 0, 01)   nach RJT (TSH = 2)

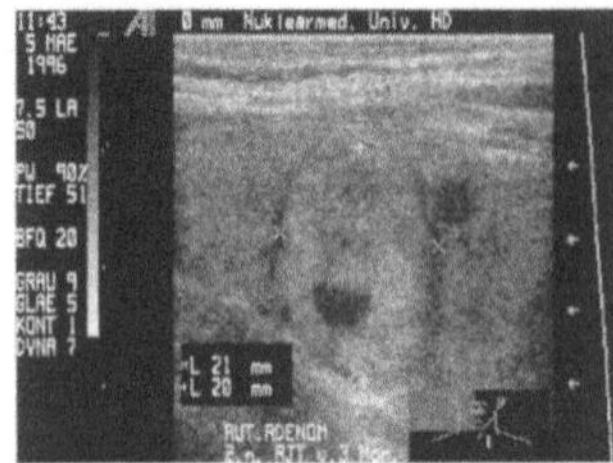

Sonographie 3 Mo.
nach Therapie

Abb. 17.21. Autonomes Schilddrüsenadenom vor und nach Radiojodtherapie

Höhe von 4 GBq ^{131}I verabreicht. Voraussetzung ist eine ausreichende Aufnahme des Radiojods in das Restschilddrüsengewebe. Posttherapeutisch wird zum Nachweis und zur Lokalisation von Metastasen ein ^{131}Jod-Posttherapieszintigramm angefertigt. Im Rahmen der Nachsorge wird dieses in Heidelberg mit einer kleineren Aktivität im Abstand von 3 Monaten und einem Jahr wiederholt. Alle ^{131}Jod-Ganzkörperszintigramme müssen nach Absetzen der Schilddrüsenmedikation durchgeführt werden (endogene TSH-Stimulation, TSHb $\geq$ 30 IE.).

Indikationen zur ^{131}Jod-Ganzkörperszintigraphie:

- als Posttherapieszintigramm nach Radiojodtherapie,
- bei Rezidivverdacht infolge
- unklarer Tg-Erhöhung,
- suspekter Palpation oder Sonographie oder
- suspektem CT oder
- Röntgenthoraxbefund.

Bei schlechter oder ungenügender Radiojodaufnahme kann zur Metastasensuche alternativ zur ^{131}Jod-Szintigraphie auch eine Tumorszintigraphie mit ^{201}Thallium oder ^{99m}Tc-MIBI vorgenommen werden.

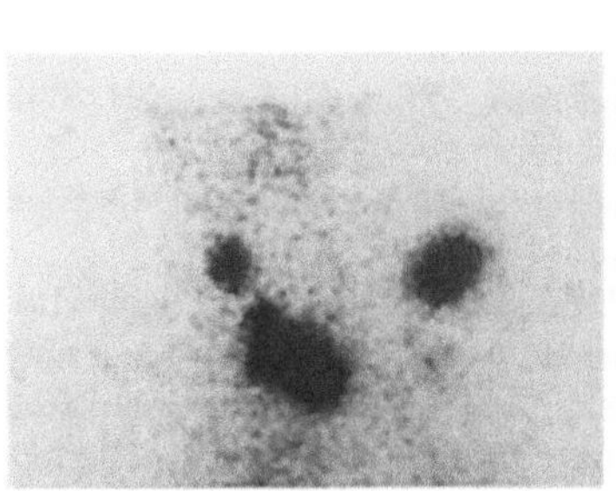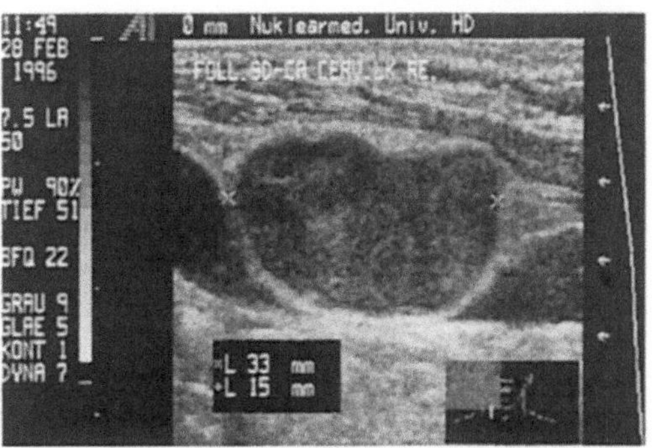

Abb. 17.22. ^{131}I-Posttherapieszintigraphie (rechts) bei Pat. mit differenziertem Schilddrüsenkarzinom und Halslymphknotenmetastasen und korrespondierendem Sonographiebefund (links)

Tabelle 17.11. Radionuklide zur Radiosynoviorthese

Radio-nuklid	HWZ phys.	Strahlung	Reichweite im Gewebe (mm)	Therapie
^{90}Y	64,1 h	β 2,3 MeV	3,6	Knie
^{186}Re	24,3 h	β 1,0 MeV,	1,2	Schulter, Ellenbogen, Hüfte,
		217, 219,245 keV		Handgelenke, Sprunggelenke
^{169}Er	9,4 d	0,3 MeV	0,3	Metacarpalgelenke,
		γ 741,821,816 keV		Metatarsalgelenke

17.3.3 Radiosynoviorthese

Die nuklearmedizinische Gelenktherapie umfaßt die Behandlung von synovitischen Entzündungen und Reizzuständen vor allem von rheumatologischen und orthopädischen Erkrankungen. Dabei werden β-emmittierende Radionuklide in das betroffene Gelenk injiziert. Sie dient der lokalen antiphlogistischen Therapie. Durch die Therapie kommt es zu einer Abnahme der Anzahl und Größe der Synovialzotten und der Hyperämie. Langfristig wird die Synovialis zunehmend fibrosiert. Bei der Radiosynoviorthese werden Herddosen von 70–100 Gy erreicht.

Literatur

1. Andersen AR, Waldemar G, Dam M, Fuglsang-Frederiksen A, Herning M, Kruse-Larsen C, Lassen NA () SPECT and EEG in focal epilepsy with and without normal CT and MRI scans: A prelininary study in 28 cases. In: Baldy-Moulinier M, Lassen NA, Enge J Jr, Askienazy S (eds) Current problems in epilepsy. Lippey, London, pp 97–104

2. Costa DC (1994) An overview of SPECT in neuro-imaging. In: Symposium on the importance of SPECT in neurological diagnosis and management. Anual Meeting of the ENS, Barcelona, Spain
3. De Roo M, Mortelmans L, Devos P, Verbruggen A, Wilms G, Carton H, Wils V, Van Den Bergh R (1989) Eur J Nucl Med 15: 9–15
4. Diot P, Baulieu JL, Lemarié E (1993) Nuclear medicine and lung diseases. Springer, Berlin Heidelberg New York Tokyo
5. Durwen HF, Elger CE, Grünwald F, Bülau P, Biersack HJ, Penin H (1988) HM-PAO SPECT bei der differentialdiagnostischen Abklärung psychogener und epileptischer Anfälle. In: Wolf P (ed) Epilepsie. Gemeinsame Jahrestagung der deutschen und schweizerischen Sektion der internationalen Liga gegen Epilepsie. Einhorn, Reinsbeck, pp 198–201
6. Elser H, Henze M, Spierer FJ, Georgi P (1996) Nuklearmedizin 35: 193–263
7. Engel J Jr, Brown EJ, Kuhl DE (1982) Ann Neurol 12: 518–528
8. Just A, Schröter J (1987) RöFo 151: 611–615
9. Kushner M, Reivich M, Fieschi C (1987) Neurology 37: 1103–1110
10. Launes J (1989) Nucl Med Commun 10: 891–900
11. Mountz JM, Modell JG, Foster NL (19??) J Nucl Med 31: 61–66
12. Pfannenstiel P (1991) Schilddrüsenerkrankungen: Diagnose und Therapie. Berliner Medizinische Verlagsanstalt, Berlin
13. Phelps ME, Mazziotta JC, Schelbert HR (1986) Positron emission tomography and autoradiography. Raven Press, New York
14. Wieler H, Miltner FO, Mittelbach L et al. (1990) Nuc Compact 272–275

18 Klinischer Ultraschall

U. Mende

18.1 Voraussetzungen für den sinnvollen Einsatz der Sonographie

Die präzise Diagnostik krankhafter Veränderungen und ihre exakte differentialdiagnostische Wertung sind unabdingbare Voraussetzung für eine effektive therapeutische Vorgehensweise. Basis hierfür sind subtile Anamnese und klinische Untersuchung einschließlich Spezialmethoden. Sie werden ergänzt durch Laborparameter und ggf. feingewebliche Untersuchung sowie die Methoden der radiologischen Bildgebung. Neben konventionellem Röntgen sind es zunehmend die Schnittbildverfahren Ultraschall (US), Computertomographie (CT) und Magnetresonanztomographie (MRT). Die überlagerungsfreie Abbildung und mehrdimensionale Darstellung von Organen erleichtert dabei die sichere topographische Zuordnung, die Abgrenzung zu den Risikoorganen wie auch das Erkennen von pathologischen Strukturen. Unterschiedliche physikalische Phänomene wie lineare Schwächungskoeffizienten der Röntgenstrahlen (CT), elektrische und magnetische Eigenschaften aufgrund der Molekülstruktur (MRT) oder akustische Impedanzunterschiede (US) sind Basis der Bildgebung. Dadurch können sich die Verfahren ergänzen und in der Kombination zu erhöhter diagnostischer Treffsicherheit führen. Der Sonographie, die seit mehr als 30 Jahren klinisch angewendet wird, kommt dabei ein zunehmender Stellenwert zu. Bei einer Reihe von Organsystemen stellt sie das bildgebende Verfahren der ersten Wahl dar.

Grenzen der diagnostischen Aussagekraft können sich jedoch durch die Eigenschaften der Ultraschallwellen ergeben, die diese im Unterschied zu den elektromagnetischen Wellenstrahlungen, z.B. bei CT und MRT, aufweisen. So ist ihre Ausbreitungsgeschwindigkeit relativ niedrig, noch dazu gewebeabhängig unterschiedlich, mit Werten zwischen 331 m/s für Luft und 3500–4000 m/s für Knochen. Auf einem für die meisten Organe in etwa zutreffenden Mittelwert von 1540 m/s basierend, werden Distanzen anhand von Laufzeitunterschieden nur indirekt bestimmt. Zudem sind sie an ein Trägermedium gebunden. Ihre Eindringtiefe ist begrenzt durch Reflexion an Grenzflächen, die bis zur Totalreflexion gehen kann, und durch Dämpfung extrem ausgeprägt in Lunge und Skelett. Hinzu kommt, daß die örtliche Auflösung mit steigender Frequenz zwar zunimmt, die verwertbare Eindringtiefe sich in gleichem Maße aber verringert.

In der klinischen Praxis wird die Wahl des optimalen Frequenzbereichs daher orientiert an der jeweiligen Fragestellung und ein Kompromiß sein, der beiden Forderungen gerecht wird. Die verwendeten Frequenzen liegen bei 5–10, meist 7,5 MHz für die Kopf-Hals-Region, oberflächliche Lymphknotenstationen, kleine und periphere Organe, und bei 3,5–5 MHz für die großen oder in die Tiefe sich erstreckenden Organe im Abdominal- und Beckenbereich. Höhere Frequenzen sind meist speziellen Problemstellungen, z.B. in der Dermatologie, vorbehalten. Bei konkaven Körperoberflächen (untere Halsregion, Achsel) oder vorgelagerten knöchernen Strukturen (z.B. Kiefer, Rippenbogen) sind konvexe Schallköpfe den linearen infolge geringerer Auflagefläche und besserer Anpassung vorzuziehen. Die großen Impedanzsprünge zwischen Schallkopf, Luft und Hautoberfläche würden ohne ein vermittelndes Medium zur Totalreflexion führen. Eine Beurteilung der tiefer gelegenen Organe wäre damit nicht möglich. Daher wird im allgemeinen ein Kontaktgel auf Wasserbasis verwendet. Selten ist eine Vorlaufstrecke erforderlich, z.B. bei unregelmäßigen Körperkonturen, bei kutanen/subkutanen Tumorinfiltraten oder sehr oberflächennahen Prozessen. Prozesse in großer Tiefe, hinter Knochen oder lufthaltigen Strukturen lassen sich durch die perkutane Sonographie, speziell im höheren Frequenzbereich, oft nicht hinreichend abklären.

Die Endosonographie (enoral, transösophageal, vaginal, rektal oder auch intravasal) erweitert zwar die Möglichkeiten, die Aussagekraft des Ultraschalls in den Bereichen ZNS, Lunge oder Skelettsystem ist allerdings auf ganz umschriebene Fragestellungen beschränkt. Auch schädelbasisnahe Regionen, Retropharyngealraum, Mediastinum, Retroperitoneum oder Becken erfordern meist CT oder MRT.

Farbkodierte Duplexsonographie und 3D-Sonographie sind neue Verfahren mit hohem diagnostischen Potential, meist jedoch aus preislichen Gründen noch nicht generell verfügbar.

Ultraschalldiagnostik ist Sofortdiagnostik. Mit Orientierung an den anatomischen Leitstrukturen und am Symmetrieverhalten im Seitenvergleich sind daher die zu beurteilenden Regionen in Transversal-, Longitudinal- und Schrägschnitten zu untersuchen. Repräsentative pathologische Veränderungen sind nach Lage, Größe, Strukturparametern, Vaskularisation (Farbdoppler) und Beziehung zu Nachbarorganen zu charakterisieren. Dabei sichern festgelegte Geräteeinstellung, reproduzierbare Schnittebenen und identische Dokumentation die Vergleichbarkeit der Untersuchungen, essentiell für Primärdiagnostik und objektivierbare Verlaufsbeurteilung. Die Dokumentation erfolgt mit Printer, Kamera oder elektronischen Medien.

18.2   Möglichkeiten und Grenzen der Methode

Wie jedes andere Verfahren weist die Sonographie Vorteile auf, denen auch Nachteile gegenüberstehen, die den jeweiligen Einsatz begrenzen. Ein methodischer Vorteil der Sonographie liegt in der freien Wahl der Schnittebenen mit direkter multiplanarer Darstellung, setzt allerdings sehr gute anatomische Kenntnisse voraus. Die Metrik von interessierenden Organen oder Arealen wird direkt angegeben, bei relativ symmetrischen Strukturen läßt sich das Volumen über Rotationskörper gut approximieren. Gute Gewebsdifferenzierung und Ortsauflösung erlauben bereits nativ eine verläßliche Diagnose. Der Zeitfaktor des dynamischen Realtime-Ultraschalls eröffnet die vierte Dimension, die *Sonopalpation* verbessert die diagnostische Aussagekraft. Das Verfahren ist beliebig wiederholbar und auch bei Metallimplantaten anwendbar.

Wichtigste patientenbezogene Vorteile bestehen darin, daß die Untersuchung kaum belastend, nichtinvasiv, ohne ionisierende Strahlung und Kontrastmittelrisiko, zudem auch bei Schrittmacherpatienten durchzuführen ist. Relativ niedrige Anschaffungskosten und geringe Betriebskosten sind ökonomisch-logistische Vorteile. Bauseitige Maßnahmen wegen Gerätegewicht, Strahlenschutz, Hochfrequenz- oder Magnetfeldern entfallen. Die Geräte sind mobil einsetzbar, damit gut verfügbar, und gestatten direkten Zugriff bei sehr gutem Kosten-Nutzen-Verhältnis.

Methodische Nachteile sind Probleme bei der Abbildung ausgedehnter Tumoren oder von Prozessen im Schallschatten lufthaltiger oder großer Knochenstrukturen. Das Verfahren ist nicht berührungsfrei, die Ankopplung an stark gekrümmte oder unregelmäßige Oberflächen schwierig, insbesondere bei großen Wunden oder Verbänden. Bei Wunddefekten ergeben sich patientenbezogene Probleme wegen der Sterilität; allergische Reaktionen auf Kontaktgel sind selten.

Eine optimale Lagerung ist bei schwer beweglichen oder verletzten Patienten nicht immer möglich. Ökonomisch-logistische Nachteile können dadurch entstehen, daß Ergebnisse von Voruntersuchern nicht immer nachvollziehbar sind und erneute Untersuchungen induzieren. Dies ergibt sich daraus, daß in der Sonographie im Gegensatz zu anderen bildgebenden Verfahren keine Sequenz von festgelegten Schnittebenen dokumentiert wird. Vielmehr handelt es sich um Einzelbefunde, die, bereits unmittelbar während des Gangs der Untersuchung gewertet, eine individuelle Auswahl des Untersuchers darstellen. Was nicht sofort als krankhaft oder entscheidend für die Diagnostik eingestuft wird, wird auch nicht dokumentiert. So enthält die übermittelte Information nicht die gesamte Datenfülle. Fehlen dann noch Standardisierung und anatomische Bezugspunkte („landmarks"), sind Fremd- oder Nachbefundung stark limitiert. Daher erfordert oft bereits die Untersuchung einen relativ hohen Zeitaufwand auch für einen qualifizierten Untersucher. Von dessen Erfahrung hängen Qualität und Aussagekraft des Befundes mehr als bei anderen bildgebenden Verfahren entscheidend ab.

18.3 Indikationen zur sonographischen Untersuchung

Eine optimale Therapie beinhaltet nicht nur größtmögliche Wirkung auf die Erkrankung und ihre Symptome, sondern auch Minimierung therapiebe-

dingter unerwünschter Nebenwirkungen. Basis hierfür sind unter differential-
diagnostischer Eingrenzung die sichere Diagnose von Art und Ausmaß des
Krankheitsgeschehens sowie das Erkennen therapierelevanter Begleiterkrankungen. Von besonderer Bedeutung ist dies, wenn, wie bei bösartigen Neubil-
dungen, die Therapie oft belastend und nebenwirkungsreich ist. Die exakte
Beschreibung des Tumorgeschehens wird hier ergänzt durch die Stadienein-
teilung nach einem anerkannten Klassifikationsschema (z.B. TNM) auf dem
Sicherheitsniveau C2 der Schnittbildverfahren.

Ebenso wichtig wie die optimale Planung der Therapie sind Überwachung
und Überprüfung ihrer Effektivität. Mehr noch als einen Rückgang der klinischen Symptomatik muß die Bildgebung widersprüchliche Ergebnisse sowie
offensichtliches Nichtansprechen objektivieren, um eine schnelle Änderung
und Anpassung des Konzepts zu induzieren, insbesondere bei schweren Erkrankungen sowie aggressiver und kostenintensiver Therapie. Posttherapeuti-
sche Verlaufskontrollen zur Absicherung des Ergebnisses schließen sich an.
Von besonderer Bedeutung sind diese bei Tumorerkrankungen mit möglichst
frühzeitigem Erkennen lokoregionärer Rezidive oder Fernmetastasen und Einleitung einer spezifischen Therapie zur Verbesserung von Lebensqualität und
Prognose.

18.4   Anwendungsbeispiele
bei verschiedenen Organsystemen

18.4.1   Abdomen, Retroperitoneum

Die Leber, im rechten Oberbauch gelegen, ist in Inspiration über Schnittebenen längs, subkostal schräg und interkostal meist gut darzustellen. Probleme können sich bei zwischengelagertem Dickdarm (Normvariante),
Zwerchfellhochstand/-lähmung sowie postoperativ ergeben. Die Sonographie
ist die Standarduntersuchung zur Bestimmung der Organgröße bei Beschwerden im rechten Oberbauch, Hinweis auf Lebererkrankungen (Klinik, Laborwerte), Normvarianten und Anomalien sowie zum Erkennen struktureller
Veränderungen bei diffusen Hepatopathien wie auch umschriebener Läsionen.
Dies sind vor allem gutartige und maligne, primäre und sekundäre Tumoren,
Zysten, Hämangiome und Abszesse.

Therapiekontrolle und gezielte Punktionen sind weitere Indikationen. Die
normale Leber weist bei glatter Oberfläche und spitzwinkligem Unterrrand
(rechts $< 75°$, links $< 45°$) in der Medioklavikularlinie konstitutionsabhängig
einen Durchmesser von $11–14\,cm$ auf. Die Echogenität ist relativ niedrig, das
Reflexmuster homogen, die Architektur der Gefäße (Pfortader, Lebervenen)
regelmäßig, die Gallengänge sind nicht erweitert. Bei Fettleber ist das Organ
vergrößert, der Rand verplumpt, das Echomuster dicht und vergröbert, bei
kräftiger Schallschwächung distal.

Die Diagnose entzündlicher Veränderungen nur anhand der Sonographie
ist schwierig. Zeichen einer akuten Hepatitis sind echoarme Leber, kräftige,

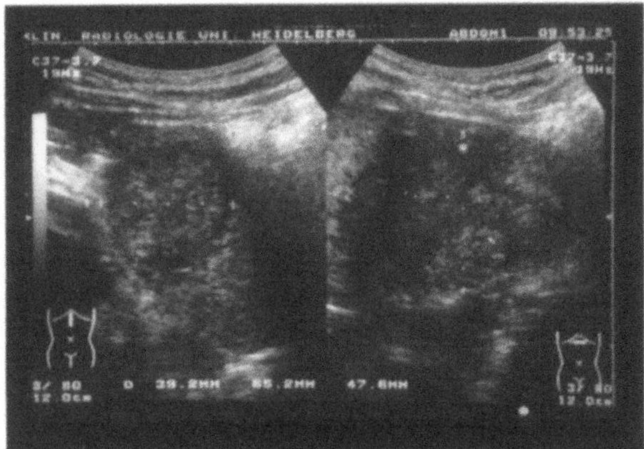

Abb. 18.1. Lebermetastase bei Rektumkarzinom. 65 × 48 × 39 mm große Raumforderung mit echoarmem Randsaum und relativer dorsaler Schallverstärkung. Längsschnitt (*links*), Querschnitt (*rechts*)

bis in die Peripherie verfolgbare Äste der Pfortader und vergrößerte Milz. Die chronische Form zeigt eine verplumpte Leber mit vergröberter echoreicher Struktur, Zeichen des Umbaus, kräftige Portalvenen, bei mäßig vergrößerter Milz. Auf eine Zirrhose weisen unregelmäßige Oberfläche, verplumpter Lobus caudatus, grobe Reflexe, deutliche Schallschwächung, Rarefizierung und Kaliberschwankungen der Venen, Aszites und eine vergrößerte Milz hin. Primäre Leberkarzinome stellen sich unscharf begrenzt, inhomogen, von echoarm bis echoreich dar, meist bei Zirrhose. Die sehr variablen Lebermetastasen, oft polytop, teils konfluierend, sind von echofrei bis echoreich, kokardenförmig, mit zentralen Nekrosen oder Verkalkungen. Typische Zysten sind echoleer mit dorsaler Schallverstärkung (Abb. 18.1). Für Leberhämangiome sprechen rundliche glatt begrenzte Form, Echoreichtum und fehlende Wachstumspotenz. Hinweise auf Abszesse geben Echoarmut, Inhomogenität, unscharfe Begrenzung, gelegentlich Nachweis von Gasbläschen; eine eindeutige Wertung ist oft nur schwer möglich.

Gallenblase. Die am Unterrand der Leber gelegene Gallenblase wird am nüchternen und entblähten Patienten in Längs- und Schrägschnitten untersucht. Die Sonographie hat als bildgebendes Verfahren der ersten Wahl die Röntgenkontrastuntersuchung weitgehend verdrängt. Indikationen sind u.a. Oberbauchbeschwerden, Ikterus, Steine und Karzinome der Gallenblase. Die gut gefüllte normale Gallenblase ist reflexfrei, max. $10 \times 4 \times 4\,\text{cm}^3$, von < 100 ml Volumen mit glatter Wand von < 3 mm Dicke. Extrahepatisch sind die Gallenwege < 7 mm, nach Cholezystektomie < 10 mm weit. Steine stellen sich durch harte Oberflächenreflexe und kräftige dorsale Schallschatten dar, teilweise aber fehlend bei kleinen und Cholesterinkonkrementen (Abb. 18.2). Die Differenzierung zu wandständigen Inkrustationen und Polypen gelingt

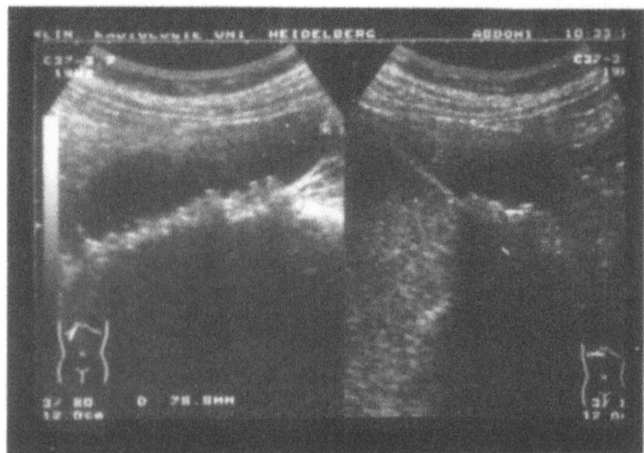

Abb. 18.2. Gallensteine (Cholezystolithiasis). Am Boden der flüssigkeitsgefüllten Gallenblase multiple reflexreiche Konkremente mit dorsaler Schallauslöschung. Längsschnitt (*links*), Querschnitt (*rechts*)

durch Nachweis der Lageänderung bei Positionswechsel. Bei Cholezystitis zeigt die Gallenblase Binnenreflexe und eine unscharf begrenzte, verdickte Wand, echoarm im akuten Stadium, echoreich, oft geschichtet mit Verkalkungen in der chronischen Form. Asymmetrische Wandverdickung bei kleiner Gallenblase sowie Infiltration der Leber sind Hinweise auf ein Karzinom.

Das Pankreas wird in Längs- und Querschnitten untersucht. Infolge retroperitonealer Lage hinter lufthaltigen Organen (Magen, Darm) ist es selbst bei guter Vorbereitung nur in 70–90% und dann oft auch nicht ganz in allen Abschnitten einsehbar. Indikationen sind vor allem Verdacht auf Pankreatitis (Klinik, Laborwerte) und tumoröse Raumforderungen. Das normale Pankreas weist Durchmesser von 20 mm (Körper) und 25–30 mm (Kopf, Schwanz) auf, der Pankreasgang < 2 mm. Die Struktur ist homogen, etwas echoreicher als die Leber. Wichtigste Zeichen der akuten Pankreatitis sind diffuse oder segmentale Größenzunahme, verwaschene, inhomogene Textur, Nekrosen und unscharfe Kontur. Ausgedehntere Befunde zeigen Exsudate, Nekrosestraßen, Abszesse, Pseudozysten, Aszites oder Pleuraerguß. Im chronischen Stadium ist das Organ meist klein, fleckig verdichtet, schlecht abgrenzbar mit erweitertem Gang, Verkalkungen, Konkrementen und Pseudozysten. Die bei Erkennung oft fortgeschrittenen und metastasierten echoarmen Pankreaskarzinome wachsen raumfordernd mit diffuser Infiltration und führen gerade im Kopfbereich durch Gangverlegung zum Ikterus.

Die Milz, unter dem linken Zwerchfell dorsal, wird bei Rücken- oder Rechtsseitenlage in Längs- und Querschnitten untersucht. Die Sonographie ist dabei Standardmethode zur Bestimung der Milzgröße (Beteiligung bei Systemerkrankungen und Infekten), bei Tumoren, nach Traumen sowie zu Verlaufskontrollen. Die normale Milz zeigt bis 11 × 7 × 5 cm im Durchmesser und homogenes Reflexmuster. Eine Splenomegalie (vergrößerte Milz) bei relativ homogener Struktur tritt u.a. bei Systemerkrankungen, Infekten, Pfortaderhochdruck und Speicherkrankheiten auf und ist daher differentialdiagnostisch meist wenig hilfreich. Infiltrate bei malignen Lymphomen zeigen sich sowohl diffus inhomogen wie auch umschrieben echovermindert. Metastasen in der Milz zeigen ein ähnliches Bild wie in der Leber. Bei keilförmiger Echoverminderung ist an einen Milzinfarkt zu denken. Zysten sind meist glatt begrenzt, echoarm bis echofrei mit dorsaler Schallverstärkung. Wichtig ist die Diagnose einer Milzruptur, traumatisch oder nichttraumatisch bedingt, anhand von Parenchymeinrissen, Hämatomen oder freier Flüssigkeit.

Magen, Darm, freies Abdomen. Standarduntersuchungen des Verdauungstrakts sind zwar Endoskopie und Röntgenkontrastdarstellungen, die Sonographie ist jedoch von zunehmender Bedeutung. Aus der direkten Darstellung der Hohlorgane und ihrer Umgebung in Echtzeit ergeben sich wichtige diagnostische Hinweise, u.a. bei Abklärung von Veränderungen und Motilität der Darmwand, Ileuszuständen, tumorösen und entzündlichen Prozessen (Abszesse, Appendizitis) sowie von Aszites. Schwierige Zuordnung zum jeweiligen Darmabschnitt und Luftüberlagerung beeinträchtigen allerdings die Aussagekraft. Die Wandstärke des normalen Magens beträgt 2–8 mm, die des Darms 2 mm. Benigne Tumoren wie die glatt begrenzten echoarmen Leiomyome oder Neurinome sind relativ selten, häufiger sind Karzinome und maligne Lymphome mit unscharfer Begrenzung, inhomogener Struktur, irregulärer Wandverdickung, teilweise Umgebungsinfiltration und Lymphknotenbefall. Bei diffus entzündlichen Veränderungen ist die Darmwand verdickt, gelegentlich mit echoarmem Saum (Begleiterguß). Gut objektivierbar ist Aszites, in dem bei stärkerer Ausprägung die Darmschlingen schwimmen.

Nieren, ableitende Harnwege, Nebennieren, Prostata. Die Sonographie ist Standarduntersuchung der paravertebral in Höhe BWK12-LWK4 gelegenen Nieren zur Abklärung von Größe, Variationen und Fehlbildungen der Organe, Schmerzen im Nierenlager, Hämaturie, Parenchymerkrankungen, Niereninsuffizienz, Abflußbehinderungen, Steinen, Zysten, Tumoren, Gefäßprozessen und Traumafolgen. Die normalen Nieren sind 10–12 cm lang, 5–7 cm breit und 3–5 cm dick. Das Parenchym ist etwas echoärmer als die Leber, altersabhängig beträgt die Dicke 1,3–2 cm. Das zentrale echoreichere Reflexband des Pyelons ist geschlossen.

Wichtigste Anomalien sind Agenesie, Doppelniere, Hufeisenniere und Beckenniere. Bei der akuten Glomerulonephritis finden sich häufig vergrößerte, verquollene, etwas echovermehrte Nieren, bei der chronischen Form echoreiche verkleinerte Organe mit verwaschener Mark-Rinden-Grenze. Narben, schmales Parenchym und Kelchzysten weisen auf eine chronische Pyelone-

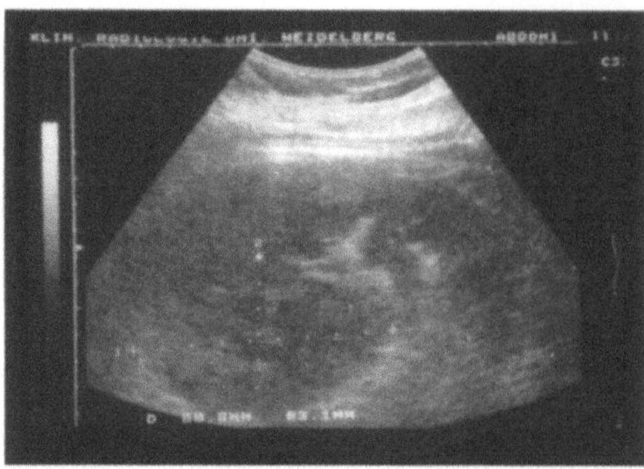

Abb. 18.3. Nierentumor. Großes (bis 90 mm messendes) inhomogen strukturiertes Karzinom am Oberpol der linken Niere. Flankenschnitt *links*

phritis hin. Verkalkungen und Steine zeigen reflexreiche Kontur und dorsale Schallschwächung. Konkremente, Blutkoagel, Tumoren oder Kompression führen zu einer Harnabflußbehinderung mit echoarmem Nierenhohlraumsystem, teilweise bis in die sonst nicht erkennbaren Ureteren verfolgbar.

Häufige gutartige Raumforderungen sind echoreiche Angiomyolipome und die echoarmen Zysten. Unter den Malignomen sind Nierenzellkarzinome mit raumforderndem Charakter, inhomogener Struktur und gleicher oder nur gering verminderter Echogenität gegenüber dem normalen Parenchym, meist echogleich bis echoarme Nierenbeckenkarzinome, maligne Lymphome und Metastasen (Abb. 18.3).

Bei akuten Nierentraumen weisen Parenchymdefekte, Unterbrechungen der Kontur und (echoarme) Hämatome auf schwerwiegende Verletzungen hin. Narben als Spätfolgen sind echoreich. Bei geringem Impedanzunterschied zum umgebenden Fettgewebe sind normale Nebennieren sonographisch meist nicht ausreichend sicher zu beurteilen. Nebenierentumoren sind oft echoarm, jedoch ist hier die CT das Schnittbildverfahren der Wahl.

Die leere Harnblase ist sonographisch nicht beurteilbar. Wichtige Indikationen zur Untersuchung sind zum einen tumoröse Prozesse mit Wandverdickung und eventueller Umgebungsinfiltration sowie Hämaturie und Störungen des Harnabflusses, mechanisch (Konkremente, Blutkoagel, Katheterfehllage) oder neurogen. Das (Rest-)Harnvolumen wird über die Formel

$$V = 0,5 \times \text{Länge} \times \text{Breite} \times \text{Höhe}$$

einfach bestimmt. Die normale Prostata mißt bis $45 \times 35 \times 35 \,\text{mm}^3$, bei einem Volumen von maximal 25 ml. Zur perkutanen Untersuchung ist auf eine ausreichend gefüllte Harnblase zu achten. Von zunehmender Bedeutung ist die transrektale Endosonographie. Indikationen sind insbesondere Größenbestimmung des Organs (Adenom, Hypertrophie) sowie Staging, Umgebungsinfiltration und Rezidivdiagnostik bei Prostatakarzinom.

Gefäße (Arterien, Venen). Indikationen zur Untersuchung sind Lage, Verlauf und Anomalien der Gefäße, Sklerosen, Stenosen, Verschlüsse (Plaques, Thrombosen), Aneurysmen und Fisteln sowie die Gefäßversorgung von Tumoren. Die farbkodierte Duplexsonographie hat hier in Ergänzung zur regulären B-Bild-Diagnostik große Fortschritte gebracht. Der Durchmesser der normalen Bauchaorta ist < 25 mm, bei 25–30 mm liegt eine Ektasie vor, bei > 30 mm ein Aneurysma. Von Wichtigkeit ist nicht nur der Durchmesser, da bei Aneurysmen von > 7 cm ein hohes Risiko der Spontanruptur besteht, sondern auch die Lage, insbesondere bei Beteiligung der Nierenarterien. Häufig zeigen sich echoreiche Plaques mit dorsalem Schallschatten, wandständige Thromben und bei Dissektion eine flottierende Intimamembran. Diese Veränderungen finden sich auch bei anderen größeren Arterien. Aufgrund von Durchmesser und Strömungsverhältnissen (Doppler) läßt sich, insbesondere auch bei den peripheren Gefäßen, der Stenosegrad bestimmen. Echoreiches, erweitertes, nicht kompressibles Lumen mit rundem Querschnitt ohne atemabhängige Schwankungen sowie fehlenden oder pathologischen Flußsignalen sind Zeichen von Venenthrombosen.

Lymphknoten. In der Abklärung krankhafter Lymphknotenveränderungen kommt der hohen Aussagekraft der Sonographie eine zentrale Bedeutung zu. Indikationen sind entzündlich-reaktive Prozesse, maligne Lymphome, Metastasen, Abgrenzung zu Raumforderungen anderer Art sowie Verlaufskontrollen unter Therapie. Die Gesamtzahl der Lymphknoten des menschlichen Körpers beträgt ca. 1000. Normale Lymphknoten sind relativ echogen und auf Grund des geringen Impedanzsprungs zum umgebenden Gewebe meist nicht abgrenzbar. Entscheidend zur Beurteilung der Lymphknoten sind betroffene Region und topografische Verteilung, Anzahl, Größe und Form (Quotient Maximal-/Querdurchmesser), Kontur und Begrenzung, Echogenität, Homogenität und Vaskularisationsmuster, Kriterien, die in der Zusammenschau gewertet, zu einer Treffsicherheit von über 90% führen. Akute Entzündungen zeigen vergößerte (> 0,5–1,5 cm) länglich konfigurierte echoarme Knoten, teilweise mit echoreichem Hilus, aber auch mit Einschmelzungen. Chronisch-reaktiv veränderte Knoten sind echoreich mit stark echogenem Zentrum. Bei Tuberkulose finden sich nicht selten Verkalkungen. Metastasen solider Tumoren sind meist vergrößert, im regionären Stromgebiet gelegen, rundlich konfiguriert, nicht ganz scharf begrenzt, häufig echovermindert, inhomogen, mit peripher betonter Vaskularisation (Abb. 18.4, 18.5). Maligne Lymphome sind oft gruppiert angeordnet, glatt begrenzt, echovermindert bis nahezu echofrei und zentral betont sehr gut vaskularisiert.

18.4.2 Thoraxorgane

Standardmethoden sind konventionelles Röntgen und CT. Lediglich bei ausgedehnten Entzündungen oder Belüftungstörungen werden Strukturen der

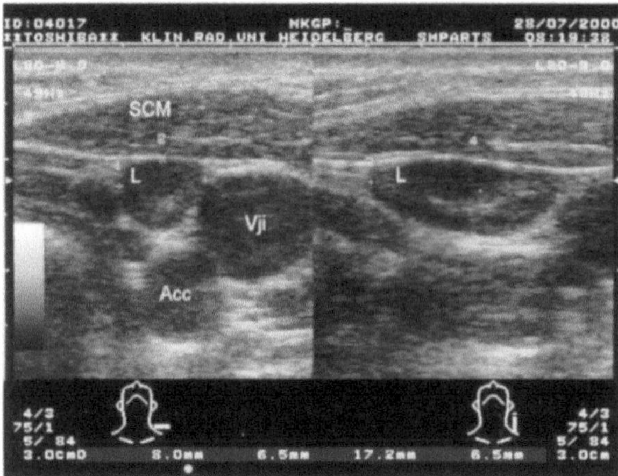

Abb. 18.4. Primärdiagnose Mundhölenkarzinom. Relativ veränderter Lymphknoten mit mäßiger Echoverminderung und zentral echoreichem Hilus. Kein Metastasenverdacht

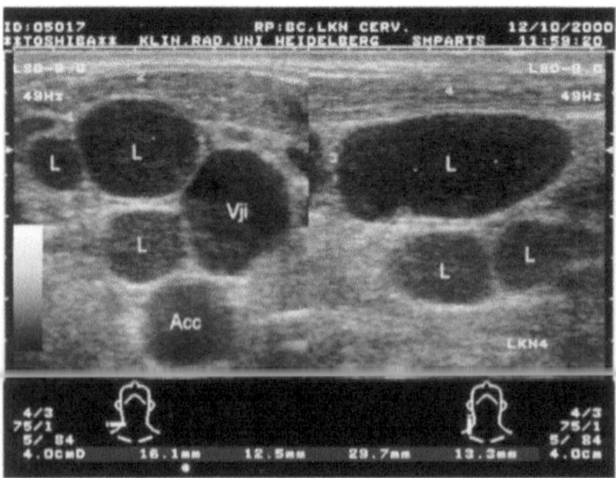

Abb. 18.5. Primärdiagnose Bronchialkarzinom. Multiple metastasisch befallene Lymphknoten mit ausgeprägter Echoarmut, ohne positives „Hiluszeichen". *L* Lymphknoten; *SCM* M. sternocleidomastoideus; *Acc* A. carotis communis; *Vji* V. jugularis interna. Querschnitt (*links*), Längsschnitt (*rechts*)

Lunge sonographisch darstellbar. Knöcherne Anteile der Thoraxwand und Luftgehalt der normalen Lunge führen ansonsten zu starker Schwächung bzw. Totalreflexion der Schallwellen, die eine sinnvolle pulmonale Diagnostik nicht erlauben. Die Organe des Mediastinums sind perkutan nicht komplett einsehbar und erfordern ein hohes Maß an Erfahrung zur adäquaten Beurteilung. Indikationen zur Sonographie sind somit entzündliche oder tumoröse Pleuraprozesse mit umschriebenen Raumforderungen oder diffuser Verdickung,

Thoraxwandprozesse und oberflächliche Lymphknoten. Bei Veränderungen in der Mamma ist die Sonographie eine Ergänzung zur Mammografie in der Abklärung von Zysten, Adenomen und Karzinomen. Eine wichtige Indikation, gerade auf Intensivstationen, ist die Diagnose von Pleura- und Perikardergüssen.

18.4.3 Kopf-Hals-Region

Der Einsatz der Sonographie ist für folgende Strukturen dieser Region von besonderer Bedeutung: Schilddrüse, Lymphknoten, Hals- und Gesichtsweichteile sowie die Gefäße. In der Schilddrüsendiagnostik ist die Sonographie unverzichtbare Standardmethode und ideale Ergänzung zur Szintigraphie, vor allem zur Größen- und Volumenangabe (obligatorisch vor Radiojodtherapie), bei Strumen, entzündlichen und tumorösen Veränderungen. Die regional unterschiedlichen Normwerte der Schilddrüse liegen bei $55 \times 30 \times 25\,\mathrm{mm}^3$ und einem Volumen von max. 20–25 ml. Das Organ ist glatt begrenzt, das Echomuster ist dicht und homogen. Eine Vergößerung (Struma) kann diffus, oder auch von echogleichen bis echoreichen Knoten begleitet sein, teilweise mit echoarmen Zysten, Fibrosen oder echogenen Verkalkungen als Zeichen degenerativer Prozesse. Die gutartigen Adenome zeigen eine homogene Struktur und einen durch Gefäße bedingten echoarmen Randsaum. Akute Entzündungen gehen einher mit Schwellung, Echoverminderung, ggf. Abszessen. Eine vergrößerte Schilddrüse mit fleckiger Echoarmut findet sich bei Immunhyperthyreose (Basedow). Schilddrüsenkarzinome sind zwar oft echoarm, inhomogen, unscharf begrenzt, ohne echoarmen Saum (Abb. 18.6); eine sichere Aussage lassen diese Zeichen jedoch nicht zu. Darüber hinaus können sich echoarme Infiltrate durch maligne Lymphome oder Metastasen finden. Zunehmende Bedeutung hat die Sonographie bei Veränderungen der Hals- und Gesichtsweichteile, vor allem bei Tumoren von Mundboden, Zunge und Wange, Tumoren, Entzündungen, gestautem Gangsystem und Steinen der Speicheldrüsen, bei Halszysten und soliden zervikalen Raumforderungen. Die Sonographie ist Standardverfahren zur Objektivierung des zervikalen Lymphknotenstatus bei Entzündungen, malignen Lymphomen und Metastasen, vor allem von Kopf-Hals-Tumoren, Bronchialkarzinom, Mammakarzinom oder malignem Melanom. Neben den im Kap. 18.4.1 vorgenannten Kriterien ist das Erkennen einer Umgebungs- bzw. Gefäßinfiltration für Therapieplanung und Verlaufskontrollen essentiell. Plaques, Stenosen und Verschlüsse der Arteria carotis sowie Kompression und Thrombosen der Jugularvenen sind weitere Indikationen für die Sonographie.

18.4.4 Stütz- und Bindegewebe

Aufgrund der ausgeprägten Schwächung der Ultraschallwellen durch den intakten Knochen sind die intraossären Stukturen oft schlecht einsehbar. Gut beurteilbar dagegen sind die Knochenkonturen sowie der Weichteilmantel.

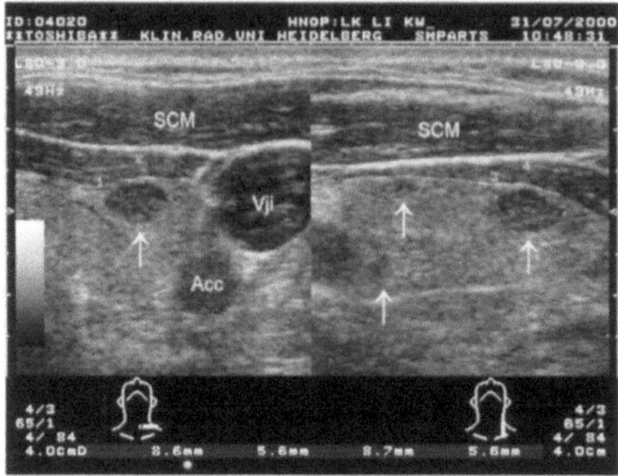

Abb. 18.6. Veränderungen in der Schilddrüse. Nachweis dreier kleiner echoverminderter Adenome (↑) im linken Schilddrüsenlappen. *SCM* M. sternocleidomastoideus; *Acc* A. carotis communis; *Vji* V. jugularis interna. Querschnitt (*links*), Längsschnitt (*rechts*)

Wichtige Indikationen am Bewegungsapparat neben dem Spezialgebiet der Säuglingshüfte (Hüftdysplasie), den großen (Schulter, Knie) und kleinen Gelenken bei degenerativen, posttraumatischen, entzündlichen oder rheumatischen Veränderungen sind Prozesse im Weichgewebe. Am häufigsten sind dies die gutartigen Tumoren Lipome, Fibrome oder Neurinome, die bösartigen Sarkome, Metastasen und malignen Lymphome, postraumatische und entzündliche Zustände.

18.4.5 Sonstiges

Weitere spezielle Indikationen findet die Sonographie z.B. in der Gynäkologie und Geburtshilfe mit fest umschriebenen Vorsorge- bzw. Screeningschemata und Fehlbildungsdiagnostik, in der Kardiologie bei Erkrankungen von Herzmuskel, Klappen und Gefäßen, in der Neurologie (transkraniell oder durch die offene Fontanelle), in der Augenheilkunde oder der Dermatologie, auf die hier nicht näher eingegangen werden soll.

Literatur

1. Neuerburg-Heusler D, Hennerici M (1999) Gefäßdiagnostik mit Ultraschall, 3. Aufl. Thieme, Stuttgart
2. Rettenmaier G, Seitz K (1990) Sonographische Differentialdiagnostik. Springer, Berlin Heidelberg New York Tokyo
3. Schmidt G (1996) Ultraschall-Kursbuch, 2. Aufl. Thieme, Stuttgart
4. Weiss H, Weiss A (1990) Ultraschall-Atlas. Edition Medizin
5. Wolf K-J, Fobbe F (1993) Farbkodierte Duplexsonographie. Thieme, Stuttgart

19 Skelettdiagnostik

U. Mende

19.1 Einleitung

Dem Skelettsystem kommen drei entscheidende Funktionen im Körper zu.
So ist es Stützorgan, Mineralpool mit zentraler Bedeutung für Kalzium- und
Phosphatstoffwechsel und Ort der Blutbildung. Das Skelett des erwachsenen Menschen besteht aus etwa 206 Knochen. Bei 15% des Körpergewichts
sind davon 25% organische Substanzen, 15% Wasser und 60% Mineralstoffe.
Vornehmlich liegen Verbindungen des Kalziums vor, wichtig für die radiologische Bildgebung. Der Knochen selbst ist kein monolithischer Block, sondern ein auch strukturell komplex und kompliziert aufgebautes Organsystem,
dessen einzelne Anteile, wie Kompakta/Kortikalis, Spongiosa, Markraum und
Periost ebenso zu beurteilen sind wie die umgebenden Weichteile. Im folgenden werden daher ein kurzer Abriß über die zur Verfügung stehenden
bildgebenden Verfahren, die kritische Analyse von Strukturveränderungen
des Skeletts sowie einige klinische Beispiele gegeben.

19.2 Bildgebende Verfahren

19.2.1 Konventionelle Röntgendiagnostik

Bereits kurz nach Entdeckung der nach ihm benannten Strahlen hat Röntgen ihre Anwendung zur Darstellung anatomischer Strukturen aufgezeigt.
Die berühmte Aufnahme des Handskeletts war das erste *Röntgenübersichts-
bild* und zugleich Beginn der Skelettradiologie. Auch heute noch ist die konventionelle Röntgenaufnahme Basis und bildgebendes Verfahren der ersten
Wahl der Skelettdiagnostik. Die linearen Schwächungskoeffizienten einzelner Gewebe, wie knöcherne, weichgewebliche oder lufthaltige Strukturen,
weisen ausgeprägte Differenzen auf. Gerade durch die hohe Röntgendichte
läßt sich das kalziumhaltige Skelett gut, kontrastreich und sensitiv zu den
Weichgeweben des Körpers abgrenzen. Die hervorragende örtliche Auflösung
der Methode läßt sich durch Vergrößerungsradiographie oder Spezialaufnah-
men in Mammographietechnik noch erhöhen. Damit werden selbst geringe
Veränderungen und Läsionen des kortikalen und spongiösen Knochens sichtbar. Weitestgehende Verfügbarkeit, schnelle, einfache Durchführbarkeit, geringe Strahlenbelastung und Preiswürdigkeit sind weitere Vorteile des Rönt-

genübersichtsbildes. Bei umschriebener klinischer Symptomatik wie Schmerzen, Tumor oder Entzündungszeichen ist die Untersuchung in der Diagnostik häufig bereits richtungweisend. Nachteil der Methode allerdings ist, daß die Strukturen eines dreidimensionalen Körpers zweidimensional als Summationsbild in einer Ebene nicht überlagerungsfrei abgebildet werden. Eine sicherere räumliche Zuordnung krankhafter Prozesse erfordert die Darstellung in der zweiten (hierzu senkrechten) Ebene. Eine Differenzierung von Gewebeanteilen des umgebenden Weichteilmantels gelingt im allgemeinen nicht.

19.2.2   Konventionelle Tomographie

Die Tomographie soll die interessierenden Körperregionen möglichst überlagerungsfrei darstellen. Dabei werden während relativ langer Belichtungszeit ($> 1\,\text{s}$) Röntgenröhre und Kassette/Film miteinander gekoppelt gegenläufig bewegt, so daß nur die genau in der Drehebene gelegenen Körperstrukturen scharf abgebildet werden. Oberhalb oder unterhalb dieser Ebene gelegene Schichten werden dagegen unscharf verwischt dargestellt. Um für die Skelettdiagnostik erforderliche Ortsauflösungen zu erreichen, bedarf es aber Verwischungen höherer Ordnung wie Hypozykloide oder Spirale. Dennoch wird bestenfalls eine Überlagerungsarmut erreicht, die Aufnahmen erscheinen etwas unscharf. Die konventionelle Tomographie hat den Vorteil, koronare oder sagittale Schichtebenen (z.B. an der Wirbelsäule) direkt darzustellen, ihre Bedeutung hat durch die ansonsten überlegene CT jedoch stark abgenommen. Indikationen sind insbesondere Verdacht auf Fissuren, feine Frakturlinien und kleine umschriebene Läsionen von Kortikalis und Spongiosa.

19.2.3   Angiographie

Bei der Untersuchung als Blattfilm-Serien-Angiographie oder digitale Subtraktionsangiographie (DSA) wird das Gefäßsystem durch Injektion (intravenös oder intraarteriell) eines jodhaltigen wasserlöslichen Kontastmittels sensitiv dargestellt. In der Skelettradiologie bestehen heute nur noch wenige Indikationen zu diesem invasiven Verfahren. Dies sind vor allem traumatisch bedingte Gefäßverletzungen, z.B. nach Frakturen, sowie die Abklärung der Gefäßversorgung und Durchblutung bei Tumoren zur Operationsplanung oder Embolisation.

19.2.4   Szintigraphische Methoden

Bei der Ganzkörperskelettszintigraphie werden mit Tc^{99m} markierte Phosphatverbindungen wie Diphosphonate intravenös injiziert. Diese werden insbesondere in gut durchbluteten Regionen mit erhöhtem Umsatz in den Knochenverband eingelagert. Etwa 3–4 h nach Applikation ist ein Gleichgewichtszustand erreicht, der, mit der Gammakamera örtlich vermessen, ein anatomisches Abbild der Nuklidverteilung liefert. Die Methode ist hochsensibel und kann bis zu mehreren Monaten den im Röntgenbild erkennbaren Veränderungen vorauslaufen.

Nur selten allerdings sind die Verteilungsmuster der Speicherung Beweis für bestimmte Erkrankungen wie bei einem Morbus Paget oder einer Osteomalazie. Spezifität und Ortsauflösung sind gering, so daß ein pathologisches Szintigramm die Korrelation mit dem Röntgenbild zwingend erfordert. Das Szintigramm stellt das gesamte Skelett in einer Untersuchung dar und ist somit ideale Suchmethode für Knochenmetastasen im Zuge von Tumorstaging oder Verlaufskontrollen. Geringe Osteoblastenaktivität oder schneller Knochenabbau ohne wesentliche Umgebungsreaktion führen zu *cold lesions* oder falsch-negativen Ergebnissen. Wichtige Indikationen sind zudem primäre Knochenmalignome und unklare Knochenschmerzen. Für die Frakturdiagnostik bei fraglichem Röntgenbefund, vor allem an der Wirbelsäule (z.B. okkulte oder eingestauchte Frakturen des Dens axis), ist der Stellenwert rückläufig. Sofern verfügbar, wird hier die überlegene Magnetresonanztomographie in zunehmendem Maße eingesetzt.

Eine erweiterte diagnostische Aussagekraft zu statischen Verfahren bringt die dynamische 3-Phasen-Skelettszintigraphie. Hier erfolgen Aufnahmen während der ersten 1–2 min in schneller Abfolge (3–5 s) zur Darstellung der Perfusion über bestimmten Regionen, dann nach 5 min in der Blutpoolphase sowie 2–4 h p.i. in der Knochenphase. Indikationen sind besonders entzündliche Prozesse, Osteonekrosen und Osteoidosteom/Osteoblastom. Die Knochenmarkszintigraphie dient der Abklärung tumoröser und entzündlicher Prozesse des Markraums. Die mit Tc^{99m} markierten, intravenös applizierten Mikrokolloide aus Humanalbumin werden im retikuloendothelialen System (RES) gespeichert. Knochenmarkverdrängender tumoröser Befall führt zu Speicherausfall, bei entzündlichen Veränderungen ist die Speicherung erhöht. Sensitivität und Spezifität der Untersuchung erreichen zwar 80–90%, jedoch kommt auch hier der MRT steigende Bedeutung zu.

19.2.5 Computertomographie (CT)

Die Standard-CT-Untersuchung umfaßt eine definierte Sequenz von Transversalschnitten senkrecht zur Achse des Körpers bzw. der interessierenden Skelettregion. Auch andere, z.B. koronare Schnittebenen bei Prozessen der Nasennebenhöhlen, Schädelbasis oder Orbita, lassen sich direkt anfertigen, sofern entsprechende Lagerungsmöglichkeiten des Patienten dies erlauben. Ansonsten sind aus dem Datensatz durch Rekonstruktion beliebige Ebenen oder auch 3D-Projektionen zu gewinnen. Dicke und Abstand der Schichten liegen im allgemeinen bei 1,5–5 mm. Die örtliche Auflösung erreicht in Dünnschichttechnik ca. 0,3 mm, feine Veränderungen werden damit erkennbar. Die Methode liefert weitestgehend überlagerungsfreie Bilder und erlaubt eine Darstellung sowohl der Knochen wie auch der Weichteile. Infolge guten Kontrasts und hoher Dichteauflösung ist nicht nur eine Gewebedifferenzierung, sondern teilweise auch eine Typisierung möglich, so bei Knochen, Fett, Blut,

Flüssigkeit oder Luft. Wichtigste Indikationen am Skelett sind die Abklärung von Frakturen vor allem an Schädel, Wirbelsäule, Becken und Fußwurzel, Gelenkverletzungen sowie die Tumordiagnostik. Geringer Kontrast, Weichgewebs- oder Luftüberlagerung in der Summationsaufnahme und fehlende Darstellbarkeit in einer zweiten Ebene können ergänzend die CT erfordern. Von Vorteil bei polytraumatisierten Patienten ist die Kombination von langem Topogramm (Übersicht) und gezielten transversalen CT-Schichten. Einschränkungen der Aussagefähigkeit ergeben sich bei unruhigen Patienten (Bewegungsartefakte) oder durch Metallimplantate (Aufhärtungsartefakte). Gerade durch die Verkürzung der Untersuchungszeiten infolge verbesserter Technik und schnellerer Meßsequenzen sowie dem überlegenen Gewebekontrast steigt jedoch der Anteil der MRT-Untersuchungen auf Kosten der CT.

19.2.6   Magnetresonanztomographie (MRT)

Der menschliche Körper besteht überwiegend aus Strukturen mit einem hohen Anteil an Wasserstoffatomen im Molekülverband, die bei der MRT in einem starken äußeren Magnetfeld parallel ausgerichtet und durch den Impuls eines Hochfrequenzfeldes angeregt werden. Nach dessen Ende kehren die Atome aus dem angeregten Zustand unter Abgabe von Energie zurück. Diese wird für die Bildgebung genutzt. Die entscheidenden Parameter der Strukturzuordnung sind dabei die Protonendichte und die Relaxationszeiten T1 und T2. Ergänzende Untersuchung nach Gabe von paramagnetischen Kontrastmitteln (z.B. Gd-DTPA) verbessert oft die Aussagefähigkeit. Der kompakte Knochen erscheint signallos (dunkel). Prozesse von Knochenmark, Gelenkknorpel und Weichgeweben stellen sich sehr gut dar. Indikationen sind somit posttraumatische Veränderungen an Knochen, wo selbst kleine Frakturen an diesem oder Blutungen an den Gelenken bei Läsionen von Knorpel, Band- und Kapselapparat sowie Verletzungen und Hämatome des paraossalen Weichteilmantels erkennbar werden. Weiter sind es die Abgrenzung von Entzündungen, ischämischen Prozessen mit Knochennekrosen sowie von degenerativen Erkrankungen.

Ein hoher Stellenwert kommt der MRT für Staging und Therapiekontrolle bei primären Knochenmalignomen wie auch in der Abklärung metastatischer Prozesse zu. Besondere Vorteile der Methode sind die direkte multiplanare Rekonstruktion und damit freie Wahl der Schnittebenen, die gute Gewebsdifferenzierung und, soweit bekannt, Nebenwirkungsfreiheit. Nachteile sind, bedingt durch meist noch relativ lange Meßzeiten, ein hoher Zeitaufwand und teilweise Bewegungsartefakte, gerade bei unruhigen Patienten, sowie vergleichsweise hohe Kosten. Patienten mit ferromagnetischen Fremdkörpern oder Schrittmachern können mit MRT nicht untersucht werden.

19.2.7 Sonographie

Der Sonographie kommt zwar bei der Mehrzahl der Organsysteme eine Schlüsselrolle in der Diagnostik zu, nicht jedoch bei Erkrankungen des Skelettsystems. Der starke Impedanzsprung an der Oberfläche und die massive Schallabsorption lassen am intakten Knochen eine ausreichende Beurteilbarkeit der tiefer gelegenen Anteile meist nicht zu. Die große Differenz der Schalleitungsgeschwindigkeit zu den meisten anderen Körpergeweben kann zu Artefakten und zu Fehlern in der Entfernungsmessung führen. Somit ergeben sich als Hauptindikationen Prozesse von Kortikalis, Periost und umgebenden Weichteilen. Dies sind besonders Säuglingshüfte, Schultergelenk (Rotatorenmanschette) und Kniegelenk in der Gelenkdiagnostik, sowie entzündlich, traumatisch und tumorös bedingte Veränderungen wie Osteomyelitiden, subperiostale Abszesse und Hämatome, Fissuren und Frakturen (z.B. Rippen, Sternum), Beurteilung der Frakturheilung, primäre Knochenmalignome und Metastasen (in Erstdiagnostik und Verlaufskontrolle), sowie begleitende Verletzungen von Muskeln, Sehnen und Bändern mit Ergußbildung und Blutungen. Als einer der wesentlichsten Nachteile wird die starke Untersucherabhängigkeit des Verfahrens angesehen. Gute Verfügbarkeit, aussagekräftige, schnelle, nebenwirkungsfreie und zudem preisgünstige Diagnostik werden der Sonographie aber einen zunehmenden Stellenwert zukommen lassen.

19.3 Kriterien zur Analyse von Skelettveränderungen

19.3.1 Allgemeine Kriterien

Die effektive Anwendung der bildgebenden Verfahren und Interpretation der Daten zu Diagnosefindung und Therapieplanung setzen eine Anamnese und klinische Abklärung von Beschwerden und Krankheitsbild primär voraus, ggf. ergänzt durch Laborparameter. Grundsätzlich hat die Wertung nicht isoliert, sondern synoptisch zu erfolgen. Dies gilt ganz besonders für die Traumadiagnostik! Skelettveränderungen sind häufig mit Schmerzen oder Schwellungen verbunden. Der Schmerzanalyse kommt zentrale Bedeutung zu. Dies sind vornehmlich Lokalisation (begrenzt, ausstrahlend, diffus), Charakter (dumpf, spitz), Erstauftreten, Änderungen (Tageszeit), Dauer und Ansprechen auf Medikamente sowie die Abklärung einer möglichen Kausalität. Hier ist zu denken an Traumen, auch länger zurückliegende Unfälle, *Bagatellverletzungen*, außergewöhnliche Belastungen (auch Sport), offene Verletzungen und Infekte, auch banaler Art, sowie frühere Therapien. Auch Begleiterkrankungen können ursächlich sein, so endokrine Störungen (Parathormon), des Stoffwechsels (Diabetes, Gicht) oder des blutbildenden Systems, Niereninsuffizienz und (metastasierte) Tumoren. Die Berufsanamnese gibt Hinweise auf chemische und physikalische Noxen, wie Umgang mit Blei und Fluor oder Arbeit mit Preßlufthämmern. Alter, Geschlecht, Ernährungsgewohnheiten, ethnische Zugehörigkeit sind weitere Kriterien. Bei einer Reihe von Erkrankungen finden sich Häufigkeitsgipfel, so Morbus Perthes, Osteo- und Ewing-Sarkome bei Jugendlichen, im fortgeschritteneren Alter dagegen Plasmozytome, Non-Hodgkin-Lymphome und Metastasen. So sind Mammakarzinome bei Frauen, Bronchial- und Prostatakarzinome bei Männern am häufigsten vertreten. Bei Osteoporose überwiegt das weibliche Geschlecht bei weitem. Als Teil von Syndromenkomplexen können Erscheinungen an der Haut oder im Verdauungstrakt auf Ursachen von Skelettveränderungen hinweisen, so bei Duodenalulzera (Hyperparathyreoidismus) oder Psoriasis (Arthropathie).

19.3.2   Beurteilungskriterien der Bildgebung

Zur korrekten Wertung diagnostischer Aufnahmen bedarf es einer Reihe prinzipieller Voraussetzungen. Die Aufnahmen müssen zeitlich aktuell, technisch einwandfrei nach Kontrast, Projektionen und Darstellung die interessierenden Regionen abbilden und relevante Strukturen erkennen lassen. Zunächst wird der Knochen nach Form und Struktur sowie seiner Stellung im Skelettverband als Ganzem, dann in seinen Anteilen beurteilt. Bei der Kortikalis sind es Dicke, Begrenzung, Struktur und Defekte (Resorptionen, Tumoren, Frakturen), bei der Spongiosa Weite des Markraums sowie Verlauf, Konturierung und Dichte der Trabekelstruktur und beim Periost Verdichtungen und Abhebungen. Veränderungen der extraossären Weichteile sind z.B. Asymmetrie, Vermehrung und Verlagerung von Geweben, Ödeme, Ergüsse (Gelenke), Blutungen, Verkalkungen, Lufteinschlüsse, Fremdkörper. Läsionen können durch primäre Knochenprozesse oder von den angrenzenden Weichteilen und Gelenken ausgehende sekundäre ossäre Invasionen bedingt sein. Hinweise z.B. bei Entzündungen und Tumoren geben insbesondere exzentrische Lage im Knochenverband und Befall beider artikulierender Gelenkflächen.

Hinsichtlich der topographischen Verteilung können generalisierte Veränderungen, z.B. Stoffwechsel-, Ernährungs- oder hormonell bedingt, wie auch bei malignen Systemerkrankungen oder polytoper Skelettmetastasierung, unterschieden werden von umschriebenen, wie bei Traumen, Entzündungen und Tumoren, oder regional ausgedehnten (Inaktivitätsosteoporose). Eine Reihe von Erkrankungen bevorzugen bestimmte Lokalisationen, Skelettbezirke und Verteilungsmuster. So sind bei der (generalisierten) Osteoporose die Veränderungen am ausgeprägtesten an der Wirbelsäule erkennbar. Diese Region ist auch bei metastatischem Befall bevorzugt. Dagegen finden sich z.B. Osteosarkome häufiger am distalen Femur, juvenile Knochenzysten am proximalen Humerus und Enchondrome am Handskelett. Wichtig für Diagnose und therapeutisches Vorgehen (Tumoren, Traumen) ist die Lokalisation im Knochen, so gelenknah in der Epiphyse, ggf. mit Gelenkbeteiligung, in der Metaphyse oder Diaphyse (Schaft). Verminderte Knochendichte, Osteopenie, findet sich u.a. bei Osteoporose, Osteomalazie (Rachitis) und Knochenmarkinfiltration infolge maligner Systemerkrankungen oder diffuser Metastasierung. Ausgedehnt verdichtete Knochenstrukturen, Osteosklerose, weisen u.a. auf Osteomyelofibrose, Osteopetrose oder Fluorintoxikation, aber auch Knochenneubildung, reaktiv, metaplastisch oder tumorös (Osteosarkom, Metastasen) bedingt, hin.

Weitere Kriterien in der Beurteilung der Läsionen sind deren Zahl, von solitär bis polytop/ubiquitär, ihre Struktur von transparent bis verdichtet, homogen oder gemischt inhomogen, umschrieben oder flächig sowie die Begrenzung. Ist diese rund und glatt, zudem von einem Sklerosesaum umgeben, ist eher von einem weniger aggressiven Wachstum auszugehen. Hohe Wachstumspotenz ist bei irregulärem und unscharfem Rand ohne Sklerosesaum anzunehmen, insbesondere wenn dies einhergeht mit aufgelöster Kortikalis, spikulären Reaktionen des Periost sowie diffuser Infiltration der Weichgewebe.

19.4 Klinische Beispiele

19.4.1 Normalbefunde und Normvarianten

Kenntnis der Normalität ist die Basis zur Wertung der Pathologie. Die Übergänge von Normalbefunden über Normvarianten zu krankhaften Veränderungen sind oft fließend. So finden sich viele Varianten am Schädelskelett, am okzipitozervikalen Übergang, der Wirbelsäule mit Fusionsstörungen, Keil- und Blockwirbeln, Lumbalisationen und Sakralisationen, am Brustbein, am Rippenthorax mit überzähligen oder fehlgebildeten Rippen (Gabelrippen), am Hand- und Fußskelett oder mit zusätzlichen Knöchelchen (Sesambeine, Fabella). Da eine eingehende Besprechung der Veränderungen den Rahmen des Kapitels überschreitet, wird auf E.A. Zimmer [8] verwiesen. In diesem Standardwerk wird die Thematik ausführlich besprochen, durch umfangreiches Bildmaterial illustriert und durch viele Literaturverweise ergänzt.

19.4.2 Entzündliche Veränderungen

Die akute Osteomyelitis geht gewöhnlich mit typischer klinischer Symptomatik (Schmerzen, Weichteilschwellung, evtl. Rötung) einher. Oft sind die Laborparameter zusätzlich richtungweisend. Die röntgenologischen Veränderungen sind zunächst diskret. Dann zeigen sich unscharf begrenzte, mottenfraßartige oder permeative Aufhellungen der Knochenmatrix mit kortikalen und Spongiosadefekten, Abszesse, auch subperiostal, sowie Periostreaktionen, die an den Fingern auch fehlen können. Infolge umschriebenen Ab- und Umbaus des Knochens zeigt die Matrix nebeneinander Defekte und Sklerosen, insgesamt meist ein verdichtetes Bild, unscharf demarkiert zum gesunden Knochen, gelegentlich mit Sequestern. Das Periost ist verdichtet, teils solide, teils lamelliert. Entzündungen der Gelenke können spezifisch oder unspezifisch bedingt, akut oder chronisch sein. Neben Weichteilschwellungen und Entzündungszeichen findet sich ein Erguß. Weitere Zeichen sind Knorpelzerstörung, unscharf mottenfraßähnliche Aufhellungsfiguren, Periostreaktion, Entkalkungen und Knochendestruktionen.

Den Verfahren CT, MRT und Sonographie kommt besonders zur Beurteilung des Ausmaßes bei akuten Veränderungen hinsichtlich Ergußbildung, Knorpeldestruktion und Weichgewebsinfiltration ein besonderer Stellenwert zu. Bei Spondylitiden beginnen die entzündlichen Veränderungen an der Bandscheibe, im Zwischenwirbelraum, erkennbar zunächst an einer Unschärfe, dann Destruktion der betroffenen Grund- und Deckplatten, bei anfangs noch erhaltenen restlichen Wirbelkörpern, ein wichtiges Unterscheidungskriterium zu tumorösen Prozessen (Skelettmetastasen). Bei der rheumatoiden Arthritis sind primär die kleinen Gelenke des Hand- und Fußskeletts symmetrisch betroffen. Neben vermindertem Kalksalzgehalt finden sich Usuren an wellenförmig konfigurierten Gelenken, Verschmälerung der Gelenkspalte, Subluxationen bis hin zu Ankylosen. Bei Gicht ist bevorzugt das Großzehengrundgelenk, selten Knie und Hand befallen. Ablagerungen von Urat führen zu Gelenkschwellungen und umschriebenen Defekten der Epiphysenkanten, zystenartig mit feinem Sklerosesaum, durch die Knorpelzerstörung zum Bild der Arthrosis deformans.

19.4.3 Degenerative Veränderungen

Degenerative Gelenkveränderungen enstehen entweder primär auf der Basis von Fehlstellungen (z.B. Hüftdysplasie) und Fehlbelastungen oder sekundär nach Traumen und Entzündungen. Am häufigsten sind Hüfte und Wirbelsäule betroffen, es folgen Knie, Fußwurzel und Schulter. Die Veränderungen beginnen am Gelenk mit osteophytären Anlagerungen, es folgen Umbauprozesse mit Knorpeldestruktionen, Verschmälerung des Gelenkspalts bis hin zu knöchernen Defekten, die zu Subluxationen und Instabilität führen können. Die Koxarthrose ist die häufigste Erkrankung des Hüftgelenks und ensteht meist primär. Grad der Beschwerden und Ausprägung der radiologischen Befunde korrelieren dabei oft nicht ganz.

Typische Zeichen im Röntgenbild sind dabei Osteophyten an Pfannenerker und Femurkopf, subchondrale Sklerosierung, zystische Umbauprozesse (Geröllzysten), Verschmälerung des Gelenkspalts und schließlich Deformierungen von Femurkopf und Pfannendach (Abb. 19.1). Degenerative Veränderungen der Wirbelsäule sind zunächst an einer Verschmälerung der Bandscheibenzwischenräume zu erkennen, gefolgt von Osteophyten an den Knochenrandwülsten und einer Sklerosierung der Grund- und Deckplatten. Insbesondere die dorsolateralen und dorsalen Spondylophyten sowie die Arthrose der Wirbelgelenke führen zu einer Einengung der Neuroforamina und Irritation der Nervenwurzeln. Bei Degeneration der Bandscheiben kann es zum Vorfall, auch von Sequestern, mit Einengung des Spinalkanals und der Foramina kommen. In der bildgebenden Diagnostik werden dann CT, MRT und Myelographie eingesetzt.

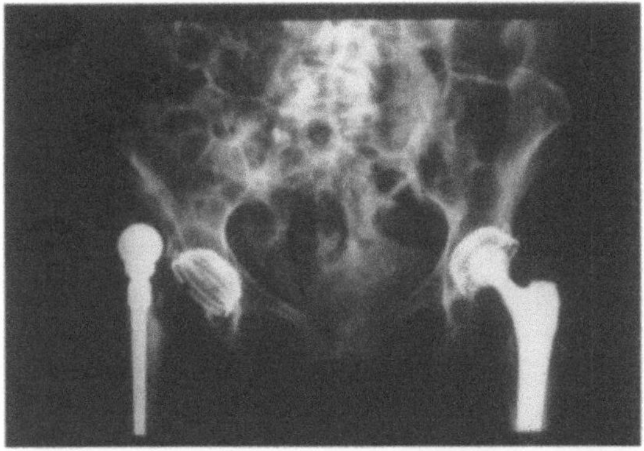

Abb. 19.1. Z.n. Implantation einer Totalendoprothese (TEP) beidseits wegen Koxarthrose. Akut Luxation und Fehlstellung des rechten Hüftkopfes

19.4.4   Traumatische Skelettveränderungen

Auch heute noch stellt die Röntgenübersicht die Basisaufnahme bei traumatisch bedingten Skelettläsionen dar. Nach klinischem Befund und Verletzungsmechanismus ist dabei jede eventuell betroffene Region zu untersuchen. Der gesamte Knochen (einschließlich der Gelenke) ist, soweit möglich, in 2 Ebenen abzubilden. Komplexe Frakturen, Weichgewebsbeteiligung oder unzureichende Aussagefähigkeit der Summationsaufnahme, wie bei Verletzungen von Schädel, Wirbelsäule, Thorax und Becken, erfordern im allgemeinen weitere Methoden, meist die Schnittbildverfahren CT und MRT. Nach dem Erscheinungsbild werden eine Reihe von Frakturformen unterschieden, so Fissuren, Quer-, Schräg- und Spiralfrakturen, Impressions-, Trümmer- und Stückfrakturen, Frakturen mit Ausbruch eines Biegungskeils, Frakturen mit Gelenkbeteiligung, wie bei Y- und T-förmigen, bei Meißel- und Abbruchfrakturen, sowie die Abriß- und die Stauchungsfraktur. Die Fragmente selbst sind häufig in Fehlstellung verschoben, z.B. nach seitlich, in Längsrichtung unter Verkürzung oder Verlängerung, mit Achsknickung, Torsion oder auch unter Verschiebung eingestaucht (Abb. 19.2). Bei Wirbelkörpern mit ihrem großen spongiösen Anteil können Kompressionsfrakturen zu Fisch- oder Plattwirbelbildung führen. Spezielle Formen bei Kindern sind die Verletzungen der Wachstumsfuge oder eine inkomplette Fraktur mit erhaltenem Periostschlauch, die *Grünholzfraktur*. Neben der Akutdiagnostik bei traumatischen Skelettläsionen zeigt die Bildgebung die Fragmentstellung nach Reposition, Versorgung mit Osteosynthesen oder Fixateur, im weiteren regelrechten Verlauf Kallusbildung und stabile knöcherne Durchbauung. Komplikationen sind z.B. Fehlstellungen, bleibender oder wachsender Frakturspalt unter Pseudarthrosenbildung, Entzündungen (Osteomyelitiden) sowie Nekrosen.

472   U. Mende

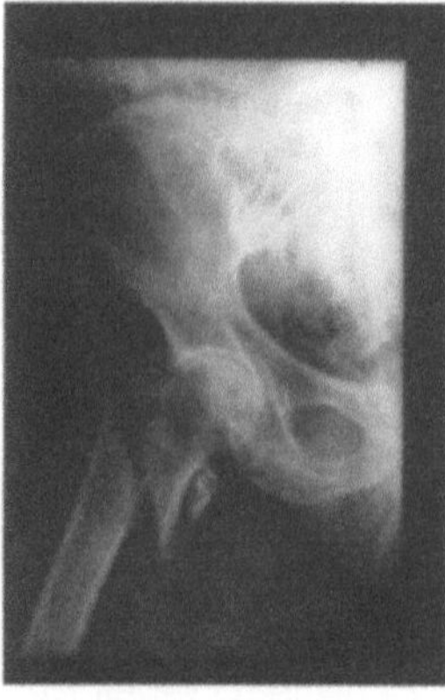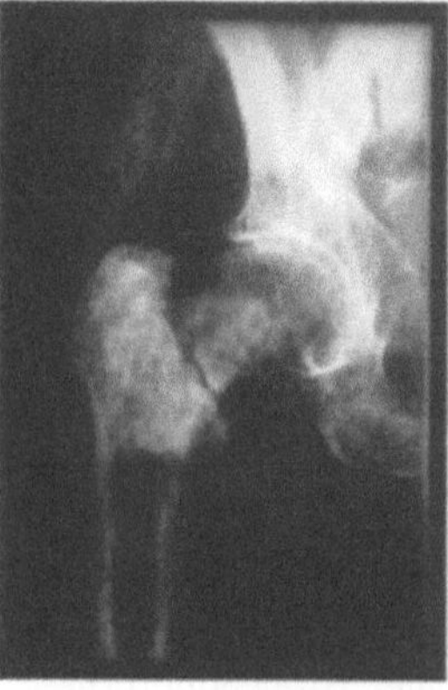

Abb. 19.2. *Links:* Pertrochantäre Oberschenkelfraktur mit Dislokation nach adäquatem Trauma (Sturz). *Rechts:* Pathologische Oberschenkelhalsfraktur ohne adäquates Trauma bei metastatischem Befall (bekanntes metastasiertes Prostatakarzinom

19.4.5 Tumoren

Die Röntgenübersichtsaufnahme ist Basis der Bildgebung bei Tumoren des Skelettsystems (Abb. 19.3). Szintigraphie und die Schnittbildverfahren, insbesondere MRT, sind jedoch in der Diagnostik und Abgrenzung zu Veränderungen anderer Genese meist unverzichtbar (Abb. 19.4). Zur korrekten Wertung der tumorösen Prozesse sind neben Strukturveränderungen weitere, oben genannte Kriterien zu beachten (Kap. 19.2, 19.3).

Aufgrund des Gewebetypus, dem sie entstammen, unterscheidet man bei den knochenbildenden Tumoren u.a. Osteome, Osteoidosteome oder die bösartigen Osteosarkome, bei den knorpelbildenden Tumoren u.a. Osteochondrome, Enchondrome und die malignen Chondrosarkome, bei den bindegewebigen Tumoren benigne Fibrome und Histiozytome sowie maligne fibröse Histiozytome und Fibrosarkome. Bei den vaskulären Tumoren finden sich die Hämangiome, meist in den Wirbelkörpern, mit grob strähniger Bälkchenstruktur. Vom Knochenmark ausgehend sind Lipome sowie die bösartigen Liposarkome, Ewing-Sarkome und malignen Lymphome. Daneben finden sich noch eine Reihe weiterer Tumoren und tumorähnlicher Knochenläsionen wie die fibröse Dysplasie oder die hervorragend durchbluteten aneurysmatischen Knochenzysten. Während primäre Knochenmalignome bevorzugt bei jüngeren Patienten auftreten, überwiegen mit steigendem Lebensalter die Metastasen des Skeletts. Sie sind insgesamt die häufigsten Knochentumoren.

Nach Leber und Lunge sind die Knochen bevorzugte Lokalisation. Bei älteren Menschen muß daher im Falle osteodestruktiver Prozesse in erster Linie an Metastasen gedacht werden, wenn rasches Wachstum, Multiplizität oder eine bekannte Tumorerkrankung vorliegen. Vorwiegend befallen sind Wirbelsäule, Becken, Rippen, Schädel und die proximalen Anteile von Fe-

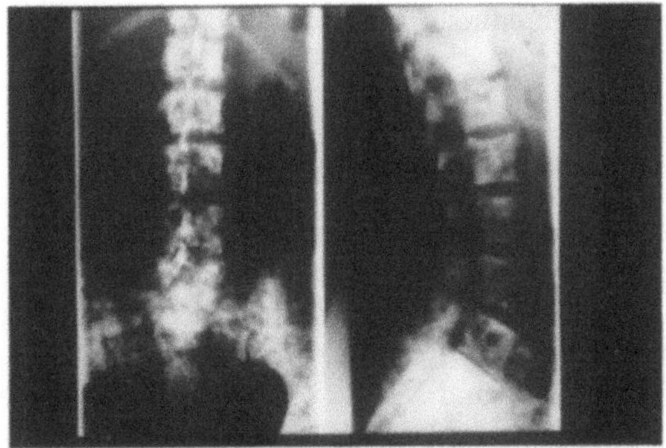

Abb. 19.3. Geischtförmig osteolytisch-osteoplastische Metastasierung bei Mammakarzinom. Ubiquitärer Befall der Lendenwirblesäule. Röntgenübersicht in 2 Ebenen

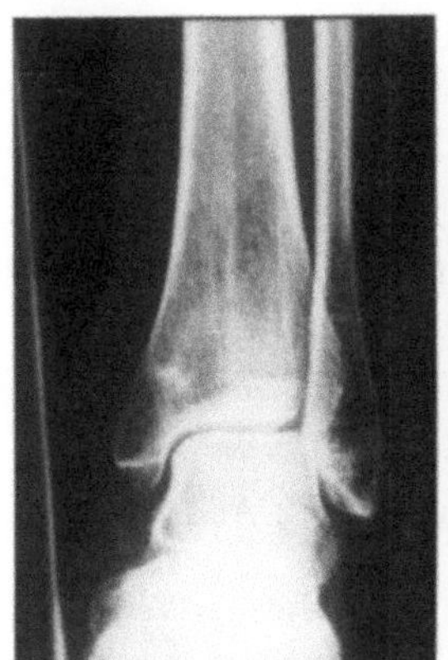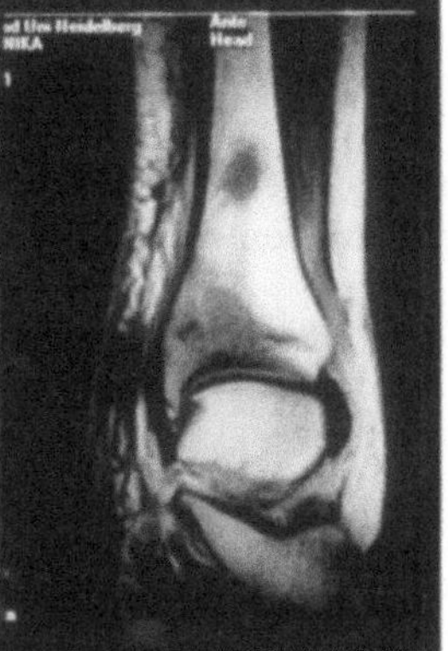

Abb. 19.4. *Links:* Röntgen Tibia a.p.: Nur geringe Unregelmäßigkeiten der
Knochenstruktur im Bereich des Innenknöchels. *Rechts:* MRT T1w, koronar: ausgeprägter Befall mit hypointensen metastatischen Läsionen

mur und Humerus (rotes Knochenmark). Ursächlich sind meist Karzinome
von Mamma, Lunge, Schilddrüse, Prostata und Niere. Nach dem Erscheinungsbild werden osteolytische, osteoblastische und gemischtförmige Metastasen unterschieden. Erstere finden sich besonders bei Mamma-, Nieren- und
Schilddrüsenkarzinom; auch das Plasmozytom zeigt Osteolysen. Osteoblastische Metastasen liegen am häufigsten bei Prostatakarzinom vor, aber auch
bei Tumoren der Mamma und des Verdauungstrakts. Bei Mammakarzinom,
teilweise bei Bronchialkarzinom tritt die gemischte Form auf (Abb. 19.4).

Neben der Primärdiagnostik kommt der Bildgebung eine entscheidende
Rolle in der Beurteilung des Therapieverlaufs zu. Insbesondere für die bösartigen Tumoren unter Chemotherapie (Osteosarkom, Ewing-Sarkom), Strahlentherapie (Metastasen) oder Hormontherapie (Mammakarzinommetastasen)
gilt es, unzureichendes Ansprechen oder Komplikationen (verminderte Sta-

bilität, pathologische Frakturen) zu erkennen, um ggf. frühzeitig das Therapiekonzept zu adaptieren.

19.4.6   Skelettveränderungen bei Dialysepatienten

Bei dialysepflichtigen Patienten können, meist im Gefolge eines sekundären Hyperparathyreoidismus, Skelettveränderungen auftreten, die als renale Osteopathie bezeichnet werden. Dies sind besonders tüpfelige Zeichnung der Schädelkalotte, Fehlen der Dreischichtung, Resorptionen an Schlüsselbein, Symphyse, Iliosakralfuge, Hüfte, an End- und Mittelgliedern der Hand sowie eine Sklerosierung der Grund- und Deckplatten der Wirbelkörper (Dreischichtung). *Braune Tumoren* können durch umschriebenen Verlust an Knochenmatrix zu Stabilitätsgefährdung und pathologischen Frakturen (Oberschenkel, Hüfte) führen.

Literatur

1. Bohndorf K (1995) Knochenläsionen im Röntgenbild. Thieme, Stuttgart
2. Freyschmidt J (1997) Skeletterkrankungen, 2. Aufl. Springer, Berlin Heidelberg New York Tokyo
3. Greenfield GB (1990) Radiology of bone eiseases, 5th edn. Lippincott, Philadelphia
4. Greenspan A (1990) Skelettradiologie. Edition Medizin
5. Reiser M, Semmler W (1997) Magnetresonanztomographie, 2. Aufl. Springer, Berlin Heidelberg New York Tokyo
6. Thelen M, Ritter G, Bücheler E (1993) Radiologische Diagnostik der Verletzungen von Knochen und Gelenken. Thieme, Stuttgart
7. Vahlensieck M, Reiser M (1997) MRT des Bewegungsapparats. Thieme, Stuttgart
8. Zimmer EA (1989) Grenzen des Normalen und Anfänge des Pathologischen im Röntgenbild des Skeletts, 13. Aufl. Thieme, Stuttgart

20 Radiologische Diagnostik bei Hirntumoren

K. Sartor

20.1 Allgemeine Tumorphänomene

20.1.1 Tumorbinnenstruktur

Primäre (hirneigene oder von den Hirnhäuten ausgehende) und sekundäre (metastatische) Hirntumoren haben eine andere Zusammensetzung als normales Hirngewebe. Ein großer Teil dieses histologischen „ Kontrastes" kann für die bildgebende Diagnostik nutzbar gemacht werden.

Zu den intrinsischen Eigenschaften der Tumoren, die Einfluß auf die Darstellung mit nichtinvasiven radiologischen Methoden haben, gehören vor allem die Zelldichte, die Vaskularisation und eine Reihe sekundärer, z.T. regressiver Veränderungen wie Verkalkung, Blutung, Nekrose und Zysten- oder Kapselbildung. Selten sind Hirntumoren morphologisch homogen, so daß oft mehrere dieser Phänomene nebeneinander bestehen. Unbehandelt kann ein Tumor seine Zusammensetzung und damit auch sein Erscheinungsbild im CT oder MRT mit der Zeit ändern.

Eine erhöhte Zelldichte macht sich computertomographisch als örtlich verstärkte Strahlenabsorption bemerkbar, manifestiert sich also als Hyperdensität gegenüber normalem Hirngewebe (Abb. 20.1). Magnetresonanztomographisch resultiert eine Signalerhöhung gegenüber normalem Hirngewebe in den T1-gewichteten Aufnahmen, eine Signalminderung in den T2-gewichteten Aufnahmen. Umgekehrt manifestiert sich ein wenig zellreicher Hirntumor computertomographisch als fokale Hypodensität bzw. als Hypointensität in T1-gewichteten und als Hyperintensität in T2-gewichteten MR-Aufnahmen; dies ist klinisch-diagnostisch die weit häufigere Situation.

Ist ein Tumor besonders gefäßreich, kann er im CT schon vor intravenöser Gabe eines jodhaltigen Kontrastmittels leicht hyperdens wirken, so wie ja auch die stärker durchblutete graue Hirnsubstanz relativ dichter erscheint als die geringer vaskularisierte weiße Substanz. Im MRT verhält sich ein stark durchbluteter Tumor entsprechend ähnlich wie graue Substanz, d.h., er wirkt gegenüber weißer Substanz – und dort liegen die meisten hirneigenen Tumoren – hypointens auf T1-gewichteten Aufnahmen, aber hyperintens in T2-gewichteten Aufnahmen. Größere Tumorgefäße können sogar individuell abgegrenzt werden, und zwar als gerade oder gewundene längliche Strukturen (Längsschnitt) oder als scharf abgegrenzte „punktförmige" Areale (Querschnitt) mit erhöhter Dichte im CT bzw. Flußsignal im MRT.

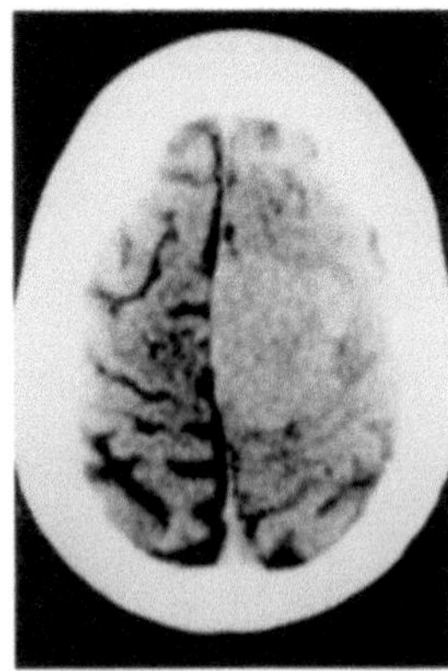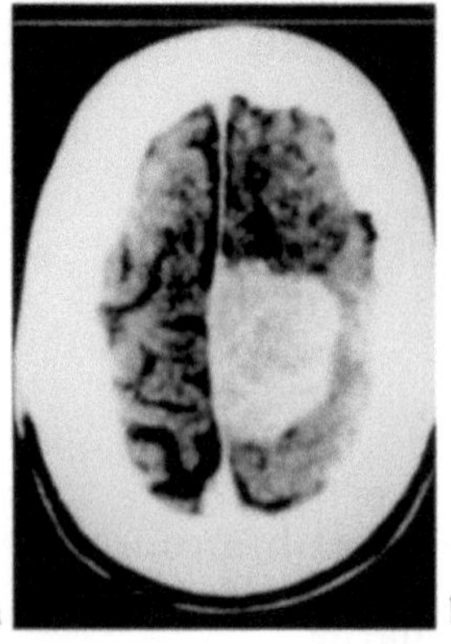

Abb. 20.1. Solides Meningeom. CT **a** vor und **b** nach intravenöser Kontrastverstärkung. Der Tumor haftet der Falx cerebri an (Falxmeningeom), hat primär leicht erhöhte Dichte und zeigt kräftiges, homogenes Enhancement. Raumforderungseffekte sind auf die nähere Umgebung beschränkt (Verstrichensein der Hirnfurchen)

Erhöhte Zelldichte und erhöhter Gefäßreichtum kommen bei biologisch gutartigen wie bei bösartigen Tumoren vor, können isoliert also nicht zur radiologischen Klassifikation herangezogen werden. Auch Tumorverkalkungen (hohe Dichte im CT, gewöhnlich stark reduziertes Signal im MRT) sind nicht immer ein Indiz für relativ langsames, also eher „gutartiges" Tumorwachstum. Zwar kommen Tumorverkalkungen, welche gewöhnlich langsam entstehen, durchaus häufiger bei Tumoren niedriger Malignität vor (Abb. 20.2), wie auch bei Tumoren, deren operative Entfernung oft Heilung bedeutet, doch gibt es auch biologisch bösartige Tumoren, die zur Verkalkung neigen oder wenigstens gelegentlich verkalken. Im übrigen können zunächst niedriggradige Tumoren mit Verkalkung sekundär entdifferenzieren, also allmählich zu bösartigen Tumoren werden.

Ein einigermaßen verläßliches Indiz für Malignität eines Hirntumors ist die Nekrose. Eine solche Nekrose entsteht gewöhnlich im Tumorzentrum, weil die Neubildung von Tumorgefäßen mit der rasanten Zellteilung nicht Schritt hält. Ausgedehnte Nekrosen kommen typischerweise bei Glioblastomen vor, den häufigsten malignen Tumoren des Großhirns bei Erwachsenen. Sie sind sowohl in der CT wie in der MRT am besten nach Kontrastmittelgabe erkennbar: Solides Tumorgewebe nimmt Kontrastmittel auf und erscheint dadurch hyperdens im CT bzw. hyperintens in T1-gewichteten MR-Aufnahmen, während der nekrotische Tumoranteil mangels Blutversorgung keine Kontrastzunahme („Enhancement") zeigt (Abb. 20.3). Bei verzögerter Bildaufnahme kann es durch Diffusion sekundär zu einem Dichteanstieg auch im nekrotischen Tumoranteil kommen.

Intratumorale Blutungen kommen zwar häufiger bei höhergradigen (malignen) Hirntumoren vor, werden aber auch bei biologisch gutartigen Tumo-

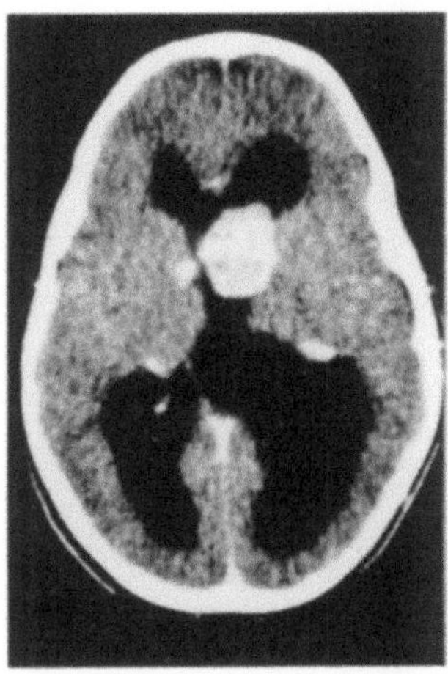

Abb. 20.2. Verkalktes Gliom. CT nach intravenöser Kontrastverstärkung. Der Tumor entstand im Rahmen eines neurokutanen Syndroms (tuberöse Sklerose) und war histologisch vom Riesenzelltyp. Aufgrund seiner strategischen Lage am Foramen Monroi hat er zu einer Ventrikelerweiterung geführt. An der benachbarten Ventrikelwand ist ein verkalkter subependymaler Knoten erkennbar, wie er typisch bei Tuberöser Sklerose vorkommt

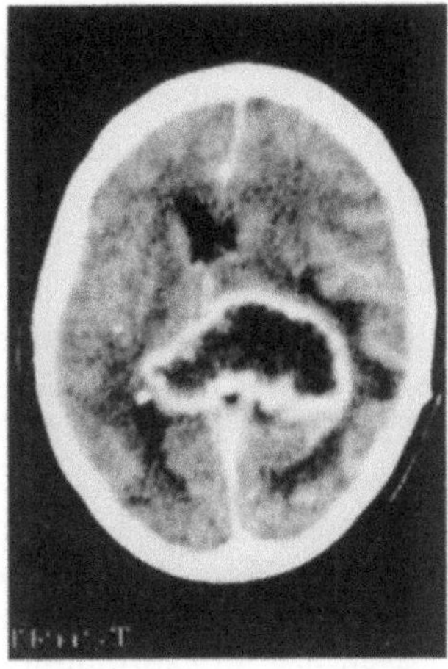

Abb. 20.3. Glioblastom. CT nach intravenöser Kontrastverstärkung. Der Tumor hat sich im hinteren Ende (Splenium) des Balkens entwickelt und erstreckt sich in beide Großhirnhemisphären. Enhancement ist nur peripher, im soliden Tumoranteil, erkennbar, nicht dagegen in der ausgedehnten zentralen Nekrose

ren beobachtet. Eine massive Blutung, die sich in das umgebende Hirngewebe ausdehnt, deutet allerdings in den meisten Fällen auf Malignität. Im CT haben klinisch beobachtete Tumorblutungen akut eine hohe Dichte mit Hounsfield-Werten zwischen 60 und 80. Durch Hämoglobinabbau und Re-

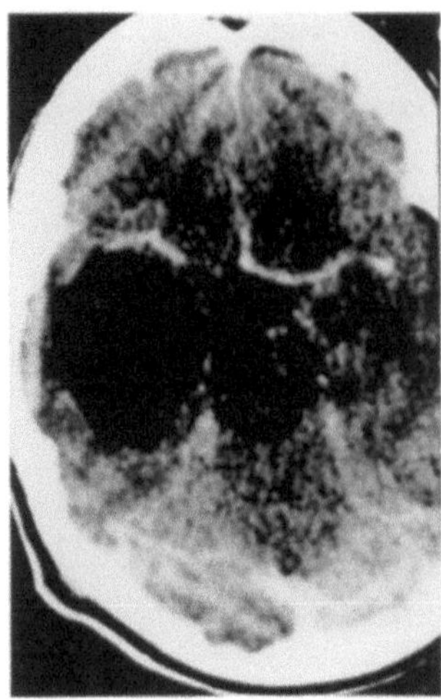

Abb. 20.4. Dermoid. CT nach intravenöser Kontrastverstärkung. Der (extraaxial gelegene) Tumor hat sich von unten in den re. Schläfenlappen vorgewölbt und wirkt extrem hypodens relativ zum normalen Hirngewebe. Messungen zeigten eine homogene Dichte um −50 Hounsfield-Einheiten. Kein abnormes Enhancement im Tumor oder am Tumorrand

sorption verringert sich diese Dichte mit der Zeit, so daß ein tumorinduziertes Hämatom nach 2–3 Wochen hirnisodens sein kann. Die MR-Manifestation von tumorinduzierten Blutungen, ja von allen intrakraniellen Blutungen, ist komplex, sie kann hier nur angedeutet werden: Prinzipiell hängt das Signalverhalten eines Hämatoms davon ab, welches Blutabbauprodukt gerade überwiegt, wobei die Kaskade vom Oxyhämoglobin zum Deoxyhämoglobin, von hier zum zunächst intrazellulären, dann zum extrazellulären Methämoglobin und schließlich zum Hämosiderin verläuft. Deoxyhämoglobin und intrazelluläres Methämoglobin haben in T2-, besonders aber in T2*-gewichteten MR-Aufnahmen ein stark erniedrigtes Signal, während extrazelluläres, nach der Auflösung der roten Blutkörperchen frei verteiltes Methämoglobin in T1- wie in T2- oder T2*-gewichteten Aufnahmen ein stark erhöhtes Signal zeigt. Das schließlich intrazellulär (in den Makrophagen) akkumulierende Hämosiderin führt in T2- bzw. T2*-gewichteten Aufnahmen wegen des Suszeptibilitätseffekts zu massiver Signalreduktion.

Manche anlagebedingten (dysontogenetischen) Tumoren wie Dermoide und Lipome haben einen hohen Fettanteil, so daß charakteristische CT- und MR-Phänomene resultieren (Abb. 20.4). Im CT hat Fett eine stark reduzierte „Dichte", mit Hounsfieldwerten um −50. Charakteristisch im MRT ist das stark erhöhte Signal in T1-gewichteten Aufnahmen, das – differentialdiagnostisch durchaus nutzbar – mit Hilfe der Technik der Fettunterdrückung (fat supression) beseitigt werden kann.

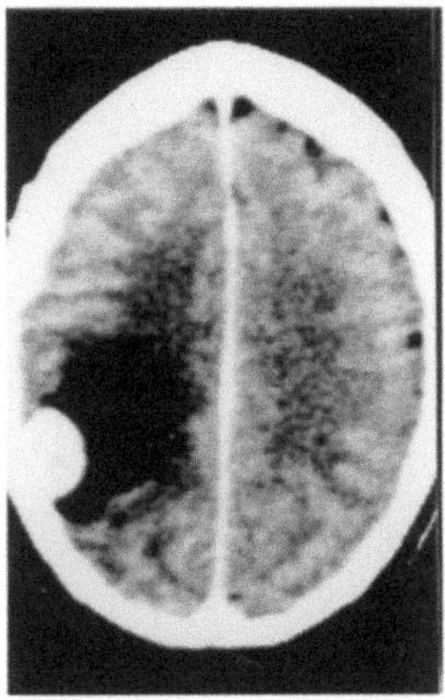

Abb. 20.5. Zystisches Meningeom. CT nach intravenöser Kontrastverstärkung. Der Tumor liegt über der rechten Großhirnkonvexität, haftet breitbasig der Dura an und zeigt kräftiges, homogenes Enhancement. Hirnwärts schließt sich eine tumorassoziierte Zyste an, die sich weit in das Parenchym vorwölbt. Die Dichte des Zysteninhalts ist ähnlich der von Liquor

Echte Tumorzysten kommen einzeln oder multipel *im* Tumor vor, während induzierte Zysten (Abb. 20.5) dem Tumor anliegen. Manche Tumoren bestehen ganz oder überwiegend aus zystischem Gewebe, wobei die Zystenwand neoplastischem Gewebe entspricht und die solide Geschwulstkomponente klein ist (Beispiel: Kraniopharyngeom; Abb. 20.6). Andere Tumoren, so das Hämangioblastom (ein gutartiger Tumor des Kleinhirns bei Erwachsenen), sind ebenfalls überwiegend zystisch, aber der eigentliche Tumor ist auf einen relativ kleinen Knoten in der Zystenwand beschränkt. Die computertomographische „Dichte" und das magnetresonanztomographische Signal von Zysten ist nicht einförmig. Verhält sich die Zystenflüssigkeit wie Liquor, kann sie als wässrig angesehen werden. Erhöhter Proteingehalt führt zu einer Dichteerhöhung im CT bzw. Verkürzung der T1-Zeit im MRT. Auch Einblutung in eine Zyste hat im CT oder MRT Änderungen in der Tumordarstellung zur Folge.

20.1.2 Tumorinduzierte Veränderungen in der Umgebung

Hier sind vor allem zu nennen das Hirnödem, Störungen der Bluthirnschranke sowie Raumforderungseffekte im Schädelinnenraum.

Tumorinduziertes Ödem, eine Vermehrung des extrazellulären Wassers, entwickelt sich perifokal, d.h. im Hirngewebe, das den Tumor umgibt oder an den Tumor grenzt. Dieses Ödem entsteht infolge des Zusammenbruchs der sog. Bluthirnschranke, indem die Endothelzellschicht – durch Lockerung

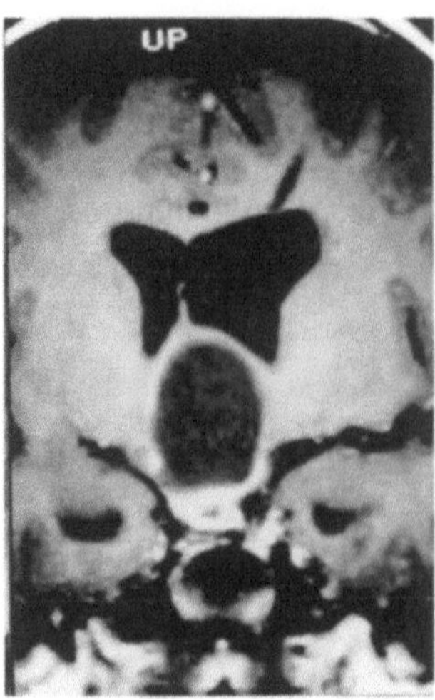

Abb. 20.6. Kraniopharyngeom. MRT nach paramagnetischer Kontrastverstärkung. Der ausschließlich suprasellär entwickelte Tumor besteht aus zwei Teilen, einem soliden, teilweise verkalkten unteren Anteil und einem größeren, zystischen oberen Anteil. Das relativ hohe Signal der Zystenflüssigkeit (im Vergleich zu Liquor in den Ventrikeln) spricht für hohen Proteingehalt. Das Enhancement in der Zystenwand zeigt Tumorgewebe an

der sog. *tight junctions* – undicht wird und Plasmaproteine zusammen mit Wasser in den Extrazellulärraum austreten läßt; es wird daher als vasogen bezeichnet. Ohne Behandlung schreitet ein solches Ödem gewöhnlich fort. Dabei entwickelt es sich überwiegend entlang der Fasern der weißen Hirnsubstanz, wobei fingerartige Ausläufer entstehen; die Hirnrinde wird weitgehend verschont. Mit der Zeit kann es bei malignen Tumoren zu einer ödematösen Durchtränkung sämtlicher Lappen einer Großhirnhemisphäre kommen. Eine Ödemausdehnung über den Balken (Corpus callosum) in die andere Großhirnhemisphäre ist dagegen selten, offenbar weil der Balken zusammen mit den anderen Hirnkommissuren (Querverbindungen zwischen den Hemisphären) gegenüber der Ausbreitung eines Ödems relativ resistent ist. Diese Resistenz des Balkens gegenüber Wasserverschiebungen im Gewebe hängt wahrscheinlich mit seiner ungewöhnlichen Gefäßversorgung zusammen. Anders als das zerebrale Marklager wird der Balken nämlich durch *kurze*, nicht durch lange penetrierende Arterien versorgt – was ihn im übrigen auch weniger vulnerabel für ischämische Insulte macht.

Computertomographisch manifestiert sich ein tumorinduziertes Hirnödem als eine perifokale Dichteminderung mit oder ohne Ausläufer in entferntere Anteile der weißen Substanz, die die Raumforderungswirkung des Tumors selbst noch verstärkt. Im MRT ist ein Tumorödem am augenfälligsten in den T2-gewichteten Aufnahmen, wo es ein stark erhöhtes Signal hat. In den T1-gewichteten Aufnahmen ist der Kontrast zum normalen Gewebe so ge-

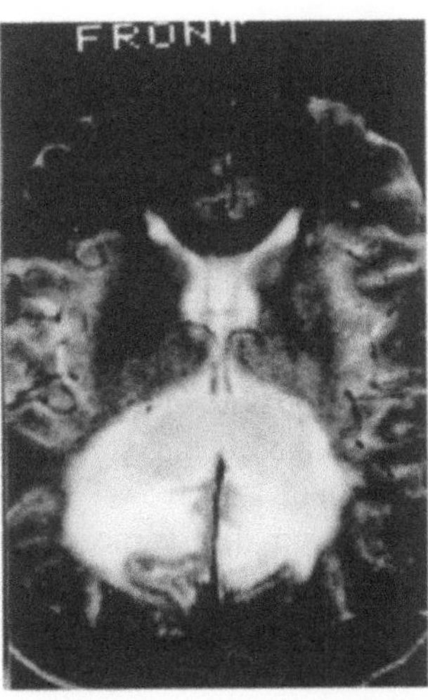

Abb. 20.7. Primäres Hirnlymphom. T2-gewichtetes MRT. Der homogen wirkende Tumor ist im hinteren Ende des Balkens entwickelt und ausgeprägt von Ödem umgeben. Die Abgrenzung zwischen Tumor und Ödem ist stellenweise schwierig

ring, daß sich solche Aufnahmen nicht zur Ödembeurteilung eignen; infolge der vermehrten Wassereinlagerung hat das ödematöse Gewebe eine längere T1-Relaxation, was die Signalintensität in T1-gewichteten Aufnahmen reduziert. Ohne weitere methodische Maßnahmen kann die Differenzierung eines Ödems vom eigentlichen Tumor äußerst schwierig sein (Abb. 20.7). Die wichtigste Maßnahme zur Verbesserung der Unterscheidung zwischen Tumor und Ödem ist bei beiden bildgebenden Verfahren (CT und MRT) die intravenöse Kontrastverstärkung mit jodhaltigen bzw. paramagnetischen Kontrastmitteln. Liegt eine hinreichende Störung der Bluthirnschranke vor, tritt Kontrastmittel in das extrazelluläre Gewebe und führt dadurch im CT zu einer Steigerung der Gewebedichte, im MRT (T1-gewichtete Aufnahmen) zu einer Signalerhöhung. Diese extravaskuläre Komponente des Enhancement kann durch eine intravaskuläre Komponente verstärkt werden, wenn der solide Tumoranteil gefäßreich ist. Solange nämlich das Kontrastmittel bei der Bildaufnahme noch nicht vollständig aus dem *blood pool* des Tumors ausgewaschen ist, kann es einen Enhancement-Effekt bewirken.

Neugebildete Tumorgefäße haben oft eine unvollständige Bluthirnschranke, und zudem können Hirntumoren offenbar auch auf humoralem Gewebe die Bluthirnschranke normaler Hirngefäße beeinflußen. Obwohl abnormes Enhancement bei malignen Tumoren häufiger ist als bei benignen, können auch Tumoren mit guter postoperativer Prognose ausgeprägtes Enhancement zeigen; ein Beispiel ist das pilozytische Astrozytom des Kindesalters, das nach Resektion in der Regel nicht wiederkehrt. Bei den Gliomen, Tumoren mit Ursprung in den Stützzellen des Gehirns, korreliert die Vaskularisation, wie auch die Störung der Bluthirnschranke, ansonsten durchaus mit dem Grad der Malignität. Während ein Glioblastom (Malignitätsgrad IV) gut von der Umgebung „abgegrenzt" werden kann, gelingt dies nicht bei den niedriggradigen Gliomen, die in der Regel frei von abnormem Enhancement sind. Hier können möglicherweise dynamische MR-Verfahren (Perfusionsimaging) oder nuklearmedizinische Techniken einen Beitrag zum Tumorgrading leisten. Im übrigen scheint das Ödem ein Wegbereiter für die zunächst mikroskopische Aussaat von Tumorzellen im Gewebe zu sein. Jedenfalls liegt die eigentliche Tumorgrenze deutlich außerhalb der Grenze des Tumor-Enhancements, und wo das Ödem bereits den Balken erreicht oder durchsetzt hat, muß der Beginn einer Tumorausbreitung in die gegenseitige Hemisphäre angenommen werden, selbst wenn ein abnormes Enhancement noch fehlt.

Raumforderungseffekte hängen zwar überwiegend von der Tumorgröße und der Ausdehnung des Begleitödems ab, werden aber durch die Tumorlage moduliert. So kann ein relativ kleiner Hirntumor in strategischer Lage, z.B. am Foramen Monroi oder am Aquädukt, durch Liquoraufstau (Hydrozephalus) einen beträchtlichen raumfordernden Effekt hervorrufen. Ventrikel, Zisternen und Hirnfurchen stellen Kompensationsräume dar, die zunächst verengt bzw. „aufgebraucht" werden, bevor der intrakranielle Druck („Hirndruck") ansteigt. Ab einer gewissen Raumforderungswirkung kann es intrakraniell auch zu Massenverschiebungen zwischen den verschiedenen Kompartimenten (supratentoriell-intrakraniell; rechte und linke Hälfte des supratentoriellen Raums) kommen, die ohne Therapie – durch Funktionsbeeinträchtigung wichtiger Zentren – den Tod des Patienten herbeiführen. Ein intrakranieller Druckanstieg ruft im übrigen eine sog. Stauungspapille – eine Schwellung des Sehnervenursprungs in der Netzhaut – hervor, da die Liquorräume des Gehirns und der Sehnerven miteinander kommunizieren. Eine solche Schwellung kann ophthalmoskopisch, also durch die Pupille hindurch, erkannt werden. Eine globale Tumordiagnose ist das natürlich noch nicht, denn viele andere, nichtneoplastische intrakranielle Krankheitsmanifestationen können durch Raumforderungseffekte oder Verschlußhydrozephalus den Hirndruck steigern.

Oberflächlich gelegene Hirntumoren führen mit einiger Regelmäßigkeit zu Knochenveränderungen, die teils in lokal verstärktem Knochenanbau (Hyperostose) bestehen, teils in Knochenabbau. Knochenabbau kann eine Folge von lokalem Gewebedruck sein (Usur), der aber eine Folge von echter Zerstörung der Knochenstruktur (Destruktion) ist. Während Knochenusuren in der Regel auf eine schon lange bestehende lokale Drucksteigerung durch einen Tumor hinweisen, sind Knochendestruktionen in der Regel Ausdruck eines malignen, aggressiv wachsenden Tumors mit Infiltration der Schädelkalotte oder der Schädelbasis. Selbstverständlich gibt es auch Knochendestruktionen bei Tumoren, die sich primär *im* Knochen manifestieren und erst sekundär, nach Durchbrechung der harten Hirnhaut (Dura), nach intrakraniell gelangen; hierbei handelt es sich in der Regel um Knochenmetastasen eines Primärtumors irgendwo im Körper oder um fortgeleitetes Tumorwachstum eines in der Nachbarschaft (extrakraniell) gelegenen Malignoms.

20.2 Einteilungsprinzipien von Hirntumoren

20.2.1 Einteilung nach der Beziehung zur Hirnoberfläche

Obwohl sich Neuroradiologen zunehmend als In-vivo-Neuropathologen verstehen, dürfte der Weg zu einer verläßlichen histologischen Klassifikation von Hirntumoren allein auf der Basis der Ergebnisse bildgebender Verfahren noch weit in der Zukunft liegen. Selbstverständlich wird im Einzelfall immer versucht, einen Tumor möglichst genau zu klassifizieren, und zwar im Hinblick auf seine Art (Histologie) wie auch im Hinblick auf seine mutmaßliche biologische Dignität (Tumorgrad). Von eminenter praktischer Bedeutung ist aber zunächst eine Einteilung danach, ob ein Tumor im Hirngewebe selbst (intrazerebral) oder aber außerhalb des Hirngewebes (extrazerebral) entstanden ist: Bislang gibt es für die meisten intraaxialen Tumoren noch keine definitive Heilung, wohingegen die Mehrzahl der extraaxialen Tumoren – hauptsächlich Meningeome und Neurinome – nach Resektion nicht rezidivieren. Intrazerebrale Tumoren, ganz überwiegend Gliome verschiedenster Art und verschiedenen Grades, werden auch als intraaxiale Tumoren bezeichnet, während zwischen Hirnoberfläche und Knochen entstandene Tumoren als extraaxial bezeichnet werden.

Meningeome, extraaxiale Tumoren mit Ursprung von Arachnoidalzellen, treten vor allem supratentoriell und an der Schädelbasis auf, Neurinome, extraaxiale Tumoren mit Ursprung von Schwann-Zellen, dagegen vor allem infratentoriell. Verläßliche Hinweise auf die extraaxiale Lage eines Tumors sind lokale Knochenveränderungen, darunter Hyperostose (Knochenverdickung), Usur der Tabula interna (innerste Schicht der Schädelkalotte), abnormes MR-Signal im Markraum des Schädeldachs sowie Erweiterung präformierter Spalten und Löcher an der Schädelbasis. Weitere verläßliche Hinweise sind die Abdrängung oberflächlicher Blutgefäße von der Schädelinnenfläche, die Eindellung der Hirnoberfläche, besonders der weißen Substanz, und die Erweiterung des Subarachnoidalraums am Tumor. Intraaxiale Tumoren führen dagegen selbst dann nicht zu einer Vorbuckelung oder Eindellung der weißen Substanz, wenn sie in der Hirnperipherie liegen. Statt dessen kommt es oft zu einem Ersatz der weißen Substanz, weniger zu deren Verlagerung; die Tumorinvasion der Hirnrinde ist dabei fakultativ. Durch Abflachung der Hirnwindungen und der Hirnfurchen resultiert eine Verringerung des Abstands zwischen den oberflächlichen Hirngefäßen und dem Knochen.

Ob ein Tumorödem vorhanden ist oder nicht, trägt wenig zur Differenzierung zwischen intra- oder extraaxialer Lage einer Geschwulst bei. Infolge ihrer hohen Kontrastauflösung und der multiplanaren Darstellung ist die MRT zur Beurteilung der Lagebeziehung eines Tumors relativ zur Hirnoberfläche weitaus geeigneter als die CT; 3D-Verfahren können die Differenzierung erleichtern, sind aber nicht unumgänglich.

Eine Sonderform der intraaxialen Tumoren sind die intraventrikulären Tumoren, die sich mehr oder weniger ausschließlich in einer der Hirnkammern ausbreiten, am häufigsten im Trigonum des Seitenventrikels und im 4. Ventrikel. Unter den Tumoren des Seitenventrikels sind allerdings häufig Meningeome, die sich trotz ihrer letztlich intrazerebralen Lage biologisch wie extraaxiale Tumoren verhalten.

20.2.2   Einteilung nach intrakraniellen Kompartimenten

Schon ohne Berücksichtigung des Dichteverhaltens oder Enhancements, allein durch die Beurteilung der Topographie und der Lage eines Tumors relativ zur Hirnoberfläche kann die Liste der möglichen Diagnosen verkürzt werden.

Der supratentorielle Raum ist im wesentlichen der Raum, der vom Großhirn eingenommen wird; er liegt zwischen dem Kleinhirnzelt (Tentorium cerebelli) und der Schädelbasis einerseits und der Innenfläche der Schädelkalotte andererseits. Tumoren der Sellaregion und der vorderen Schädelbasis, wiewohl supratentoriell gelegen, werden wegen ihrer klinischen Besonderheit in der Regel separat betrachtet (s. S. 485). Bei einer groben Lokalisierung der Hirntumoren nach intrakraniellen Kompartimenten wird man es in der klinischen Praxis natürlich nicht bewenden lassen. Vor jeder operativen oder strahlentherapeutischen Maßnahme ist eine präzise Tumorortung und Bestimmung der Geschwulstausdehnung nötig. Eine Bestimmung der Topographie und Morphologie hilft zudem bei der Korrelation mit der klinischen Symptomatik. Die modernen bildgebenden Verfahren, voran die MRT, erlauben heute selbst bei Tumoren geringer Größe eine äußerst genaue anatomische Zuordnung, die funktionelle Zusammenhänge einbeziehen und ihren Niederschlag im radiologischen Befund finden sollte. Eine besonders hohe Präzision der Ortsbestimmung eines Tumors wird bei stereotaktischen Biopsien, bei stereotaktischen Bestrahlungen und bei der Neuronavigation benötigt.

Unter den hirneigenen Tumoren des Großhirns dominieren, wie erwähnt, die Gliome, während Meningeome am wichtigsten unter den extraaxialen Tumoren sind. Intrinsische Tumoren des Hirnstamms oder in der Öffnung des Tentoriums (Incisura tentorii) gelegene extraaxiale Tumoren nehmen zwischen den supratentoriellen und den infratentoriellen Tumoren eine Mittelstellung ein, denn sie können sich transinzisural ausbreiten. Die Mehrzahl der Hirnstammgliome (die häufigsten Tumoren des Hirnstamms) entwickelt sich allerdings überwiegend infratentoriell.

Der infratentorielle Raum wird oben unvollständig abgeschlossen durch das Tentorium, ansonsten ist er von Knochen wie der Rückfläche des Felsenbeins und der okzipitalen Schädelbasis begrenzt. Letztere enthält eine zentrale Öffnung, das Foramen magnum, durch die das Rückenmark Anschluß an den Hirnstamm hat. Die häufigsten extraaxialen Tumoren sind infratentoriell die Neurinome, die vor allem im Kleinhirnbrückenwinkel vorkommen (Ausgang vom 8. Hirnnerven) und hier 80% der Tumoren ausmachen. Bei den häufigsten intraaxialen Tumoren des Kleinhirns handelt es sich bei Erwachsenen um Metastasen, danach um Hämangioblastome, bei Kindern um pilozytische Astrozytome, Medulloblastome und Ependymome. Alle diese Tumoren zeigen ausgeprägtes, morphologisch allerdings unterschiedliches abnormes Enhancement. Während extraaxiale Tumoren meist leicht von intraaxialen unterschieden werden können, ist zumindest bei Kindern eine Differenzierung zwischen den verschiedenen intraaxialen Tumoren schwierig. Die Unterscheidung gelingt am ehesten, wenn neben radiologischen auch klinische und epidemiologsche Parameter zu Rate gezogen werden. Kleinhirntumoren, besonders die kindlichen, neigen dazu, früh die medianen Liquorwege zu verlegen und zu einem Liquoraufstau mit Erweiterung der vorgeschalteten Hirnkammern (Verschlußhydrozephalus) zu führen.

In der Sellaregion und an der Schädelbasis dominieren extraaxiale Tumoren, darunter Tumoren der Hypophyse und benachbarter Strukturen (Adenome, Kraniopharyngeome) sowie Meningeome und Neurinome. Basal gelegene Meningeome neigen mehr als andere dazu, eine Hyperostose an der duralen Anheftung des Tumors zu induzieren. Weiter neigen sie zum Einwachsen in die großen duralen (venösen) Blutleiter und zum Umwachsen der großen basalen Arterien. Mit der Zeit kann es dadurch zur Gefäßobstruktion kommen (arterieller Verschluß, Sinusthrombose). Hypophysenadenome führen oft zu einer Erweiterung der Sella, aus der sie dann nach oben herauswachsen, um schließlich die vordere Sehbahn und die Sehnervenkreuzung (Chiasma opticum) zu bedrängen. Sogenannte Mikroadenome (Hypophysenadenome eines Durchmessers unter 10 mm) machen sich in der Regel nicht raumfordernd bemerkbar, sondern durch Hormonstörungen. Diese Tumoren sind dadurch gekennzeichnet, daß sie gegenüber dem normalen Hypophysengewebe verzögert Kontrastmittel aufnehmen, auf frühen Aufnahmen also wie eine Kontrastmittelaussparung wirken. Tumoren der Sellaregion und der Schädelbasis, auch alle basisnahen Tumoren, sind am besten mit der MRT nachweisbar, weil dieses Verfahren frei von knocheninduzierten Artefakten ist und angesichts der multiplanaren Darstellungsweise einen diagnostisch idealen Zugang zu den versteckt liegenden Tumoren bietet. Außerdem kann der Zustand der basalen Arterien und Venen oder duralen Sinus mit der MR-Angiographie (s. Kap. 20.3.3) nichtinvasiv erkundet werden; mit der CT ist dies nicht ohne weiteres möglich.

Tumoren der Augenhöhle können unterteilt werden in Tumoren mit Ausgang vom Sehnerven (Gliome) oder seiner Durascheide (Meningeome), Tumoren des Augapfels (Aderhautmelanome, Retinoblastome) sowie intra- bzw. extrakonal, d.h. innerhalb bzw. außerhalb des Muskeltrichters gelegene Tumoren. Da intraorbital der natürliche Kontrast (Knochen, Fettgewebe, Muskelgewebe, Sehnerv mit Hülle, Bulbus) schon sehr hoch ist, bedarf es seltener der intravenösen Kontrastmittelgabe. Verglichen mit dem Schädelinnenraum ist in der Augenhöhle die diagnostische Überlegenheit der MRT gegenüber der CT nicht so ausgeprägt. In der Nähe zu Fettgewebe kann abnormes Enhancement im MRT nur bei gleichzeitiger Fettunterdrückung registriert werden. Größere retrobulbäre Tumoren verlagern den Augapfel nach außen (Protrusion).

20.3 Radiologische Diagnostik und Pathologie

20.3.1 Rolle der Röntgenverfahren

Einfache Schädelnativaufnahmen, auch die konventionelle Tomographie, spielen heute in der Hirntumordiagnostik keine Rolle mehr. Einfache Übersichtsaufnahmen des Schädels werden gelegentlich nur noch dann angefertigt, wenn man Aufschluß über die Ausdehnung der Nasennebenhöhlen und Ohrnebenräume haben möchte. Die Beantwortung dieser Frage erfolgt aber im Zweifelsfall doch eher mit der hochauflösenden (Dünnschicht-)CT. In der Hirntumordiagnostik spielt die CT heute die Rolle des Basisverfahrens, wobei die gewonnene Information für viele Entscheidungen schon ausreicht. Bei unklaren Befunden, auch bei einer Tumorlage in den Nähe von funktionell bedeutsamen Zentren, ist jedoch zusätzlich die MRT notwendig. Die Mehrzahl der Hirntumoren, die computertomographisch nachgewiesen werden, sind als Abnormität bereits vor Kontrastmittelgabe sichtbar. Die Kontrastmittelgabe erhöht aber die diagnostische Sicherheit und erlaubt oft auch, den Tumor näher zu charakterisieren. In Kalottennähe, auch an der Schädelbasis, können kleinere Tumoren der Erfassung durch die CT entgehen, indem sie sich in Knochenartefakten verbergen. Hierzu gehören kleinere extraaxiale Tumoren von der Art der Meningeome und Neurinome. So ist die Diagnostik der Akustikusneurinome (besser: Vestibularisschwannome), der bei weitem häufigsten Tumoren (80%) im Kleinhirnbrückenwinkel, eine Domäne der MRT, denn kleine, ganz im inneren Gehörgang verborgene Tumoren entgehen der Standard-CT; es würde eines invasiven Verfahrens (CT-Luftzisternographie) bedürfen, um diese Tumoren computertomographisch nachzuweisen. Im Hinblick auf intraaxiale (hirneigene) Tumoren ist der Unterschied in der diagnostischen Sensitivität zwischen CT und MRT längst nicht so gravierend.

20.3.2 Rolle der Magnetresonanzverfahren

Heute gilt die MRT als das definitive radiologische Diagnostikverfahren zum Nachweis oder Ausschluß eines Hirntumors. Insofern ist sie, wenn verfügbar, Methode der Wahl. In Fällen, wo aus logistischen oder Verfügbarkeitsgründen zunächst eine CT durchgeführt wurde, ist die MRT für Zwecke der Therapieplanung oft unerläßlich. Ihre Überlegenheit in der Kontrastauflösung hilft auch, tumorähnliche Läsionen leichter als solche zu erkennen, als dies mit der CT möglich ist.

Die MR-Angiographie wird vor allem dann eingesetzt, wenn ein Tumor
neben wichtigen großen Arterien oder Venen bzw. duralen Sinus liegt. Besonders Meningeome haben die Neigung, wichtige Arterien zu ummauern oder
durale Sinus zu verschließen. Bei der Diagnostik der Arterien wird in der
Regel die Time-of-Flight-Form (TOF) der MR-Angiographie angewandt, bei
der Diagnostik der Venen die Phase-Contrast-Form (PC).

In der klinischen Routine spielt die MR-Spektroskopie noch keine wesentliche Rolle, wenngleich bekannt ist, daß die maligne Transformation von Tumoren, aber auch Therapieeffekte, mit diesem Verfahren nachgewiesen werden können. Je einfacher durchführbar und je schneller die spektroskopischen
Verfahren aber werden, desto wahrscheinlicher dürften sie Bestandteil von
Diagnostikprotokollen werden. Auch die funktionelle MRT (fMRT) hat in der
präoperativen Evaluation noch keine große Bedeutung erlangt. Wünschenswert ist ein Einsatz dieses Verfahrens vor allem dort, wo Tumoren in enger Beziehung zu funktionell besonders wichtigen, „eloquenten" Hirnzentren
liegen. Sobald fMRT-Verfahren robust und verläßlich genug sind, daß sie in
der Routinediagnostik einsetzbar werden, dürften auch sie Bestandteil diagnostischer Untersuchungsprotokolle bei Hirntumoren werden.

20.3.3 Rolle der Angiographie

Die modernen bildgebenden Verfahren, voran die CT und die MRT, haben
die Indikation zur zerebralen Angiographie drastisch verändert. Hirntumorpatienten werden deshalb heute nur noch angiographiert, wenn vor einer
Operation die Devaskularisation einer mutmaßlich gefäßreichen Geschwulst
geplant ist. Ganz gelegentlich kommt es noch vor, daß die zerebrale Angiographie zu differentialdiagnostischen Zwecken eingesetzt wird, z.B. wenn nicht
zweifelsfrei ist, ob es sich um ein Meningeom oder einen malignen duraständigen Tumor handelt (Abb. 20.8). Die Angiographie wird vereinzelt auch dann
eingesetzt, wenn man einen möglichst detaillierten Aufschluß über die lokalen
Gefäßverhältnisse erhalten möchte, etwa die Lage der Venen im Zugang zum
Tumor oder die mögliche Kollateralisation bei der Notwendigkeit zur Resektion oder Ligatur wichtiger Arterien an der Schädelbasis.

20.3.4 Rolle der Ultraschall-
und der nuklearmedizinischen Verfahren

In der Primärdiagnostik von Hirntumoren spielen diese Verfahren kaum eine
Rolle. Gelegentlich wird bei einem Kleinkind (offene Fontanelle) ein angeborener Tumor per Ultraschall erstmals erfaßt. Intraoperativ, bei geöffneter
Schädeldecke, eignet sich das Verfahren zur Ortung gliomatöser Tumoren und
zur Bestimmung der Tumorgrenzen. Nuklearmedizinische Verfahren (SPECT,
PET) werden am ehesten zu differentialdiagnostischen Zwecken eingesetzt,

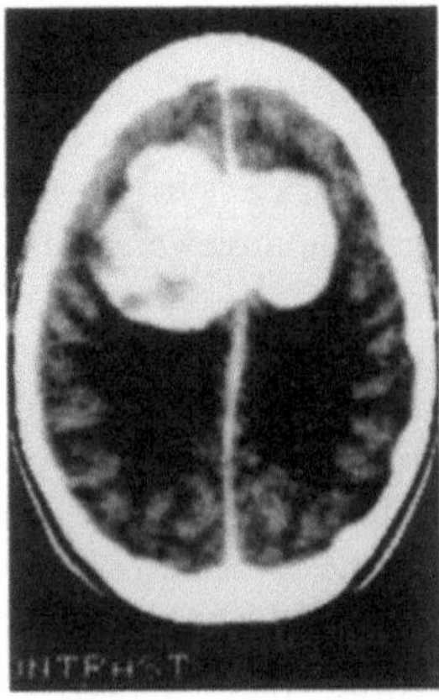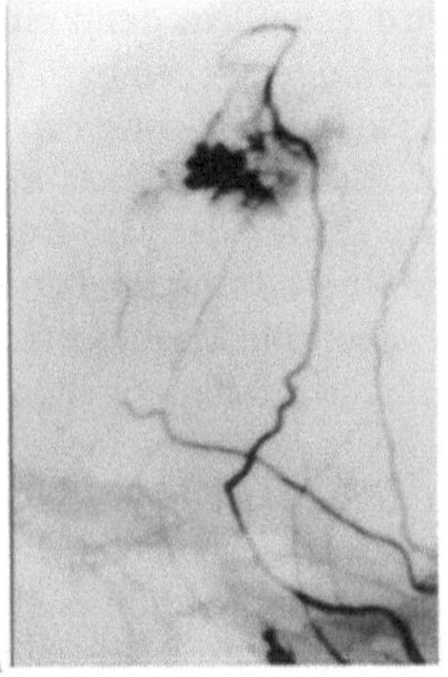

Abb. 20.8. Malignes Falxmeningeom. **a** CT nach intravenöser Kontrastverstärkung, **b** Angiographie durch selektive Injektion der Arteria carotis externa. Der zu beiden Seiten der Falx entwickelte, rechts etwas größere Tumor zeigt starkes, überwiegend homogenes Enhancement und eine scharfe Abgrenzung zur Umgebung. Das Angiogramm läßt die durale Versorgung über die erweiterte und vermehrt geschlängelte Arteria meningea media erkennen. Die Angiographie wurde aus differentialdiagnostischen Gründen durchgeführt, auch weil anschließend eine präoperative Devaskularisation durch Partikelinjektion geplant war

wenn z.B. unklar ist, ob es sich um einen Hirntumor oder um eine intrazerebrale Entzündung handelt, bzw. ob eine Strahlennekrose oder ein Tumorrezidiv besteht. Da mit der PET der Stoffwechsel von Hirntumoren verfolgt werden kann, eignet sich dieses Verfahren zum Tumorgrading und zur Verlaufsbeobachtung unter Therapie.

20.3.5 Artdiagnose auf der Basis radiologischer Befunde

Wie erwähnt, ist die neuroradiologische Diagnostik von einer In-vivo-Histopathologie noch weit entfernt. In der diagnostischen Praxis wird die neuroradiologische „Artdiagnose" außer durch die Befunde aus den bildgebenden Verfahren durch epidemiologisches Wissen und die Ergebnisse klinischer Untersuchungen beeinflußt. Das Ergebnis dieser „hybriden" Urteilsfindung ist eine Erhöhung der diagnostischen Spezifität, also der Wahrscheinlichkeit, daß ein bestimmter Tumor tatsächlich vorliegt.

Als klar wurde, daß das MR-Signal multiparametrischen Ursprungs ist, begann eine intensive Suche nach Wegen, die diagnostische Spezifität zu erhöhen, mit dem Endziel einer Elimination der Notwendigkeit zur Hirnbiopsie. Die Analyse der mehr statischen Parameter wie der Relaxationszeiten, Relaxationsverhältnisse und anderen Indizes hat allerdings bisher nicht zu einer wesentlichen Erhöhung der diagnostischen Spezifität geführt. Mehr zu erwarten ist von den funktionellen, dynamischen MR-Techniken, etwa der diffusions- und der perfusionsgewichteten MRT.

Bei sorgfältiger morphologischer Diagnostik hat jedoch die Feststellung eines Meningeoms, eines Neurinoms (besonders eines Akustikusneurinoms), eines niedergradigen hemisphäralen Glioms, eines pilozytischen Kleinhirnastrozytoms, eines Glioblastoms der Großhirnhemisphäre, eines Hirnstammglioms und eines Hämangioblastoms des Kleinhirns eine hohe Wahrscheinlichkeit; gleiches gilt für die qualitative Diagnose von Metastasen.

20.4   Diagnostikderivierte Verfahren in der Therapie

20.4.1   Neuroimaging und intraoperative Navigation

Die modernen Imaging-Verfahren sind sämtlich computergestützt und erheben Bilddaten, die primär in digitaler Form vorliegen. Es lag deshalb nahe, diese Verfahren zur Steuerung chirurgischer Instrumente zu nutzen, auch zur Operationsplanung bis hin zur Operationssimulation. Dementsprechend gibt es heute eine Reihe von Entwicklungen, die jeweils zum Ziel haben, mit Hilfe prä- und intraoperativ akquirierter Bilddatensätze das OP-Mikroskop oder Instrumente zu steuern oder den Operateur on-line darüber zu informieren, an welcher Stelle genau er gerade mit seinem Instrument arbeitet. Die Mehrzahl dieser Verfahren verwendet MRT-Daten, wobei Bildverzerrungen notfalls durch Korrekturprogramme beseitigt werden müssen. Steht nur ein präoperativ akquirierter Datensatz zur Verfügung, geht die genaue Übereinstimmung mit der aktuellen Anatomie am Patienten verloren, sobald die Dura eröffnet ist, Liquor abfließen kann und damit das Gehirn durch Zurücksinken seine Position verändert. Auch der Eingriff am Tumor selbst führt zu einem *mis-match* zwischen den Daten im OP-basierten Rechner und der individuellen Anatomie. Das Problem kann dadurch umgangen werden, daß intraoperativ eine erneute Datenaquisition erfolgt, was natürlich die Verfügbarkeit eines MR-Tomographen im Operationssaal notwendig macht; eine solche Konstellation besteht gegenwärtig nur an wenigen Zentren. Eine andere Möglichkeit ist die intraoperative Wiederholung der CT, was den Vorteil hat, daß nicht zahlreiche Geräte im OP MR-fähig sein oder gemacht werden müssen. Ein Nachteil dieser Lösung ist die geringere Kontrastauflösung.

20.4.2   Neuroimaging und Bestrahlungsplanung

Wie zur Operationsplanung und zur intraoperativen Navigation können die Daten der kranialen CT oder MRT auch zur Bestrahlungsplanung herangezogen werden. So wie die modernen bildgebenden Verfahren starken Einfluß auf die Operationstechnik gehabt haben (Verkleinerung der Schädeltrepanation, genauere Inzision an der Hirnoberfläche, bessere Information über die Tumorgrenzen), hat auch die Bestrahlungsplanung durch die Basierung auf

digitalen Daten eine Revolution erfahren. So ist die moderne Konformations-
therapie erst dadurch möglich geworden, daß der Radioonkologie dreidimensionale Daten zur Verfügung gestellt werden konnten, die die Morphologie
des Tumors – auch im Hinblick auf sensible Nachbarstrukturen – höchst detailliert wiedergeben.

20.4.3   Adjuvante interventionell-radiologische Verfahren

Bei manchen gefäßreichen Tumoren empfiehlt es sich, präoperativ möglichst
viel der abnormen Vaskularisation auszuschalten. Dies kann heute mit Verfahren durchgeführt werden, die ihren Ursprung in der klassischen Katheter-
angiographie haben. Man sondiert dazu zunächst das zuständige hirnver-
sorgende Hauptgefäß mit einem regulären Diagnostikkatheter. Anschließend
führt man durch diesen (Primär-)Katheter einen Mikrokatheter in das Gefäßsystem ein, dessen Flexibilität ein Vorschieben bis weit nach intrakraniell erlaubt. Auf diese Weise können superselektiv die tumorversorgenden Gefäße
sondiert und mit temporär oder permanent verschließenden Substanzen (Par-
tikeln, Flüssigembolisaten) injiziert werden. Ziel dabei ist ein Verschluß der
Tumorgefäße auf präkapillarer oder kapillarer Ebene, denn bei mehr proxi-
malem Verschluß käme es zu einer Revaskularisation. Zu den Tumoren, bei
denen je nach neurochirurgischer Präferenz einigermaßen regelmäßig präoperativ devaskularisiert wird, gehören Meningeome (besonders an der Schädelbasis), Glomus-jugulare-Tumoren (ein weiterer, prinzipiell gutartiger ge-
fäßreicher Tumor an der Schädelbasis der hinteren Schädelgrube) sowie größere, überwiegend solide Hämangioblastome des Kleinhirns. Dieser endovaskuläre Verschluß der Tumorgefäße durch Embolisation führt dazu, daß intraoperativ weniger Zeit auf Blutstillung verwendet werden muß, was die Opera-
tionssicherheit erhöht und auch zu einer Verkürzung der Operationszeit
führen kann.

Für die Prüfung der Kollateralisationsverhältnisse an der Hirnbasis kann
für den Fall der Notwendigkeit einer Gefäßunterbindung im Rahmen der
Tumorresektion präoperativ ein sog. Okklusionstest durchgeführt werden.
Hierbei benutzt man einen Katheter, der kurz vor der Spitze einen Ballon
trägt. Dieser Ballon kann zwecks Unterbrechung des Blutstroms über ein
zweites Katheterlumen temporär aufgeblasen werden. Das Hauptlumen des
Katheters erlaubt dabei die Kontrolle des lokalen Zirkulationsstillstands. To-
leriert der Patient für etwa eine halbe Stunde einen solchen Gefäßverschluß,
ohne daß neurologische Symptome auftreten, kann das getestete Gefäß, z.B.
die A. carotis interna, mit hoher Sicherheit folgenlos geopfert werden, sollte
dies für die vollständige Tumorresektion notwendig sein. Die Technik mit
der koaxialen Plazierung eines Mikrokatheters in intrakranielle Arterien kann
auch zur Perfusion eines malignen Tumors mit Chemotherapeutika oder anderen Wirksubstanzen verwendet werden. Der Vorteil liegt in einer selektiven
Perfusion des Tumors oder Anteilen davon; das normale Hirngewebe wird
dabei geschont.

20.5 Therapiefolgen und Tumorrezidiv

Nach der Behandlung eines Hirntumors werden die modernen bildgebenden Verfahren, voran die MRT und die CT, zu Verlaufsuntersuchungen herangezogen. Dabei kann es schwierig werden, zwischen posttherapeutischen Veränderungen am Gehirn und seinen Hüllen und Resttumor bzw. Tumorrezidiv zu unterscheiden. Eine einzelne Untersuchung erlaubt in der Regel nicht, diese Frage zu beantworten. Will man spätere Gewebeveränderungen registrieren und richtig interpretieren, benötigt man oft eine Information zur Ausgangslage nach Operation. So ist bekannt, daß es nach Resektion eines Glioms etwa 3–4 Tage dauert, bis sich Granulationsgewebe mit seinem typischen Enhancement entwickelt. Wenn man also vor Ablauf dieser Zeit eine postoperative MRT mit Kontrastverstärkung durchführt und an den Resektionsrändern Bezirke mit abnormem Enhancement erkennt, spricht dies für Resttumor. Ein solcher Befund ist oft auch gut mit dem Enhancement vor Operation zu korrelieren. Weitaus schwieriger ist die Situation bei niedergradigen Gliomen ohne präoperatives Enhancement, denn hier kann nur im Verlauf über die Radikalität des Eingriffs entschieden werden.

Praktisch alle therapeutisch induzierten Veränderungen wie Gewebeuntergang durch Spateldruck oder andersartige chirurgische Traumatisierung, Restödem, reaktive Gliose (Vermehrung der Stützzellen des Hirngewebes), sekundäre entzündliche Veränderungen und Veränderungen infolge von Strahlentherapie (ischämische Demyelinisierung) oder Chemotherapie führen alle zu einer Relaxationsverlängerung von T1 und T2. Eine verläßliche Unterscheidung dieser Veränderungen von Tumorgewebe ist allein auf der Grundlage des Signalmusters oder der Relaxationszeiten also nicht möglich. Die Situation wird weiter dadurch erschwert, daß zumindest unmittelbar postoperativ die Resektionshöhle mit Blut und Luft gefüllt sein kann. Nach 3 oder 4 Tagen beginnt dann die Entwicklung von Granulationsgewebe an den Resektionsrändern, so daß dessen Enhancement bei zukünftigen Untersuchungen nur von Tumor-Enhancement unterschieden werden kann, wenn bekannt ist, wie die Resektion unmittelbar postoperativ aussah. Rezidive gehen in der Regel von Resttumor aus, können aber – besonders bei malignen Gliomen – auch an zunächst unauffälligen Resektionsrändern oder weit entfernt vom Resektionsort entstehen. Bei den ganz überwiegend gutartigen Meningeomen ist die Rezidivwahrscheinlichkeit u.a. davon abhängig, wie stark der Tumor die Dura bzw. die Wände der duralen Sinus infiltriert hatte.

Praktisch alle neuroepithelialen (hirneigenen) Tumoren können Absiedlungen auf dem Liquorweg hervorrufen. Voraussetzung ist dafür allerdings, daß sie die Hirnoberfläche oder das Ependym (die Innenauskkleidung der Ventrikel) erreichen. Besonders Medulloblastome, Ependymome und ventrikelnahe Glioblastome neigen zu einer solchen meningealen Aussaat, die auch in den Spinalkanal hinein erfolgen kann. Ein gleichförmiges lineares Enhancement der Dura auf der Seite der Operation ist eine normale Operationsfolge;

solches Enhancement kann für Jahre bestehen und auch die operationsabge-
wandte Seite betreffen.

Literatur

1. Osborn AG (1994) Diagnostic neuroradiology. Mosby, Saint Louis
2. Sartor K (1992) MR imaging of the skull and brain. Springer, Berlin Heidelberg New York Tokyo
3. Sartor K (1996) Neuroradiologie. Thieme, Stuttgart New York

21 Neuroradiologie nicht neoplastischer Erkrankungen

O. Jansen

In diesem Kapitel werden die nicht neoplastischen Erkrankungen des Zentralnervensystems und deren Diagnostik mit den bildgebenden Verfahren beschrieben. Da die Diagnostik von Traumafolgen bei den meist schwerverletzten Patienten auch in absehbarer Zeit mit der Computertomographie (CT) und den konventionellen Radiologieverfahren erfolgen wird und daher bei diesen Untersuchungen wenig Innovationen zu erwarten sind, wird dieser Themenkomplex ausgespart. Die übrigen nicht neoplastischen Erkrankungen des Zentralnervensystems, die in der klinischen Routine häufig vorkommen, können unter den beiden Überschriften Entzündungen und neuropädiatrische Erkrankungen zusammengefaßt werden. Die Erkrankungen der Blutgefäße werden gesondert in dem Kapitel *Schlaganfall* besprochen.

21.1 Zerebrale Entzündungen

21.1.1 Autoimmunerkrankungen

Unter Autoimmunerkrankungen versteht man Erkrankungen, die durch eine pathologische Stimulation des körpereigenen Abwehrsystems (Immunsystem) hervorgerufen werden. Die Auslöser einer solchen Stimulation sind bislang nicht sicher bekannt und vermutlich auch vielfältig. Ein Teil dieser Autoimmunerkrankungen wird durch eine vorausgegangene Virusinfektion ausgelöst. Die pathologische Immunsystemstimulation führt dazu, daß die Abwehrzellen (z.B. Lymphozyten) körpereigene Gewebezellen angreifen und zerstören. Daraus resultieren akute oder chronische Entzündungsreaktionen. Die Erkrankung mit ihren Symptomen wird dabei vor allem durch das Zielorgan der pathologisch stimulierten Abwehrzellen bestimmt. Nachfolgend werden einige typische Autoimmunerkrankungen mit dem jeweiligen Zielorgan aufgeführt:

1. Rheuma – Gelenkknorpel
2. Psoriasis – Haut
3. Colitis ulcerosa – Darmschleimhaut
4. Multiple Sklerose – Hirngewebe

Die Multiple Sklerose (MS) oder auch *Encephalitis disseminata* (ED) genannt, ist eine schubförmig (*polyphasisch*) oder auch kontinuierlich progredient ablaufende Erkrankung, bei der es an mehreren Stellen (polytop) des Zentralnervensystems zu einer entzündlich bedingten Zerstörung der sog. Markscheiden kommt. Diese Markscheiden stellen die Ummantelung („Isolierung") der Nervenzellen (Neuronen = „Kabel") dar und sind für die Übertragung der elektrischen Impulse im ZNS verantwortlich. Die Markscheidenzerstörungen können sowohl im Gehirn als auch im Rückenmark liegen. Die MS wird mit einer Häufigkeit von etwa 40 Erkrankten pro 100 000 Einwohner beobachtet und stellt damit die häufigste sog. *demyelinisierende* Erkrankung dar. Der Erkrankungsbeginn liegt meistens zwischen dem 20. und 40. Lebensjahr, Frauen sind häufiger als Männer betroffen (3:2). Die mittlere Lebenserwartung der Erkrankten beträgt 20–25 Jahre nach Erkrankungsbeginn. Sehr selten können bösartige Krankheitsverläufe aber auch innerhalb von einem Jahr zum Tod führen. Nach einer Krankheitsdauer von über 15 Jahren sind 2/3 der Patienten nicht mehr berufsfähig. Bei frühzeitiger Diagnosestellung und konsequenter medikamentöser Therapie (Immunhemmung) kann die Krankheit zwar nicht geheilt werden, der Krankheitsverlauf läßt sich aber entscheidend verzögern und mildern. Die Sicherung der Diagnose erfolgt zum einen durch die Untersuchung des Liquors (Hirnflüssigkeit) auf spezielle Entzündungszeichen. Als wichtiges Diagnoseverfahren gelten heute aber auch die bildgebenden Verfahren und hier besonders die Magnetresonanztomographie (MRT). Die MS führt an typischen Stellen des Gehirns und Rückenmarks aufgrund der Entzündungsreaktion zu einer Zunahme des Gewebswassergehalts und damit zu einer Verlängerung der T2-Relaxationszeit. Akute, aber auch chronische Entzündungsherde sind daher in den T2-gewichteten Bildern als deutliche Signalanhebungen von rundlicher Konfiguration (Plaques) nachzuweisen. Im akuten Stadium kommt es zu einer ausgeprägten Störung der sog. Blut-Hirn-Schranke, so daß sich ein intravasal gegebenes Kontrastmittel (z.B. Gadolinium-DTPA für die MRT) im Entzündungsherd anreichert und in den T1-gewichteten Bildern zu einer deutlichen Signalanhebung führt. Mit der MRT kann also die Diagnose einer MS mit hoher Sicherheit gestellt werden, zusätzlich liefert die MRT Aussagen zur Akutizität der Erkrankung, so daß mit dieser Methode der Verlauf der Erkrankung beobachtet und die Therapie kontrolliert werden kann.

Akute disseminierte Enzephalomyelitis. Wie bei der MS kommt es auch bei der akuten disseminierten Enzephalomyelitis (ADEM) zu umschriebenen Entzündungen mit Verlust der Myelinscheiden. Die ADEM tritt vor allem nach Impfungen und viralen Infektionen auf. Im Gegensatz zur MS handelt es sich bei der ADEM jedoch nur um *einen* akuten Krankheitsschub (monophasisch), allerdings häufig mit verschiedenen Entzündungslokalisationen am Gehirn und Rückenmark. In der Regel verursachen alle diese Entzündungsherde eine neurologische Symptomatik, so daß die Patienten über das gleichzeitige Auftreten einer polytopen neurologischen Symptomatik klagen. Die Entzündungsherde lassen sich mit der MRT am besten darstellen, dabei können diese Herde im Einzelfall einen Durchmesser von mehreren cm

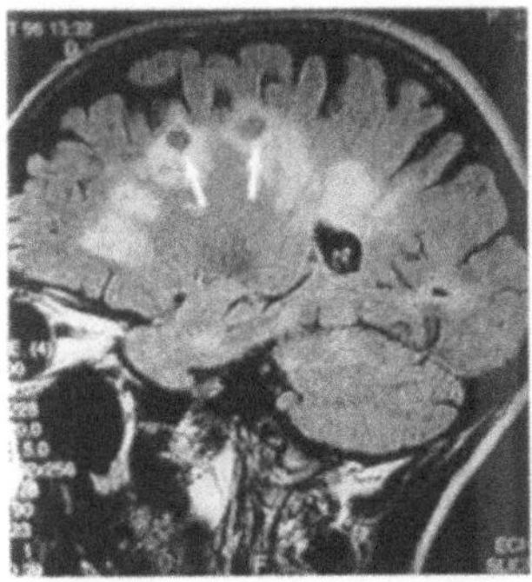

Abb. 21.1. MS: Sagittales T2-gewichtetes MRT-Bild mit Liquorunterdrückung (FLAIR-Sequenz) bei einer Patientin mit ausgedehnten Demyelinisierungen. Die meisten Herde sind ödematös und signalreich. In einigen Herden ist es aber bereits zur vollständigen Destruktion des Hirnes gekommen, so daß sich Liquor gefüllte Hohlräume gebildet haben ($\Rightarrow$)

einnehmen und mit Tumoren verwechselt werden. Der entzündliche Liquorbefund, die häufig typische Lokalisation und Konfiguration der Entzündungsherde und der Rückgang der Herde nach Kortisontherapie sichern aber die Diagnose.

21.1.2 Virale Entzündungen

Herpes simplex Enzephalitis. Die Herpesenzephalitis ist die häufigste nichtepidemische virale Meningoenzephalitis in Europa und USA. Nach oraler Infektion wandert der Virus entlang der Nervenscheiden der Hirnnerven (z.B. Riechnerv, Trigeminus) ins Gehirn. Zur Enzephalitis kommt es entweder direkt nach dem Primärkontakt mit dem Virus oder nach einer Latenz, die mehrere Jahre dauern kann. Der Virus bewirkt eine massive Hirnentzündung mit Hirngewebsuntergang (Nekrosen) und Einblutungen. Dabei befällt der Virus vorzugsweise bestimmte Hirnabschnitte (sog. limbisches System). Die spezifischen Enzephalitislokalisationen und das Auftreten von Einblutungen führen zu einem typischen Erscheinungsbild der Herpesenzephalitis im MRT, so daß die Diagnose recht zuverlässig mit den bildgebenden Verfahren gestellt werden kann und eine adäquate Therapie schon vor der beweisenden, aber zeitaufwendigen Labordiagnostik eingeleitet werden kann.

Aids. Der Erreger des Aids ist ein Retrovirus (HIV = human immunodeficiency virus), der zu einer Schwächung des Immunsystems führt. Nach einer langen Latenzzeit kommt es bei manifester Immunschwäche zu zahlreichen opportunistischen Infektionen, die auch das Zentralnervensystem betreffen. Am häufigsten wird dann ein Toxoplasmosebefall des Gehirns beobachtet. Die parasitären Erreger (Toxoplasma gondi) bewirken eine häufig multilokuläre

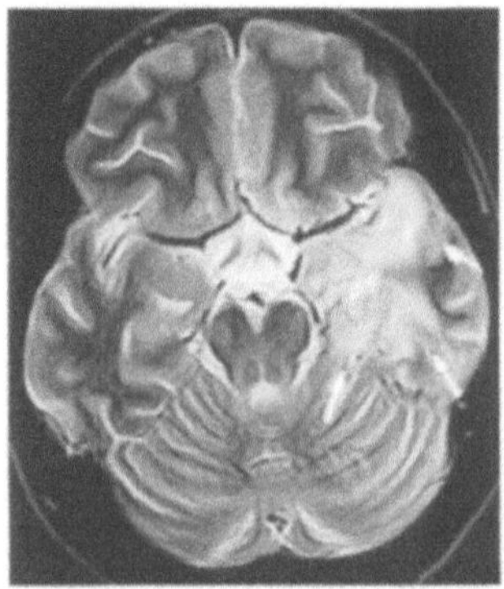 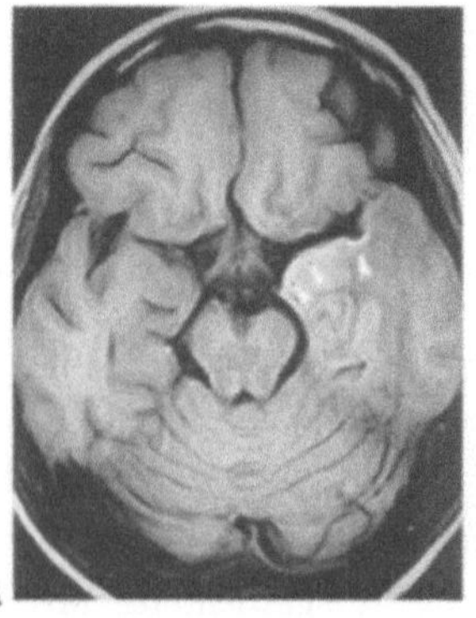

Abb. 21.2. Akute Herpesenzephalitis: **a** im axialen T2-gewichteten MRT-Bild ist eine flächige Signalanhebung im linken Temporallappen zu sehen (⇒). **b** Im T1-gewichteten axialen Bild ist eine streifige Signalanhebung auf der Hirnoberfläche nachzuweisen, die einer Einblutung entspricht (△)

Herdenzephalitis mit Ausbildung von Abszessen. Daneben werden bei Aids-Patienten gehäuft zahlreiche Virusenzephalitiden beobachtet, und es kann zum Auftreten von HIV-assoziierten Tumoren (z.B. primäre Hirnlymphome) kommen. Sämtliche Erkrankungen sind mit der MRT am besten nachzuweisen.

21.1.3 Bakterielle Entzündungen

Hirnabszeß. Hirnabszesse entstehen fortgeleitet durch Übergreifen von Entzündungen aus den Nasennebenhöhlen oder Ohren oder durch Streuung von Bakterien über die Blutbahn (hämatogen) aus peripheren Entzündungsherden. Der Entwicklung eines Abszesses (abgekapselte Eiterhöhle) geht zunächst eine umschriebene Infiltration des Hirngewebes mit Entzündungszellen voraus (Zerebritis). Im weiteren Verlauf kommt es dann im Zentrum der Entzündung zu einer Nekrose und zu einer Kapselbildung im Randbereich der Entzündung. Diese Kapsel besteht aus Kollagen (Bindegewebe) und neugebildeten Gefäßen. Der Abszeß wird in der Regel von einem ausgeprägten Hirnödem umgeben. Mit den bildgebenden Verfahren (CT und MRT) sind Abszesse des Hirngewebes sehr gut nachzuweisen. Sie stellen sich als eine zystische Raumforderung dar, deren Wand nach Kontrastmittelgabe in beiden Untersuchungsmodalitäten kräftig Kontrastmittel anreichert; man spricht bei diesem Erscheinungsbild von einer Ringstruktur. Da auch andere Läsionen (z.B. Tumoren) eine gleichartige Ringstruktur im CT oder MRT verursachen können, ist eine sichere Abszeßdiagnose mit den bildgebenden Verfahren nicht möglich. In der Regel wird die Diagnose daher erst durch eine operative Materialgewinnung (z.B. Punktion) gesichert.

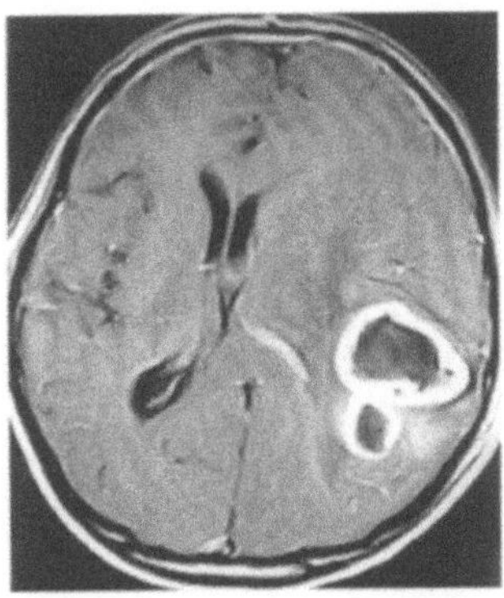

Abb. 21.3. Hirnabszeß: Im T1-gewichteten MRT-Bild kommt nach intravenöser Kontrastmittelgabe (Gadolinium-DTPA) eine polyzystische Raumforderung (Ringstruktur) im Hirngewebe zur Darstellung

Meningitis. Die Meningitis ist eine Entzündung der Hirnhäute und kann sowohl Erwachsene als auch Kinder betreffen. Während die viralen Meningitiden einen in der Regel gutartigen Verlauf zeigen und in den bildgebenden Verfahren weniger Veränderungen bewirken, kommt es bei den bakteriellen Meningitiden zu einer nachweisbaren Hirnhautverdickung und ausgeprägten Kontrastmittelanreicherung in den kontrastmittelverstärkten Untersuchungen (v.a. in der MRT). Die Entzündung der Hirnhäute kann zu einer lokalen Eiteransammlung führen (Empyem) oder / und eine Resorptionsstörung des Liquors bewirken, so daß sich ein Hydrozephalus aresorptivus entwickelt. Die Entzündung der Hirnhäute kann auch auf die angrenzenden Gefäße (v.a. Venen) übergreifen und zu einer Venenentzündung mit anschließendem Venenverschluß führen (komplizierte Meningitis).

21.2 Neuropädiatrische Erkrankungen

21.2.1 Angeborene Mißbildungen

Zerebrale Mißbildungen

Angeborene Mißbildungen des Gehirns sind Folge einer intrauterinen Störung der normalen Hirnentwicklung und werden durch ganz unterschiedliche Schädigungsmechanismen hervorgerufen. Die Art der Mißbildung wird dabei weniger durch die Art der Noxe (Infektion, Durchblutungsstörung oder Vergiftung) als vielmehr durch den Zeitpunkt der Schädigung bestimmt. Die Spanne der Mißbildungen reicht vom völligen Fehlen des Gehirns (Anenzephalie) über Fehlentwicklungen einzelner Hirnabschnitte (z.B. Balkenaplasie) bis zu umschriebenen Reifungsstörungen der weißen Hirnsubstanz (z.B. periventrikuläre Leukomalazie). Allgemein gilt heute, daß die MRT die beste bildgebende Methode ist, um Veränderungen des kindlichen Gehirns zu untersuchen. Daher und auch aus strahlenhygienischen Überlegungen sollte die

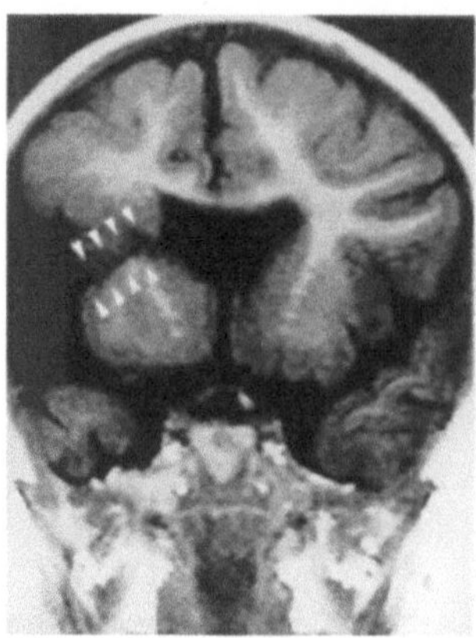

Abb. 21.4. Schizenzephalie: Im T1-gewichteten koronaren MRT-Bild ist eine Verbindung zwischen dem Ventrikelsystem und der Hirnoberfläche erkennbar ($\triangle$)

MRT einer CT-Untersuchung vorgezogen werden. Im folgenden werden einige Hirnfehlbildungen exemplarisch vorgestellt.

Dandy-Walker-Malformation. Bei dieser Fehlbildung liegen eine Unterentwicklung (Hypoplasie) des Kleinhirnwurms und eine Ballonierung des IV. Ventrikels vor. Die Veränderungen in der hinteren Schädelgrube führen häufig zu Störungen der Liquorzirkulation und Ausbildung eines Hydrozephalus (in 75% der Fälle).

Chiari-Malformation. Hierbei handelt es sich um Fehlanlagen v.a. der hinteren Schädelgrube und des kraniozervikalen (Kopf-Hals-)Übergangs. Bei der sog. Chiari-I-Malformation liegt lediglich ein Tiefstand von Anteilen des Kleinhirns vor (Tonsillen). Bei der Chiari-II-Malformation liegen zusätzlich eine Dysplasie des Balkens und eine spinale Mißbildung (Meningomyelozele, s. S. 499) vor.

Schizenzephalie. Unter diesem Begriff versteht man eine Spaltbildung des Hirnmantels, so daß eine offene Verbindung zwischen dem Ventrikelsystem und der Hirnoberfläche besteht (s. Abb. 21.4).

Balkendysgenesien. Veränderung des Balkens (= Verbindung zwischen den beiden Hirnhälften) werden häufig beobachtet und bewirken in der Regel keine auffällige klinische Symptomatik. Dabei können einzelne Teile des Balkens (Dysgenesie) oder auch der gesamte Balken (Aplasie) fehlen. Ein angeborenes Fehlen des Balkens muß von einer erworbenen Verschmächtigung (Hypoplasie) unterschieden werden.

Spinale Mißbildungen

Die wichtigste Gruppe der spinalen Mißbildungen bilden die sog. *dysraphischen* Störungen. Sie beruhen auf einer embryonalen Fehlentwicklung des Rückenmarkkanals (Neurulationsphase) und sind umso gravierender ausgeprägt, je früher in der Entwicklungsphase die Störung aufgetreten ist. Man unterscheidet in der Gruppe der dysraphischen Störungen die offenen von den geschlossenen Formen, je nachdem, ob die Fehlbildung äußerlich nachweisbar ist oder nicht. Auch für die spinalen Fehlbildungen gilt, daß sie mit der MRT am besten bildlich darzustellen sind.

Meningozele, Meningomyelozele. Diese Fehlbildungen entstehen durch einen dorsalen (rückseitigen) Defekt der Wirbelsäule, durch den Anteile des Spinalkanalinhalts nach außen verlagert sind. Enthält der Vorfall nur Hirnhäute und Flüssigkeit, spricht man von einer Meningozele, sind zusätzlich Anteile des Rückenmarks selbst verlagert, handelt es sich um eine Meningo*myelo*zele. Begleitende Anomalien wie eine Fettgewebsgeschwulst (Lipom) sind häufig. In der Regel werden die offenen Formen der dysraphischen Störungen frühzeitig operiert, um eine Infektion des Zentralnervensystems über diesen Defekt zu vermeiden.

Diastematomyelie. Hierbei liegt eine sagittale Spaltbildung des Rückenmarks vor, so daß insbesondere in den Querschnittuntersuchungen zwei voneinander getrennte Rückenmarksteile im Spinalkanal nachzuweisen sind.

Syringomyelie/Hydromyelie. Unter einer Syringomyelie versteht man eine Höhlenbildung im Rückenmark, die ganz verschiedene Ursachen haben kann. So kann die flüssigkeitsgefüllte Höhle (Syrinx) in der Nachbarschaft von Rückenmarktumoren, nach Traumen (Unfällen) oder durch eine angeborene Fehlbildung, die dann meist eine Zirkulationsstörung des Liquors bewirkt hat, entstehen. Da die Syrinx lange ohne klinische Symptome bleiben kann, werden manche dieser angeborenen Fehlbildungen erst im Erwachsenenalter beim Auftreten unklarer neurologischer Symptome entdeckt.

21.2.2   Stoffwechselerkrankungen (Leukodystrophien)

In diesem Kapitel sollen die metabolischen Erkrankungen (Stoffwechselerkrankungen) vorgestellt werden, die zu Veränderungen der weißen Hirnsubstanz führen und daher auch unter dem Oberbegriff der *Leukodystrophien* zusammengefaßt werden können. Wenn auch im ausgeprägten Stadium solcher Erkrankungen Veränderungen der weißen Hirnsubstanz mit der CT nachzuweisen sind, gilt doch im wesentlichen, daß die Leukodystrophien erst durch die Einführung der MRT dem Nachweis mit bildgebenden Verfahren zugänglich geworden sind.

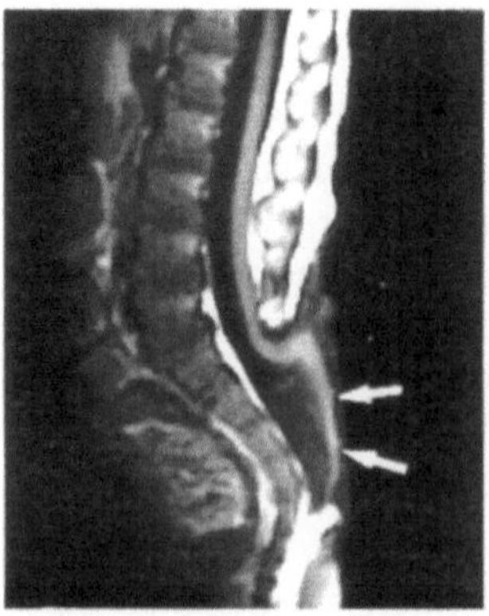

Abb. 21.5. Myelomeningozele: Im T1-gewichteten sagittalen MRT-Bild erkennt man eine große Dysraphie ab dem 4. Lendenwirbelkörper mit einer oberflächlichen Aussackung der Hirnhäute und des Rückenmarks ($\Leftarrow$)

Viele dieser Erkrankungen beruhen auf angeborenen Enzymdefekten und führen zur vermehrten Ansammlung von Stoffwechselprodukten in den Zellen des Zentralnervensystems. Dadurch kommt es zu einer Störung beim Aufbau oder Erhalt des Myelins. Die Erkrankungen manifestieren sich zumeist in der frühen Kindheit und führen häufig zum Tod, da eine wirksame Therapie meistens nicht zur Verfügung steht.

Adrenoleukodystrophie (ADL). Die klassische ADL betrifft nur Jungen und ist eine X-chromosomal vererbte Erkrankung. Die zunächst völlig gesunden Kinder erkranken im Alter von 5–10 Jahren. Die Symptome bestehen in einer Ataxie (Koordinationsstörung), zunehmendem Verlust geistiger Fähigkeiten, Anfällen, Seh- und Hörstörungen. Der Verlauf ist in der Regel rapide und endet tödlich. In der MRT findet man eine Signalveränderung der weißen Hirnsubstanz (Demyelinisierung), die typischerweise okziptal und parietal beginnt und nach rostral fortschreitet. Das pathologische Marklagersignal ist mit der MRT am besten in den T2-gewichteten Bildern nachzuweisen (Abb. 21.6).

Pelizaeus-Merzbacher-Krankheit. Bei der konnatalen Form dieser Erkrankung liegt bereits zu Geburt ein völliges Fehlen des Myelins vor. Der klinische Verlauf ist bei diesen schwer geschädigten Kindern sehr rapide. In der MRT findet man eindrucksvolle Befunde mit einem Verlust des Myelins in allen Hirnabschnitten, so daß in den T2-gewichteten Bildern die gesamte weiße Hirnsubstanz signalreich dargestellt wird.

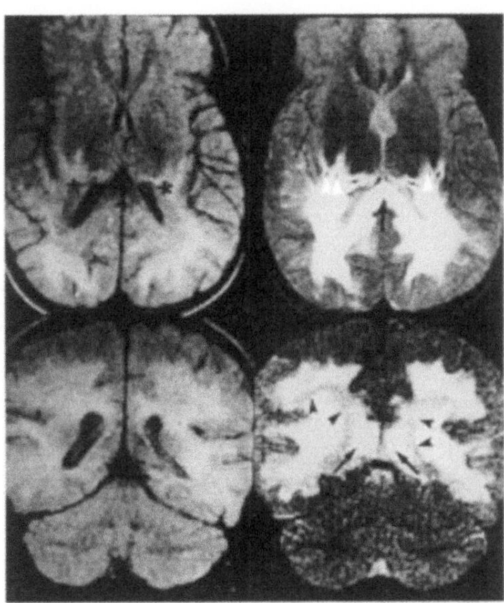

Abb. 21.6. Adrenoleukodystrophie. Krankhafte Signalanhebungen der weißen Hirnsubstanz vor allem um die Hinterhörner der Seitenventrikel im T1-gewichteten axialen (*), im T2-gewichteten axialen ($\triangle$) und koronaren ($\rightarrow$) MRT-Bild

Literatur

1. Barkovich AJ (1995) Pediatric neuroimaging, 2nd edn. Raven, New York
2. Barnes PD, Lester PD, Yamanashi WS, Prince JR (1986) Magnetic resonance imaging in infants and children with spinal dysraphism. Amer J Neuroradiol 7: 465–472
3. Bowen BC, Post MJD (1991) Intracranial infections. In Atlas, SC: Magnetic resonance imaging of the brain and spine. Raven, New York 501–538
4. Davidson HD, Steiner RE (1985) Magnetic resonance imaging in infections of the central nervous system. Amer J Neuroradiol 6: 499–504
5. Jansen O, Missler U, Brückmann H (1993) Wie verläßlich sind die typischen CCT–morphologischen Kriterien des Hirnabszesses? Klin Neuroradiologie 3: 118–123
6. Kesselring J, Miller DH, Robb SA, Kendall BE, Moseley IF, Kingsley D, DuBoulay G, McDonald I (1990) Acute disseminated encephalomyelitis. Brain 113: 291–302
7. van der Knaap MS, Valk J (1989) The reflection of histology in MR imaging of Pelizaeus-Merzbacher disease. Amer J Neuroradiol 11: 99–103
8. Osborn AG (1994) Diagnostic neuroradiology. Mosby, St. Louis

22 Neuroradiologie des Schlaganfalls

M. Forsting

Der Schlaganfall ist die dritthäufigste Todesursache in der westlichen Welt
nach dem Herzinfarkt und den bösartigen Tumorerkrankungen. Die enormen Kosten dieser Erkrankung werden wesentlich bestimmt durch die oft
nach der Krankheit einsetzende Behinderung mit neurologischen Ausfällen
(Lähmungen, Sprachstörungen, Sehstörungen usw.). Noch vor wenigen Jahren
galt die Erkrankung als kausal nicht behandelbar. Mittlerweile sind für die
verschiedenen Subgruppen des Schlaganfalls mehrere effektive Therapieformen entwickelt worden. Die rechtzeitige Diagnose und schnelle Einleitung der
spezifischen Therapie werden damit immer wichtiger, so daß der Schlaganfall
ähnlich wie der Herzinfarkt als medizinischer Notfall mit sofortiger Zuweisung
in ein spezialisiertes Krankenhaus anzusehen ist. Unter dem Begriff „Schlaganfall" wird eine Fülle von Krankheiten verstanden, deren „gemeinsame klinische Endstrecke" ein plötzlich aufgetretenes, fokales neurologisches Defizit ist,
beispielsweise eine Halbseitenlähmung oder eine akut aufgetretene Sprach-
störung. Nach der epidemiologischen Definition der Weltgesundheitsorga-
nisation kann ein Schlaganfall durch eine umschriebene zerebrale Ischämie
(Mangeldurchblutung), eine intrazerebrale Blutung, eine intrakranielle Subarachnoidalblutung (Blutung unter der weichen Hirnhaut) oder eine zerebrale
venöse Abflußtörung verursacht werden. Außer bei der Subarachnoidalblutung, die durch plötzliche Kopfschmerzen „so schlimm wie noch nie" gekennzeichnet ist, kann die „Artdiagnose" des Schlaganfalls am Krankenbett fast
nie gestellt werden; selbst eine Einteilung in die groben Kategorien ischämischer Insult bei fehlender oder nicht ausreichender Durchblutung oder Hirnblutung ist ohne Computertomographie (CT) nicht möglich. Da heute radiologische Untersuchungen eine entscheidende Rolle beim „Schlaganfall" spielen, erscheint es nützlich, die differentialdiagnostischen Aspekte des klinischen
Syndroms aus radiologischer Sicht darzustellen.

22.1 Der ischämische Insult

Unter einer „Ischämie" versteht man in der Medizin generell einen Zustand
fehlender oder zumindest mangelhafter Durchblutung. Im weiteren Sinn ist
dafür immer eine verschlossene Arterie die Ursache. Besteht diese Mangeldurchblutung lange genug, tritt eine Gewebenekrose, ein Infarkt, auf. Die
sog. Ischämietoleranz, d.h. die Zeitdauer, nach der eine Mangeldurchblutung
unweigerlich in einen Infarkt übergeht, ist von Organ zu Organ verschieden.

Das Gehirn ist allerdings mit der geringsten Ischämietoleranz ausgestattet, d.h. hier treten schon nach sehr kurz andauernden Durchblutungsstörungen definitive Gewebsnekrosen (Infarkte) auf. Deshalb ist es besonders wichtig, bei dieser Erkrankung den Patienten sofort in ein spezialisiertes Krankenhaus einzuweisen und die Behandelbarkeit abzuklären. So kann innerhalb der ersten 6 h nach Beginn der klinischen Symptomatik unter bestimmten Voraussetzungen versucht werden, das verschlossene Blutgefäß durch medikamentöse Maßnahmen wieder zu eröffnen (Thrombolyse). Diese Form der Behandlung führt bei den akuten Durchblutungsstörungen des Herzmuskels (Herzinfarkt) zu hervorragenden Ergebnissen.

Erst seit Einführung der Computertomographie (CT) kann man beim Patienten zuverlässig zwischen einem ischämischen zerebralen Insult und einer intrazerebralen Blutung (Hirnblutung) unterscheiden. Das CT-Bild der fokalen Ischämie ist durch eine geminderte Dichte des Hirnparenchyms im Versorgungsgebiet des verschlossenen Blutgefäßes charakterisiert. Nach 6–8 h entwickeln sich im Infarktbereich leichte Raumforderungszeichen, erkennbar am Verstreichen der benachbarten Hirnfurchen oder an einer Verengung der Zisternen. Bei Verschlüssen des Hauptstamms der A. cerebri media (dem „Hauptversorger" jeweils einer Hirnhälfte) wirken jetzt oft auch die Stammganglien leicht dichtegemindert, und das verschlossene Gefäß kann in den basalen Zisternen als primär hyperdens sichtbar sein. Innerhalb von 3–5 T. demarkiert sich dann der Infarkt zunehmend, wird dabei oft von einer nur mäßigen, manchmal aber massiven („malignen") lokalen Hirnschwellung begleitet. Während der Resorption des nekrotisch gewordenen Hirngewebes (etwa 2–3 Wochen nach dem Insult) steigt vorübergehend die Dichte im Infarkt an, nicht selten bis zur Isodensität mit dem umgebenden normalen Hirnparenchym. Man bezeichnet dieses Phänomen als „fogging effect" [4]. Nach etwa 3 Monate ist bei vielen Infarkten die „Aufräumarbeit" im untergegangenen Gewebe soweit abgeschlossen, daß der Parenchymdefekt deutlich sichtbar wird. Die Defektränder sind dann überwiegend scharf, und die Dichte im Defekt gleicht der von Liquor.

Differentialdiagnostische Probleme bereitet häufig das unauffällige CT in der Frühphase der Ischämie. Letztlich muß der Kliniker dann aus der Befundkonstellation (u.U. mit Hilfe der Dopplersonographie) entscheiden, ob eine akute Ischämie vorliegt oder ob eine Enzephalitis (Entzündung) oder komplizierte Migräne wahrscheinlicher ist.

Auch die MRT zeigt in dieser Frühphase der zerebralen Ischämie noch keinen krankhaften Befund [32]. Selten ist bereits 4–6 Stunden nach dem „Schlaganfall" eine minimale Signalanhebung des Infarktareals im T2-gewichteten Bild erkennbar. Nach Kontrastmittelgabe wird im T1-gewichteten Bild bei einigen Patienten ein arterielles Enhancement sichtbar, vermutlich verursacht durch verlangsamten Fluß in den pialen Gefäßen [6]. Dieses Phänomen ist jedoch noch Gegenstand der Forschung.

Ganz neue MR-Verfahren sind in der Lage, die zerebrale Perfusion nach Bolusapplikation eines Kontrastmittels darzustellen („perfusion weighted imaging") oder durch spezielle Gradientenschaltungen die Änderungen der Brownschen Molekularbewegung zu erfassen („diffusion weighted imaging"). Diese beiden Verfahren werden die wichtige Frühdiagnostik der zerebralen Ischämie entscheidend verbessern, besonders dann, wenn mit ihnen eine Quantifizierung der zerebralen Durchblutung zuverlässig gelingen wird. Außerdem sind diese beiden Verfahren besonders wertvoll für das therapeutische Monitoring und für die Evaluierung neuer Therapieverfahren.

Durch Korrelation der im CT zu beobachtenden morphologischen Befunde mit den Ergebnissen angiographischer und neuropathologischer Untersuchungen hat man gelernt, daß das Verteilungsmuster ischämischer Läsionen Hinweise auf die Ursache des Hirninfarktes liefert [23,24]. Seither hat ein an der Pathophysiologie orientiertes Diagnosekonzept die alte klinische Einteilung der Ischämien nach ihrem zeitlichen Verlauf (TIA, RIND, PRIND usw.) vielerorts abgelöst. Die richtige Interpretation des CT-Befundes ist daher heute eine wichtige Entscheidungsgrundlage für die Planung der weiteren Diagnostik und Therapie. Ähnlich wie bei den Gefäßerkrankungen des Herzens wird grundsätzlich zwischen Erkrankungen der kleinen und Erkrankungen der großen Arterien unterschieden.

22.1.1 Die zerebrale Mikroangiopathie

Die zerebrale Mikroangiopathie ist im wesentlichen die Folge eines lange bestehenden Bluthochdrucks und manifestiert sich intrazerebral durch sog. lakunäre Infarkte und die subkortikale arteriosklerotische Enzephalopathie (SAE). Lakunäre Infarkte entstehen durch eine Thrombose kleiner perforierender Endarterien bei lange bestehendem Bluthochdruck [10]. Im CT zeigen sich bei dieser Erkrankung in Falle alter Herde 2–10 mm große zerebrale Substanzdefekte (Lakunen) hauptsächlich in den Stammganglien, im Marklager und im ventralen Hirnstamm; insgesamt sind bei 20–30% aller Patienten mit dem klinischen Syndrom eines Schlaganfalls im CT Lakunen nachweisbar [9].

Problematisch ist die CT-Diagnostik lakunärer Hirnstammlakunen: Zeigt ein Patient Hirnstammsymptome und sind im CT supratentoriell lakunäre Defekte erkennbar, ist die Diagnose „Hirnstammlakune bei zerebraler Mikroangiopathie" jedoch so wahrscheinlich, daß eine MR-Untersuchung nicht gerechtfertigt ist. Eine MR-Untersuchung sollte hingegen dann durchgeführt werden, wenn im CT supratentoriell keine vaskulären Läsionen erkennbar sind und deshalb noch nicht zwischen einer Erkrankung der kleinen und der großen hirnversorgenden Arterien unterschieden werden kann. Der MR-Nachweis einer Hirnstammlakune beeinflußt dann sowohl die weitere Diagnostik (keine Angiographie!) wie auch die Therapie.

Durch eine Lipohyalinose und fibrinoide Nekrose (arteriosklerotische Veränderungen) der langen penetrierenden Markarterien kommt es zu einer Demyelinisierung des Marklagers, die sich im CT als diffuse Dichteminderung des Marklagers darstellt [33]. Im MRT gibt sich die subkortikale arteriosklerotische Enzephalopathie überdeutlich an einer diffusen Signalanhebung des periventrikulären Marklagers im T2-Bild zu erkennen; diagnostisch ist die CT jedoch völlig ausreichend.

Mit dem radiologischen Nachweis einer zerebralen Mikroangiopathie (Lakunen und / oder SAE) erspart man dem Patienten eine belastende und teure Diagnostik mit zerebraler Angiographie und Abklärung von Herzerkrankungen. Auch nebenwirkungsreiche Therapien wie gefäßchirurgische Eingriffe oder Antikoagulation (gerinnungshemmende Medikation) sind bei dieser Diagnose nicht indiziert. Bei älteren Patienten sind im MRT häufig Signalanhebungen der weißen Substanz sichtbar, ohne daß klinische Zeichen einer zerebralen Mikroangiopathie bestehen oder ein Bluthochdruck vorliegt. Die Ursache dieser im amerikanischen Schrifttum oft salopp als „UBOs" (unknown bright objects) bezeichneten Veränderungen ist noch nicht völlig geklärt, wird aber mit der alternsbedingten Durchblutungsminderung in der tiefen weißen Substanz in Verbindung gebracht [2,8]. Bei unauffälligem CT, unspezifischer klinischer Symptomatik und negativer Hypertonieanamnese sollten solche MR-Veränderungen im Marklager nicht leichtfertig als krankhaft gewertet werden.

22.1.2 Die zerebrale Makroangiopathie

Bei der zerebralen Makroangiopathie muß der Radiologe zwischen embolischen und hämodynamischen Infarkten unterscheiden. Der Verschluß intrakranieller Hirnoberflächenarterien verursacht sog. Territorialinfarkte. Die Größe des Infarkts hängt dabei vom Versorgungsgebiet der verschlossenen Arterie und den vorhandenen Kollateralen (Umgehungskreisläufen) ab [7]. Liegen multiple territoriale Infarkte in unterschiedlichen Gefäßprovinzen (z.B. der vorderen und der hinteren Hirnzirkulation) oder in beiden Großhirnhemisphären vor, ist für die Planung der weiteren Diagnostik zunächst von einer Emboliequelle im Herzen auszugehen. Besteht nur ein einzelner Territorialinfarkt, können kardiale oder arterioarterielle Embolien (meistens ausgehend von arteriosklerotischen Veränderungen der großen Halsarterien) die Ursache des Infarkts sein.

Kardiale Emboliequellen können heute oft echokardiographisch erfaßt werden. Auch die Abklärung der supraaortalen Gefäße erfolgt zunächst nichtinvasiv, d.h. dopplersonographisch; vor einer eventuell notwendigen Gefäßoperation muß die genaue Morphologie der Läsion jedoch angiographisch dargestellt werden.

Ischämien durch „spontane" Gefäßdissektion (Verletzungen der Gefäßwand mit Einblutungen zwischen die einzelnen Schichten der Gefäßwand) bilden eine wichtige Untergruppe der makroangiopathischen Insulte [22]. Durch Ruptur der Gefäßintima oder spontane Blutung aus den Vasa vasorum kommt es zu einem Hämatom in der Gefäßwand. Die Häufigkeit solcher arterieller Dissektionen wurde in der Vergangenheit stark unterschätzt: bei Patienten mit erster Hirnischämie beträgt die Inzidenz etwa 2,5%, in der Untergruppe junger Ischämiepatienten sogar 5% [16]. Differentialdiagnostisch sollte an die Dissektion einer der großen hirnversorgenden Arterien besonders dann gedacht werden, wenn der Patient anamnestisch ein stumpfes (manchmal Bagatell-)Trauma angibt.

Gefäßdissektionen können embolische Territorialinfarkte verursachen, durch das intramurale Hämatom mit nachfolgender hochgradiger Gefäßeinengung aber auch zu hämodynamischen Infarkten führen. Im MRT sind das intramurale Hämatom und das eingeengte Gefäßlumen bei Gefäßdissekaten auf Spin-Echo-Aufnahmen häufig gut zu erkennen. Der hämodynamische und der morphologische Aspekt der arteriellen Dissektion läßt sich jedoch am besten angiographisch beurteilen. Typisch für eine Dissektion sind eine sich rasch zuspitzende und in einem Kontrastfaden auslaufende Gefäßstenose („string sign"), die intraluminale Doppelkontur („intraluminal flap") und eine extraluminale Kontrastmittelansammlung (beim Pseudoaneurysma). Da Dissektionen unter Antikoagulantienbehandlung eine gute Prognose haben, ist es wichtig, die Diagnose möglichst früh zu sichern, also möglichst im Stadium der Ischämie ohne vollendeten Infarkt.

Viel seltener als in der Vor-CT-Ära angenommen, kommt es bei proximal gelegenen Strombahnhindernissen oder einem systemischen Blutdruckabfall zu hämodynamischen Infarkten. Solche Läsionen zeigen sich im CT entweder als Endstrominfarkte im Versorgungsgebiet der langen penetrierenden Markarterien oder als Grenzzoneninfarkte zwischen den großen Gefäßterritorien. Wegen seiner guten kollateralen Blutversorgung wird die Hirnrinde beim Endstrominfarkt ausgespart. Wenn das im CT nicht ausreichend sicher diagnostizierbar ist, kann die T2-gewichtete koronare MRT helfen. Die MRT kann bei Beachtung des Flußsignals in den hirnversorgenden Blutgefäßen auch weitere Hinweise auf die Ätiologie des hämodynamischen Infarkts geben: Verschlüsse der A. carotis interna zeigen in herkömmlichen Spin-Echo-Sequenzen kein Flußsignal im Karotissiphon [13].

Insgesamt werden hämodynamische Infarkte nur selten durch ein zu geringes Herzminutenvolumen, sondern viel häufiger durch vorgeschaltete, hochgradige Gefäßstenosen verursacht. Besteht der Verdacht auf einen hämodynamischen Infarkt, werden daher sinnvollerweise zunächst die supraaortalen Gefäße dopplersonographisch abgeklärt, ggf. durch transkranielle Doppleruntersuchungen ergänzt; eine Angiographie (eine Darstellung der Blutgefäße mittels eines über die Beinarterie eingeführten Katheters) ist vor einer geplanten Gefäßoperation jedoch obligat. Die Rolle der MR-Angiographie bei dieser Frage ist noch nicht endgültig geklärt und muß noch an an großen Patientenkollektiven geprüft werden.

22.2   Die intrazerebrale Blutung

Intrazerebrale Blutungen (Blutungen in das Gehirn) verursachen 10–15% der Schlaganfälle. Zwischen ischämischem Insult und intrazerebraler Blutung kann jedoch nur mit radiologischen Verfahren unterschieden werden; Anamnese und klinische Untersuchung sind unzuverlässig. Die CT ist die Untersuchungsmethode der ersten Wahl beim Verdacht auf eine intrazerebrale Blutung.

Die frische intrazerebrale Blutung zeigt im CT eine umschriebene Dichteanhebung auf etwa 55–90 HU (Hounsfield-Einheiten), die in den ersten Tagen leicht zunehmen kann, dann aber kontinuierlich abnimmt. Die Erhöhung der Hounsfield-Einheiten wird hauptsächlich durch die lokale Hämoglobinkonzentration verursacht, weshalb bei extrem blutarmen Patienten akute Blutungen isodens oder sogar hypodens erscheinen können [19]. Der Rückgang der Dichtewerte entsteht durch den Hämoglobinabbau und ist nicht gleichzusetzen mit einer Resorption der Blutung. Bis zur 2. Woche nach dem akuten Ereignis nimmt die hypodense, perifokale Schwellung durch weitere Wassereinlagerung an Größe zu. Je nach Hämatomgröße kommt es im Kontrastscan ab dem 7. Tag für mehrere Wochen zu einem kokardenartigen Enhancement [34].

Das MRT-Bild von intrazerebralen Blutungen ist komplex und hängt von Magnetfeldstärke, Pulssequenz und Sauerstoffspannung des Gewebes ab [15,21,36]. Die akute Blutung ist mit Spin-Echo-Sequenzen nur schlecht sichtbar, da Oxyhämoglobin als diamagnetische Substanz keinen oder nur einen minimalen Signalkontrast zum Hirngewebe ergibt; erst Deoxyhämoglobin und Methämoglobin (Met-Hb; bereits ein Blutabbauprodukt) haben paramagnetische Eigenschaften. Im subakuten Stadium der intrazerebralen Blutung überwiegt das Met-Hb. Intrazelluläres Met-Hb erscheint im T1-Bild infolge des paramagnetischen Effekts signalintensiv, im T2-Bild infolge präferentieller T2-Relaxation aber signalarm. Durch zunehmende Lysierung der Erythrozyten entsteht extrazelluläres Met-Hb, das dann durch Wegfall der präferentiellen T2-Relaxation und Verdünnung mit Wasser auch im T2-Bild signalintensiv zur Darstellung kommt.

Zentripetal bildet sich im Hämatombereich im weiteren Verlauf Hämosiderin, eine stark paramagnetische Substanz, die aber, besonders auf den T2-gewichteten Aufnahmen, eine erhebliche Signalminderung verursacht, weil sie intrazellulär (in Makrophagen) lokalisiert ist und daher zu präferentieller T2-Relaxation führt. Nach etwa einer Woche ist im MRT ein annähernd signalloser Saum um das Hämatom zu erkennen, der den hämosiderinbeladenen Makrophagen im Randbereich der Blutung entspricht und meist über Jahre (u.U. dauernd) als Blutungsresiduum nachweisbar bleibt. Die verschiedenen Blutungsursachen zeigen zwar gewisse lokalisatorische Prädilektionen, doch kann die Blutungsursache nicht immer aus dem CT oder MRT abgeleitet werden; je nach den klinischen Daten und dem radiologischen Befund muß die weitere Diagnostik geplant werden.

Bei den sog. atypischen Marklagerblutungen kommen neben den Gefäß-
mißbildungen auch entzündliche Gefäßerkrankungen verschiedener Ätiologie,
Störungen der Blutgerinnung (Antikoagulantienbehandlung!) oder Einblu-
tungen in hirneigene oder metastatische Tumoren in Betracht. Beim älteren
Patienten ohne Hypertonieanamnese ist auch an eine Amyloidangiopathie
(Synonym: kongophile Angiopathie) zu denken.

22.2.1 Hypertone Blutungen

Die meisten intrazerebralen Blutungen werden durch Gefäßruptur als Folge
eines Bluthochdrucks verursacht. Von den hypertonen Massenblutungen liegen 60% in den Stammganglien und der inneren Kapsel, 10–15% der Blutungen ereignen sich im Thalamus und 5–10% im Hirnstamm oder Kleinhirn. Bei
bekannter Hypertonie und „klassischer" Lokalisation der Blutung erübrigt
sich in der Regel eine angiographische Abklärung der Blutungsursache.

22.2.2 AV-Angiome

Bei intrazerebralen Blutungen in der ersten Lebenshälfte ist immer eine arteriovenöse Gefäßmißbildung (AV-Angiom; „Blutschwamm") als mögliche Blutungsursache in Betracht zu ziehen. AV-Angiome verursachen etwa 6–7% der
intrazerebralen Blutungen. Die Gefäßkonvolute können von der Hirnoberfläche bis tief in die Stammganglien reichen; Angiomblutungen können daher
lobär und in den Stammganglien auftreten. Diagnostischer Goldstandard bei
der Suche nach AV-Angiomen ist die selektive Angiographie der hirnversorgenden Arterien. Viele AV-Angiome sind zwar im MRT durch flußbedingte
Signalauslöschungen erkennbar, doch kann die Hämodynamik der Gefäßmißbildungen nur angiographisch hinreichend genau geklärt werden; die MRT
ergänzt die Angiographie durch Darstellung der anatomischen Beziehungen.

Die Therapie der AV-Angiome hängt von Größe, Lage und Hämodynamik der AV-Mißbildung ab. Dabei stehen die operative Entfernung, der
endovaskuläre Verschluß (Behandlung durch einen sehr dünnen Katheter,
der über die Leistenarterie bis in die Gefäßmißbildung vorgeschoben werden
kann und durch den ein Gewebekleber zum Verschluß der AV-Mißbildung
injiziert wird) oder die Strahlentherapie zur Wahl; häufig ist jedoch eine
Kombination mehrerer oder aller Therapieformen nötig. Ähnlich wie bei den
arteriosklerotischen Gefäßerkrankungen ist die Rolle der MR-Angiographie
in der Routinediagnostik der AV-Angiome noch Gegenstand der Forschung.

22.2.3 Durafistel

Atypisch gelegene, besonders bis nach kortikal reichende Lappenhämatome,
die u.U. zeitgleich mit Subduralhämatomen auftreten können, sollten an eine
Durafistel als Blutungsursache denken lassen. Diese Läsionen machen etwa

10–15% aller intrakraniellen Gefäßmißbildungen aus. Pathoanatomisch handelt es sich um arteriovenöse Kurzschlüsse in der harten Hirnhaut (Dura mater), der äußeren von drei verschiedenen Hirnhautschichten: ein durales arterielles Gefäß steht in direkter Verbindung mit einer oberflächlichen Hirnvene. Durafisteln kommen besonders an den basalen Sinus der hinteren Schädelgrube und am Sinus cavernosus vor, seltener am Tentorium, am Sinus sagittalis superior oder an anderen Duraabschnitten [3]. Fast immer werden die Blutungen durch eine venöse Gefäßruptur verursacht. In seltenen Fällen kann es durch Durafisteln auch zu einem Hydrocephalus („Aufweitung der inneren Liquorräume; „Wasserkopf") oder zu spontanen subduralen Hämatomen kommen. Die Verdachtsdiagnose muß angiographisch gesichert werden, wobei selektive Injektionen in die A. carotis interna und externa sowie beide Vertebralarterien nötig sind. Therapie der Wahl sind heute endovaskuläre Verfahren; durch Flüssigembolisate vom Typ des Acrylats oder Ethiblockade kann ein dauerhafter Verschluß der AV-Fisteln erreicht werden. Die MRT ist ungeeignet zur Sicherung der Diagnose. In Einzelfällen sind allerdings die dilatierten Drainagevenen zu erkennen, was dann die Diagnose einer Gefäßmißbildung wahrscheinlich macht. Bei sorgfältiger Untersuchungstechnik ist manchmal das arterielle Gefäßnetz an einem basalen Hirnsinus zu erkennen.

22.2.4   Tumorblutungen

Die akute Einblutung als Erstsymptom eines Hirntumors stellt den Kliniker wie den Radiologen vor diagnostische Probleme. Die häufigste Fehldiagnose „spontane intrazerebrale Blutung" führt zur Einleitung einer inadäquaten Therapie und zur prognostischen Fehleinschätzung. Atypische Lage des Hämatoms und ausgeprägtes perifokales Ödem können zwar auf die Tumorblutung hinweisen, doch haben sich diese Kriterien im klinischen Alltag als unzuverlässig erwiesen [35]. In der Literatur wird die Blutungsinzidenz intrazerebraler Tumoren mit 1.4–10% angegeben [20], besonders Metastasen, Oligodendrogliome, Kleinhirnspongioblastome und Glioblastome neigen zu Einblutungen. Bei einem Teil der Patienten kann die MRT aus dem diagnostischen Dilemma helfen [1]. Das MR-tomographische Signalverhalten intrazerebraler Hämatome ist abhängig vom biochemischen Abbauvorgang des Hämoglobins und dem Einfluß der entstehenden Abbauprodukte auf die Relaxationszeiten. Einen wesentlichen Einfluß auf die Entwicklung dieses Signalmusters haben der Sauerstoffpartialdruck im Hämatom und die hämosiderinspeichernden Makrophagen. In einer Tumorblutung existieren für diese beiden Komponenten der Signalgebung besondere Bedingungen:

- Der Sauerstoffpartialdruck im Tumor ist erniedrigt; daraus resultiert eine verzögerte Umwandlung von Deoxyhämoglobin in Methämoglobin.
- Durch die im Tumor bestehende Blut-Hirn-Schrankenstörung können hämosiderinbeladene Makrophagen ins retikuloendotheliale System abtrans-

portiert werden. Im Grenzgebiet zwischen Tumor und Blutung bildet sich daher der Hämosiderinrandsaum nur unvollständig aus.

Diese von Atlas et al. [1] aufgestellten differentialdiagnostischen Kriterien helfen in Einzelfällen bei der Beurteilung atypisch gelegener Hämatome, sind aber in der Frühphase der Erkrankung selten anwendbar [12]. Vielleicht erhöht sich die diagnostische Sicherheit durch den Einsatz paramagnetischer Kontrastmittel. Generell sollte bei einer intrazerebralen Blutung mit atypischem Signalmuster im MRT intensiv nach nicht hypertoniebedingten Blutungsursachen gesucht werden.

22.2.5 Zerebrale Amyloidangiopathie

Mit zunehmendem Lebensalter kann es zu kongophilen (kennzeichnet lediglich das Färbeverhalten der Ablagerungen in sog. histologischen Untersuchungen) Wandablagerungen in den kleinen und mittleren kortikalen Arterien kommen mit der Folge einer erhöhten Gefäßbrüchigkeit und der Ausbildung von Mikroaneurysmen [27]. Intrazerebrale Blutungen entstehen meist im Grenzgebiet zwischen Hirnrinde und Marklager, brechen aber relativ oft in den Subarachnoidalraum ein. Auch bei Bagatelltraumen oder kleineren neurochirurgischen Eingriffen (stereotaktische Biopsie; Anlage einer Ventrikeldrainage) treten bei Patienten mit einer Amyloidangiopathie leicht Marklagerblutungen auf. Die Betroffenen sind durchweg älter als 70 Jahre, und mehr als ein Drittel von ihnen zeigte schon vor der Blutung einen deutlichen Abbau der intellektuellen Leistungsfähigkeit. An die zerebrale Amyloidangiopathie muß immer dann gedacht werden, wenn Lobärhämatome bei alten Menschen ohne Hypertonieanamnese beobachtet werden.

22.3 Venen- und Sinusthrombosen

Das klinische Erscheinungsbild der zerebralen Venen- und Sinusthrombose ist vieldeutig, kann aber durchaus als Schlaganfall imponieren. Die Variabilität der Symptome beruht auf der unterschiedlichen Lage der Thrombosen in den duralen und pialen Venen und den jeweiligen Kompensationsmöglichkeiten durch Eröffnung venöser Umgehungskreisläufe [28]. Da eine frühzeitige Diagnose für Therapie (Hemmung der Blutgerinnung mit dem Ziel, das Fortschreiten der Thrombose zu verhindern) und Prognose entscheidend ist, kommt den radiologischen Untersuchungen besondere Bedeutung zu. Im Nativ-CT kann eine globale Hirnschwellung mit Auspressung der Hirnseitenkammern der einzige Hinweis auf eine Sinusthrombose sein [5]; in seltenen Fällen gelingt der Nachweis einer thrombosierten Brückenvene („cord sign"). Ein- oder doppelseitige Hirnblutungen können weitere indirekte Zeichen sein. Die Kenntnis der arteriellen Gefäßterritorien hilft, diese Infarkte pathogenetisch als nicht arteriell, sondern venös zu deuten [7,17]. Im Kontrast-CT ist das sog. „Emtpy-triangle"-Zeichen pathognomonisch für eine Thrombose des Sinus sagittalis superior: der nicht anreichernde Thrombus im Sinus hebt sich von der hyperdensen (kontrastangehobenen) Dura der Sinuswand ab [30]. Die seltene Thrombose der inneren Hirnvenen zeigt sich im CT zunächst einseitig und später beidseitig als Hypodensität im Thalamus; bei diesem Läsionsmuster wird oft zunächst an ein Thalamusgliom oder an bithalamische ischämische Infarzierungen nach Basilarisspitzenembolie gedacht [11]. Im MRT ist die Sinusthrombose häufig direkt nachweisbar: Bei Verwendung von Spin-Echo-Sequenzen fehlt im verschlossenen Sinus die typische flußbedingte Signalauslöschung. Je nach Alter des Thrombus kann das Signal isointens oder hyperintens relativ zu Hirngewebe sein. Durch Ergänzung des Untersuchungsprotokolls mit flußsensitiven Gradienten-Echo-Sequenzen oder MR-Angiographie kann die diagnostische Sicherheit weiter erhöht werden. Bei unruhigen Patienten oder zum Nachweis kortikaler Venenthrombosen ist aber nach wie vor die konventionelle Angiographie die Methode der Wahl.

22.4   Schlußbetrachtung

Das akut auftretende fokale neurologische Defizit kann klinisch-diagnostisch häufig nicht hinreichend genau erklärt werden. Bei der Planung der weiteren Diagnostik und der Therapie nehmen radiologisch-diagnostische Maßnahmen eine Schlüsselstellung ein. Dabei wird vom Radiologen zunehmend gefordert, mit seinen Methoden nicht nur die WHO-Untergruppen des Schlaganfalls (Ischämie, intrazerebrale Blutung, Sinusthrombose, Subarachnoidalblutung) zu unterscheiden, sondern auch innerhalb der einzelnen Schlaganfallsentitäten eine pathogenetische Zuordnung zu treffen. Nur so können weitere Diagnostik und Therapie frühzeitig in die richtige (und damit auch kostengünstigste) Richtung gelenkt werden. Die richtige Interpretation des CT-Befundes erspart einem Patienten mit einem lakunären Infarkt die kostspielige und häufig invasive Untersuchung der supraaortalen Gefäße und des Herzens. Der radiologische Hinweis auf eine atypisch gelegene Blutung erzwingt auch beim Hypertoniker die genaue Klärung der Blutungsursache: bei rechtzeitigem Erkennen einer behandelbaren Gefäßmißbildung kann eine erneute Blutung vermieden werden.

Neue Konzepte der Schlaganfallstherapie und -prophylaxe erfordern vom Radiologen Sachkompetenz und Weiterbildung auf diesem Gebiet. Rein deskriptive radiologische Befunde ohne pathogenetisches Verständnis für die Erkrankung wird der Kliniker zu Recht mit Verachtung strafen. Umgekehrt kann der Radiologe durch die Kombination von morphologischer Beschreibung und pathogenetisch orientierter Interpretation seiner Befunde die Therapie frühzeitig in die richtige Richtung lenken und so auch einen Beitrag zur Kostendämpfung im Gesundheitswesen leisten.

Literatur

1. Atlas SW, Grossmann RI, et al. (1987) Hemorrhagic intracranial malignant neoplasms: Spin-echo MR imaging. Radiology 164: 71–77
2. Awad IA, Johnson PC, Spetzler RF, Hodak JA (1986)Incidental subcortical lesions identified on magnetic resonance imaging in the elderly. Part I and II. Stroke 17: 1084–1094
3. Awad IA, Little JR, Akrawi WP, Ahl J (1990) Intracranial dural arteriovenous malformations: factors predisposing to an aggressive neurological course. J Neurosurg 72: 839–850
4. Becker H, Desch H, Hacker H, Pencz A (1979) CT fogging effect with ischemic cerebral infarcts. Neuroradiology 18: 185–189
5. Buonanno FS, Moody DM, Ball MR, Laster DW (1978) Computed cranial tomographic findings incerebral sinovenous occlusion. J Comput Assist Tomopgr 2: 281–290
6. Crain MR, Yuh WTC, Greene GM, Loes DJ, Ryals TJ, Sato Y, Hart MN (1991) Cerebral ischemia: Evaluation with contrast-enhanced MR imaging. Amer J Neuroradiol 12: 631–639
7. Damasio H (1993) A computed tomographic guide to identification of cerebral vascular territories. Arch Neurol 40: 138–142
8. Drayer PB (1988) Imaging of the aging brain. I. Normal findings. Radiology 166: 785–796
9. Ferbert A, Zeumer H, Ringelstein EB (1985) Dopplersonographische Befunde beim ischämischen Hirninfarkt unterschiedlicher Pathogenese. Akt Neurol 12: 153–157
10. Fisher CM (1982) Lacunar strokes and infarcts: A review. Neurology 32: 871–876
11. Forsting M, Krieger D, Seier U, Hacke W (1989) Reversible bilateral thalamic lesions caused by primary internal cerebral vein thrombosis: A case report. J Neurol 236: 484–486
12. Forsting M, Brückmann H, Thron A (1989) Wie sicher ist die Diagnose einer intrazerebralen Tumorblutung in der Kernspintomographie? Fortschr Röntgenstr 151/3: 356–359
13. Forsting M, Scharf J, Kummer R von, Korsten B (1990) Intrakranielle MR-Flußsignalveränderungen bei extrakraniellen Verschlüssen der A. carotis interna. Fortschr Röntgenstr 152/3: 333–335
14. Forsting M, Krieger D, Kummer R von, Hacke W, Sartor K (1992) The prognostic value of collateral blood flow in acute middle cerebral artery occlusion. Proceedings of the 2nd International Symposium on Thrombolytic Therapy in Acute Ischemic Stroke, La Jolla (im Druck)
15. Gomori JM, Grossmann RI, Hackney DB, Goldberg HI, Zimmermann RA, Bilaniuk LT (1987) Variable appearances of subacute intracranial hematomas on high field spin-echo MR. Amer J Neuroradiol 8: 1019–1026
16. Hart RG, Easton JD (1983) Dissection of cervical and cerebral arteries. Neurologic clinics 1: 155–182
17. Hayman LA, Berman SA, Hinck VC (1981) Correlation of CT cerebral territories with function: II. Posterior cerebral artery. AJR 137: 13–19
18. Heinz ER, Yeates AE, Djang WT (1989) Significant extracranial carotid stenosis: Detection on routine cerebral MR imaging. Radiology 179: 843–848

19. Kasdon DL, Scott RM, Adelmann LS, Wolpert SM (1975) Cerebellar hemorrhage with decreased resorption values on computed tomography: A case report. Neuroradiology 13: 265–267
20. Little JR, Dial B, Belanger S, Carpenter S (1973) Brain hemorrhage from intracranial tumor. Stroke 10: 283–288
21. Mattle H, Mumenthaler M (1989) Diagnose, Therapie und Prävention zerebrovaskulärer Erkrankungen. Schweiz Med Wochenschr 119: 613–629
22. Nüssel F, Bradac GB, Schuierer G, Huk WJ (1991) Klinische und neuroradiologische Aspekte bei Karotis- und Vertebralisdissektionen. Klin Neuroradiol 1: 26–33
23. Poeck K (1986) Moderne Diagnostik und Therapie beim Schlaganfall. Dtsch Med Wochenschr 111: 1369–1378
24. Ringelstein EB, Zeumer H, Schneider R (1985) Der Beitrag der zerebralen Computertomographie zur Differentialtypologie und Differentialdiagnose des ischämischen Großhirninfarkts. Fortschr Neurol Psychiatr 53: 315–336
25. Ringelstein EB, Biniek R, Weiller C, Ameling B, Nolte PN, Thron A (1992) Type and extent of hemispheric brain infarctions and clinical outcome in early and delayed middle cerebral artery recanalization. Neurology 42: 289–298
26. Savoiardo M, Bracci M, Passerini A, Visciani A (1987) The vascular territories in the cerebellum and brainstem: CT and MR study. AJNR 8: 199–209
27. Schmitt HP, Barz J (1980) Intrakranielle Blutungen bei kongophiler Angiopathie: Pathogenese, Inzidenz und forensisch-traumatologische Relevanz. Beitr Gerichtl Med 6: 73–81
28. Thron A, Wessel K, Linden D, Schroth G, Dichgans J (1986) Superior sagittal sinus thrombosis: neuroradiological evaluation and clinical findings. J Neurol 233: 282–288
29. Tomsick TA, Brott TG, Chambers AA, Fox AJ, Gaskill MF, Lukin RR, Pleatman CW, Wiot JG, Bourekas E (1990) Hyperdense middle cerebral artery sign on CT: Efficacy in detecting middle cerebal artery thrombosis. Amer J Neuroradiol 11: 473–477
30. Virapongse C, Cazenave C, Quisling R, Sarwar M, Hunter S (1987) The empty delta sign: frequency and significance in 76 cases of dural sinus thrombosis. Radiology 162: 779–785
31. Weiller C, Ringelstein EB, Reiche W, Thron A, Büll U (1990) The large striatocapsular infarct: a clinical and pathophysiological entity. Arch Neurol 47: 1085–1091
32. Yuh WTC, Crain MR, Loes DJ, Greene GM, Ryals TJ, Sato Y (1991) MR imaging of cerebral ischemia: Findings in the first 24 hours. Amer. J. Neuroradiol 12: 621–629
33. Zeumer H, Schonsky B, Sturm KW (1980) Predominant white matter involvement in subcoritcal arteriosclerotic encephalopathy (Binswanger disease). J Comput Assist Tomogr 4: 14–19
34. Zimmermann RS, Leeds NE, Naidich TP (1977) Ring blush associated with intracerebral hematoma. Radiology 122: 707–711
35. Zimmermann RS, Bilaniuk LT (1980) Computed tomography of acute intratumoral hemorrhage. Radiology 122: 355–359
36. Zyed A, Hayman LA, Bryan RN (1991) MR imaging of intrazerebral blood: Diversity in the temporal pattern at 0.5 and 1.0 T. Amer J Neuroradiol 12: 469–474

23 Spinale Tumoren

M. Hartmann

23.1 Untersuchungsmethoden

23.1.1 Röntgennativdiagnostik

Mit zunehmender Verbreitung der Computertomographie (CT) und der Magnetresonanztomographie (MRT) haben die Nativaufnahmen der Wirbelsäule stark an Bedeutung verloren. Bei Erkrankungen, die sich vorwiegend oder ausschließlich intraspinal manifestieren, ist die Aussicht auf eine richtungweisende Infomation gering. Anders verhält es sich bei Erkrankungen, die die Wirbelkörper direkt befallen. Neben der Höhenlokalisation können hier artdiagnostische Informationen gewonnen werden. Bei primären Knochentumoren kann sogar oft die korrekte Diagnose gestellt werden. Bei Metastasen, dem häufigsten Knochentumor, ist die Sensitivität allerdings sehr gering, da 50–70% der Spongiosa zerstört sein müssen, ehe die Läsion im konventionellen Röntgenbild nachgewiesen werden kann. Thorakal und lumbosakral sind Aufnahmen in zwei Ebenen, nämlich im anterior-posterioren und lateralen Stahlengang, meist ausreichend. Bei Untersuchung der Halswirbelsäule gehören Schrägaufnahmen, die der Berurteilung der Zwischenwirbellöcher und der kleinen Wirbelgelenke dienen, und die Denszielaufnahme zur Routine. Konventionelle Schichtaufnahmen sind mit der Verbreitung der CT selten geworden.

23.1.2 Nuklearmedizinische Diagnostik

Die Skelettszintigraphie mit ^{99m}Tc-Diphosphonaten besitzt eine sehr hohe Sensitivität für pathologische Knochenveränderungen bei allerdings niedriger Spezifität. Eine pathologische Mehrbelegung durch Entzündung, Tumor, Fraktur oder Erkrankungen des Knochenmarks sind oft schwer oder gar nicht zu unterscheiden. Zur definitiven Beurteilung müssen dann Röntgennativ-, CT- oder MR-Aufnahmen herangezogen werden. Rasch aggressiv wachsende Tumoren oder Metastsasen können szintigraphisch negativ sein. Beim Screening von Wirbelsäulenmetastasen ist die MRT wegen ihrer hohen Kontrastauflösung und hohen Empfindlichkeit gegenüber Wassereinlagerung (Knochenmarködem) eine gleichwertige Alternativmethode zur Szintigraphie.

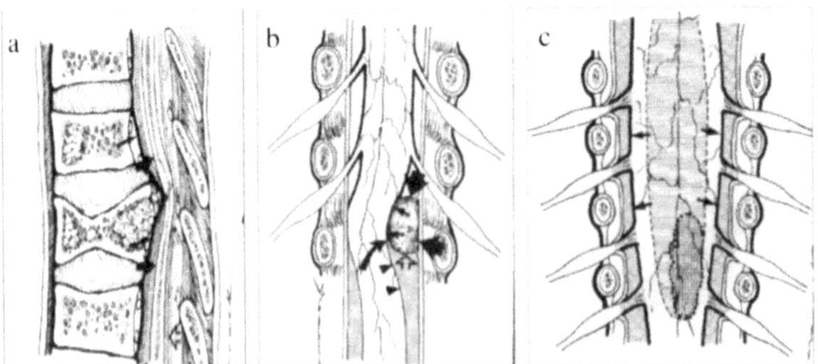

Abb. 23.1. Kompression und Verdrängung von Duralsack und Rückenmark durch Tumoren unterschiedlicher Lokalisation nach [1]. **a** epidural, **b** intradural, **c** intramedullär

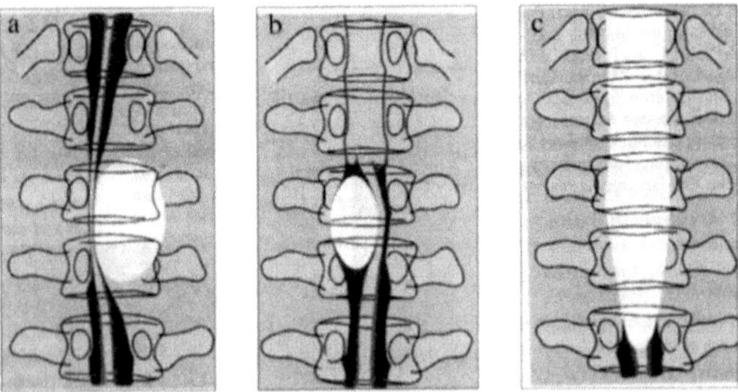

Abb. 23.2. Schema Myelographiebefund bei epiduraler, intradural-extramedullärer und intramedullärer Tumorlokalisation (*weiß*: Tumor, *dunkelgrau*: Kontrastmittelsäule intradural) nach [2]. **a** epidural, **b** intradural, **c** intramedullär

23.1.3 Myelographie

Die Myelographie ist eine Kontrastdarstellung des Subarachnoidalraums. Mit ihr gelingt bei Tumoren eine Differenzierung zwischen extraduraler, intradural extramedullärer und intramedullärer Lokalisation. Bei extraduraler Tumorlokalisation kommt es zu einer Verlagerung von Duralsack und Rückenmark mit unscharfen Konturen an den Tumorgrenzen, da kein direkter Kontakt zwischen Tumor und Kontrastmittel besteht (Abb. 23.1a und 23.2a).

Bei intradural-extramedullärer Lokalisation kommt es zu einer Verlagerung des Rückenmarks, wobei dann der kontrastmittelgefüllte Subarachnoidalraum auf der Seite der Raumforderung erweitert und kontralateral eingeengt ist. Dabei entstehen bei direktem Kontakt zwichen Tumor und Kontrastmittel scharfe Konturen an den Tumorgenzen (Abb. 23.1b, 23.2b und 23.3a).

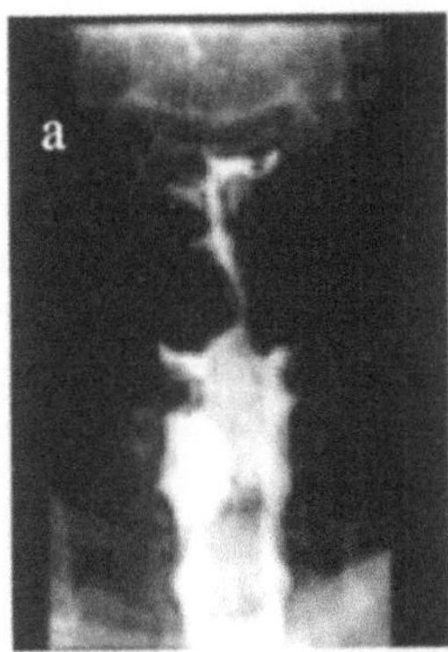 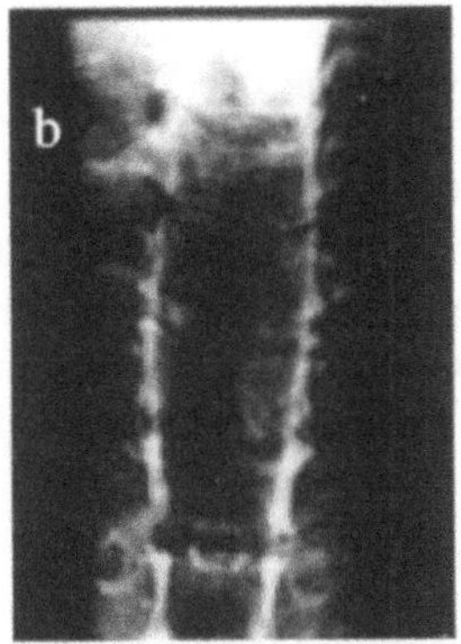

Abb. 23.3. Beispiel für Myelographie bei intradural-extramedullär (Neurinome) (a) und intramedullär wachsendem Tumor (Astrozytom, b)

Bei einem intramedullär gelegenen Tumor kann man eine spindelförmige bzw. exzentrische Rückenmarksauftreibung beobachten. Um jedoch einen intramedullären Tumor nachweisen zu können, muß bereits eine beträchtliche Rückenmarksauftreibung vorliegen (Abb. 23.1c, 23.2c und 23.3b). Man unterscheidet zwischen der lumbalen, thorakalen und zervikalen Myelographie. Üblicherweise wird diese Untersuchung, egal welche Region dargestellt werden soll, als aszendierende Myelographie nach lumbaler Kontrastmitteleingabe (KM) (wasserlöslich, nichtionisch) durchgeführt. Die KM-Menge liegt dabei je nach zu untersuchender Region und Jodkonzentration des KM zwischen 5 und 20 ml. Wesentliche Aufgabe der Myelographie bei der Tumordiagnostik ist die Höhenlokalisation und die Differenzierung zwischen extraduraler, intradural extramedullärer und intramedullärer Tumorlokalisation. Sofern die Möglichkeit besteht, empfiehlt sich die Durchführung einer postmyelographischen CT, die eine Spezifizierung der Lokalisation und der Artdiagnose zuläßt. Diese Untersuchung kann schließlich noch durch sagittale und koronare Rekonstruktionen ergänzt werden. Mit fortschreitender Verbesserung der MRT hat diese inzwischen durch ihre hervorragenden myelographischen Bildqualitäten – besonders der 2D- und 3D-Fast-Spin-Echo-Aufnahmen – die konventionelle Myelographie in weiten Bereichen abgelöst.

23.1.4 Computertomographie

Mit der Computertomographie (CT) können knöcherne und paravertebrale Weichteilveränderungen sehr gut untersucht werden. Wegen der geringen Kontrastauflösung ist der Inhalt des Spinalkanals jedoch nur eingesschränkt beurteilbar. Die Wahl der Schichtdicke wird durch den zu untersuchenden Wirbelsäulenabschnitt und die Verdachtsdiagnose bstimmt. Gewöhnlich ist lumbal und thorakal eine Schichtdicke von 4 mm ausreichend, zervikal sollte die Schichtdicke 2–3 mm betragen. Ein Vorteil der CT ist die Möglichkeit der sagittalen und koronaren Rekonstruktion aus dem primären Datensatz. Damit ist eine bessere Beurteilung der Wirbelköperkanten und der Wirbelkörperstellung möglich. Die Kombination von Myelographie und CT, die sog. postmyelographische CT (s. Kap. 23.1.3), erlaubt sogar eine sichere Differenzierung zwischen einer extraduralen, intraduralen oder intramedullären Tumorlokalisation. Mit der HR-CT (*H*igh *R*esolution) lassen sich bei einer Schichtdicke von 1 mm Spongiosadefekte ab 2 mm Größe und osteoblastische Veränderungen bereits ab 1–2 mm Größe nachweisen.

23.1.5   Magnetresonanztomographie

Die Magnetresonanztomographie (MRT) ist wegen ihrer fehlenden Invasivität, hohen Kontrastauflösung, multiplanaren Darstellung und guten Differenzierung von Knochen, Weichteilen und Spinalkanalinhalt Untersuchungsmethode der Wahl bei Verdacht auf einen spinalen Tumor. Mit Spezialspulen – sog. phased array coils – ist es mittlerweile möglich, die gesamte Wirbelsäule auf einmal darzustellen. Somit eignet sich die MRT zur Höhenlokalisation und ersetzt in vielen Fällen die invasive Myelographie – sofern keine Kontraindikationen zur MRT vorliegen. T2- / T2*-gewichtete Sequenzen lassen den Liquor gegenüber dem Rückenmark, den Wirbelkörpern, aber auch der Mehrzahl der Tumoren hyperintens erscheinen und führen so zu einem hervorragenden myelogaphischen Effekt, weshalb man auch von der MR-Myelographie spricht.

Aufnahmen in zwei Ebenen, nämlich sagittal und axial (transversal), gehören zum Standarduntersuchungsprotokoll. Die Schichtdicke sollte dabei 3–4 mm betragen. Durch unterschiedliche Wahl der Sequenzen können Rückenmark, Liquor, epidurales Fettgewebe, Knochen und pathologische Gewebeveränderungen voneinander differenziert werden.

Bei der Untersuchung von Tumoren der Wirbelkörper und des Epiduralraums muß man wissen, daß epidurales Fettgewebe und das bei Erwachsenen fetthaltige Knochenmark auf konventionellen T1-gewichteten Spin-Echo-Aufnahmen hyperintens und auf konventionellen T2-gewichteten Aufnahmen hypointens ist. Tumorgewebe verhält sich dagegen von der Signalintensität meist umgekehrt: Es ist auf konventionellen T1-gewichteten Aufnahmen meist hypointens und auf konventionellen T2-geiwchteten Aufnahmen meist hyperintens gegenüber Fettgewebe. Es besteht daher ein natürlicher Kontrast zwischen Tumor und umgebendem Fettgewebe. Nach KM-Gabe können Tumoren durch Signalzunahme auf den konventionellen T1-gewichteten Aufnahmen maskiert werden, weshalb hier eine Fettunterdrückungstechnik (fat saturation) eingesetzt werden sollte. Ein wesentlicher Nachteil der konventionellen Spin-Echo-Aufnahmen ist die lange Untersuchungsdauer von bis zu 10 min. Diese Sequenzen sind daher anfällig für Bewegungsartefakte (Atembewegung, Pulsationsartefakte durch das Herz, unruhiger Patient). Mit der Entwicklung der RARE-Sequenzen (*R*apid *A*cquisition with *R*elaxation *E*nhancement) oder auch Turbo- bzw. Fast-Spin-Echo-Sequenzen (FSE) genannt, konnte die Untersuchungsdauer auf 2–3 min. verkürzt werden. Dadurch wird der Störeinfluß durch Bewegungsartefakte deutlich veringert. Im Gegensatz zu den konventionellen T2-gewichteten Spin-Echo-Aufnahmen ist bei den T2-gewichteten RARE-Aufnahmen das Fettgewebe hyperintens und kann somit Wirbelkörpertumoren und epidural wachsende Tumore maskieren. Es empfiehlt sich daher, diese Aufnahmen mit Fettunterdrückungstechnik zu kombinieren.

23.1.6 Angiographie

Die spinale Angiographie ist in der Diagnostik spinaler Tumoren nur noch selten indiziert. Sie kann aber bei der Differentialdiagnose teils zystischer, teils solider intramedullärer Tumoren wie z.B. dem Hämangioblastom (s. Kap. 23.2.3) entscheidende artdiagnostische Informationen liefern. Bei gefäßreichen Tumoren wie z.B. Wirbelkörpermetastasen (vor allem beim Hypernephrom) wird die Angiographie zur Operationsplanung und präoperativen Devaskularisation eingestzt.

23.2 Lokalisation, Manifestation und Therapie

Spinale Tumoren werden nach ihrer Lokalisation in extradurale, intradural-extramedulläre und intramedulläre Tumoren unterteilt, wenngleich einige Tumoren in mehreren Kompartimenten gleichzeitig wachsen können: So wächst das Wurzelneurinom typischerweise intradural-extramedullär und durch das Neuroforamen gleichzeitig nach extradural. Manche Tumoren, vor allem Metastasen, können aber auch isoliert oder gleichzeitig in jedem dieser drei Kompartimente wachsen.

23.2.1 Extradurale Tumoren

Die Vielzahl der Differentialdiagnosen der primären extraduralen Tumoren ist in Tabelle 23.1 zusammengefaßt. Der häufigste extradurale spinale Tumor überhaupt ist die Metastase. Dabei sind der Primärtumor beim Erwachsenen in abnehmender Häufigkeit das Mammakarzinom bei der Frau, das Prostatakarzinom beim Mann, gefolgt vom Nierenzell-, Rektum-, Kolon-, Ovarial- und Pankreaskarzinom. Bei Kindern sind die Primärtumoren das Ewing-Sarkom, Neuroblastom, Osteosarkom, Rhabdomyosarkom und der Wilms-Tumor. Das Ewing-Sarkom, Neuroblastom, Osteosarkom und Rhabdomyosarkom können sich an der Wirbelsäule sowohl als Primärtumor aber auch als Metastase manifestieren.

Primäre und sekundäre extradurale Tumoren sind mit der MRT gut zu diagnostizieren, zeigen aber ein unspezifisches Signalverhalten, so daß eine Artdiagnose meist nicht möglich ist. Bei den primären Knochentumoren können konventionelle Röntgenaufnahmen und die CT aber wegen typischer

Tabelle 23.1. Differentialdiagnose der extradualen Tumoren

Benigne Tumoren	Maligne Tumoren
Hämangiom	Plasmozytom / Multiples Myelom
Osteoid, Osteom	Chondrosarkom
benignes Osteoblastom	Ewing-Sarkom
Osteochondrom	Fibrosarkom
Riesenzelltumor	Osteosarkom
aneurysmatische Knochenzyste	Chordom
eosinophiles Granulom	Lymphom

knöcherner Veränderungen, wie z.B. Matrixverkalkung beim Chondrosarkom, wichtige richtungweisende Befunde ergeben.

Wirbelkörpertumoren sind auf T1-gewichteten Aufnahmen meist primär hypointens und daher gut vom umgebenden fetthaltigen Wirbelkörpermark und epiduralen Fett, das sich hyperintens darstellt, abgrenzbar. Auf T2-gewichteten Spin-Echo-Aufnahmen stellen sich die Tumoren meist hyperintens dar. Zum Nachweis einer Duralsack- bzw. Rückenmarkskompression eignen sich wegen ihres myelographischen Effekts besonders Gradienten-Echo-Aufnahmen. Bei Patienten mit wenig fetthaltigem Wirbelkörpermark – besonders bei Kindern – können die Tumoren auf T1-gewichteten Aufnahmen schwer nachweisbar sein. Hier sind T1-gewichtete Aufnahmen nach KM-Gabe hilfreich. Die KM-Aufnahme spinaler Läsionen ist allerdings nicht konstant. Manche Läsionen reichern kaum an und bleiben zum Knochenmark hypointens, andere bleiben isointens und wieder andere hyperintens zum Knochenmark. Im Fall geringer KM-Anreicherung sollten Aufnahmen in Fettunterdrückungstechnik durchgeführt werden, da diese den Kontrast zwischen anreichernder Läsion und umgebendem fetthaltigem Gewebe anheben. Auf FSE-Aufnahmen mit langem TR können Tumoren wegen des persistierenden hyperintensen Fettsignals maskiert werden, weshalb hier die Anwendung von Fettunterdrückungstechniken besonders wichtig ist.

23.2.2   Intradural-extramedulläre Tumoren

Intradural-extramedulläre Tumoren werden am besten in primäre und sekundäre Tumoren untergliedert. Die häufigsten primären Tumoren sind die Nervenwurzeltumoren (Schwannome und Neurofibrome) mit ca. 30% und die Meningeome (s. Abb. 23.4) mit ca. 25% aller primären intraspinalen Tumoren.

Seltene primäre Tumoren sind das Epidermoid, Dermoid, Lipom und das Teratom. Diese Tumoren sind mit der MRT meist schon ohne KM-Gabe gut zu diagnostizieren, da sie wegen ihres langsamen Wachstums zum Zeitpunkt der klinischen Manifestation meist bereits eine beträchtliche Größe erreicht haben und gegenüber dem umgebenden Liquor auf Aufnahmen mit

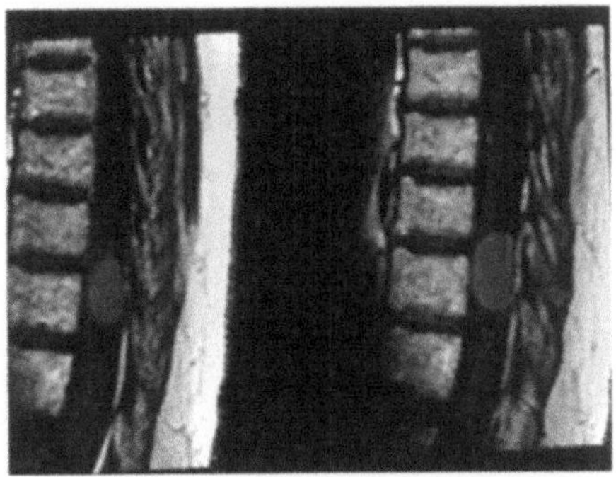

Abb. 23.4. Spinales Meningiom (intradural-extramedullär). Die T1-gewichtete Aufnahme nach KM-Gabe zeigt einen soliden, homogen anreichernden Tumor, der das Rückenmark verlagert. Durch die KM-Anreicherung ist es gut vom Rückenmark abzugrenzen

kurzer Repetitionszeit (TR) hyperintens, auf Aufnahmen mit langem TR in der Regel signalgemindert sind. Gelegentlich sind kleine Nervenwurzeltumoren und Meningeome aber erst nach KM-Gabe sichtbar, weshalb sich die KM-Gabe grundsätzlich empfiehlt. Zudem ist nach KM-Gabe eine bessere Differenzierung zwischen Tumor und Rückenmark möglich (Abb. 23.4). Sekundäre intradural-extramedulläre Tumoren sind ohne KM-Gabe mit der MRT nur selten zu diagnostizieren. Diese metastatischen Tumorabsiedlungen können kleinnodulär, diffus linear oder diffus unregelmäßig entlang der Nervenwurzeln oder auf der Rückenmarkoberfläche wachsen und den Duralsack auskleiden. Diese Wachstumsform ist erst nach KM-Gabe sichtbar; die nativen T1- und T2-gewichteten Aufnahmen sind für gewöhnlich unauffällig. Bei den primären Tumoren wie Neurofibrome, Schwannome, Meningeome etc. ist die Operation Therapie der Wahl. Bei den intraduralen extramedullären Tumoren besteht die Therapie primär in der Bestrahlung der Neuroachse, ggf. in Kombination mit intrathekaler Chemotherapie.

23.2.3 Intramedulläre Tumoren

Unter allen intraspinalen Tumoren machen die intramedullären Tumoren ca. 10% aus. 80% dieser Tumoren sind Ependymome und Astrozytome, gefolgt vom Hämangioblastom mit ca. 10–15%. Andere Tumoren wie Glioblastome, Gangliogliome, Lipome oder Metastasen sind selten.

Ependymom. Das Ependymom ist der häufigste intramedulläre Tumor und manifestiert sich meist im mittleren Lebensalter; dabei sind in bis zu 65% Rückenschmerzen das initiale Symptom. Da diese Tumoren langsam wachsen, bestehen die Beschwerden zum Zeitpunkt der Diagnose meist schon

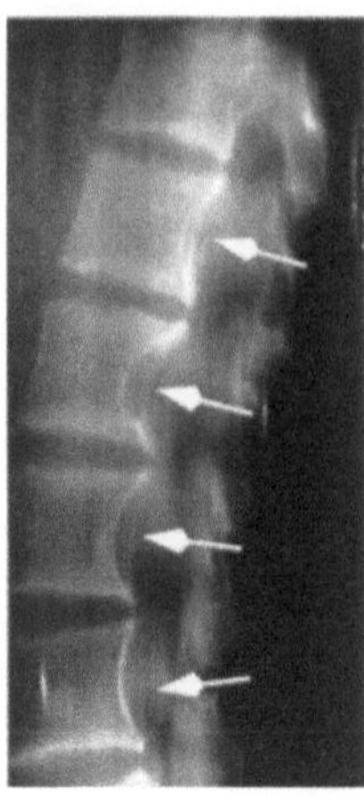

Abb. 23.5. Scalloping der Wirbelkörperhinterkanten (*Pfeile*) bei einem spinalen Ependymom

über Monate bis Jahre, und die neurologischen Ausfälle sind gewöhnlich gering ausgeprägt. Die Therapie besteht in der Exstirpation, die wegen des umschriebenen Wachstums oft radikal ist und da ein Rezidiv dann selten vorkommt. Ist die Exstirpation subtotal, neigen diese Tumoren zur leptomeningealen Tumoraussaat, weshalb postoperativ eine Bestrahlung der Neuroaxis empfohlen wird.

Man unterscheidet zwei histologische Typen, nämlich das zelluläre Ependymom, das bevorzugt zervikal wächst, und das myxopapilläre Ependymom mit bevorzugter Lokalisation im Conus medullaris und der Cauda equina. Ependymome neigen zu Einblutungen, insbesondere am kaudalen und kranialen Tumorpol, was zwar kein spezifisches, aber doch ein richtungweisendes Differenzierungskriterium gegenüber dem zweithäufigsten intramedullären Tumor, dem Astrozytom, ist. Ebenso finden sich häufig Tumorzysten. Auf T2-gewichteten Aufnahmen sind diese Tumoren überwiegend hyperintens, auf T1-gewichteten Aufnahmen hypointens, und nach paramagnetischer KM-Gabe reichern sie für gewöhnlich kräftig und homogen KM an. Wegen ihres langsamen und verdrängenden Wachstums kann man auf konventionellen Röntgenaufnahmen oft eine Erosion der Wirbelkörperhinterkanten, sog. Scalloping, sehen (s. Abb. 23.5).

Astrozytom. Das Astrozytom ist der zweithäufigste intramedulläre Tumor. Während beim Erwachsenen spinale Astrozytome und Ependymome etwa gleichhäufig auftreten, überwiegt bei Kindern das Astrozytom. Das durchschnittliche Manifestationsalter liegt bei 21 Jahren. Wie beim Ependymom sind Rückenschmerzen häufiges Erstsymptom. Diese Tumoren wachsen infiltrierend meist über mehrere Segmente und können selten sogar das gesamte Rückenmark infiltrieren. Im Gegensatz zu den intrakraniellen Gliomen sind die spinalen Astrozytome gewöhnlich niedriggradige fibrilläre Astrozytome. Anaplastische Astrozytome kommen in ca. 15–20%, Glioblastome in weniger

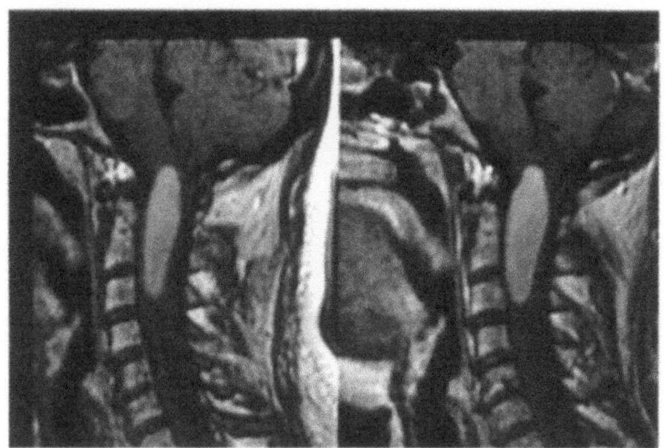

Abb. 23.6. Zervikales Astrozytom; T1-gewichtete Aufnahmen nach KM-Gabe

als 2% vor. MR-tomographisch sind die Astrozytome auf T1-gewichteten Aufnahmen zum Rückenmark iso- bis hypointens und auf T2-gewichteten Aufnahmen hyperintens. Zysten finden sich in ca. 30%, und nach paramagnetischer Kontrastmittelgabe kommt es bei fast allen Tumoren zu kräftiger KM-Anreicherung (Abb. 23.6).

Zwar hilft die KM-Gabe bei der Bestimmung der Tumorausdehnung, doch kann der infiltrativ wachsende Tumoranteil diese Grenzen überschreiten und entspricht mindestens der Ausdehnung der pathologischen Signalveränderungen nach dem T2-Bild. Die Operation wird bei symptomatischen Astrozytomen grundsätzlich empfohlen, wenngleich eine radikale Exstirpation schwierig ist; hier empfiehlt sich grundsätzlich die lokale Nachbestrahlung des Tumorbetts.

Hämangioblastom. Hämangioblastome sind selten und machen ca. 1–5% aller spinaler Tumoren aus. Typisches Manifestationsalter ist das 4. Dezennium. Nahezu 30% der Patienten mit einem spinalen Hämangioblastom haben ein Hippel-Lindau-Syndrom, weshalb das Vorliegen eines solchen Tumors Anlaß zu weiterer Diagnostik sein muß. Das Hippel-Lindau-Syndrom ist eine autosomal dominante Erbkrankheit mit Multisystemmanifestation: das sind am Zentralnervensystem Hämangiome des Kleinhirns, der Retina und spinal, selten des Großhirns. Viszerale Manifestationen sind Zysten von Leber, Nieren und Bauchspeicheldrüse sowie das Nierenzellkarzinom (25–40%) und das Phäochromozytom (10%). Morphologisch handelt es sich um stark vaskularisierte Tumorknoten mit einer ausgedehnten Tumorzyste. Differentialdiagnostisch ist eine Angiographie sehr hilfreich, da sich hier typischerweise stark elongierte zuführende Gefäße zeigen mit rascher, kräftiger und lang anhaltender Anfärbung des soliden Tumoranteils (sog. Schwiegermutterzeichen: kommt früh und geht spät) und kräftigen pial drainierenden Venen (Abb. 23.7a, b).

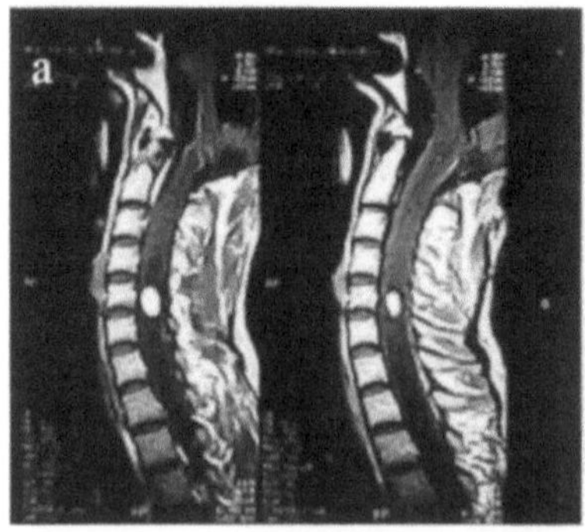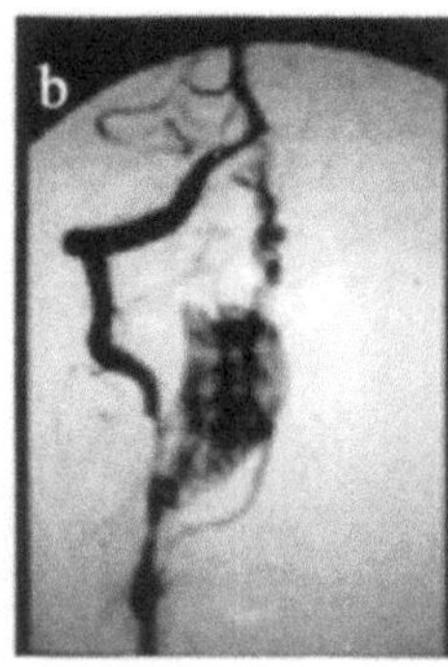

Abb. 23.7. Zervikales Hämangioblastom. **a** Die T1-gewichtete Aufnahme nach KM-Gabe zeigt einen soliden Tumorknoten mit großer Tumorzyste. **b** Angiogramm bei zervikalem Hämangioblastom

Die Therapie besteht in der totalen Tumorexstirpation, was eine Heilung bedeutet; bei inkompletter Tumorentfernung ist das Rezidiv vorhersehbar. Die präoperative Embolisation des vaskularisierten Tumorknotens ist oft möglich, was die Operation erleichtert.

Metastasen. Intramedulläre Metastasen sind sehr selten, und die häufigsten Primärtumoren sind das Mamma- und das Bronchialkarzinom, das Lymphom und das maligne Melanom, wenngleich die extramedulläre Meningeosis carcinomatosa weitaus häufiger ist. MR-tomographisch zeigen sich noduläre oder ringförmig KM-aufnehmende Läsionen im Rückenmark, die im T1-gewichteten Nativbild iso- bis hypointens sind, bei frischer Einblutung oder melaninhaltigen Melanommetastasen auch primär hyperintens sein können. Auf T2-gewichteten Aufnahmen sind Metastasen gegenüber dem Rückenmark meist iso- bis hyperintens mit begleitendem hyperintensem Ödem. Die Therapie besteht im allgemeinen aus Bestrahlung der Neuroaxis, ggf. in Kombination mit intrathekaler Chemotherapie.

Literatur

1. Osborn AG (1995) Diagnostic Neuroradiology. Mosby, p 877
2. Freitag HJ Sartor K (Hrsg.) (1996) Neuroradiologie. Thieme, p 224 ff

24 Schädel-Hirn-Trauma

M. Knauth

24.1 Epidemiologie

In den Vereinigten Staaten stellt ein Trauma die häufigste Todesursache für unter 44jährige dar – und diese Zahlen sind wahrscheinlich ohne allzu große Modifikationen auf Europa übertragbar. Mehr als die Hälfte dieser Todesfälle sind durch Kopfverletzungen verursacht. Etwa 300 von 100 000 Menschen werden jedes Jahr wegen eines Schädel-Hirn-Traumas hospitalisiert – dies würde auf Deutschland übertragen einer Absolutzahl von ca. 240 000 Menschen entsprechen. Abgesehen von der hohen Anzahl von Todesfällen kommt es bei Schädel-Hirn-Verletzten häufig zu dauernden Funktionsausfällen oder zu „Hirnleistungsstörungen" wie Merkfähigkeits- oder Konzentrationsstörungen. Das Leid – die „emotionalen Kosten" –, die durch Schädel-Hirn-Traumata verursacht werden, sind natürlich unmeßbar, die ökonomischen Kosten werden für die Vereinigten Staaten auf ca. 84 Mrd. Dollar pro Jahr geschätzt.

24.2 Untersuchungsmodalitäten

Beim SHT werden primäre und sekundäre Hirnverletzungen unterschieden. Die primären sind durch das Trauma selbst verursacht, sie entstehen im Moment oder unmittelbar im Zusammenhang mit der Gewalteinwirkung. Hierzu zählen die Hirnquetschungen (= Kontusionen), Scherungsverletzungen des Gehirns, die intrakraniellen Blutungen usw. Diese Traumafolgen sind bei Einlieferung des Patienten in das Krankenhaus natürlich nicht mehr rückgängig zu machen. Allerdings kann versucht werden, die sekundären Hirnschäden abzumildern oder zu verhindern. Beispielsweise kann bei einer traumatischen intrakraniellen Blutung durch die resultierende Druckerhöhung im Schädelinneren sekundär Hirngewebe geschädigt werden, das die initiale Gewalteinwirkung „ungeschoren" überstanden hatte.

> Die Aufgabe der Akutdiagnostik ist es, behandlungsbedürftige und behandelbare Traumafolgen schnell und zuverlässig zu erkennen, um zu verhindern, daß weiteres Hirngewebe Schaden erleidet.

24.2.1   Sinn und Unsinn des Schädelröntgens

Vor der CT-Ära war das Schädelröntgen gewöhnlich die erste und oft auch einzige bildgebende Diagnostik bei SHT. Mit der Röntgenaufnahme können in erster Linie Frakturen des Schädels diagnostiziert werden. Wenngleich eine Fraktur eine erhebliche Gewalteinwirkung auf den Schädel beweist, ist der Wissensgewinn durch die Schädelröntgenaufnahme im Hinblick auf Therapieentscheidungen gering. In einer großen Studie zeigten 91% der Patienten mit einer Schädelfraktur keine Anzeichen einer eigentlichen Hirnverletzung, während 51% aller Patienten mit einer Verletzung des Gehirns keine Schädelfraktur aufwiesen. Mit anderen Worten: nach der Schädelübersichtsaufnahme ist man im Grunde so schlau wie zuvor. Wenn der Patient eine Schädelfraktur aufweist, heißt das noch lange nicht, daß auch gleichzeitig eine behandlungsbedürftige Hirnverletzung vorliegt. Umgekehrt bedeutet der fehlende Nachweis ein r Fraktur nicht, daß davon ausgegangen werden kann, daß das Gehirn keinen wesentlichen Schaden erlitten hat. Mit der Einführung der modernen Schnittbildverfahren hat das konventionelle Schädelröntgen seinen Stellenwert in der Akutdiagnostik des SHT nahezu völlig eingebüßt.

24.2.2   Computertomographie

Die Einführung der Computertomographie (CT) hat das akutdiagnostische Management des SHT revolutioniert. Dieses Röntgenverfahren erzeugt Schnittbilder, in denen jedem Bildelement entsprechend dem Röntgenschwächungskoeffizienten ein Grauwert zugewiesen wird. Blutungen sind z.B. im Vergleich zum normalen Hirngewebe „dichter" – hyperdens – und erscheinen auf den Schnittbildern heller. Frakturen und Schwellungen des Hirngewebes sowie eine drohende oder manifeste Einklemmung können mit der CT gleichfalls diagnostiziert werden. Kleine Verletzungen des Hirngewebes können mit der CT übersehen werden. Allerdings haben diese kleinen Traumafolgen in der Akutphase eines SHT ohnehin keine therapeutische Relevanz.

24.2.3   Magnetresonanztomographie

Die Magnetresonanztomographie (MRT) ist ein Verfahren, bei dem mit einem statischen Magnetfeld sowie zeitlich veränderlichen Magnetfeldern und Hochfrequenzimpulsen Schnittbilder des Gewebes erzeugt werden. Die MRT ist bezüglich der Diagnose kleiner intrakranieller Gewebeschäden der CT deutlich überlegen. Besonders wenn der klinische Zustand des Patienten und die CT diskrepant sind, kann die MRT oftmals Klarheit schaffen und diffuse kleine Hirnverletzungen zeigen. Des weiteren ist die MRT in der chronischen Phase nach SHT das Verfahren der Wahl, um den wahren Gesamtschaden unter prognostischen Gesichtspunkten zu erfassen. Nichtsdestoweniger ist die CT derzeit weiterhin *das* diagnostische Verfahren in der Akutphase des SHT, und zwar aus folgenden Gründen:

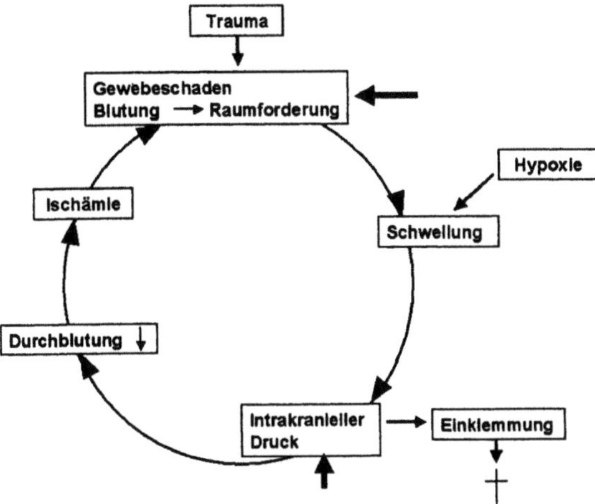

Abb. 24.1. Teufelskreis, der sich nach einem Schädel-Hirn-Trauma einzustellen droht. Die *schwarzen Pfeile* repräsentieren therapeutische Eingriffsmöglichkeiten, wie z.B. die Ausräumung einer Blutung oder aber die Trepanation (Entfernung von Teilen der Schädelkalotte) zur Entlastung einer intrakraniellen Drucksteigerung

- größere Verfügbarkeit,
- geringere Kosten,
- geringere Untersuchungszeit, damit geringere Bewegungsartefakte,
- bessere Überwachbarkeit des Patienten,
- alle akut therapiebedürftigen Traumafolgen sind auch mit der CT zu diagnostizieren.

24.3 Die Einklemmung

24.3.1 Pathophysiologie

Bei erheblichen Schädel-Hirn-Traumen besteht die Gefahr, daß sich ein Teufelskreis aus Gewebeschädigung, Schwellung, intrakranieller Druckerhöhung, neuerlicher Gewebeschädigung, usw. einstellt, an dessen Ende der Untergang von primär ungeschädigtem Gehirngewebe oder, im schlimmsten Fall, der Tod steht. Dieser Teufelskreis ist in schematischer Form in Abb. 24.1 dargestellt. Wie bereits angeführt, besteht die Aufgabe der neuroradiologischen Diagnostik darin, behandlungsbedürftige und behandelbare Traumafolgen zu erkennen, um den Teufelskreis zu durchbrechen oder – besser – ihn gar nicht entstehen zu lassen.

24.3.2 Pathoanatomie

Die Todesursache bei oder nach SHT ist oftmals die sog. Einklemmung. Wenn der Schädelinnendruck durch Hirnschwellung oder eine Blutung gestiegen ist

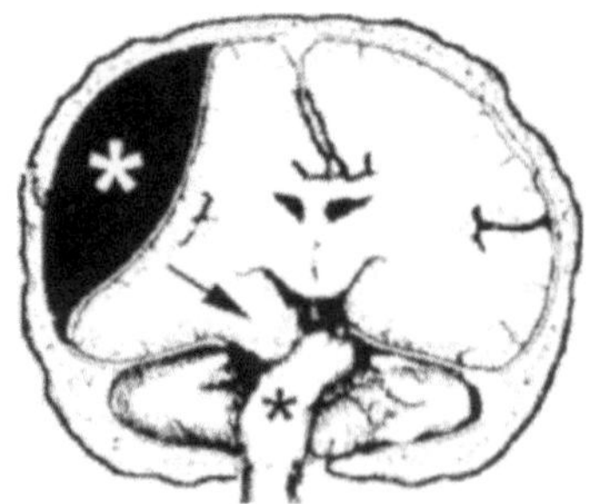

Abb. 24.2. Bei einer Erhöhung des Schädelinnendrucks – in diesem Fall durch eine Blutung (*weißer Asterisk*) – kann es zu einer Verschiebung von Hirngewebe kommen (*schwarzer Pfeil*), woraus eine Kompression und Verschiebung des Hirnstamms (*schwarzer Asterisk*) resultiert. Dieser Zustand wird als Einklemmung bezeichnet und führt, sofern nicht sehr schnell eine Intervention erfolgt, zum Tode

und die Reserveräume (vor allem die Nervenwasserräume) aufgebraucht sind, kann es zu einer Verschiebung von Hirnteilen kommen, die dann auf den Hirnstamm drücken und letzteren verlagen und verdrehen. Zum Tode führt dies, da im Hirnstamm die Zentren für Atmung und Kreislauf lokalisiert sind. Abbildung 24.2 zeigt schematisch die pathoanatomischen Grundlagen der Einklemmung.

24.4   Frakturen

Die reine Fraktur, also der Nachweis eines Bruchspaltes ohne Verlagerung von Knochenteilen, ist nicht behandlungsbedürftig – es muß also nicht, wie z.B. bei den Extremitäten, mit Gips oder Metallplatten stabilisiert werden. Allerdings kann es während der Gewalteinwirkung oder durch Knochenfragmente zu Mitverletzungen von Nervengewebe, Gefäßen oder der harten Hirnhaut kommen, die oder deren Folgen dann ihrerseits behandlungsbedürftig sind. Wenn beispielsweise die harte Hirnhaut bei der Fraktur zerrissen wurde, kann es je nach Lokalisation zu Infektionen der Hirnhäute und des Gehirns oder zum Auslaufen von Nervenwasser, zu einer Liquorfistel kommen.

Direkte und indirekte Zeichen einer Fraktur. Der direkte Nachweis einer Fraktur ist ein sicheres Frakturzeichen. So banal das klingen mag, der Teufel steckt auch hier wieder einmal im Detail. Bei der Vielzahl von Schädelnähten und deren Varianten ist es im Einzelfall manchmal schwierig, eine Fraktur sicher nachzuweisen. Abbildung 24.3 zeigt eine Fraktur der Schädelkalotte. Neben dem direkten Nachweis einer Fraktur gibt es indirekte Frakturzeichen. Eine Teilverschattung der normalerweise luftgefüllten Nasennebenhöhlen ist ein solches indirektes Frakturzeichen. Allerdings ist dieses indirekte Frakturzeichen als nicht sicher anzusehen, da der Patient ja

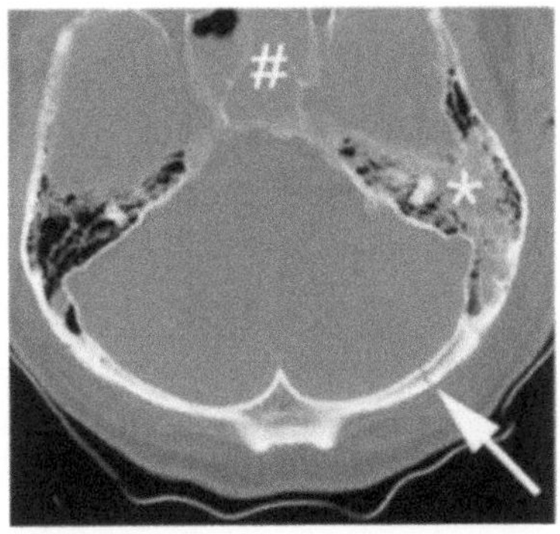

Abb. 24.3. Der Pfeil zeigt auf eine Fraktur nach einer stumpfen Gewalteinwirkung auf den Schädel. Zusätzlich ist als unsicheres indirektes Frakturzeichen eine Teilverschattung der Mastoidzellen (*) und der Keilbeinhöhle (#) zu erkennen

auch zufälligerweise eine Nasennebenhöhlenentzündung haben könnte. Abbildung 24.3 zeigt als indirektes Frakturzeichen eine Verschattung der Keilbeinhöhlen und der Mastoidzellen.

> Flüssigkeit dort, wo Luft hingehört = unsicheres indirektes Frakturzeichen

Ein weiteres indirektes Frakturzeichen ist der Nachweis von Luft in normalerweise flüssigkeitsgefüllten Räumen, z.B. im Nervenwasserraum, in der Hörschnecke oder im Gleichgewichtsorgan. Dieses Zeichen ist als sicher anzusehen, da die Luft keine andere Möglichkeit hat, in diese Räume zu gelangen, außer durch eine Fraktur. Abbildung 24.4 zeigt ein Beispiel eines sicheren indirekten Frakturzeichens: die Luft in der Hörschnecke und im Gleichgewichtsorgan beweist das Vorliegen einer Fraktur.

> Luft dort, wo Flüssigkeit hingehört = sicheres indirektes Frakturzeichen

24.5 Extraaxiale Hämatome

Unter extraaxialen Hämatomen versteht man Blutungen, die außerhalb des Gehirngewebes, aber innerhalb des Schädelinnenraums gelegen sind. Wichtig sind hier vor allem das Subdural- und das Epiduralhämatom.

24.5.1 Anatomische Grundlagen zum Verständnis der extraaxialen Hämatome

Der Innenseite des Schädelknochens liegt die harte Hirnhaut (Dura) eng an. Zwischen harter Hirnhaut und Schädelknochen verlaufen die Meningealgefäße zur Blutversorgung der Hirnhaut. Unterhalb der Dura befindet sich der Subduralraum, darunter die Spinngewebshaut (Arachnoidea) und Nervenwasser

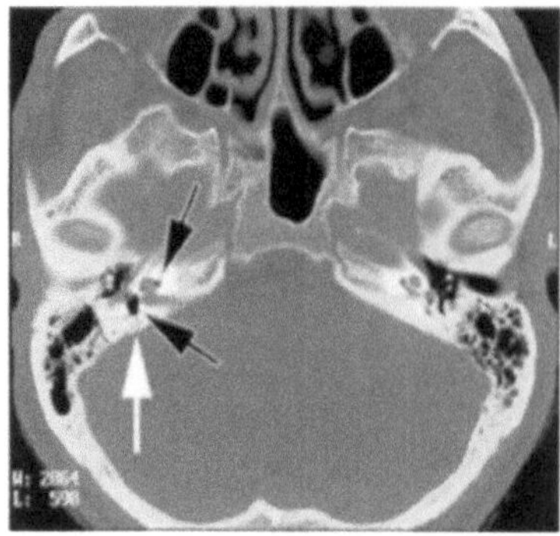

Abb. 24.4. Indirekte sichere Frakturzeichen. Die Luft in der Hörschnecke und im Gleichgewichtsorgan (*schwarze Pfeile*) beweist das Vorliegen einer Fraktur, die im übrigen auch direkt zu sehen ist (*weißer Pfeil*)

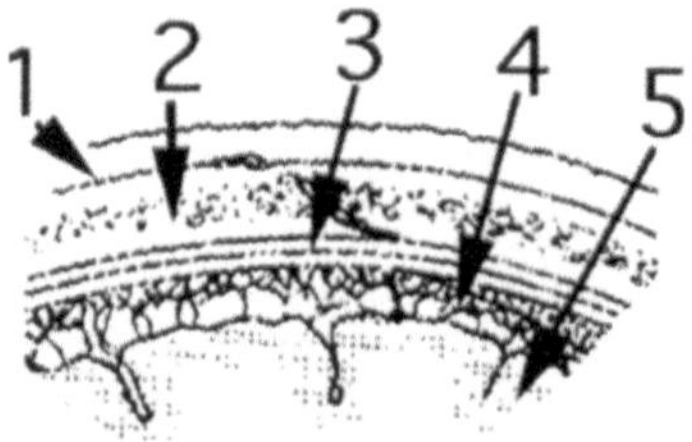

Abb. 24.5. Schematische Darstellung der Anatomie zum Verständnis der extraaxialen Hämatome. *1* Haut; *2* Schädelknochen; *3* Dura; *4* Nervenwasserraum und Arachnoidea; *5* Gehirn

(Liquor). Den Subduralraum durchziehen größere Venen, die sog. Brückenvenen, die das Blut vom Gehirn zu den großen venösen Blutleitern führen. Darunter liegt das Gehirn, das von einer weiteren Hülle, der weichen Hirnhaut, überzogen ist. Das Gehirn ist also von einer Schicht aus Nervenwasser umgeben, das gewissermaßen als Stoßdämpfer wirkt. Abbildung 24.5 stellt die Anatomie schematisch dar.

Begriffsklärung: Coup und Contrecoup. Beim Schädel-Hirn-Trauma wird der Ort der Gewalteinwirkung als Coup, der diesem Ort gegenüberliegenden Punkt als Contrecoup bezeichnet. Diese Unterscheidung ist wichtig zum Verständnis der Prädilektionsstellen der extraaxialen Hämatome sowie der Kontusionen (s. Abb. 24.10).

24.5.2   Epidurale Hämatome

Wenn es zu einer Verletzung der meningealen Gefäße gekommen ist, kann sich zwischen Knochen und Dura ein Hämatom bilden. Die meningealen Gefäße

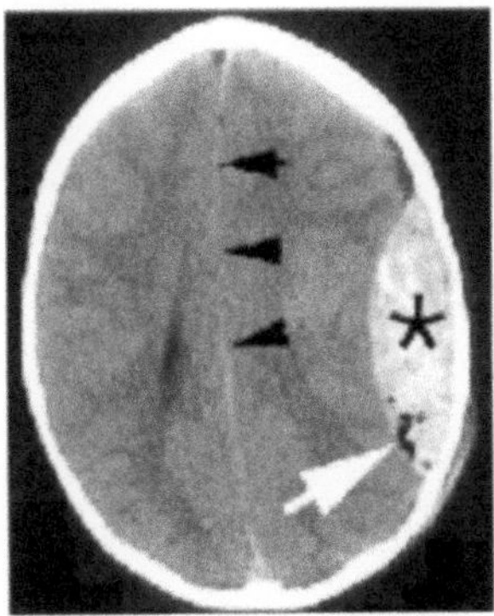

Abb. 24.6. Typisches Beispiel eines epiduralen Hämatoms (*). Beachte die bikonvexe Form. Der Nachweis freier intrakranieller Luft (*weißer Pfeil*) beweist das gleichzeitige Vorliegen einer Fraktur. Erhebliche raumfordernde Wirkung mit Mittellinienverlagerung (*schwarze Pfeile*)

verlaufen an der Innenseite des Schädelknochens. Deswegen ist es nicht verwunderlich, daß Epiduralhämatome besonders häufig (ca. 80%) mit einer Fraktur einhergehen. Da Frakturen besonders häufig am Ort der direkten Gewalteinwirkung liegen, sind die epiduralen Hämatome meist im Bereich des Coup lokalisiert.

Ein Epiduralhämatom muß die normalerweise eng anliegende Dura vom Knochen ablösen. Hieraus resultiert die typische bikonvexe Linsenform der epiduralen Hämatome. Da die Dura im Bereich der Schädelnähte besonders fest anhaftet, überschreiten Epiduralhämatome gewöhnlich die Schädelnähte nicht. Abbildung 24.6 zeigt ein epidurales Hämatom.

24.5.3 Subduralhämatome

Subdurale Hämatome resultieren aus einer Verletzung der den Subduralraum durchquerenden Brückenvenen. An der Stelle des Contrecoups wird das Gehirn während der Gewalteinwirkung von der Schädelkalotte weggezogen, die Brückenvenen werden gezerrt und können einreißen. Deshalb liegen die Subduralhämatome meist im Bereich des Contrecoup. Die typische Form des Subduralhämatoms ist konkav-konvex (Sichelform). Subduralhämatome breiten sich häufig über weite Bereiche einer Hemisphäre aus, überschreiten aber gewöhnlich die Mittellinie nicht, da hier die Dura tiefe Einziehungen aufweist und eine weitere Ausbreitung verhindert.

24.6 Kontusionen

Kontusionen stellen Verletzungen des Gehirngewebes dar. Am Ort der Gewalteinwirkung wird das Gehirngewebe komprimiert, während es im Bereich

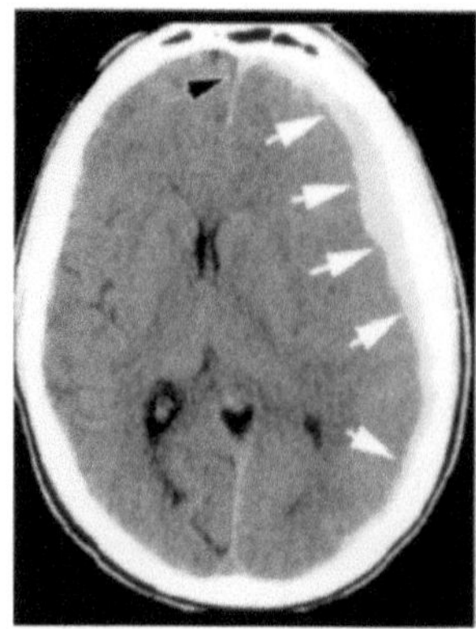

Abb. 24.7. Subduralhämatom (*weiße Pfeile*). Das Hämatom besitzt die typische konkav-konvexe Form und breitet sich über weite Bereiche der linken Hirnhälfte aus. Beachte den Stopp an der Mittellinie (*schwarzer Pfeil*). Es besteht eine erheblich raumfordernde Wirkung mit starker Mittellinienverlagerung

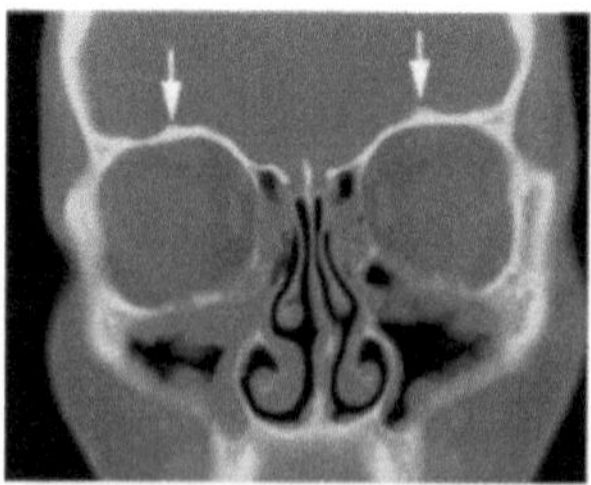

Abb. 24.8. Zur Erklärung, warum im Bereich der Frontobasis Kontusionen besonders häufig auftreten. Die Schädelbasis ist in diesem Bereich rauh und weist Rillen auf. Wenn das Gehirn sich über diese Unebenheiten bewegt, entstehen Kontusionen besonders leicht

des Contrecoups gewissermaßen „gedehnt" wird. Darüberhinaus verschiebt sich das Gehirn als Ganzes in Richtung auf den Ort der Gewalteinwirkung hin. Da ein Unterdruck auf das Gehirn einen traumatischeren Effekt als ein Überdruck zu haben scheint, sind Kontusionen häufiger im Bereich des Contrecoups lokalisiert. Des weiteren ist es nicht überraschend, daß an Stellen, an denen der Knochen sehr uneben ist (Abb. 24.8), an denen sich das Gehirn also wie über eine Reibe bewegt, Kontusionen gleichfalls häufiger anzutreffen sind. Computertomographisch stellen sich Kontusionen, in die es nicht eingeblutet hat, als Gebiete verminderter Dichte dar. Wenn es zu Einblutungen in die Kontusion gekommen ist, so stellt sich meist ein Gemisch aus Hypo- und Hyperdensität dar.

Scherungsverletzungen. Ein etwas anderer Entstehungsmechanismus liegt bei den Scherungsverletzungen vor. Hier treten beim Wirken einer starken

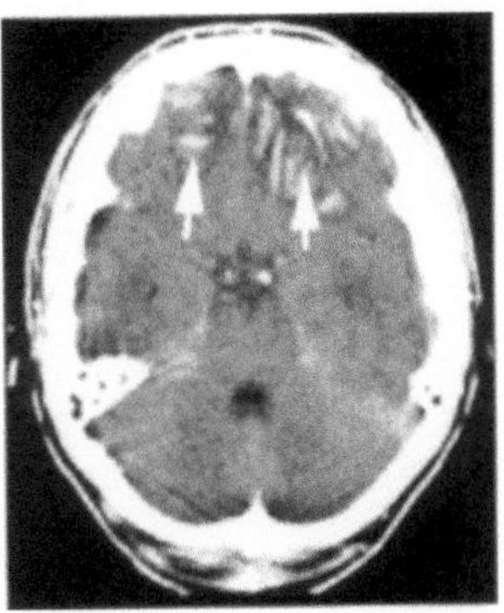

Abb. 24.9. Typisches Beispiel von Hirnkontusionen. Beidseits frontal stellen sich, unmittelbar der vorderen Schädelbasis anliegend Kontusionszonen dar (*weiße Pfeile*), in die es stellenweise eingeblutet hat

Winkelbeschleunigung an den Grenzbereichen von Geweben unterschiedlicher Trägheit und/oder Fixierungsgrade Scherungsverletzungen auf, in die es – wie auch bei den Kontusionen – einbluten kann.

24.7 Mechanismus: Coup und Contrecoup

Dieser Abschnitt soll in kurzer Form den Entstehungsmechanismus und die typische Lokalisation der vorbeschriebenen Traumafolgen wiederholen und zusammenfassen. Die Ausführungen können am besten mit Hilfe der Abb. 24.10 nachvollzogen werden. Im Bereich der Gewalteinwirkung (Coup) treten Frakturen (schwarzer Pfeil) am häufigsten auf. Zwischen Knochen und Dura verlaufende meningeale Gefäße können verletzt werden – ein epidurales Hämatom ist die Folge (*). Am Contrecoup wird das Gehirn vom Knochen weggezogen, die Brückenvenen werden gedehnt und können einreißen – ein subdurales Hämatom ist die Folge (#). Außerdem treten im Bereich des

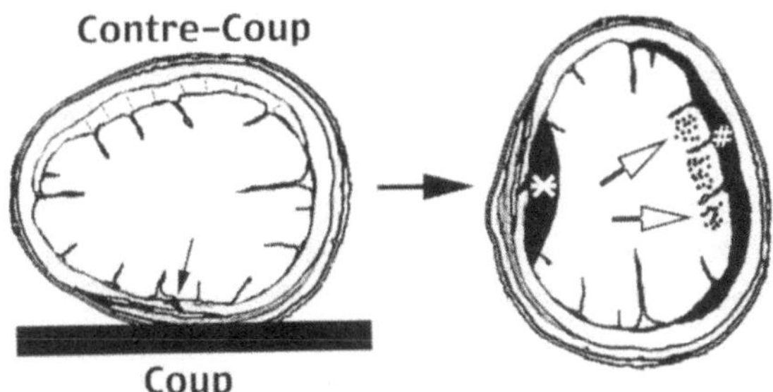

Abb. 24.10. Coup und Contrecoup – typischer Entstehungsmechanismus und Lokalisation verschiedener intrakranieller Traumafolgen (s. Text)

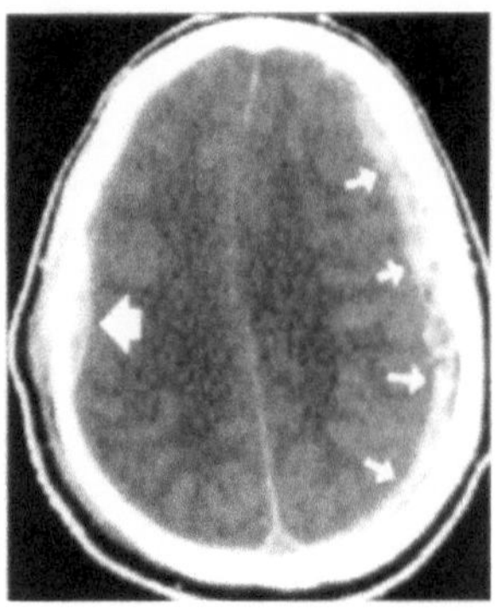

Abb. 24.11. Beispiel einer Bildanalyse, s. Text

Contrecoup vorzugsweise Kontusionen (offene Pfeile) auf, da das Gehirn anscheinend auf Zerrung und Unterdruck empfindlicher reagiert als auf Kompression.

24.8 Beispiel einer Bildanalyse

Fragen

1. Wo ist der Ort der Gewalteinwirkung?
2. Welche Art von Hämatom wird von dem dicken Pfeil markiert? Ist die Form und Lokalisation typisch? Ist eine Fraktur wahrscheinlich?
3. Welche Art von Hämatom wird durch die kleinen Pfeile markiert? Form und Lokalisation typisch? Fraktur wahrscheinlich?
4. Welches der beiden Hämatome hat für den Patienten derzeit die bedrohlichere raumfordernde Wirkung? Degründung?

Antworten

1. Die Gewalt hat von rechts seitlich auf den Schädel eingewirkt. Erkennbar ist dies an der extrakraniellen Weichteilschwellung.
2. Epiduralhämatom; typische Linsenform; Lokalisation typischerweise im Bereich des Coups; Wahrscheinlichkeit einer Fraktur in diesem Bereich hoch.
3. Subduralhämatom. Typische Sichelform; Lokalisation typischerweise im Bereich des Contrecoup; wenngleich eine Fraktur nicht ausgeschlossen ist, tritt ein Subduralhämatom häufig ohne Begleitfraktur in diesem Bereich auf.
4. Das Subduralhämatom hat derzeit die bedrohlichere raumfordernde Wirkung. Erkennbar ist dies an der Mittellinienverlagerung nach rechts.

Sachverzeichnis

If you have any concerns about our products,
you can contact us on
ProductSafety@springernature.com

In case Publisher is established outside the EU,
the EU authorized representative is:
Springer Nature Customer Service Center GmbH
Europaplatz 3, 69115 Heidelberg, Germany

Printed by Libri Plureos GmbH
in Hamburg, Germany